安徽省农村饮水安全工程
建设历程
（2005—2015）
上　册

主　编　孙玉明

副主编　陈　可　吴　明　王跃国

合肥工业大学出版社

图书在版编目(CIP)数据

安徽省农村饮水安全工程建设历程:2005—2015/孙玉明主编 . —合肥:合肥工业大学出版社,2016.12

ISBN 978 - 7 - 5650 - 3212 - 7

Ⅰ.①安… Ⅱ.①孙… Ⅲ.①农村给水—饮用水—给水工程—概况—安徽—2005—2015 Ⅳ.①S277.7

中国版本图书馆 CIP 数据核字(2016)第 324494 号

安徽省农村饮水安全工程建设历程(2005—2015) 上册

孙玉明　主编　　　责任编辑　权　怡　　　责任校对　霍俊橦

出　版	合肥工业大学出版社	**版　次**	2016 年 12 月第 1 版
地　址	合肥市屯溪路 193 号	**印　次**	2017 年 3 月第 1 次印刷
邮　编	230009	**开　本**	787 毫米×1092 毫米　1/16
电　话	编校中心:0551 - 62903210	**总印张**	69
	市场营销部:0551 - 62903198	**总字数**	1546 千字
网　址	www. hfutpress. com. cn	**印　刷**	安徽联众印刷有限公司
E-mail	hfutpress@ 163. com	**发　行**	全国新华书店

ISBN 978 - 7 - 5650 - 3212 - 7　　　　　　　总定价：240.00 元

如果有影响阅读的印装质量问题,请与出版社市场营销部联系调换。

《安徽省农村饮水安全工程建设历程（2005—2015）》参编人员

主　　编：孙玉明

副 主 编：陈　可　　吴　明　　王跃国

编写人员：王跃国　　杜运成　　王常森　　时义龙

孙　林　　陆士平　　王　锋　　郭　杰

方建军　　王冠军　　王　伟　　黄保千

张旺南　　吴志龙　　季思敏　　付润梅

周志勇　　李　锋　　刘汪洋　　冯　瑜

陆　柳　　范鸿雁　　孙少文　　任　黎

许义和　　桂　昭

前　言

安徽地处华东腹地，位居长江下游、淮河中游，长江、淮河横贯东西，境内淮河以北为平原，江淮之间主要是丘陵地貌，皖南和皖西为山地，地形多样，地貌复杂，水源条件各异。全省总人口6936万人，其中农村人口5341万人。受水源条件等因素影响，存在水质不达标（地下水氟、铁、锰元素超标，血吸虫疫区等）、水量无保证等饮水不安全问题。为此，全省按照国家部署，2005年启动农村饮水安全工程建设，2010年成立了省农村饮水管理总站，2012年省政府令颁布实施《安徽省农村饮水安全工程管理办法》。截至2015年底，共完成投资167亿元，建设供水工程7500处，解决了3374万农村居民和195万农村学校师生饮水安全问题。"十三五"期间，按照国家统一部署，我省将实施农村饮水安全巩固提升工程，建设任务仍很繁重。

为总结农村饮水安全工程建设、管理经验，指导"十三五"期间农村饮水安全巩固提升工程实施，我站决定组织编写出版《安徽省农村饮水安全工程建设历程（2005—2015）》（以下简称《建设历程》）。《建设历程》由17个章节构成，省级建设历程为一章；全省16个地市各成一章，每个地市建设历程包括市级建设历程和所辖县（市、区）建设历程。每篇建设历程包括自然、地理、人口等基础情况、农村饮水安全实施情况、取得的成效和主要做法、典型案例、存在的主要问题、"十三五"期间主要目标、建设内容和有关措施等。

《建设历程》在编写过程中得到了各市、县（市、区）水利（水务）局和有关专家的大力支持和帮助，在此深表感谢。

由于编写工作涉及面较广、数据量大，而且受收集到的资料和编审人员技术水平所限，书中难免存在不当之处，敬请读者批评指正。

编　者

2016 年 12 月

目 录

下　册

省本级

全省农村饮水安全工程建设历程

（2005—2015）

（省农村饮水管理总站）

水是生命之源，饮水安全是生命安全的基本保障。饮水问题是农村群众最直接、最现实、最紧迫的问题之一。党中央、国务院重视农村饮水安全工作，于 2005 年印发了《关于加强饮用水安全保障工作的通知》（国办〔2005〕45 号），并加大投入，建立机制，全力解决农村饮水安全问题。省委、省政府高度重视中央农饮政策贯彻落实工作，从 2005 年开始实施农村饮水安全工程，截至 2015 年底解决了 3374 万农村居民和 195 万农村学校师生饮水安全问题，完成了农村饮水安全阶段性任务。我省农村饮水安全工作在 2013、2014、2015 年度全国农村饮水安全工程综合考核中，分别取得了第三名、第二名、第三名的成绩，多次得到了国家有关部委的肯定。

一、全省农村饮水工程发展阶段

（一）农村人畜饮水解困工程

我省局部性和季节性干旱发生较为频繁，农村许多地方存在饮水困难，农民群众生活受到严重影响。1978 年大旱期间，全省有 400 多万人和 90 多万头牲畜发生饮用水困难。从 1980 年起，安徽省将农村饮水工程列入农田水利范畴，制定农村人畜饮水阶段性计划，按照先困难后一般，量力而行，注重实效的原则，一片片地解决。农村饮水工程的初级阶段把解决农村人畜饮水困难作为首要任务，主要是解决水量不足的问题。各地因地制宜采取打砖井、机井、石井、挖山泉、截潜流等工程措施。

2000 年底，全省经现状调查摸底有 176 万人存在饮水困难，主要分布在淮北平原区、江淮分水岭丘陵区、江南丘陵区及淮北东北部低山残丘高亢区、大别山区和皖南山区的局部地区。从 2000 年开始，中央加大解决农村人口饮水困难投入力度，截至 2004 年底，全省共完成投资 4.4 亿元。其中中央国债资金 1.9 亿元、省级资金 0.6 亿元、市县配套资金 1.1 亿元、群众自筹 0.8 亿元，建成饮水解困工程近 2 万处，实际解决了 212 万农村人口的饮水困难，基本解决了规划范围内的农村人口饮用水困难问题。

（二）农村饮水安全工程

我省农村饮水的原生水质存在问题，如饮水氟超标、砷超标、血吸虫疫区饮水不安全以及部分矿物质严重超标，再加上工业废水、城乡生活污水排放和农药、化肥用量不断增加，农村饮水的次生污染问题日益突出，给全省农村人口饮水带来隐患。2004 年，在全省农村饮水解困工程建设完成之际，省水利厅编制了《安徽省农村饮水安全工程近期实施计划》，向国家争取到专项资金解决 13.1 万人的饮水安全问题，在全国率先启动农村饮水安全工程建设。

农村饮水安全工程是解决农村人口"饮水安全"问题，从供水水质、供水量、用水方便程度和水源保障率四方面提出了量化指标。2005—2010 年，我省安排解决饮水不安全农村居民 1223 万人、农村学校师生 23 万人，工程累计投资 55.79 亿元，其中利用国家补助资金 28.65 亿元，地方和群众投资 25.1 亿元，社会融资 2.03 亿元。截至 2010 年底，我省有农村供水工程 7389 处。其中跨乡镇或联村工程 1398 处、单村工程 5991 处，供水总规模 315.74 万 m^3/d，受益人口 1708.44 万人，农村集中供水率 31.7%。2011—2015 年，我省完成投资 114.79 亿元，其中中央投资 79.12 亿元、省级配套 16.66 亿元、市县财政配套 16.66 亿元、群众自筹和社会融资 2.35 亿元，解决了 2151.1 万农村居民和 171.8 万农村学校师生饮水安全问题，农村集中供水率提高至 73.4%，完成了农村饮水安全阶段性任务。

二、党和政府对农村饮水工作的重视

党中央、国务院高度重视农村饮水安全工作，坚持以人民为中心，从保障人民群众的生存权、发展权的高度抓好农村饮水安全工作。胡锦涛同志在 2005 年中央人口、资源、环境座谈会上明确指出："要把切实保护好饮用水源，让群众喝上放心水作为首要任务。科学规划，落实措施，统筹考虑城乡饮水，统筹考虑水量水质，重点解决一些地方存在的高氟水、高砷水、苦咸水等饮用水水质不达标的问题以及局部地区饮用水严重不足的问题。"温家宝同志在 2005 年的政府工作报告中指出："我们的奋斗目标是，让人民群众喝上干净的水、呼吸清新的空气，有更好的工作和生活环境。"十八大以来，习近平总书记多次强调，不能把饮水不安全问题带入小康社会。李克强总理在 2014 年《政府工作报告》中明确提出：经过今明两年努力，要让所有农村居民都能喝上干净的水。李克强总理和汪洋副总理分别作出重要批示，对进一步做好农村饮水安全保障工作提出明确要求，强调各地、各有关部门要进一步落实责任，加强督促指导，加大资金投入和政策支持力度，创新工程投资建设、运行管理、水价形成制度机制，把这项民生工作抓实抓好。国务院办公厅于 2005 年印发了《关于加强饮用水安全保障工作的通知》（国办〔2005〕45 号）。国家有关部委先后编制了《2005—2006 年农村饮水安全应急工程规划》《全国农村饮水安全工程"十一五"规划》《全国农村饮水安全工程"十二五"规划》并报国务院批准。水利部把保障饮水安全作为水利工作的重中之重，成立农村饮水安全工程建设领导小组，建立部领导分省联系指导、司局对口帮扶、定期督导、年度考核等机制，举全部之力、全行业之力打好农村饮水安全攻坚战。

省委、省政府对农村饮水安全工作高度重视，从 2007 年起一直将其列入全省民生工程实施范围加以推进，保障了资金落实到位、加大了项目调度力度。我省将农村饮水安全工程实施情况列入市、县政府目标考核范围。省政府每年与各市政府签订民生工程建设目标责任书，层层落实分解任务。通过目标责任书的签订，把农村饮水安全工程建设的领导责任、部门责任、技术责任逐步落实到具体单位及个人。为了确保工程进度和质量，近年来省水利厅开展了农饮工程检查督查、专项稽查、绩效评价、年终考核等，厅领导经常亲

自带队，还多次召开调度会、座谈会、约谈会等，通过多种方式推进我省农村饮水安全工程建设与管理工作。我省于 2010 年成立了省农村饮水管理总站，2012 年省政府以第 238 号令颁布实施《安徽省农村饮水安全工程管理办法》。省人大常委会于 2012 年 8 月开展全省饮用水安全情况专题询问，并作出《关于进一步加强全省饮用水安全保障工作的决议》。

市级、县级政府把农村饮水安全工程作为民生工程，摆在各项工作的突出位置，落实责任并实行目标管理。大多数县区成立了由政府主管领导为组长，发展改革、水利、卫生、财政、环保等多部门参加的农村饮水安全工作领导小组，成立了农村饮水安全工作领导小组办公室作为办事机构，设置在同级水利部门。市政府与县政府、县政府与乡镇政府逐级签订了目标责任书。大部分县区政府专门出台了农村饮水安全工程管理办法或实施意见，规范了建设和管理行为，为项目的顺利实施提供了制度保障。

三、全省农村饮水工程现状

（一）基本概况

安徽地处华东腹地，地跨长江、淮河南北，东邻江苏、浙江，西连湖北、河南、南毗江西，北与山东接壤，东西宽约 450km，南北长约 570km。全省地形地貌复杂多样，可分为淮北平原区、江淮丘陵区、沿江平原区、皖南与皖西大别山区五个地貌区。全省多年平均降水量 750～1800mm，自北向南递增。降水年际年内变化幅度较大。全省年平均气温 14℃～17℃。多年平均水面蒸发量 700～1050mm。

根据《2015 年安徽省统计年鉴》，安徽下辖 16 个省辖市，56 个县、6 个县级市、43 个区，共 937 个镇、314 个乡、263 个街道办事处，总人口 6935.83 万人，其中农村户籍人口 5362.06 万人，占总人口的 77.3%。全省 2015 年国民生产总值（GDP）22006 亿元。

全省主要河流分属淮河、长江、钱塘江三大水系。淮河安徽段，处于淮河中游，上自豫、皖交界的洪河口起，下至皖、苏交界的洪山头止，河道长度 430km。淮河以北是黄淮冲积平原，平坦辽阔，土层深厚。沿淮两岸，分布着湾地、洼地和湖泊，是淮河滞洪、行洪地带。淮南主要是山丘区。长江安徽段处于长江的下游，干流河道自鄂、皖交界处段窑起，向东流经安庆、铜陵、芜湖、马鞍山等主要城市，至皖、苏交界的驻马河口驷马山引江水道口止，长 416km。新安江位于皖境最南端，属钱塘江水系，居流域的上游，属纯山区，山脉之间，诸峰对峙，形成许多大小不一的山间盆地和谷地。

（二）农村饮水安全工程建设情况

1. 农村人口饮水安全解决情况

根据《安徽省农村饮水安全工程"十二五"规划报告》，全省有农村饮水不安全人口 3266.34 万人。其中，氟超标 990.24 万人，占饮水不安全人数的 30.3%，主要集中在淮河以北地区的宿州市、淮北市、亳州市、阜阳市以及淮南市的凤台县；砷超标 37.46 万人，占饮水不安全人数的 1.1%，主要分布在蚌埠市淮上区、五河县、桐城市、铜陵市、凤阳县、来安县、天长市、泗县、东至县、宣州区；苦咸水 465.89 万人，占饮水不安全人数的 14.3%，影响区域遍布除池州市以外的县（区），以滁州市、亳州市、蚌埠市、宿州市居多；血吸虫疫区 283.01 万人，占饮水不安全人数的 8.7%，主要分布在马鞍山市、巢湖市、芜湖市、宣城市、铜陵市、池州市、安庆市、黄山市等 8 市；其他水质问题

972.55万人，占饮水不安全人数的29.8%；水量、用水方便程度、水源保证率不达标人口517.18万人，占饮水不安全人数的15.8%，主要分布在皖西和皖南山区、淮北北部低山残丘。

2005—2015年，全省完成政府投资166.87亿元，其中中央投资108.22亿元、省级配套资金27.61亿元、市县自筹31.04亿元，解决了3374.36万农村居民和194.8万农村学校师生饮水安全问题。"十二五"期间完成投资114.79亿元，解决了规划内2151.1万农村居民和171.8万农村学校师生饮水安全问题，完成了农村饮水安全阶段性任务。

2. 农村饮水工程建设情况

根据各县（市、区）上报统计，至2015年底，全省农村供水人口5489.20万人（含乡镇非农业人口127.54万人），其中，4029.76万人为集中式供水，主要供水方式为自来水；1459.45万人为分散式供水，利用压水井、引山泉、塘坝等方式取水。全省集中式供水覆盖1305个乡镇（街道）、13097个行政村（社居委），城镇自来水管网覆盖行政村数4434个，农村集中式供水率为73.4%，自来水普及率为72.3%，城镇自来水管网覆盖行政村的比例为28.4%。全省农村人口供水情况详见表1。

全省有集中供水工程8700处，设计供水能力630.22万 m^3/d，实际供水379.07万 m^3/d。其中，规模化供水工程（Ⅰ～Ⅲ型）1265处，实际供水319.05万 m^3/d，自来水受益人口3060.04万人，占全省农村自来水受益人口数的77%；小型集中供水工程（Ⅳ～Ⅴ型）7435处，设计供水能力90.29万 m^3/d，实际供水60.02万 m^3/d，自来水受益人口907.02万人，占全省农村自来水受益人口数的23%。全省农村饮水工程现状详见表2。

从供水分区看，淮北平原区、江淮丘陵区、沿江平原区均以发展规模化供水工程为主，皖南山区、皖西大别山区以小型集中供水工程为主。

（三）农村饮水安全工程运行情况

我省于2010年3月成立省农村饮水管理总站，为事业单位，负责全省农村饮水安全工作业务指导。目前，全省已有池州市和阜阳市、71个县（市、区）成立农村饮水专管机构，97个县（市、区）出台了工程运行管理办法，88个县（市、区）建立县级维修养护经费制度，57个县（市、区）实施了"两部制"水价政策，80个县（市、区）成立县级水质检测中心。

我省用于农村饮水安全工程建设的资金从资产属性方面可分为：国有资本、国有资本为主体、企业资本为主体、私人资本为主体等几种形式。对于供水工程资产管理情况，有以下形式：（1）规模化供水工程，对于所有权归国家所有的，其运行有水利部门组建供水管理机构直管和乡镇政府作为产权人将水厂承包给个人或公司两种常见情形；（2）对于所有权归政府和个人（或企业）共同持有的，常见为BOT模式，工商注册为独立法人，由个人或企业在一定年限内负责运行，期满后产权全部归属国家；（3）对于利用原有水厂管网延伸的，原水厂所有权为原投资人，输配水管网产权为政府，其运行多由原水厂负责运行；（4）小型集中供水工程，其产权基本全为政府所有，管理形式上有政府委托个人或村委会看管、农民用水户协会等方式。

在水价方面，根据《关于印发农村自来水价格管理规定的通知》（皖价商〔2011〕66号）的要求，农村自来水价格按照"补偿成本、保本微利、公平负担、节约用水"的原则，由市、县人民政府制定，市、县价格主管部门具体承办。目前，各地在核定农村饮水安全工程水价时，大多数仅收取补偿工程运行成本的运行水价，没有计提折旧等费用。受供水方式、地形、水资源条件等影响，各地执行的水价收费标准不一致，基本为 $1.0 \sim 2.5$ 元/m^3。

在水源保护和水质检测方面，省政府办公厅印发《关于加强集中式饮用水水源安全保障工作的通知》（皖政办〔2013〕18号），省环境保护厅、省水利厅《关于开展农村集中式供水工程水源保护区划定的通知》（皖环发〔2014〕53号），划定供水水源保护区并报县级政府批复，做好水源地保护、水源涵养、水质检测等工作。全省于2015年建设80个县级水质检测中心（皖发改投资〔2015〕203号），其中：水利部门单独建立的24个、依托水厂建立的10个、依托已有检测机构建立的46个；总投资1.52亿元，其中：中央投资0.57亿元、省级财政配套0.35亿元、市县财政自筹0.60亿元。对于未建设县级水质检测中心的25个县区，要求采取政府购买服务方式解决农村饮水安全工程水质检测问题。根据省疾病预防控制中心提供的监测报告，"十二五"期间我省农村饮水安全工程水质卫生合格率平均每年提高近3个百分点。

四、取得成效、采取的主要做法与案例

（一）主要成效

农村饮水安全工程的实施，取得了显著的社会效益、经济效益和生态效益，实实在在地改善了农村群众饮水条件，被群众称作是"德政工程"、"民心工程"。

一是取得良好的社会效益。农村饮水安全工程的实施，使饮水不安全地区的群众喝上了清洁、卫生、方便的饮用水，让广大农村群众充分感受到党和政府的关心，符合民意、顺应人心，密切了党群、干群关系，产生了良好的社会效益。

二是促进农村经济发展。通过解决饮水安全问题，一些乡（镇）、村用上了自来水，不仅解决了农民群众饮水问题，也为农村养殖业和第二、三产业的发展创造了条件，有力地促进了农村经济发展。

三是提高农村人口健康水平。农村饮水安全工程建设，对控制与水有关的疾病传播，起到了积极作用，使农民群众的健康水平得到了提高，特别是水源水氟超标、砷超标、重金属超标、水污染严重地区和血吸虫病疫区的群众受益更直接。

四是提升农民群众生活质量。农村饮水安全工程建成后，带动了农村家庭的"改厨、改厕、改浴"等与水有关的生活习惯的改变，很多农户用上了太阳能热水器、洗衣机，进而提高了农村居民的生活质量。

（二）主要做法

第一，加强领导，确保责任落实到位。我省从2005年按照国家部署启动农村饮水安全工程建设，2007年起列入全省民生工程实施范围加以推进，我省将农村饮水安全工程实施情况列入市、县政府目标考核范围。省政府每年与各市政府签订民生工程建设目标责任书，层层落实分解任务。通过目标责任书的签订，把农村饮水安全工程建设的领导责任、部门责任、技术责任逐步落实到具体单位及个人。

我省农饮建设管理任务很重，为了确保工程进度和质量，近年来省水利厅开展了农饮工程检查督查、专项稽查、绩效评价、年终考核等，厅领导经常亲自带队，还多次召开调

度会、座谈会、约谈会等，通过多种方式推进我省农村饮水安全工程建设与管理工作。

第二，科学规划，统筹工程区域布局。我省坚持以规划为引领，抓好农饮工程区域布局的顶层设计。如滁州市定远县树立了"农村供水城镇化，城乡供水一体化"的建设目标，明晰"建得好、伸得开、用得起、推得广、管得住"的建管思路，依托全县中型水库水源分布，科学规划水厂建设，全县建成自来水厂15座，覆盖全县22个乡镇，供水人口95万人，为水厂长效管理奠定了良好基础。在典型案例部分，我将详细介绍"定远模式"。

2013年3月，按照国务院、有关部委对农村饮水安全工程"十二五"规划的批复精神，我厅组织各县区开展规划修编工作，要求修编要与城镇化、美好乡村建设等规划有机衔接，积极兼并小水厂，大力发展规模化供水。通过规划修编，我省兼并了大量小水厂，其中宿州299个、亳州128个、阜阳82个，小水厂兼并后形成较大供水规模为运行管理奠定了良好基础。

第三，广泛宣传，努力营造舆论范围。为了让广大群众支持、配合并参与和监督农村饮水安全工程建设与管理，我省采取了多种形式加强宣传，如定期参加省广播电台"民生在线"栏目宣讲有关政策、群众热线答疑；在各级政府、水利、民生部门网站上发布农饮工程信息；全面推行双公开制度，对工程建设、水价、入户材料费等进行公开；将农饮政策印制在书包、圆珠笔、围裙、帽子上等发放给受益农户；年终联合民生部门开展全省政策宣讲和满意度电话调查等。

第四，完善制度，规范各项建设管理行为。为了规范我省农村饮水安全工程建设与管理工作，省人民政府于2012年以第238号政府令颁布实施了《安徽省农村饮水安全工程管理办法》。近年来，我厅还制定了《农村饮水安全工程初步设计编制指南（试行）》《农村饮水安全工程初步设计审批管理办法》《农村饮水安全工程专项资金绩效评价实施办法》《农村饮水安全工程管材采购招标文件示范文本》《农村饮水安全工程管材管件供货单位不良记录管理办法》《关于加强农村饮水安全工程初步设计市级审查审批工作的指导意见》《关于加强农村饮水安全工程招标投标管理工作的意见》，修订了《农村饮水安全工程验收办法》等。

第五，周密部署，确保工程按时保质完成。各地民生、水利部门成立专项办事机构，落实人员和经费。由于农村饮水安全工程要求当年下达投资、当年建成通水，建设时间要求很紧，尤其是规模水厂建设。为了及早准备，我厅每年年初根据总体投资规模预下达当年各市、县投资计划，要求各地据此编制初步设计和实施方案，并组织审查、报批，为后期工程建设赢得了时间。建设过程中采取旬报表、月报告、季调度的方式及时了解进展，督促工程进度，解决存在问题。年终严格按照目标任务省厅对各地组织考核、排名。通过上述措施，确保了我省农饮工程按时完成建设任务。

第六，突出重点，加强工程建设过程监管。农饮管材约占工程总造价的三分之一，管材的质量和价格是我们监管的重点。2013年我厅组织开展了农村饮水安全工程管材质量省级监督抽查活动。抽检实现了"两个全覆盖"，即覆盖了所有地级市和2013年在我省中标的全部企业。根据检测结果，我厅对不合格管材企业进行了严厉处罚，取消9家企业两年内在我省农村饮水安全工程管材管件生产企业信用档案备案的资格，另一家企业认定为B级不良行为。我厅还向所有在我省备案的管材企业发出了《致农村饮水安全工程管材企业的一封公开信》，要求各企业坚持守法履约，加强质量控制，提供优质服务。2014、2015年我省继续开展省级管材质量抽检，实行"两个全覆盖"（即覆盖所有市、覆盖所有中标企业），并增加管件抽检，对9家检测为不合格的管材企业进行了处罚。

为了有效控制管材价格，防止价格过高及产生腐败行为，我厅制定了农饮管材招标示范文本，出台了加强农饮工程招投标管理工作的意见，规定业主不派员参加评标，还调整了评标要素，减少人为影响和不确定因素。从2014年4月起，由省水利定额站定期发布农饮管材价格，对最高限价超出此价格的，须报相关单位审核同意后才能进行管材招标，有效遏制了少数地方管材价格攀高的问题。

第七，注重水质，加强水源保护以及水质保障。水源安全是保障饮用水安全的最关键因素之一，要求各地合理划定水源保护区和饮水安全工程保护范围，加强水源管理与保护。认真贯彻执行生活饮用水卫生标准，要求所有工程必须配备净化、消毒设施，规模水厂需配备相应水质检测设备和落实人员，强化水源水、出厂水和末梢水的水质检测工作，保证饮用水水质达标。2015年全省建立了80个县级农饮工程水质检测中心。到"十二五"末建立全省农村饮水安全水质检测体系，建立健全水质保障机制。

第八，建管并重，确保工程良性运行。我省高度重视农村饮水安全工程运行管理，目前，全省有99个县区成立了工程专管机构（部分市辖区因实现城乡统一供水未单独成立），并建立了维修养护专项资金制度（要求每年筹集资金不低于年度投资的1%），80个县区建立了区域水质检测中心。积极落实农饮优惠政策，出台了建设用地管理具体办法，从简化办理手续、落实用地指标等方面予以支持；按照国家支持农村饮水安全建设运营税收政策要求将该政策落到实处；从2008年开始在全国率先执行农村饮水安全工程运行用电执行农业生产用电价格。在年终考评中，我省还将用地、税收、用电等优惠政策落实情况纳入考评范围。

（三）典型案例

1. 定远县推行农饮工程建设管理"六化"模式

定远县实施农村饮水安全工程面临不少困难：一是人口多且分散。全县土地面积2998km²，居安徽省第三，83万农村人口分散在5361个村民组中。二是水资源少且分布不均。定远县地处江淮分水岭，降水相对少，大部分水资源集中在18个中型水库，其余地方不仅水资源少，而且存在苦咸、矿物质超标等问题，不少地方大旱年份没有水吃。三是财力弱。2013年全县地方财政收入不到14亿元，绝大部分乡镇为农业乡镇。但是，定远县结合实际克服困难，从规划布局入手，确立了建设适度规模的农村自来水厂、实行集中供水的总思路，实现自来水进村入户全覆盖的总目标，本着"建得好、伸得开、用得起、推得广、管得住"的建管思路，积极探索"六化"模式，走出了一条农村饮水安全工程建设管理的新路。

一是全域化布局。国家实施农村饮水安全工程，主要是解决农村饮水不安全的问题。但是农村人口正在逐步向美好乡村居民点和集镇转移，为了满足美好乡村居民点和集镇日益增加的群众饮用安全水的需要，定远县在实施饮水安全工程时统筹考虑全县城乡供水，规划全域化供水目标，明确提出"以服务农村人口饮水为主，兼顾城镇供水。根据地形地貌和水资源集中在中型水库、其他地方水资源贫乏的情况，规划了15个可供万人以上的规模自来水厂，规划水厂时一次性到位，分期实施，不搞重复投资，建设规模较大的自来水厂来保障农村人口饮水安全，同时向城镇供水，从而实现城乡供水一体化"。总设计日供水能力 16.6 万 m^3（目前已具有 11.2 万 m^3 的供水能力），供水人口 95 万，可覆盖全县 22 个乡镇、279 个行政村及社区。从根本上解决了水源、水质、供水保证率和方便程度等问题。

二是市场化运作。定远县农村饮水安全工程总体规划需要解决没有被列入国家计划的人口，光靠国家项目资金是不够的，且国家项目是按年度实施的。为了解决资金不足的问题，该县出台了各种优惠政策，通过市场化运作方式，利用国家项目资金来吸引、撬动社会资金共同投资兴建股份制水厂。在水厂建设之初即考虑水厂今后的生存问题，所以规划的农村自来水厂设计日供水能力最小都在 3000m^3 以上，每个水厂都划定了供水范围（供水户数均在 5000 户以上）且明文规定只准建设一个水厂，物价部门充分考虑投资者的投资回报及相应的利润空间，在政策方面保证投资者的风险最小化，政府各部门全力做好服务工作，使自来水厂能够长期运行并可持续发展。

上述因素叠加到一起，使得投资者可以看到投资农村饮水安全工程既是国家需要、农民需要、社会也需要的公益性工程，同时也蕴藏着利润和商机。很多客商通过考察数个周边省市县相关政策，定远县的优惠条件及政府服务意识，让他们决定投资建设自来水厂，农村饮水工程 2007 年 8 月份开始建设，到 2009 年上半年，只用了一年多时间，规划的 15 座水厂主厂区工程建设及主管网铺设全部完成并开始供水，通过七年的实施，目前全县所有行政村主管网已全覆盖。全县 83 万农村人口已有 60 多万人吃上干净、卫生的自来水。到"十二五"末，全县农村居民将基本解决饮水不安全问题。

三是项目化建设。所有水厂在建设前，必须做好水资源论证，初步设计、实施方案等，对材料、设备、工艺等提出明确要求，做到工程设计标准化；所有设备和管材必须取得卫生部门颁发的批件，所有供应商都要入围水利部涉水产品商家名录。在工程管理上，严格执行项目法人责任制、工程招投标制、集中采购制、建设监理制、资金报账制和竣工验收制等"六制"要求。县供水总站为项目法人，建设项目统一实行招投标，管材、消毒和水处理设备等由政府集中采购，建设过程由招标确定的监理单位全程监督。所有工程由市县两级水利、发改、卫生、财政等部门联合验收。通过标准化建设，有效保证了农村饮水安全工程的建设质量。

四是企业化管理。一是落实管理主体。全县所有的农村饮水安全工程在建设前必须落实好管理主体，否则工程不能开工建设。2007 年 9 月定远县机构编制委员会批准成立独立的事业法人单位定远县农村供水工程管理总站，由县政府批复作为定远县农村饮水安全工程的项目法人（一级项目法人），与各级政府招商引资引入的投资者以股份制形式合作投资，组建 15 个自来水厂项目法人（二级项目法人），建设自来水厂，二级项目法人在工程建设完成后即负责本工程的日常经营管理。二是明晰产权。定远县水务渔业局作为主管部门委托社会中介机构对已经建设的水厂实行动态跟踪审计，水厂建成后以最终审计数作为工程的总投资，国家和私人投资者的股份在水厂中所占有的比例相应明确，其产权按比例分别拥有。目前十五个自来水厂已按照有关规定在工商管理局正式注册为股份制供水企业，这些水厂已经完全按企业运行模式进入管理阶段，自主经营、自负盈亏。三是控股管理。《定远县农村供水工程运行管理办法》第八条规定，以国家、企业和个人共同投资兴建的农村供水工程，组建的股份制公司，国家股份必须占50%以上，以便在具有公益性质的农村供水股份制公司中控股管理；企业或个人投资需达到工程总造价30%以上的，方可获得经营管理权。国家投资部分以国有股参与农村供水股份制企业管理，由县农村供水工程管理总站行使股东管理权力，国有股主要管理国有资产安全和防止自来水厂作为垄断企业而丧失国有资金所体现的公益性。由于农村饮水安全工程是民生工程，不同于一般的股份制企业，所以定远县农村供水工程管理总站作为国家投资方，在股份公司中只管理国家资产，不参与水厂具体经营活动，不参与公司盈利和分红，收益部分主要是降低老百姓的入户施工材料费和水费。为了让农村群众享受到和城里人一样的供水服务，《定远县农村供水工程运行管理办法》第二十三条明确规定，国有资产控股的股份制水厂必须保证国有资产股份在水厂中的主导地位，农村供水工程经营管理者必须确保饮用水安全和社会公共安全。各农村自来水厂如果出现故意供应水质不合格饮水，消极怠工、恶意间断供水，明显转移、偷卖、破坏水厂资产设施，管理混乱、经营不善导致年终账面固定资产净值减少等情况，水行政主管部门应责令农村供水工程经营者限期整改，如逾期仍不能整改到位，国有资产股股东可以接管企业经营管理权；期间涉及违法犯罪的，移交司法机关处理。

五是规范化运行。为了确保15座自来水厂的规范运营，定远县建立了一系列管理机制。一是成立县农村供水工程管理总站，对运营情况进行监管（主要管理国有资产不流失、水质达标等）；二是建立规章制度。出台了《定远县农村饮用水源地保护实施方案》，保护水源地，按照水资源管理规定，15座水厂全部进行了水资源论证并办理了取水许可证；制定了《定远县农村饮水安全工程应急预案》，对每座用于饮用水源地水库的应急水位进行划定、出现紧急情况时启动应急预案；制定了《定远县农村供水工程运行管理办法》使自来水厂的公益性能够充分显现，水质能够达标，国家资产能够增值保值；三是强化水质监测。实行三级负责，即：水厂化验室日常检测14项指标，县水质检测中心每月检测42项指标，县卫生疾病控制中心不定期抽检。用无线传输技术将15个水厂的出厂水压、流量、浊度、余氯含量等四项数据及各水厂的监控录像画面实时传播至县农村供水工程管理总站办公楼监控中心大屏幕，各自来水厂水质出现异常及管理不规范时将立即被管理总站值班人员发现并通知整改。

六是公益化服务。农村饮水安全工程是国家实施的民生工程，公益化服务必须体现。如何做到公益与效率的统一是各级政府和水行政主管部门的重要职责，也是农村饮水安全工程后续管理的一项重要内容。为降低水价成本，让利于群众，定远县农村供水工程管理总站作为国家投资方，在股份制公司中只管理国家资产，不参与水厂具体经营活动；为了防止社会资本控股后不断要求涨价，政府持股普遍在50%~60%。由于国家投资部分所占有的股份不参与公司盈利和分红，因而物价部门在核定水价和入户材料费时，就可以不考虑国家资产的成本，从而有效降低水价及入户费用。由于农村水厂用水户分散、点多面广、用水量少，管网较长，维护成本高，定远县水费实行两部制水价，实行年预收水费100元，可用60m³水，超出部分按方计量水费（1.6元/m³）。既降低了水厂运行成本，又保证了水厂正常运转。各自来水厂与农村用水户之间用供水合同界定各自的权利义务，水厂必须连续不间断提供合格的自来水，农民作为用水户有按时缴纳水费的义务，农民用水户有权力享受国家资金带来的公益性服务。定远县还规定各自来水厂除免费将供水管道接至农村中小学校、敬老院外，对孤寡老人、五保户、残疾家庭、贫困户免除开户费，要让社会最弱势的群体都能够吃上安全卫生的自来水；在保障农民利益的同时，还兼顾水厂合理的利润，倡导农村饮水安全工程向城镇居民和企业供水，利用农村饮水安全工程高质量、高标准、城市化的供水服务，让农村饮水安全工程的德政效应进一步放大，惠及全县所有的老百姓。让公益与效率达到有机的统一。实现了农村饮水安全工程的可持续发展。

定远"六化"模式实现了"四个突破"，即突破城乡供水不统筹的发展壁垒，突破政府投入不足瓶颈，突破水源不足的制约，突破建管分离的管理弊端。经过几年来的努力，定远县集中供水工程取得了明显成效，实现了"三赢"，即老百姓满意、政府满意、企业满意；实现了经济效益、社会效益和政治效益的共同丰收。

2. 宣州区水阳利民水厂兼并整合农村小水厂

水阳利民水厂位于宣州区水阳镇街道，建于1996年，原为水阳镇政府投资建设的集镇水厂，主要为集镇街道居民服务，原供水人口约为1.0万人。2003年水厂进行改制，由社会投资人进行经营管理。2009年水阳镇对全镇进行统一规划，确定对利民水厂进行移址新建，完成了400m³/h絮凝反应池、过滤池、1000m³清水池、供水泵房、加药间、综合管理房及厂区工程建设，使水厂达到9000m³/d的供水规模。根据《宣城市宣州区乡镇区域供水"十二五"规划》《宣城市宣州区农村饮水安全工程"十二五"规划》，2012年，通过项目建设和社会资金投入，完成了从水阳利民水厂向朝阳、徐村、裘东、丁湾、刘埠、建新、雁翅、小圩等8个农村水厂的主管网建设，具备了应急供水能力。2013年，水阳利民水厂在水阳镇的大力支持下成功兼并朝阳、徐村、丁湾、建新、小圩等5个小型自来水厂，并将水阳镇境内原由芜湖县花桥镇五四、东门渡水厂供水人口全部纳入利民水厂供水范围，对裘东、刘埠和雁翅等三个规模水厂进行了联网运行，使该水厂按规划达到了供水规模，供水人口近10万人，水质达到国家卫生标准，水量得到可靠保证，服务管理得到大力提升，群众满意。

一是以规划为先导。水阳镇针对存在的问题，会同区水务局对该镇进行规划，提出以合并前原有的四个乡镇集镇为依托，建设规模水厂，逐步合并周边的农村小水厂，最后将规模水厂进行并网，形成一个集团供水公司的设想。2011年，宣州区水务局委托安徽省水利水电勘测设计院和合肥市政设计院共同编写了《宣城市宣州区城乡供水"十二五"规划》并由区政府批准同意，2012年7月，《宣城市宣州区农村饮水安全工程"十二五"规划》获区政府批准同意，将水阳镇规划成一个供水片区。

二是以宣传为导向。为了对水阳镇供水规划加大宣传，水阳镇政府在政府联席会议、人大代表会议及其他相关工作会议上进行宣传、强调，使供水规划在干部中入脑入心。同时，水阳利民水厂管理人员在日常管理中，施工单位的施工人员在工程施工中，向群众宣传相关政策、供水规划的实施步骤、预期效果，使群众认识、支持水阳镇小水厂并网工作。

三是多渠道筹集资金。如何使规划达到预期效果，完成水阳利民水厂的絮凝反应池、过滤池、清水池、供水泵房、取水管道是基础。通过国家项目、水阳镇地方政府和水阳利民水厂社会资金三结合的方式完成主体工程。国家项目完成建筑工程520万元，水阳镇无偿划拨土地12亩（按同时间同位置市场拍卖价约1300万元），水阳利民水厂完成主管网施工、取水工程、电力线路架设等工程建设，投资约380万元。通过多方面投资完成了水阳利民水厂的主体工程建设，使水厂达到9000m³/d的供水规模。

四是抓住机遇铺设应急管网。如何使水阳利民水厂发挥其应有的效益，必须将水厂至各农村小水厂和其他三个规模水厂的主管网进行并网。2011年春旱造成水阳镇部分小水厂无水可供，群众反映强烈，区水务局抓住机遇，要求水阳镇政府所有水厂必须有应急供水预案，具备应急供水能力。根据规划，从水阳利民水厂铺设供水应急管网到所有农村小水厂，以解决应急供水问题。2012年，将水阳利民水厂应急管网铺设列入项目，通过政府投资完成了从水阳利民水厂向水阳镇辖区内所有农村小水厂管网铺设工作，为水厂兼并打下最关键的基础。

五是逐步推进兼并整合。一是群众迫切需求。随着应急管网铺设的完成，让原小水厂供水的用水户看到了希望，群众到行政村、水阳镇政府迫切要求由水阳利民水厂供水，对原小水厂经营者形成了无形的舆论压力。二是严把审批、强力监管。依据《宣城市宣州区乡镇区域供水"十二五"规划》，对水阳镇没有办理《水资源论证报告书》、生产工艺落后以及水量、水质不合格的水厂不再办理新的取水许可证。同时根据安徽省人民政府第238号令《安徽省农村饮水安全工程管理办法》对水量、水质和服务质量不到位，群众反响强烈的小水厂，由水务、卫生、环保等部门进行联合执法，使小水厂经营者意识到保证供水安全的重要性，愿意将水厂进行兼并。部分股份制水厂其内部股东有矛盾，也希望尽快转让。三是搭建平台，逐步兼并。水阳镇政府及时搭建平台，将群众反响强烈、愿意将水厂经营权转让的小水厂经营者进行约谈，条件成熟一个，兼并一个，逐步推进。

六是完善手续，平稳过渡。为了保证群众饮水，对即将兼并的小水厂，必须平稳过渡。先有政府搭建平台由利民水厂同小水厂经营者草签转让兼并合同，明确转让的资产（国有资产、个人资产、集体资产和用水户资产）、供水范围、转让费用（由利民水厂承担）、初步交接日期等内容。其次，对小水厂的债权债务情况进行公告，同时对资产进行逐一登记造册。再次，在过渡期对供水范围内的用水户进行登记造册，同时更换水表、结清以前水费。最后是在区水务局、水阳镇政府的共同见证下正式签订转让兼并合同。

七是多方支持，保证兼并工作顺利完成。为了做好水阳利民水厂对小水厂的兼并工作，解决水阳镇群众饮水安全问题，一是在项目上，加大支持力度。在条件成熟时，由政府申报，根据规划及时安排项目。二是地方政府加大扶持。水阳镇政府除无偿划拨土地外，并先后拿出280万元资金用于原来水厂产权转让补偿，全力支持水阳利民水厂实施兼并整合。三是水厂加大投入。水阳利民水厂购置了2台小型挖掘机和2台工程维修车，专门用于已兼并的水厂内部管网的改造，加快并网改造的进度。四是群众自愿投入。原小圩水厂供水范围内水阳镇惠丰村桥头、下马等8个村民组300户用水户长期面临无水可用、水质不安全等问题，兼并后，每户自愿缴纳175元/户和利民水厂共同出资（改造费用约350元/户）对老旧管网进行改造，不仅保证了群众用水需要，而且水质也得到明显改善，群众满意度进一步提升。

通过对水阳利民自来水厂的水厂兼并，社会效益和经济效益都比较明显。主要体现在：一是水压稳定，水质安全有保证。原先小型水厂管理水平和设备、技术相对落后，服务不及时，供水安全没有保障。兼并整合之后各类资源得到重组，工程运行正常，管理服务到位，维修检测及时，水质安全得到根本保证。二是用水矛盾和投诉大幅减少。兼并整合前，由于水压不稳、用水高峰无水可用等影响，水阳镇 24 个村、4 个社区太阳能使用率不到 30%。兼并整合后该镇农村居民太阳能使用率达到 70% 以上。改厕工作也连年取得突破，农村居民生活环境得到明显改善。

五、目前存在的主要问题

（一）供水设施方面

（1）现有供水设施数量有限，农村自来水普及率有待提高。到"十二五"末，我省自来水覆盖率为 72.3%、集中供水率为 73.4%，与全国平均水平仍有一定差距。（2）早期以及私人建设的部分工程，受限于当时资金投入低、发展理念不明确的局限，布局不合理，需要进一步整合、完善布局。江淮丘陵及沿江平原区不少私人投资建设的众多小水厂，供水范围划分缺少规划，整体布局不合理。总体来看，我省小水厂数量较多、仍需结合实际下大力气予以整合。（3）部分供水设施建设标准低、早期供水管网老化严重。2010年以前部分农饮工程厂区建设标准低、山区供水工程消毒设备配套率低。部分乡镇、村庄管网老化严重。

（二）水质保障方面

（1）水源保护难度大，部分水源保证率不达标。农村供水水源地数量多、单个水源取水量小、地域分布广、类型复杂；水源处于农民生产、生活范围中，农民生产生活对饮用水水源环境质量有着直接影响。（2）部分工程净水工艺不完善，未按规定消毒，水质合格率仍待提高。淮北平原区有的水源在使用中出现铁锰超标、江淮丘陵区及沿江平原区部分小水厂供水构筑物老化、皖南及皖西大别山区部分引水工程未设置过滤池及未配备消毒设备。（3）供水水质监测能力不足，缺乏专业技术力量。受限于检测专业人数少、基层难以留住技术人员等，水厂自检实际难以操作、行业巡检力度不足等问题一直难以解决。

（三）运行管护方面

（1）专管机构未落实到位，部分未落实人员和经费。我省仍有近三分之一县（市、区）未成立专管机构，有的没有正式编制，没有增加人员和经费，难以承担相应的职责。（2）工程普遍运行困难，尚未建立良性运行机制。受限于农村供水工程自身规模小、农户生活用水量有限、输配水漏损率高、水费实收率低等客观原因，全省农村供水工程普遍运行困难。（3）现有管理人员专业能力不足，管理能力亟待提升。不少水厂由个人、村委会等非专业人员进行管理，其专业水平低、技术力量差。

六、"十三五"巩固提升规划情况

（一）规划背景

2016 年 1 月中下旬，国家发展改革委等 6 部委分别印发通知和召开视频会议，布置"十三五"期间农村饮水安全巩固提升规划编制工作。根据国家通知和会议精神，"十三五"期间，农村饮水安全巩固提升工程以地方政府为主负责落实，中央投资将比"十二五"大幅减少；以省为单位编制规划，省级自行确定建设任务和投资规模，规划经省政府批准后报国家部委备案；中央建立考核机制，各省确定的规划目标和建设任务将作为中央对各地考核的依据。

同时，根据《中共安徽省委安徽省人民政府关于坚决打赢脱贫攻坚战的决定》（皖发〔2015〕26号）以及水利脱贫攻坚配套文件的要求，我省"十三五"期间将把解决全省贫困人口饮水安全、贫困村通自来水作为农村饮水安全巩固提升工作的首要任务，应在规划中优先考虑。

（二）指导思想与目标任务

一是指导思想。深入贯彻落实省委省政府关于全面建成小康社会和坚决打赢脱贫攻坚战的决策部署，顺应农村居民对不断改善生活条件的需求，坚持保障民生、监管并重、量力而行、可以持续的原则，切实落实饮水安全保障责任，全面解决贫困人口饮水问题，对现有农村饮水工程设施进行改造巩固提升，提高农村饮水安全保障水平。

二是基本原则。坚持统筹规划，突出重点；因地制宜，远近结合；明确责任，两手发力；依靠科技，提升水平；强化管理，长效运行五项原则。

三是规划目标。到2018年底前，实现贫困村村村通自来水，解决贫困人口饮水安全问题。到2020年，全省农村集中供水率达到85%左右，农村自来水普及率达到80%以上；水质达标率整体有较大提高；小型工程供水保证率不低于90%；其他工程的供水保证率不低于95%。推进城镇供水公共服务向农村延伸，使城镇自来水管网覆盖行政村的比例达到33%。健全农村供水工程运行管护机制、逐步实现良性可持续运行。

四是主要任务。一是实施贫困人口饮水精准扶贫，解决贫困村自来水村村通、贫困人口饮水安全问题；二是加强供水工程建设与改造，解决部分地区仍然存在的工程标准低、配套不完善、单处规模小、老化失修等原因出现的农村饮水安全不达标、易反复等问题；三是强化水源保护和水质保障，划定农村饮用水源保护区或保护范围，配套水质净化消毒设施设备，健全水质检测制度；四是把管理管护放在突出位置，全面建立县级专管机构，健全运行管理制度，落实工程维修养护经费，开展信息化建设等。

（三）总体布局与工程建设内容

一是总体布局。结合我省自然地理以及水源特点，将全省划分为淮北平原区、江淮丘陵区、沿江平原区、皖南山区和皖西大别山区等五个规划分区，明确提出了各分区范围、面临的主要问题及分区工程布局。

二是工程建设内容。规划通过供水工程改造与建设（包括新建工程、现有水厂管网延伸、改造工程三种形式）、水处理设施改造配套工程（指水质净化设施和老化管网改造、配套消毒设备等）以及农村饮用水水源保护、规模水厂水质化验室以及信息化建设等工程措施，提高农村自来水普及率、水质达标率和供水保证率。全省农饮巩固提升工程"十三五"规划新建、管网延伸和改造情况统计表见表3；全省农饮巩固提升工程"十三五"规划水质净化、管网设施改造、配套消毒设备和农村饮用水水源保护、规模化水厂水质化验室以及信息化建设情况见表4。

（四）工程管理改革

一是推进工程产权改革，明细工程产权，落实管护主体和责任；二是建立健全农村饮水专管机构，加强政府监管；三是加强管理制度建设，完善运行管理、水源保护、水质监测等方面制度；四是完善合理水价形成机制，在有条件地区，积极推行两部制度水价；五是落实工程维修养护经费，加强培训，推行关键岗位持证上岗制度。

（五）投资概算与资金筹措

一是投资概算。规划总投资为 45.8 亿元，其中新建工程投资 13.4 亿元，现有水厂管网延伸工程投资 10.4 亿元，改造工程投资 14.6 亿元，水质净化和管网设施改造、配套消毒设备 3.1 亿元，农村饮用水水源保护、规模化水厂水质化验室以及信息化建设 4.3 亿元。

二是资金筹措。对于纳入本《规划》的贫困县投资由中央及省级承担，取消县级配套；非贫困县投资，继续按"十二五"农饮投资政策，除中央投资外，省级与市县各承担 50% 进行配套。据此测算，计划申请中央投资 12 亿元，省级配套 24.5 亿元，市、县（市、区）财政自筹 9.3 亿元。

（六）分期实施意见

根据省委省政府脱贫攻坚的总体部署及省级以上投资安排情况，我省"十三五"期间总体工作安排是：2016—2018 年集中解决贫困户和贫困村饮用水问题，具体为：2018 年底前解决 308 万贫困人口中剩余贫困人口的饮水问题，以及 3000 个贫困村中未通水和未全部通水的贫困村饮水问题。2019—2020 年实施全省现有工程巩固提升工程。

（七）保障措施

一是加强组织领导，落实建管责任。"十三五"期间，我省将继续加强各级政府在农村饮水安全建设中的主导作用，明确部门职责，逐级落实目标责任制，层层签订责任书。市县人民政府要将农村饮水安全保障工作纳入政府考核目标，实行行政首长负责制，继续纳入民生工程实施范围。县级人民政府是饮用水安全保障工作责任主体，推进城乡供水一体化，将规划目标和任务落实到部门和单位，确保实施进度。

二是加大投资力度，保证建设资金。"十三五"农村饮水安全巩固提升工程建设资金以地方政府为主负责落实。省关部门，要积极争取中央补助资金。各地在落实政府财政资金支持的同时，应积极探索通过银行贷款等引进金融资本，增加工程建设投入。对有条件的规模水厂还可以积极引入社会资本。

三是落实维护经费，确保长效运行。继续落实有关支持农村饮水供水工程运行的用电、用地和税收等优惠政策。大力发展规模化集中式供水工程，实行标准化建设、专业化管理、企业化经营。出台落实农村饮水安全专管机构的指导意见。有条件的地区积极推进两部制水价政策。完善农村饮水工程维修养护经费制度。加强供水运营的监督管理，通过推行特许经营制度、供水企业绩效考核制度、关键岗位持证上岗制度等，强化监管，保证安全供水。

四是推进群众参与，接受社会监督。在农村饮水工程建设中要坚持公示制度，充分尊重群众意愿，在工程建设的各个环节全面实行用水户全过程参与。通过宣传，使农村饮水安全政策深入人心，使农村干部群众了解与支持农饮工作，各部门共同参与、相互协作，做到工程建设透明化、公开化，主动接受社会群众监督。

五是加强技术推广，做好宣传培训。定期邀请国家和省内实践经验丰富的供水行业的技术人员对农村饮水工程相关人员进行系统培训。推广应用净水新工艺、新型除氟滤料、无负压供水设备、水厂信息化控制、视频实时监测控制等新产品、新技术的工作。办好《安徽农村饮水网》，在有关媒体开设农饮宣传专栏。加大对基层农村饮水安全单位管理人员能力培训，组织印发、出版技术手册和培训教材，开展不同层次的培训。

表 1　全省农村人口供水情况统计表

供水分区	农村人口（万人）	农村供水人口（万人）	集中式供水人口		农村自来水普及率（％）	农村集中供水率（％）
			（万人）	自来水受益人口		
全省合计	5362.06	5489.20	4029.76	3967.06	72.3	73.4
淮北平原区	2522.03	2536.98	1697.90	1685.76	66.4	66.9
江淮丘陵区	1425.39	1446.49	1022.71	997.14	68.9	70.7
沿江平原区	575.88	651.65	613.11	604.27	92.7	94.1
皖南山区	471.63	481.84	416.08	407.51	84.6	86.4
皖西大别山区	367.13	372.25	279.96	272.38	73.2	75.2

表2 全省农村饮水工程现状统计表

序号	供水分区	工程处数	设计供水规模	日实际供水量	受益情况		有水处理设施	有完备的消毒设施	管网漏损率	配化验室水厂	水价		管理情况	
					受益人口	自来水受益人口					执行水价	水费收缴率	有专管机构	运行管理人员
		处	m³/d	m³/d	万人	万人	处	处	%	处	元/m³	%	处	人
	全省合计	8700	6302158	3790736	5489.2	3967.1	3247	3633	23	980	2.1	66	71	15784
1	淮北平原区	1626	1391810	887344	2538.2	1693	936	1212	38	402	1.7	164	20	3568
2	江淮丘陵区	462	1799038	965731	1439	990.1	366	387	25	262	2.2	80	16	3087
3	沿江平原区	457	1379519	924111	645	597	285	301	20	180	2.1	66	11	2896
4	皖南山区	4167	1382870	765523	480	406	1004	1287	22	100	1.7	72	17	4519
5	皖西大别山区	1988	348921	248027	387	281	656	446	25	42	1.7	76	7	1714

表 3 全省农村饮水安全巩固提升工程"十三五"规划新建、管网延伸和改造工程统计表

供水分区	新建工程				现有水厂管网延伸			改造工程						城镇自来水管网覆盖行政村	
	工程数量	新增供水能力	设计供水人口	新增受益人口	工程数量	新建管网长度	新增受益人口	工程数量	新增供水能力	改造供水规模	设计供水人口	新增受益人口	改善受益人口	行政村数量	新增受益人口
	处	m³/d	万人	万人	处	km	万人	处	m³/d	m³/d	万人	万人	万人	个	万人
全省合计	3237	266817	338	221	642	152325	159	689	338273	470480	609	171	339	893	131
淮北平原区	106	179689	265	183	115	145537	65	203	127644	251500	368	110	183	476	81
江淮丘陵区	1354	16517	21	9	95	4483	75	68	116815	83286	147	44	74	238	31
沿江平原区	39	8142	13	1	38	231	8	21	56894	28570	24	1	23	28	4
皖南山区	195	45958	20	8	49	794	5	278	19665	32053	15	4	17	74	7
皖西大别山区	1543	16513	20	19	345	1279	6	120	17255	76171	56	13	43	77	9

表 4　全省农村饮水安全巩固提升工程"十三五"规划水质净化、管网设施改造、配套消毒设备和农村饮用水水源保护、规模化水厂水质化验室以及信息化建设统计表

供水分区	水质净化、管网设施改造、配套消毒设备					农村饮用水水源保护、规模化水厂水质化验室以及信息化建设				
	水质净化设施改造工程数量	配套消毒设备	改造供水规模	改善受益人口	更新配套村头以上输配管网长度	划定水源保护区或保护范围	规模化水厂水质化验室建设	规模化水厂自动化监控系统建设	水质状况实时监测试点建设	县级农村饮水安全信息系统建设
	处	台	m³/d	万人	km	处	处	处	处	处
全省合计	531	658	355341	478	4357	2744	400	419	328	29
省本级							1			1
淮北平原区	59	100	61216	190	752	483	185	215	155	12
江淮丘陵区	49	64	184404	92	1461	240	100	106	61	3
沿江平原区	23	41	69101	99	1328	141	57	55	49	5
皖南山区	296	343	31285	26	754	1089	42	35	52	5
皖西大别山区	104	110	9335	71	62	791	15	8	11	3

合肥市

合肥市农村饮水安全工程建设历程

（2005—2015）

（合肥市水务局）

一、基本概况

合肥，安徽省省会，因淝、施二水交汇而得名，全省政治、经济、文化、信息、金融和交通中心，合肥位于安徽正中部，长江淮河之间、巢湖之滨，具有承东启西、贯通南北的重要区位优势，是国家级皖江城市带承接产业转移示范区核心城市、长三角城市经济协调会城市、长江中游城市群副中心城市，全国唯一的科技创新型试点城市。合肥已有两千多年历史，曾为扬州、合州、南豫州、庐州、德胜军、淮南西路治所，是兵家必争之地，有"江南唇齿，淮右襟喉""江南之首，中原之喉"之称，历为江淮地区行政军事首府。

合肥市地处江淮丘陵，江淮分水岭横贯东西，形成较低缓的鱼背状地带。总趋势是西南、东南和北面高，中南部低。境内地形较平缓。淮河水系主要河流有东淝河、沛河、池河等市内范围的淮河流域面积占全市面积的 39.3%，除池河外各河流均通过瓦埠湖、高塘湖流入淮河。长江水系主要河流有南淝河、派河、丰乐河、杭埠河、滁河、四里河、板桥河、二十埠河、十五里河、塘西河等市内范围的长江流域面积占全市面积的 61.7%，长江水系的河流除滁河外均通过巢湖流入长江。合肥市域范围内有巢湖、瓦埠湖、高塘湖，总库容 51.15 亿 m^3，多年平均蓄水量为 26.67 亿 m^3。

合肥市地处中纬度由亚热带向暖温带的过渡区域，冷暖气团交锋频繁，气候表现出明显的过渡性降水多变。我市位于南北冷暖气流交会较频繁的场所，具有较好的水汽输送条件，大量水汽随着东南季风和西南季风输入我市，春末夏初季风加强，水汽通量也随之加大，进入梅雨季节雨量充沛。多年平均降水量 946mm。降水时空分布不均，呈现汛期集中。汛期月降水量占全年降水量的 62%。多年平均当地水资源总量 39.76 亿 m^3，其中地表水资源量 47.89 亿 m^3，地表与地下水不重复量为 1.87 亿 m^3。2015 年全市供水总量 30.45 亿 m^3。其中，地表水源 29.57 亿 m^3，占供水总量 97.1%；地下水 0.39 亿 m^3，占供水总量 1.3%；其他水源 0.48 亿 m^3，占供水总量的 1.6%。地表水源供水量中，蓄水工程供水量 18.67 亿 m^3，占地表水源供水量的 63.1%；引水工程供水量 2.77 亿 m^3，占地表水源供水量的 9.37%；提水工程供水量 2.46 亿 m^3，占地表水源供水量的 8.32%；跨流域调水 5.67 亿 m^3，占地表水源供水量的 19.2%。

截至 2015 年末，全市总面积 11445km^2（含巢湖水面 770km^2），其中合肥市区城市建成区面积 403km²；常住人口 779 万人，其中合肥市区户籍人口 251.04 万人。2015 年，合肥市实现地区生产总值 5660 亿元，按可比价格计算，比上年增长 10.5%。其中，第一产业增加值 263.43 亿元，增长 4.4%；第二产业增加值 3097.91 亿元，增长 10.6%；第三产业增加值 2298.93 亿元，增长 11.0%。三次产业结构为 4.7:54.7:40.6，其中三产占 GDP 比重比上年上升 0.7 个百分点，增速加快 2.2 个百分点。按常住人口计算，人均 GDP 为 73102 元（折合 11737 美元），比上年增加 5413 元。全年实现财政收入 1001 亿元，同比增长 13.6%；其中地方财政收入 571.54 亿元，增长 14.2%；全社会固定资产投资完成 6153 亿元，增长 15.4%；全年常住居民人均可支配收入 26605 元，城镇常住居民人均可支配收入 31989 元，农村常住居民人均可支配收入 15733 元，分别增长 9.0% 和 9.2%。

二、农村饮水安全工程建设情况

1. 农村人口饮水安全解决情况。2005 年实施农村饮水安全工程前，合肥市原存在的饮水不安全类型主要是苦咸水和污染水等。农村饮水安全问题严重影响了农村人民群众的生活质量、身体健康，已成为人民最关心、最迫切需要解决的问题之一。2005 年我市组织各县（市、区）编报的农村饮水现状调查评估报告，市水务局进行汇总编报，经水利厅核定，"十一五"全市各县（市、区）饮水不安全人口有 118.7 万农村人口和 2.37 万学校师生人口。我市各级政府高度重视，自 2005 年开始实施，2007 年都将其列为民生工程，按照省政府和省厅的部署安排，全面启动了农村饮水安全工程建设。

2015 年底，全市农村总人口 404.1 万人，农村供水人口 312.2 万人，集中式供水人口 312.2 万人，其中自来水供水人口 312.2 万人，农村自来水普及率 77%；全市行政村 1308 个，通水行政村 1182 个，行政村通水比例 90%。2005—2015 年，农饮省级投资计划累计下达投资 12.65 亿元，计划解决农村人口和学校师生 273.29 万人，累计完成投资 12.65 亿元，建成农村水厂 112 处。

表 1　2015 年底农村人口供水现状

县（市、区）	乡镇数量	行政村数量	总人口	农村供水人口	集中式供水人口	其中：自来水供水人口	分散供水人口	农村自来水普及率
	个	个	万人	万人	万人	万人	万人	%
合计	79	1308	404.1	312.2	312.2	312.2		77
肥东县	18	331	87.8	70	70	70		80
肥西县	12	289	65.5	48	48	48		73
长丰县	14	265	66.2	50	50	50		76
庐江县	17	215	103	74	74	74		72
巢湖市	12	126	60.2	50	50	50		83
蜀山区	1	30	8.2	6.3	6.3	6.3		77
包河区	5	52	13.9	13.9	13.9	13.9		100

2. 农村饮水工程（农村水厂）建设情况。按水源类型划分合肥市取用的是地表水和地下水，其中取用地表水现状日供水规模在 1000m³/d 以上的有 110 处，受益人口 123.7 万人；现状日供水规模在 1000～200m³/d 的 8 处，受益人口 3.7 万人；取地下水的现状日供水规模在 1000m³/d 以上的有 2 处，受益人口 2 万人。

截至 2015 年底，全市现有农村水厂 112 处，设计供水规模 250000m³/d，农村受益人口 292 万人，其中：规模水厂共 112 处，小型水厂 8 处；规模水厂按水源类型分采用地表水的 110 处，采用地下水的 2 处。我市严格按照每户不超过 300 元规定收取入户材料费。

3. 农村饮水安全工程建设思路及主要历程。合肥市严格按照农村饮水安全工程管理相关规定，由县区水务部门组织实施；根据下达计划任务，委托有资质设计单位编制年度实施方案（初步设计），经专家审查后批复，经招投标组织实施；全市严格按照"六制"的要求和用水户全过程参与的模式进行建设，工程实施前，坚持科学论证和细化技术设计，综合考虑地域特点、水源和现有的水利供水工程等因素，结合新农村建设，合理布局，因地制宜地选择城镇的自来水厂管网延伸工程、新建规模水厂、新建小型集中供水工程等三种供水模式，供水到户。

"十一五"阶段：各县（市、区）根据农村饮水存在问题的分布情况，统筹规划、先重后轻、先急后缓、逐步解决，与集镇建设结合起来，采用城镇自来水厂管网延伸为主，不具备管网延伸条件的采取深井取水建设单村集中供水工程，实行供水入户。

2005 年农村饮水安全工程项目根据省发改委、省水利厅下达的投资计划，解决 4 个县（市）3.59 万人饮水安全问题，工程总投资 1275 万元。共建成小型供水工程 25 处，解决了 3.59 万人的饮水问题，完成总投资 1275 万元，其中，中央预算内专项资金 573 万元，地方配套及群众自筹 702 万元。"十一五"期间，先后完成了 115.71 万农村人口和 2.37 万学校师生饮水工程的建设任务，累计完成投资 51913 万元，其中中央专项资金 23673 万元、省级投资 11893 万元、地方配套资金 16347 万元。

"十二五"阶段：各县（市）根据农村饮水安全未解决人口和新增人口情况，前期以单村集中供水和管网延伸为主，后期我市不断总结"十一五"以来工程建设经验，在工程建设同时重点考虑后期运行管护，我市自 2013 年逐渐转变建设思路，开始调整县（市）农饮工程"十二五"规划，采取新建规模化供水工程、整合兼并小型供水工程、改扩建规模水厂，招商引资建设规模化供水工程，结合集镇建设、新农村建设、美好乡村建设，并适度发展农村自来水设施，引进部分社会资金和企业管理模式，促进工程良性运行。"十二五"期间全市共完成投资 73269 万元，其中中央预算内专项资金 46530 万元、省级配套 13369 万元、市县区配套 13370 万元，解决了 141.42 万农村居民和 10.2 万农村学校师生饮水安全任务。

三、农村饮水安全工程运行情况

1. 农村饮水安全工程专管机构。

各县（市）分别由当地机构编制委员会或政府批准成立了县（市）农村饮水安全工程运行管理办公室，设在县（市）水务局。各县（市）分别由县级编办批准设立农村饮水运行管理办公室，人员采用内部调剂使用，落实工程管理主体和运行维护经费。

2. 农村饮水安全工程维修养护基金。

合肥市按照省水厅规定要求，各县（市）按照年度总投资的1%建立工程维修养护资金。各县（市）制定了具体可操作性运行维修养护经费细则，各县区财政设立农村饮水安全工程运行维修养护经费专项，采用县级财政报账制，由县（市）财政负责运行维修养护资金的管理和使用。

3. 县级农村饮水安全工程水质检测中心建设

全市现有四县一市，根据中央及省级规定，各县（市）充分结合实际，2015年全市建设县级水质检测中心5处。全市2015年农村饮水安全工程水质监测能力项目获中央预算内投资计划（皖发改投资〔2015〕203号）总投资489万元。截至2015年底，各县（市）水质检测中心目前已全面调试完成，农村饮水安全水质检测监控体系已投入运行。

4. 农村饮水安全工程水源保护情况。

合肥市规模以上水厂全部划定水源保护区或保护范围，小型集中供水工程基本划定了水源保护区或保护范围，各地农村饮水安全工程在水源保护区内基本都设立了标志牌和警示牌，以地表水为水源的在取水区设置明显的标志和保护告示，以地下水为水源取水建筑物设立保护设施。供水单位对水源保护区实行定期巡查，对影响水源安全问题的及时报告，妥善处理，并做好记录。县（市）水务部门负责起草县（市）农村饮水安全应急预案；均由当地政府出台印发。每处农村饮水安全项目点均根据下发的县（市）级应急预案，编制了符合各自实际、可操作性强的应急预案；规模较小的项目点以乡镇为单位，编制乡镇级农村饮水安全工程应急预案。各预案均报县（市）水务部门备案和批复。部分县（市）建立农村饮水安全工程应急抢修队伍，配备人员和设备，确保供水安全。

5. 供水水质状况

全市农饮工程主要采用二氧化氯和臭氧消毒，针对水质超标情况进行水质处理，进行直供或二次提水。农村饮水安全工程的水质检测主要采取供水单位自检、送检和卫生部门监测。供水企业安排专人定时对水质进行检测，并定期将水样送市、县卫生疾控部门检测，保证供水水质安全。卫生部门定期或不定期地对辖区内的水厂进行水质检测，并出具检测报告，对不合格的水厂进行通报并限期整改，确保供水安全。今年以来，县级农村饮水安全工程水质检测中心已投入运行开始开展水质巡检。

6. 农村饮水工程运行情况

全市农村饮水安全工程当年完成建设任务，当年移交给受益乡镇、村，办理移交手续并移交所有竣工资料。水务部门结合实际，积极探索和建立与市场经济相适应的工程运行管理机制。经过积极探索，全市初步形成了两种管护模式。一是镇村管理模式：实行运行管护"三落实"和"三定"，建立了应急抢修服务队和工程维修养护基金。"三落实"，即落实了管理机构、落实了县、镇、村（居）委三级的管理责任、落实了运行管理经费。"三定"，即定岗，规定管理员、收费员人数；定人，落实管理人员和水费征收员；定措施，规定了运行管护经费的来源和使用范围。二是水厂管理模式：我市积极推进城乡供水一体化建设，市区及城郊区利用合肥市供水集团采取延伸管网供水到户，采取同网同价，使城郊区农村居民解决饮水安全问题；四县一市利用城区水厂及招商引资建设规模水厂，管网延伸供水到户，解决农村居民饮水安全问题。

7. 农村饮水工程监管情况

全市农村饮水安全工程供水全成本经测算：引水工程为 $1.0 \sim 1.8$ 元/m^3，提水工程为 $1.5 \sim 2.0$ 元/m^3。由于群众的承受能力原因，实际供水用水量达不到设计标准，水价偏低，农村饮水安全工程实收水价为引水工程为 $1 \sim 1.5$ 元/m^3，提水工程为 $1.5 \sim 1.8$ 元/m^3，通过市自来水公司管网延伸为 2.5 元/m^3，通过县自来水公司管网延伸为 $1.6 \sim 2$ 元/m^3。

四、采取的主要做法、经验及典型案例

（一）做法和经验

1. 地方出台的政策和法规性文件

市级政府出台文件。2010 年市政府办公室印发了《合肥市农村饮水安全工程运行管理办法》，按照事权划分、属地管理、分级负责的原则，明确县（市）人民政府是农村饮水安全的责任主体，县（市）财政配套农村饮水安全运行管理资金，列入财政预算积极推行基本水费和计量水费相结合的水价制度，对运行管护、水质检测、水源保护等方面都做了具体规定。

主管部门出台文件。市物价局出台《关于加强农村自来水价格管理的规定》，规定农村自来水价格和农村自来水管网配套价格实行政府定价，授权县（市）物价局制定。市财政局、市水务局出台《合肥市农村饮水安全工程运行管护资金管理暂行办法》，规定了县（市）政府和相关部门的职责，明确了农村饮水安全维修养护经费使用的范围。

2. 经验总结

一是加强组织领导，落实建管责任。县（市）政府认真落实农村饮水安全工程行政首长负责制，分别成立了政府主要领导担任组长的建设管理协调机构，具体协调农村饮水安全工程建设管理工作。市委、市政府领导定期召开调度会，市人大、市政府领导班子分别带队赴县（市）实地视察农村饮水安全工程建设管理。印发文件落实农村饮水安全工程建设和运行管理"两个责任"，落实了市、县（市）水务部门和项目法人（建设管理单位）具体责任人，并将市、县（市）农村饮水安全工程建设管理责任人进行网上公示，同时，对已建的农村饮水安全工程逐一落实管护单位和管护人员，明确管理责任人。

二是大力推行"六制"，规范建设管理。我市在农村饮水安全工程建设中，大力推行"六制"管理，严格实行项目法人制、建设监理制、集中采购制、资金报账制、竣工验收制和用水户全过程参与模式。同时，采取受益群众代表和市水利质量监督站开展工程质量监督；工程建设原材料及管材入场时均分批（组）分型号委托有资质检测机构的进行检测；积极推行农村饮水安全工程竣工质量检测制度。

三是制定管理制度，促进工作落实。我市先后出台了《合肥市农村饮水安全工程实施办法》《合肥市农村饮水安全工程资金管理办法》《合肥市农村饮水安全工程专项资金绩效考评评价实施办法》等。狠抓工程建设和运行管护督查工作，采取三项措施，切实加强各项制度落实的监管力度。按月下发《民生水利工程通报》，加强考核，将建设和运行管理纳入年度目标考核内容，对工程进展缓慢、不能按时完成的县（市）进行通报批评，对造成严重影响的要追求责任人的责任。

四是整合小型水厂，推进规模化建设。"十一五"期间我市建设了众多的小型供水工

程，突出问题是工程"小"和"散"，良性运行困难。针对存在问题，我市高度重视，认真进行调查摸底，分县（市）划定供水分区，开展小型供水工程整合试点，加大财政投入并吸引社会资金投资建设，全力推进规模化供水工程建设。目前，已整合小型供水工程10余处。

五是制定管护办法，保障工程运行。我市制定出台了《合肥市农村饮水安全工程运行管理办法》，管护办法明确了管理主体、管护责任，加大对水源地、供水水质监管力度，为我市农饮工程运行管护提供更有力的保障。

（二）典型县案例

1. 肥东县农村饮水安全工程建设管理案例

一是制定相关政策。肥东县制定出台了《肥东县农村饮水安全工程建后管护专项维修资金管理办法》《肥东县农村饮水安全工程运行管理办法》《肥东县农村饮水安全应急预案》等相关文件，为运行管理措施和资金上提供了保障，明确了县级财政每年每个水厂维护资金及管理和维护人员。

二是落实机构。县政府成立了农村饮水安全工程建设领导小组，并设立专项管理办公室，县水务局、县民生办负责监管和考核。肥东县成立了农村安全饮水管理工作领导小组，成立了县级农村饮水安全工程专管机构，各镇人民政府相应成立了供水管理站，工程所在村（居）委成立了管理小组；建立了县、镇、村（居）委三级的管理责任体系。

三是多元化管理。为使农村饮水安全工程走"建得成、用得起、管得好、长受益"可持续发展的道路，使农村饮水进入长效法，实施多元化管理格局，在工程建设后首先明晰产权，明确责任，制定政策，立规建制，放活经营，采取多种形式的运行管理模式。一有条件的村可以实施电费村级补助制，二委托管理，供水范围大用水量多的地区也可以实施委托管理。

四是加强服务保障安全。为确保已建工程的供水安全，对农村饮水安全工程在饮水水源地显要的地方设立"水源保护区"标志牌，划定保护范围，实施水源涵养林保护、严禁家畜进入保护区以及严禁在保护区从事对水源有污染影响的一切人为活动。在运行期间县水务局作为农村饮水安全工程的行业管理部门，坚持负责技术指导和监督，帮助运行单位培训技术人员，县卫生部门作为饮水卫生监督和水质监督单位始终坚持定时检查饮水水质状况、管理人员的身体情况，县财政部门积极落实运行维护的资金使用管理。各供水企业成立了农村饮水安全工程抢修服务队伍，并在项目区公示了服务电话，抢修服务队的成立，有效地保障了工程正常运行。服务队一般情况下，对于井上设备、主管网的抢修基本上都在第一时间解决，工作时间从没超出5小时，抢修队配备了一整套的设备和工具，效地保障了饮水安全工程的正常运行。

2. 巢湖市建设管理工作

巢湖市农饮工程经过多年的建设，形成了一套成熟的经验做法，取得扎实的成效。从项目规划开始即广泛征求意见，并结合上级部门的指导意见，实事求是，适当超前，严抓设计、审查、施工、建管等各个环节，保障了农村饮水工程的顺利实施和效益发挥，得到了地方干群的一致肯定。

采用招标方式，选取业绩优良，人员配备齐全的设计单位承担设计任务，设计单位委托承接设计任务后，随即开展水厂的勘察和测量以及初步设计报告编制工作。项目组编制人员多次会同建设单位、地方政府赴现场进行详细的调查，充分发动项目区地方政府的积极性，地方政府在前期工作中提供了翔实准确的项目区基础资料如项目区村庄名称、位置和人口、学校等数据。在设计过程中，设计人员多次与水利局领导就厂区布置、管路走向等相关问题进行了沟通，优化管线走向；并听取当地民众建议，力求使设计与现场实际及新农村建设规划相吻合。

同时设计单位在编制设计报告时严格按照安徽省水利厅文件《关于印发〈安徽省农村饮水安全工程初步设计报告编制指南（试行）〉的通知》（皖水农〔2012〕23 号）、《村镇供水工程设计规范》和其他上级文件及规范，编制完成设计报告。

设计单位的设计文件、计算书及施工图采取层层把关形式，设计人员初稿完成后由校核仔细校对、项目负责人把关送至审查、审定人员定稿后再批准上报、交付使用，有效地保证了设计文件的质量。

待初步设计报告编制完成上报后，主管部门在审查过程中，邀请水厂设计的各个专业的专家（包括水文水资源、规划、设计、结构、概算、施工等方面的专家）对设计文件进行认真审查，并出具报告审查意见。

设计院编制单位根据审查意见认真逐条进行修改，并专门撰写设计文件修改说明，针对修改内容进行逐条说明，修改完成后编制完成报告报批稿。

主管部门根据设计单位编制的报批稿结合专家审查意见认真对文件进行批复，保证了设计文本的质量和精度。

施工阶段的包括建设单位的管理、监理单位的管理及施工单位的管理。

巢湖市将农村饮水安全工程资金设立专门账户，由建设单位市水务局统一管理，实行专款专用，并由有关部门定期进行审计。在支付工程款的时候严格手续，严格过程控制。

百年大计，质量第一。农村饮水安全工程是党和政府在农村的一项德政工程，农民心目中的形象工程。在工程实施时，按照《农村人饮项目建设管理办法》的要求，将巢湖市农村饮水安全工程纳入基本建设项目管理程序进行管理，实行项目法人制、招标投标制、工程监理制、合同制、集中采购制、资金报账制和竣工验收制，从制度上保证工程的质量，工期严格按要求完成，做到建一处，成一处，发挥一处效益。凤台县水利局会同有关上级单位定期对本工程实施情况进行检查，对工程进度、质量、资金使用、合同执行情况进行管理、监督，对不能按计划完成的要追究有关责任人的责任。在水厂建设实施过程中，加强社会监督，工作透明。市及各有关乡镇充分利用广播、电视、公告牌等多种形式，对工程建设地点、建设标准、资金补助、物料价格等进行工程；市水务局在项目实施前，逐乡镇召开群众座谈会，广泛征求群众意见；及时公布和通报工程进展，保证了工程建设的公开和透明。

巢湖市人民政府出台了《巢湖市农村饮水安全工程运行管理实施办法》《巢湖市农村饮水安全工程项目资金管理办法》等文件，进一步明确了农村饮水工程的责任主体和机构，完善各项运行管理制度；实行严格的水源地保护措施，切实强化水源地保护和水质保障能力建设。进一步健全管理体制，创新管理模式，探索出一条农饮工程高效、有序、安全的管理模式。

五、目前存在的主要问题

1. 供水企业运行成本较高，经济效益不理想。主要原因是：水厂供水规模小，单一向农村居民供水，占线长，维修成本高，农户惜水意识强，用水量较小，水费收缴较难。

2. 管护人员缺乏专业技术。目前，我市农村饮水安全小型供水工程管护人员多数为农民或村干部兼职，除少数经过市、县（市）举办的短期培训外，绝大多数没有经过技术培训，而且部分管理人员文化程度和业务素质较低，不能适应日常管理工作要求。农村饮水安全工程涉及机电、设备、水质、管网安装等多个专业，管护维修专业性强，亟须建立和完善技术服务体系。

3. 兼并整合小水厂步伐不快。由于以前的小水厂较多，大部分都是招商引资和新城镇建设时建的，都已具备了一定区域的供水网络，现兼并整合需要投入大量资金，整合资金仍显不足。

六、"十三五"巩固提升规划情况

1. 全市农饮巩固提升"十三五"规划情况

今年以来，我市组织各县（市）对农村饮水安全工程状况进行全面摸底调查评价，合理制定农村饮水提质增效规划目标。将全市已建工程进行了分类，梳理存在的问题。市级统一审查各县（市）农村饮水安全巩固提升工程总体规划，统筹考虑各县（市）自然条件、水资源情况及社会发展水平，以县（市）级行政区划为单元，整体规划，确定供水分区进行区域化规模供水，坚持新建与改造并重的原则，采取"以大带小、以城带乡，以大并小、小小联合"的方式，"能延则延、能并则并、能扩则扩"，科学合理确定农村饮水工程布局与供水规模，采取列入环巢湖治理四期项目库全面解决我市农村饮水安全问题，力争2018年底前全面实施农村自来水"村村通"工程。各县（市）根据供水分区，采取新建、改扩建、管网延伸、联并网、小型水厂整合兼并，全面推进规模化供水工程建设，城市周边区域采取城镇规模自来水厂管网延伸，全力推进我市农村供水规模化发展。"十三五"期间，我市采取规模集中供水为主的方式，采取财政投入2016年底前解决实施贫困村和贫困人口的饮水问题，到"十三五"末实现我市农村自来水"村村通"。

2. "十三五"农饮工程长效运行工作思路

建立健全地方政府农村饮水安全工程运行管理机制，进一步研究制定符合农村供水管理制度文件。组织各县（市）建立农村饮水安全工程应急维修平台，成立区域性专业化运行维修服务队伍。鼓励组建区域性、专业化供水单位，对农村饮水安全工程实行统一经营管理。积极推行基本水费和计量水费相结合水价制度。加强水质管理、水源地保护工作，进一步加强农村饮水安全工程自动化建设。

十三五期间将做好以下工作：

（1）采取管网延伸或改扩建规模水厂，全面推进我市规模化发展，实行规模化运营，企业化经营管理，力争实现"以水养水"。

（2）加强运行管理，进一步落实管护责任，建立健全管理制度，鼓励专业化公司管理农村饮水安全工程；强化水质管理和水源地保护工作，加强对水质巡查工作，确保工程正常有序运行，让广大群众喝上安全卫生的自来水，真正感到民生工程的实惠。

（3）制定出台相关制度文件，坚决打击各种毁坏农村饮水安全供水设施的行为，加大行政执法力度，加大执法宣传，严格责任追究，提高社会关注度，确保农村供水设施不受损坏。

（4）加大信息化建设力度，实现供水管理远程控制、大数据分析，提高自动化管理水平。充分发挥县级农村饮水安全工程水质检测中心作用，定期开展水质检测，掌握供水水质状况。更新改造水处理设备，推广新科技，管好用好水处理设备，保证供水水质符合国家标准。

肥西县农村饮水安全工程建设历程

（2005—2015）

（肥西县水务局）

一、基本概况

肥西县位于合肥市西南，总面积 1695km²，辖 14 个乡镇园区（8 镇 4 乡和 2 个园区）、289 个村居，地跨长江、淮河两流域，江淮分水岭横贯于中北部，分水岭以北为淮河流域，流域面积 586km²，分水以南为长江流域，流域面积 1582km²。总人口 80.8 万人，其中农村人口 65.5 万人。

肥西县地处江淮之间丘陵地带，境内具有丘陵岗地、低山残丘、河湖低洼平原三种地貌，以丘陵岗地为最大地貌单元。丘陵岗地：江淮分水岭出大别山向东北延伸，在肥西县大潜山入境，江淮分水岭两侧地形呈岗、冲、圩三种地形。地表绝大部分为耕作农田，作物以水稻、小麦为主。境内主要有两条河流：丰乐河，全长 127.5km，流域面积 2124km²，其中肥西县境内长 59.0km，流域面积 795.7km²；派河，全长 39.0km，流域面积 585km²。

2014 年全年生产总值（GDP）508.8 亿元，比上年增长 11.1%，经济结构保持"二三一"格局，三次产业结构调整为 9.5∶67.7∶22.8；全年粮食产量 46.3 万吨，增长 5.6%，油料产量 5.9 万吨，增长 5.2%；全县规模以上完成工业总产值 1161.4 亿元，实现增加值 277.6 亿元，比上年增加 16.8%；全年完成全社会固定资产投资 491.1 亿元，增长 17.2%；全年完成财政总收入 55.8 亿元，增长 11.4%；全年居民人均可支配收入 19161 元，增长 11.7%，农村常驻居民人均可支配收入 15070 元，增长 12.4%。

可用作饮用水水源的主要为地表水和地下水，地表水由现有水利工程进行调控，地表水水源主要有蓄天然径流、引淠史杭水和提巢湖水，全县已构成蓄、引、提、采供水系统。

地表水资源：区划调整后，肥西县现有中型水库 1 座，小（1）型水库 15 座，小（2）型水库 95 座，塘坝 2.8 万口，总有效库容（有效塘容）2.43 亿 m³。肥西县农田灌区主要为淠河灌区，淠河灌区进出肥西县主要有淠河总干渠、潜南干渠和双河分干渠等。近年来随着灌区渠系配套和节水改造工程实施，外引淠河水源加上水库塘坝蓄水及反调节作用，淠河灌区和塘坝灌区农田灌溉保证率达到 80% 以上。根据淠史杭灌区可供水量分析，在 50%、75%、95% 保证率的可引水量分别为 8.6 亿 m³、4.9 亿 m³、3.1 亿 m³。随着刘河、中派、神灵等一批泵站技术改造工程的建设，巢湖提水灌区农田灌溉保证率达到 90% 以上，根据沿巢圩区现有提水能力，年最大可供水量达 2.9 亿 m³。

地下水资源：肥西县在地下水的开采利用上较少，主要因为：地下水埋藏较深，不易开采，含水量较少，特别是近几年肥西县做了许多找水的物探，物探资料显示，江淮分水岭地区地下水含量较贫乏，大部分地区日出量均在 100m³/d 以下，不能满足兴建相对规模较大一点集中供水点的需要；浅表层地下水污染严重，含水量也较少，同时受气候影响明显，群众自己打的压水井和砖井经常在干旱年份出水量迅速减少，有的一眼井仅满足 5~8 个人的生活用水。肥西县整体地下水资源贫乏，只有局部地区可打井集中供水，供少数人口饮用。

水污染现状：肥西县境内地表水源主要为巢湖、杭埠河、淠河总干渠和中小型水库等，但地表水水源存在不同程度的污染。杭埠河水质存在着工业污染和微生物污染，巢湖水质富营养化严重。现阶段，肥西县境内的 10 座水厂水源均以地表水作为水源，刘河水厂现仍取自巢湖，三河水厂以杭埠河作为水源；方圆水厂、盛源水厂、官亭水厂以淠河总干渠作为供水水源，除在水稻生育期内存在一定的污染外，平时水质状况较好；磨墩水厂、花岗水厂、程店水厂以中小型水库作为水源，这些中小型水库均为淠史杭灌区的反调节水库，除在灌溉季节存在着一定的有机物污染外，水质状况尚好。

二、农村饮水安全工程建设情况

1. 农村人口饮水安全解决情况

2015 年底，全县农村总人口 65.5 万人，"十一五"、"十二五"总解决规划内的农村饮水不安全人口数 53.02 万人（含因 2013 年规划调整的小庙镇和高刘镇农村不安全人口 11.75 万人）、农村自来水供水人口约 49.9 万人、自来水普及率 76.2%；行政村数 289 个村居、通水行政村数 278 个，通水比例 96.2%。2005—2015 年，农饮省级投资计划累计下达投资额为 4425 万元（总投资 2.39 亿元），计划解决人口数 53.02 万人，累计完成投资 2.38 亿元，新建成农村水厂 2 个（磨墩水厂和程店水厂），改造和扩建 3 个（花岗、高刘和三河水厂）。

2. 农村饮水工程（农村水厂）建设情况

2005 年以前我县有 6 个镇办小水厂，分别是高刘、官亭、小庙、三河、丰乐和山南水厂，位于原区集镇，存在的主要问题是规模小、工艺简陋、水质差、保障程度低、管理不规范、安全隐患多。

截至 2015 年底。我县境内共 10 座规模水厂，分别是位于高店乡的方圆水厂，官亭镇的盛源、官亭水厂，山南镇的磨墩水厂，花岗镇的花岗水厂，严店乡的刘河水厂，丰乐镇的程店、丰源、新仓水厂，三河镇的三河水厂。其基本情况分述如下：

表 1　2015 年底农村人口供水现状

乡镇数量	行政村数量	总人口	农村供水人口	集中式供水人口	其中：自来水供水人口	分散供水人口	农村自来水普及率
个	个	万人	万人	万人	万人	万人	%
12	289	80.8	65.5	49.9	49.9		76.2

表2 农村饮水安全工程实施情况

合计			2005年及"十一五"期间			"十二五"期间		
解决人口		完成投资	解决人口		完成投资	解决人口		完成投资
农村居民	农村学校师生		农村居民	农村学校师生		农村居民	农村学校师生	
万人	万人	万元	万人	万人	万元	万人	万人	万元
53.02	0.69	23781	22.68	0.2	10313	30.34	0.69	13467
说明：含因2013年规划调整的小庙镇和高刘镇农村不安全人口11.75万人								

方圆水厂位于高店乡团塘村境内，是高店乡2009年利用招商引资项目而兴建的水厂，设计供水规模2000m³/d，水源为淠河总干渠。截至目前，方圆水厂累计受益人口约2.1万人，日需水量约1500m³。

盛源水厂位于官亭镇夏祠村境内，于2010年4月开工建设，年底试运行，属官亭镇招商引资企业，水厂原设计供水规模5000m³/d，水源为淠河总干渠。采用的净水工艺按絮凝池、沉淀池、滤池"三池"流程设计，并建有清水池一座。水厂消毒采用二氧化氯消毒。截至目前，盛源水厂供水范围已覆盖官亭、铭传两个乡镇40个行政村（社区），累计受益人口4.8万人，实际入户人口约4.3万人，日需水量约3700m³，基本满足当前供水需求。

官亭水厂建于1989年，属镇办集体企业，水源为淠河总干渠，占地面积2.3亩。制水工艺采用简单的澄清消毒工艺，水厂设计供水规模仅2000m³/d。官亭水厂现覆盖官亭镇国道312线以南和官亭工业园区，累计受益人口1.0万人左右，实际入户人口约0.9万人，日需水量约1300m³。

磨墩水厂由肥西县水务局、山南镇、省水利厅经营总站和潜南干渠管理分局四家单位投资，水厂供水范围覆盖山南镇、柿树岗乡、铭传乡、花岗镇、紫蓬山管委会等乡镇共73个行政村（社区），涉及人口近20万人。水厂建有絮凝池、沉淀池、滤池、清水池等制水设施，采用二氧化氯消毒，水源为肥西县唯一的中型水库——磨墩水库（可通过潜南干渠从淠河总干渠补水）。2013年利用农村饮水项目资金进行扩建，新建"三池"，使其供水规模达10000m³/d。截至目前，水厂累计受益人口10.8万人左右，实际入户人口约9.8万人，日需水量约8300m³。

花岗水厂于2002年8月开工建设，水厂位于花岗镇李祠村境内，占地面积10亩左右。2014年利用农饮资金对水厂扩建，扩建后供水规模达10000m³/d。水厂建有絮凝池、沉淀池、滤池、清水池，采用二氧化氯消毒，取水水源为在册小（1）型水库——大官塘水库（可通过潜南干渠从淠河总干渠补水）。截止到目前，累计受益人口8.0万人左右，实际入户人口约6.1万人，日需水量约6500m³。

程店水厂是肥西县利用2008年农村饮水安全建设资金，为解决丰乐镇程店、民主等行政村饮水安全问题而兴建的，新建絮凝池、沉淀池和清水池，设计供水规模2000m³/d，水源为小（1）型水库——程店水库（可通过潜南干渠从淠河总干渠补水）。水厂占地面积 4 亩左右，建有絮凝池、沉淀池、滤池、清水池等制水设施及配电房、加氯间、供水泵房等附属设施。截至目前，程店水厂受益人口约 1.1 万人，实际入户人口约 1.0 万人，日需水量约 1100m³。

刘河水厂建于 2005 年，水厂位于严店乡刘河街道，取水水源为巢湖，水厂设计供水规模 5000m³/d。截至目前，水厂受益总人口 4.30 万人左右，实际入户人口约 3.8 万人，日供水量约 3400m³。

丰源水厂始建于 2007 年 8 月，设计供水规模 3000m³/d，供水范围覆盖丰乐镇 8 个行政村（社区），水源为程店水库（可通过潜南干渠从沘河总干渠补水）。水厂建有絮凝池、沉淀池、滤池、清水池各 1 座。水厂受益人口约 1.24 万人，实际入户人口约 1.0 万人，日需水量约 1000m³。

新仓水厂位于丰乐镇四丰路安河社区段南侧，自 2009 年生产运行，设计供水规模 3000m³/d，水厂取水水源为程店水库（可通过潜南干渠从沘河总干渠补水）。新仓水厂供水范围覆盖原新仓片 8 个行政村，受益人口 2.5 万人左右，日需水量约 2000m³。

三河水厂始建于 1979 年，为乡镇集体企业，并于 2006 年对水厂进行了改扩建，建有絮凝池、沉淀池、滤池、清水池等制水设施，设计供水规模 10000m³/d，采用二氧化氯消毒。水厂取水水源为杭埠河。三河水厂受益人口约 5.8 万人，实际入户人口约 5.2 万人，日需水量约 5900m³。

我县利用招商引资政策，引进民间个人资金进入农村供水市场，先后新建了刘河水厂、新仓水厂、盛源水厂、方圆水厂，累计投入资金约 4000 万元。

2015 年底，我县已全部完成"十一五"和"十二五"规划内的农村饮水不安全人口的集中供水任务，入户率 81%，入户费用执行物价部门核定的标准。

表 3　2015 年底农村集中式供水工程现状

工程规模	工程数量	设计供水规模	日实际供水量	受益乡镇数	受益行政村数	受益农村人口	自来水供水人口
	处	m³/d	m³/d	个	个	万人	万人
合计	10	52000	34800	11	278	55	49.9
规模水厂	10	52000	34800	—	—	55	49.9
小型水厂							

3. 农村饮水安全工程建设思路及主要历程

2005 年前，通过饮水解困工程建设，解决我县农村居民饮水困难问题；2006 年由饮水解困建设进入到饮水安全建设，不光要解决农村居民饮水困难问题，还要解决饮水安全问题；2006—2010 年饮水安全工程，全县共解决饮水不安全人口 22.68 万人，"十二五"期间全县解决 30.34 万农村人口饮水不安全问题（含 2013 年因区划调整高刘、小庙镇农村不安全人口）。

肥西县通过近年饮水安全工程的实施，使民生工程成为民心工程、德政工程，使饮水不安全地区永远告别了"吃水难"的历史，随着饮水水质的改善，受益区农民生活质量和健康水平得到进一步提高，卫生状况得到明显改善，文明程度逐步提高。

三、农村饮水安全工程运行情况

1. 县级农村饮水安全工程专管机构

2010 年肥西县政府批准设立肥西县农村饮水安全工程领导小组办公室，为县级农村饮水安全工程管理机构，为事业单位，核定 4 人，运行经费为财政供给。

2. 县级农村饮水安全工程维修养护基金

2014 年我县设立了农村饮水安全工程维修养护基金，2014 年为 18 万元、2015 年为 60 万元、2016 年为 100 万元，每年均足额到位，基金在县财政局设立专账管理。出台农村饮水安全工程管理办法和基金使用制度，明确管理养护主体和责任，基金的使用范围，申报和核定程序，并和责任主体单位（水厂）签订管理养护协议，保证了基金的专款专用和基金效益的发挥。

3. 县级农村饮水安全工程水质检测中心

根据省水利厅的要求，我县于 2015 年依托县疾病预防控制中心，建立了县级农村饮水安全工程水质检测中心，完成设备及仪器的采购，现已投入运行，水质检测中心隶属卫生部门，所需经费由县财政全额供给。检测中心办公场地 632 m^2，其中化验室 500 m^2，内设理化室、大型水质分析仪器室、药剂室和微生物室等。具备检测资质，有 4 名专业技术人员，检测指标可达 43 项。

主要检测仪器设备：紫外可见光分光光度计、三通道原子荧光光度计、超纯水机、酸度计、电导率仪、散射式浊度仪、高锰酸钾滴定法 COD 测定仪、蒸馏器、微量加样器 10 套、原子吸收（分光光度计）光谱仪、菌落计数器、高压蒸汽灭菌器、超净工作台、水样冷藏箱、便携式消毒剂余氯测定仪、培养箱等。

县疾控中心每年在丰水期、枯水期对各个水厂的出厂水、末梢水水质检测，主要检测指标为色度、浑浊度、臭和味、肉眼可见物、硝酸盐、耗氧量、总硬度、硫酸盐、溶解性总固体、氨氮、氟化物、氰化物、pH 值、铁、锰、砷、铅、硒、镉、汞、铜、铬（六价）、锌、铝，挥发酚类、阴离子合成洗涤剂、氰化物、氯酸盐、三氯甲烷、四氯化碳、菌落总数、总大肠菌群、耐热大肠菌群、大肠埃希氏菌和二氧化氯共 36 项指标，县疾病预防控制中心常规检测每年 2~4 次。

4. 农村饮水安全工程水源保护情况

为切实加强水源地的保护，确保饮水安全，肥西县政府以政办〔2010〕153 号文件予以批准《肥西县农村饮用水水源保护方案》；县政府于 2010 年 5 月以肥政〔2010〕102 号文件下发了《肥西县三河镇等建制镇集中式饮用水源保护区划定方案的通知》，对我县小庙镇、花岗镇、山南镇、高刘镇、官亭镇、三河镇、丰乐镇等 7 个建制镇划定饮用水源保护区；2013 年以肥政〔2013〕132 号印发《肥西县规模化畜禽养殖区划定方案的通知》，对集中式饮用水源地一、二级保护区列为禁养、限养范围。肥政〔2010〕102 号文明确了保护区的范围、地方政府和各部门的职责、工作要求，为此各地方人民政府和各部门应对照文件要求，进一步履职尽责，相互配合，切实把保护饮用水源工作为一项大事来抓，做到工作有人、措施有力、保护有效，确保集中式饮用水源安全。

县环保和卫生部门负责水源和出厂水、末梢水的日常检测和监督管理外，县人大开展水源地专项检查。小庙镇办水厂的水源地为小（1）型水库张公塘，由于水管部门租赁水面用于养鱼，导致水源污染，群众意见大，人大检查发现后，责令水管部门解除合同，水质得到保障；磨墩水库是我县覆盖范围最大、受益人口最多的磨墩水厂的水源地，由于水库人工养鱼和库区周边的开发，对水质产生影响，人大率领环保水务等部门联合检查，制止了水面的人工养殖和库区的无序开发。丰乐河为新仓水厂和丰源水厂的水源地，由于丰乐河是一条自然河，加之上游来水的污染，在汛期和枯水季节的水质较差，针对这一情况，县政府在2014年筹措专项资金，将新仓水厂和丰源水厂的水源地调整为程店水库，撇开工业污染和居民聚集区，使水质得以改善。刘河水厂的水源地为巢湖，每逢夏季，巢湖的水质较差，采取了和程店水厂管网互联互通，将优质的水质输入刘河水厂，并辅之适当加大处理剂量、延长絮凝反应时间等措施确保刘河水厂的出厂水得标。

5. 供水水质状况

目前，肥西县集中饮水水源地的原水检测主要由县环境保护局负责检测，主要检测指标为氨氮、高锰酸盐指数、总磷、总氮、溶解氧、pH值、电导率和五日生化需氧量等8项污染物指标，检测方式分为定期检测和日常巡检。

水厂的出厂水、末梢水水质检测和监管主要依托县疾病预防控制中心，主要检测指标为色度、浑浊度、臭和味、肉眼可见物、硝酸盐、耗氧量、总硬度、硫酸盐、溶解性总固体、氨氮、氟化物、氰化物、pH值、铁、锰、砷、铅、硒、镉、汞、铜、铬（六价）、锌、铝、挥发酚类、阴离子合成洗涤剂、氰化物、氯酸盐、三氯甲烷、四氯化碳、菌落总数、总大肠菌群、耐热大肠菌群、大肠埃希氏菌和二氧化氯共36项指标，县疾病预防控制中心每年检测2~4次，在丰水期和枯水期，特殊情况加密检测。

我县10个农村水厂均为规模水厂，其净水工艺为：

絮凝剂　　　　　　　　　消毒剂

原水　→　絮凝池　→　沉淀池　→　过滤池　→　清水池　→　用户

水质检测合格率为95%，主要不合格指标为菌落总数。

6. 农村饮水工程（农村水厂）运行情况

肥西县现共有10座水厂，其产权形式为私人企业、镇办集体企业和股份制企业。其中，私人企业性质水厂有方圆、盛源、程店、刘河、新仓共5座水厂；镇办集体企业水厂有官亭、三河2座水厂；股份制企业性质水厂有磨墩、花岗和丰源共3座水厂。均为独立法人，实行企业化管理，市场化动作，是农村饮水工程的管护主体。

我县10个农村水厂实际日供水总量为3.47万m^3，供水价格一厂一价，由县物价部门核定，农村水价为1.8~2.3元/m^3，经营性水价为2.6~2.9元/m^3。水厂收入来源主要有三块：开户费、水费和政府补助。5000m^3及以上规模水厂保本微利，5000m^3以下的规模水厂运行较为困难。目前我县的10个水厂没有实行"两部制"水费。

7. 农村饮水工程（农村水厂）监管情况

农村供水工程实行分级分部门负责制。肥西县水务局是肥西县农村饮水安全工程建设的行业主管部门，负责协调解决工程建设中的重大问题，根据市饮水安全领导小组批复的实施方案和年度建设计划，指导肥西县农村饮水安全工程建设及运行管理，水务部门承担着全县管网延伸和部分水厂的改造任务，工程竣工后，移交给当地的人民政府管理，当地人民政府又将工程的管理权和使用权委托给当地水厂，国有资产实行所有权和经营权分离。县建设部门负责农村水厂的日常监管；物价部门负责制定管网配套费和水费的价格指导政策的落实和监督管理；县财政部门负责筹措配套资金，并加强对资金使用的监管；县卫生部门负责宣传、普及饮水安全知识，对工程定期进行水质检测、监测；县环境保护部门负责加强对农村饮用水水源的环境监管及监测；县国土资源部门负责协调解决工程建设用地。

8. 运行维护情况

各水厂均成立由一名副厂长为队长的运行维修队，负责辖区内管网、供水设施、设备的维护和养护，并制定岗位职责和奖惩措施，责任到人，落实经费，全天候待命，24 小时服务，确保供水管网、设施设备高效安全运行，保障用水户正常供水。我县根据省的相关政策落实了农村饮水安全工程建设用地、用电和税费减免政策。

四、采取的主要做法、经验及典型案例

1. 做法和经验

肥西县农村饮水项目建设领导小组以农饮办〔2010〕1 号文下发了关于印发《肥西县农村饮水工程运行管理（暂行）办法》的通知，同时出台了《肥西县农村饮水工程运行管理（暂行）办法》，从工程管理、水源水质检测、供水管理、水价管理等方面对肥西县农村饮水安全工程的运行、管理制定了纲领性的管理措施，为肥西县农村饮水工程的有序管理提供了强有力的依据。

一是认真做好规划，严格建设管理。饮水安全工程点多面广战线长，牵涉到千家万户，与群众生活息息相关。我们精心准备，超前谋划，积极编制"十一五"、"十二五"农村安全饮水工程规划，以规划为统领，以年度实施方案为抓手，循序渐进，逐年推动，避免了重复建设和管网闲置现象，做到了和县情、民情及新农村建设的完美结合，效益充分发挥，老百姓反映良好。

农村饮水安全工程在建设过程中严格遵循基本建设程序，从可研到实施方案编制，科学规划，精心设计；公开招投标择优选择施工单位和监理单位；成立机构，抽调专人管理，聘请有资质的监理公司进行全过程监理；在实施过程中，还邀请水厂和村组代表到施工现场进行监督。这样农村饮水安全工程在整个过程均处在受控状态。

二是科学布局水厂，实现全覆盖。农村饮水工程建设初期，我县水厂多为镇办小厂，工艺落后，供水能力低，远不能满足未来农村饮水安全建设的需要。我们首先是积极争取农村饮水安全项目资金，新建和改造一批水厂；其次是积极建议县政府招商引资利用民间资本参与水厂建设；第三是积极鼓励政府、水管单位和省农村饮水总站合作，建立股份制合作公司；第四是对部分镇办的老水厂进行合并。通过上述方法，我县现在有 10 个水厂，布局合理，供水能力能够满足全覆盖的要求。

三是解决不安全人口，兼顾受益人口。农村饮水安全工程治理的目标是解决农村不安全人口，但在实施饮水安全工程时，既要解决饮水不安全人口，又要从长远发展考虑，兼顾受益人口，因此，我们在主干管网的规模、走线和水厂的供水能力设计上留足富裕度，力争科学合理，避免重复建设。为实现农村饮水工程在广大农村全覆盖，实现村村通自来水打好基础。

四是利用区位优势，对接市政管网。我们利用我县的区位优势，积极主动与合肥供水集团联系，充分利用合肥供水集团的水源、管网和管理优势，将我县桃花、上派、紫蓬、桃花工业园、紫蓬山管委会范围内部分城乡接合部的农村供水列入合肥市大区域供水范围。

五是充分利用小型集中供水工程，解决偏远村组饮水不安全问题。2008 年以前，由于受项目资金的限制，为了能够解决农村偏远村组的饮水困难，我县新建了一大批小型集中供水工程，但运行了 2 年后，发现水量严重不足、水质存在污染、管理也不方便，这样就逐渐闲置或废弃。2010 年后，我们结合管网延伸，充分利用小型集中工程的厂房和设备，将小型集中工程改造成增加站，进行二次供水，既解决了偏远村组的农村饮水不安全问题，又解决了水厂一次直供水压不足的问题，利用了闲置资产，节约了投资，效果明显。

2. 典型工程案例

磨墩水厂是在山南镇办水厂的基础发展起来的，原镇办水厂存在供水规模小、生产工艺差、水质不达标、保证程度低等问题，不能满足农村居民的供水需求。2008 年，省金汇水利投资有限公司、山南镇人民政府和潜南干渠管理分局共同出资成立股份制供水企业并更名为磨墩供水有限责任公司，于 2008 年 5 月经市发展和计划委员会批准立项新建的城镇集中供水项目，一期供水能力 5000m³/d，二期供水能力 10000m³/d，取水水源为肥西县唯一的中型水库磨墩水库，水量充足，水质优良。一期工程于 2010 年 10 月正式供水。

随着农村饮水安全工程的不断推进，供水范围不断扩大，用水户不断增加，一期的供水规模不能满足用水需求，于是 2013 年我们启动了磨墩水厂二期扩建工程，在原供水规模的基础上新建反应池、沉淀池和清水池，配置取水、制水、净水和供水设备，使磨墩水厂的供水能力达到 10000m³/d。磨墩水厂二期扩建的完成后，供水范围覆盖山南镇、柿树岗乡的大部和铭传乡、花岗镇和紫蓬山管委会的局部，涉及 71 个行政村和社区，解决农村饮水不安全人口 10 万余人，总受益人口达 20 万人左右，是我县目前供水规模最大、覆盖范围最广的供水企业，社会效益和经济效益显著。

磨墩供水公司的建成对加快周边新农村建设步伐，改善广大群众饮用水质，促进城乡经济社会发展，具有十分重要的意义。

磨墩水厂的主要管理经验：

（1）依托服务大厅，提高工作效率

磨墩供水有限责任公司供水区域大，覆盖山南、柿树两个乡镇以及花岗、官亭、铭传多少年来，自来水上门收费的固有模式早已深深定格在脑海中，都是以入户收费的方式为主，收费员经常赶上用户家里没人，等收费员一走，用水户又重新回来了，想缴费又不知道到什么地方去缴，为收一户水费，收费员跑个三四趟是常有的事儿。存在着"收费员上门没有人，老百姓送缴找不到门"的弊端，效率低，管理成本高，也不方便广大农村居民的缴费。

为此，磨墩供水公司积极争取农村饮水安全资金，先后在柿树岗乡和山南镇新建水费征收点和收费大厅，定时定区域开门向广大用水户收费，改变传统的收费模式，变上门收费到送缴制。

磨墩供水公司加大宣传力度，增强用水户缴水费意识，张贴水费通知，以山南收费大厅为主、依托柿树收费大厅以及各村收费点收费。如今在山南、柿树收费大厅设立收费窗口以及农饮收费点便于群众缴费，提高了工作的效率，减少运营成本，起到事半功倍的效果。

提高优质服务水平是化解水费收缴矛盾的基础，收费大厅也是磨墩供水公司对外服务的窗口，既有负责供水区域内用户的水费收缴、查询、报修、报装等功能，也是向广大用水户宣传农村饮水这一民生工程政策法律法规的平台。目前收费户数 1 万多户，自大厅建立以来，严格按照文明示范窗口的要求，磨墩供水公司收费员服务态度真诚、使用文明用语、耐心解答用水户的疑问，建有投诉箱，树立良好的窗口形象，打造优质服务品牌。用户有疑问，可随时到收费大厅查询数据，用真诚服务群众，以诚信换取民意，得到了广大用户和社会各界的好评。

（2）成立专业队伍，保证服务质量

供水企业事关千家万户，质量马虎不得。磨墩供水公司面向社会招聘人才，成立专业管理队伍，从水源地开始一直管到用户的水龙头，各项工作均落实到班组，责任到人头。

生产科精心组织生产，保质保量完成制水生产任务，严格执行制水工艺流程和水质检验规程，定期对供水设备、管线、机泵、供水设施各种器具安装、维修和保养，以"安全、优质、低耗"为生产原则，节能降耗，降低成本，开展技术人员的技术学习、培训工作。

每年随着夏季气温的逐渐攀高，供水量迅速增加，为保证居民的正常用水，磨墩供水公司全力以赴开展高峰期安全供水各项保障工作，确保安全供水。以前夏季用水高峰期会出现停水，水质差，水压小的现象，而现在，磨墩供水公司生产制水班严格按制水操作规程做好供水管理，随时掌握水源、水质、水量变化情况，正确确定药物投放量，确保供水质量，保持清水池周围清洁卫生，沉淀池、滤池每星期清洗一次，定期排放末梢水，确保正常供水。同时检测站也加大取水化验的工作力度，严格水质检测，加强制水工艺流程管理，实行日化验、分析，确保水质达到国家农村饮用水标准。

维修班组做好管网的检修维护。加大对支、主管网的巡查，开展区域性巡检查漏，对阀门进行维修保养，确保供水管网正常运行。供水抢修队伍坚持 24 小时全天候待命服务，保障了夏季高温期间居民用水。炎炎夏日，正是一线劳动者最辛苦的时候，维修班组承担着主要地段的管网维护与抢修工作。烈日下，只要一个电话，他们一定在最短时间内出现在抢修现场。在炎炎烈日下，抢修人员拿着焊机，聚精会神地工作着，他的脸庞在太阳底下被晒得黝黑，草帽遮不住脸上随时滴下的汗珠。

机电班组加强了机电设备、输配电线路和加氯消毒处理等设备的维护、检查和保养，主用、备用设备都要保持良好性能，设备完好率达到 100%。进一步加大对供水核心部位电机、水泵的维护保养力度，实行定人、定时养护，确保设备的正常运转。设施设备的运行状况实行 24 小时监控，发现问题立即处理，确保夏季用水高峰期不停水、水质优、水压足。

磨墩供水公司供水面积广，用水户零散，抄表难度大，抄表班组每个人员抄表工作都做到细心、恒心，都有吃苦耐劳的精神，不管是烈日当天的酷暑盛夏，也不管是寒风刺骨的三九严冬，他们每月都按时准确地抄表，做到不误抄、不漏抄、不估抄表底。

（3）自筹维护资金，确保供水高效

农村饮水安全工程的特点是点多面广管线长，水费收入少，管理成本大。管护费用大一直困扰着企业的发展。为保证农村饮水工程长期发挥效益，保障广大居民长期用上安全便捷的自来水，磨墩供水公司一直努力寻找供水企业的市场化运作与农村饮水安全工程公益性的结合点，不因农村供水不赚钱或亏本而放弃嫌弃，开源节流，降低成本，主要从三个方面来保证。一是去年我县把农村饮水安全工程的维护资金列入县级预算，设立了管护专项资金，扶持全县的供水企业，大大缓解了企业管护费用大的压力；二是区别水价，以工（工业水费）补农（农村水费）。去年磨墩供水公司积极争取政策，由县物价局出台核定了非居民生活用水价，较居民生活水价有所提高，既体现了农村饮水的公益性，又促进了企业的良性发展；三是自筹资金用于供水设备设施和管网改造维护。山南镇老水厂于2011年6月份合并磨墩供水公司，原水厂主要供水山南镇区，管道老化，跑冒滴漏非常严重，供水不畅，居民意见大。磨墩供水公司在2012年、2013年每年自筹资金50万元，对山南镇镇区杨桃路、官山路、山吕路、山袁路、洪桥路老管网进行改造，合计改造1133户，既减少了水损，提高了供水效益，又解决了集镇用水不如农村的尴尬问题；同时每年还自筹50万元对供水设备设施和管网进行管护、改造和更新，确保供水设备设施和管网高效安全运行。

五、目前存在的主要问题

1. 多部门管理松散

现行农村饮水安全工程由水务局组建项目法人，具体负责项目的建设管理。工程完工后，全面移交给当地人民政府管理，当地乡镇人民政府又将工程的管理权和使用权委托给当地水厂经营，所有权与经营权分离，实行政府主导、企业自律、部门协作的管理模式。建设部门负责农村水厂的日常监管；环保部门负责水源地的保护和水源监测；卫生部门负责水厂出厂水和末梢水的检测；物价部门负责制定管网配套费和水费的价格指导政策；入户安装和管理由乡镇人民政府和水厂共同推动。五个部门和一个政府（当地乡镇）在农村饮水安全工程上均负有职责，但都各管一块或一个环节，管理松散，遇事易扯皮，随着农村自来水的全覆盖和城乡供水一体化的逐步形成，在运行管理和维护服务上，将因严重缺乏行业监管而出现更多的问题。

2. 水厂（供水企业）运营困难

目前水厂的经济来源主要有三项：一是水费；二是开户费；三是政府和部门的补贴。由于农村用水量少水价低，水费所占份额较少，而水厂投入的供水成本和维护费用较大，政府和部门的补贴少近乎无，这两项收入难以保证水厂的运行，这就造成水厂发展农村用户积极性不高、把开户费当成维持稳定运行和发展的基础支撑。

3. 农村饮水安全工程的公益性与供水公司（水厂）的企业化运行不一致

农村饮水安全工程解决农村居民的饮水安全问题，是个公益性事业，要求水厂保本微利，实际上水厂实行的是企业化管理市场化运作，追求的是利益最大化，这与农村饮水安全工程的公益性不一致。加之农村居民居住分散和传统的用水习惯难以一时改变，用水量少价低，农村水费在供水公司（水厂）的收入中占的比例较少，供水管线长、维护费用高和运营成本大，决定了供水公司（水厂）发展农村用水户的积极性不高。特别是招商引资建设的水厂，不愿承担更多的社会责任。

六、"十三五"巩固提升规划情况及长效运行工作思路

1. 总体目标

到 2020 年，通过巩固提升，全面提高农村饮水安全保障水平，建立"从源头到龙头"的农村饮水安全工程建设和运行管护体系。主要任务有，解决因各种客观原因新出现的部分饮水不安全人口的安全饮水问题；对已建饮水工程进行达标改造建设；全面提升饮水安全保障总体水平，使广大农村居民喝上更加方便、稳定和安全的饮用水。

（1）具体目标

① 建设方面：采取新建、扩建、配套、改造、联网等措施，使全县农村自来水普及率达到90%以上，水质达标率整体有较大的提高，集中供水率达到95%以上，供水保证率达到95%以上。

② 管理方面：全面推进工程管理体制和运行机制改革，建立健全县级农村供水管理机构、农村供水专业化服务体系、合理水价形成机制、信息化管理、工程运行管护经费保障机制和水质检测监测体系，依法划定水源保护区或保护范围，实行水厂运行管理关键岗位人员持证上岗制度。

（2）主要指标

① 集中供水率：农村集中供水率是指日供水规模 $20m^3/d$ 以上、有完善的水质净化和消毒措施并供水到户的集中式供水工程受益人口占农村总人口的比例。至"十三五"末，肥西县集中供水率可达到95%以上，力争自来水全覆盖。

② 自来水普及率：农村自来水普及率是指日供水规模 $20m^3/d$ 以上、有完善的水质净化和消毒措施并供水到户的集中式供水工程受益人口占农村供水人口的比例。至"十三五"末，肥西县自来水普及率可达到90%以上。

③ 水质达标率：水质达标率即农村集中供水工程水质卫生监测水质综合合格率。肥西县"千吨万人"、$200m^3/d$ 以上的规模水厂水质达标率力争在"十三五"末整体有较大提高。

④ 城镇自来水管网覆盖率：城市（县城）市政自来水管网覆盖行政村占全县通水行政村的比例。现阶段，肥西县上派、桃花及紫蓬 3 个乡镇自来水已接入合肥市政自来水管网。根据合肥市城市供水规划，未来三河镇也将纳入市政供水范围，并可加快沿线的严店乡、丰乐镇等乡镇市政供水进度。至"十三五"末，肥西县城镇自来水管网覆盖率将达到50%以上。

2. 规划任务

结合小城镇、新农村建设规划以及即将实施的引江济淮工程，坚持高起点规划、高标准建设、高水平管理，进一步巩固提升农村饮水安全工程。主要有六项任务：一是优先实施城市供水管网向农村延伸的城乡一体化供水工程；二是大力发展规模化集中供水工程，扩大连片集中工程比例及所覆盖人口比例；三是建设自来水入户工程、提高自来水入户率；四是全面加强水质处理设施和水质检测能力建设；五是规模以上饮水工程信息化建设；六是推进备用水源建设及水源地保护工作。

根据相关文件精神并结合肥西县饮水工程实际，牢固树立"农村饮水安全实行行政首长负责制，县级人民政府是农村饮水安全第一责任人"的理念，以县政府名义出台农村饮

水工程管理办法，建立长效管护机制，建立县级维修养护基金，执行国家三项优惠政策。到2020年，县级饮水安全行政首长负责制和国家有关部委关于农村饮水工程用电、用地和税收的优惠政策要全部落实到位，工程水价更加科学合理，做到工程管理主体落实，管理制度健全，保障能力增强；将农村饮水工程维修养护资金和水质检测年运行费足额列入财政预算；推进水源地保护工作顺利开展。

表4 "十三五"巩固提升规划目标情况

农村集中供水率（%）	农村自来水普及率（%）	水质达标率（%）	城镇自来水管网覆盖行政村的比例（%）
95	85	95	50

表5 "十三五"巩固提升规划新建工程和管网延伸工程情况

工程规模	新建工程					现有水厂管网延伸			
	工程数量	新增供水能力	设计供水人口	新增受益人口	工程投资	工程数量	新建管网长度	新增受益人口	工程投资
	处	m³/d	万人	万人	万元	处	km	万人	万元
合计						11	2034	17	8710
规模水厂						11	2034	17	8710
小型水厂									

表6 "十三五"巩固提升规划改造工程情况

工程规模	改造工程				
	工程数量	新增供水能力	改造供水规模	设计供水人口	新增受益人口	工程投资
	处	m³/d	m³/d	万人	万人	万元
合计	10	12690		57.34	15.6	1290
规模水厂	10	12690		57.34	15.6	1290
小型水厂						

3. 展望

根据合肥市政"十三五"供水规划，随着引龙入肥工程、合肥第七水厂扩建工程、合肥第九水厂工程的开工建设和投入运行，我县农村用水格局将发生重大调整，除北部少数乡镇外，大多数乡镇和园区将纳入合肥市政供水范围，基本实现城乡供水一体化；"十三五"末农村饮水安全工程将逐步实现全覆盖，农村饮水安全工程将不再作为一个独立的与城镇相分离的概念存在，其运行管理将纳入合肥供水集团管理，实现其准公益性、公司化运营管理的要求，从水质、水量到保证率和服务质量都将大幅度提升，农村人将有望像城里人一样全部用上优质便捷的自来水；政府将加大水源地保护和后期管护的投入力度，确保供水管网、设施和设备高效安全运行，确保各供水企业有利可图，确保农村居民长期用上安全便捷的自来水。

肥东县农村饮水安全工程建设历程

（2005—2015）

（肥东县水务局）

一、基本概况

肥东居皖中腹地，东望南京，南滨巢湖，西融合肥，北襟蚌埠，既有"吴楚要冲、包公故里"的盛名，又有"襟江近海、七省通衢"之美誉。地跨东经117°19′~117°52′、北纬31°34′~32°16′。肥东县内地势略呈倾斜，北高南低，江淮分水岭横贯于县境北部，形成长江、淮河两大水系，其中长江流域1712km²，淮河流域504km²。境内河、渠交错，主要河流有南淝河、店埠河、滁河、池河等。大别山余脉逶迤，主要有四顶山、白马山、龙泉山、浮槎山、太子山、小岘山、岱山等。

肥东县总面积2216km²，根据《2015年肥东年鉴》统计，户籍人口105.5万人（其中城区户籍人口17.71万人，农村人口87.79万人），辖18个乡镇和肥东经济开发区、合肥循环经济示范园、安徽合肥商贸物流开发区3个开发园区，现有331个村（社区）。2015前三季度全县生产总值295.21亿元，按可比价格计算，比上年增长10.9%。其中，第一产业28.11亿元，增长4.6%；第二产业192.05亿元，增长11.6%；第三产业75.06亿元，增长11.1%。

肥东县水流以江淮分水岭为界，岭南为长江水系，岭北为淮河水系。长江水系主要河流是南淝河、店埠河、滁河和巢湖等，淮河水系主要河流是池河。南淝河源于肥西县境内，经合肥市区入本县撮镇镇龙塘，沿撮镇、长乐、长临河等乡镇西部边界流入巢湖，是我县与包河区的界河，我县境内起始于撮镇建华村至长临河镇的施口，县内流长18km，流域面积795km²。南淝河河床平坦常年通航，口宽60~80m，底宽40~70m，底高程4~6m（吴淞高程，下同），堤岸顶高14m左右，正常水位8.5m左右。其东岸在本县境内有龙塘河、店埠河、长乐河等12条支流。

滁河源于白龙镇，经梁园、高亮、马湖等乡镇入全椒县境，最终经江苏省六合区瓜埠大河口入长江，河道弯窄，落差大，水位不稳。本县境内滁河南岸是马站河、王铁河、周集河、马集河、石塘河、板桥河、新河7条支流，总长78.5km。北岸是护城河、卞湾河、袁河西河、薛桥河、张集河、王子城河、龙山河、鸡鸣河、马湖河、古城河10条支流，总长110km。

巢湖在县境南端，面积800km²，湖岸周长167km，东西长55km，南北宽22km。水源来自大别山和江淮丘陵，流入长江。本县有水面 45km²，县内水流除池河外，均入巢湖。巢湖为本县提供丰富的水源，对农业、渔业、水运和其他经济建设发挥重要作用，沿湖一带素有"鱼米之乡"美誉。但雨季湖水易暴涨，内河出水常受顶托，圩田洼地积水不易排出，有时造成洪涝灾害。2001 年冬至 2002 年底，开始对巢湖大堤（长临河至十八联圩）长 6.5km 一段堤防进行除险加固，堤身土方顶高程由 13.8m 加高到 14.5m 左右，顶宽由 2.6m 增加到 9m，并对该段堤防进行块石、混凝土护坡及建防浪墙。至此，巢湖大堤十八联圩段防洪能力显著提高。

池河流域位于我县北部，是该县与定远县的界河，池河在我县的源头，在青龙水库上游，经清水桥入定远县境，后又于响导乡的王福寺流入我县，再从陈集乡的陶老家流向定远县境内，主河道经我县一侧的长度为 15.8km，流域面积 405km²。主河道弯曲，河床狭窄，河床两岸基本没有设防。我县在该流域内建有 16 座小（1）型水库，控制我县流域面积 102.43km²，兴利库容 2865 万 m³，对河道防洪和农田灌溉发挥了很好的作用。

肥东县可开发利用水资源主要是地表水，根据《肥东县水资源公报（2014 年）》，全县供水量 4.03 亿 m³。其中，地表水源占 90.8%，地下水源占 8.7%，其他水源占 0.5%。总用水中：农业用水量占 70%，工业用水量占 23.2%，城镇居民生活用水量占 4.2%，农村居民生活用水量占 2%，生态用水量占 0.6%。

肥东县地表水水资源主要依靠水利工程拦蓄天然径流、引入淠史杭水。全县已建成中型水库 4 座、小型水库 225 座、塘坝 4.2 万座，蓄水量达 4.53 亿 m³。肥东县水资源主要用于农业灌溉生产和工业发展，部分水面兼有养殖和防洪功能。

二、农村饮水安全工程建设情况

1. 农村人口饮水安全解决情况

实施农村饮水安全工程前，据 2004 年及 2009 年两次调查统计，我县计存在农村饮水安全问题人口 49.47 万人。其中，饮用苦咸水 4.5 万人，饮用有害物质含量超标水 20.56 万人，水量、方便程度、保证率不达标 24.41 万人，饮水安全问题直接影响到我县广大人民群众的身心健康和生活质量。我县始终高度重视农村饮水安全问题，将此项工程列入为民办实事之一来进行重点部署、重点调度、重点落实。

自 2005 年以来，肥东县通过积极争取国家农村饮水安全项目资金和社会资金，共完成集中供水工程 62 处。其中，新改建水厂计 4 座，实施管网延伸工程计 58 处。共完成投资近 2.411 亿元，解决饮水安全问题人数 61.81 万人。全县行政村数 331 个，通水行政村数 294 个，通水比例 88.8%。

表1 2015 年底农村人口供水现状

乡镇数量	行政村数量	总人口	农村供水人口	集中式供水人口	其中：自来水供水人口	分散供水人口	农村自来水普及率
个	个	万人	万人	万人	万人	万人	%
18	331	105.5	87.79	61.81	52.68	25.98	60

表2　农村饮水安全工程实施情况

合计			2005年及"十一五"期间			"十二五"期间		
解决人口		完成投资	解决人口		完成投资	解决人口		完成投资
农村居民	农村学校师生		农村居民	农村学校师生		农村居民	农村学校师生	
万人	万人	万元	万人	万人	万元	万人	万人	万元
46.57	2.90	24110	23.49	0.88	12000	23.08	2.02	12110

2. 农村饮水工程（农村水厂）建设情况

2005年以前，肥东县共只有5个水厂，其中，县自来水厂及龙岗水厂（二水厂）向县城及周边农村供水，供水规模达40000m³/d；石塘水厂、古城水厂及长临河水厂总共供水规模仅有1200m³/d，因年久失修，仅能向镇区供水，且成萎缩状态。截至2015年底，县域现有农村水厂22个，供水规模达231500m³/d，覆盖全县范围。受益农村人口达61.81万人。

表3　2015年底农村集中式供水工程现状

工程规模	工程数量	设计供水规模	日实际供水量	受益乡镇数	受益行政村数	受益农村人口	自来水供水人口
	处	m³/d	m³/d	个	个	万人	万人
合计	22	231500	127600			61.81	52.68
规模水厂	20	231000	127200	—	—	61.21	52.38
小型水厂	2	500	400	—	—	0.6	0.3

3. 农村饮水安全工程建设思路及主要历程

肥东县自2005年实施农村饮水安全工程以来，按照"规模化发展、标准化建设、专业化管理、企业化运营"的要求，整村、整乡镇的推进模式，通过十余年的建设，到2015年底，全县共有22个水厂，已经安装自来水人数52.68万人。共完成集中供水工程62处，其中新改建水厂计4座、实施管网延伸工程计58处。共完成投资近2.411亿元。

三、农村饮水安全工程运行情况

至2015年底，农村饮水安全工程运行如下方面情况。

1. 县级农村饮水安全工程专管机构

2011年7月7日肥东县机构编制委员会印发《关于同意成立肥东县农村饮水安全管理中心的批复》（东编〔2011〕7号）核定全额拨款事业编制5名。

2. 县级农村饮水安全工程维修养护基金

2013年5月28日肥东县水务局、财政局印发《肥东县农村饮水安全工程建后管护专项维修资金管理办法（试行）》，确定县财政每年在预算中安排维修专项资金50万元，并确定资金使用范围、申报程序及管理制度。

3. 县级农村饮水安全工程水质检测中心

肥东县农村饮水安全工程水质检测中心依托县自来水厂建设，2016 年正式挂牌运行，中心设有实验室、质控室、综合室等职能室，主要设备有分光光度仪、离子色谱仪、气象色谱仪等。现已具备 86 项常规指标和部分非常规指标的水质检测能力，可全面满足全县农村供水工程的常规水质检测需求。每季度对水源水、出厂水、末梢水进行检测。现有检测人员 10 人，其中，中级职称 3 人，大专以上学历 6 人。为确保正常运行，县财政预算每年安排 30 万元。

4. 农村饮水安全工程水源保护情况

2009 年 9 月 8 日肥东县政府《关于转发肥东县城镇饮用水水源地保护区划定方案的通知》（东政办〔2009〕49 号），2009 年 7 月 6 日肥东县水务局、环保局《关于肥东县乡镇集中式饮用水水源保护区划定方案》（东环字〔2009〕43 号），具体确定水源地保护区划定、水源管理措施等。

5. 供水水质状况

肥东县农村自来水厂大多采取"三池"净水工艺，水质检测分三级检测制度：每年县疾病控制中心分丰水期和枯水期对供水单位抽检 2 次；农村饮水安全工程水质检测中心每季度检测 1 次；各供水单位对常规 9 项进行日常检测。各供水单位水质控制很好，水质合格率达 96% 以上。

6. 农村饮水工程（农村水厂）运行情况

我县水厂有 22 座，按供水规模划分，日供水规模大于 $1000m^3/d$ 的集中供水工程 20 处，供水规模为 $1000 \sim 200m^3/d$ 集中供水工程 2 处。规模较大水厂，如县自来水厂、龙岗水厂、民族水厂等，水费根据物价部门核定为 2 元$/m^3$，其他水厂均实行"两部制"水价，保底水费 10 元/月。

7. 农村饮水工程（农村水厂）监管情况

目前我县规模水厂布局已初步形成，按照整体规划、属地管理的原则，安饮投资部分固定资产交由乡镇，鼓励区域内符合要求的供水单位按照全覆盖的目标铺设管网。对于供水问题较多的水厂采取逐步淘汰，并入规模水厂。

8. 运行维护情况

目前肥东县境内水厂总体运行较好，维修队伍较健全。根据上级有关规定，全面落实用电、用地、税收等相关优惠政策。

四、采取的主要做法、经验及典型案例

（一）做法和经验

近年来，肥东县委、县政府高度重视农村饮水安全工程建设工作，自全县 2005 年实施农村饮水安全工程以来，尤其是把农村饮水安全工程纳入省市县民生工程后，县、乡镇政府及各相关部门都建立健全了组织机构，主要领导亲自挂帅、分管领导认真落实，强化了办公场所、技术人员、经费等基础设施，制定了各项规章制度，明确实施农村饮水安全工程建设方案，出台了一系列文件，保障农村饮水安全工程得以顺利实施。2009 年由县政府办下文《关于调整肥东县农村饮水安全工程规划建设工作领导小组成员的通知》（东政办秘〔2009〕4号）、出台了《关于农村饮水安全工程建后管理相关问题的会议纪要》（第29号）、《关于印发肥东县农村饮水安全工程建设管理意见的通知》（东政办〔2009〕51号）及《肥东县农村饮水工程建设管理办法》《肥东县农村饮水安全工程建后管护专项维修资金管理办法（试行）》。

在实施农村饮水安全工程过程中，主要采取措施"六个到位"：

一是科学合理规划，确保前期工作到位。根据规划，按照统筹规划，突出重点，因地制宜，远近结合，建管并重的原则，自实施农村饮水安全工程以来，与设计单位一起多次深入现场，征求乡镇意见，并结合实际，制定了相应的工程措施和实施模式，确保了工程实施具有可操作性。

二是强化组织领导，确保责任落实到位。我县及时成立了以县政府分管负责同志为组长，发改委、水务、财政等有关部门负责同志为成员的农村饮水安全工程领导小组，出台了《肥东县农村饮水安全工程建设管理意见》《肥东县农村饮水安全工程运行管理办法》等一系列配套文件。县政府与各乡镇签订了目标责任书，明确了工程任务、资金配套任务、工程进度等。有效落实了工程实施责任，坚持会议调度、现场调度，推动了工程顺利进行。

三是严格监督管理，确保"六制"落实到位。在项目管理中，严格参照水利基本建设程序推进农村饮水安全工程建设，全面推行建设项目法人制、招投标制、建设监理制、合同管理制、资金报账制和竣工验收制。坚持做到工程全过程用水户代表全程参与，主动接受社会各界的监督，将工程经费来源、投资情况、责任单位和人员、建设单位、受益范围等情况，都在媒体上和受益村进行公示。切实把民生工程实施好，做到建一处，成一处，发挥效益一处。

四是多方筹措经费，力争资金投入到位。在鼓励村民投资投劳的同时，通过招商引资吸纳大量社会资金进入，为工程建设提供强有力的资金支持。为确保工程建设资金安全，我们进一步加强对工程建设资金的管理，严格执行省农村饮水安全工程建设管理办法，设立农村饮水安全工程资金专户。通过专户储存、专账核算、专人管理、专款专用、县级报账、转账结算，严格按工程进度拨付，保证了工程资金的安全和使用效果，受到了省市相关部门的高度评价。

五是加大舆论宣传，促进干群认识到位。针对部分干部群众对农村饮水安全工程建设的意义和重要性认识不够、参与工程建设的积极性不高等问题，采取多种方式，加大宣传力度，利用报纸、广播、电视等媒体积极做好宣传工作，使干部和受益户积极参与到工程建设中去。

六是推行产权改革，推进运行管理到位。工程完工验收后，我县明确工程的所有权和经营权，办理固定资产移交手续，交给管理单位经营管理。水行政主管部门重点加强对供水工程实施行业管理，并对工程的运行情况进行监督。供水管理单位为确保供水工程的正常运行，通过向受益群众收取合理的水费，做到以水养水，保证工程能够长期发挥效益，使农村饮水安全工程建设和管理逐步走上规范化良性化发展轨道。

（二）典型工程案例

民族水厂由公司投资建厂与农饮资金投资建网成功结合的典型案例，现简述如下：

民族水厂由肥东县兴农抗旱服务公司投资兴建，一期工程供水规模为 5000m³/d，2006 年立项动工，2009 年 11 月正式建成向外供水；水厂二期净水工程于 2013 年开工建设，2014 年底建成并发挥效益。现供水规模达 30000m³/d，供水主管网由农饮投资建设，现覆盖范围为埠、牌坊、石塘、梁园等乡镇，已能满足区域内 12 万人居民饮用水和企事业单位用水。

民族水厂位于肥东县牌坊乡赵坊村，占地 95 亩。水厂以众兴水库（中型水库，并可以通过滁河干渠从淠史杭的佛子岭、磨子潭、响洪甸水库补水）为水源，属优质 II 类源水。供水覆盖范围涉及牌坊乡、店埠镇东北、梁园镇西南、石塘镇西部等四个乡镇 50 个行政村，以及圣泉中学、志成中学、福达不锈钢板有限责任公司等 86 个企事业单位；农户开户 12560 户。截至目前，日最高供水 5000m³，已解决区域内农村安全饮用水人口 12 万人。当地居民告别了饮用"苦咸水"和学校到县城拉水吃的历史，同时解决了区域内因缺水制约企业发展的困难。

民族水厂供水采用 24 小时不间断连续供水，并配备了 100kW 发电机。农民供水水价 2.0 元/m³，水质全部达标，每旬在自建的网站上向社会公示。截至目前，兴农公司累计投资约 4800 万元。供水管网 80% 以上由农村饮水安全项目投资，通过招投标建设，投资约 3000 万元。

五、目前存在的主要问题

1. 水源保护和水质保障工作薄弱

我县农村饮用水水源点多面广，保护难度大，加之目前农业面源污染以及生活污水、工业废水不达标排放问题严重，进一步加大了水源地保护的难度。农村饮用水源保护工作涉及地方政府多个部门以及群众切身利益，涉及面广、解决难度大，特别是受现阶段农村经济发展水平和地方财力状况等因素制约，水源地保护措施难以落实。

2. 农村饮水工程建设任务仍然繁重

在 2004 年、2009 年调查复核统计时，确定农村饮水安全问题标准是：水质、水量、保证率、用水方便程度。当时约有一半的群众饮水符合饮水安全标准，未能纳入规划。但随着生活水平的提高，为了用水更方便，也希望接用自来水。

3. 农村供水工程长效运行机制尚不完善

受农村人口居住分散、地形地质条件复杂、农民经济承受能力低、支付意愿不强等因素制约，农村供水工程规模小、供水成本高、水价不到位，难以实现专业化管理，建立农村饮水安全工程良性运行机制难度很大。目前绝大多数农村饮水安全工程只能维持日常运行，无法足额提取工程折旧和大修费，不具备大修和更新改造的能力，维修经费仅依靠县财政拨付的专项资金。

4. 供水管理和技术力量不足

农村供水工程大多条件差、待遇低，对专业技术和管理人员缺乏吸引力。部分供水企业生产能力不足，形成供需结构性矛盾，制约了饮水安全工程项目的进一步实施和用户的需求。主要原因，一是由于规划建设起点低、投资规模小；二是设备老化，有的长期带病运行，效率降低；三是随着农村饮水工程逐年实施，供水覆盖范围逐年扩大，受益人口逐年增加，导致供水企业产能满足不了群众需求。

六、"十三五"巩固提升规划情况及长效运行工作思路

根据规划编制指导思想，结合我县农村饮水现状，主要任务是通过现有水厂管网延伸及改造管网（设计标准低、老化）解决 25.98 万人农村饮水问题。

1. 供水分区

根据县域农村饮水供水现状，"十三五"发展目标是通过管网延伸（改造）、改扩建部分水厂等工程，基本形成覆盖全县的供水格局。共分 8 个供水区：（1）县水厂覆盖区：众兴、店埠、撮镇、长临河、桥头集、包公、石塘等乡镇，另外通过主管道延伸，沟通元瞳、杨店等境内水厂，提高供水保证率；（2）龙岗水厂覆盖区：店埠镇西南片、撮镇镇部分；（3）民族水厂覆盖区：牌坊、梁园、店埠、石塘等乡镇；（4）古城水厂覆盖区：古城、陈集、响导等乡镇，最终管网沟通马湖水厂；（5）白龙鸿祥水厂覆盖区：白龙镇，并沟通境内青龙水厂；（6）八斗水厂覆盖区：八斗镇，并沟通境内富旺水厂；（7）梁园水厂覆盖区：梁园镇，并沟通境内护城水厂；（8）张集水厂覆盖区：张集乡。

2. 建设内容

（1）利用新建古城水厂（2015 年建设）延伸到陈集、响导等乡镇主管道，沟通境内陈集水厂、响导水厂，改造区间内管网，提高供水保证率，扩大供水范围。

（2）利用县自来水厂，配套直径 400mm 主管道（建议由县自来水厂实施），延伸至元瞳、杨店等乡镇，与元瞳水厂、杨店水厂沟通，改造区间内管网，提高供水保证率，扩大供水范围。

（3）利用民族水厂管网延伸（改造），解决牌坊乡草庙片、店埠镇西山峄片等地区农村饮水问题，提高自来水入户率。

（4）改造提升部分水质较好、水量有保证、管理完善的水厂（梁园水厂、张集水厂、马湖水厂等），并配套部分支管网，扩大供水范围。

（5）补缺补差，利用相关水厂管道（撮镇、长临河等），管网延伸至自然村，扩大供水范围，提高自来水入户率。

表 4　"十三五"巩固提升规划目标情况

农村集中供水率（%）	农村自来水普及率（%）	水质达标率（%）	城镇自来水管网覆盖行政村的比例（%）
99	90	98	92

表 5　"十三五"巩固提升规划新建工程和管网延伸工程情况

工程规模	新建工程				现有水厂管网延伸			
	工程数量	新增供水能力	设计供水人口	新增受益人口	工程投资	工程数量	新建管网长度	新增受益人口	工程投资
	处	m³/d	万人	万人	万元	处	km	万人	万元
合计						8	2900	22.98	10850

（续表）

工程规模	新建工程					现有水厂管网延伸			
	工程数量	新增供水能力	设计供水人口	新增受益人口	工程投资	工程数量	新建管网长度	新增受益人口	工程投资
	处	m³/d	万人	万人	万元	处	km	万人	万元
规模水厂						8	2900	22.98	10850
小型水厂									

表6　"十三五"巩固提升规划改造工程情况

工程规模	改造工程					
	工程数量	新增供水能力	改造供水规模	设计供水人口	新增受益人口	工程投资
	处	m³/d	m³/d	万人	万人	万元
合计	2	2000	2000	11	3	900
规模水厂	2	2000	2000	11	3	900
小型水厂						

长丰县农村饮水安全工程建设历程

（2005—2015）

（长丰县水务局）

一、基本概况

长丰县地处安徽省合肥市北部，位于东经 116°52′~117°26′，北纬 31°55′~32°37′。长丰县南邻合肥市瑶海区、庐阳区，北与淮南市交界，处于合肥、淮南两大城市之间，东与定远县、肥东县接壤，西与寿县、肥西县毗邻。长丰县总面积 1841km²。长丰县位于江淮分水岭脊背。江淮分水岭以南属长江流域的巢湖水系，其范围包括岗集、双墩两个乡镇的大部分，以及陶楼乡的局部地区，域内有发源于岗集镇境内的四里河（三岔河）和发源于双墩镇境内的板桥河，两河向南流入合肥市区内的南淝河再流入巢湖。江淮分水岭以北属于淮河流域，有三个水系组成：一是庄墓河、东淝河、瓦埠湖水系，流经东淝河汇入淮河；二是沛河、窑河、高塘湖水系，流经窑河闸汇入淮河；三是池河水系，流入女山湖再入淮河。

长丰县地处北亚热带湿润季风气候区，受海洋影响较大，气候温和，降水充沛，日照充足，无霜期长。年平均气温 15℃，年平均日照 2160 小时，年平均无霜期 224 天。降雨量受地形及季风环流的影响，时空分布极不均匀，丰枯交替发生，总的趋势是南多北少，全县多年平均降水量 980mm，多年平均径流量 292~270mm，地表水资源总量 6.61 亿 m³。长丰县辖 14 个乡镇和一个省级双凤工业区，265 个村居。长丰县 2014 年末户籍人口 76.15 万人，其中农村人口 66.2 万人，农村供水人口 72.19 万人。全年出生人口 9537 人，人口出生率 12.5‰，人口自然增长率 7.4‰。

2015 年，长丰县实现地区生产总值 361 亿元，增长 10.6%；财政收入 40.1 亿元，增长 13%，其中，地方财政收入 27.8 亿元，增长 12.8%；规模以上工业产值 804.2 亿元，增长 11.4%；全社会固定资产投资 425 亿元，增长 15.8%，其中，工业投资 240 亿元，增长 11.6%；社会消费品零售总额 50 亿元，增长 16.2%；城镇居民人均可支配收入 26131 元，增长 11%；农村居民人均可支配收入 14935 元，增长 11.5%，各项主要经济指标稳居全省科学发展"第一方阵"。

长丰县可开发利用水资源主要是地表水，根据《长丰县水资源公报（2014 年）》，全县供水量 4.23 亿 m³，其中地表水源占 94.8%，地下水源占 4.7%，其他水源占 0.5%。总用水中：农业用水量占 75%，工业用水量占 18.2%，城镇居民生活用水量占 4.2%，农村居民生活用水量占 2% , 生态用水量占 0.6% 。长丰县地表水水资源主要依靠水利工程拦蓄天然径流、引入淠史杭水以及提取瓦埠湖、高塘湖水。全县已建成中型水库 12 座、小型水库 187 座、塘坝 1.7 万座,蓄水量达 3.25 亿 m^3 。长丰县水资源主要用于农业灌溉生产和工业发展,部分水面兼有养殖和防洪功能。其中双河、陶老坝、杜集、大井、永丰、龙门寺等 6 座中型水库在 2010 年已被县政府列为长丰县集中式饮用水水源地,禁止养殖等可能污染饮用水水体的活动。但有的水库水面养殖污染和农药、生活污水等面源污染依然存在。近年来各级政府虽然采取了一系列措施加以整治,但收效不佳。

二、农村饮水安全工程建设情况

1. 农村人口饮水安全解决情况

根据 2005 年农村饮水安全现状调查和 2009 年调查复核报告,全县饮水不安全人口为 42.82 万人,占全县农村总人口的 64.7% 。其中,饮用水水质不达标的人口 19.38 万人;饮用水量不达标的人口 9.8 万人;饮用水方便程度不达标的人口 4.25 万人;饮用水水源保证率不达标的人口 9.39 万人。饮水水质不达标人口主要为饮用苦咸水。截至 2015 年底,县级农村总人口为 66.2 万人、饮水安全人口数为 42.82 万人、农村自来水供水人口为 42.82 万人、自来水普及率为 64.7% ,全县行政村数 265 个、通水行政村数 188 个、通水比例 71% 。2005—2015 年,农饮省级投资计划累计下达投资额 2.15 亿元,通过新老 12 座水厂或管网延伸工程解决农村饮水不安全人口数 42.82 万人,解决农村在校师生 1.61 万人。

表 1 　 2015 年底农村人口供水现状

乡镇数量	行政村数量	总人口	农村供水人口	集中式供水人口	其中:自来水供水人口	分散供水人口	农村自来水普及率
个	个	万人	万人	万人	万人	万人	%
14	265	76.15	66.2	42.82	42.82	23.3	64.7

表 2 　 农村饮水安全工程实施情况

合计			2005 年及"十一五"期间			"十二五"期间		
解决人口		完成投资	解决人口		完成投资	解决人口		完成投资
农村居民	农村学校师生		农村居民	农村学校师生		农村居民	农村学校师生	
万人	万人	万元	万人	万人	万元	万人	万人	万元
42.82	1.62	21537	18.02	0	8557	24.8	1.61	12980

2. 农村饮水工程(农村水厂)建设情况

2005 年以前,全县只有瓦东水厂和县水厂,瓦东水厂供水规模 5000 m^3/d ,县水厂供水规模为 25000 m^3/d ,并且两水厂只向城镇供水,农村饮用水主要以分散式浅层地下水为主。由于我县地处江淮分水岭,地下水随季节变化较大,而且我县地下苦咸水分布较广,局部地区有轻度污染,在大旱年份水量难以保证。农村饮水安全工程实施后,我县先后建设了朱巷镇水厂、罗塘乡海洋水厂、义井乡顺发水厂、造甲乡浩源水厂、吴山镇龙门寺水厂、陶楼乡水厂、左店乡水厂、杜集乡水厂、庄墓镇水厂等9座规模水厂，日产水量都在千吨以上。在9座水厂中除了杜集水厂外，其他8座水厂为乡镇招商引资建设，乡镇提供优惠政策，吸引社会资本和个人资金参与，共同建设水厂，全县在2005—2015年吸引社会资本和个人资金达3000多万元，有力地支撑了农村饮水安全工程稳步向前发展。到2015年底，我县农村居民约9万户用上了自来水，入户率达到90%以上。2014年以来，入户费按照县物价局核准的280元/户收取。

表3 2015年底农村集中式供水工程现状

工程规模	工程数量	设计供水规模	日实际供水量	受益乡镇数	受益行政村数	受益农村人口	自来水供水人口
	处	m³/d	m³/d	个	个	万人	万人
合计	12	210000	84400	14	188	42.82	42.82
规模水厂	12	210000	84400	—	—	42.82	42.82
小型水厂				—	—		

3. 农村饮水安全工程建设思路及主要历程

"十一五"期间，我县按照紧密结合新农村建设，坚持科学规划、因地制宜、统筹兼顾、讲求实效的原则，根据先急后缓、先重后轻、突出重点、分步实施的方法，以优先解决对农民生活和身体健康影响较大的饮水安全问题为突破口，利用各级财政资金8577万元，通过管网延伸工程解决全县饮水不安全人口18.02万人，圆满完成"十一五"建设任务。利用社会资本和个人资金新建龙门寺水厂、左店乡水厂、顺发水厂、海洋水厂、浩源水厂，朱巷镇水厂、陶楼乡水厂、庄墓镇水厂。

"十二五"期间，紧紧围绕美好乡村建设，坚持科学规划、因地制宜、统筹兼顾的原则，按照先急后缓、先重后轻、突出重点、稳步推进的方法，以优先解决规划内人口，统筹解决新增不安全人口为思路，利用各级财政资金12980万元，通过管网延伸工程解决全县饮水不安全人口24.8万人，圆满完成"十二五"建设任务。

4. 其他情况

庄墓镇水厂由于原水水质较差，采取一体化处理设备，制水工艺不能满足要求，出厂水水质不符合国家饮用水卫生标准。2011年经县政府同意，庄墓镇政府从海洋水厂引水解决群众吃水问题，原庄墓镇水厂不再制水，原水厂人员负责日常维护管理。

2015年9月，龙门寺水厂因债务纠纷经法律拍卖程序交付县自来水公司管理。

三、农村饮水安全工程运行情况

建是基础，管是关键。为加强农村饮水工程管理，县政府出台了一系列政策，对产权归属、水价、水费收取，水源保护、水质监测、专管机构设置和维修基金等进行规定。

1. 成立县级农村饮水安全工程专管机构

2011年长丰县机构编制委员会下发《关于建立健全全县基层水务服务体系的通知》，

批准成立了县农村饮水安全工程管理办公室，定事业编制 5 人，为全额拨款事业单位。

2. 设立县级农村饮水安全工程维修养护基金

2011 年长丰县农村饮水安全工程建设领导组办公室出台了《长丰县农村饮水安全工程维修基金管理使用办法（试行）》，设立了县级农村饮水安全工程维修基金，并列入每年县级财政预算，2011 年起县财政每年安排维修基金 20 万元，2014 年维修基金追加到 40 万元，维修基金的设立确保了工程的安全运行，为农村饮水安全工程又增添了一道安全屏障。

3. 成立县级农村饮水安全工程水质检测中心

2015 年长丰县机构编制委员会下发《关于同意设立长丰县农村饮水安全工程水质检测中心的通知》，批准成立了县农村饮水安全工程检测中心。县农村饮水安全工程检测中心大楼 2012 年建成。2013 年通过政府采购配置了检测仪器设备；2015 年对实验室进行了标准化改造，并采购了一批设备、易耗药品及办公设备。目前有检测化验人员 4 人，具备常规 42 项检测，现在实际检测 13 项指标，如浑浊度、菌落总数等。日常办公费用及人员工资由财政负担。长丰县实现了水质三级检测机制：一是供水水厂日常自检，主要检测指标有浑浊度、色度、pH 值、肉眼可见物、余氯等；二是县农村饮水安全工程检测中心巡检，主要检测菌落总数、大肠菌群等 13 项指标；三是卫生行政监督检测，平时检测 12 项，每年进行一次 42 项全分析检测。

4. 农村饮水安全工程水源保护

2010 年县政府出台了《长丰县饮用水水源划分保护办法》对农村饮水安全工程饮用水水源地保护区的划定、饮用水水源保护、饮用水水资源配置、监督管理、法律责任进行了规定。按照《长丰县集中式饮用水水源地保护区划分方案表》，瓦埠湖、永丰水库、龙门寺水库、陶老坝水库、双河水库、杜集水库、大井水库等 1 个湖泊 6 座中型水库被划定为农村饮水安全工程水源地保护区，为水源保护提供了政策支持和依据。例如 2014 年，我县依法取缔了龙门寺水库水面养殖的承发包合同，实现了人放天养的良好局面，使水库水质大大改善。

5. 供水水质状况

长丰县农村供水工程都是采用传统三池净水工艺，经过絮凝沉淀、过滤、消毒，把自来水送到千家万户。由于传统工艺比较成熟，制水效果较好。只是在丰水期，浑浊度有时偏高。

6. 农村饮水工程（农村水厂）运行情况

《长丰县农村饮水安全工程运行管理暂行办法》对产权归属、运行管理有明确要求：以国家投资为主建设的集中供水工程，主体工程属于国家所有，由县级水行政主管部门或乡镇人民政府行使国有资产管理权；由企事业单位或个人投资建设的农村饮水安全工程归投资者所有，由投资者自主经营，实行"自建、自有、自营"的管理体制。农村饮水工程竣工验收后移交给覆盖范围内的水厂负责经营管理，资产所有权归国家，由县级水行政部门或所在地乡镇政府管理。水厂负责供水构筑物、供水管道、机电设备及附属设施的日常管理、定期维修保养和应急抢修。长丰县实行两部制水价，每月保底 8 元，每户每月基本用水量 4.44 m³，超出部分的水价按 1.8 元/m³ 计算。水厂收入主要来源为水费、入户费及财政补贴，主要支出包括电费、药剂费、人员工资、维修费。

7. 农村饮水工程（农村水厂）监管情况

农村饮水安全工程是国家重要的民生工程，国家投入大量的资金，必须要加强监管，让工程充分发挥效益。要规范水厂生产运行，完善供水单位内部管理制度，提高服务水平。加强水厂出厂水、末梢水的监督检测，采取三级检测制度。加强对水厂入户费和水价的征收管理，要求水厂严格执行政策文件。加大宣传力度，提高老百姓对各项政策的知晓率，让老百姓参与监管，发扬老百姓主人翁的精神。

8. 运行维护情况

农村饮水安全工程实施以来，国家在政策上也给予了大力支持，在用电、用地、税收等方面给了优惠政策。这些优惠政策在长丰县都得到了落实，切实减轻了水厂经营成本，给水厂发展提供了广阔空间。现在长丰县农村供水生产运行用电执行农业生产用电价格。

长丰县农村饮水安全工程竣工验收后，按所有权属进行划分，由国家投入建设的工程所有权归国家或集体，由社会资本和个人投资建设的工程归投资者所有，国家投入建设的工程采取所有权和使用权相分离的原则，所有权归国家，使用权交由农村水厂。农村水厂根据水厂经营特点和需要建立一套班子，负责管理水厂正常运行和日常维护，保证水厂长期有效运行，让用水户长期受益。

四、采取的主要做法、经验及典型案例

（一）做法和经验

按照"四个全面"的战略布局，保障饮水安全是全面建设小康社会的重要内容之一，解决农村群众饮水安全问题，让群众吃上放心水，是刻不容缓的大事。2005年以来，国家高度重视农村饮水安全问题，把解决农村饮水安全问题作为政府为民办实事的一项重要内容来抓，并于2007年列入政府民生工程，农村饮水安全项目取得了显著成效。长丰县在实施国家农村饮水安全项目中，积极探索创新，圆满地完成了国家下达的建设任务，取得了一定的成绩，总结了一些做法，积累了一定的经验。

1. 县级出台了相关的政策和法规性文件

县政府2009年出台了《长丰县农村饮水安全工程运行管理暂行办法》，共七章38条，对工程管理、水源水质管理、供水管理、水价核定、水费计收及财务管理做了规定，明确了奖惩范围。2010年出台了《长丰县饮用水水源划分保护办法》对农村饮水安全工程饮用水水源地保护区的划定、饮用水水源保护、饮用水水资源配置、监督管理、法律责任进行了规定。长丰县供水工程实行两部制水价，保底水费每月8元，基本水量4.44m³/月，用户实际用水量超过基本水量的按实际用水量计收水费，水价执行县物价局出台的《关于农村自来水临时到户销售价格及水表入户建安价格的函》（长价〔2009〕22号），水价1.8元/m³；用户实际用水量不达基本水量的按基本水量征收水费，每户8元。长丰县农村饮水安全工程入户费遵照《关于调整农村饮水安全工程入户建安价格的通知》（长价〔2014〕32号）执行，每户280元。2011年长丰县农村饮水安全工程建设领导组办公室出台了《长丰县农村饮水安全工程维修基金管理使用办法（试行）》，设立了县级农村饮水安全工程维修基金，并列入县级年度财政预算，2011年起县财政每年安排维修基金20万元，2014年维修基金追加到40万元。2011年长丰县机构编制委员会下发《关于建立健全全县基层水务服务体系的通知》，批准成立了县农村饮水安全工程管理办公室，定事业编制5人，为全额拨款事业单位。2015年长丰县机构编制委员会下发《关于同意设立长丰县农村饮水安全工程水质检测中心的通知》，批准成立了县农村饮水安全工程检测中心。

2. 经验总结

一是领导重视，促进了农村饮水工作稳步推进。县委、县政府高度重视农村饮水安全工程建设管理工作，2007年县人民政府成立了"长丰县农村饮水安全工程建设领导小组"，负责全县农村饮水安全工程的组织领导，领导组由分管副县长任组长，县政府办分管副主任、县水务局主要负责人任副组长，成员由县政府办、发改委、财政、农委、卫生、环保、国土、水务等部门负责人组成。领导小组下设办公室，主任由县水务局主要负责人兼任，负责全县农村饮水安全工程建设管理的日常工作。

二是夯实前期工作，确保工程任务按计划完成。俗话说：好的开端是成功的一半。农村饮水安全工程不同于其他的水利工程，它的范围千家万户，它的矛盾千头万绪，它的模式千变万化，因而，做好项目前期工作，协调好有关各方矛盾，显得尤为重要。我们的工作重点是抓好两个环节：一是项目对接环节。我县农村饮水安全工程主要是利用已建或新建水厂进行管网延伸，解决农村群众饮水不安全问题。在项目建设之前，县农饮办人员会同设计人员深入项目区，与项目区所在乡（镇）、村负责人、供水企业负责人、群众代表进行座谈讨论，广泛听取他们的意见和建议，并对项目区地理位置、水源环境、用水状况、水厂供水情况等进行实地考察，综合多方面意见后，制定方案，再反复征求大家意见。二是项目设计环节。农村饮水安全工程初步设计和实施方案的质量是实施项目的关键，影响项目的效益发挥。我们通过公开招标方式选择有多年类似工程设计经验的单位，对长丰县农村饮水安全项目进行设计。在工程设计方案确定前，陪同设计单位项目组人员深入项目区，研究确定符合实际、可操作性强的设计方案，从而使长丰县农村饮水安全项目的设计质量得到了可靠的保证。

三是强化建设管理，确保工程质量。长丰县农村饮水安全工程建设严格按照项目"四制"要求进行管理，认真履行基本建设程序，强化建设管理工作。一是成立农村饮水安全工程建设管理项目法人，负责项目前期工作、质量、进度、投资及验收等各项工作。二是对主要工程项目和大宗管材设备进行公开招标、统一采购，择优确定施工和供货单位。三是严格按照规定进行工程监理，并邀请受益群众全过程参与工程建设。四是规范价款结算，实行合同管理。五是建立健全"建设单位负责、监理单位控制、施工单位保证、政府部门监督"的质量管理体系，认真落实质量"三检制"，加大政府部门质量监督力度。六是严格工程验收程序。全县所实施的工程自检自验合格后，申请上级主管部门组织验收。

四是注重工程建后管理，确保用得起和长受益。为最大化发挥农村饮水安全工程效益，保证广大农村群众长期受益，国家和地方政府出台了优惠政策和管护文件，保障农村饮水安全工程建后能正常运行。具体措施有：国家出台用电、土地使用，税费等多项优惠政策，降低供水成本，让利广大老百姓；工程竣工验收合格后，及时做好工程移交工作，明确工程产权、管理权和经营权，我县把经营权移交给当地供水企业并与之签订委托经营协议，明确双方义务与权利；县物价部门按照"补偿成本、保本微利、公平负担、节约用水"的原则出台了水价和入户建安费的收取标准，确保工程建成后农民群众能用得起；为加强水源管理，县政府出台水源划分保护办法，环保部门加强对水源监测监督管理；县财政从2011年开始每年在年度预算中安排20万元作为农村饮水安全工程维修基金，2014年维修基金提高到40万元。总之，这些措施为长期发挥农村饮水安全工程效益起了很大作用。

（二）典型工程案例

现以龙门寺水厂3万 m^3/d 改造工程为例。

现在运行的龙门寺水厂建于2009年，厂区占地面积约40亩。水厂一期设计供水规模 $30000 m^3/d$，主要覆盖吴山镇和杨庙镇。按照长丰县区域供水规划要求，"十三五"期间扩建新的 $30000 m^3/d$ 龙门寺水厂，扩建后的龙门寺水厂总供水规模为 $60000 m^3/d$，取水水源为龙门寺中型水库，供水范围覆盖长丰县北部地区及岗集镇（卧龙山以北），改造投资2581万元。

表4　长丰县龙门寺水厂30000t/d水厂典型设计估算表

项目编号	项目名称	单位	工程量	单价（元）	合价（元）	备注
一	絮凝沉淀池工程				4925761	
二	滤池工程				4519487	
三	清水池工程（一座）				1805627	
四	清水池工程（一座）				1805627	
五	二级泵房工程				2838125	
六	临时工程	元	2.00%	15894627	317893	
	合计				16212519	
六	加氯加矾间工程				2036604	
七	临时工程	元	2.00%	17931231	358625	
合计					18289856	
2.6	厂区工艺管道工程				350571	
2.7	自控设备				2434140	
2.8	电气及照明工程				1680997	
2.9	自动化控制系统工程				98545	
2.10	附属建筑				5119000	
	综合楼	m^2	2262.00	1450.0	3279900.0	
	总变配电间	m^2	80.00	1050.0	84000.0	
合计			25808855		元	

五、目前存在的主要问题

尽管农村饮水安全工作取得了很大成就，但农村供水设施总体上依然薄弱，解决农村饮水安全问题任务依然十分艰巨。

1. 水源保护和水质保障工作薄弱

我县农村饮用水水源有湖泊和水库两种类型，湖泊一条、水库6座，点多面广，保护难度大，加之目前农业面源污染以及生活污水、工业废水不达标排放问题严重，进一步加大了水源地保护的难度。农村饮用水源保护工作涉及地方政府多个部门以及群众切身利益，涉及面广、解决难度大，特别是受现阶段农村经济发展水平和地方财力状况等因素制约，水源地保护措施难以落实。例如陶老坝水库水面养殖经营权归县畜牧水产局，水资源使用权是县水务局，而现在水面养殖又承包出去了，养殖户投放饵料，对水源污染较大。

2. 农村饮水工程建设任务仍然繁重

截至 2015 年底，全县还有 23.33 万农村人口的生活饮用水采取直接从水源取水、未经任何设施或仅有简易设施的分散供水方式，占全县农村供水人口的 35.26%。除原农村饮水安全现状调查评估核定剩余饮水不安全人口外，由于饮用水水质标准提高、水污染以及早期建设的工程标准过低等原因，还有大量新增饮水不安全人口需要纳入规划解决，农村饮水安全工程建设任务仍然繁重。

3. 农村供水工程长效运行机制尚不完善

受农村人口居住分散、地形地质条件复杂、农民经济承受能力低、支付意愿不强等因素制约，农村供水工程规模小、供水成本高，难以实现专业化管理，建立农村饮水安全工程良性运行机制难度很大。目前绝大多数农村饮水安全工程只能维持日常运行，无法足额提取工程折旧和大修费，不具备大修和更新改造的能力。

4. 供水管理和技术力量不足

农村供水工程大多条件差、待遇低，对专业技术和管理人员缺乏吸引力。部分供水企业生产能力不足，形成供需结构性矛盾，制约了饮水安全工程项目的进一步实施，限制了用户的需求。

六、"十三五"巩固提升规划情况及长效运行工作思路

1. 规划思路。统筹考虑全县总体规划、村镇近远期发展规划、地形条件、人口分布、水资源条件等综合因素，按照"农村供水城镇化、城乡供水一体化"的发展方向，打破以行政地域划分供水分区的不合理弊端，确立以优质、丰富、可靠水资源为基础的集中连片区域化供水布局，实现对有限水资源的合理配置。充分利用已建和新建农村供水工程及市政供水管网，按照"以城带乡、以大带小、以大并小"的方式，采取"能延则延、能并则并、能扩则扩"的工程形式，解决全县剩余农村居民的饮水问题。根据省、市要求做好农村饮水安全工程的指示精神，针对我县农村供水现状，结合县域经济发展、城镇化进程、新农村建设和群众需求，"十三五"规划在保障剩余农村居民用上自来水的同时，把投资重心从管网延伸建设转变到净水厂的建设和改造上，把供水核心部位做强，保证农村饮水工程供水水质合格、水量充足且有富余，既能满足现状需求，又能满足远期发展需要，同时提高供水保证率。

2. 规划目标。到 2020 年，自来水普及率达到 90%，农村集中供水率达到 90%，水质达标率比 2015 年有大幅度的提高，供水保证率达到 95%，城镇自来水管网覆盖行政村比例达到 33%。

3. 主要建设内容。"十三五"期间，我县改扩建、改造水厂 3 处（其中改扩建龙门寺和杜集水厂 2 处），扩建后的龙门寺水厂供水规模均为 60000m³/d，杜集水厂供水规模均

为10000m³/d；改造浩源水厂，改造后的浩源水厂供水规模均为10000m³/d。通过管网延伸工程解决未通水群众的饮水问题，新建管网2916km，更新配套输配水管网105km。建设农村饮用水水源保护、水质检测能力建设以及水厂信息化。建设提升水厂消毒、净水设施及水质检测能力，改造取水口工程，建设水源地保护和应急水源工程。

4. 运行管理。完善供水单位内部管理制度，提高管理水平和服务质量，逐步建立农村饮水工程专业化运营体系；加强农村水厂水质管理，建立健全规章制度，规范净水设备操作规程，严格制水工序质量控制，强化消毒水质检测，建立严格的取样和检测制度，完善以水质保障为核心的质量管理体系。加强供水运营的监督管理，通过加强培训，推行关键岗位持证上岗，严格水质检测制度，确保安全供水。

长丰县结合实际，制定工程维修养护定额标准，出台了《长丰县农村饮水安全工程维修基金管理使用办法（试行）》，把维修基金列入县级财政预算，从2011年开始县财政每年安排20万元维修基金，2014年维修基金追加到40万元。出台了《长丰县农村安全饮水应急预案》，为应对和高效处置农村饮水安全突发事件，最大限度地减少损失，保障人民群众饮水安全，维护社会稳定提供了技术支撑。"十三五"期间，加强对农村供水水厂专业技术人员的培训，特别像水质化验这样的关键岗位人员要持证上岗。

表4 "十三五"巩固提升规划目标情况

农村集中供水率（%）	农村自来水普及率（%）	水质达标率（%）	城镇自来水管网覆盖行政村的比例（%）
90	90	80	33

表5 "十三五"巩固提升规划新建工程和管网延伸工程情况

工程规模	新建工程					现有水厂管网延伸			
	工程数量	新增供水能力	设计供水人口	新增受益人口	工程投资	工程数量	新建管网长度	新增受益人口	工程投资
	处	m³/d	万人	万人	万元	处	km	万人	万元
合计						4	2916	23.33	9455
规模水厂						4	2916	23.33	9455
小型水厂									

表6 "十三五"巩固提升规划改造工程情况

工程规模	改造工程					
	工程数量	新增供水能力	改造供水规模	设计供水人口	新增受益人口	工程投资
	处	m³/d	m³/d	万人	万人	万元
合计	3	40000	80000	59.6	19.7	4500
规模水厂	3	40000	80000	59.6	19.7	4500
小型水厂						

巢湖市农村饮水安全工程建设历程

（2005—2015）

（巢湖市水务局）

一、基本概况

巢湖市位于安徽中部，江淮丘陵南部，临近长江，怀抱巢湖，属长江流域巢湖水系。区域地形地貌系江淮丘陵向长江平原的过渡地带，地势起伏，丘、岗、冲、圩相间，河道纵横，塘坝水库棋布，地貌较复杂。地貌总趋势是西北、东南高，中部低，沿巢湖形成蝶状盆地。按其基本形态可分为低山丘陵、岗地、平原圩市及湖泊四大类型，分别占全市总面积的 27.5%、26.1%、20.3%、26.1%。全市最高山峰为鸡毛燕，海拔约 528.10m，最低地面高程约 4.60m。

巢湖市下辖 12 个乡镇、6 个街道办事处，总人口 88.04 万，其中农业人口 64.32 万，巢湖市位于以上海为龙头的长三角经济市沿江经济带中部、"合芜宁"金三角中心，是皖江开发开放的中心地带，也是国家向中西部推进开发开放的过渡带，具有承东启西、开发中国内陆广阔市场的独特市位优势。

巢湖市属北亚热带湿润季风气候区，气候特征是：气候温和，雨量适中，光照充足，热量条件好，无霜期长，季风气候显著，冬寒夏热，四季分明。全市多年年均降水量1067.4mm（巢湖闸站）。由于受季风影响等，降水量年际、年内变化较大。主汛期 6～9 月份降水量占全年的 50%～60%，易造成河湖水位陡涨，是洪涝灾害频繁的主要成因。全市多年平均蒸发量为 1354.2mm，全年无霜期 232～247 天。气候条件适宜粮油棉等多种农作物的生长。

全市境内或边界主要河流有：柘皋河、夏阁河、炯炀河、鸡裕河、裕溪河、东新河、西新河、花塘河、双桥河、环城河、清溪河、兆河、滁河等 13 条中小河流，全长约140km，控制面积 1484.1km²。其中，裕溪河、兆河、滁河、清溪河是跨市骨干河流，也是巢湖市与含山县、庐江县、全椒县等的边界河流。巢湖是我国五大淡水湖之一，湖市面积约 780km²，其中，市内湖泊面积 422km²，湖底高程 5.0～6.0m，调蓄库容约 42 亿 m³。巢湖闸以上主要支流有丰乐河、杭埠河、南淝河、柘皋河、白石天河及串通西河的兆河等呈放射状汇入巢湖。湖水自巢湖闸经裕溪河下泄长江。

二、农村饮水安全工程建设情况

1. 全市农村饮水不安全存在的主要类型包括苦咸水、污染严重地下水、污染严重地表水、水量、方便程度保证率不达标、其他饮水水质问题。这些农村饮水安全问题的存在已严重制约了全市农业生产的发展及农民生活水平的提高。实施农村饮水安全工程，解决农村饮水安全问题成为全市农村干群最迫切的需要。

自 2005 年以来，巢湖市通过积极争取国家农村饮水安全项目资金，共实施农村饮水安全项目建设 11 个批次，共完成供水工程计 137 处。其中，新改建水厂计 14 座，实施管网延伸工程计 103 处，实施砖井或泉水集中供水工程计 20 处。共完成投资近 2.5066 亿，解决饮水安全问题人数 51.85 万人。

2. 全市乡镇水厂未建设标准化"三池"及"絮凝—过滤—消毒"工艺的有 8 家，厂内环境及管理不规范的有 10 家，分别是烔炀镇自来水厂、中垾镇朱氏水业自来水厂、银屏镇吕婆自来水厂、万盛自来水厂、沿河自来水厂、夏阁镇区自来水厂、柘皋镇汪桥自来水厂；在水厂安全防范方面，建有门卫室的有 4 家，分别是黄麓镇恒源自来水厂、散兵镇自来水厂、柘皋镇唐马自来水厂、栏杆集镇自来水厂；安装视频监控的有 4 家，分别是黄麓镇恒源自来水厂、兴夏自来水厂、坝镇自来水厂、栏杆集镇自来水厂；烔炀镇自来水厂、中垾镇朱氏水业自来水厂、夏阁镇区自来水厂、柘皋镇金泰自来水厂、柘皋镇汪桥自来水厂水厂管理较为粗放，厂内环境及安全防范工作较差。

表 1　2015 年底农村人口供水现状

乡镇数量	行政村数量	总人口	农村供水人口	集中式供水人口	其中：自来水供水人口	分散供水人口	农村自来水普及率
个	个	万人	万人	万人	万人	万人	%
12	153	88.04	64.32	51.85	51.85	0.5	80.61

表 2　农村饮水安全工程实施情况

合计			2005 年及"十一五"期间			"十二五"期间		
解决人口		完成投资	解决人口		完成投资	解决人口		完成投资
农村居民	农村学校师生		农村居民	农村学校师生		农村居民	农村学校师生	
万人	万人	万元	万人	万人	万元	万人	万人	万元
51.85	1.31	25066	20.44		9060	31.41	1.31	16006

表 3　2015 年底农村集中式供水工程现状

工程规模	工程数量	设计供水规模	日实际供水量	受益乡镇数	受益行政村数	受益农村人口	自来水供水人口
	处	m³/d	m³/d	个	个	万人	万人
合计	21	98360	65300			51.85	51.85
规模水厂	18	98000	65000			51.65	51.65
小型水厂	3	360	300			0.2	0.2

3. 巢湖市自 2005 年实施农村饮水安全工程以来，通过十余年的建设，到 2015 年底，全市 12 个乡镇人口数为 64.32 万人，共有 24 个水厂，已经安装自来水人数为 51.85 万人，自来水普及率为 80.61%，尚有 12.47 万人未通自来水。其中包括建档立卡贫困村未通水贫困人口 1677 人 895 户，不属于建档立卡贫困村未通水贫困人口 11882 人 6061 户。

自 2005 年以来，巢湖市通过积极争取国家农村饮水安全项目资金，共实施农村饮水安全项目建设 11 个批次，共完成供水工程计 137 处。其中，新改建水厂计 14 座，实施管网延伸工程计 103 处，实施砖井或泉水集中供水工程计 20 处。共完成投资近 2.5 亿，解决饮水安全问题人数 51.85 万人。

三、农村饮水安全工程运行情况

1. 2016 年 3 月 2 日巢湖市机构编制委员会印发《关于同意设立巢湖市农村供水管理中心的通知》（巢编〔2016〕4 号）核定配备事业编制 6 名，中心主任按副科级配备。

2. 2015 年元月巢湖市人民政府办公室关于印发《巢湖市农村饮水安全工程维修基金使用及管理办法》的通知（巢政办〔2015〕107 号）要求，巢湖市政府每年配套不低于 200 万元的维修养护资金。

3. 巢湖市农村饮水安全工程水质监测中心总投资 105.5 万元。其中，中央预算内投资 65.5 万元，省级投资 39.5 万元，地方配套 0.5 万元。2015 年 12 月 10 日在巢湖市公共资源交易监督管理局完成监测设备招投标工作，中标单位为武汉华军达测量技术有限公司。2016 年元月底完成了检测设备验收、人员培训等工作，巢湖市农村饮水安全工程水质检测中心正式运行，现委托合肥铭志环境技术有限责任公司在其原中心实验室原有基础上进行改造，并添置双光束紫外可见光分光光度仪、离子色谱仪、气象色谱仪等 9 种仪器，现已具备 42 项常规指标和部分非常规指标的水质检测能力，可全面满足全市农村供水工程的常规水质检测需求。2016 年 1 月 25 日，根据《关于组建巢湖市农村饮水安全水质检测中心的通知》（巢农饮〔2016〕2）号文件成功组建了检测中心，中心设有实验室、质控室、综合室 3 个职能室。现有检测用房 1000 多 m^2。现有检测人员 12 人，其中中级职称 3 人，占员工总数的 30%；初级职称 3 人；大专以上学历 8 人。检测中心主要承担农村集中式供水工程的出厂水和末梢水的水质定期抽检和巡检，县级财政预算每年安排 20 万元委托业务费，确保经费充足。

4. 巢湖市农村水源地保护区的划分：一般河道水源地一级保护区水域长度为取水口上游不小于 1000m，下游不小于 100m 范围内的河道水域。陆域沿岸纵深与河岸的水平距离不小于 50m。二级保护区长度从一级保护区的上游边界向上游（包括汇入的上游支流）延伸不得小于 2000m，下游侧外边界距一级保护区边界不得小于 200m。陆域沿岸纵深范围不小于 1000m。水源管理措施规定了在水源保护区内、一级水源保护区、二级水源保护区禁止多项活动以及具体保护措施，对生活饮用水的水源设置卫生防护地带。

5. 我市乡镇自来水厂按要求制定水源水、出厂水和末梢水制度，并通过自检及巢湖市卫生监督所抽检对水质进行检测，水质达标率为 90%，因部分水厂在巢湖取水水质受蓝藻暴发影响，在 5 ~ 7 月达标率有所降低。

6. 按供水规模划分，现状日供水规模大于 1000 m^3/d 的集中供水工程 19 处，供水规模 200 ~ 1000 m^3/d 集中供水工程 25 处，根据物价部门规定乡镇自来水价格为 2.4 元/m^3，水厂收入来源为收缴水费，均实行"两部制"水价，保底水费 10 元/月。

7. 目前我市规模水厂布局已初步形成，基本上做到每个乡镇均有农饮项目建设的 4000 m^3/d 规模以上标准化水厂。按照整体规划、属地管理、分片整合的原则，由各乡镇为责任单位，鼓励区域内符合要求的供水单位按照全覆盖的目标铺设管网。对于私营小水厂，不再投资扩大建设，各乡镇重新划定供水范围，对于供水问题较多的水厂供水范围强行并入项目水厂，使得问题水厂供水范围逐渐萎缩直至零用户，逐步淘汰出供水市场。计划利用 2 年时间完成对问题突出水厂的合并和整合工作。

8. 目前农饮所有项目水厂根据巢湖市物价局、水务局联合制定了《关于完善巢湖市农饮项目规划内自来水厂供电电价管理的函》（巢水农〔2016〕3 号）将农饮项目规划内水厂给予执行农业生产用电价格，并按照上级文件给予税收及用地优惠等政策。

四、采取的主要做法、经验及典型案例

（一）做法和经验

"十二五"工程建设管理情况在实施该项民生工程过程中，我市力求做到"五个到位"即"责任明确到位"、"计划落实到位"、"宣传到位"、"资金筹措到位"、"建设质量与标准到位"。

1. 责任明确到位

我市早在 2005 年便成立了"巢湖市农村饮水安全工程规划与建设领导小组"，成员单位涉及水务局、财政局、发改委、物价局、卫生局、土地局、建设局等部门，各单位职责明确，领导组下设"巢湖市农村饮水安全工程建设管理办公室"，作为项目的项目法人，具体负责工程建设管理、进度、质量等。

2. 计划实施到位

在往年项目的建设过程中，我市严格按照省水利厅、发改委下达的投资计划及批准的实施方案组织实施，能做到工程建设地点、工程形式、计划解决人数等力求与实施方案一致，并做到按村建卡、按卡实施。通过项目的实施，取得了预期的社会效益：控制了疾病传播，减少了疾病发生，提高了群众健康水平。

3. 政策宣传到位

在项目实施前后，我市积极推行项目公示制，一是在项目受益村口、村委会所在地等一定范围内进行项目公示。二是充分利用各种媒体如巢湖电视台、巢湖市政府网站、巢湖市水务局网站等对项目实施情况进行宣传报道。三是向每个受益用水户发放有"农村饮水安全知识"的《农村饮水安全工程供水使用证》，让受益户了解饮水安全"四项指标"的具体内容。通过宣传，使政府实施的该项目民生工程真正深入民心，大多数群众对项目实施较为满意。

4. 建设质量与标准到位

一是严格把好前期工作关。当年建设计划下达后，市水务局均能及时委托设计单位编制该项目的实施方案、初步设计，经报批后严格按实施方案组织实施。二是积极推行水利工程建设"六项制度"。在实施中，工程采取了打捆招标，按照建设项目招投标程序规范操作，按"公平、公开、公正"的原则择优确定专业施工队伍及监理制度。在工程实施过程中严格按照基建程序，实行隐蔽工程联合验收制度，按照时间节点完成分部工程验收、单位工程验收以及县级验收。

5. 资金筹措到位

我市充分发挥农饮领导小组的协调作用，依据省水利厅及省发改委下达的投资计划，及时将省级以上专项资金拨付到"农村饮水安全工程建设专账"上，同时足额配套了县级资金。农饮专项维修资金也已落实。在资金管理上，依旧保持原来设立了"农村饮水安全工程建设专账"，专人管理，财务账目清楚。工程款的拨付严格按工程进度拨付，工程竣工后均及时办理了工程决算与财务决算，并委托社会中介机构对项目资金进行审计，确保了资金管理规范、安全。

（二）典型工程案例

现以黄麓自来水厂的改扩建工程为例。

巢湖市黄麓恒源厂改扩建工程，本次设计扩建规模为 $5000m^3/d$，计划解决该范围内1.8 万农村人口的饮水安全问题，建设内容包括取水和净水改造工程、管网延伸工程等。2014 年度黄麓恒源水厂扩建工程的主要内容为：取水泵购置安装、输水管网安装、网格絮凝池、重力无阀滤池及清水池等净水设施的施工。因此，黄麓镇恒源水业水厂采用了常规净水处理工艺，其净水处理工艺流程如下图所示：

```
                        混凝剂                  消毒剂
                          ↓                      ↓
巢湖水 → 取水泵站 → 输水管线 → 网格絮凝、斜管沉淀池 → 无阀滤池 → 清水池 → 送水泵站 → 管网
```

1. 管理单位筹建情况

黄麓镇恒源水业与所在乡镇人民政府签订了《特许经营权协议》，明确公司作为投资人 30 年的特许经营权，拥有工程国有投资的经营管理权，而国有投资形成的产权归黄麓镇政府所有。我们在工程实施前就初步确定了工程的管理形式及运行机制。根据工程具体情况建立包括卫生防护、水质检验、岗位责任、运行操作、交接班、维护保养、计量收费等运行管理制度，按制度进行管理，任命公司常务经理作为工程运行管理的第一责任人，下设财务科、办公室、化验科，并成立了一支由 10 余人组成的管网维护队。同时制定了《工作人员岗位责任制》《水质检验制度》《水源管理制度》。

2. 参与工程建设情况

根据投资计划批复及工程实际情况，本次项目公司作为投资人共筹资 500 余万元，用于征地、管道的土方、小管径管道的采购安装以及配件的采购安装等。区农饮办作为项目法人，从一开始就按照《基本建设自筹资金管理办法》的要求，根据批复的自筹工程内容与投资人签订了《自筹工程施工承包协议书》，要求按期完成了本项目的自筹工程。投资人作为工程的运行管理单位在工程开工前成立了本工程的建设领导小组，具体负责工程建

设期间的矛盾协调及宣传发动工作，组织实施土方、管道安装等自筹工程，及时地处理管道铺设过程的临时占地等有关矛盾，为工程的顺利实施创造了良好的外部环境，有效地保证了工期。

3. 工程的初期运行情况及效益

本次工程于 2014 年 12 月底均进行了试运行，主管网已覆盖项目区所有的行政村，现日供水已达设计供水能力的 50%。出厂水水质经抽检达到《生活饮用水卫生标准》（GB 5749—2006）的要求、供水水压能满足配水管网中用户接管点的最小服务水头，已接通自来水的群众生活质量得到了质的改变。实施农村饮水安全工程，促进当地农村经济的发展，加快该镇农村全面建设小康社会的进程；提高农民的生活水平，解放农村生产力，增加了农民的收入，农民的生产生活积极性大大提高；使受益人群减少疾病而节约了医疗费用，并节约了取水劳动力和送水的机械费用，降低了农民的劳动强度，减轻了农民负担，使农民有更多的时间、精力投入发展二、三产业；为广大农村脱贫致富奔小康，构建和谐社会、建设社会主义新农村奠定了坚实基础。

五、目前存在的主要问题

1. 全市农村供水市场混乱，部分水厂存在违约

乡镇供水规模在 $1000m^3/d$ 以上的 27 家水厂，主要分为三个类别：一是水厂主体由农饮项目投资建设，并签订特许经营协议，即从选址、设计、建设和管网均由项目统一实施的，此类有 12 家，从协议执行情况看，仅有唐马水厂执行协议第七条款供水服务约定中，在供水保障和供水水压方面存在违约。二是水厂主体由私人投资建设，结合农村饮水安全工程实施管网延伸，即部分主管网由项目投资铺设的，此类有 4 家；均与所在地人民政府签订了供水协议，其中银屏镇吕婆自来水厂未能执行协议中第三条款约定，在供水质量方面存在违约。中埠镇朱氏水业水厂未能执行协议中第五条款约定，在供水保障和供水水压方面存在违约。三是水厂主体及管网全部由招商引入私人投资建设，未实施农饮项目的，此类有 11 家。烔炀镇自来水厂、夏阁镇沿河自来水厂、散兵镇高林自来水厂、散兵镇万盛自来水厂、柘皋镇金泰自来水厂、柘皋镇汪桥自来水厂未签订或未能提供协议外，其余均签订并提供了供水协议，其中栏杆陈泗湾自来水厂和苏湾镇大王站水厂未能执行协议中第五条款约定，在供水保障和供水水压方面存在违约。

2. 加药消毒不规范，水质不稳定

私人投资建设和经营的水厂投产年份较长，多年来未实施技改和扩建工作，净化设施严重老化，同时，为了节约制水成本，药剂投加量少，水质不稳定。27 家水厂目前选择使用的絮凝剂均为聚合氯化铝，消毒剂选用的是二氧化氯。其中，15 家水厂投加方式选择的加药机及二氧化氯发生器投加，剩余的 12 家选择的是人工投加，投加量随意性较大。根据卫生部门 2013 年农村集中式供水单位检测结果统计，共抽检水质 2 次，分别是 5 月 2 日至 5 月 6 日和 9 月 3 日至 9 月 6 日，同步抽检了出厂水及末梢水，共抽检水样 110 份，合格 86 份，不合格 24 份，合格率为 78.2%。不合格项目主要为微生物指标中的总大肠杆菌群和菌落总数超标。

3. 管材使用不规范，导致水量、供水保障不稳定

从平时掌握的情况分析，由于部分水厂工艺落后、经营管理水平低，原先铺设的管道管径小、质量差等原因，导致水量不足，经常性停水。根据统计，在 2007 年度以前铺设的管网主要管材均为 UPVC 材质，该材质使用寿命短，卫生学性能不稳定，跑冒滴漏现象严重。同时，在铺设安装过程中为了节省开挖回填的工程量，埋设普遍为 20 ~ 40cm，极易受到外力损坏，加之维修不及时，导致水量和供水保证受到直接影响。

4. 制水工艺落后及管理粗放

全市乡镇水厂未建设标准化"三池"及"絮凝-过滤-消毒"工艺的有 4 家，分别是银屏镇吕婆自来水厂、万盛自来水厂、沿河自来水厂、柘皋镇汪桥自来水厂；在水厂安全防范方面，建有门卫室的有 4 家，分别是黄麓镇恒源自来水厂、散兵镇自来水厂、柘皋镇唐马自来水厂、栏杆集镇自来水厂；安装视频监控的有 4 家，分别是黄麓镇恒源自来水厂、兴夏自来水厂、坝镇自来水厂、栏杆集镇自来水厂；柘皋镇汪桥自来水厂自来水厂水厂管理较为粗放，厂内环境及安全防范工作较差。

5. 取水口未划定保护范围，存在污染隐患

经现场调查，仅有坝镇自来水厂、银屏镇岱山自来水厂、槐林镇沐集水厂、槐林镇水厂、栏杆镇自来水厂、黄麓镇恒源水业、柘皋镇唐马水厂、夏阁镇兴夏水厂等设立了取水口警示标识，其余均没有警示标识。同时，27 家水厂取水口均未划定保护区范围。

6. 乡镇水厂运行成本较高

多数水厂反映多年来均亏本运行，虽然部分水厂农饮项目在建设方面有投入，但交付使用后，运行费用高，没有专项运行维护资金补助，特别是机电设备维修管护和管网管护方面，水厂运营者自行投入维护费用占运行成本的 50% 以上，加之目前农户交纳水费的意识有待加强，水费收缴难度大。

六、"十三五"巩固提升规划情况及长效运行工作思路

农村饮水提质增效工程建设是统筹城乡发展和全面建成小康社会对农村供水的需求。以"城乡供水一体化、区域供水规模化、工程管理专业化"统筹规划我市"十三五"农村饮水工作。城乡供水一体化即利用城市自来水管网尽可能向周边农村延伸供水，实现城乡供水同网同质；区域规模化即打破现有乡村行政区划界限，实现一乡或多乡、一村或多村联合供水，大力推进区域规模化供水；管理专业化即一定规模集中式供水工程由专业化公司管理，小型分散式供水工程交由农民用水者协会自行管理，各有关部门根据各自分工职责负责技术指导和服务。确保全市农村人口都能吃上安全、卫生的自来水，为我市打造"大湖名城，创新高地"的旅游城市服务。

表4 "十三五"巩固提升规划目标情况

农村集中供水率（%）	农村自来水普及率（%）	水质达标率（%）	城镇自来水管网覆盖行政村的比例（%）
98	98	95	25

表5 "十三五"巩固提升规划新建工程和管网延伸工程情况

工程规模	新建工程					现有水厂管网延伸			
	工程数量	新增供水能力	设计供水人口	新增受益人口	工程投资	工程数量	新建管网长度	新增受益人口	工程投资
	处	m³/d	万人	万人	万元	处	km	万人	万元
合计	3	360	0.33	0.33	287	17	1535	11.37	3981
规模水厂	0	0	0	0	0	17	1535	11.37	3981
小型水厂	3	360	0.33	0.33	287	0	0	0	0

表6 "十三五"巩固提升规划改造工程情况

工程规模	改造工程					
	工程数量	新增供水能力	改造供水规模	设计供水人口	新增受益人口	工程投资
	处	m³/d	m³/d	万人	万人	万元
合计	1	5000		2.16	1.3	885
规模水厂	1	5000		2.16	1.3	885
小型水厂						

下一步我市将做到以下几点，确保做好"十三五"农村饮水安全项目：

1. 加强组织领导。解决全市农村饮水安全工作，实行行政首长负责制，成立由市长任组长，主管副市长任副组长，水务、发改、审计、财政、卫生、扶贫、环保等部门负责人为成员的"巢湖市农村饮水安全工程项目建设办公室"，全面负责指导和督促安全饮水项目建设和实施。

2. 保证资金投入。实施农村饮水安全改造提升工程投资申请由中央和省级筹措解决。

3. 优化设计方案。对通过管网延伸、配套完善的工程，优先覆盖贫困村；科学布设村级管网，保证入户工程实施；推广先进施工工艺。

4. 加强建设管理。按照"当年安排的项目当年完成"的目标，严格落实建设"四制"管理，规范工程建设程序。全面实行公示制，坚持开工前和竣工后两公示，将责任主体、建设计划、补助政策、资金使用、竣工验收等定期公示，主动接受社会监督。发挥"双联"干部、驻村工作队和群众的监督作用，参与工程建设管理。

5. 强化技术服务。供水企业要注重对于农户的服务，提升企业的服务水平，让农户切实体会到供水企业的服务水平和服务精神，从而更有力于工程的实施与管理。

6. 加大宣传，提高认识。面向基层，加大群众对农村饮水安全工程建设意义和重要性认识的宣传，继续利用广播、电视、报纸、宣传手册等形式做好农村饮水安全的政策宣传工作，把国家策和民生政策原原本本地交给群众，提高宣传实效。严格执行各项公开制度，积极引导群众参与、支持和监督农村饮水安全工程的实施及运行，提升群众的参与度和满意度。

庐江县农村饮水安全工程建设历程

（2005—2015）

（庐江县水务局）

一、基本概况

庐江县位于江淮之间、巢湖南岸，地理坐标：东经 117°01′～117°34′，北纬 30°57～31°33′，东西横跨 52km，南北纵距 62km。东与无为、巢湖市接壤，南与枞阳为邻，西和桐城毗邻，北临巢湖与肥西相望。庐江县位于江淮丘陵中部，地处安徽省长江流域，县内地貌复杂，属大别山余脉，自西南向东南逐渐降低，形成山丘—岗地—圩畈多级阶梯；总体地势西南高、东北低。境内山丘起伏，垅畈相间，基本地形可分为低山丘陵、岗地、圩畈和湖泊四种类型，山区 423.1km²，占 18%；丘陵区 1270.0km²，占 54.1%；圩区 386.9km²，占 16.5%；湖泊 268km²，占 11.4%。大体是"两山、两圩、五分丘陵、一分湖"的地形结构。境内最高点是柯坦的牛王寨，高程 595m；最低地面位于同大镇一带，高程 5.8m。

庐江县属长江流域，分三个水系：巢湖水系、菜子湖水系、白荡湖水系，面积分别为 2054km²、176km²、118km²；主要河流有 13 条（杭埠河、白石天河、西河、塘兆河、柯坦河、罗昌河等），汇水面积 2140.6km²；湖泊总面积为 268.7km²，库容 2.48 亿 m³，主要湖泊有：黄陂湖、白湖和巢湖，其中白湖面积 159.7km²；黄陂湖 26km²；北面巢湖水域面积 83km²。

由于特殊的地理和气候因素影响，降水量年际及年内分布不均，加上地面拦蓄工程有限等因素，多年平均水资源总量为 11.59 亿 m³，其中地表水资源量为 11.48 亿 m³、地下水资源量为 1.77 亿 m³。2015 年庐江县水资源总量 14.95 亿 m³，人均水资源量为 1274m³/人，水资源相对比较丰富，但是存在水资源分布不均、部分水资源被污染等问题。地表水资源呈现不均匀现象，沿湖、沿河的圩区水量充沛，属水资源富余区，而丘陵、岗地随降水变化情况出现年度和年内季节性缺水现象，岗地尤为严重。

庐江县下辖 17 个镇，193 个村民委员会，39 个社区居民委员会，6960 个村民小组，1140 个居民小组；常规人口统计，2015 年底，全县总户数 39 万户；总人口 119.31 万人，非农业人口 16.52 万人占 13.84%、农业人口 102.79 万人占 86.16%。

二、农村饮水安全工程建设情况

1. 农村人口饮水安全解决情况

受自然地理条件、地下矿藏和人类活动影响，庐江县农村饮水安全问题比较突出，主要有三大块，一是沿巢湖、沿河一带（特别是西河、县河）纯圩区地表水污染严重；二是庐东南、南部矿区地下水污染严重；三是受集镇发展与农业面源污染，一些丘岗区浅层地下水硬度、硝酸盐等超标严重。（1）高氟水：38660人，主要分布于郭河镇、柯坦镇、万山镇、石头镇等5个镇。（2）缺水：738993人，全县境内均有分布。（3）其他水质问题：217344人，主要分布于郭河、金牛、汤池、万山、矾山、同大、石头等圩区镇和山区镇。

截至2015年底，我县已建各类集中供水工程54座（包括县自来水厂，不含白湖农场内水厂），设计总供水规模17.97万 m³/d，总受益人口65.16万人，其中利用农村饮水安全工程资金新建23座水厂、改扩建水厂11座。通过农村饮水安全项目已解决农村不安全人口累计达58.62万人（其中农村居民51.05万人、学校师生7.57万人），占农村总人口的49.66%，累计已下达农饮项目总投资25193万元。

表1 2015年底农村人口供水现状

乡镇数量	行政村数量	总人口	农村供水人口	集中式供水人口	其中：自来水供水人口	分散供水人口	农村自来水普及率
个	个	万人	万人	万人	万人	万人	%
17	232	119	102.79	67.7	67.68	35.1	65.84

表2 农村饮水安全工程实施情况

合计			2005年及"十一五"期间			"十二五"期间		
解决人口		完成投资	解决人口		完成投资	解决人口		完成投资
农村居民	农村学校师生		农村居民	农村学校师生		农村居民	农村学校师生	
万人	万人	万元	万人	万人	万元	万人	万人	万元
51.05	7.57	25742	23.68	1.51	10297	27.37	6.06	15445

2. 农村饮水工程（农村水厂）建设情况

2005年以前，全县共有农村自来水厂34座（包括县自来水厂），供水规模8.67万 m³/d，其中县自来水厂为2万 m³/d，水厂建设资金以私人业主投资和卫生部门改水改厕项目世行贷款投资为主，县自来水厂为政府财政投资建设，分布于全县17个镇及1个园区。存在的主要问题是前期投资建设的水厂规模小、管理不到位、水质处理能力差、管理人员较少且技能水平较差等问题，且大部分自来水厂水处理能力为1000～2000m³/d，随着社会经济的快速发展，已不能满足农村居民生活饮用水的需求。

自2005年始，中央加大对水利基础设施的建设，其中一项就是解决农村饮水安全问题，截止2015年，我县农村饮水安全工程总投资25742万元，私人业主投资近2000万元，农村饮水安全工程累计新建23座集中式供水工程，80多处管网延伸工程及11处自来水厂改（扩）建工程。将全县农村自来水厂供水能力由原来的6.67万 m³/d提升至13.07万 m³/d，全县村以上供水管道2017km，村以下供水管道3983km，受益人口67.68万人，全县农村集中供水率达到60%，农村自来水普及率达到60%以上，水质达标率达到75%。农村自来水入户费由县物价局核定，岗区不高于1700元/户，圩区不高于1500元/户，农村饮水安全工程计划内人口不收取入户费，只收取入户材料费且不高于300元/户。实际入户数占农饮工程总入户数的比例为128%。

表3　2015年底农村集中式供水工程现状

工程规模	工程数量	设计供水规模	日实际供水量	受益乡镇数	受益行政村数	受益农村人口	自来水供水人口
	处	m³/d	m³/d	个	个	万人	万人
合计	53	129700	63703	17	232	67.68	67.68
规模水厂	47	126500	62433	17	215	64.54	64.54
小型水厂	6	3200	1270	5	15	3.14	3.14

3. 农村饮水安全工程"十一五"、"十二五"建设思路及主要历程

（1）农村饮水安全工程"十一五"期间，为了做好农村饮水安全工程，原巢湖市水务局在2005年就组织相关单位编制了《巢湖市农村饮水安全工程"十一五"规划》《巢湖市农村饮水安全工程近期实施规划》，庐江县水务局也先后完成了《庐江县2007—2011年可行性研究报告》《庐江县农村饮水安全工程总体规划（2012—2030)》。在此基础上，我县每年均委托有资质的设计单位编制了本年度的农村饮水安全工程实施方案，实施方案均由主管部门组织相关单位审查后，报县发改委审批后予以实施。早在2007年项目计划下达时，庐江县水务局就组建了"庐江县农村饮水安全工程建设管理处"，作为该项目的项目法人，按照项目法人制管理项目建设。对已实施的各年度项目，也均实行了工程建设监理，严格按照建设监理制的程序和要求实施监理。在各年度项目实施期间，项目法人分别与设计、监理、土建、管材及机电设备供应等单位签订了合同，按合同规定履行各自的职责。

2006—2010年，我县共下达我县农村居民22.74万人和1.51万学校师生的饮水安全问题，投资计划9964万元。其中，中央预算内专项资金4734万元，省级配套资金2292万元，地方配套资金1993万元，群众自筹977万元。截至2010年底，到位资金均已全部用于农饮项目建设。

（2）农村饮水安全工程"十二五"期间，该县坚持以人为本，全面、协调、可持续的科学发展观，围绕提前二年实现"自来水管网村村全覆盖"的目标，以建设规模化水厂（新建水厂或改扩建骨干老水厂）覆盖行政村为重点，以依托现有水厂管网延伸村村通为辅助，以合理调整水厂规划布局为抓手，遵循有利于形成建管用长效机制的原则，打破城乡界限，打破行政区划界限，把农村饮水安全程规划与城镇规划和新农村建设规划有机衔接起来。

"十二五"期间，我县规划解决农村居民25.37万人，学校师生7.43万人，总投资1777万元，截至2015年底，已解决27.37万农村居民和6.06万学校师生的饮水安全问题，超出规划解决人口2万人。投入建设资金15445万元，截至2015年底，"十二五"期

间的建设任务全部完成。

4. 其他情况

在实施农村饮水安全这项民生工程过程中，能做到"五个到位"，即"责任明确到位""计划落实到位""政策宣传到位""建设质量与标准到位""资金筹措到位"。项目管理能做到"六制"，即"项目法人责任制""招投标制""工程监理制""合同管理制""竣工验收制""实行资金报账制"。

三、农村饮水安全工程运行情况

至 2015 年底，我县积极探索创新，农村饮水安全工程运行成效显著，主要有以下几个方面：

1. 根据 2012 年 10 月 16 日，庐江县机构编制委员会办公室《关于同意设立县农村饮水安全管理中心的批复成立农村饮水安全管理中心》（庐编办〔2012〕57 号），核定中心编制工作人员 7 名，事业单位性质，股级建制，财政全额供给，隶属水务局管理，所需编制和人员从水务局系统内调剂。运行经费未落实。

2. 自上级要求以来，我县每年以年度项目总投资额 1% 的比例，由县级财政配套农村饮水安全工程管护经费，并建立专账。因我县农村自来水厂大部分为私人业主投资建设的水厂，规模化水厂少，所以农村饮水安全工程管护经费主要用于应急处理。

3. 根据省水利厅、发改委《关于尽快完成农村饮水安全工程县级水质检测中心建设前期工作的通知》（皖水农函〔2015〕282 号）文件精神，我县积极组织实施方案的编制工作，实施方案由市发改委和市水务局以《关于庐江县农村饮水安全工程水质检测中心项目实施方案的批复》（发改农经〔2015〕245 号）同意按照实施方案的内容组织实施。

我县农村饮水安全工程水质检测中心与县疾控中心联合组建，建设内容包括实验室改造、设备更新改造、配备应急检测车等。现阶段检测中心检测 42 项指标，应急检测时检测 13 项指标，待检测中心人员全部到岗后，检测指标将达到 44 项，农村饮水安全检测中心每季度巡检 1 次，应急检测为全县联合执法检查或出现紧急供水安全时的检测。

县农饮检测中心总投资额 143 万元，运行经费由县财政核实后确定每年度总经费，专业技术人员 3 人已到岗。

4. 农村饮水安全工程水源地保护由县环保局负责制定方案，我县农村水厂分散且多，水源地保护区划定与社会经济发展在很大冲突。针对这一问题，2013 年 4 月份，县水务局委托南京寰汇市政工程设计有限公司编制了《庐江县农村饮水安全工程总体规划（2012—2030）》，规划到 2030 年只建设八大规模化水厂，整合小型供水工程。县政府于 2015 年编制《庐江县乡镇规模水厂饮用水水源地保护区划分方案》上报市政府，市政府以《关于庐江县乡镇规模水厂饮用水水源地保护区划分方案的批复》（合政秘〔2015〕67 号）批复我县 8 座水厂 7 个水源地。水源地管理及监督执法检查由县环保局执法大队负责日常执法。

5. 我县现有自来水厂 54 座，农村自来水厂都采用混凝、沉淀、过滤、消毒四个阶段处理源水的净水工艺，用二氧化氯消毒，但从卫生疾控中心常规的督查检测看，水质合格率达到80％，不合格的主要原因是夏天高温天气，源水水质变化和农村自来水管网长、用水量少，管道内的自来水产生变质导致的，主要不合指标为微生物、菌群总数超标。

6. 规模化水厂3座，分别为县自来水厂、张院自来水厂、虎洞自来水厂，县自来水厂主要供水范围为庐城镇城区，张院水厂为农村饮水安全工程资金和发改委的城镇供水工程项目资金整合建设，运行模式为小水厂趸售成品水，价格由物价局核定的成本价，即0.8元/m^3收取，投资形成的固定资产由县供水集团管理、虎洞自来水厂为农村饮水安全工程项目资金投资新建，资产移交县供水集团，运行模式也是为小水厂趸售成品水，价格为0.8元/m^3。张院、虎洞两水厂设计制水能力为15000m^3/d，实际供水4000m^3/d。收入主要以水费为主，保本经营，日常支出费用主要有人员工资和维修养护费，县物价局均将该项费用测算在供水成本水价之中。

小型供水工程全部为私营业主经营管理，物价核定水价2.0~2.5元/m^3，由于水厂运行多年，设备及管网老化，管道渗漏严重，导致生产能力不足，有近半水厂已满负荷生产，富余制水能力小。这部分水厂的主要收入来源多为开户费及部分水费，经营较为困难。我县农村自来水厂仍执行"两部制"水价，即基本水费为每月每户4m^3，超出部分计量收取水费。

7. 由项目资金投资或财政资金投资的规模化水厂，形成的固定资产属政府管理的国有资产，管理规范，费用收支严格按照财务制度管理。私人投资的水厂由业主自身管理自负盈亏，农村饮水安全工程投资嫁接的管网延伸形成的固定资产属国有资产，委托私人业主管理，不参加分红。这部分的水厂，除了政府各部门各自的职责管理外，监管工作较为薄弱。

8. 规模化水厂运行正常，达到预期效益。私人业主投资的小型水厂管理松散，维修队伍人员少，常有抢修不及时现象，水质不合格情况时有发生。用电、用地、税收等相关优惠政策落实到位。

9. 我县至今未成立用水协会。

10. 我县每年度都组织卫计委、环保、物价、疾控中心、卫生监督所等相关单位，对全县农村供水工程进行联合执法检查，但目前没有形成长效机制。县廉效办牵头正在向县政府报告，制定联席会议制度。

四、采取的主要做法、经验及典型案例

（一）做法和经验

1. 具体做法

我县早在2005年便成立了庐江县农村饮水安全工程规划与建设领导小组，成员单位涉及水务局、财政局、发改委、物价局、卫生局、国土局、住建局、环保局等部门，各单位职责明确，领导组下设庐江县农村饮水安全工程建设管理办公室，作为项目的项目法人，具体负责工程建设管理、进度、质量等。在行政区划调整及人事变动后，又及时进行了调整。

2012 年中共庐江县委、县政府以《关于进一步加快水利和加强农村饮水安全建设的实施意见》（庐发〔2012〕20 号）和庐江县人民政府 1 号令《庐江县农村饮水安全工程管理实施办法》，明确我县农村饮水安全工程的建设方向和各县职单位的职责。这两份文件是我县农村饮水安全工程建设的指导性文件和项目顺利实施的保障。

2. 成效与经验

（1）稳步推进农村饮水安全工程"城乡一体化"进程。自 2012 年始，我县就将农村饮水安全工程"城乡一体化"作为农饮工作重点，规划将县城自来水厂的供水范围覆盖到庐城镇全镇、冶山镇、白湖镇等多个庐城周边镇。当年安排农饮计划罗埠新村 9097 人的饮水安全问题由县自来水厂解决，为后期的水厂整合及城乡一体化夯实基础。2012 年新建的虎洞水厂、2013 年新建的张院水厂也将交由县自来水厂统一运行管理，用以保证两水厂的水质、水量，确保规模化水厂供水区域内的供水安全。

（2）按照农村饮水安全总体规划推进小型水厂整合工作。我县现有自来水厂 54 座，5000m³ 以上水厂 13 座，其他均为 3000m³ 以下的供水工程，点多面广，给职能部门的监督管理带来了很大的难度且水质、水量都得不到保证。2013 年 4 月，我县委托南就寰汇市政工程设计有限公司编制了《庐江县农村饮水安全工程总体规划（2012—2030）》，按照"补点新建、整合利用、逐步淘汰"的思路，加强水厂建设。即依托良好的水源条件新建规模化水厂；整合利用满足要求的老水厂；逐步淘汰水源条件不好或规模较小、工艺落后的水厂。

（3）2013 年底，由水务局牵头、镇政府、审计局、财政局等部门参加的，将郭河镇福元水厂整合，由规模化水厂二龙水厂出资约 80 万元，将福元水厂整体收购，利用其管网由二龙水厂直接供水，目前该片区的饮用水水质、水量均能得到保证。

（4）切实解决庐南、庐北部分片区饮水安全问题，2014 年 4 月中旬，县委、县政府决定启动全县重点区域饮用水改造工程，并将其作为党的群众路线教育实践活动的整改项目。重点区域饮水改造工程主要采取并购、改造、改善原水水源等三个方法，即由规模水厂并购水源条件差、供水范围小、不能正常运转的水厂；改造供水范围较大的水厂为二级供水站，由 5000m³/d 以上的规模水厂直接供水；对水源条件差、管理较规范、规模达 3000m³/天以上的水厂，可另选取水源，保证原水水质达标。重点解决金牛、郭河、石头、龙桥、泥河、矾山、乐桥、柯坦、罗河等 9 个镇的饮水安全问题。2014 年 11 月底全部完工投入使用，改善原供水范围内近 20 万人的饮水水质问题，特别是对庐南片区饮水水源问题提供较安全的保障。

在农村饮水安全程建设过程中，我县始终将"五个到位"放在第一位，即"责任明确到位""计划落实到位""政策宣传到位""建设质量与标准到位""资金筹措到位"。

（二）典型工程案例

我县小型供水工程点多面广，2012 年由水务局牵头编制了《庐江县农村饮水安全工程总体规划（2012—2030）》，规划到 2030 年，全县实现"八大水厂"规模化供水，在此期间县政府组织相关部门向兄弟市县学习，分别到无为县、定远县等学习整合方法，积极探索整合方案，现已有初步成效，较为成功的为虎洞水厂。

虎洞水厂建设于 2012 年，一期项目设计供水能力为 5000m³/d，厂区内投资近 1000 万元，管网投资近 800 万元，设计虎洞水厂供水范围为柯坦镇、乐桥镇，资金来源均为农饮项目资金。2013 年虎洞水厂建成通水并移交县自来水厂管理，投资形成的固定资产全部为国有资产，移交县自来水厂管理。

柯坦、乐桥两镇原有 8 座小型供水工程，截至 2015 年 9 月，柯坦镇小墩片、陈埠水厂、枣岗水厂、乐桥镇福星水厂、王岗水厂、桂元水厂分别与虎洞自来水厂签订供水协议，由虎洞水厂趸售成口水给以上几座水厂，原水厂取水口关闭，供水价格由县物价局核定为 0.8 元/m³，目前已能保证柯坦、乐桥两镇大部分地区的饮用水水质、水量，整合效果明显。

五、目前存在的主要问题

1. 我县现有农村自来水厂 54 座，除张院水厂、虎洞水厂、县水厂外全部都是私人业主经营，部分水厂经营者对农村饮用水安全意识不强，管理不到位，个别水厂处于无人管理的状态，给农村饮用水安全带来了严重的安全隐患。

2. 原有小型集中式供水工程的水源点多面广，致使水源点受工业污染严重，保护难度大。近年来，饮用水水质不达标的情况时有发生，给工程运行管理带来了一定的难度。

3. 农村供水分散、工程建设标准不高，管线布置长，管理人员少，运行维护困难；部分农户惜水过度，用水量太小，供水效益低，管道内存水时间长，导致管道内自来水二次污染。

4. 农村供水工程各职能部门执法权限不同，不能集中执法力量，加强对农村供水工程的监管，形成各管一片，卫生只管出厂水、末梢水水质，环保只管源水水质，物价只管收费且处罚措施少，给农村水厂的管理带来较大难度。

5. 工程建设方面：目前我县规模化水厂建设较少，规划建设的"八大水厂"只建设虎洞、张院、瓦洋水厂，其中瓦洋水厂为私人建设。小型供水企业均为私人业主投资的私营企业，它追求的是利益最大化，给我们农村饮水安全工程建设带来很大的难度，比如 2016 年的农饮扶贫工程，项目政策要求贫困户政府要积极帮助其饮用水问题，但私人水厂无利可图的情况下，不愿意让贫困户接水入户。

6. 运行管理方面：私营水厂大部分管理松散，个别水厂处于无人管理的状态，管理人员技术技能水平不高，给自来水厂供水安全带来很大的安全隐患。

7. 行业管理方面：自来水厂的监管是综合、系统性，执法权力较为分散，执法力量不能"拧成一股绳"，完全靠水务部门来管理难度较大。我县目前没有成立农村饮水安全工程管理中心，各部门仍然各管一片，相互扯皮现象时有发生。

六、"十三五"巩固提升规划情况及长效运行工作思路

1. 发展思路

结合逐步建立"从源头到龙头"的工程和运行管护体系的要求，按照城乡供水一体化的发展方向，以水量充足、水质优良的可靠水源为基础，重点发展区域集中连片规模化供水工程。充分利用已建和新建农村供水工程及市政供水管网，按照"以城带乡、以大带小、以大并小"的方式，采取"能延则延、能并则并、能扩则扩"的工程形式，解决全

县剩余农村居民的饮水问题。根据《安徽省农村饮水安全工程管理办法》的相关规定，并结合庐江县饮用水水源点分布状况和17个镇水厂的实际状况，整合现有水厂，依托水源地建设规模化水厂，同时成立一个农村饮水安全管理中心对农饮工程进行规范化管理。按照"补点新建、整合利用、逐步淘汰"的思路，加强水厂建设。即依托良好的水源条件新建规模水厂，整合利用满足要求的老水厂，逐步淘汰水源条件不好或规模较小、工艺落后的水厂。

2. 规划目标

到2020年，全面提高农村饮水安全保障水平。落实省委、省政府2011年一号文件提出的"到2020年，全面解决农村饮水安全问题，实现农村自来水"村村通"；同时，对已建农村供水工程进行改造提升建设，保障供水安全。

采取全面整合现有水厂后，根据规划对水量充足、水质优良的可靠水的水厂采取新建、扩建、配套、改造、联网等措施，到2020年使我县农村集中供水受益人口达到90%左右，农村自来水普及率达到90%以上，水质达标率比2015年提高15个百分点以上，供水保障程度进一步提高。

3. 主要建设内容

根据水源规划，在"十三五"期间，新建6处饮水工程，改扩建7处饮水工程，新建和改造4处管网延伸工程，基本形成覆盖全县的供水格局。全县按水源工程进行分区，共分8个区。

4. 运行管理措施

推进工程管理体制和运行机制改革，建立健全县级农村供水管理机构、农村供水专业化服务体系、合理的水价及收费机制、工程运行管护经费保障机制和水质检测监测体系、水厂信息化管理，依法划定水源保护区或保护范围，加大对水厂运行管理关键岗位人员的业务能力培训。

表4 "十三五"巩固提升规划目标情况

农村集中供水率（%）	农村自来水普及率（%）	水质达标率（%）	城镇自来水管网覆盖行政村的比例（%）
90	90	100	100

表5 "十三五"巩固提升规划新建工程和管网延伸工程情况

工程规模	新建工程					现有水厂管网延伸			
	工程数量	新增供水能力	设计供水人口	新增受益人口	工程投资	工程数量	新建管网长度	新增受益人口	工程投资
	处	m³/d	万人	万人	万元	处	km	万人	万元
合计	8	17.7	69.89	27.80	20553	11	5082	13.91	14506
规模水厂	5	17.45	68.15	26.06	20153	11	5082	13.91	14506
小型水厂	3	0.25	1.74	1.74	400	0	0	0	0

表6　"十三五"巩固提升规划改造工程情况

工程规模	改造工程					
	工程数量	新增供水能力	改造供水规模	设计供水人口	新增受益人口	工程投资
	处	m³/d	m³/d	万人	万人	万元
合计						
规模水厂	10	46000	88000	53.77	16.94	19517
小型水厂						

　　"十三五"之后，我县仍有部分农村人口饮用水安全问题没有得到解决的，我县也积极争取开行PPP项目，改造、新建、整合农村私营水厂，形成以县供水集团统一管理的大型公共供水工程，确保农村居民的饮用水安全，将这项民生工程做好、做实，使群众切实感受到"民生工程"带来的实惠。

　　因农饮工程是长期的、系统的工程，后期运行管理难度大，资金短缺。建议上级部门还应加大对农村饮水安全工程的投资力度。

包河区农村饮水安全工程建设历程

（2005—2015）

（包河区农林水务局）

一、基本概况

包河区位于合肥市南部，濒临全国五大淡水湖之一的巢湖，处于建设中的合肥现代化滨湖新区的前沿阵地和核心区域，总面积 230.7km² （其中巢湖水域面积 41.3km²），辖淝河、大圩 2 个镇，义城和烟墩、常青、骆岗、望湖、芜湖路、包公 7 个街道，全区总人口 49.52 万人，其中农业人口 13.85 万人，耕地面积 8204 公顷，境内具有丘陵岗地、河湖等地貌，以丘陵岗地为最大地貌单元。土地肥沃，地表绝大部分为耕作农田，作物以水稻、蔬菜为主。属北亚热带湿润季风气候区，特征是：气候温和，雨量适中，光照充足，无霜期长。受过渡性季风环流的影响，降水的时空分布极不均匀。多年平均降水量 980mm，其中汛期 5~9 月降水量占年降水量的 62%。灌溉期 4~10 月的降水占年降水量的 77%。多年平均蒸发量 850mm 左右。1978 年蒸发量最大为 1568mm，是同年降水量 573mm 的 2.8 倍（合肥站值）。蒸发量的年度变化规律是：夏季最大，春季次之，秋季较之，冬季最少。

我区水资源包括地表水和地下水。全区人均水资源占有量为 813m³，地表水由现有水利工程进行调控，境内的地表水源主要有河流、湖泊、塘坝及部分水利工程拦蓄。地下水资源无长期资料，根据地质部门分析，本区属于华北地台，合肥波状平原区，地下水严重贫乏，且主要分布在地面高程 20m 以下的南淝河两岸一级阶地和漫滩及支流下游，只能供部分农村人口饮用水，但是浅层地下水易受到污染，经化验已不能作为生活饮用水。工业"三废"及农业生产污染十分严重，已超过国家规定的标准，且有日趋加重之势，防治巢湖水污染问题，也成为众人极为关注的大事。地下水仅作人畜饮用水，水量很小。

二、农村饮水安全工程建设情况

1. 全区农村饮水不安全存在的主要类型包括苦咸水、污染严重地下水、污染严重地表水、水量、方便程度保证率不达标、其他饮水水质问题。这些农村饮水安全问题的存在已严重制约了全市农业生产的发展及农民生活水平的提高。实施农村饮水安全工程，解决农村饮水安全问题已成为全区广大农村干群最迫切的需要。

自 2006 年以来，包河区通过积极争取国家农村饮水安全项目资金，共实施农村饮水安全项目建设 4 个批次，共完成供水工程计 7 处、实施管网延伸工程计 7 处，共完成投资近 0.35 亿，解决饮水安全问题人数 9.63 万人。

表 1　2015 年底农村人口供水现状

乡镇数量	行政村数量	总人口	农村供水人口	集中式供水人口	其中：自来水供水人口	分散供水人口	农村自来水普及率
个	个	万人	万人	万人	万人	万人	%
5	52	49.52	13.9		13.9		100

表 2　农村饮水安全工程实施情况

合计			2005 年及"十一五"期间			"十二五"期间		
解决人口		完成投资	解决人口		完成投资	解决人口		完成投资
农村居民	农村学校师生		农村居民	农村学校师生		农村居民	农村学校师生	
万人	万人	万元	万人	万人	万元	万人	万人	万元
9.63	0.15	3463	3.86		1923	5.66	0.15	1540

2. 工程采用城市自来水管网延伸方式，水质优良，管理规范。

3. 包河区自 2006 年实施农村饮水安全工程以来，通过十余年的建设，到 2015 年底，全区 2 个乡镇 7 个街道人口数为 49.52 万人（其中农村人口 13.85 万人），共进行城市自来水管网延伸 7 处，已经安装自来水人数为 13.85 万人，自来水普及率为 100%。

三、农村饮水安全工程运行情况

1. 2013 年 3 月包河区政府出台了《包河区农村饮水安全工程维修基金使用及管理办法》的通知要求，区政府每年配套不低于 30 万元的维修养护资金。

2. 包河区疾病防控中心每月要对包河区范围内的农村饮水安全工程末梢水水质进行抽样检测。

四、采取的主要做法、经验及典型案例

（一）做法和经验

"十二五"工程建设管理情况在实施该项民生工程过程中，我区力求做到"五个到位"，即"责任明确到位""计划落实到位""宣传到位""资金筹措到位""建设质量与标准到位"。

1. 责任明确到位

我区早在 2006 年便成立了"包河区农村饮水安全工程规划与建设领导小组"，成员单位涉及水务局、财政局、发改委、物价局、卫生局、建设局等部门，各单位职责明确，领导组下设包河区农村饮水安全工程建设管理办公室，作为项目的项目法人，具体负责工程建设管理、进度、质量等。

2. 计划实施到位

在往年项目的建设过程中，我区严格按照省水利厅、发改委下达的投资计划及批准的实施方案组织实施，能做到工程建设地点、工程形式、计划解决人数等力求与实施方案一致，并做到按村建卡、按卡实施。通过项目的实施，取得了预期的社会效益：一是控制了疾病传播，减少了疾病发生，提高了群众健康水平。

3. 政策宣传到位

在项目实施前后，我市积极推行项目公示制，一是在项目受益村口、村委会所在地等一定范围内进行项目公示。二是包河区农林水务局网站等对项目实施情况进行宣传报道。通过宣传，使政府实施的该项目民生工程真正深入民心，大多数群众对项目实施较为满意。

4. 建设质量与标准到位

一是严格把好前期工作关。当年建设计划下达后，区农林水务局均能及时委托设计单位编制该项目的实施方案、初步设计，经报批后严格按实施方案组织实施。二是积极推行水利工程建设"六项制度"。在实施中，工程采取了打捆招标，按照建设项目招投标程序规范操作，按"公平、公开、公正"的原则择优确定专业施工队伍及监理制度。在工程实施过程中严格按照基建程序，实行隐蔽工程联合验收制度，按照时间节点完成分部工程验收、单位工程验收以及区级验收。

5. 资金筹措到位

我区充分发挥农饮领导小组的协调作用，依据省水利厅及省发改委下达的投资计划，及时将省级以上专项资金拨付到"农村饮水安全工程建设专账"上，同时足额配套了县级资金。农饮专项维修资金也已落实。在资金管理上，依旧保持原来设立了"农村饮水安全工程建设专账"，专人管理，财务账目清楚。工程款的拨付严格按工程进度拨付，工程竣工后均及时办理了工程决算与财务决算，并委托社会中介机构对项目资金进行审计，确保了资金管理规范、安全。

五、目前存在的主要问题

采用城市自来水管网延伸方式解决农村人饮安全问题，实行城乡供水一体化模式保证了水源水质，但由于供水管路较长，跑冒滴漏等水损较严重。加重了村集体经济负担。

蜀山区农村饮水安全工程建设历程（2005—2015）

（蜀山区农林水务局）

一、基本概况

蜀山区位于合肥市区西南部，地理坐标为东经 117°6′～117°8′，北纬 31°42′～31°43′，是全市四个中心城区之一，也是西部城市组团核心城区和门户城区。区辖 3 个镇、8 个街道、1 个省级经济开发区；63 个社区、30 个行政村。总面积 643.65km^2（含高新区、经开区及高刘镇），总人口 120 万人，其中农村人口 8.2 万人。地跨长江、淮河两流域，江淮分水岭横贯于西北部，分水岭以北为淮河流域，流域面积 270.42km^2，分水以南为长江流域，流域面积 373.23km^2。

蜀山区地处江淮之间丘陵地带，境内具有丘陵岗地、低山残丘、河湖低洼平原三种地貌，以丘陵岗地为最大地貌单元。丘陵岗地：江淮分水岭出大别山向东北延伸，在蜀山区大潜山入境，江淮分水岭两侧地形呈岗、冲、圩三种地形。地表绝大部分为耕作农田，作物以水稻、小麦为主。蜀山区境内主要有两条河流：南淝河，全长 127.5km，流域面积 2124km^2，其中蜀山区境内长 19.0km，流域面积 95.7km^2；派河，全长 39.0km，流域面积 585km^2。蜀山区地处北亚热带湿润季风气候区。

近几年全区经济发展较好，成跳跃式发展，特别是党的十八大以来，在省、市委的坚强领导下，全区上下深入贯彻落实科学发展观，坚持"五位一体"总体布局，紧扣"魅力蜀山、首创之区"建设目标，聚焦经济、社会转型，突出产业、城区升级，着力以平台建设催生新兴业态、以深化改革促进创新升级、以环境优化加速要素集聚、以从严治党保障转型发展，经济社会呈现积极变化。先后荣获"全国科技进步先进城区""全国社区建设示范区""全国文化工作先进区"等 20 余项国家级桂冠，两次获评全国综合实力和最具投资潜力"双百强区"称号。2015 年又获评综合实力、投资潜力、新型城镇化质量"三百强"城区。

地表水资源：区划调整后，蜀山区现有大（2）型水库 1 座、小（1）型水库 2 座、小（2）型水库 13 座、塘坝 0.8 万口，总有效库容（有效塘容）2.52 亿 m^3。蜀山区农田灌区主要为淠河灌区，淠河灌区进出蜀山区主要有淠河总干渠、大蜀山分干渠和小蜀山区分干渠等。近年来随着灌区渠系配套和节水改造工程实施，外引淠河水源加上水库塘坝蓄水及反调节作用，淠河灌区和塘坝灌区农田灌溉保证率达到 80% 以上。根据淠史杭灌区可供水量分析，在50%、75%、95%保证率的可引水量分别为0.6亿 m^3、0.4亿 m^3、0.2亿 m^3。随着北分路、大柏、将军等一批泵站技术改造工程的建设，提水灌区农田灌溉保证率达到90%以上，根据现有提水能力，年最大可供水量达0.1亿 m^3。

地下水资源：蜀山区在地下水的开采利用上较少，主要因为地下水埋藏较深，不易开采，含水量较少，特别是近几年蜀山区做了许多找水的物探，物探资料显示，江淮分水岭地区地下水含量较贫乏，大部分地区日出量均在100 m^3/d以下，不能满足兴建相对规模较大一点集中供水点的需要；浅表层地下水污染严重，含水量也较少，同时受气候影响明显，群众自己打的压水井和砖井经常在干旱年份出水量迅速减少，有时一口井只能满足5~8个人的生活用水。蜀山区整体地下水资源贫乏，只有局部地区可打井集中供水，供少数人口饮用。

水污染现状：蜀山区境内地表水源主要为南淝河、派河、淠河总干渠和大小型水库等，但地表水水源存在不同程度的污染。南淝河、派河水质存在着工业污染和微生物污染。现阶段，蜀山区境内的2座水厂水源均以地表水作为水源。小庙镇自来水厂取自张公塘水库，该水库为淠史杭灌区的反调节水库，除在灌溉季节存在着一定的有机物污染外，水质状况尚好。合肥市盛业自来水厂以淠河总干渠作为供水水源，除在水稻生育期内存在一定的污染外，平时水质状况较好。

二、农村饮水安全工程建设情况

1. 农村人口饮水安全解决情况

2015年底，全区农村总人口8.2万人，"十一五""十二五"共解决规划内的农村饮水不安全人口5.6万人（含因2013年区划调整前肥西县解决的人口），农村自来水供水人口约6.3万人，自来水普及率76.8%；行政村数30个，通水行政村数30个，通水比例100%。2005—2015年，农饮省级投资计划累计下达投资额为620.30万元（总投资0.41亿元），计划解决人口数5.6万人，累计完成投资0.39亿元，新建成农村水厂1个（合肥市盛业自来水有限公司），管网延伸长度累计560km。

表1 2015年底农村人口供水现状

乡镇数量	行政村数量	总人口	农村供水人口	集中式供水人口	其中：自来水供水人口	分散供水人口	农村自来水普及率
个	个	万人	万人	万人	万人	万人	%
1	30	8.2	6.3	6.3	6.3		76.8

表2 农村饮水安全工程实施情况

合计			2005年及"十一五"期间			"十二五"期间		
解决人口		完成投资	解决人口		完成投资	解决人口		完成投资
农村居民	农村学校师生		农村居民	农村学校师生		农村居民	农村学校师生	
万人	万人	万元	万人	万人	万元	万人	万人	万元

（续表）

合计		2005 年及"十一五"期间			"十二五"期间	
6.3	4100				6.3	4100
说明：含因 2013 年区划调整前肥西县解决的农村不安全人口 3.3011 万人						

2. 农村饮水工程（农村水厂）建设情况

2005 年以前我区有 1 个镇办小水厂——小庙镇自来水厂，供水覆盖小庙镇行政中心区，存在的主要问题是规模小、工艺简陋、水质差、保障程度低、管理不规范、安全隐患多。

截至 2015 年底，我区境内共新建 1 座规模水厂，位于小庙镇北分路社区的合肥市盛业自来水厂。其基本情况分述如下：

合肥市盛业自来水厂位于小庙镇北分路社区境内，是小庙镇 2010 年利用招商引资项目而兴建的水厂，设计供水规模 10000m³/d，水源为淠河总干渠。截至目前，水厂累计受益人口约 8.2 万人，日需水量约 7354m³。

2015 年底，我区已全部完成"十一五"和"十二五"规划内的农村不安全人口，入户率 82%，入户费用执行物价部门核定的标准。

表3　2015 年底农村集中式供水工程现状

工程规模	工程数量	设计供水规模	日实际供水量	受益乡镇数	受益行政村数	受益农村人口	自来水供水人口
	处	m³/d	m³/d	个	个	万人	万人
合计	1	10000	7354	1	30	6.3	6.0
规模水厂	1	10000	7354	1	30	6.3	6.0
小型水厂	—	—	—	—	—	—	—

3. 农村饮水安全工程建设思路及主要历程

蜀山区因区划调整从肥西县承继小庙镇农饮工程建设任务，仅实施 2015 年管网延伸建设项目，由于工程短、经验少，在通过组织学习后，较为完整的形成一套建设思路。通过近年来饮水安全工程的实施，使民生工程成为民心工程、德政工程，使饮水不安全地区永远告别了"吃水难"的历史，随着饮水水质的改善，受益区农民生活质量和健康水平得到进一步提高，卫生状况得到明显改善，文明程度逐步提高。

三、农村饮水安全工程运行情况

1. 县级农村饮水安全工程专管机构

2015 年蜀山区政府批准设立蜀山区农村饮水安全工程领导小组办公室，为县级农村饮水安全工程管理机构。

2. 县级农村饮水安全工程维修养护基金

2015 年我区设立了农村饮水安全工程维修养护基金，2015 年为 45 万元、2016 年为

90万元，每年均足额到位，基金在区财政局设立专账管理。出台农村饮水安全工程管理办法和基金使用制度，明确管理养护主体和责任，基金的使用范围，申报和核定程序，并和责任主体单位（水厂）签订管理养护协议，保证了基金的专款专用和基金效益的发挥。

3. 县级农村饮水安全工程水质检测中心

我区因农饮工程规模小，没有建立县级农村饮水安全工程水质检测中心。水质检测委托区疾病预防控制中心完成。

4. 农村饮水安全工程水源保护情况

为切实加强水源地的保护，确保饮水安全，我区政府以政办〔2015〕153号文件予以批准《蜀山区农村饮用水水源保护方案》；区政府于2015年5月以蜀政〔2015〕102号文件下发了《蜀山区小庙镇集中式饮用水源保护区划定方案的通知》，对我区小庙镇划定饮用水源保护区；2015年以蜀政〔2015〕132号印发《蜀山区规模化畜禽养殖区划定方案的通知》，对集中式饮用水源地一、二级保护区列为禁养、限养范围。明确了保护区的范围、地方政府和各部门的职责、工作要求，为此，各地方人民政府和各部门应对照文件要求，进一步履职尽责，相互配合，切实把保护饮用水源工作为一项大事来抓，做到工作有人、措施有力、保护有效，确保集中式饮用水源安全。

区环保和卫生部门定期负责水源和出厂水、末梢水的日常检测和监督管理外，区人大、农林水务局不定期开展水源地专项检查，杜绝水源地水库被承包养鱼，水质得到保障。

5. 供水水质状况

目前，蜀山区集中饮水水源地的原水检测主要由区环境保护局负责检测，主要检测指标为氨氮、高锰酸盐指数、总磷、总氮、溶解氧、pH值、电导率和五日生化需氧量等8项污染物指标，检测方式分为定期检测和日常巡检。

水厂的出厂水、末梢水水质检测和监管主要依托区疾病预防控制中心，主要检测指标为色度、浑浊度、臭和味、肉眼可见物、硝酸盐、耗氧量、总硬度、硫酸盐、溶解性总固体、氨氮、氟化物、氰化物、pH值、铁、锰、砷、铅、硒、镉、汞、铜、铬（六价）、锌、铝、挥发酚类、阴离子合成洗涤剂、氰化物、氯酸盐、三氯甲烷、四氯化碳、菌落总数、总大肠菌群、耐热大肠菌群、大肠埃希氏菌和二氧化氯共36项指标，县疾病预防控制中心每年检测2~4次，在丰水期和枯水期，特殊情况加密检测。

我区2个农村水厂均为规模水厂，其净水工艺为：

混凝剂　　　　　　　　　　消毒剂
　　　↓　　　　　　　　　　　↓
原水 → 絮凝池 → 沉淀池 → 过滤池 → 清水池 → 用户

水质检测合格率为98%，主要不合格指标为菌落总数。

6. 农村饮水工程（农村水厂）运行情况

蜀山区现共有2座水厂，其产权形式为集体和私人，其中属私人企业性质的水厂有合肥市盛业自来水厂1座，镇办集体企业水厂有小庙自来水厂1座，均为独立法人，实行企业化管理，市场化动作，是农村饮水工程的管护主体。

我区2个农村水厂实际日供水总量为0.93万 m³，供水价格一厂一价，由区物价部门核定，农村水价 1.8 ~ 2.0 元/m³、经营性水价 2.6 ~ 2.9 元/m³。水厂收入来源主要有三块：开户费、水费和政府补助。日供水 5000m³ 及以上规模水厂保本微利，日供水 5000m³ 以下的规模水厂运行较为困难。目前我区的 2 个水厂没有实行"两部制"水费。

7. 农村饮水工程（农村水厂）监管情况

农村供水工程实行分级分部门负责制。蜀山区农林水务局是蜀山区农村饮水安全工程建设的行业主管部门，负责协调解决工程建设中的重大问题，根据市饮水安全领导小组批复的实施方案和年度建设计划，指导蜀山区农村饮水安全工程建设及运行管理，水务部门承担着全区管网延伸和部分水厂的改造任务，工程竣工后，移交给当地的人民政府管理，当地人民政府又将工程的管理权和使用权委托给当地水厂，国有资产实行所有权和经营权分离。区住建部门负责农村水厂的日常监管；物价部门负责制定管网配套费和水费的价格指导政策的落实和监督管理；区财政部门负责筹措配套资金，并加强对资金使用的监管；区卫生部门负责宣传、普及饮水安全知识，对工程定期进行水质检测、监测；区环境保护部门负责加强对农村饮用水水源的环境监管及监测；区国土资源部门负责协调解决工程建设用地。

8. 运行维护情况

各水厂均成立由一名副厂长为队长的运行维修队，负责辖区内管网、供水设施、设备的维护和养护，并制定岗位职责和奖惩措施，责任到人，落实经费，全天候待命，24 小时服务，确保供水管网、设施设备高效安全运行，保障用水户正常供水。我区根据省市相关政策落实了农村饮水安全工程建设用地、用电和税费减免政策。

四、采取的主要做法、经验及典型案例

（一）做法和经验

蜀山区农村饮水项目建设领导小组以农饮办〔2015〕1 号文下发了关于印发《蜀山区农村饮水工程运行管理（暂行）办法》的通知，同时出台了《蜀山区农村饮水工程运行管理（暂行）办法》，从工程管理、水源水质检测、供水管理、水价管理等方面对蜀山区农村饮水安全工程的运行、管理制定了纲领性的管理措施，为蜀山区农村饮水工程的有序管理提供了强有力的依据。

一是认真做好规划，严格建设管理。饮水安全工程点多面广战线长，涉及千家万户，与群众生活息息相关。我们精心准备，超前谋划，按照原肥西县编制的"十二五"农村安全饮水工程规划，以规划为统领，以年度实施方案为抓手，循序渐进，逐年推动，避免了重复建设和管网闲置现象，做到了和县情、民情及新农村建设的完美结合，效益充分发挥，老百姓反映良好。

农村饮水安全工程在建设过程中严格遵循基本建设程序，从可研到实施方案编制，科学规划，精心设计；公开招投标择优选择施工单位和监理单位；成立机构，抽调专人管理，聘请有资质的监理公司进行全过程监理；在实施过程中，还邀请水厂和村组代表到施工现场进行监督，这样农村饮水安全工程在整个过程均处在受控状态。

二是科学布局水厂，实现全覆盖。农村饮水工程建设初期，我区水厂多为镇办小厂，工艺落后，供水能力低，远不能满足未来农村饮水安全建设的需要。我们积极争取农村饮水安全项目资金，进行管网延伸，我区现有 2 个水厂，布局合理，供水能力能够满足全覆盖的要求。

三是解决不安全人口，兼顾受益人口。农村饮水安全工程治理的目标是解决农村不安全人口，但在实施饮水安全工程时，既要解决饮水不安全人口，又要从长远发展考虑，兼顾受益人口，因此，我们在主干管网的规模、走线和水厂的供水能力设计上留足富裕度，力争科学合理，避免重复建设。为实现农村饮水工程在广大农村全覆盖，实现村村通自来水打好基础。

四是利用区位优势，对接市政管网。我们利用我区的区位优势，积极主动与合肥供水集团联系，充分利用合肥供水集团的水源、管网和管理优势，力争将我区的农村供水列入合肥市大区域供水范围。

（二）典型工程案例

盛业水厂是原肥西县招商引资新建的私人企业，水厂设计供水规模 $10000m^3/d$，取水水源为淠河总干渠，水处理采用原水提升、加药混凝、快速循环反应、沉淀、过滤、加药消毒等先进工艺。供水范围覆盖小庙镇80%以上居民。盛业供水公司的建成对加快周边新农村建设步伐，改善广大群众饮用水质，促进城乡经济社会发展，具有十分重要的意义。

盛业水厂的主要管理经验：

1. 依托服务大厅增设收费点，提高水费收缴效率

盛业自来水有限责任公司供水区域大，覆盖小庙镇的27个村居。多少年来，自来水上门收费的固有模式早已深深定格在群众脑海中，都是以入户收费的方式为主，收费员经常赶到用户家里没人，等收费员一走，用水户又重新回来了，想缴费又不知道到什么地方去缴，为收一户水费，收费员跑个三四趟是常有的事儿。存在着"收费员上门没有人，老百姓送缴找不到门"的弊端，效率低，收费成本高，也不方便广大农村居民的缴费。

为此，盛业供水公司利用已建成的增压站，先后在大柏增压站和雷麻增压站增设水费征收点。同时加大宣传力度，增强用水户缴水费意识，张贴水费通知，以厂区收费大厅为主、依托增压站收费点定时定区域开门向广大用水户收费，改变传统的收费模式，变上门收费为送缴制。如今在大柏增压站和雷麻增压站设立的收费窗口便于群众缴费，提高了工作的效率，减少运营成本，起到事半功倍的效果。

提高优质服务水平是化解水费收缴矛盾的基础，收费大厅也是盛业供水公司对外服务的窗口，既有负责供水区域内用户的水费收缴、查询、报修、报装等功能，也是向广大用水户宣传农村饮水这一民生工程政策法律法规的平台。目前收费户数1万多户，自大厅建立以来，严格按照文明示范窗口的要求，盛业供水公司收费员服务态度真诚、使用文明用语、耐心解答用水户的疑问，建有投诉箱，树立良好的窗口形象，打造优质服务品牌。用户有疑问，可随时到收费大厅查询数据，用真诚服务群众，以诚信换取民意，得到了广大用户和社会各界的好评。

2. 成立专业队伍，保证服务质量

供水企业事关千家万户，质量马虎不得。盛业供水公司面向社会招聘人才，成立专业管理队伍，从水源地开始一直管到用户的水龙头，各项工作均落实到班组，责任到人头。

生产科精心组织生产，保质保量完成制水生产任务，严格执行制水工艺流程和水质检验规程，定期对供水设备、管线、机泵、供水设施各种器具安装、维修和保养，以"安全、优

质、低耗"为生产原则，节能降耗，降低成本，开展技术人员的技术学习、培训工作。

每年随着夏季气温的逐渐攀高，供水量迅速增加，为保证居民的正常用水，盛业供水公司全力以赴开展高峰期安全供水各项保障工作，确保安全供水。以前夏季用水高峰期会出现停水，水质差，水压小的现象，而现在，盛业供水公司生产制水班严格按制水操作规程做好供水管理，随时掌握水源、水质、水量变化情况，正确确定药物投放量，确保供水质量，保持清水池周围清洁卫生，沉淀池、滤池每星期清洗一次，定期排放末梢水，确保正常供水。同时检测站也加大取水化验的工作力度，严格水质检测，加强制水工艺流程管理，实行日化验、分析，确保水质达到国家农村饮用水标准。

维修班组做好管网的检修维护。加大对支、主管网的巡查，开展区域性巡检查漏，对阀门进行维修保养，确保供水管网正常运行。供水抢修队伍坚持 24 小时全天候待命服务，保障了夏季高温期间居民用水。炎炎夏日，正是一线劳动者最辛苦的时候，维修班组承担着主要地段的管网维护与抢修工作。烈日下，只要一个电话，他们一定在最短时间内出现在抢修现场。在炎炎烈日下，抢修人员拿着焊机，聚精会神地工作着，他的脸庞在太阳底下被晒得黝黑，草帽遮不住脸上随时滴下的汗珠。

机电班组加强了机电设备、输配电线路和加氯消毒处理等设备的维护、检查和保养，主用、备用设备都要保持良好性能，设备完好率达到 100%。进一步加大对供水核心部位电机、水泵的维护保养力度，实行定人、定时养护，确保设备的正常运转。设施设备的运行状况实行 24 小时监控，发现问题立即处理，确保夏季用水高峰期不停水、水质优、水压足。

盛业供水公司供水面积广，用水户零散，抄表难度大，抄表班组每个人员抄表工作都做到细心、恒心，都有吃苦耐劳的精神，不管是烈日当天的酷暑盛夏，也不管是寒风刺骨的三九严冬，他们每月都按时准确地抄表，做到不误抄、不漏抄、不估抄表底。

3. 自筹维护资金，确保供水高效

农村饮水安全工程的特点是点多面广管线长，水费收入少，管理成本大。管护费用大一直困扰着企业的发展。为保证农村饮水工程长期发挥效益，保障广大居民长期用上安全便捷的自来水，盛业供水公司一直努力寻找供水企业的市场化运作与农村饮水安全工程公益性的结合点，不因农村供水不赚钱或亏本而放弃嫌弃，开源节流，降低成本，主要从三个方面来保证。一是去年我区把农村饮水安全工程的维护资金列入区级预算，设立了管护专项资金，扶持全区的供水企业，大大缓解了企业管护费用大的压力；二是区别水价，以工（工业水费）补农（农村水费）。去年盛业供水公司积极争取政策，由区物价局出台核定了非居民生活用水价，较居民生活水价有所提高，既体现了农村饮水的公益性，又促进了企业的良性发展；三是自筹资金用于供水设备设施和管网改造维护。盛业供水公司每年自筹资金 10 万元，对老管网进行改造，合计改造 650 户，既减少了水损，提高了供水效益，又解决了集镇用水不如农村的尴尬问题；同时每年还自筹 5 万元对供水设备设施和管网进行管护、改造和更新，确保供水设备设施和管网高效安全运行。

五、目前存在的主要问题

1. 多部门管理松散

现行农村饮水安全工程由水务部门组建项目法人，具体负责项目的建设管理。工程完工后，全面移交给当地人民政府管理，当地乡镇人民政府又将工程的管理权和使用权委托给当地水厂经营，所有权与经营权分离，实行政府主导、企业自律、部门协作的管理模式。住建部门负责农村水厂的日常监管；环保部门负责水源地的保护和水源监测；卫生部门负责水厂出厂水和末梢水的检测；物价部门负责制定管网配套费和水费的价格指导政策；入户安装和管理由乡镇人民政府和水厂共同推动。五个部门和一个政府（当地乡镇）在农村饮水安全工程上均负有职责，但都各管一块或一个环节，管理松散，遇事易扯皮，随着农村自来水的全覆盖和城乡供水一体化的逐步形成，在运行管理和维护服务上，将因严重缺乏行业监管而出现更多的问题。

2. 水厂（供水企业）运营困难

目前水厂的经济来源主要有三项：一是水费；二是开户费；三是政府和部门的补贴。由于农村用水量少水价低，水费所占份额较少，而水厂投入的供水成本和维护费用较大，政府和部门的补贴少近乎无，这两项收入难以保证水厂的运行，这就造成水厂发展农村用户的积极性不高、把开户费当成维持稳定运行和发展的基础支撑。

3. 农村饮水安全工程的公益性与供水公司（水厂）的企业化运行不一致

农村饮水安全工程解决农村居民的饮水安全问题，是公益性事业，要求水厂保本微利，实际上水厂实行的是企业化管理、市场化运作，追求的是利益最大化，这与农村饮水安全工程的公益性不一致。加之农村居民居住分散和传统的用水习惯难以一时改变，用水量少价低，农村水费在供水公司（水厂）的收入中占的比例较少，供水管线长、维护费用高和运营成本大，决定了供水公司（水厂）发展农村用水户的积极性不高。特别是招商引资建设的水厂，不愿承担更多的社会责任。

六、"十三五"巩固提升规划情况及长效运行工作思路

1. 总体目标

通过巩固提升推进农村供水发展方式"三个转变"，即由基本满足农村饮用水需求向全面提供清洁安全饮用水转变，由粗放管理向"从源头到龙头"的工程运行管护体系转变，由工程建设主要依靠财政投入向政府引导、广泛吸引各类社会资金等多形式、多渠道筹措建设资金方式转变。

到2020年，通过巩固提升，全面提高农村饮水安全保障水平，建立"从源头到龙头"的农村饮水安全工程建设和运行管护体系。主要任务有解决因各种客观原因新出现部分饮水不安全人口；对已建饮水工程进行达标改造建设；全面提升饮水安全保障总体水平，使广大农村居民喝上更加方便、稳定和安全的饮用水。

（1）具体目标

建设方面：采取新建、扩建、配套、改造、联网等措施，使全区农村自来水普及率达到95%以上，水质达标率整体有较大的提高，集中供水率达到98%以上，供水保证率达到95%以上。

管理方面：全面推进工程管理体制和运行机制改革，建立健全区级农村供水管理机构、农村供水专业化服务体系、合理水价形成机制、信息化管理、工程运行管护经费保障机制和水质检测监测体系，依法划定水源保护区或保护范围，实行水厂运行管理关键岗位

人员持证上岗制度。

（2）主要指标

集中供水率：农村集中供水率是指日供水规模20m³/d以上、有完善的水质净化和消毒措施并供水到户的集中式供水工程受益人口占农村总人口的比例。至"十三五"末，蜀山区集中供水率可达到98%。

自来水普及率：农村自来水普及率是指日供水规模20m³/d以上、有完善的水质净化和消毒措施并供水到户的集中式供水工程受益人口占农村供水人口的比例。至"十三五"末，蜀山区自来水普及率可达到95%以上。

水质达标率：水质达标率即农村集中供水工程水质卫生监测水质综合合格率。蜀山区"千吨万人"、200m³/d以上的规模水厂水质达标率力争在"十三五"末整体有较大提高。

城镇自来水管网覆盖率：城市市政自来水管网覆盖行政村占全区通水行政村的比例。根据合肥市城市供水规划，未来小庙镇将纳入市政供水范围，至"十三五"末，蜀山区城镇自来水管网覆盖率将达到50%以上。

水源保护划定率：水源保护划定率是指1000人以上的集中式供水水源保护区（保护范围）划定比例，要求达到90%，蜀山区已对全区境内2座水厂的水源保护区按照《饮用水水源保护区污染防治管理规定》（1989年7月10日国家环保局、卫生部、建设部、水利部、地矿部联合发布）相关规定，在饮用水地表水源取水口附近划定一定水域和陆域作饮用水地表水水源一、二级保护区。

2. 规划任务

结合小城镇、新农村建设规划以及即将实施的引江济淮工程，坚持高起点规划、高标准建设、高水平管理，进一步巩固提升农村饮水安全工程。主要有六项任务：一是优先实施城市供水管网向农村延伸的城乡一体化供水工程；二是大力发展规模化集中供水工程，扩大连片集中工程比例及所覆盖人口比例；三是建设自来水入户工程、提高自来水入户率；四是全面加强水质处理设施和水质检测能力建设；五是规模以上饮水工程信息化建设；六是推进备用水源建设及水源地保护。

根据相关文件精神并结合蜀山区饮水工程实际，牢固树立"农村饮水安全实行行政首长负责制，县级人民政府是农村饮水安全第一责任人"的理念，以区政府名义出台农村饮水工程管理办法，建立长效管护机制，建立县级维修养护基金，执行国家三项优惠政策。到2020年，县级饮水安全行政首长负责制和国家有关部委关于农村饮水工程用电、用地和税收的优惠政策要全部落实到位，工程水价更加科学合理，做到工程管理主体落实，管理制度健全，保障能力增强；将农村饮水工程维修养护资金和水质检测年运行费足额列入财政预算；推进水源地保护工作顺利开展。

表4　"十三五"巩固提升规划目标情况

农村集中供水率（%）	农村自来水普及率（%）	水质达标率（%）	城镇自来水管网覆盖行政村的比例（%）
98	95	95	50

表5 "十三五"巩固提升规划新建工程和管网延伸工程情况

工程规模	新建工程					现有水厂管网延伸			
	工程数量	新增供水能力	设计供水人口	新增受益人口	工程投资	工程数量	新建管网长度	新增受益人口	工程投资
	处	m³/d	万人	万人	万元	处	km	万人	万元
合计						2	150	1.9	950
规模水厂						2	150	1.9	950
小型水厂									

表6 "十三五"巩固提升规划改造工程情况

工程规模	改造工程					
	工程数量	新增供水能力	改造供水规模	设计供水人口	新增受益人口	工程投资
	处	m³/d	m³/d	万人	万人	万元
合计	1	3000	2000	2.8	1.5	350
规模水厂	1	3000	2000	2.8	1.5	350
小型水厂						

3. 展望

根据合肥市政"十三五"供水规划，随着"引龙入肥"工程、合肥第七水厂扩建工程、合肥第九水厂工程的开工建设和投入运行，我区农村用水格局将发生重大调整，我区大多村居和园区将纳入合肥市政供水范围，基本实现城乡供水一体化；"十三五"末农村饮水安全工程将逐步实现全覆盖，农村饮水安全工程将不再作为一个独立的与城镇相分离的概念存在，其运行管理将纳入合肥供水集团管理，实现其准公益性、公司化运营管理的要求，从水质、水量到保证率和服务质量将大幅度提升，农村人将有望向城里人一样全部用上优质便捷的自来水；政府将加大水源地保护和后期管护的投入力度，确保供水管网、设施和设备高效安全运行，确保各供水企业有利可图，确保农村居民长期用上安全便捷的自来水。

淮北市

淮北市农村饮水安全工程建设历程

（2005—2015）

（淮北市水务局）

一、基本概况

淮北属安徽省直辖市，位于安徽北部，东经 116°23′~117°02′、北纬 33°16′~34°14′，东西宽 50km，南北长 90km，土地总面积 2741km²，统计耕地面积 204 万亩。淮北市平原地区海拔 22.5~32.5m，地势由西向东南缓倾，比降为 1/8000~1/10000。大地构造属中朝准地台南缘，鲁西隆起区南段，境内除寒武系、奥陶系有部分裸露外，其余均为第四系掩盖，低山残丘占市总面积的 4.7%。市境内按河流分为萧濉新河、南沱河、包浍河、濉河水系。境内降水集中且时空分布不均，据历年气象统计资料显示，多年平均降水量 862mm，最大年降水量 1352.3mm（1963 年），最小年降水 558.8mm（1999 年），年平均降雨天数 92 天。水资源相对缺乏。多年平均蒸发量 997.5mm，平均无霜期 202 天。淮北市地震基本烈度为 Ⅵ 度。

淮北市辖相山区、杜集区、烈山区和濉溪县三区一县，有 17 个街道办事处、18 个乡镇，下辖 171 个社区居民委员会和 279 个村民委员会，全市总人口 215.8 万人，其中农业人口 125 万人。全年地区生产总值 760.4 亿元，其中第一、第二和第三产业增加值分别为 59.3 亿元、460.9 亿元和 240.2 亿元。

2015 年全市供水总量 4.59 亿 m³，其中地表水、地下水和其他水源供水量分别为 1.276 亿 m³、3.16 亿 m³ 和 0.15 亿 m³。全市用水总量 4.59 亿 m³，较上年少用水 0.246 亿 m³。全市共监测 19 眼井岩溶水水质，其中 Ⅲ 类水 8 眼、Ⅳ 类水 10 眼、Ⅴ 类水 1 眼。地下水超标项目一般为总硬度、锰、氟化物和溶解性总固体等。

二、农村饮水安全工程建设情况

（一）农村人口饮水安全解决情况

1. 实施农村饮水安全工程前情况

2005 年前，全市农村人口主要存在氟化物超标、苦咸水、总硬度超标、水质污染等饮水不安全问题，分布在三区一县，总饮水不安全人口 119.13 万人，其中相山区 6.48 万人、烈山区 18.77 万人、杜集区 15.27 万人、濉溪县 78.61 万人。

2. 农村人口饮水安全解决情况

到2015年底，全市农村供水人口144.46万人，采取集中式供水工程供水（自来水供水）解决农村饮水安全人口99.43万人（计划解决89.24万人），其中农村饮水安全工程解决92.21万人、城镇供水管网解决7.22万人，自来水普及率68.8%，分散供水人口45.03万人。

表1   2015年底淮北市农村人口供水现状

县区	乡镇数量	行政村数量	总人口	农村供水人口	集中式供水人口	其中：自来水供水人口	分散供水人口	农村自来水普及率
	个	个	万人	万人	万人	万人	万人	%
合计	22	326	215.9	144.46	99.43	99.43	45.03	68.8
濉溪县	11	211	110.5	96.82	56.49	56.49	40.33	58.3
相山区	3	12	39.8	6.8	5.31	5.31	1.49	78
烈山区	3	48	33.5	22.16	22.16	22.16		100
杜集区	5	55	32.1	18.68	15.47	15.47	3.21	82.8

说明：集中式供水人口99.43万人中有7.22万人为城镇管网供水。

（二）农村饮水工程（农村水厂）建设情况

1. 2005年以前，全市农村水厂建设及存在主要问题

2005年以前，全市农村水厂仅有濉溪县临涣、百善、南坪，烈山区烈山镇南庄村、榴园村、蒋疃村、吴山口村等7个规模较小的水厂，存在供水规模小，供水保证率低等问题。

2. 截至2015年底，全市农村水厂建设情况

截至2015年底，"十一五""十二五"期间农村饮水安全工程共建成集中式供水工程140处，其中规模水厂17处、小型水厂123处。日供水量76791m³/d，其中规模水厂日供水量43880m³/d，小型水厂日供水量32911m³/d，受益乡镇（办事处）20个，受益行政村201个，受益农村人口92.21万人，其中自来水供水人口92.21万人。

3. 2005—2015年完成投资及社会资本、个人资金、银行贷款等资金投入情况

全市"十一五""十二五"期间农村饮水安全工程建设共下达投资48273万元，完成投资46870万元。其中"十一五"期间共完成投资18521万元、"十二五"期间共完成投资29752万元。全市仅濉溪县徐楼水厂、国政水厂、北湖南水厂利用个人资金1000万元，杜集区通过招商引资2410万元建设梧桐水厂、鸿德水厂、朔里水厂，全市共利用个人、社会资金3410万元。

4. 2015年底，农民接水入户现状情况

全市农村居民接水入户部分收取费用不统一，濉溪县每户收取80元，杜集区每户收取200元，烈山区每户收取125元。入户率濉溪县为68%～100%，杜集区、相山区入户

率达90%以上，烈山区入户率100%。农村饮水安全工程供水水价为1.5~2.0元/m³。

表2 淮北市农村饮水安全工程实施情况

县（市、区）	合计			2005年及"十一五"期间			"十二五"期间		
	解决人口		完成投资	解决人口		完成投资	解决人口		完成投资
	农村居民	农村学校师生		农村居民	农村学校师生		农村居民	农村学校师生	
	万人	万人	万元	万人	万人	万元	万人	万人	万元
合计	92.21	6.764	48273	43.30	1.38	18521	48.91	5.38	29752
濉溪县	56.49	4.47	29110	26.38	0.93	11931	30.11	3.54	17179
相山区	4.99	0.14	2280	3.04		1056	1.95	0.14	1224
烈山区	18.77	1.16	7960	8.54		3171	10.23	1.16	4789
杜集区	11.96	0.99	8923	5.34	0.45	2363	6.62	0.54	6560

表3 淮北市2015年底农村集中式供水工程现状

县（市、区）	工程规模	工程数量	设计供水规模	日实际供水量	受益乡镇数	受益行政村数	受益农村人口	自来水供水人口
		处	m³/d	m³/d	个	个	万人	万人
合计	合计	140	106324	76791	20	201	92.21	92.21
	规模水厂	17	55956	43880			44.21	44.21
	小型水厂	123	50368	32911			48	48
濉溪县	合计	69	55971	38061	11	104	56.49	56.49
	规模水厂	7	24000	17280			25.59	25.59
	小型水厂	62	31971	20781			30.9	30.9
相山区	合计	7	3700	2800	1	9	4.99	4.99
	规模水厂	1	1500	1200			1.95	1.95
	小型水厂	6	2200	1600			3.04	3.04
烈山区	合计	40	20207	12500	3	48	18.77	18.77
	规模水厂	3	6490	4400			7.36	7.36
	小型水厂	37	13817	8100			11.41	11.41
杜集区	合计	24	26446	23430	5	40	11.96	11.96
	规模水厂	6	23966	21000			9.31	9.31
	小型水厂	18	2480	2430			2.65	2.65

三、农村饮水安全工程建设思路及主要历程

1. "十一五"阶段解决农村饮水安全问题情况

在"十一五"期间，解决思路是根据全市农村饮水存在问题的分布情况，统筹规划、先重后轻、先急后缓、逐步解决，并与集镇建设结合起来，按照优先安排解决苦咸水、饮水不达标和统筹兼顾的原则，以单村集中供水工程模式，实行供水入户。总投资 18521 万元，共解决 43.3 万人农村居民的安全饮水问题。

2. "十二五"阶段解决农村饮水安全问题情况

"十二五"规划总体建设思路：坚持高起点规划、高标准建设、高水平管理，实现农村供水城市化，城乡供水一体化。结合小城镇建设规划、新农村建设规划，通过管网延伸、单村水厂合并、建设规模水厂。建设规模水厂 17 座，分别为：濉溪县徐楼水厂（三期）、刘桥水厂（二期）、四铺水厂、石湖水厂、油榨水厂、双堆水厂、大田水厂，相山区钟楼水厂，杜集区梧桐水厂、徐暨水厂、南山水厂、段园鸿德水厂、朔里中心水厂、石台水厂，烈山区赵集水厂、王店水厂、新园水厂。总投资 29752 万元，共解决 47.75 万人农村居民的安全饮水问题。

四、农村饮水安全工程运行情况

1. 市、县级农村饮水安全工程专管机构情况

淮北市于 2007 年成立淮北市农村饮水安全工程领导小组（淮政办秘〔2007〕260号），领导小组办公室设在市水务局，办公室负责工程规划、建设、运行管理等工作。

（1）濉溪县于 2012 年 5 月，经县编办批复成立了农村饮水安全管理中心，在县水利工程管理中心加挂牌子，事业单位，编制为工程管理中心编制，不再增加。人员及运行经费由县财政负担。

（2）相山区于 2012 年 5 月 25 日，经相山区机构编制委员会办公室批复，相山区设立农村饮水安全管理中心，隶属相山区农林水利局管理，单位性质为全额事业单位，人员定为 5 人，人员及运行经费由区财政负担。

（3）杜集区于 2012 年 5 月由区编办〔2012〕5 号文批准成立农村饮水安全管理中心，人员 5 名，隶属区农水局，人员及运行经费由区财政负担。

（4）烈山区编办以〔2011〕2 号下达通知，成立了烈山区农村饮水安全管理中心，人员 3 名，编制由农水局内部调剂解决，人员及运行经费由区财政负担。

2. 市、县级农村饮水安全工程维修养护基金

淮北市暂未设立市级农村饮水安全工程维修养护基金。

（1）濉溪县于 2006 年开始，建立了基金账户，实行专款专用，每年根据财政状况及政策变化，历年资金到位情况不均，近两年财政安排专项资金每年 185 万元，制定了资金使用管理制度，资金使用按基建程序管理。

（2）相山区于 2013 年开始设立农村饮水安全工程维修养护经费，每年度 10 万元，纳入年度财政预算，专款专用。

（3）杜集区于 2012 年设立区级农村饮水安全工程维修养护基金，用于农村饮水安全

工程维修。

（4）烈山区在2012年2月17日印发了《烈山区农村烈山区农村饮水安全工程项目资金管理办法》，要求必须在财政年度预算中列支农村饮水安全维修养护基金，作为农村供水工程运行维修中出现大的工程维修备用金。

3. 县级农村饮水安全工程水质检测情况

（1）濉溪县水质检测情况。经濉溪县政府研究同意，依托县疾控中心化验室检测场所、人员，成立濉溪县农村饮水工程水质检测中心，年运营成本78.83万元，由县财政负责筹措。

（2）相山区、杜集区、烈山区水质检测情况。3个区农村饮水安全工程水质检测采取"政府购买服务"方式，委托淮北市供水总公司统一检测。

目前全水质检测工作按规程开展。

4. 农村饮水安全工程水源保护情况

全市划定农村饮水安全工程供水水源地保护区140处，每处水厂均设置了饮用水水源保护区标志牌，划定了保护区，做了井口保护工程，制定保护办法，设立警示牌，并落实了井源工程保护责任人，公布了举报电话，特别加强对水源地周边设置排污口的管理，限制和禁止垃圾、污水和有害物质进入水源区。

5. 供水水质状况

淮北市水源以中深层地下水为主，单村供水工程为深井直供，规模水厂为深井供水，进入清水池，经二次加压泵房加压，再进入供水管网。主要净水工艺采取二氧化氯或臭氧消毒，针对水质超标情况进行水质处理，供水水质经有资质的水质化验单位化验合格后，才能入户供水。全市水质达标率参差不齐，3个区水质达标率在90%以上，濉溪县水质达标率（水源水、出厂水和末梢水）整体不高。水质不合格的主要指标是氟化物超标。

6. 农村饮水工程（农村水厂）运行情况

目前，我市农村水厂管护主体主要有两类，小型水厂主要由站所管理、村集体管理，资产移交给镇政府，规模水厂由淮北市供水总公司管理及参股单位负责管理，资产移交给镇政府及企业。

（1）濉溪县农村水厂运行情况

2012年以前，濉溪县农村饮水安全工程建设多为小型水厂，建后运行主要由站所管理、村集体管理、个人承包管理等管理模式，其中村集体管理运行模式占83.6%。因受规模小、收入少影响，长效运行不能得到保障。维修不及时，跑冒滴漏情况严重，管理粗放，水压上不来，供水效果差，形成恶性循环。两部制水费难以推行。多在政府的扶持补贴下勉强运行。

2012年开始建设规模水厂，经濉溪县政府研究决定，由淮北市供水总公司为运行管理单位，提前进入项目筹划、规划设计、施工监督，全程参与管理，为建成后管理水厂打下了坚实的基础。

（2）相山区农村水厂运行情况

单村小型水厂竣工后，及时将工程移交给镇（办）、村（社区），运行管理分两种模式，一是村集体管理；二是市场化管理。村委会将水厂承包给公司或个人，承包者负责供水处的日常运营、维护，按不超过 1～1.5 元/m³ 水价收取水费，自负盈亏，村委会对工程运行情况和供水价格实施监督。

相山区积极推进城乡一体化供水模式，规模水厂交由市供水总公司进行运营管理。

（3）杜集区农村水厂运行情况

该区的规模水厂，由水厂所在镇作为管护主体，采取市场化运行管理的模式，择优选择有相关资质的管护单位进行管理。供水价格按政府指导价格，最高限价 1.5 元/吨。

（4）烈山区农村水厂运行情况

烈山区农村饮水安全工程现行主要为村集体管理或集体委托个人管理，对工程进行维护、监管，工程运行所需费用，由收取的水费、村集体支付或社会出资赞助支付等。该所有农村饮水安全工程均运行正常。

7. 农村饮水工程（农村水厂）监管情况

固定资产、规范化管理、入户费用收取、水质、水价、供水服务等方面监管开展的工作。

《安徽省农村饮水安全工程管理办法》明确规定，县级人民政府是农村饮水安全的责任主体，对农村饮水安全保障工作负总责。一县三区建立和完善农村饮水安全工程建设和运行管理的考核机制，同时把已经建成水厂的运行和后期管护纳入对县区对镇政府的目标考核。县（区）农村饮水安全管理中心负责对全县（区）工程进行监管，对固定资产、规范化管理、入户费用收取、水质、水价、供水服务等方面全面监管，开展年度检查，数据分析，上报指导，定期发布简报。同时接受人大、政协及其他相关部门的监督。

8. 运行维护情况

规模水厂运行管理单位自行组织维修队伍，能够开展正常维修；小水厂部分能自行维修，多数需要借助社会服务进行维修。用电、用地、税收等方面均执行了国家相关优惠政策，用电执行农业生产用电，工程用地由政府予以协调，暂不收取农村供水工程的运营税费。主要存在维修资金不足，运行人员待遇低，维修资金落实渠道不畅等问题。

9. 用水户协会成立及运行情况

我市仅烈山区成立用水户协会，实行供水协会管理。濉溪县成立了 3 个用水户协会，但作用不大。相山区、杜集区没有成立用水户协会。

五、采取的主要做法、经验及典型案例

（一）做法和经验

1. 淮北市出台文件规范农村饮水安全工程建设运行管理活动

淮北市先后出台了《淮北市人民政府关于进一步加强我市农村饮水安全工程建设运行管理的意见》（淮政秘〔2013〕79 号）、《关于规范农村饮水安全工程日常工作的通知》（淮农饮办〔2013〕1 号）、《关于印发〈淮北市农村饮水安全工程建后管理养护实施细则〉的通知》（淮水农〔2012〕35 号）、《关于下发〈淮北市农村饮水安全工程建后管养政府购买服务办法（试行）〉的通知》（淮水〔2014〕79 号）、《关于尽快落实农村饮水安全工程验收的通知》（淮水〔2015〕47 号）等文件规范全市农村饮水安全工程建设、运行管理活动。

2. 经验

一是成立组织，加强领导。市委、市政府高度重视，成立了以分管副市长为组长的淮北市农村饮水安全工程领导小组，领导小组下设办公室，办公室设在市水务局。加强了组织领导，强化了项目责任。

二是超前谋划，做好前期工作。市水务局在年初或者上年底提前安排部署前期工作，一县三区水务部门通过现场调查、宣传发动、征求群众意见、水源井物探等前期工作，按照建设适度"规模"水厂的要求，编制了农村饮水安全工程初步设计，根据工程规模大小报市发改委或水务局审查审批，扎实的前期工作，为我市农村饮水安全工程的实施奠定了坚实的基础。

三是强化监管，严把质量。市、县（区）两级层层签订责任状，落实责任主体，明确具体职责。市水务局建立督查调度制度，坚持一周一调度、半月一督查、一月一小结，及时协调处理工程建设过程中的具体问题，督促工程规范实施。在工程建设管理过程中建立"项目法人负责、监理单位控制、施工单位保证、水行政主管部门监督"的质量管理体系和监管机制。县（区）水务部门安排专人常驻现场巡查监督，做好技术指导服务工作。工程所采购管材、管件等必须经技术监督部门检测，确保工程质量。为保证项目实施的可靠性，在工程建设前和建成后均进行水质化验，保证水质达到农村饮水安全标准。

四是加强培训、强化指导。一是开展县区互学交流，在建设管理工程中，市水务局每月开展一次的市级工作例会，在工地现场召开，组织一县三区相互学习交流、取长补短，并取得了显著成效。二是开展业务技术培训。市水务局要求各县区组织开展对各水厂负责人和技术人员进行专业培训，提高业务管理技能，烈山区请定远县农饮总站黎晓光主任讲解农村饮水安全工程日常维护、水质化验等内容，取得了良好的效果

五是提前落实建后管理机构。在初步设计中增设建后管理方案。按照有利于群众使用、有利于工程可持续利用的原则，明晰工程所有权，采取灵活多样的方式进行运营管理。根据不同的工程类型和规模，经营方式逐步向集中管理、公司化运营方向发展，如杜集区采取招投标的形式，向社会公开发布招标公告，择优选用管理机构，取得较好成效。

六是探索创新工程建设管理新模式。

（1）积极加强与专业供水公司合作，更好地发挥专业供水公司人才、技术、资金、管理、服务等优势，濉溪县主动加强与市供水总公司的合作，首次把农村饮水安全工程运行管理交给市供水总公司全面负责。

（2）引进市场机制，推动工程由"官办"向"民管"转变。杜集区在市场化运行方面做出了有益的探索，并初见成效。有效解决了水厂运行困难、管理不规范等问题。

（3）新建改造并举，加快推进规模化水厂建设。坚持高起点规划、高标准建设，科学规划，合理布局，严格按照"千吨万人"要求，坚持"规模化建设、自动化运行、市场化经营""三化同步"，采取"串、并、连、改"等方式，把规模化水厂建设与城镇规划和美好乡村建设规划有机衔接，合理安排工程布局，逐步向"农村供水城市化、城乡供水一体化"的目标迈进。目前，全市已建成"千吨万人"规模水厂17座，解决了水厂规模小、运行成本高、使用率低等难题。

（4）放开建设权，引进社会资金参与工程建设。濉溪县徐楼水厂，就采用股份制形式，政府投资为主，社会资金为辅，与淮北市皇苑制衣有限公司投资合作建设，并由投资企业负责工程的建后运营管理。

（二）濉溪县刘桥水厂建设及运行管理情况（典型案例）

1. 工程概况

刘桥水厂坐落于濉溪县刘桥镇。该厂供水规模 2600m³/d，设计供水总人口 2.1 万人。刘桥水厂分两期实施，2013 年供水 0.95 万人；2014 年通过管网延伸，供水 1.14 万人。

2. 前期工作

2012 年 9 月 25 日、2014 年 6 月 3 日，省发改委、水利厅、财政厅分别下达刘桥水厂建设、扩建投资计划，市发改委、水务局及时予以审批。

3. 建设情况

刘桥水厂新建工程于 2013 年 11 月通过验收并交付使用；扩建工程于 2015 年 9 月 2 日通过竣工验收。工程建设按设计规模与工程量，全部完成建设任务。在实施过程中，严格实行了项目法人制、招投标制、建设监理制、集中采购制、资金报账制、竣工验收制等"六制"和用水户全过程参与。

4. 运行管理

刘桥水厂于 2014 年 4 月将资产移交刘桥镇政府，由濉溪县润生供水有限责任公司运行管理（隶属市供水总公司），扩建工程亦进行了移交。运行管理采取系统化管理模式。水厂常驻人员 5 人，主要负责抄表、协调地方关系、发展新用户、应急维修、机泵运行管理等日常事务，总体调度、管件供应、水质检测等工作由市供水总公司派员开展，收费由总公司与项目所在村签署合同，由所在村负责收取统一缴纳到总公司账户。电费执行农业生产用电，减轻了企业供水成本；水价收取按 1.3 元/m³。水质符合饮用水标准，供水正常。

六、存在的主要问题

工程建设：个别水厂施工监管不力，没有严格按规定要求实施。

运行管理：一是维修管养经费不足。2011 年以前建设的水厂规模小，收费难度大，运行成本高，维修管养经费短缺，工程维修不及时。规模水厂收费困难，目前来看，维修经费依然不能保障。二是镇村管理意识有待增强，职责需进一步明确。三是管理维修技术及社会服务薄弱。四是工程长期运行管理问题日显突出。五是农村供水设施受道路开挖、采煤塌陷、村庄搬迁、城镇建设等影响大，经常造成供水管网遭到破坏，管网损坏无法及时维修。

水质保障：我市水质不达标主要是氟化物、总硬度、微生物等指数超标。早期的项目设计标准低，制水工艺落后，没有配备完善的水质处理设备；部分水厂由于经营困难，没有正常使用除氟、消毒等设备，出现初期水质达标，但运行一定时期后出现水质超标现象。

行业管理：农村饮水安全饮水管理人员缺乏，难以满足日常工作的需求。

七、"十三五"巩固提升规划情况

（一）全市农饮巩固提升"十三五"规划情况

1. 规划思路

按照"规模化发展、标准化建设、专业化管理、企业化运营"的要求，采取配套、改造、升级、联网等方式，整体推进农村饮水安全巩固提升。

2. 规划目标

到 2020 年底集中供水率达到 93% 以上，自来水普及率达到 93% 以上，集中供水水质达标率达到 95%。积极建设全市农村供水信息化，加强应急供水能力建设、水质中心化验建设以及水源保护建设，提高农村供水工程的供水保证率。共解决农村不安全人口 36.01 万人。使农村集中供水率达到 93.4%。

表4　淮北市"十三五"巩固提升规划目标情况

县（市、区）	农村集中供水率（%）	农村自来水普及率（%）	水质达标率（%）	城镇自来水管网覆盖行政村的比例（%）
合计	93	93	95	
濉溪县	90	90	95	
相山区	100	100	95	70
烈山区	—	—		
杜集区	99	99	95	40

3. 主要建设内容

供水工程改造与建设。规划新建规模化水厂 3 座，新增供水能力 17100m³/d，新增受益人口 13.73 万人；新建村集中供水 1 处，新增供水能力 390m³/d，新增受益人口 0.48 万人；管网延伸 11 处，新增受益人口 7.03 万人。改扩建水厂 8 处，新增受益人口 14.78 万人，计划投资 21161.4 万元；配套水处理设施改造工程，计划投资 45 万元；农村饮用水水源保护、规模水厂水质化验室以及信息化建设，计划投资 700 万元。

表5　"十三五"巩固提升规划新建工程和管网延伸工程情况

县（市、区）	工程规模	新建工程					现有水厂管网延伸			
		工程数量	新增供水能力	设计供水人口	新增受益人口	工程投资	工程数量	新建管网长度	新增受益人口	工程投资
		处	m³/d	万人	万人	万元	处	km	万人	万元
淮北市	合计	4	17490	22.2	14.2	8522	11	748.65	7.03	3317
	规模水厂	3	17100	21.2	13.73	8235	6	542.75	5.12	2364
	小型水厂	1	390	1.01	0.48	287	5	205.9	1.91	953

（续表）

县（市、区）	工程规模	新建工程					现有水厂管网延伸			
		工程数量	新增供水能力	设计供水人口	新增受益人口	工程投资	工程数量	新建管网长度	新增受益人口	工程投资
		处	m³/d	万人	万人	万元	处	km	万人	万元
濉溪县	合计	4	17490	22.2	14.2	8522	6	265.9	2.46	1231
	规模水厂	3	17100	21.2	13.73	8235	1	60	0.56	278
	小型水厂	1	390	1.01	0.48	287	5	205.9	1.91	953
相山区	合计						2	6.95	1.49	599
	规模水厂						2	6.95	1.49	599
	小型水厂									
杜集区	合计						3	475.8	3.07	1487
	规模水厂						3	475.8	3.07	1487
	小型水厂									

4. 加强运行管理措施

（1）建立健全管理制度，规范管理行为。（2）建立有效的约束监督制度，接受行业、用水户和社会的监督。（3）加强用水管理，推行两部制水价，实行节约用水。

（二）"十三五"之后农饮工程长效运行工作思路

"十三五"之后，淮北市农村供水将以规模水厂为主，部分单村水厂仍将继续运行。为保证长效运行，将增加农村饮水工程维修基金，用于小水厂扶持、改造，继续实行用电、用地、税收优惠政策，支持农村供水事业的发展。加强行业管理，进一步加大行政执法力度，严厉打击破坏供水设施的行为。积极引导、指导、监督运行管理单位工作，最终实现运行管理规范化、信息化、企业化、规模化、专业化。

表6 淮北市十三五"巩固提升规划改造工程情况

县（市、区）	工程规模	改造工程					
		工程数量	新增供水能力	改造供水规模	设计供水人口	新增受益人口	工程投资
		处	m³/d	m³/d	万人	万人	万元
合计	合计	8	24980	21000	55.64	14.78	9323
	规模水厂	6	24300	19450	53.88	13.96	8830
	小型水厂	2	680	1550	1.78	0.82	493
濉溪县	合计	6	24980	18550	48.15	14.77	8859
	规模水厂	4	24300	17000	46.37	13.94	8366
	小型水厂	2	680	1550	1.78	0.82	493

（续表）

县（市、区）	工程规模	改造工程					
		工程数量	新增供水能力	改造供水规模	设计供水人口	新增受益人口	工程投资
		处	m³/d	m³/d	万人	万人	万元
相山区	合计	1	0	1350	4.45	0.02	378
	规模水厂	1	0	1350	4.45	0.02	378
	小型水厂						
烈山区	合计						
	规模水厂						
	小型水厂						
杜集区	合计				1.26		
	规模水厂	1	0	1100	1.26		85
	小型水厂						

1. 兼并单村小水厂，建设"千吨万人"规模水厂，实行规模化运营，企业化经营，实现"以水养水"。

2. 强化已建工程管理，改善水质状况，确保工程正常有序运行，让群众认同工程效益，真正感到民生工程的实惠，影响带动邻村群众，营造良好的农村改水氛围。

3. 将农村饮水安全工程运行管理纳入乡镇、村级日常公共事务，纳入年度目标考核，增强镇政府、村委会的责任意识。

4. 坚决打击各种毁坏农村饮水安全供水设施的行为，加大行政执法力度，加大执法宣传，严格责任追究，提高社会关注度，确保农村供水设施不受损坏。

5. 依托市供水总公司，统一管理，统一价格，成立社会服务体系，实现快捷技术服务，规范运营。

6. 加大信息化建设力度，实现供水管理远程控制、大数据分析，提高自动化管理水平。充分发挥县级农村饮水安全工程水质检测中心作用，定期开展水质检测，掌握供水水质状况。更新改造水处理设备，推广新科技，管好用好水处理设备，保证供水水质符合国家标准。

濉溪县农村饮水安全工程建设历程

（2005—2015）

（濉溪县水务局）

一、基本概况

濉溪县位于安徽省北部，介于东经 116°23′~117°02′，北纬 33°17′~34°01′，东临宿县、西临永城，南与怀远县接壤，区位优越，地处苏、鲁、豫、皖四省交界处，是淮海经济区和徐州经济圈的重要组成部分。

濉溪县属暖温带半湿润季风气候，四季分明。降水量的年际、年内变化较大，雨量集中而且分布不均，多年平均降水量 860mm。

濉溪县属淮北平原的河间地带，地面较平坦，自西北微向东南倾斜，坡降万分之一左右，海拔 34~21m。濉溪县境内共有 9 条河流，属淮河水系，多系自然坡降平行贯穿，顺其流向，地势西北高东南低，分为萧濉新河、南沱河、包浍河、澥河、北淝河 5 个水系。

濉溪县下辖 11 个镇，1 个经济开发区，211 个行政村，总人口 110.36 万人。其中，农村人口 96.82 万人，农村供水总人口 56.11 万人，供水率 58%。2015 年，全县实现地区生产总值 185.83 亿元，人均地区生产总值 17251 元，比上年增长 12.1%。

濉溪县地表水资源比较丰富，多年平均总量约 3 亿 m^3，年均可供水量约 1.2 亿 m^3，主要用于农业灌溉、工业生产用水。地表水及浅层地下水因生活污染且氟化物含量高、苦咸水，不能作为饮用水，应开发利用中深层地下水。

二、农村饮水安全工程建设情况

1. 农村人口饮水安全解决情况

濉溪县全县农业总人口 96.82 万人，到 2015 年底，濉溪县农村供水总人口为 56.49 万人，自来水普及率为 58.3%。全县尚有 40.4 万人未通上自来水。

到 2004 年底，全县农村饮水安全人口为 16.42 万人，占农村总人口的 17.3%；饮水不安全人口为 78.61 万人，占农村总人口的 82.7%。

"十一五""十二五"期间农村饮水安全工程建设完成投资 29110 万元，建成集中式供水工程 85 处，农村居民受益人口 56.49 万人，其中农村学校师生 4.47 万人，全面完成了农村饮水安全工作任务。经过并网，被合并小水厂 17 处，现有农村供水工程 69 处，其中规模水厂 7 处、单村供水工程 62 处。全县行政村数 211 个，通水 104 个，通水比例 49.3%。

表1 2015年底农村人口供水现状

乡镇数量	行政村数量	总人口	农村供水人口	集中式供水人口	其中：自来水供水人口	分散供水人口	农村自来水普及率
个	个	万人	万人	万人	万人	万人	%
11	211	110.5	96.82	56.49	56.49	40.33	58.3

表2 农村饮水安全工程实施情况

合计			2005年及"十一五"期间			"十二五"期间		
解决人口		完成投资	解决人口		完成投资	解决人口		完成投资
农村居民	农村学校师生		农村居民	农村学校师生		农村居民	农村学校师生	
万人	万人	万元	万人	万人	万元	万人	万人	万元
56.49	4.47	29110	26.38	0.93	11931	30.11	3.54	17179

2. 农村饮水工程（农村水厂）建设情况

2005年以前，全县农村水厂仅临涣、百善、南坪3个，规模小，仅供给街区用水，都由城建部门管理。截至2015年底，全县现有农村水厂69个，供水规模大小不等，2009年以前为老行政村或部分村庄，规模较小；2009—2012年供水范围为合并后的行政村，3000～6000人不等；2012—2015年为规模水厂，供水范围涉及4～17个行政村，分布在全县11个镇。其中规模水厂7个，分别是徐楼水厂（三期）、刘桥水厂（二期）、四铺水厂、石湖水厂、油榨水厂、双堆水厂、大田水厂，受益人口25.59万人（其中师生人口2.53万人），规模1000～6900m³/d，分布在8个镇。

农饮工程建设中，2005—2015年，全县社会资本、个人资金、银行贷款等资金投入较少，仅徐楼水厂、国政水厂、北湖南水厂利用社会资金1000万元。

2015年底，农民接水入户部分费用一直仅收取每户80元，入户率为68%～100%。

表3 2015年底农村集中式供水工程现状

工程规模	工程数量	设计供水规模	日实际供水量	受益乡镇数	受益行政村数	受益农村人口	自来水供水人口
	处	m³/d	m³/d	个	个	万人	万人
合计	69	55971	38061	11	104	56.42	56.49
规模水厂	7	24000	17280			25.59	25.59
小型水厂	62	31971	20781			30.83	30.9

3. 农村饮水安全工程建设思路及主要历程

濉溪县解决农村饮水安全问题"十一五"阶段的解决思路根据全县农村饮水存在问题的分布情况，统筹规划、先重后轻、先急后缓、逐步解决，与集镇建设结合起来，以单村集中供水工程模式，实行供水入户，解决人口数完成了国家22.36万人的建设任务，其中，氟化物超标 19.53 万人，苦咸水 0.83 万人，缺水及其他水质 2.0 万人，实际受益人口 26.38 万人。总投资 11931 万元，其中中央专项资金 5244 万元、地方配套资金 6687 万元。

"十二五"阶段根据全县农村饮水安全未解决人口和新增人口情况，前期以单村集中供水，后期以规划水厂工程模式，供水入户，结合集镇建设、新农村建设、美好乡村建设，并适度发展农村自来水设施，引进部分社会资金和企业管理模式，促进工程良性运行。建设单村集中式供水工程 13 处，其中，日供水能力 200～1000m³ 的供水工程 11 处，受益人口 4.73 万人；日供水能力 20～200m³ 的供水工程 2 处，受益人口 0.25 万人。建设日供水能力大于 1000m³ 的供水工程 7 处，分别是徐楼水厂（三期）、刘桥水厂（二期）、四铺水厂、石湖水厂、油榨水厂、双堆水厂、大田水厂，受益人口 25.59 万人。合计受益人口 30.11 万人，其中师生人口 3.54 万人；总投资 17179 万元，其中中央专项资金 9458 万元、地方配套资金 7721 万元。

三、农村饮水安全工程运行情况

1. 县级农村饮水安全工程专管机构

2012 年 5 月，经县编办批复，濉溪县成立了农村饮水安全管理中心，在县水利工程管理中心加挂牌子，事业单位，编制为工程管理中心编制，不再增加。运行经费及来源由县财政负担。

2. 县级农村饮水安全工程维修养护基金

2006 年开始，濉溪县就建立了基金账户，实行专款专用，每年根据财政状况及政策变化，历年资金到位情况不均，近两年财政安排专项资金每年 185 万元，制定了资金使用管理制度，资金使用按基建程序管理。

3. 县级农村饮水安全工程水质检测中心建设

经县政府研究同意，依托县疾控中心化验室检测场所、人员，加挂牌子，成立县农村饮水工程水质检测中心。根据市发改委、市水务局以淮发改许可〔2015〕103 号批复文件，项目预算总投资 59 万元，其中，中央预算内专项资金（国债）54 万元，省财政投资 5 万元。年运营成本 79 万元，由县财政负责筹措。

4. 农村饮水安全工程水源保护情况

全县划定农村饮水安全工程供水水源地保护区 96 处，设置了水源保护标志，做了井口保护工程，并落实了井源工程保护责任人，公布了举报电话，各相关单位积极配合，实行有效的监督执法。

5. 供水水质状况。水源以中深层地下水为主，主要净水工艺采取二氧化氯或臭氧消毒，针对水质超标情况进行水质处理，进行直供或二次提水。水质达标率（水源水、出厂水、末梢水）整体不高，水质不合格的主要指标是氟化物超标。

6. 农村饮水工程（农村水厂）运行情况

2012 年以前，濉溪县农村饮水安全工程建设多为小型水厂，建后运行主要有站所管理、村集体管理、个人承包管理等管理模式，其中村集体管理运行模式占 83.6%。每处供水工程均有 1～2 名管理人员，负责供水工程的日常运行、管理、维护等工作。管理人员工资从水费收入中支出或镇村给予补贴，部分村水管员每年获得3600元管护工作补助费。

因受规模小、收入少影响，长效运行不能得到保障。维修不及时，跑冒滴漏情况严重，管理粗放，水压上不来，供水效果差，形成恶性循环。两部制水费难以推行。多在政府的扶持补贴下勉强运行。

2012年开始建设规模水厂，经县政府研究决定，由淮北市供水总公司为运行管理单位，提前进入项目筹划、规划设计、施工监督，全程参与管理，为建成后管理水厂打下了坚实的基础。由该公司提前组建管理机构，制定管理措施，落实管理人员，建成后着手工程试运行并确保工程竣工移交后尽快投入生产，步入正常管理轨道。目前徐楼供水公司负责管理徐楼水厂，其余规模水厂由淮北市供水总公司负责管理。7处规模水厂运行正常，收费按不高于县城自来水价1.3元/m³收取，市场还要进一步培养。

工程资产除少数社会股份外，全部交由镇政府所有，进行国有资产管理，运营管理单位有使用权和管理维护的义务。

7. 农村饮水工程（农村水厂）监管情况

县农村饮水安全管理中心负责对全县工程进行监管，对固定资产、规范化管理、入户费用收取、水质、水价、供水服务等方面全面监管，开展年度检查，数据分析，上报指导，定期发布简报。同时接受人大、政协及其他相关部门的监督。

8. 运行维护情况

规模水厂运行管理单位自行组织维修队伍，能够开展正常维修；小水厂部分能自行维修，多数需要借助社会服务进行维修。用电、用地、税收等方面均执行了国家相关优惠政策，用电执行农业生产用电，工程用地政府予以协调，暂不收取农村供水工程的运营税费。

9. 用水户协会成立及运行情况。仅成立了三个协会，作用不大，无经费。

四、采取的主要做法、经验及典型案例

（一）做法和经验

1. 地方出台的政策和法规性文件

先后制定了《关于印发〈濉溪县农村饮水安全工程运行管理办法〉（试行）的通知》（濉政办〔2011〕4号）、县政府办公室《关于划定饮用水水源保护区的通知》（濉政办〔2011〕35号）、《关于印发濉溪县农村饮水安全应急预案的通知》（濉政办〔2011〕28号）、《关于印发农村饮水安全水厂规章制度的通知》（濉农饮办〔2011〕2号）、县政府《加强民生工程建后管养工作实施意见（农村饮水安全）》（濉政办〔2012〕42号）、《濉溪县农村饮水安全工程民生工程管养办法》（濉政办〔2012〕42号）、县水务局《关于我县农村饮水安全工程供水指导价格的通知》（濉水〔2014〕75号）等，用以指导全县农村饮水安全工程的运行管理。

2. 经验总结

（1）强化组织领导，确保工作合力。按照国家和省、市对农村饮水工作的具体要求，县委、县政府一直把解决农村群众饮水安全问题当作民生水利的首要任务，强化措施，落实责任，加强监管，全力确保让人民群众喝上安全水、放心水。为切实加强对农村饮水安全工程的领导，县政府成立了由县长任组长，常务副县长、分管副县长任副组长，各相关部门和镇政府主要负责同志为成员的农村饮水安全工程领导小组，并层层签订《农村饮水安全项目绩效考核责任书》。濉溪县在农村饮水工程实施规划编制、项目安排、资金筹措、水质监管上，发改、财政、水务、卫生等部门通力合作，形成合力，推进项目顺利实施，真正把好事办实、实事办好。

（2）坚持规划先行，确保建设重点。按照县政府的统一部署，以规划为龙头，一方面解决当前的安全饮水问题；另一方面注重今后经济社会发展的供水需求，从根本上解决问题，在编制农村饮水安全规划时，与美好乡村建设结合起来，走"城乡统筹、以城带乡、以乡带村"的路子，实现农村供水城市化、城乡供水一体化的目标。明确先集中后分散、先重点后一般、先水质后水量的"三先三后"规划思路。对饮水不安全人口比较集中的地方，以镇、行政村为中心，发展集中供水工程或者管网延伸方法解决；对人口比较分散的地区，采取打水井等单户供水工程解决；对水质污染严重地区，主要通过严格水质处理工艺，保障供水安全。从这几年的实践来看，这种思路和模式起到了很好的示范和引导作用。

（3）严格建设管理，确保工程质量。一是规范工程建设。在建设程序上严把规划设计关、技术指导关、建设质量关、竣工验收关、规范管理关"五关"，全面实行项目法人制、招标投标制、工程监理制、集中采购制、竣工验收制、合同管理制"六制"。同时，让广大受益群众了解、支持、参与饮水安全工程建设，建立了项目公示制，接受项目区群众监督。二是加强资金管理。各地都建立了农村饮水安全工程专户，专款专用，封闭运行，实行县级资金报账制，财政、审计、监察等部门加强资金监管，提高资金使用效率和效益。三是加强水质检测。2012—2013年新建的规模饮水安全工程全部设置了水质化验室；2014年与市供水总公司合作共建的水厂，由市供水总公司水质检测中心进行统一检测；2015年，我县已建设县级水质检测中心，对全县农村饮用水进行全面检测工作。

（4）加强运行管理，确保工程效益。我县成立了县级专管机构，在乡镇水利部门的配合下，加强对全县农村饮水工程的运行管理；将运行管护基金纳入到县财政年度预算，为中小水厂运行提供了保障；以各规模水厂为依托，建立社会服务体系，提高工程管护服务水平；与专业供水管理单位合作，由市供水总公司实行企业化、专业化经营，并可与村镇合作，确保工作顺利开展；以县水务局井灌办公室为依托，成立县应急服务队，确保发生紧急情况能及时应对。采取一系列管理措施，确保良性运行。

（5）落实经费保障，确保长远发展。在县财力非常紧张的情况下，县财政每年拿出185万元作为农村饮水安全工程维修专项经费并纳入财政预算。同时，县政府承诺在3~5年内对市供水总公司在水厂运行上的合理亏损给予财政补贴，采取"政府购买公共服务"的方式，有效破解了"无钱办事难、想办事办不成事"的困局，确保了水厂持续健康发展。

（二）典型工程案例

1. 工程概况

刘桥水厂供水规模2600m³/d，设计供水总人口2.1万人。刘桥水厂分两期实施2013年实施供水范围涉及刘桥镇3个搬迁安置区解决0.95万人；2014年通过管网延伸，供水范围涉及刘桥镇干庄村、王堰村、丁楼村3个行村解决1.14万人。刘桥水厂坐落于刘桥镇周口小学西侧，占地面积约3亩。

两期共建设管理房一处、供电线路及变压器1台套、清水池2座、水源井1眼、二级泵房一处、仓库机修间一处、加氯间一处、铺设干支管网 96.74km。

2. 前期工作

2012 年 9 月 25 日，省发改委、水利厅、财政厅《关于下达农村饮水安全工程 2012 第二批中央预算内投资计划的通知》（皖发改投资〔2012〕876 号）下达刘桥水厂新建工程投资计划。

《濉溪县农村饮水安全工程刘桥水厂初步设计》由徐州市市政设计院有限公司设计，安徽省发展和改革委员会（皖发设计改函〔2013〕1020 号）《关于濉溪县农村饮水安全工程刘桥水厂初步设计的批复》予以批复。

刘桥水厂新建工程于 2013 年 4 月 2 日，在安徽省水利工程招标信息网上发布招标公告，2013 年 5 月 3 日开标，招标代理公司：安徽新元工程造价咨询有限公司，中标单位：施工标亳州市水利工程队、管材标福建恒杰塑业新材料有限公司、设备标合肥敬业电子设备工程有限公司、监理标合肥徽元工程监理有限责任公司。

2014 年 6 月 3 日，省发改委、水利厅、财政厅《关于下达农村饮水安全工程 2014 中央预算内投资计划的通知》（皖发改投资〔2014〕230 号）下达投资计划，同意刘桥水厂扩建。

《濉溪县农村饮水安全工程刘桥水厂扩建工程初步设计》由淮北市水利建筑勘测计院有限公司设计，由淮北市发改委、市水务局，淮发改许可〔2014〕197 号予以批复。

刘桥水厂扩建通过招标，施工中标：濉溪县水利工程有限责任公司，管材管件采购中标：安徽华滔管业有限公司，监理中标：合肥徽元工程监理有限责任公司。

3. 建设管理

刘桥水厂新建工程于 2013 年 5 月 24 日开工建设，2013 年 8 月 21 日工程全部完工。2013 年 11 月通过项目验收并交付使用；水厂扩建于 2014 年 7 月开工建设，同年底全部完工，2015 年 9 月 2 日市水务局主持，通过竣工验收。

工程建设按设计规模与工程量，全部完成建设任务。在实施过程中，县水务局严格精密组织，强化管理，严格实行了项目法人制、招投标制、建设监理制、集中采购制、资金报账制、竣工验收制等"六制"和用水户全过程参与模式。

4. 运行管理

刘桥水厂于 2014 年 4 月资产移交刘桥镇政府管理，由濉溪县润生供水有限责任公司运行管理，扩建工程亦进行了移交。

运行管理采取系统化管理模式。水厂常驻人员 5 人，负责人刘锋。主要负责抄表、协调地方关系、发展新用户、应急维修、机泵运行管理等日常事务，总体调度、管件供应、水质检测等工作由市供水总公司派员开展，收费由总公司与项目所在村签署合同，由所在村负责收取统一缴纳到总公司账户。

电费执行农业生产用电，减轻了企业供水成本；水价收取按 1.3 元/m^3。水质符合饮用水标准，供水正常。

五、目前存在的主要问题

1. 工程建设

一些水厂施工监管不力，没有严格按规定要求实施，出现管道埋深不够、缺少标识牌、管道接口焊接不牢靠、管道和水表未做保温处理、成井质量不高等；平原区群众对集中供水的认同感依然不高，入户率不足90%，个别村甚至更低。

2. 运行管理

（1）维修管养经费不足。2011年以前建设的水厂规模小，收费难度大，运行成本高，维修管养经费短缺，工程维修不及时。规模水厂收费困难，目前维修经费依然不能保障。

（2）镇村管理意识有待增强，职责需进一步明确。由于镇级无专管机构，管理职责不明确，管理不到位，管理困难多，部分村工程运行较差。

（3）管理维修技术及社会服务薄弱。由于小水厂供水单位管理维修能力薄弱，加之社会服务体系不好建立，造成维修不及时或难维修，影响正常供水甚或造成停运。

（4）工程长效运行管理问题日显突出。部分农民群众继续沿用传统的用水方式，把自来水当作备用水，用水量过少，工程运行成本高，收取的水费不够用，水厂亏损。

（5）农村供水设施受道路开挖、采煤塌陷、村庄搬迁、城镇建设等影响大，经常造成供水管网遭到破坏，不能正常运行，抓不到责任人。经费不能迅速落实，管网损坏无法维修，不能供水，群众意见大。

3. 水质保障

全县水质不达标主要是氟化物、总硬度、微生物等指数超标。早期的项目设计标准低，制水工艺落后，没有配备完善的水质处理设备；部分水厂由于经营困难，没有正常使用除氟、消毒等设备，出现初期水质达标，但运行一定时期后出现水质超标现象。小型水厂无法配备水处理设备，一则用不起；二则管理人员不能用，高度氟超标问题不能解决。规模水厂出现水质变化，有的因没有设备不能处理。

4. 行业管理

一是社会服务体系建立困难，主要是因为工程维修项目不确定，维修经费落实不确定。二是受经费限制，人员培训工作落后，评先评优工作不能开展，不能起到树典型、抓带动、交流经验的作用。

六、"十三五"巩固提升规划情况及长效运行工作思路

1. 县级农饮巩固提升"十三五"规划情况

规划思路：在全面摸底调查工程现状、查找薄弱环节的基础上，围绕实施脱贫攻坚工程、全面建成小康社会的目标要求，立足巩固已有饮水安全成果，突出建立健全管理维护长效机制，充分发挥已建工程效益，综合采取配套、改造、升级、联网等方式，辅以新建措施，合理确定规划目标和建设任务。

规划目标：到2020年底自来水普及率达到90%以上。到2020年集中供水水质达标率达到100%。积极建设全县农村供水信息化，加强应急供水能力建设、水质中心化验建设以及水源保护建设，提高农村供水工程的供水保证率。本次通过新建、改扩建水厂，配套及供水管网延伸、联网等集中供水措施，共解决农村不安全人口31.43万人，使农村集中供水率达到90.42%。

主要建设内容：

（1）供水工程改造与建设。本次规划新建规模化水厂3座，新增供水能力17100m³/d，

新增受益人口 13.73 万人；新建村集中供水 1 处，新增供水能力 390m³/d，新增受益人口 0.48 万人；管网延伸 6 处，新增受益人口 2.46 万人。改扩建水厂 6 处，新增受益人口 14.77 万人。计划投资 18612 万元。

（2）水处理设施改造配套工程。本次计划对大殷供水厂供水设施进行改造，增设除氟设备 2 台套、消毒设备 1 台套，改造供水规模 826m³/d，改善供水人口 0.86 万人。计划投资 45 万元。

（3）农村饮用水水源保护、规模水厂水质化验室以及信息化建设。对濉溪县 10 座规模化水厂水源地周边 50m 内划分为水源保护区，并设置自动化监测系统和水质实时监测系统。建设大田水厂水质化验室，并建立农村饮水安全信息系统。计划投资 700 万元。

加强运行管理措施：

（1）建立高效的管理制度

供水单位要参照水利部颁发的《村镇供水站定岗标准》确定管理人员人数，按精简高效的原则定岗择优聘用。严格控制人员编制，建立职工绩效管理制度。供水单位要严格执行各级管理办法，制定健全的内部管理制度，规范管理行为。

（2）建立有效的约束监督制度

用水协会、供水单位不仅要接受水利、卫生、物价、审计等部门的监督检查，建立定期和不定期报告制度，还要接受用水户和社会的监督、质询和评议。

（3）加强用水管理，实行节约用水

供水单位要优先保证工程设计范围内居民生活用水需要。在水资源条件允许的条件下，经当地水行政主管部门批准，可以适当扩大供水范围。

供水单位要对用水户逐户登记造册，与用水户签订供用水合同，并发放用水户手册。积极推广和使用节水技术、产品和设备，实行计划用水和节约用水。

表4 "十三五"巩固提升规划目标情况

农村集中供水率（%）	农村自来水普及率（%）	水质达标率（%）	城镇自来水管网覆盖行政村的比例（%）
>90	>90	100	

表5 "十三五"巩固提升规划新建工程和管网延伸工程情况

工程规模	新建工程				现有水厂管网延伸			
	工程数量	新增供水能力	设计供水人口	新增受益人口	工程投资	工程数量	新建管网长度	新增受益人口	工程投资
	处	m³/d	万人	万人	万元	处	km	万人	万元
合计		17490	22.2	14.2	8522	6	265.9	2.46	1231
规模水厂	3	17100	21.2	13.73	8235	1	60.0	0.56	278
小型水厂	1	390	1.01	0.48	287	5	205.9	1.91	953

表6 "十三五"巩固提升规划改造工程情况

工程规模	改造工程					
	工程数量	新增供水能力	改造供水规模	设计供水人口	新增受益人口	工程投资
	处	m^3/d	m^3/d	万人	万人	万元
合计	6	24980	18550	48.15	14.77	8859
规模水厂	4	24300	17000	46.37	13.94	8366
小型水厂	2	680	1550	1.78	0.82	493

2. "十三五"之后农饮工程长效运行工作思路

"十三五"之后，濉溪县农村供水将以规模水厂为主，部分单村水厂仍将继续运行。

为保证长效运行，仍需继续保留农村饮水工程维修基金，用于小水厂扶持、改造，继续施行用电、用地、税收优惠政策，支持农村供水事业的发展。进一步加大行政执法力度，严厉打击破坏供水设施的行为。

加强行业管理，积极引导、指导、监督运行管理单位工作，最终实现运行管理规范化、信息化、企业化、规模化、专业化。实行属地监督配合，加大镇村管理职能，营造关心群众用水的社会氛围。

针对目前农村饮水存在的问题，计划如下：

（1）兼并单村小水厂，建设"千吨万人"规模水厂，实行规模化运营，企业化经营，实现"以水养水"。

（2）强化已建工程管理，改善水质状况，确保工程正常有序运行，让群众认同工程效益，真正感到民生工程的实惠，影响带动邻村群众，营造良好的农村改水氛围。消除不良影响，避免恶性循环。

（3）将农村饮水安全工程运行管理纳入乡镇、村级日常公共事务，纳入年度目标考核，增强镇政府、村委会的责任意识。

（4）坚决打击各种毁坏农村饮水安全供水设施的行为，加大行政执法力度，加大执法宣传，严格责任追究，提高社会关注度，确保农村供水设施不受损坏。

（5）参照供电管理的成功例子，依托市供水总公司，统一管理，统一价格，成立社会服务体系，实现快捷技术服务，规范运营。

（6）加大信息化建设力度，实现供水管理远程控制、大数据分析，提高自动化管理水平。充分发挥县级农村饮水安全工程水质检测中心作用，定期开展水质检测，掌握供水水质状况。更新改造水处理设备，推广新科技，管好用好水处理设备，保证供水水质符合国家标准。

相山区农村饮水安全工程建设历程
（2005—2015）

（相山区农林水利局）

一、基本概况

相山区是淮北市主城区，是淮北市政治、经济、文化的中心。相山区地处淮海经济区腹心，南接长三角，北连渤海，具有承东启西，连接南北的区位优势。相山区平原广袤，属温暖带半湿润气候，地下水储量为 1.16 亿 m^3，生物种类繁多。相山区辖一镇、十个街道办事处、一个经济开发区，总面积 141.7km²，人口 39.9 万，其中农业人口6.8 万。地区生产总值为 106 亿元，农业总产值 5.1 亿元，农民人均纯收入 10004 元。

相山区境内共有 5 条河流，属淮河水系，多系自然坡降平行贯穿，顺其流向，地势西北高东南低。承担境外来水的行洪河道有洪碱河、王引河、萧濉新河，分为萧濉新河、南沱河 2 个水系。

相山区年降水量为 0.94 亿 m^3，地表水资源量 0.12 亿 m^3，地下水资源量为 0.21 亿 m^3，地下与地表水资源不重复量为 0.17 亿 m^3，水资源总量为 0.29 亿 m^3。

二、农村饮水安全工程建设情况

1. 农村人口饮水安全解决情况

实施农村饮水安全工程前，相山区农村主要饮水方式为手压井、浅水井等，饮用的是浅层地下水，水质存在氟含量超标、苦咸水和水质污染等饮水不安全类型，分布在渠沟镇、任圩街道办事处、凤凰山（食品）开发区等。2015 年底，相山区农村总人口 6.8 万人，饮水安全人口数 5.31 万人，其中市政管网供水受益人口 0.32 万人。农村自来水供水人口 5.31 万人，自来水普及率78%；全区行政村数 12 个，通水行政村数 9 个，通水比例75%。2005—2015 年，农村饮水安全工程计划累计下达投资额 2280 万元，计划解决人口数 4.81 万人，建设集中供水工程 10 处，解决农村饮水安全农村人口 4.99 万人，累计完成投资 2280 万元。

表1　2015年底农村人口供水现状

乡镇数量	行政村数量	总人口	农村供水人口	集中式供水人口	其中：自来水供水人口	分散供水人口	农村自来水普及率
个	个	万人	万人	万人	万人	万人	%
1	12	39.8	6.8	5.31	5.31	1.49	78

表2　农村饮水安全工程实施情况

合计			2005年及"十一五"期间			"十二五"期间		
解决人口		完成投资	解决人口		完成投资	解决人口		完成投资
农村居民	农村学校师生		农村居民	农村学校师生		农村居民	农村学校师生	
万人	万人	万元	万人	万人	万元	万人	万人	万元
4.99	0.14	2280	3.04		1056	1.95	0.14	1224

2. 农村饮水工程（农村水厂）建设情况

2005年以前，相山区未开始实施农村饮水安全工程，2006年起开始实施农村饮水安全工程建设。截至2015年底，现有农村水厂7座，其中单村供水水厂6座（1座为承接城市供水管网）、规模水厂1座。规模水厂坐落在渠沟镇境内，日供水规模0.15万 m^3，供水人口1.95万人。

表3　2015年底农村集中式供水工程现状

工程规模	工程数量	设计供水规模	日实际供水量	受益乡镇数	受益行政村数	受益农村人口	自来水供水人口
	处	m^3/d	m^3/d	个	个	万人	万人
合计	7	3700	2800	3	9	4.99	4.99
规模水厂	1	1500	1200	—	—	1.95	1.95
小型水厂	6	2200	1600	—	—	3.04	3.04

3. 农村饮水安全工程建设思路及主要历程

按照省水利厅的统一部署，2007年3月，我区编制完成了《相山区2007—2010年农村饮水安全项目可行性研究报告》，省发改委《关于安徽省17市2007—2011年农村饮水安全项目可行性研究报告的批复》（发改农经〔2007〕653号）予以批复。批复我区2007年、2008年、2009年每年解决0.71万人，2010年0.91万人，共3.04万人的农村饮水安全问题。"十一五"期间，相山区实施的农村饮水安全工程均为单村工程，供水规模较小，运行成本高；"十二五"期间的解决思路主要按照"规模化、自动化、市场化"的原则，建设千吨万人规模水厂1座。

三、农村饮水安全工程运行情况

1. 区级农村饮水安全工程专管机构建立情况

为加强相山区农村饮水安全工程的建设及后期运行管理，保障发挥长期效益，2012 年 5 月 25 日，经相山区机构编制委员会办公室批复，相山区设立农村饮水安全管理中心，隶属相山区农林水利局管理，单位性质为全额事业单位，人员定为 5 人。

2. 区级农村饮水安全工程维修养护基金建立情况

2013 年起，相山区设立农村饮水安全工程维修养护经费，每年度 10 万元，纳入年度财政预算，专款专用。农村饮水安全工程维修养护经费主要用于农村饮水安全工程主管道的维修养护，水厂设备的维修养护等。

3. 区级农村饮水安全工程水质检测中心建立情况

按照国家发改委、水利部、卫计委、环保部《关于加强农村饮水安全工程水质检测能力建设的指导意见》（发改农经〔2013〕2259 号）、《关于做好政府购买工作有关问题的通知》（财通通知〔2013〕111 号）等相关文件精神，相山区农村饮水安全工程水质检测采取"政府购买服务"方式，交由淮北市供水总公司统一检测，市供水总公司安排专业人员对"千吨万人"等规模以上水厂（包括出厂水及管网水）、单村工程等小水厂每年进行不低于 6 次的常规 12 项检测，同时对规模以上水厂进行 2 次 42 项指标的检测、小水厂进行 2 次 42 项指标的检测。目前市供水总公司已开展检测工作。

4. 农村饮水安全工程水源保护情况

为了保护农村饮水安全工程供水水源，相山区委、区政府十分重视农村饮水安全工程水源保护，区政府成立了领导小组，区环保局牵头，相关部门配合。合力做好水源保护工作，每处水厂设置了饮用水水源保护区标志牌，划定了保护区。指导、督促农村饮水安全工程管理单位，建立健全水源巡查制度，及时发现并制止威胁供水安全的行为；规范开展水源及供水水质监测和检测，发现异常情况及时向主管部门报告，必要时启动应急供水。

5. 供水水质状况

相山区农村饮水安全工程供水主要采用深层地下水模式，单村供水工程为深井直供，消毒采用臭氧消毒器，规模水厂为深井供水，进入清水池，加入消毒药剂后，经二次加压泵房加压，再进入供水管网。供水水厂水质经有资质的水质化验单位化验合格后，才能入户供水。个别水厂供水水质铁锰含量超标，相山区及时采购除铁锰设备，对水厂水质进行处理，处理过后，检测单位化验合格方能供水。

6. 农村饮水工程运行情况

单村小型水厂竣工后，及时将工程移交给镇（办）、村（社区），运行管理分两种模式。一是村集体管理。村委会明确管理人员，制定各项管理制度，按既定的水价收取水费，所收费用用于供水处电费、维护费等所需支出。二是市场化管理。村委会将工程承包给公司或个人，承包者负责供水处的日常运营、维护，按不超过 1～1.5 元/m³ 水价收取水费，自负盈亏，村委会对工程运行情况和供水价格实施监督。

相山区积极推进城乡一体化供水模式，规模水厂交由市供水总公司进行运营管理。市供水总公司充分发挥其丰富的管理经验和专业的管理队伍，管理机制健全的优势，规模水厂供水水质得到了有效保障，效益得以长久发挥，有效地盘活了国有资产，大大减少了我区在维修养护方面的投入，为加快城乡一体化建设打好了基础。

四、典型工程案例及主要做法

1. 典型工程概况

按照"规模化、自动化、市场化"的原则，相山区建设"千吨万人"规模水厂1座，水厂占地规模6亩，主要建设深水井3眼、清水池2座、二次加压泵房56m²、办公楼309m²，配套安装深井泵3台套、变频设备3台套，二次加压泵4台套，二氧化氯消毒柜1台套，水厂自动化运行设备1台套，铺设入村供水管道及入户。

2. 工程建设情况

（1）坚持六制，规范管理

按照民生工程要求，我区在实施钟楼水厂建设中，严格执行项目法人制、招标投标制、建设监理制、集中采购制、资金报账制、竣工验收制六项制度，规范有序推进。

一是实行项目法人制。在施工过程中，坚持法人监督、群众代表监督、监理现场监督，确保施工质量、进度。

二是实行招投标制。按照国家招标、投标法规定，委托水利招投标代理机构对工程进行招投标，经过评标委员会综合评标，确定施工单位、管材、管件供应单位、自动化设备供货、安装单位。签订了施工等合同。

三是实行建设监理制。施工期间，监理单位安排2名监理工程师负责现场监理，重点监理钟楼水厂清水池、二次加压泵房、办公楼等重点节点及工程使用的管材、配件，管道的开挖及安装，深井建设等，对质量不符合要求的坚决返工重建，对材料不符合标准的一律返回，水厂内清水池钢筋安装时，部分节点安装不符合规范，现场监理发现后，立即勒令施工单位拆除重新安装合格后才进行混凝土浇灌。

四是实行集中采购制。施工过程中所使用的管材、配件及水厂配套设备，全市实行招标集中采购，确保了管材、设备等级、质量完全符合施工标准，工程质量得到保障。

五是实行资金报账制。设立了农村饮水安全工程资金专户，由专人进行严格管理。支付工程款，施工单位必须凭施工进度表，开正式发票，农水局、财政局审核、分管区长审批后方可报账。

六是实行竣工验收。工程结束后，工程竣工验收采取市、区二级验收制，在区级自查验收合格的基础上，申请市级验收，做到了组织有力、程序严格、操作规范。

（2）媒体公示，接受群众监督

区农村饮水安全工程领导小组办公室将年度农村饮水安全工程的计划、投资、责任人及建设地点等基本情况，在相关网站上予以公示，接受公众监督；工程开工前，对工程建设内容、各参建单位情况在实施村张榜公开，增强工程建设的机动性；工程完结时，供水处水质化验结果在村内公示，增强受益群众的放心度。

（3）狠抓管理，提高工程质量

在水厂建设期间，严格按照水利工程施工规范，对工程质量采取三方监督，法人、监理单位、质量监督单位都选派代表在施工现场，重点对施工管材、管道开挖、铺设等隐蔽工程和深井等主要工程开展质量检查，随机对隐蔽工程进行抽检，对不合格工程坚决返工，例如，在检查中发现管道开挖不合格，责令施工单位立即修整后才能铺设管道；在水厂办公室基础开挖验收时，基础深度未达到设计标准，施工单位整改合格后，才进行下一道工序。我区推行受益群众全程参与工程质量监管，增强了工程的透明度、群众的知晓度。定期组织各参建单位召开调度会及施工现场会，现场解决施工过程中进度、质量及当地群众阻挠施工等问题，并不定期开展巡回督查，确保施工进度与质量。

（4）创新机制，规范运行

建设是基础，管理是关键。为确保工程规范管理、正常运行，长期发挥效益。我区拓宽思路，创新运行管理机制，积极推进城乡一体化供水模式，多次联合渠沟镇，与市供水总公司达成了一致的合作意向，完成了水厂资产的移交和管网改造。市供水总公司充分发挥其丰富的管理经验和专业的管理队伍，管理机制健全的优势，规模水厂供水水质得到了有效保障，水厂效益得以长久发挥，有效地盘活了国有资产，大大减少了我区在维修养护方面的投入，为加快城乡一体化建设打好了基础。同时市供水总公司将依据市场发展情况，逐步完善水厂相应的供水设施，确保供水水源水质、水压达标，确保水厂运营安全可靠。

五、目前存在的主要问题

1. 基层管理机构仍不健全

农村饮水安全工程关系到社会的方方面面多个部门，涉及卫生、国土、环保等部门，制定一个政策往往不是一个部门的事，关系到各个方面的政策导向，需要有专门机构进行协调管理和建设。但长期以来，由于基层人员少、编制少、经费少等原因，我区缺乏农村饮水安全管理主体及相关机构，也没有专业的管理人员，这对于水厂的规划设计、施工建设、建后管养及长期运行都有不利影响。

2. 部分工程因村民用水意识不强

对污染水和细菌超标水的水质危害认识不足，使用自家手压井不需要缴费，因此水供到户也不愿意用，导致工程实际供水远远达不到设计供水规模，且工程日常管护费用没有列支，只是按运行成本收取水费，水价较低。若水价过高群众又难以接受，加之农村用水量较少，水厂市场化运行困难，将难以保证保留工程维护费，不利于工程的长效运行。

六、"十三五"巩固提升规划情况及长效运行工作思路

1. 区级农饮巩固提升"十三五"规划情况

规划思路：在全面摸底调查工程现状、查找薄弱环节的基础上，围绕实施脱贫攻坚工程、全面建成小康社会的目标要求，立足巩固已有饮水安全成果，突出建立健全管理维护长效机制，充分发挥已建工程效益，综合采取配套、改造、升级、联网等方式，辅以新建措施，合理确定区级规划目标和建设任务。按照"规模化发展、标准化建设、专业化管理、企业化运营"的要求，整体推进农村饮水安全巩固提升。地方政府重视、有条件和积极性高的地区可适当超前规划。

主要建设内容：对钟楼水厂进行管网延伸，解决张楼村、刘楼村、大梁楼村的1.51万、分散供水人口的饮水问题，将张集、郭王、鲁楼3处单村供水工程并入钟楼水厂，完

成并网人口 1.41 万人；油坊、河北、西王 3 处的单村供水水厂运行良好，暂不考虑并网问题。按照《淮北市城区供水专项规划（2011—2020）》，在"十三五"期间将钟楼水厂移交自来水公司管理。

表4 "十三五"巩固提升规划目标情况

农村集中供水率（%）	农村自来水普及率（%）	水质达标率（%）	城镇自来水管网覆盖行政村的比例（%）
100	100	95	70

表5 "十三五"巩固提升规划新建工程和管网延伸工程情况

工程规模	新建工程					现有水厂管网延伸			
	工程数量	新增供水能力	设计供水人口	新增受益人口	工程投资	工程数量	新建管网长度	新增受益人口	工程投资
	处	m³/d	万人	万人	万元	处	km	万人	万元
合计						2	6.95	1.49	599
规模水厂						2	6.95	1.49	599
小型水厂									

表6 "十三五"巩固提升规划改造工程情况

工程规模	改造工程					
	工程数量	新增供水能力	改造供水规模	设计供水人口	新增受益人口	工程投资
	处	m³/d	m³/d	万人	万人	万元
合计	1	0	1350	4.45	0.02	378
规模水厂	1	0	1350	4.45	0.02	378
小型水厂						

2. "十三五"之后农饮工程长效运行工作思路

通过近几年的农村饮水工程的实施和管理，总结经验教训，完善机制建设，提高水厂市场化管理水平是水厂未来经营发展的必经之路。逐步推行市场化运营与政府补贴相结合的方式，建立"有人管、有钱干、管得好"的农村饮水安全工程长效机制。

（1）充实和加强专管机构建设，协调解决工程运行和管理中出现的各种问题。

（2）区政府从财政预算资金安排和通过承包、租赁等方式转让工程经营权的所得收益中，落实农村饮水安全工程运行维护专项经费。

（3）积极探索水厂的市场化运行管理模式，落实水厂建后管理运营机构。出台优惠政策和奖补措施，鼓励企业、集体组织和个人进行承包经营。对经营负担重、运行困难的水厂分类指导、给予财政资金支持，避免出现新的停运水厂；对于新建的规模水厂在施工招投标时连同运营企业进行招投标，既保证建设质量，又能够及时办理运营移交手续，使受益农户及早喝上安全放心水。

烈山区农村饮水安全工程建设历程

（2005—2015）

（烈山区农林水利局）

一、基本概况

烈山区，隶属于安徽省淮北市，总面积 388km²，总人口 33.5 万人，其中农村人口为 22.16 万。全区辖 4 个街道及 3 个镇，48 个村（居委会）。2013 年烈山区地区生产总值 66 亿元，农民人均纯收入 7200 元。烈山区境内主要有萧濉新河、王引河、老濉河、新北沱河、龙河、岱河、南沱河、闸河、龙岱河等 9 条河道。南沱河、萧濉新河属新汴河水系。王引河是南沱河的支流，龙河、岱河、闸河、龙岱河属萧濉新河支流。南沱河、王引河、闸河为跨省河道，全区境内河道总长度 121km，上游来水面积 10591km²。全区共有中小型水库 4 座，其中中型水库 1 座、小型水库 3 座，总库容 1551 万 m³，兴利库容 1275 万 m³，均属闸河流域。

烈山区位于古河床发育带中等高水区，层次稳定，含水层厚度 4~17m，由 1~3 层粉沙组成，含水岩组顶底板埋深 2~25m，水位埋深 3~7m，单井出水量 30~60m³/h，水质以重碳酸钙镁型为主，矿化度在 0.5g/L 上下，pH 值为 7~7.5，属中弱碱性水，易于作物灌溉，可作为饮用水源。

烈山区地势自西北向东南微倾，海拔高程 29.1~400m。东部及古饶镇境内分布有低山残丘，其余为平原。低山残丘、岩溶发育，地表水资源较为匮乏，但分布一定量的岩溶地下水；平原部分地表水、浅、中层地下水相对较为富余。烈山区可利用水资源，多年平均为 0.46 亿 m³，保证率为 50%、75%、95% 的年份分别为 0.45 亿 m³、0.43 亿 m³、0.41 亿 m³。属资源型、工程型双重缺水类型，以资源型缺水类型为主。

烈山区年均地表水资源量为 0.33 亿 m³，由于缺乏必要的拦蓄和调蓄工程，可利用量仅为 0.1 亿 m³。全区 9 条主要河流，除闸河水质相对较好外，其余河道受上游和境内污水排放影响，非汛期水质基本为 V 类和劣 V 类。地表水体的大面积污染，既严重影响着地表水资源的合理开发与利用，又给沿岸人民群众的生产生活带来较大困难。目前，随着经济的发展和工业化、城市化进程的加快，国安电力二期等一批工业项目将相继上马，到 2015 年左右，工业需水量将达到 0.2 亿 m³ 以上，而且高保证率的企业占重要地位，若不加大节水工作力度和充分利用雨洪资源、中水，以及积极实施境外调水，以烈山区现状水资源的承载力，区域水资源短缺的矛盾和生态环境恶化的问题会更加突出。由于雨洪与污水分排工程系统不配套，雨水污水混排，致使城区龙岱河、老濉河及局部洼地，地表水体严重污染，浅层地下水的污染严重。尚有少数工业企业单位，排放的有害废水污染着浅层地下水。

二、农村饮水安全工程建设情况

1. 农村人口饮水安全解决情况

按照《农村饮用水安全卫生评价指标体系》评价，2005年前，烈山区农村供水的总体水平不高，自来水普及率低，仅为19%，部分农民的供水设施还很简陋，用水方便程度较低，遇干旱年份或在干旱季节部分水源的保证率较低；还有许多地区的农村直接饮用苦咸水、受严重污染的地表水源和浅层地下水；多数农村供水工程缺乏必要的水处理设施、消毒措施且水质监测不到位，饮水安全因素和问题还很多。全区饮水不安全人口18.77万人，其中，因氟化物超标人数3.09万人，苦咸水人数3.74万人，污染严重未经处理地下水的1.51万人，其他饮水水质问题7.32万人，由于水源保证率、生活用水量和用水方便程度超标而造成的饮用水困难人数2.83万人。

2005—2015年，我区大力实施农村饮水安全工程，累计解决农村饮水不安全人口18.77万人，累计完成工程投资7960万元，新建供水工程40处，新建水厂4座。其中单村工程22处，管网延伸工程18处，水厂4座。2005年解决农村饮水安全人口0.5万人，工程投资178万元，新建供水工程3处；2007年解决农村饮水安全人口1.91万人，工程投资659万元，新建供水工程7处；2008年解决农村饮水安全人口1.72万人，工程投资647万元，新建供水工程6处，管网延伸工程3处；2009年解决农村饮水安全人口1.72万人，工程投资824万元，管网延伸工程7处；2010年解决农村饮水安全人口2.69万人，工程投资863万元，新建供水工程5处，管网延伸工程1处；2012年解决农村饮水安全人口4.13万人，工程投资1859万元，管网延伸工程3处，新建水厂2处；2013年解决农村饮水安全人口3.23万人，工程投资1521万元，新建水厂1处；2015年解决农村饮水安全人口2.87万人，工程投资1409万元，管网延伸工程4处，新建水厂1处。

表1　2015年底农村人口供水现状

乡镇数量	行政村数量	总人口	农村供水人口	集中式供水人口	其中：自来水供水人口	分散供水人口	农村自来水普及率
个	个	万人	万人	万人	万人	万人	%
3	48	33.5	22.16	22.16	22.16	0	100

注：其中市政管网供水受益人口3.388万人。

表2 农村饮水安全工程实施情况

合计			2005年及"十一五"期间			"十二五"期间		
解决人口		完成投资	解决人口		完成投资	解决人口		完成投资
农村居民	农村学校师生		农村居民	农村学校师生		农村居民	农村学校师生	
万人	万人	万元	万人	万人	万元	万人	万人	万元
18.77	1.16	7960	8.54	—	3171	10.23	1.16	4789

2. 农村饮水工程（农村水厂）建设情况

2005年以前，烈山区无规模水厂，烈山区烈山镇南庄村、榴园村、蒋疃村、吴山口村等农村饮水安全人口3.39万人，依靠2002年省解决抗旱经费中新打深井6眼，自筹资金解决管道建设，实现集中供水。截至2015年底，烈山区现有供水工程40处，新建水厂4座。其中，单村工程22处，分布在宋庄村、土楼村、杨庄村、雷山村、和村、马桥村、黄营村、况楼村、山北村、黄桥村、蔡里村、军王村东风村、新村、半峭村、宋疃村、赵楼村、南庄村等25个村；管网延伸工程18处，主要是各村管网延伸；规模水厂3座，分部在古饶镇赵集村、王店村、新园村；一般水厂1座，分布在宋疃镇古饶村。烈山区在2005—2015年农村饮水安全工程建设中，总投资7960万元，其中中央资金4263万元、省级资金1746万元、市级资金807万元、区级资金832万元、群众自筹资金312万元。2015年底，烈山区农村村民全部实现自来水入户，入户率100%，费用按照每户150元由村民承担。

表3 2015年底农村集中式供水工程现状

工程规模	工程数量	设计供水规模	日实际供水量	受益乡镇数	受益行政村数	受益农村人口	自来水供水人口
	处	m³/d	m³/d	个	个	万人	万人
合计	40	20207	12500	3	48	18.77	18.77
规模水厂	3	6490	4400	—	—	7.36	7.36
小型水厂	37	13817	8100	—	—	11.41	11.41

注：城镇供水解决3.39万人。

3. 农村饮水安全工程建设思路及主要历程

烈山区在"十一五"期间，按照优先安排解决苦咸水、饮水不达标和统筹兼顾的原则，根据国家下达的年度投资计划，本着"群众自愿"的原则，确定年度建设任务，积极推进集中供水管网，提高农村自来水普及率，总投资3171万元，共解决8.84万人安全饮水问题。

烈山区在"十二五"期间总体思路是坚持新建和改造并举，在以往建设的基础上，结合项目区实际情况，坚持高起点规划、高标准建设、高水平管理，实现农村供水城市化，城乡供水一体化。结合小城镇建设规划、新农村建设规划、美好乡村规划，重点规划建设一批规范化、标准化的自来水厂。优先安排、重点支持一批"千吨万人"以上的规模化集中供水工程，并结合水厂所在的位置，对原有小水厂进行串网、并网及改扩建，适度扩大规模。工程规划采取农村自来水工程和集中供水相结合。根据水源条件，地方经济状况，从实际出发，因地制宜，合理安排工程。以水资源统一管理为基础，合理利用、有效保护水资源。工程的实施要与当地经济发展紧密结合起来，统筹规划，充分发挥农村饮水安全工程的综合效益。总投资 4789 万元，共解决 9.07 万军民和 1.16 万人学校师生安全饮水问题。

三、农村饮水安全工程运行情况

1. 农村饮水安全工程专管机构

烈山区在 2006 年 11 月 8 日成立了烈山区农村饮水安全工程领导小组，办公室设在烈山区农水局，同时抽调了专业技术人员 6 名，负责工程规划、建设、运行管理等工作。区编办依据〔2011〕2 号通知，成立了烈山区农村饮水安全管理中心，编制由农水局内部调剂解决。各镇办也都相应的成立了农村饮水安全领导小组，组长由分管农业的副镇长担任。

2. 农村饮水安全工程维修养护基金

根据《安徽省农村饮水安全工程管理办法》，县级要设立农村饮水安全工程运行维护基金。烈山区在 2009 年 9 月 26 日印发了《烈山区农村饮水安全工程运行管理（试行）办法》，在 2012 年 2 月 17 日印发了《烈山区农村烈山区农村饮水安全工程项目资金管理办法》，必须在财政年度预算中列支农村饮水安全维修养护基金，作为农村供水工程运行维修中出现大的工程维修备用金。区农村饮水安全维修养护基金按工程投资比例的 1%，在区财政年度预算中列支。同时制定了资金使用管理制度，在资金管理上实行了专项资金专户，专款专用，按照省、市要求，我区把维修基金列入财政预算，保证每年及时到位；水费构成中的维修基金和大修基金，作为一种制度按时提取，专户存放，统一管理，合理支取。

3. 农村饮水安全工程水质检测中心

烈山区没有成立水质监测中心，采取政府购买服务的方式，由淮北市供水公司负责对水质进行定期化验。保证工程受益范围内生活饮用水达到国家相关标准及要求。

4. 农村饮水安全工程水源保护情况

烈山区划定供水水源保护区，制定保护办法，设立警示牌，特别加强对水源地周边设置排污口的管理，限制和禁止垃圾、污水和有害物质进入水源区。杜绝垃圾和有害物品的堆放，防止供水水源受到污染。凡因采矿、建厂及其他人为因素引起水源变化、水质污染或工程损坏，造成群众饮水困难的，按照"谁损坏谁负责，谁污染谁治理"的原则，限期由责任方解决问题，恢复供水，维护可持续发展。

5. 供水水质状况

淮北市供水公司提供的化验单显示化验的水源水、出厂水和末梢水水质全部符合饮水标准。

6. 农村饮水工程运行情况

烈山区加大对农村饮水安全工程的政策扶持力度，农村供水工程建设用地作为公益性项目建设用地，给予优先安排；农村供水工程用电按照农业用电的价格给予优惠；对农村供水工程不收取水资源费、污水处理费等；对农村供水工程实行税费减免，在认真进行成本测算的基础上，制定有关税费标准和减免幅度，免收水资源费、水质检测费等，以此保证农村水厂实现良性运行。

自农村饮水安全工程实施以来，我区一直尝试将农村饮水安全工程进行市场化管理运作，但实施几年来，个人承包不利于工作的开展，极易发生社会矛盾。主要原因是：农村群众普遍素质不高，偷水、漏水现象严重，造成制水成本增加，运行管理困难。农村群众不愿足额缴纳水费，造成承包人亏本，也是造成个人承包困难的主要原因。目前，烈山区农村饮水安全工程现行主要为村集体管理或集体委托个人管理，对工程进行维护、监管，工程运行所需费用，由收取的水费、村集体支付或社会出资赞助支付等，农村供水工程平均成本价 0.5 元/m^3，水价不超过 1 元/m^3。截至目前，我区所有农村饮水安全工程均运行正常。

7. 农村饮水工程监管情况

《安徽省农村饮水安全工程管理办法》明确规定，区级人民政府是农村饮水安全的责任主体，对农村饮水安全保障工作负总责。要建立和完善农村饮水安全工程建设和运行管理的考核机制，农村饮水安全工程的建设已经纳入民生工程考核，每年新建的水厂严格执行项目建设管理办法，遵循农村饮水工程有关建设程序，按照时间节点完成建设任务，年底前交付使用；同时还要把已经建成水厂的运行和后期管护纳入对区和镇政府的目标考核，让区和镇政府不仅重视水厂的建设，更重视后期管护和日常运行。

8. 用水户协会成立及运行情况

实行供水协会管理。由全体用水户组成用水户协会，民主选举管理人员，建章立制，实行民主管理。用水户协会管理真正发挥了群众的"主人翁"作用，充分体现了群众参与管理的积极性。

四、采取的主要做法、经验及典型案例

1. 做法和经验

（1）根据省水利厅印发的《安徽省农村饮水安全工程运行管理暂行办法》（皖水农〔2010〕436 号）文件精神，烈山区成立了农村饮水安全管理中心，编制由农水局内部调剂解决。各镇办也都相应的成立了农村饮水安全领导小组，组长由分管农业的副镇长担任。

明确责任，落实人员，负责本辖区范围内的农村饮水安全工程建设和建后管护工作，确保工程长期运行，发挥工程效益。

（2）经验总结

加大宣传，营造良好的施工氛围。让全区的老百姓知道解决农村饮水安全是党中央国务院的惠民政策，是彻底解决改变农村饮水不安全的主要途径。通过开会宣传，利用报纸、广播、黑板以及标语、横幅、发放明白纸等多种形式进行宣传，并要求施工队在施工期间，在施工现场要插宣传旗帜，拉宣传条幅，发放"致农民一封信"等方式，形成一种轰轰烈烈大干农村饮水工程的场面，确保农村饮水工程按时按质完成。

重视监管，确保工程长期发挥效益。为推进农村饮水安全工程稳步健康运行，烈山区建立了关于淮北市烈山区农村饮水安全管理养护制度并制定了实施细则，明确每村1名管理人员，全面负责工程的管理、维修、收费等工作。并要求年度目标考核后，从财政拿出每人每年3600元予以管护人员补助。成立了区级农村饮水安全维修养护基金。2015年共筹集养护基金55.8万元，主要用于农村饮水安全工程维修养护等。

强化落实，层层签订责任。区委、区政府对农村饮水工程非常重视，与乡镇签订了目标责任书，层层落实责任，一级对一级负责，区农水局、区财政局、区监察局、区目标办、区民生办按期对农饮工程进行检查，对检查情况进行通报。区农村饮水安全工程领导小组强化协调、技术、质量要求，技术人员每天到施工现场督促检查，并经常出面与施工单位协调解决在施工中遇到的水源井跨村占地问题，输水管道跨村占地铺设问题，输电线路的架设问题。项目受益村能及时协调工程施工过程中出现的诸多问题，确保农村饮水安全项目保质保量完成。

2. 典型工程案例

我区2015年农村饮水安全工程新北管网延伸、虎山水厂管网延伸工程，经报市水务局同意，与市供水总公司协调，采用与市政管网对接的方式建设施工，采用此方式建设，减少了对工程项目的投资、缩短了工程建设周期、保证了饮水水质，同时与供水总公司签订了针对全区范围内的小水厂、规模水厂水质监测协议，规定每季度进行一次水质化验，确保农村居民吃上放心水、干净水。

根据全面建设小康社会的新要求，适应农村改革发展的新形势，顺应广大农民的新期待，饮水安全工程步伐将进一步加快。随着饮水安全工程建成、交付及使用，工程运营管理问题就凸显出来。目前，工程运营管理问题关键是要推进体制、机制创新。

一是健全饮水工程运行管理机制。要明晰工程产权归属，落实管理主体，建立健全各项规章制度。要加强民主管理，让农民参与。饮水安全工程最终是受益农户使用，必须让用水户全程参与管理。工程建设前，充分征求用水户意见。工程建设时，由受益农户选举代表进行跟班监督。工程建成后，对小型供水工程，由用水户在民主协商的基础上成立用水合作组织，实行自主管理。对区域集中供水工程，采取专管机构、受益村和用水合作组织管理相结合的办法进行管理。

二是建立合理水价形成机制。合理的水价是工程良性运行的关键。水价既要充分考虑用水户的支付意愿和承受能力，也要考虑供水单位的成本补偿和合理收益。对不同用途的水实行不同的水价，逐步推行用水定额管理、超额累进加价等制度，以促进节约用水。

三是健全政策扶持机制。要研究制定扶持饮水工程运行的优惠政策，工程用地要作为公益性用地优先调剂，运行用电执行农业生产电价，减免工程建设和运行管理所涉费用，降低老百姓饮用水的成本。

五、目前存在的主要问题

1. 部分群众自筹资金困难

根据近年来农村饮水安全项目资金分配标准是农民自筹资金每户150元收取，对大部分人而言都可以接受，但部分困难户、五保户难以缴纳，造成自筹资金缴纳不足，入户率难以满足设计要求。

2. 运行管理困难

由于农村饮水安全工程属于公益性项目，本来水位定价就不高，再加上跑冒滴漏，制水成本增加，造成运行困难；另外，部分村工程投入运营后，群众水费收取困难，影响工程正常运营。

3. 缺乏专业人员

由于受编制限制，我区农村饮水安全饮水办公室人员缺乏，难以满足日常工作的需求。

杜集区农村饮水安全工程建设历程

（2005—2015）

（杜集区农林水利局）

一、基本概况

杜集区位于安徽省淮北市的东部，地处苏、鲁、豫、皖四省交界处，地处中纬度地区（介于北纬 33°58′~34°18′与东经 116°41′~116°58′之间），南北长 19km，东西宽 12km，是淮海经济的中心，总面积 240km^2。

本区境内有三条河流：闸河、龙河、岱河，属于淮河流域。三条河流汇水面积186km^2，蓄水量 812 万 m^3。

杜集区属淮北平原的一部分，位于淮北平原的北部，地面较平坦，自西北向东南微倾斜，坡降 1/10000 左右，海拔 34~21m，区域范围内除寒武系、奥陶系有部分裸露外，其余均为第四系覆盖。

杜集区辖 2 个街道、3 个镇，总人口 32.09 万人，其中农村人口 18.68 万人、地区生产总值 85.1 亿元。

随着城市工业化、生活污水排放和农业面源污染量逐年增加，我区主要行洪河道也受到了不同程度的污染。

二、农村饮水安全工程建设情况

1. 农村人口饮水安全解决情况

在实施农村饮水安全工程以前，全区农村人口均存在饮用苦咸水等饮水不安全的现象。至 2015 年底。全区集中供水人口 18.68 万人，其中市政管网供水受益人口 3.51 万人、农村饮水安全工程集中供水人口 11.96 万人，农村分散式供水人口 3.21 万人，自来水普及率达 82.8%。全区共有行政村（居委会）55 个，其中通水行政村（居委会）40 个，通水比例达 72.7%。2005—2015 年，农饮投资计划累计下达投资额为 6572 万元，计划解决全区居民的饮水不安全问题。杜集区近年来大力实施农村饮水安全工程，截止到 2015 年底，全区共实施集中式供水工程 24 座，其中"千吨万人"规模化水厂 6 座、单村供水工程 18 座。

表1 2015年底农村人口供水现状

乡镇数量	行政村数量	总人口	农村供水人口	集中式供水人口	其中:自来水供水人口	分散供水人口	农村自来水普及率
个	个	万人	万人	万人	万人	万人	%
5	55	32.09	18.68	15.47	15.47	3.21	82.8

表2 农村饮水安全工程实施情况

合计			2005年及"十一五"期间			"十二五"期间		
解决人口		完成投资	解决人口		完成投资	解决人口		完成投资
农村居民	农村学校师生		农村居民	农村学校师生		农村居民	农村学校师生	
万人	万人	万元	万人	万人	万元	万人	万人	万元
11.96	0.99	8923	5.34	0.45	2363	6.62	0.54	6560

2. 农村饮水工程(农村水厂)建设情况

2005年以前,全区未实施建设农村饮水安全工程。截至2015年底,全区现有集中式供水工程24座,其中规模水厂6座,分别为高岳办事处徐暨水厂、矿山集办事处南山水厂、石台镇水厂及梧桐水厂、段园镇鸿德水厂、朔里镇朔里水厂;建单村供水工程18处,分别为孙庄、任庄、李洼、张院、童台、学田、豆庄、葛塘供水处;单村供水工程设计供水总规模为2480m³/d,设计受益总人口2.65万人。

区农水局会同物价部门经测算,杜集区农村饮水安全工程供水水价为1.5~2.0元/m³。入户率达90%以上。

表3 2015年底农村集中式供水工程现状

工程规模	工程数量	设计供水规模	日实际供水量	受益乡镇数	受益行政村数	受益农村人口	自来水供水人口
	处	m³/d	m³/d	个	个	万人	万人
合计	24	26446	23430	5	40	11.96	11.96
规模水厂	6	23966	21000	5	—	9.31	9.31
小型水厂	18	2480	2430	—	—	2.65	2.65
说明:城镇供水解决3.51万人。							

3. 农村饮水安全工程建设思路及主要历程

"十一五"规划总得建设思路:严格按照省、市要求,高标准开展农村饮水安全工程,把关注民生、解决农村饮水安全工作作为农村工作的一项重要内容。

截至2010年底,全区共建集中式供水工程21处,受益人口为5.34万人,其中单村供水工程18处,解决不安全饮水人数4.88万人;管网延伸工程3处,解决不安全饮水人数0.46万人。供水水源保证率达到95%以上。水质经过市疾病预防控制中心检测,符合国家《生活饮用水卫生标准》。"十一五"期间共投资2363万元，全区解决5.34万人的农村饮水安全问题，建集中供水工程18处。

2006年解决不安全人口0.33万人，2007年解决不安全人口1万人，2008年解决不安全人口1.33万人，2009年解决不安全人口1.33万人，2010年解决不安全人口1.35万人。

"十二五"规划总的建设思路：坚持高起点规划、高标准建设、高水平管理，结合小城镇建设规划、新农村建设规划重点建设一批规范化、标准化的自来水厂。"十二五"期间全区建设了徐暨水厂、南山水厂、石台水厂、梧桐水厂、鸿德水厂、朔里水厂，解决6.62万人的农村饮水安全问题（不包括市政管网解决的0.77万人）。"十二五期间"共投资6560万元。

2011年梧桐水厂解决1.57万人安全饮水，2012年徐暨水厂解决1.23万人安全饮水，2013年南山水厂解决1.26万人安全饮水，2014年段园水厂解决1.8万人安全饮水，2015年朔里中心水厂解决0.76万人安全饮水。

三、农村饮水安全工程运行情况

1. 县级农村饮水安全工程专管机构

杜集区农村饮水安全管理中心于2012年5月由区编办〔2012〕5号文批准成立，人员5名，隶属区农水局，办公地点在区农水局办公室。

2. 县级农村饮水安全工程维修养护基金

我区2012年设立区级农村饮水安全工程维修养护基金，筹集部分资金，用于农村饮水安全工程维修。

3. 县级农村饮水安全工程水质检测中心

我区农村饮水安全工程水质监测，全部委托市公共自来水监测中心负责。

4. 农村饮水安全工程水源保护情况

水源地保护采取建设井房，设置水源保护地标志等措施，并制定严格的规章制度，加大水源保护的宣传力度。

5. 供水水质状况

我区水厂水质大都符合农村饮用水标准，但随着水质出现反复，铁、锰等含量超标，添置了除铁、锰设备，经过处理后，对水源水、出厂水和末梢水进行检测，已达到了饮用水标准，水质达标率达90%以上。待我区建立农村饮水安全水质检测中心后，我们将开展日常检测工作，主要对几个常规项目进行检测。

6. 农村饮水工程（农村水厂）运行情况

我区建成的"千吨万人"规模水厂，工程所在镇作为管护主体，采取市场化运行管理的模式，择优选择有相关资质的管护单位。

小型水厂：我区农村饮水安全工程管护主体大都是村集体或个人承包管理，由于供水工程大都是单村工程，规模较小，群众用水意识仍待加强，造成用水少，收取的水费只能保证平常的水厂用电的费用，部分水厂因此面临停止供水的境地。

7. 农村饮水工程（农村水厂）监管情况

水价监管方面：实行政府指导价格，各地水厂根据实际情况，在确保运行和不加重农民负担的前提下，在一定范围内，采取适合自己的收费方式和收费价格，最高限价 1.5 元/m³，不足部分由镇、村进行补贴。

供水服务部门要在每次收取水费之前将各户水费单在醒目位置处进行公告，以及向用水户公开水费标准、用水量、水费收入与支出等情况。

8. 运行维护情况

我区农村饮水安全工程大都运行正常，但存在隐患，主要表现为水厂规模小，资金不足，运行人员待遇低或没有待遇（村干部管理），维修管护基金缺口大，落实渠道不畅，恢复运行难度大。农村饮水安全工程全部执行了农业生产用电价格的优惠政策，由区、镇进行用地协调，运行工作比较顺利，目前没有对农村饮水安全工程进行税费收取。

9. 用水户协会成立及运行情况

未成立用水协会。

四、采取的主要做法、经验及典型案例

1. 做法和经验

制定政策。先后制定了《加强民生工程建后管养工作实施意见》《杜集区农村饮水安全工程维修基金管理办法（试行）》《杜集区农村饮水安全工程管理办法》《杜集区农村饮水工程运行管理办法（试行）》《杜集区农村饮水安全工程实施办法》《杜集区农村饮水安全应急预案》及区政府办公室《关于划定饮用水水源保护区的通知》、市物价局《关于农村非经营性人畜饮水工程设施运行用电价格的函》等，用以指导全区农村饮水安全工程的运行管理。

成立组织，确保工程有序进行。区政府成立了杜集区农村饮水安全领导小组，组长由分管农业的副区长担任，成员单位分别由区发改委、区财政局、区卫生局、区环保局、区农水局组成，领导小组下设办公室，办公室设在杜集区农水局。各镇办也都相应的成立了农村饮水安全领导小组，组长由分管农业的副镇长担任。

加大宣传，营造良好的施工氛围。通过开会宣传，利用报纸、广播、黑板以及标语、横幅，采取多种形式进行宣传，让全区的老百姓知道解决农村饮水安全是党中央国务院的惠民政策，是彻底解决改变农村饮水不安全的主要途径。

设立专户，确保专款专用。区财政局设立了杜集区农村饮水安全工程建设资金专户，足额筹集区级承担的配套资金，并实行专户存储，中央和省级资金直接拨付到区级财政专户，保证了资金及时拨付。

加强领导，层层落实责任。区委、区政府对农村饮水工程非常重视，具体体现在：一是分管农业的副区长定期召开农村饮水安全工程领导小组会议，并且帮助协调在施工期间遇到的困难。二是在区财政比较困难的情况下，区政府还是把区该配套的资金落实到位。三是区人大、政协对农村饮水安全工程进行督查。人大对我区的农村饮水安全工程的实施给予高度评价，非常满意。四是根据年度目标责任分片包干，责任到人。区农水局成立了农村饮水安全工作组，以加强项目的协调、技术、质量等，项目实施村也相应成立了组织机构，以便能及时协调工程施工过程中出现的诸多问题，确保农村饮水安全项目保质保量完成。

加强调度，及时解决有关问题。区农村饮水安全办公室在项目实施过程中，每周五召开施工队项目经理会议，汇报施工进度情况及下一周的计划，及时解决施工队在施工当中遇到的各种困难。为了加快工程进度，不定期的召开工程所在镇、村负责人的会议，强调镇、村要与施工单位搞好配合，积极地去创造一个好的施工环境，为确保群众吃上自来水，农水局技术人员每天到施工现场督促检查，并经常出面与施工单位协调解决在施工中遇到的水源井跨村占地问题，输水管道跨村占地铺设问题，输电线路的架设问题。

加强监督，促进工作进展。整个工程实行"六制"，即项目法人责任制、招投标制、建设监理制、集中采购制、资金报账制、竣工验收制。组织技术人员到现场服务，招标后，施工队进入现场施工，为了加快工程进度，确保工程质量，每个施工点我局和有关工程的镇选派2名以上技术人员和工作人员进入施工现场进行服务和工程监督，发现问题及时指出纠正，并负责施工现场的外部环境协调工作，受益所在村选3名有施工经验的村民在现场监督，工程完成后，每项工程必须有3名村民代表签字，才能给予验收。

完善工程移交手续，确保发挥效益。我区参照市农饮办统一印制的淮北市农村饮水安全工程竣工移交证书，在工程竣工后，及时将工程所属权移交给镇（办）、村（社区）。工程的移交，既规范了工程手续，又明确了工程管理责任主体，确保了工程长期运行机制，有效地保证了农村饮水安全工程的效益发挥。工程验收后，由工程所在村负责确定管理人员，管理人员要经过培训上岗，建立一套完整的供水运行机制，制定出管理制度，管理人员负责机井、输水管道的管理、供水、水费的收取等工作，水费的收取每立方米水不能高于1.5元。收取的水费用于交纳电费、管理人员工资、办公费用，余下的经费用于供水机械设备和供水输水管道的维修，确保供水工程正常运行。

机制创新。在原来村集体管理、镇政府派专人管理、个人承包租赁的常规管理模式下，朔里水厂引进社会资金，采用股份制经营模式，实现了创新，进行了有益的尝试。

水源保护。按照《中华人民共和国水污染防治法》《安徽省城镇生活饮用水水源环境保护条例》的要求，各级政府、供水管理单位以及有关部门要加强农村饮水安全工程饮用水水源的统一管理，进一步加大水源保护和水污染防治工作力度，任何单位或个人不得在饮用水水源保护区内进行与供水设施和水源保护无关的开发建设活动，禁止一切排污行为。

制定农村饮水安全水源地保护办法，对规模以上农村饮水安全工程划定水源地保护区，设立界桩、告示牌、警示标志；对规模以下农村饮水安全工程水源点做好防护栏、防护墙、警示牌，确保水源不受污染。只有这样才能保障农村饮水安全工程的水质达到国家生活饮用水卫生标准，才能保障农村饮水工程供水安全。

加强水源保护。明确水源保护范围和保护措施，加强水源地巡查，提前预警供水水质变化情况。提升水源井井口高度。对水源井口进行焊接，提高进口高度，防止洪水漫入井内，污染水质。做好水源井封闭工作，防止浅层地下水渗入污染水源。

水质检测监测体系建设。委托市级供水公司进行水质监测

2. 典型工程案例

我区矿山集办事处张院村农村饮水安全工程，村委会参照省、市、区各种运行管理办法，对工程采取承包经营，由村委会将工程承包给村内用水大户，签订承包合同，收取承

包押金，明确双方的责任、权利和义务。承包者依合同规定负责供水处的日常运营、维护和管理，保证以成本价格向受益村民供应符合标准的饮用水，按村委会既定的水价足月收取水费，自负盈亏，村委会对工程运行情况和供水价格实施监督。目前，张院村农村饮水安全工程实现良性运行，工程充分发挥了效益，农民群众的饮水安全长期得到了保障，实现了群众拥护、政府放心、经营者满意的效果。

五、目前存在的主要问题

1. 部分村工程投入运营后，水费收取困难，影响工程正常运营。

2. 2005—2012 年，水厂的建设以单村供水工程为主，单个工程供水范围较小，受益人口少；同时，由于"村村通"道路的建设，部分管网在道路施工过程中遭到破坏，跑水漏水情况严重。

3. 区级管护基金账户资金来源渠道少，维修工作有时不能正常开展，有时因一时短缺，使不大的问题却因不能及时解决不得不停止运行一个水厂，并会造成更大的毁坏，甚至长久停止运行。

4. 供水单位维修技术、维修人员、维修费用不足，日常维修不能正常开展，使工程毁坏加重，影响正常供水或造成停止供水。

5. 杜集区现有 24 处集中供水工程，有 6 处规模化水厂由专业供水公司进行管理。大部分水厂运行维修资金无保障，技术力量欠缺；规模化水厂虽由专业供水公司进行管理，紧靠水费收入维持运转，维修、人员工资缺口太大，规模化水厂离实现正常运转还存在一定差距。

六、"十三五"巩固提升规划情况及长效运行工作思路

1. 县级农饮巩固提升"十三五"规划情况

建设主要内容：

(1) 高岳供水分区：规模化水厂 1 处（徐暨水厂），现状受益人口 15504 人；单村供水工程 3 处，受益人口 8963 人；分散供水人口 5657 人。

(2) 矿山集供水分区：规模化水厂 1 处（南山水厂），现状受益人口 12585 人；单村供水工程 1 处，受益人口 1224 人；无分散供水人口。

(3) 朔里供水分区：规模化水厂 1 处（朔里水厂），现状受益人口 14831 人；单村供水工程 1 处，受益人口 5351 人；分散供水人口 22159 人。

(4) 石台供水分区：规模化水厂 2 处（石台水厂、梧桐水厂），现状受益人口 17754 人（不含镇区及矿区受益人口）；单村供水工程 3 处，受益人口 10999 人；分散供水人口 1390 人。

(5) 段园供水分区：规模化水厂 1 处（鸿德水厂），现状受益人口 32408 人；分散供水人口 2871 人。

加强运行管理措施：按照建得成、管得好、用得起、长受益的要求，强化项目前期工作，加强建设管理，完善运行管护机制，落实工程维修养护经费，建立健全区级供水技术服务体系，确保工程长期发挥效益。合理利用市场机制，鼓励和引导社会资金投入，积极

创新农村饮水安全工程建设和运行管理方式。合理确定工程水价，认真落实各项节水政策和措施，促进节约用水和工程良性运行。强化水源保护和水质管理，创新工程管理体制与运行机制，确保工程长效运行。

表4 "十三五"巩固提升规划目标情况

农村集中供水率（%）	农村自来水普及率（%）	水质达标率（%）	城镇自来水管网覆盖行政村的比例（%）
99	99	95	40

表5 "十三五"巩固提升规划新建工程和管网延伸工程情况

工程规模	新建工程					现有水厂管网延伸			
	工程数量	新增供水能力	设计供水人口	新增受益人口	工程投资	工程数量	新建管网长度	新增受益人口	工程投资
	处	m³/d	万人	万人	万元	处	km	万人	万元
合计									
规模水厂						3	475.8	3.07	1487
小型水厂									

表6 "十三五"巩固提升规划改造工程情况

工程规模	改造工程					
	工程数量	新增供水能力	改造供水规模	设计供水人口	新增受益人口	工程投资
	处	m³/d	m³/d	万人	万人	万元
合计						
规模水厂	1	0	1100	1.26		85
小型水厂						

2. "十三五"之后农饮工程长效运行工作思路

（1）建立农村饮水安全工程后期管理的长效工作机制

建立区、镇、村三级农村饮水安全工程专管机构，制定有关供水规章制度，履行安全饮水工程规划、管理、运行维护等职责。

（2）强化水源水质监测和水源地保护

依托市级自来水公司水质监测设施设备和技术人员，组建农村饮水安全水质监测中心，实行定期检测。制定农村饮水安全水源地保护办法，对规模以上农村饮水安全工程划定水源地保护区，设立界桩、告示牌、警示标志；对规模以下农村饮水安全工程水源点做好防护栏、防护墙、警示牌，确保水源不受污染。只有这样才能保障农村饮水安全工程的水质达到国家生活饮用水卫生标准，才能保障农村饮水工程供水安全。

（3）规范水费的收缴及使用管理工作

为了做到以水养水，确保供水工程良性运行机制，必须规范水费征收使用管理。集中供水工程都要实行有偿供水，计量收费。其水价核定、水费计收按照"补偿成本、合理收益、优质优价、公平负担、确保运行"的原则，合理确定供水价格。水费的收缴和使用要实行规范化管理，供水单位要加强财务管理，明确水费开支范围和审批管理权限。要建立严格的工程折旧费、维修养护费等管理和使用制度，保证水费安全和专款专用。

（4）积极探索建立工程后续维修基金保障机制

区级要设立农村饮水安全工程维修基金，有效地解决工程维修资金不足的问题。制定农村饮水安全工程维修基金筹集和使用管理办法，饮水安全工程维修基金可由各级政府财政拨款和供水单位水费提成两部分组成：一是区级财政按已建成农村饮水安全工程投资的1%安排饮水安全工程维修基金；二是供水单位从所收的水费中提取5%～8%的工程维修基金，交区级维修基金专户存储。农村饮水安全工程维修基金在县财政设立专户，加强监管，确保维修基金专款专用。

凡按时足额交纳维修基金的农村供水单位，均列入区级维修基金补助范围，给予工程维修补助。对供水工程水源问题，水厂设备故障和主管网维修均列入县维修基金支付范围，由供水单位提出维修计划，向区级农水部门部门申报，经核准后给予维修项目补助金。

（5）积极推行城乡供水一体化

农村饮水安全工程后续管理需要公共财政给予大力支持，只有这样才能保证和实现农村饮水安全工程的长期良性循环、正常运行，才能让这项民生工程真正惠及农村千家万户，才能确保群众的饮用水卫生安全。

3. 建议

（1）将农村饮水安全工程运行管理纳入乡镇、村级日常公共事务，纳入年度目标考核。

（2）加大运行管理资金投入力度，切实落实管护基金，建议在年度农村饮水安全工程建设预算中列支。划定水厂补助标准，实行保运行补贴，并为工程维修提供资金保障。

（3）争取一定编制，加强区级专管机构，成立镇级专管机构。

（4）加强水质检测人员培训，成立水质检验中心。

亳州市

亳州市农村饮水安全工程建设历程

（2005—2015）

（亳州市水务局）

一、基本情况

亳州市是 2000 年 5 月经国务院批准设立的省辖市，辖涡阳县、蒙城县、利辛县和谯城区，其中谯城区为市委、市政府机关所在地。全市共 82 个乡镇、10 个街道办事处、1263 个村民委员会。截至 2014 年底，亳州市人口总数 634.4 万人。亳州市位于安徽省西北部，位于东经 115°53′～116°49′、北纬 32°51′～35°05′。西南与阜阳市毗邻，东与淮北市、蚌埠市相倚，东南与淮南市为邻，总面积 8521km²。

亳州市辖区内河流属淮河水系。主要干流河道有涡河、西淝河、茨淮新河、北淝河、芡河、包河、阜蒙新河等自然和人工河流，水流自西北流向东南，注入淮河，主干河道总长 559km，两岸配有大沟 300 多条。年平均降水量 980.1mm，多年平均降水量地区分布差异较明显，总体上是从北向南增加的趋势。

亳州市境内虽然有涡河、北淝河、西淝河等主要河流，但目前几乎是"有河皆污、有水皆脏"，点源和面源是地表水和浅层地下水水质污染的主要两大原因，所以我市饮水不安全类型主要为水质不达标，主要表现为氟超标、苦咸水、污染水和部分铁、锰超标。2014 年末全市监控的 360km 河段长度中，Ⅰ～Ⅲ类水质河段长 123km、Ⅳ类水质河段长 137km、劣 Ⅴ 类水质河段长 100km。

二、农村饮水安全工程建设情况

1. 农村人口饮水安全解决情况

亳州市在实施农村饮水安全工程前，主要问题是氟超标，其次是苦咸水、污染水、铁锰超标等问题，饮水不安全人口分布在三县一区。2015 年底，全市总人口 624.07 万人，饮水安全人口数为 526.06 万人，农村自来水普及率为 82.5%。具体情况如下：

涡阳县农村饮水安全工程自 2006 年开始实施，至 2015 年底共建设农村供水厂 129 处（合并后 79 处），实际解决 107.8 万农村居民及 7.78 万名农村学校师生的饮水不安全问题，工程总投资约 5.38 亿元。涡阳县农村饮水存在着高氟水、苦咸水、污染水、铁锰超标等问题。"十一五"期间计划解决饮水不安全人口 27.18 万人，"十二五"期间计划解决饮水不安全人口 78.98 万人。到 2015 年底，通过新建、扩建、管网延伸等工程措施，全县共保留农村供水工程 79 处，其中规模以上水厂有 47 处、规模以下水厂有 32 处，供水普及率达 73%。共涉及 307 个行政村，解决农村饮水不安全人口 107.81 万人，其中铁锰超标人口 5.92 万人、高氟水和其他水质问题 101.9 万人。

蒙城县农村饮水安全的主要问题是氟超标，其次是苦咸水、污染水。2005—2010 年蒙城县共解决农村饮水不安全人口 21.29 万人；2011—2015 年年底蒙城县共解决农村饮水不安全人口 73.17 万人、农村学校师生 3.11 万人，共覆盖 18 个乡镇 276 个村的 122.05 万农村人口，农村自来水普及率达到 77.5%。

利辛县"十一五"期间农饮工程下达的农村居民指标为 29.57 万人、"十二五"期间为 84.71 万人，共计 114.28 万人。经过 10 年的建设，到 2015 年底全县共建供水水厂 55 处，覆盖 23 个乡镇 313 个村的 120.2176 万农村人口，农村自来水普及率达到 100%。

谯城区到 2015 年底全区总人口为 168.20 万人，其中农村人口 136.28 万人。到 2015 年末，共建设 79 处农村饮水集中供水厂，受益人口为 111.28 万人，自来水普及率 85.0%。

2. 农村饮水工程建设情况

（1）亳州市 2015 年以前水厂建设情况

亳州市 2005 年之前共建设水厂 17 处，累计解决 2.08 万农村人口的饮水安全问题。

涡阳县 2005 年之前共建设水厂 8 处，解决农村饮水不安全人口 1.5 万人，均为高氟水质问题。

蒙城县 2005 年以前共建设水厂 3 处，结合新农村建设试点，在庄周办事处马店、集铺、辛集兴建了 3 个水厂。在运行过程中，由于规模较小（每个水厂的供水人口都在 200 人左右）而运行困难，后并入后建的农村饮水安全工程中。

利辛县 2005 年以前共建设水厂 4 处，1997—1998 年利用以工代赈资金建设阚疃水厂运行到现在。2004—2005 年年初，利辛县开始搞新农村建设试点，在张村镇柳西村后孙庄、旧城镇韩王村韩王庄、中疃镇曙光村西田庄兴建了 3 个水厂。在运行过程中，由于规模较小（每个水厂的供水人口都在 300 人左右）而运行困难，后并入后建的农村饮水安全工程中。

谯城区 2005 年以前共建设水厂 2 处，谯城区 2005 年度农村饮水安全工程解决饮水不安全人口 0.4 万人，完成投资 77.5 万元，其中国家投资 64 万元、群众自筹资金 13.5 万元。项目安排在龙扬镇杨集、小李两个行政村，建单村水厂共 2 处。

表 1 2015 年底农村人口供水现状

县（市、区）	乡镇	行政村数量	总人口	农村供水人口	集中式供水人口	其中：自来水供水人口	分散供水人口	农村自来水普及率
	个	个	万人	万人	万人	万人	万人	%
合计	91	1320	624.07	526.06	438.85	433.77	33.5	82.5
涡阳县	25	388	163.7	147.51	112.89	107.81	33.5	73
蒙城县	18	276	136.91	122.05	94.46	94.46	0	77.5

（续表）

县（市、区）	乡镇	行政村数量	总人口	农村供水人口	集中式供水人口	其中：自来水供水人口	分散供水人口	农村自来水普及率
	个	个	万人	万人	万人	万人	万人	%
利辛县	23	391	155.26	120.22	120.22	120.22	0	100
谯城区	25	265	168.2	136.28	111.28	111.28	0	81.02

（2）亳州市 2005 年以来水厂建设情况

① 2015 年底农村供水状况

自 2005 年开始实施农村饮水安全工程。到目前，亳州市已建成农村饮水安全工程 260 处（合并后），解决了 421.59 万农村居民和 18.8 万农村学校师生饮水安全问题。其中"十二五"期间共完成 315.69 万农村居民和 16.9 万农村师生的农村饮水安全建设任务。

② 2015 年底集中式供水基本情况

我市农饮安全工程供水方式均为集中式供水，至 2015 年底，受益人口数为 440.39 万人；水源类型主要为深层地下水，井深 350m；建千吨万人规模以上供水工程 145 处。

③ 2015 年底分散式供水基本情况

目前该市未被农饮安全工程覆盖的人口是一家一户打手压井或者小型气压水罐分散式供水，分散式供水 113.87 万人，占农村人口的 21.72%。

④ 各县区详细水厂建设情况

2005—2015 年，涡阳县"十一五"期间共建设水厂 68 处，均为新建水厂；共解决农村饮水不安全人口 25.68 万人，均为高氟水质问题；收取群众入户费每户 60 元；涡阳县"十二五"期间共建设水厂 57 处，解决农村饮水不安全人口 80.63 万人，均为农饮资金解决，收取群众入户费每户 60 元，其中高氟水人口 50.5 万人、铁锰超标和其他水质问题 30.13 万人；涡阳县已供水受益人口为 107.81 万人，其中规模以上水厂有 47 处、规模以下水厂有 32 处，自来水普及率 73%；全县共有 388 个行政村，供水受益行政村为 307 个，通水率 79%，全县现有供水规模 84144m³/d。蒙城县通过国家投资、地方配套、群众自筹、招商引资等多种方式兴建水厂 31 处，解决了 94.46 万人的饮水不安全问题，安装入户 23.8 万户，入户率 92%。利辛县通过国家投资、地方配套、群众自筹、招商引资等多种方式兴建水厂 55 处，解决了 120.22 万人的饮水不安全问题，安装入户 26 万户，入户率 91%。谯城区共建设水厂 84 处，解决 108.56 万人。

3. 农村饮水安全工程建设思路及主要历程

亳州市农村饮水安全工程建设从 2005 年开始的，主要分两个阶段进行农村饮水安全工程建设，即"十一五"阶段和"十二五"阶段，分述如下。

"十一五"阶段建设思路：优先解决规划内人口，统筹解决新增不安全人口；发展集中式供水工程，合理确定工程方案；坚持工程建设、水源地保护和水质检测并重。

主要规划新建水厂，解决高氟区饮水不安全人口；共解决农村饮水不安全人口 113.68 万人，完成投资 72022 万元；优先解决规划内人口，统筹解决新增不安全人口。

"十二五"阶段建设思路：发展规模化集中供水，采取集中连片、整村推进、兼并小水厂等措施，适度扩大原水厂供水范围，建设规模水厂；将原有小水厂扩建为规模水厂，兼并小水厂，盘活国有资产，充分发挥已有工程效益；规模水厂全部配备水质检测设备。

亳州市"十二五"期间，亳州市累计建设农村饮水安全工程189处（其中"千吨万人"规模以上供水工程102处），共解决了320.09万农村居民和18.8学校师生饮水不安全问题，工程总投资为145331万元；"十二五"期间新增供水能力34.43万 m^3/d。

表2　农村饮水安全工程实施情况

县（市、区）	合计			2005年及"十一五"期间			"十二五"期间		
	解决人口		完成投资	解决人口		完成投资	解决人口		完成投资
	农村居民	农村学校师生		农村居民	农村学校师生		农村居民	农村学校师生	
	万人	万人	万元	万人	万人	万元	万人	万人	万元
合计	433.77	18.8	217353	113.68	2.32	72022	320.09	16.48	145331
涡阳县	107.81	7.78	53800	28.83	0	14400	78.98	7.78	39400
蒙城县	94.46	3.11	50196	21.29	0	12995	73.17	3.11	37201
利辛县	120.22	2.28	57717	31.11	0	14740	89.11	2.28	42977
谯城区	111.28	5.63	55640	32.45	2.32	29887	78.83	3.31	25753

三、农村饮水安全工程运行情况

1. 市、县级农村饮水安全工程专项机构

根据中共中央《关于加快水利改革发展的决定》《安徽省农村饮水安全工程运行管理办法》等有关文件精神，经市政府同意，于2001年成立亳州市农村饮水工程领导小组，组长刘健，副组长吴贞堂，成员11人，领导组下设办公室，设在市水务局，亳州市农村饮水工程由亳州市水务局农水科负责管理，行政编制单位，核定人员4人，运行经费由市财政负担。

表3　2015年底农村集中式供水工程现状

县（市、区）	工程规模	工程数量	设计供水规模	日实际供水量	受益乡镇数	受益行政村数	受益农村人口	自来水供水人口
		处	m^3/d	m^3/d	个	个	万人	万人
合计	合计	244	352283	232212			433.77	433.77
	规模水厂	145	301080	195539	64	548	368.48	368.48
	小型水厂	99	51203	36673	33	22	65.29	65.29

（续表）

县（市、区）	工程规模	工程数量	设计供水规模	日实际供水量	受益乡镇数	受益行政村数	受益农村人口	自来水供水人口
		处	m³/d	m³/d	个	个	万人	万人
涡阳县	合计	79	84144	58900	24	307	107.81	107.81
	规模水厂	42	62160	43512	—	—	79.86	79.86
	小型水厂	37	21984	15388	—	—	27.95	27.95
蒙城县	合计	31	95733	47138			94.46	94.46
	规模水厂	23	91640	44521	18	258	93.35	93.35
	小型水厂	8	4093	2617	5	8	1.11	1.11
利辛县	合计	55	96176	67323			120.22	120.22
	规模水厂	48	91640	64148	23	290	114.55	114.55
	小型水厂	7	4536	3175		14	5.67	5.67
谯城区	合计	79	76230	58851			111.28	111.28
	规模水厂	32	55640	43358	23		80.72	80.72
	小型水厂	47	20590	15493	23		30.56	30.56

　　涡阳县根据中共中央《关于加快水利改革发展的决定》《安徽省农村饮水安全工程运行管理办法》等有关文件精神，涡阳县政府批准《关于设立涡阳县农村饮水安全工程管理中心的通知》（涡编〔2014〕4 号）设立涡阳县农村饮水管理中心，副科级全额拨款事业单位，核定编制 7 人，领导职数 1 正 1 副，隶属水务局，负责全县农饮工程的运行管理工作，组织实施农饮工程的宣传，提高群众知晓率，并负责每年 2 次（建前、建后）的工程技术培训工作，建立了工程运行长效机制，确保涡阳县农饮工程长期发挥效益。涡阳县人民政府《关于同意涡阳县农村饮水安全工程管理及责任主体的批复》（涡政秘〔2011〕137 号），同意"涡阳县农村饮水安全管理中心"为管理主体，县级人民政府是农村饮水安全工程项目的责任主体。以国家投资为主兴建的农村饮水工程，主体工程属国家所有，由涡阳县水务局行使国有资产管理权。

　　蒙城县于 2011 年 8 月 18 日经县机构编制委员会批准成立了"蒙城县农村饮水安全管理总站"，负责全县农饮工程运行管理，与"蒙城县水利工程管理所"一个机构、两块牌子，性质为事业单位，不增加编制，人员从水务局事业单位内部调剂，运行经费由县财政负担。

　　利辛县 2010 年成立"利辛县农村饮水安全工程管理中心"之前，农饮工程建成后交由"利辛县水政水资源管理所"管理，2010 年 11 月 26 日经县机构编制委员会批准成立了"利辛县农村饮水安全工程管理中心"，负责全县农饮工程运行管理，与"利辛县水政水资源管理所"一个机构、两块牌子，性质为事业单位，不增加编制，人员从水政水资源管理所抽调，运行经费由县财政负担。

　　谯城区 2002 年，根据谯政办〔2002〕13 号文件，成立谯城区农村饮水工程领导小组。为了切实加强农村饮水安全工程建设的领导，保证农饮工程顺利实施，谯城区政府制定了农村饮水安全工程管理办法，成立了以分管区长为组长，水利、发改委、财政、监察、卫生、环保等有关部门负责同志为成员的农村饮水安全工程领导小组。领导小组下设办公室，水务局局长任办公室主任，领导小组定期召开成员会，解决有关问题，办公室处理日常事务，项目所在有关乡镇主要领导亲自负责，确保工程顺利实施。设有谯城区农村饮水安全工程管理中心，管理中心为事业单位，办公场所在谯城区水务局内，下有 5 名人员，每年的落实经费是 5 万元。

2. 市、县级农村饮水安全工程维修养护基金

亳州市水务局负责监管三县一区农村饮水安全工程维修养护基金，监督县区农村饮水工程维修养护经费使用情况。

下发了《涡阳县人民政府关于建立涡阳县农村饮水安全工程维护基金的通知》（涡政办〔2012〕210 号）从县财政拨付专项经费（每处水厂每年 1 万元的维修养护基金），用于全县已建农村饮水安全工程供水厂维修养护，每年 79 万元资金直接拨付到运营管理单位。截至 2015 年年底到账金额 385 万元，有力地保障了农村供水厂的日常管护和维修。

蒙城县人民政府设立了农饮工程维修养护经费，列入县财政预算，2011 年维修养护经费总额为 76 万元，2012 年维修养护经费总额为 80 万元，2013 年维修养护经费总额为 120 万元，以后随供水工程增加，相应增加工程维护费，以确保农村饮水安全工程的正常运行，从而让群众吃上"安全水""放心水"。

利辛县级农饮工程维护基金从 2010 年开始设立，分两部分，一部分由县财政拨付，每年 100 万元左右；另一部分从水费中提取（从 2016 年开始提取）。

谯城区 2012 年区政府落实工程管理主体，落实工程运行维护经费，建立区级维修基金。每年列入区财政预算，按时拨付。区级维修基金近 3 年来对水厂补贴，每个水厂每年补贴 1 万元，分别是 69 万元、79 万元和 84 万元。

3. 县级农村饮水安全工程水质监测中心

亳州市加强了水质监测，确保老百姓喝上安全水。按照《安徽省发改委水利厅卫计委环保厅转发关于加强农村饮水安全工程水质检测能力建设的通知》要求，三县一区在 2015 年底前完成了各县区县级水质检测中心建设，共投资 1100 多万，建设 4 个县级水质检测中心，按规定配备了含有离子色谱仪、火焰-石墨炉原子吸收分光光度计、原子荧光光度计、气相色谱仪等先进检测仪器的水质检测化验室，各规模水厂也配备了水质化验室。水质检测中心和规模化水厂水质化验室的建设，使县（区）具备了对 42 项供水水质情况进行实时监测和规模水厂进行日常 14 项水质检测的能力。目前三县一区已对操作人员进行了 5 次全省集中式上岗培训，并开展了水质的日常检测工作。为方便进行现场采样、检测，及时应对供水水质突发事件，全市投资 106 万元，由市水务局通过集中采购配置 4 部采送样车及便携式检测仪器、水样冷藏箱、记录采样现场用的照相机等设备。

涡阳县级水质检测中心现已建成，主要检测仪器设备：气象色谱仪、火焰和石墨炉原子吸收分光光度计、紫外可见光光度计、原子荧光分光光度计、离子色谱仪等，建设总投资 368.93 万元。成立了涡阳县水质检测中心，配备人员 7 人（专业人员 1 人），运营费用各水厂水费中支出。

蒙城县 2015 年利用河道局城南管理所的管理房建立了 280m² 的农饮水质检测中心，配备一台检测车辆和一套完整的检测仪器，可以检测 33 项指标。到安徽科技学院对 6 名水质化验人员进行培训，并为每个规模水厂培训 1~2 名化验人员，各个规模水厂也都配了一台简易的检测设备，水厂每天自检，每月 2 次送检，检测中心不定期下去巡检。

利辛县 2015 年建立了 280m² 的农饮水质检测中心，配备一台检测车辆和一套完整的检测仪器，可以检测 33 项指标。利辛县检测中心培训了 7 名水质化验人员，并为每个规模水厂培训 1~2 名化验人员，各个规模水厂也都配了一台简易的检测设备，水厂每天自检，每月 2 次送检，检测中心不定期下去巡检。对于以地表水为水源的贾桥水厂，每 2 小时检测 1 次，确保水质安全。

谯城区农村饮水工程水质监检测中心总投资为 252.33 万元，其中，中央投资 87 万元，省级投资 59.8 万元，区级投资 105.53 万元。谯城区农村饮水工程水质监检测中心的建设形式为独立建设，办公地点位于双沟镇双沟水厂内，有色谱仪、离子分光仪等仪器设备，可以实现 42 项饮用水常规指标检测。检测频次为 2 次/月。运行管理经费由区财政工程费用中扣除的 1% 和水厂经营权拍卖产生的费用组成。

4. 农村饮水安全工程水源地保护情况

亳州市农村饮水是以中深层地下水为主要供水水源。截至目前，全市共有建设规模化农饮供水厂 240 处，现有农村集中式水源地 297 处（其中地表水源地 1 处）。近年来亳州市农村饮用水源保护工作取得了积极进展，用水安全保障水平持续提升。

一是科学编制农村水源保护相关规划及划定集中饮用水源地保护区。为切实加强饮用水水源的环境保护工作，保障乡镇居民生活饮用水安全和饮用水源地可持续开发利用，进一步掌握饮用水源地环境状况，市水务局于 2010 年编制了《亳州市水资源综合规划》《亳州市水功能区划》和《县区农村饮水安全工程水资源论证报告书》。

二是加强了饮用水水源地污染防治和管理能力建设。为推动县区农村饮用水水源地保护区划分工作，各县区由环境保护主管部门牵头、水行政主管等部门配合，分别开展 297 处的集中水源地的基础资料调查摸底工作，在此基础上各县区开展了农村集中式饮用水水源保护区划分工作。全市共划分集中式水源保护区 297 个，设置水源地警示牌 297 处、宣传牌 297 处、交通警示牌 584 处、水源地标牌 1168 个。对于供水人口较少的饮用水水源，按照《分散式饮用水水源地环境保护指南》的要求分别划定保护范围。

三是强化了水源地应急处理，保障供水安全。为做好因水源地突发污染、水质突变及水厂供水管网受破坏污染等引起供水突发事件的应急处置工作，应对可能发生的供水安全事故，及时、有序、高效地开展事故抢险救援工作，最大限度地减少事故造成的损失，维护广大人民群众生产生活正常秩序，各县区分别编制了《县区农村饮水安全应急预案》，并把预案纳入《县级人民政府突发公共事件总体应急预案》的子系统。

5. 供水水质状况

亳州市境内虽然有涡河、北淝河、西淝河等主要河流，但目前几乎是"有河皆污、有水皆脏"，点源和面源是地表水和浅层地下水水质污染的主要两大原因。另外，亳州市独特的地形地貌以及原始的沉积环境也决定的浅层地下水为中性偏碱性水，水体硬度偏大，局部地区氟锰超标。未实施农村饮水安全工程以前，我市的农村居民多取用浅层地下水，所以我市饮水不安全类型主要为水质不达标，主要表现为氟超标、苦咸水、污染水和部分铁、锰超标。

亳州市建立健全农村饮用水源监管制度建设。各县（区）分别建立了水源水质定期检测制度，规定了各水质检测中心每月对全县（区）农村地下饮用水每个水源点出厂水、末梢水进行 2 次常规 42 项指标监测，并巡检若干次；每个配备试验室的规模水厂每天都要进行日常 14 项指标的监测，同时抽取全县（区）分散式供水水样进行检验。要求水质检测机构要对水源水质每次观测结果进行整理、汇编、综合分析，一旦发现问题，必须及时通报环保部门等政府有关职能部门。

涡阳县水质主要存在氟、铁等超标，现有水厂主要水处理设备是除氟设备和除铁设备。2016 年涡阳县农饮水质达标率 80%。

蒙城县地下水主要是氟超标，凡以地下水为水源的水厂都配备了除氟设备、消毒设备，除按规定自检外，卫生部门每年对水厂检测 2~3 次，发现问题及时分析处理。

利辛县地下水主要是氟超标，凡以地下水为水源的水厂都配备了除氟设备、消毒设备，除按规定自检外，卫生部门每年对水厂检测 2~3 次，发现问题及时分析处理。为了确保水质安全，利辛县于 2016 年 9 月份通过招标确定了一家专业维护公司，负责全县农饮工程自动化设备保养维护、除氟再生反冲洗工作。

谯城区主要净水工艺为除氟、消毒，水质达标率：水源水 70%，出厂水 95%，末梢水 90%。水质不合格的主要指标是氟、菌群总数超标。

6. 农村饮水工程运行情况

涡阳县农村饮水安全工程水费收取，依据县物价局涡价字〔2010〕1 号文执行，群众生活用水 1.6 元/m³、经营性用水 1.8 元/m³。目前，涡阳县未实行两部制水价，水费收取按实际用水量收取。规模以上水厂效益显著，规模以下水厂基本是保本运营。

蒙城县农饮工程建设管理办公室将工程移交县农村饮水安全管理总站，由其分别委托乡镇、清泉自来水公司、泓源自来水供水公司、三义益民水厂几家单位进行管理，并与各管理单位签订运行管理协议，目前，已建成的各水厂运行正常，已发挥工程效益。农饮工程资产仍属国家所有。农饮总站积极探索运管方式，成功竞拍罗集、立仓 2 处水厂，彻底改变一些水厂的运行管理理念，对管理松散、靠"财政输血"才能生存状况。蒙城县实施了"两部制"水价：预交 100 元，供应 70m³ 水，按月征收的，每月收取 2 元/m³；同时实施基本水费制度，每年低于 5m³ 的缴基本水费 30 元，以保证水厂的正常运行。

利辛县农饮工程管护主体有几种，大部分是乡镇，有的是农饮管理中心有的是外商，资产随管护主体。在水费收取上，无论大、小水厂，一律采用基本水费和计量水费相结合的"两部制"水费收取办法，基本水费是每户每年 60 元（40m³ 水），超出部分 1.5 元/m³。

谯城区农村饮水安全工程管理体制是区水务局对水厂运行管理单位进行管理，运行管理单位是独立运行，自负盈亏。供水价格为 1.6 元/m³。水厂运营总体状况良好。水价按照亳州市谯城区饮水安全暂行管理办法的收费执行，实行两部制水价，每月用水不超过 3.4m³ 的，收取 5 元，超出部分按 1.6 元/m³ 来收取。入户率达到 98% 以上。入户材料费价格为 160 元/户。

7. 农村饮水工程监管情况

亳州市水务局联合卫生疾控部门多次开展三县一区农饮运行情况检查督促整改落实检查存在的问题。人大、政协每年开展对农饮运行情况进行调研，积极献言献策。该市开通12345市长热线，接受群众监督；为加强农村人饮工程水质安全监管，谯城区水务局为发现问题，及时处置设立农饮投诉专线5123452，接受群众监督。同时根据市长热线反应农饮存在的问题落实情况及日常管理情况进行考核，奖优罚劣，对运行管理连续两年落后的，实行末位淘汰制。

8. 运行维修情况

加强工程运行维护，建立长效的管护机制：一是建立了县级农村饮水安全工程维修养护基金制度。各县（区）财政每年要按工程建设经费的1%设立了维修养护专项资金，专门用于已建工程维修养护，确保了工程良性健康运行。二是合理制定水价和足额计收水费。这是确保农村供水工程发挥效益、促进"以水养水"良性运行的必要经济手段，按《农村饮水安全工程建设管理办法》的规定，有条件的地方，可以逐步推行阶梯水价、两部制水价、用水定额管理与超定额加价制度。水务部门将积极协调县（区）物价主管部门对供水水价进行测算，既要考虑供水成本和合理利润，同时也要考虑农民的承受能力，要按照"补偿成本，合理负担，保本微利"的原则来核定水价。目前是农村饮水安全工程建设过渡期，在农民对安全饮水认识不深、用水量不多、不稳的情况下，可通过供给农民基本用水量，采取包年收取和逐步推行两部制水价，收取固定的基本水费，才能够保障工程基本运转。

为加强农饮工程的行业管理，规范工程运行管理单位的管理，在用电、用地、税收等相关优惠政策落实的情况上，农村饮水安全工程严格执行农业生产用电价格，国土资源局出台文件，关于切实做好加快水利改革发展用地保障和管理的实施方案的通知，优先保障农村饮水安全工程用地。

涡阳县乡镇供水有限公司和雉河供水有限公司现在职工39人，负责全县农饮工程的运营管理工作，公司性质是自负盈亏、单独核算的国有企业。供水公司针对全县所建农饮工程点多、面广、分布较散等特点，将全县农村供水厂以涡河为界，划分为涡南片和涡北片，两个片区经理由公司两位副经理兼任，同时组建了各自的工程维修队，负责本片区的工程维护和抢修。做到分工明确，责任到人，所有工程维修不能超过24小时，践行公司"让群众满意"的经营宗旨，确保群众的正常用水。

蒙城县结合实际制订了《蒙城县农村饮水安全工程运行管理办法》。一是明晰工程产权，明确规定工程建成后资产归国家所有；二是落实运行主体，在工程移交运行管理单位时，及时办理工程运营、维护合同，由运行单位负责工程运行，收取的水费中所包含折旧费、大修费、维修费须专账管理，并用于工程的维修和更新；三是落实工程维护经费，以后随供水工程增加，相应增加工程维护费，以确保农村饮水安全工程的正常运行。

优惠政策：为进一步加大对农村低保户、五保户、重度残疾人等特殊困难群众的帮扶力度，切实落实中共亳州市委办公室、市人民政府办公室亳办发〔2014〕5号《关于创新机制扎实推进农村扶贫开发工作的实施方案》文件精神，经商有关部门和各县（区）水务局同意，特制定《亳州市水务局关于印发对我市农村特殊困难群众农饮用水实行减免优惠的指导意见》，对农村特殊困难群众采取"核定标准、限额免收"的减免方式，免收特殊困难群众每月 $3m^3$/户水费，超额部分仍按现行水价收取水费。对在农饮供水范围内未能初次接装，而后再申请接装的特殊困难群众，入户费仍按照国家补助的标准计收。

四、主要做法、经验及典型案例

1. 做法和经验

亳州市农饮工程点多、面广，水源、水质及工程设施运行条件差异比较大，为了搞好工程的建设、管理，确保工程良性、可持续运行，经过多年探索，在农饮工程建设、管理方面积累了一定的经验。

一是加强领导，明确责任。继续深入贯彻落实饮水安全保障行政首长负责制。饮水安全保障事关群众的贴身利益，按照"分级管理"的原则，层层签订责任书，建立责任制，把各级地方政府农村饮水安全保障行政领导责任人、部门负责人、技术负责人的责任落实到人员，并在有关媒体上公示，做到各项工作、各个环节都有专人负责。

二是加大宣传，提高认识。市水务局利用 3 月 22 日世界水日和中国水周开展农村饮水安全工程常识讲座，市电视台播放农村饮水基本知识专题栏目进行宣传，调动群众积极参与农村饮水安全工程建设的积极性，起到了很好的效果。

三是要坚持政府主导和市场运作相结合的原则，探索建立适合我市的管理模度，积极探索借鉴企业化的经营理念，完善了有偿供水、独立核算、保本盈利、公开透明的市场化运行机制。既可采取农村饮水安全管理中心管理，也可采取向专业社会化组织购买服务等多种行之有效的模式进行管理，只要是有利于农村饮水安全工程健康有序运行的模式，就是好的模式。如蒙城县和谯城区积极探索的拍卖运行管理权的管理方式，拍卖所得资金仍然用在农村饮水安全工程运行管理，既解决了"有人管"，也解决了"有钱管"的问题，既实现了管理专业化、服务社会化，也可使得工程长期发挥社会效益和经济效益。

四是科学决策，科学规划。从"十一五"规划到"十三五"规划，一直到每年的实施计划，建设单位和勘察设计单位一起到要实施农饮工程的地方倾听群众意见、倾听地方政府的意见，使拿出的实施方案确实符合当地的实际情况。在设计上，勘察设计单位到项目区一个村一个村的跑，一个庄一个庄的勘察，不仅严格安装规范、强化设计，而且尽量使设计方案最优。

五是加强监督，确保质量。建设过程中，各县区水务局认真落实工程建设的"六制"，抽调业务熟练技术人员成立现场管理机构，吃住在工地，跟着工程走，负责工程质量控制。监理单位制定了完善的质量控制体系，定期召开监理例会，对工程进度、施工质量进行小结，对存在的问题提出整改意见。建立了公示制度，推行用水户参与的建管模式，工程规划、设计、施工、验收及运行管理均邀请受益乡镇用水户参与，接受监督，保证了用水户的知情权。

2. 典型县案例

谯城区水务局采用公司运行管理模式。亳州福佳泉水业公司经过公开竞拍后，竞得经营权，负责运行管理由谯城区水务局验收合格后的农村饮水安全工程新建水厂，接管运营后肩负着辖区进户、维修和供水设备的养护责任。本着高质量、严要求的原则，其认真做到"六有"：有水源保护区、有工作厂区、有管理人员、有水质监测、有自动管理系统、有完善档案记录。具体工作中做到"三落实"：落实责任人、落实管理办法、落实公司的各项制度。

公司在各级政府及谯城区水务局的领导下，严格执行有关法律、法规和上级主管关单位领导的指示精神，在当年工程受益的辖区内用户，在国家政策补贴期限内执行每户160元的进户价格，在补贴期限外和不在当年工程受益范围内的用户实行一户一价的有偿服务，严格执行物价部门核定的价格。

健全公司内部职责，全面负责水厂的安全运行和用水管理的工作，建立健全岗位责任制，明确各类人员的岗位责任，切实提高管理水平。

服务方面强化责任，转变作风，做到供水服务优质化；公司在供水服务方式上制定了详细的各项生产服务规章制度，从业人员须经健康体检、入职培训合格后方可上岗，实行管理人员分片责任制，生产部24小时值班，确保自动化设备正常运转，保证供水时间、压力稳定；工程部在接到报修电话后及时到达现场，全力抢修毁坏管网，及时恢复供水，中修4小时内完成，大修8小时内完成，真正做到小修不过时，大修不过夜。建立供水维修服务电话记录和监督服务电话，服务质量让用户监督和评价，以优质的供水服务来赢得用户的好评。

为了方便群众，提高效益，公司率先建立了农村自来水服务大厅，并积极推广智能水表的使用。目前已建立古井镇自来水服务大厅、魏岗镇自来水服务大厅、城父镇自来水服务大厅，拟建立牛集镇自来水服务大厅，并配备了自来水自动管理系统，对辖区用户管理、收费、登记和服务实行全方位的现代化管理，以保证公司的各种数据的服务优质化。

公司采取科学化管理，制水生产工艺为：反应、沉淀、过滤、除氟，采用二氧化氯自动加药消毒，并配备先进的安全生产监控系统。水源井出水量、供水量、管道压力、供水水质全部实现信息化监控。水厂正常运行后，公司抽出专职技术人员在进行学习培训，牢固掌握水质的监测、检测技术，定时对水源水、管网水和末梢水进行定期检测，出具相关的检测报告存档，保证供水的质量安全、做好水质的安全监测、检测。拟建立水质检测中心一座，投入使用后可自行分析生活饮用水42项常规检测项目。

公司为保证水厂的正常运行，使用户的生活和生产不受影响，本着"经常养护、随时维修、养重于修、修重于抢"的原则，加强日常维护，机修部定期对供水设备检查保养及时发现问题，采取果断措施、防患于未然。

为了减轻职工的工作量，保障水费的回收率，促进科学化管理，公司积极推广智能水表的使用，投入资金为用水大户免费更换智能水表，有效地控制了用水大户水费难征收的局面，现已在古井镇逐步推广使用智能水表。

五、目前存在主要问题

1. 还未能实现农村饮水全覆盖

"十二五"期间，虽然解决了大部分农村居民的饮水不安全问题，但据调查，全市尚有100多万农村居民尚未使用自来水，这部分群众对解决饮水安全的期望很高，呼声强烈。

2. 农村饮水运行管理工作还未完全引入市场化

如涡阳县是由县农饮管理中心统一对全县的农饮水厂进行管理，具体水厂则聘请当地人员进行管理；利辛的农饮水厂建成后均交给乡镇进行管理；蒙城县立仓水厂和谯城区古井柳行水厂等虽然引入了专业化的公司对水厂进行管理，但总体上说，行政化管理的水厂数量较多，市场化管理的水厂较少，管理模式较单一，创新管理模式不足。

3. 专业技术人员及运行管理单位人员相对缺少

现有管理人员文化素质偏低，不能熟练掌握操作和维修技能，管网维修不及时。目前，我市农饮水厂的运行管理人员多为聘用当地人进行管理，如当地村干部等，这些人员理论水平相对较低且多未经过水厂运行管理方面专业的操作及维修安装培训，以致管理和维修起来"手忙脚乱""捉襟见肘"。

4. 水厂在水质检测等方面检测运行机制不健全，还未开展常态化的运作

到"十二五"末，我市虽然建设了 399 处集中供水水厂，但由于受投入及经费的限制，很多 2010 年以前修建的规模以下小水厂多未配置水质化验室，本身尚不具备水质监测能力，水源水、出厂水的浑浊度、色度等 9 项指标每日监测不少于 1 次以及 64 项非常规指标每年监测 1 次的要求未能完全落实。

5. 现行水价的收取标准偏低

我市现行的供水价格，是由县（区）人民政府确定。各县（区）水价 1.4～1.6 元/m³，且水厂只收取运行费用，不收取设备折旧、大修费用。现行的水价收取标准偏低造成水厂效益低下，大部分水厂只能保本运行，维持简单的再生产，无法做到持续利用，更无法保证设施设备的及时更新升级，个别小水厂甚至亏本运行，给运行管理单位带来沉重的负担。

6. 因修建农村道路畅通工程破坏农饮供水管道时有发生

安徽省将农村道路畅通工程列入民生工程，随着农村道路畅通工程的建设，三县一区因修建道路破坏农饮管道的情况时有发生，致使经常出现水压偏低甚至大面积的停水现象，不但影响群众日常生活，而且威胁着供水管网的安全运行，增加供水企业的运行成本，并且关于农村供水的投诉明显增多。

六、"十三五"巩固提升规划情况

1. 农村饮水巩固提升"十三五"规划情况

"十三五"期间，我市计划采取新建、扩建、配套、改造、联网等因地制宜的建设方式，通过"以大带小、以城带乡、以大并小、小小联合"的办法，全面解决我市农村人口的饮水问题。总体安排上分"三步走"："第一步"即 2016 年度解决建档立卡的全部 286个贫困村的群众饮水问题，目前已经完成任务；"第二步"即 2017 年度解决 286 个贫困村之外的贫困人口的饮水问题；"第三步"即 2018 年实现农村饮水安全全覆盖，通过巩固提升，进一步提高农村自来水普及率、水质达标率、集中供水率、供水保障率，最终实现农村饮水"村村通"。

《谯城区农村饮水安全巩固提升工程"十三五"规划》主要内容：谯城区农村饮水安

全巩固提升工程规划共规划 37 处水厂，其中供水工程建设与改造 32 处（改扩建 14 处、管网延伸 18 处）、水处理设施改造配套 5 处。共新增受益人口 29.58 万人，其中贫困户 16731 户、贫困人口 2.9076 万人。改扩建水厂 14 处：新增供水人口 15.4 万人，其中贫困户 10430 户、贫困人口 18187 人；管网延伸水厂 18 处：新增供水人口 14.18 万人，其中贫困户 6301 户、贫困人口 10889 人。水处理设施改造配套 5 处：改造供水设施规模 3 处，管网更新 2 处。改善受益人口 7.32 万人，其中贫困户 2171 户、贫困人口 3662 人。农村饮用水水源地保护、规模水厂水质化验室及信息化建设：划定水源保护区或保护范围 44 处，规模化水厂配备水质化验室 32 处，规模化水厂自动化监控系统建设 14 处，水质状况实时监测试点建设 2 处，县级农村饮水安全信息系统建设 1 处。列入省建档立卡未供水的 27 个贫困村涉及的水厂有 11 处，其中改扩建 6 处、管网延伸 5 处。

《蒙城县农村饮水安全巩固提升工程"十三五"规划》主要内容：（1）供水工程。新建集中式供水工程 2 处，新增供水能力 8557m³/d，涉及行政村 33 个（其中贫困村 7 个），其中新增受益人口 9.39 万人；管网延伸 28 处，涉及行政村 100 个，延伸管网长度 1451km，新增受益人口 13.96 万人；改造水厂 3 处，涉及行政村 10 个，新增受益人口 4.30 万人；工程完成后，新增受益人口 27.65 人，其中受益贫困人口 1.47 万人。（2）水处理设施改造工程。改造水质净化设施 19 处，更新消毒设备 19 套，扩建水厂 12 处，工程受益人口 100.46 万人。（3）饮用水水源保护、规模水厂水质化验室以及信息化建设划定水源保护区（或保护范围）及水源防护设施建设 19 处；水质化验室及水质在线实时监测建设 19 处；自动化监控系统建设 19 处；更新村外输配水管道 338.0km，县级农村饮水安全信息系统建设 1 处。

《利辛县农村饮水安全巩固提升工程"十三五"规划》主要内容：规划建设农村饮水安全工程 43 处，其中新建水厂 11 处、改造水厂 23 处（管网延伸水厂 21 处、改扩建水厂 3 处）、管网改造 6 处。

《涡阳县农村饮水安全巩固提升工程"十三五"规划》主要内容：目前涡阳县农村安全饮水工程集中供水率已达到 75% 左右，尚余 25% 约 32 万人未供水，在规划的精准扶贫工程实施完成后，已基本达到集中供水率 95% 以上。因此，"十三五"规划结合农村安全饮水精准扶贫方案，做到涡阳县农村饮水工程全覆盖，即农村居民集中供水率达到 100%。

根据《涡阳县农村饮水安全工程"十三五"调查报告》，在涡阳县的涡北办、城西办、城东办、青疃镇、高公镇、西阳镇、龙山镇等仍存在一定范围的供水空白点，规划在这些地区，选择充沛、优质的水源，综合考虑管理、制水成本等因素，合理确定供水范围，新建一批跨村镇联片规模化集中式供水工程，并网原老水厂，统筹解决农村饮水问题。

涡阳县农村饮水安全巩固提升"十三五"规划共计建设水厂 75 处，其中新建水厂 8 处、改造水厂 12 处、管网延伸 55 处。新增受益行政村 59 个，新增受益人口 34.45 万人。新增供水规模 14327m³/d。

除以上在"十三五"期间建设的水厂外，现有城东办的马寨、代庄、王大庄，涡北接到的耿楼等 4 座水厂由于位于规划城区，本次农村饮水不再考虑。另有花沟镇的花沟水厂、姜长庄水厂和西阳镇的刘庙水厂，建设于2015年，周边无未供水村庄，因此也不再进行建设。以上7座水厂均保持现状。至"十三五"末期，涡阳县共存有农村饮水工程82处，其中规模以上水厂60处、规模以下水厂22处。

表4 "十三五"巩固提升规划目标情况

县（市、区）	农村集中供水率（%）	农村自来水普及率（%）	水质达标率（%）	城镇自来水管网覆盖行政村的比例（%）
合计	95	95	89	35
涡阳县	100	100	80	35
蒙城县	100	100	85	35
利辛县	90	90	95	35
谯城区	90	90	95	35

表5 "十三五"巩固提升规划新建工程和管网延伸工程情况

县（市、区）	工程规模	新建工程				现有水厂管网延伸			
		工程数量	新增供水能力	设计供水人口	新增受益人口	工程投资	工程数量	新建管网长度	新增受益人口	工程投资
		处	m³/d	万人	万人	万元	处	km	万人	万元
合计	合计	21	38795	56.82	48.55	25840	122	2706	41.76	18977
	规模水厂	21	38795	56.82	48.55	25840	108	2615	41	18524
	小型水厂	0	0	0	0	0	14	91	0.77	454
涡阳县	合计	8	8481.79	15.7	13.52	7568	55	1074	8.39	4925
	规模水厂	8	8481.79	15.7	13.52	7568	41	983	7.62	4472
	小型水厂						14	91	0.77	454
蒙城县	合计	2	8557	10.7	7.83	5453	28	1555	19.9	9543
	规模水厂	2	8557	10.7	7.83	5453	28	1555	19.9	9543
	小型水厂									
利辛县	合计	11	21756	30.42	27.2	12819	21	41	6.28	1947
	规模水厂	11	21756	30.42	27.2	12819	21	41	6.28	1947
	小型水厂									
谯城区	合计						18	36	7.19	2563
	规模水厂						18	36	7.19	2563
	小型水厂									

表6　"十三五"巩固提升规划改造工程情况

县（市、区）	工程规模	改造工程					
		工程数量	新增供水能力	改造供水规模	设计供水人口	新增受益人口	工程投资
		处	m³/d	m³/d	万人	万人	万元
合计	合计	38	21734.1	20360	94.389	25.51	1692916
	规模水厂	31	21466.1	18460	93.537	25.1	15835
	小型水厂	7	268	1900	0.85	0.41	10952
涡阳县	合计	12	6406.1		24.11	9.86	57286
	规模水厂	9	6138.1		23.25	9.44	53464
	小型水厂	3	268		0.85	0.41	382
蒙城县	合计	4	1788	1788	2.24	0	760
	规模水厂	4	1788	1788	2.24	0	760
	小型水厂						
利辛县	合计	3	1360	12962	16.20	1.57	1247
	规模水厂	3	1360	12962	16.20	1.57	1247
	小型水厂						
谯城区	合计	19	12180	5610	51.84	14.08	9195
	规模水厂	15	12180	3710	51.84	14.08	8482
	小型水厂	4		1900			713

2. 农村饮水"十三五"后长效运行工作思路

（1）继续着力实施农村饮水安全巩固提升工程，最终实现安全饮水"村村通"

农村饮水安全工程虽然属于小型水利工程，但事关千家万户饮水安全，工程管理运行至关重要，应按照"产权有归属、管理有载体、运行有机制、工程有效益"的原则加强运行管理，并着力提高农村饮水安全工程的自来水普及率、水质达标率和供水保障率。我市充分考虑到未解决饮水安全问题群众的实际困难，结合全市扶贫开发的总体部署，按照村庄布局和人口分布情况，从保障供水安全，提高群众生活水平和生活质量出发，打算在"十三五"之后，通过"以大带小、以城带乡、以大并小、小小联合"的办法，对现有的水厂"能延则延、能并则并、能扩则扩"，通过实施巩固提升进一步提高农村自来水普及率、水质达标率、集中供水率、供水保障率，最终实现农村饮水"村村通"，解决所有的农村居民的饮水不安全问题，确保广大群众喝上"放心水"、"安全水"。

（2）创新农村饮水安全工程水厂管理模式，让管理更趋于规范化

一是继续深入贯彻落实饮水安全保障行政首长负责制。饮水安全保障事关群众的贴身利益，按照"分级管理"的原则，层层签订责任书，建立责任制，把各级地方政府农村饮水安全保障行政领导责任人、部门负责人、技术负责人的责任落实到人员，并在有关媒体

上公示，做到各项工作、各个环节都有专人负责。二是要坚持政府主导和市场运作相结合的原则。探索建立适合我市的管理模度，积极探索借鉴企业化的经营理念，完善了有偿供水、独立核算、保本盈利、公开透明的市场化运行机制。既可采取农村饮水安全管理中心管理，也可采取向专业社会化组织购买服务等多种行之有效的模式进行管理，只要是有利于农村饮水安全工程健康有序运行的模式，就是好的模式。如蒙城县和谯城区积极探索的拍卖运行管理权的管理方式，拍卖所得资金仍然用在农村饮水安全工程运行管理，既解决了"有人管"，也解决了"有钱管"的问题，既实现了管理专业化、服务社会化，也可使得工程长期发挥社会效益和经济效益。

（3）加强管理人员的培训和引进，提高专业化操作和维护水平

采取多种方式进行培训，主要培训他们设备机器操作、维修等专业技术能力。如参加省级组织的管理运行培训班；采取"走出去"的方式到运行管理水平较高的地方"取经"；也可以"引进来"，通过引进专业人才，与使用自动化、专业化水平较高器械水平相匹配，来提高水厂的运行管理能力与服务。

（4）加强水质监测，确保老百姓喝上"安全水"和"放心水"

2015年底前各（县区）已建立了县级水质检测中心，各规模水厂也按规定配备的水质检测试验室，总投资1100多万元，水质检测中心和水质试验室的建设，极大地增强了县级水质检测能力建设，使县（区）具备了对供水水质情况进行实时监测和日常检测的能力。目前各水质检测中心已完成设备安装调试及人员的上岗培训，并开展了水质的日常检测工作。为方便现场采样、检测，应对供水突发事件，县区农村饮水安全工程水质检测中心皆配置采送样车、便携式检测仪器、水样冷藏箱、记录采样现场用的照相机等设备。下一步县（区）要严格按照水源水、出厂水和管网末梢水水质定期检测制度进行水质检测，并向市、县（区）人民政府卫生行政主管部门和水行政主管部门报告检测结果。

（5）加强工程运行维护，建立长效的管护机制

一是建立县级农村饮水安全工程维修养护基金制度。各县（区）财政每年要按工程建设经费的1%设立了维修养护专项资金，专门用于已建工程维修养护，确保了工程良性健康运行。二是合理制定水价和足额计收水费。这是确保农村供水工程发挥效益、促进"以水养水"良性运行的必要经济手段，按《农村饮水安全工程建设管理办法》的规定，有条件的地方，可以逐步推行阶梯水价、两部制水价、用水定额管理与超定额加价制度。水务部门将积极协调县（区）物价主管部门对供水水价进行测算，既要考虑供水成本和合理利润，同时也要考虑农民的承受能力，要按照"补偿成本，合理负担，保本微利"的原则来核定水价。目前是农村饮水安全工程建设过渡期，在农民对安全饮水认识不深、用水量不多、不稳的情况下，可通过供给农民基本用水量，采取包年收取和逐步推行两部制水价，收取固定的基本水费，才能够保障工程基本运转。

（6）加大宣传力度，强化工程保护

一是明确问题导向，从源头上减少问题的发生。农村饮水问题涉及面广，也是群众投诉较多的热点、焦点。我们已对近阶段反映的问题逐个进行了梳理分类、分析原因，并制定出焦点、重点、热点问题"一问一答"在市县两级广播电台滚动播报，进一步提高社会各界对农村饮水安全供水设施的保护意识。二是引导其他单位和个人在进行修路、新农村

建设、栽树等活动时自觉爱护供水设施，避免人为破坏；三是建立应急维修机制，各供水管理单位要按照公布的 24 小时报修电话，及时维修，同时加强对供水设施的巡查和维护；四是建立索赔机制，切实维护自身利益，保证国有资产不受损失。对破坏管网等工程设施的行为，按照《安徽省农村饮水安全工程管理办法》（省政府令第 238 号）规定严肃处理，用实例加强宣传教育工作，营造爱护供水设施的良好社会管理氛围。

（7）和交通部门做好协调，共筑民生工程

各地水利部门要主动与当地交通部门对接，告知本地区农饮工程管网布置情况，要求在进行农村道路畅通工程建设时保证农饮工程安全，并按照"谁损坏、谁修复"的原则，对损坏的管道由交通部门及时修复。此外，在今后农饮工程规划设计及施工时，管线布设尽量远离道路并埋设标志桩等，以减少因修建道路等对农饮供水管道的破坏。

涡阳县农村饮水安全工程建设历程

（2005—2015）

（涡阳县水务局）

一、基本概况

1. 地理位置及地形地貌

涡阳县位于安徽省西北部，北纬 33°20′ ~ 33°47′，东经 115°53′ ~ 116°33′，北邻河南省永城市，西接亳州市谯城区，阜阳市太和县，东与蒙城县和濉溪县接壤，南与利辛县交界，总面积 2107km²，耕地面积 196.72 万亩。地面高程 26.5 ~ 33.5m，地形由西北向东南倾斜，平均地面坡降 1/9000，地势较平坦，除东北部有龙山、石弓山、齐山、辉山等 7 座岛状低山残丘外，其余均为缓倾平原间有部分洼地。

2. 水系

涡阳县境内水系属淮河流域，历史上旱涝灾害频繁，对于水利工程建设尤其重视。涡阳县按照河流流域界线可划分为四大片，即包河流域、北淝河流域、西淝河流域和涡河流域。

3. 社会经济概况

涡阳县有 25 个乡镇（场），388 个行政村，总人口 163.7 万人，其中农业人口 147.51 万人。总耕地面积 196.7 万亩，有效灌溉面积 107.1 万亩，主要粮食作物有小麦、玉米，主要经济作物有豆类、薯类、油料、棉花和蔬菜、瓜类等。

4. 水资源开发利用情况

近年来，随着区域经济的发展，涡阳县地表水资源污染严重，主要用于农业灌溉和工业用水；浅层地下水（埋深 50m 以内）主要为农业灌溉用水和农村人畜饮水，中深层地下水（埋深 50m 以下）主要作为城市生活、工业生产用水及农村饮水安全用水。

由于涡阳县经济状况相对比较落后，另外一些地方片面追求经济效益，忽略了对环境的保护。涡阳县水资源的开发利用存在一些问题，主要有以下几个方面：一是地表水污染严重，部分河段丧失了水体使用功能；二是城区地下水资源严重超采，造成地面沉降、水利设施毁坏等不良后果；三是传统的农业漫灌方式仍占主导性，灌溉水利用率较低，水资源的浪费较为严重；四是水利工程设施毁损严重，工程管理问题突出；五是水资源时空分布越来越不平衡，极端灾害性天气日益增多；六是水利工程建设资金严重不足。水资源城乡开发的不平衡问题是涡阳县水资源开发利用的核心问题，必须高度重视、合理解决才能真正实现水资源的可持续利用。

二、农村饮水安全工程建设情况

1. 农村人口饮水安全解决情况

我县农村饮水安全工程自 2006 年开始实施，至 2015 年底共建设农村供水厂 129 处（合并后 79 处），实际解决 107.8 万农村居民及 7.78 万名农村学校师生的饮水不安全问题，工程总投资约 5.38 亿元。

涡阳县农村饮水存在着高氟水、苦咸水、污染水、铁锰超标等问题。"十一五"期间计划解决饮水不安全人口 27.18 万人，"十二五"期间计划解决饮水不安全人口 78.98 万人。到 2015 年底，通过新建、扩建、管网延伸等工程措施，全县只保留农村供水工程 79处。我县规模以上水厂有 47 处，规模以下水厂有 32 处，农村供水普及率达 73%。共解决农村饮水不安全人口 107.81 万人，涉及 307 个行政村。其中铁锰超标人口 5.92 万人、高氟水和其他水质问题 101.9 万人。

表1　2015 年底农村人口供水现状

乡镇数量	行政村数量	总人口	农村供水人口	集中式供水人口	其中：自来水供水人口	分散供水人口	农村自来水普及率
个	个	万人	万人	万人	万人	万人	%
25	388	163.7	147.51	112.89	107.81	33.5	73

表2　农村饮水安全工程实施情况

合计			2005 年及"十一五"期间			"十二五"期间		
解决人口		完成投资	解决人口		完成投资	解决人口		完成投资
农村居民	农村学校师生		农村居民	农村学校师生		农村居民	农村学校师生	
万人	万人	万元	万人	万人	万元	万人	万人	万元
107.81	7.78	53800	28.83		14400	78.98	7.78	39400

2. 农村饮水工程（农村水厂）建设情况

涡阳县 2005 年（含 2005 年）之前共建设水厂 8 处，解决农村饮水不安全人口 1.7 万人，均为高氟水质问题。

涡阳县"十一五"期间共建设水厂 68 处，均为新建水厂。共解决农村饮水不安全人口 27.13 万人，均为高氟水质问题。

涡阳县"十二五"期间共建设水厂 57 处，解决农村饮水不安全人口 78.98 万人和 7.78 万农村学校师生，均为农饮资金解决，收取群众入户费每户 60 元。其中高氟水人口 50.5 万人、铁锰超标和其他水质问题 28.48 万人。

涡阳县已供水受益人口为107.81万人，我县规模以上水厂有47处，规模以下水厂有32处，自来水普及率73%；供水受益行政村为307个，全县共有388个行政村，通水率79%，全县现有供水规模84144m³/d。

表3　2015年底农村集中式供水工程现状

工程规模	工程数量	设计供水规模	日实际供水量	受益乡镇数	受益行政村数	受益农村人口	自来水供水人口
	处	m³/d	m³/d	个	个	万人	万人
合计	79	84144	58900	25	388	107.81	107.81
规模水厂	47	62160	43512			79.86	79.86
小型水厂	32	21984	15388	—	—	27.95	27.95

3. 农村饮水安全工程建设思路及主要历程

（1）优先解决规划内人口，统筹解决新增不安全人口。在总结和吸取工作经验的基础上，按照到2015年解决农村饮水安全问题的总体要求，全部解决涡阳县农村饮水安全现状调查核定的饮水不安全问题和因不可避免的原因新增的农村饮水不安全问题。

（2）坚持工程建设、水源保护和水质检测与监测并重。在搞好工程建设的同时，采取综合措施，切实保护好饮用水源，防止污染和人为破坏；按照"污染者付费、破坏者恢复"的环境责任原则，加强源头治理。对集中式供水工程，要加强水质净化处理，强化工程卫生学评价工作，落实工程验收的卫生要求，完善水质检测与监测制度，确保水质达标、水量有保障。

（3）提倡规模水厂建设，合理确定工程方案。要加强农村饮水安全工程建设与城镇化和美好乡村建设规划等的有机衔接，根据我县城镇化进程和农村人口变动的实际，城乡统筹，合理确定工程布局和规模，避免重复建设。人口居住较集中的地区，应打破村、镇行政区域界限，尽可能发展适度规模的联片集中供水，有条件的地方提倡依托城镇自来水厂延伸供水管网，供水到户。

（4）合并规模较小的水厂，对在"十一五"期间兴建的单村水厂，或规模在几千人以下的小水厂，结合新规模水厂建设，科学地合并或改扩建小水厂，对2013年以前建设的规模水厂，核算其供水能力，适当地进行管网延伸。

（5）加强供水管理人员、设施建设，兴建县级水质检测中心，培训专业水质检测、水厂供水调度管理专业人员。且实加强农村供水安全管理水平。

（6）建管并重，专业管理与用水户参与相结合。规模较大的集中式供水工程，要实行专业化管理，工程开工前，要明晰工程所有权、落实管理机构，明确合理的水价和收费办法，建立技术服务体系，同时积极推行用水户全过程参与，确保供水工程发挥最佳效益。要加强前期工作，严格项目审查审批程序，严格项目建设管理、资金管理和工程验收，确保工程安全、资金安全和干部安全。要采取多种形式向广大农民宣传饮水卫生和环境卫生知识，提高农民的饮水安全和健康意识。

（7）加大投入力度，多渠道筹集建设资金。按照中央、地方和受益群众共同负担原则确定农村饮水安全工程资金筹措计划。在中央和各级地方政府特别是省级政府加大投入的同时，要加强对社会投资的鼓励和引导，充分利用市场机制多渠道筹集资金。引导受益农户在其负担能力允许的范围内，承担一定的投劳

（8）涡阳县 2005 年度农村饮水安全工程涉及马店集镇的左楼、杨大、武大 3 个村；新兴镇的新兴（包括镇直）、左楼、寺后 3 个村；石弓镇的高皇庙、郭皇楼 2 个村。共新建集中供水工程 7 处，建自动化水厂 5 处解决 1.5 万人的饮水安全问题。打深井 7 眼，盖井房 7 处，配套气压水罐 6 台套、维修水塔 1 座、机电设备 7 台套，铺设管网 10.1km。

计划投资 533 万元（其中中央投资 240 万元、地方投资 293 万元）。

（9）涡阳县 2006 年度农村饮水工程涉及新兴镇的曹庙、曹庄、余王、大曹、大李、前刘 6 个村；马店镇的西刘店、东刘店 2 个村；青町镇的桥李、大袁、殷庙、大史、孙庄、鲁庄 6 个村；曹市镇的军张、双庙、石佛、刘付、洼李、顺河 6 个村；店集镇的程小集、韩寨 2 个村；楚店镇的王桥、周东 2 个村；龙山镇的龙南、龙北、南三里 3 个村；高炉镇的陆杨、南王、杨瓦房 3 个村；城东镇的马寨、代庄 2 个村；高公镇的木营、镇北 2 个村。共新建集中供水工程 24 处，解决 5.18 万人的饮水安全问题。延伸管网 1 处，打深井 24 眼，盖井房 24 处，配套气压水罐、机电设备 24 台套，水塔 1 座，铺设管网 460km。

计划投资 1909 万元（其中中央投资 861 万元、地方投资 1048 万元）。

（10）涡阳县 2007 年、2008 年度农村饮水工程分布在临湖镇、公吉寺镇、花沟镇、标里镇、陈大镇、西阳镇、高炉镇、曹市镇、石弓镇、丹城镇 10 个镇的 30 村，分别为临湖镇的临湖、姚大、西于、庞庄、宗圩、林庄 6 个村；花沟镇的花沟、杨元、龚王、姜大、孔寨 5 个村；公吉寺镇的公吉寺、犁耙、徐竹园 3 个村；西阳镇的太平、郭寨 2 个村；石弓镇的十八庄、李楼 2 个村；陈大镇的于楼、姜洼、王桥、杨楼 4 个村；标里镇的岳老家、张寨 2 个村；高炉镇的张寨、杨大、大呼 3 个村；丹城镇的丹东居委会；曹市镇的圣严寺、曹市 2 个村，共新建集中供水工程 19 处，解决 5.5 万人的饮水安全问题。其中，打深井 19 眼、建井房 19 处，配套气压水罐 19 台套，变频供水器 7 台、深井泵 19 台套，铺设管网 410 余 km。

计划投资 2159 万元（其中中央投资 982 万元、省级投资 354 万元、地方投资 823 万元）。

（11）涡阳县 2009 年农村饮水安全工程建自动化水厂 5 处分布在青町镇、城西镇、城东镇、曹市镇、新兴镇、临湖镇、石弓镇、闸北镇等 17 个镇，51 个村，共建集中供水工程 15 处，解决 8 万人的饮水安全问题。

计划投资 3970 万元（其中中央投资 3176 万元、省级投资 512 万元、地方投资 282 万元）。

（12）涡阳县 2010 年农村饮水安全工程涉及涡阳县的花沟、店集、楚店、城东、高炉、龙山、马店集、义门计 8 个镇、24 个村委会、129 个自然村，建供水工程 9 处，解决 7 万人的饮水安全问题。新打深井 9 眼，设计井深 225m，建井房及管理房处，面积 1570 平方米，配套 18 台高扬程潜水电泵（其中备用泵 9 台）和 9 台套 8～15m³ 气压水罐，配自动化设施 2 台套，埋设管网 403.42km。

计划投资 3474 万元（其中中央投资 2779 万元、地方配套 695 万元）。

（13）涡阳县 2011 年农村饮水安全工程为石弓大黄，龙山陈碱荒、林场单集、标里新德、丹城重兴供水厂，建设内容为打 260m 深井 5 眼、配置气压水罐供水设备 5 套、自动化供水设备 5 套、建井房及管理房 5 处、面积 2038m²、埋设管网 357.67km（其中农村学校 6.25km）及附属建筑物。建自动化水厂 5 处，解决 4 万人及 1.07 万学校师生安全饮水问题。

计划投资 2304 万元（其中中央投资 1843 万元、省级投资 231 万元、县级投资 230 万元）。

（14）涡阳县 2012 年农村饮水安全工程为涡南双庙、西阳镇王庙、青疃镇张楼、店集镇宋牌坊、石弓镇于张、临湖镇李竹园，牌坊镇牌坊、代庄 8 处水厂，解决 10 万人及 1.38 万学校师生饮水安全问题。建设内容为打 280m 深井 8 眼、8 处水厂全部是自动化规模水厂、土建工程面积 4761m²、配套 16 台潜水泵（其中备用泵 8 台）、配自动化设施 8 台套、安装气压水罐 5 台套、建 300 立方米蓄水池 3 处、铺设管网 694.6km。

计划投资 5373 万元（其中中央投资 4299 万元、省级投资 537 万元、县级投资 537 万元）。

（15）涡阳县 2013 年农村饮水安全工程共新建或改扩建供水厂 18 处。分别为：义门镇南窑水厂、穆寨水厂、牌坊镇杨双楼水厂、新兴镇大李水厂、丹城镇齐山水厂、青町镇李圩水厂、曹市镇曹市水厂、王老家水厂、涡南镇史庙供水厂、临湖镇孙店、石弓镇姚湖供水厂、花沟镇花沟水厂、标里镇王井水厂、高公镇前李水厂、楚店镇王桥水厂、城西镇李马水厂、西阳镇西阳水厂、陈大镇新华水厂。解决饮水不安全人口 23 万人，解决 91 所农村学校，2 万名师生饮水问题。共新建或改扩建供水厂 18 处，其中打 260m 左右深井 21 眼，建井房、泵房及管理房 18 处，面积 12976m²，兴建清水池 18 座，埋设干、支管网 1486.3km（不含入户），配套自动化控制设备 18 处，安装除铁、锰、氟设备 17 套。

计划投资 12100 万元（其中中央投资 9680 万元、省级投资 1210 万元、县级投资 1210 万元）。

（16）涡阳县 2014 年农村饮水安全工程为青疃水厂、高炉镇赵沃水厂、闸北镇卢庄水厂、马店集镇大廉水厂、龙山水厂、临湖镇新临湖水厂、店集镇姚湾供水厂、义门镇南窑水厂（管网延伸）、花沟镇新王桥水厂、高公镇天庙水厂、楚店水厂、城西镇八里丁水厂、陈大镇王桥水厂、涡南镇常丰水厂、公吉寺镇新公吉寺水厂。解决饮水不安全人口 22.94 万人，解决 93 所农村学校饮 2.45 万师生饮水问题。计划新建供水厂 14 处，管网延伸 1 处，其中打 280m 左右深井 20 眼，建井房、泵房及管理房 14 处，面积 9976m²，建清水池 14 座，埋设管网 1900km 及附属建筑物，建自动化水厂 14 处，自动化供水设备 14 套。

计划投资 12205 万元（其中中央投资 9764 万元、省级投资 1220.5 万元、县级投资 1220.5 万元）。

（17）涡阳县 2015 年农村饮水安全工程共批准新建、改扩建水厂 16 处，分别是公吉寺王大楼水厂、花沟镇花沟水厂、花沟镇姜长庄水厂、标里镇标里水厂、标里镇前李水、临湖镇新郭营水厂、义门镇小辛水厂、义门镇朱庄水厂、牌坊镇牌坊水厂、新兴镇新兴水厂、新兴镇新曹庙水厂、高炉镇大呼水厂、曹市镇高长营水厂、林场单集水厂、西阳镇刘庙水厂、丹城镇齐山水厂，新打深井 23 眼，建房屋 5039.38m²，建清水池 16 个；安装除铁、锰、氟设备 19 处，安装自动系统 14 处；埋设各类管网 221.3 万 m（含入户）。共解决农村饮水不安全人口 19.92 万人（含在校师生）。

计划投资 9784 万元（其中中央投资 7827.2 万元、省级投资 978.4 万元、县级投资 978.4 万元）。

三、农村饮水安全工程运行情况

1. 根据中共中央《关于加快水利改革发展的决定》及《安徽省农村饮水安全工程管理办法》等有关文件精神，县政府批准《关于设立涡阳县农村饮水安全工程管理中心的通知》（涡编〔2014〕4 号）设立涡阳县农村饮水管理中心，副科级全额拨款事业单位，核定编制 7 人，领导职数 1 正 1 副，隶属水务局，负责全县农饮工程的运行管理工作，组织实施农饮工程的宣传，提高群众知晓率，并负责每年 2 次（建前、建后）的工程技术培训工作，建立了工程运行长效机制，确保我县农饮工程长期发挥效益。

2. 涡阳县人民政府《关于同意涡阳县农村饮水安全工程管理及责任主体的批复》（涡政秘〔2011〕137 号），同意"涡阳县农村饮水安全管理中心"为管理主体，县人民政府是农村饮水安全工程项目的责任主体。以国家投资为主兴建的农村饮水工程，主体工程属国家所有，有涡阳县水务局行使国有资产管理权。

3. 针对我县已建农村饮水安全工程点多、面广、维修任务重现状，县政府高度重视，下发了《涡阳县人民政府关于建立涡阳县农村饮水安全工程维护基金的通知》（涡政办〔2012〕210 号）从县财政拨付专项经费（每处水厂每年 1 万元的维修养护基金），用于全县已建农村饮水安全工程供水厂维修养护，且每年 79 万元资金直接拨付到运营管理单位。截至 2015 年年底到帐金额 385 万元，有力地保障了农村供水厂的日常管护和维修。

4. 涡阳县级水质检测中心现已建成，主要检测仪器设备：气象色谱仪、火焰和石墨炉原子吸收分光光度计、紫外可见光光度计、原子荧光分光光度计、离子色谱仪等，建设总投资 368.93 万元。成立了涡阳县水质检测中心，配备人员 7 人（专业人员 1 人），运营费用各水厂水费中支出。

5. 农民接水入户在工程建设期间每户只收 60 元，工程运营期间收取入户费是按照亳州市水务局《关于规范农村饮水安全工程入户费用收取的意见》（亳水农〔2014〕114 号）文执行，文件规定：（1）一般地面，单户铺设管道入户长度不大于 30m 的，按每户 550 元收取入户费。联户铺设管道入户每户平均长度不大于 30m，按每户 500 元收取。铺设管道长度超过 30m 的，安装费用由用水户与水厂经营者协商决定。（2）混凝土地面由于切割、恢复难度较大、入户安装费用按实际切割长度每米加收 10 元。我县农村饮水安全工程实际入户数占设计入户数的 100% 以上。

6. 农饮工程监管情况。涡阳农村饮水安全管理中心负责全县工程的运营管理工作，下辖乡镇供水有限公司和雉河供水有限公司 2 个具体运营管理单位。农饮管理中心协助水行政主管部门监督、指导、监管水厂管理单位的各项工作。

7. 水质状况。我县水质主要存在氟、铁等超标，现有水厂主要水处理设备是除氟设备和除铁设备。2016 年涡阳县农饮水质达标率 80%。

8. 我县农村饮水安全工程水费收取，依据县物价局涡价字〔2010〕1 号文执行，群众生活用水 1.6 元/m^3、经营性用水 1.8 元/m^3，水损较大时可将损耗平均分摊到户，再按价收取水费。目前，我县未实行两部制水价，水费收取按实际用水量收取。规模以上水厂效益显著，规模以下水厂基本是保本运营。

9. 运营维护情况。涡阳县乡镇供水有限公司和雉河供水有限公司现在职工 39 人，职责是负责全县农饮工程的运营管理工作，公司性质是自负盈亏、单独核算的国有企业。供水公司针对全县所建农饮工程点多、面广、分布较散等特点，将全县农村供水厂以涡河为界，划分为涡南片和涡北片，两个片区经理由公司两位副经理兼任，同时组建了各自的工程维修队，负责本片区的工程维护和抢修。做到分工明确，责任到人，所有工程维修不能超过 24 小时，践行公司“让群众满意”的经营宗旨，确保群众的正常用水。

为进一步加强运营管理，涡阳县人民政府出台了《涡阳县农村饮水安全工程运行管理办法》《涡阳县人民政府办公室关于印涡阳县农村饮水安全工程突发水质污染事件应急方案的通知》《涡阳县人民政府关于划定全县农村饮水安全工程水源地保护的通知》《涡阳县人民政府办公室关于建立涡阳县农村饮水安全工程维护基金的通知》《涡阳县人民政府关于对农村饮水安全工程建设涉及的有关收费实行扶持政策的通知》《涡阳县人民政府关于落实农饮工程老实巴交行用电价格的通知》等文件，进一步明确完善了各项运行管理制度，实行严格的水源地保护措施，切实增强水源地保护和水质保障能力建设。

10. 规模以上水厂均已划定水源保护区域和保护范围，《涡阳县人民政府关于划定全县农村饮水安全工程水源地保护的通知》（涡政秘〔2012〕59 号）和《涡阳县人民政府办公室关于印涡阳县农村饮水安全工程突发水质污染事件应急方案的通知》（涡政办〔2011〕195 号）的批准设置，距离水源地半径 50m 范围内不得设置渗水厕所、渗水坑、粪坑、垃圾站等，确保在本县范围内发生供水污染事故事，最大限度地减少事故可能造成的危害和损失程度。

四、采取的主要做法、经验

（一）主要做法和经验

1. 主要做法

涡阳县人民政府为了更好地建好、管好农村饮水安全工程，先后出台了《涡阳县人民政府关于明确涡阳县农村饮水安全工程领导小组成员单位职能分工的通知》《涡阳县人民政府关于县水务局要求明确涡阳县农村饮水安全工程项目法人的批复》《关于印发涡阳县农村饮水安全工程项目建设管理办法的通知》《关于对农村饮水安全工程建设涉及的有关收费实行扶持政策的通知》《关于印发涡阳县水利工程质量监督管理实施办法的通知》《关于建立涡阳县农村饮水安全工程维护基金的通知》《关于落实农村饮水安全工程运行用电价格的通知》《关于印发涡阳县农村饮水安全工程突发水质污染事件应急方案的通知》《关于印发涡阳县农村饮水安全工程运行管理办法的通知》《关于划定涡阳县农村饮水安全工程水源保护区的通知》《关于同意涡阳县农村饮水安全工程管理及责任主体的批复》等一系列文件及政策规定，有力地保障了我县农饮工程建设和运行管理工作。

2. 经验总结

涡阳县农村饮水安全工程经过多年的建设，取得了扎实的成效，形成了一套成熟的做法。

（1）前期工程。一是在项目下达的上一年，就配合设计部门对拟建的水厂进行实地测量，为合理布设管网打下基础。二是为尽量摸清地下水分布情况，对规划供水厂进行物探，为水源井设计提供参考依据，编制出了科学合理的实施方案。三是及时落实站首用地，开工前建设单位多次到乡镇、国土部门协调，并与镇政府、国土部门签订用地承诺函，落实水厂建设用地，为工程的顺利实施提供了保证。

（2）工程建设管理。为确保我县农饮工程项目有计划、有步骤的顺利实施，县政府成立了农村饮水安全工程领导小组，下设办公室，具体负责协调农村饮水安全工程项目建设实施工作，各镇（场、街道办事处）也相应成立农村饮水安全工程项目实施协调小组。县、镇逐级签订目标责任书，层层落实建设任务，严格追责，定期督查，督查结果纳入年度绩效考核，确保项目建设的顺利实施。

（3）资金筹措。我县农村饮水安全工程配套资金，项目单位要在上年度上报县政府概算，为本年度预留足够的配套资金提供翔实依据。实行专款专用，决不挪用，剩余配套农饮资金滚入下年度继续使用，保障了我县农饮配套资金足额到位。

（4）运行管理。涡阳县编办批复成立了涡阳县农村供水专管机构涡阳县农村饮水安全管理中心，编制为全额事业单位，人员7人，管理中心下辖涡阳县乡镇供水有限公司和雉河供水有限公司（国有企业）具体负责全县农饮工程的日常管理工作。

（5）水质检测体系建设。涡阳县农村饮水安全工程水质检测中心已建成投入使用，委托县疾病控制中心培训专业化验人员，与卫生部门互通、互动，积极合作，做好我县农村供水厂水质的检测、监管工作。

（二）典型工程案例

涡阳县成立了涡阳县乡镇供水有限公司经营情况。公司现有职工39人，职责是负责全县农饮工程的运营管理工作，公司的性质是自负盈亏、单独核算的企业单位。供水公司针对全县所建农饮工程点多、面广、分布较散等特点，将全县农村供水厂以涡河为界，划分为涡南片和涡北片，两个片区经理分别由总公司两位副经理兼任，同时组建了各自的工程维修队，负责本片区的工程维护和抢修。入户管网维修由水厂管理员负责，干、支管网维修由工程维修队负责。做到分工明确，责任到人，所有工程维修不能超过24小时，确保了群众的正常用水，践行了公司"让群众满意"的经营宗旨。

在各水厂的日常管理中，以个人承包为主。该类管理方式为通过乡镇推荐、县管理部门考核承包人员，经培训合格后方可上岗，组建水厂管理机构。承包人负责水厂的日常管理工作，由其收缴水费及日常小型设施的维护。主管网、机泵设备的大修等由供水公司利用县级维护基金和承包费解决。

供水公司的经营管理，随着农村饮水安全工程供水厂的不断规范和农民用水意识的逐步提高，处在良性发展的轨道，但目前仍处在极为困难的阶段。为此，县政府高度重视农饮工程运营管理工作，2011年以涡政办〔2011〕210号文，下发《涡阳县人民政府办公室关于建立涡阳县农村饮水安全工程维护基金的通知》，并纳入县财政预算，每年每个供水厂拨付运行维护费 1 万元（以后每增加 1 处供水工程，相应增加 1 万元的维护费）。要让我县农饮工程长期发挥效益，还需要各级、各有关部门和政府的大力支持，继续加大维护基金的投入，让这一民生工程惠及万家。

供水公司在做好经营管理的同时，对部分供水厂运行主要控制性数据进行归纳整理，供上级领导和有关部门参考。

2015 年 1～3 月，部分供水厂经营主要指标见表 4。

表4　2015 年部分供水厂经营主要指标一览表　　　　　　　单位：元

供水厂名称	一月份			二月份			三月份			备注
	户数	水费	电费	户数	水费	电费	户数	水费	电费	
秦庄供水厂	1045	8374	4488	1045	8999	4687	1045	7912	4217	
山后供水厂	314	1758	752	314	1758	752	314	1758	818	
孙庄供水厂	103	639	277	103	649	407	103	639	1122	
花沟供水厂	350	918	849	350	1001	1103	350	1065	1035	
蒙关供水厂	2368	14000	5100	2368	16200	5500	2368	16000	5230	有除铁设备
王桥供水厂	320	744	818	320	513.6	687	320	344	450	有除铁设备

综合上表统计数字，可以看出规模越大的水厂（500 户以上），只要管理好，水厂有一定的盈利；反之，规模越小的水厂（500 户以下）全部负债经营。

公司在多年经营中发现，压力罐和变频器结合使用的供水模式，比较经济实用，能很大程度地降低供水成本，且压力罐容积要适中偏大。但压力罐的缺点也更为突出，一是其使用寿命短；二是易使自来水二次污染。目前，根据水利厅统一部署，近年来所建农饮工程全部是"千吨万人"规模水厂，公司经营效益逐年增加，水厂承包管理也出现竞争上岗的良好局面。

五、目前存在的主要问题

（一）工程建设中存在的问题

1. 工程前期测量中与当地政府沟通较少，在工程实施过程中，发现部分水厂有遗漏村庄现象，造成部分群众因用不上自来水而投诉的事件。

2. 农饮工程站首用地办理土地使用证困难。

3. 工程完工后，未能及时审计、竣工验收，致使工程资金不能及时拨付。

（二）运行管理中存在的问题

1. 我县运行管理工作还未走向市场化，应引进多元化管理和成功的管理模式，思想上大胆尝试，开拓新型管理模式。

2. 运行管理单位人员文化素质偏低，不能熟练掌握操作和维修技能，更局限了管理水平的进一步提升，限制了水厂效益的发挥。

3. 缺少专业技术人员，维修、保养、水质检测等应急机制跟不上，严重阻碍农饮工程运行管理工作的健康发展。

六、"十三五"巩固提升规划情况及长效运行工作思路

1. "十三五"巩固提升规划情况。根据全省开展农饮巩固提升工程"十三五"规划工作的部署，依据我县农村饮水安全工程现状，提出了基本实现农村自来水全覆盖和对已有工程达标改造的规划目标。通过对现状的认真摸底调查和存在问题的梳理，提出合理划分供水区、新建一批规模化供水厂、现有供水设施改造、加强工程运营管理等主要建设内容。根据涡阳县供水现状调查及初步规划结论，涡阳县"十三五"期间可新增供水能力13400m³/d，并结合农村精准扶贫工程，解决剩余33.5万人的饮水问题，共建水厂75处，其中新建8处、改造水厂12处、管网延伸55处，解决贫困村居民7.61万人（贫困人口3.86万人），工程总投资18878万元。到"十三五"末，经过供水工程提质增效和工程整合，全县最终保留85处水厂，解决140.34万人（不含城市规划区人口）的饮水问题，实现村村通自来水，使我县农村集中式供水受益人口达到100%左右，农村自来水普及率达到100%，农村居民饮水安全保障能力得到显著提升。目前，规划已经涡阳市人民政府批复。

2. 农饮工程长效运行工作思路。"十三五"期间及以后，针对运营管理工作存在问题及管理滞后等现状，吸取其他县区好的运营管理经验，逐步放开经营管理权，将运管工作推向市场。2017年先行拿出3～5处水厂，面向社会公开拍卖管理权，将其管理经营情况与我局自管水厂相比较，摸索出适合我县农饮工程运营管理模式。在今后的管理中，建立严格的水资源有偿使用制度，严格按量收取水费制度，以水养水，限制粗放使用；引进公司专业化管理，吸引多家公司参与经营，形成竞争机制；由县财政每年向各个水厂拨付部分工程管护费，用于支持部分难以运转的单村水厂，以维持其正常运行，另外县农饮管理中心向各水厂收取水费的8%作为维修养护经费，负责水厂大的维修项目。

涡阳县现有农村供水工程产权全部为政府投资，为政府所有，农饮工程资产监管人为涡阳县水务局，农村饮水安全管理中心为管理主体，县政府为运行管理责任主体。

表5 "十三五"巩固提升规划目标情况

农村集中式供水率（%）	农村自来水普及率（%）	水质达标率（%）	城镇自来水管网覆盖行政村的比例（%）
100	100	80	35

表6 "十三五"巩固提升规划新建工程和管网延伸工程情况

工程规模	新建工程					现有水厂管网延伸			
	工程数量	新增供水能力	设计供水人口	新增受益人口	工程投资	工程数量	新建管网长度	新增受益人口	工程投资
	处	m³/d	万人	万人	万元	处	km	万人	万元
合计	8	8482	15.7	13.52	7568	55	1074	8.39	4925
规模水厂	8	8482	15.7	13.52	7568	41	983	7.62	4472
小型水厂						14	91	0.77	453

表7 "十三五"巩固提升规划改造工程情况

工程规模	改造工程					
	工程数量	新增供水能力	改造供水规模	设计供水人口	新增受益人口	工程投资
	处	m³/d	m³/d	万人	万人	万元
合计	12	6406		24.11	9.86	5728
规模水厂	9	6138		23.25	9.44	5346
小型水厂	3	268		0.85	0.41	382

蒙城县农村饮水安全工程建设历程

（2005—2015）

（蒙城县水务局）

一、基本概况

1. 自然、地理位置

蒙城县隶属于安徽省亳州市，位于淮北平原中南部，地处东经 116°15′～116°49′、北纬 32°55′～33°29′，东临怀远，西接涡阳、利辛，南靠凤台，北依濉溪。蒙城县国土面积 2091km²，耕地面积 184.1 万亩，在地形地貌上，除西北有少量低矮山地外，大部分地势较为平坦，由西北向东南缓缓倾斜，地面高程为 28.5～21.0m，地貌特征为剥蚀堆积地形，大部分土壤为砂礓黑土，有机质含量低，黏性重，土壤通透性差，渗漏性强，易涝、易旱。

2. 人口与社会经济情况

2015 年底，辖 19 个乡镇、276 个行政村，290 个村民委员会，人口 136.91 万（农业人口 122.05 万人）。全县建档立卡的贫困村共 60 个，贫困户 7116 户、贫困人口 17830 人。2015 年全县实现生产总值（GDP）193.3 亿元。

3. 水文气象

蒙城县位于北亚热带和暖热带之间的过渡地带，属暖温带半湿润季风气候，常年主导风向为东南风，年平均风速 3m/s。多年平均气温 14.9℃，年极端最高气温 40.3℃，最低气温 –23.3℃。多年平均降水量为 872.4mm，最大降雨量 1444.5mm，最小降雨量 505.6mm。

4. 水资源及河流水系概况

蒙城县多年平均水资源总量 9.28 亿 m³，地表水资源量 4.79 亿 m³，地下水资源为 4.49 亿 m³，人均水资源占有量 821m³。

蒙城县河流比较密集，从南向北依次是茨淮新河、茨河、阜蒙新河、涡河、北淝河，另有 25 条大沟。

蒙城县当地水资源量主要包括由当地降水形成的地表和地下产水量，即地表径流量与降水入渗补给量之和。蒙城县 1956—2011 年多年平均地表水资源量为 3.50 亿 m³，多年平均浅层地下水资源量为 4.03 亿 m³，深层地下水资源量为 4066 万 m³。

蒙城县境内过境水量较丰富，全县多年平均过境水量 25.54 亿 m³，多集中在涡河和茨淮新河，其中涡河 13.54 亿 m^3、茨淮新河 10.82 亿 m^3、芡河 0.49 亿 m^3、北淝河 0.69 亿 m^3。

蒙城县环境监测站对县境内主要河流北淝河、涡河、芡河、茨淮新河进行了水质监测。据监测，涡河水质相对较差，全年Ⅲ类水占 58.33%，Ⅳ类水占 16.67%，劣Ⅴ类水占 25.00%；汛期Ⅲ类水占 60.00%，Ⅳ类水占 40.00%。非汛期Ⅲ类水占 57.14%，劣Ⅴ类水占 42.86%；主要污染物氨氮。芡河水质较好，全年Ⅱ～Ⅲ类水占 83.33%，Ⅳ类水占 8.33%，劣Ⅴ类水占 8.33%；汛期Ⅱ～Ⅲ类水占 60.00%，Ⅳ类水占 20.00%，劣Ⅴ类水占 20.00%；非汛期Ⅱ～Ⅲ类水占 100.00%。茨淮新河水质较好，全年Ⅱ～Ⅲ类水占 83.33%，Ⅳ类水占 8.33%，劣Ⅴ类水占 8.33%；汛期Ⅱ～Ⅲ类水占 80.00%，劣Ⅴ类水占 20.00%；非汛期Ⅱ～Ⅲ类水占 85.71%，Ⅳ类水占 14.29%。阜蒙新河水质较好，全年多为Ⅲ～Ⅳ类，Ⅲ类水占 25.00%，非汛期主要是 NH_3-N 超标，汛期 COD 超标。北淝河水质较好，全年多为Ⅲ～Ⅳ类，Ⅲ类水占 41.67%，主要污染物 COD。蒙城县境内浅层地下水埋深多小于 3m，易受人为污染，水质较差，多为Ⅳ类；深层地下水水质，根据蒙城县疾病预防控制中心水质检验资料、蒙城县农村安全饮水工程成井水质检验资料，采用《地下水质量标准》（GB/T 14848—1993）和《生活饮用水卫生标准》（GB 5749—2006）分别对其进行评价，评价结果表明深层地下水水质总体较好。

二、农村用水安全工程建设情况

1. 农村人口饮水安全解决情况

我县农村饮水安全的主要问题是氟超标，其次是苦咸水、污染水。2005—2010 年年底我县共解决农村饮水不安全人口 21.29 万人；2011—2015 年年底我县共解决农村饮水不安全人口 73.17 万人；师生 3.11 万人。水质超标分为三个区域：

第一区为高氟区（氟化物含量大于等于 1.0mg/L），覆盖人口 112.14 万人，范围涉及小涧镇、坛城镇、许疃镇、板桥集镇、王集乡、双涧镇、立仓镇、楚村镇、篱笆镇、三义镇、乐土镇、小辛集乡、岳坊镇、马集镇和 2 个办事处等 16 个乡镇。

第二区为苦咸水区，覆盖人口 0.19 万人，范围涉及立仓镇罗集社区及岳坊镇等村。主要是水中溶解性固体含量超标。

第三区为污染区，覆盖人口 3.56 万人，范围涉及涡河两岸及集镇所在地。形成原因主要是工业废水、城市生活污水等将污水直接排入周边沟河与池塘。

"十一五"期间农饮工程下达的农村居民指标为 21.29 万人，"十二五"期间为 73.17 万人，共计 94.46 万人。经过 10 年的建设，到 2015 年底全县共建供水水厂 31 处，覆盖 18 个乡镇 276 个村的 122.05 万农村人口，通水率达到 77.4%。

表 1　2015 年底农村人口供水现状

乡镇数量	行政村数量	总人口	农村供水人口	集中式供水人口	其中：自来水供水人口	分散供水人口	农村自来水普及率
个	个	万人	万人	万人	万人	万人	%
18	276	136.91	122.05	94.46	94.46	0	77.45

表2　农村饮水安全工程实施情况

合计			2005 年及"十一五"期间			"十二五"期间		
解决人口		完成投资	解决人口		完成投资	解决人口		完成投资
农村居民	农村学校师生		农村居民	农村学校师生		农村居民	农村学校师生	
万人	万人	万元	万人	万人	万元	万人	万人	万元
94.46	3.11	50196	21.29	—	12995	73.17	3.11	37201

2. 农村饮水工程建设情况

2005 年以前，我县农村饮水工程主要是：结合新农村建设试点，在庄周办事处马店、集铺、辛集兴建了 3 个水厂。在运行过程中，由于规模较小（每个水厂的供水人口都在 200 人左右）而运行困难，后并入农村饮水安全工程中。

2005—2015 年的 11 年里，我们通过国家投资、地方配套、群众自筹、招商引资等多种方式兴建水厂 31 处，解决了 94.46 万人的饮水不安全问题，安装入户 23.8 万户，入户率 92%。

表3　2015 年底农村集中式供水工程现状

工程规模	工程数量	设计供水规模	日实际供水量	受益乡镇数	受益行政村数	受益农村人口	自来水供水人口
	处	m³/d	m³/d	个	个	万人	万人
合计	31	95733	47138	23	276	94.46	94.46
规模水厂	23	91640	44521	—	—	93.35	93.35
小型水厂	8	4093	2617	—	—	1.11	1.11

3. 农村饮水安全工程建设思路及主要经历

我县农村饮水安全工程建设是从 2005 年开始的，分两个阶段，即"十一五"阶段和"十二五"阶段，分述如下。

"十一五"阶段：

2005 年解决 0.5 万人的农村饮水不安全问题，分布在 3 个乡镇 4 个村。投资 142 万元，建 4 个单村水厂。

2006 年解决 2.79 万人的农村饮水不安全问题，分布在 13 个乡镇 22 个村。投资 990 万元，建 22 个单村水厂。

2007 年解决农村饮水不安全人口 2 万人，涉及 3 个乡镇 8 个村。投资 794 万元，建单村水厂 8 处。

2008 年解决农村饮水不安全人口 3 万人，涉及 4 乡镇 7 个村。投资 1170 万元。建单村水厂 5 处，联村水厂 1 处。

2009 年解决农村饮水不安全人口 5.5 万人，涉及 5 个乡镇 21 个村。投资 2729 万元，建规模水厂 6 处。

2010 年解决农村饮水不安全人口 7.6 万人，涉及 5 个乡镇 31 个村。投资 4040 万元，建规模水厂 4 处。

"十一五"期间共解决农村饮水不安全人口 21.29 万人，完成投资 12995 万元，建水厂 50 处。

"十二五"阶段：

2011 年解决农村饮水不安全人口 5.5 万人，涉及 4 个乡镇 14 个村。投资 3030 万元，新建三义水厂，管网延伸坛城水厂、范集水厂、楚村水厂、白杨水厂、双涧水厂。

2012 年解决农村饮水不安全人口 5.77 万人，涉及 3 个乡镇。投资 3164 万元，新建岳坊水厂，管网延伸许疃水厂、范集水厂。

2013 年解决农村饮水不安全人口 20 万人，涉及 6 个乡镇。投资 10057 万元，新建板桥水厂、小涧水厂你、吴圩水厂，管网延伸第一水厂、楚村水厂、第二水厂、双涧水厂。

2014 年解决农村饮水不安全人口 18.42 万人，涉及 3 个乡镇。投资 9210 万元，新建罗集水厂，改造水厂 2 处（立仓水厂、篱笆水厂），管网延伸第一水厂。

2015 年解决农村饮水不安全人口 23.48 万人，涉及 5 个乡镇。投资 11740 万元，新建赵集水厂，改造水厂 3 处（王集水厂、三义水厂、岳坊水厂），管网延伸第三水厂、篱笆水厂。

"十二五"期间共解决农村饮水不安全人口 73.17 万人，完成投资 37201 万元，新建水厂 7 处。

2005—2015 年共建水厂 57 处，完成投资 50196 万元。

"十一五"阶段，2005—2008 年，当时的设想是首先解决调查核定的饮水不安全人口，但通过实施、运行发现问题很多。一是饮水不安全人口呈点状分布，不连片，有的一个村只有半个村是饮水不安全人口，有的只有一二个庄是饮水不安全人口，建成的农饮工程零散，同是一个村的，有的解决了，有的没解决，群众意见很大，也给施工运行造成了很大难度。二是规划布局不合理，水源选择单一。三是水厂分散、规模小，运行成本高。

针对以上问题，蒙城县率先于 2009 年开始兴建规模水厂。总体思路是：（1）2012 年开始整乡镇进行解决，发展集中式供水工程，合理确定工程方案。（2）坚持工程建设、水源地保护和水质检测并重。（3）建管并重，专业管理与用水户参与相结合。具体措施是：（1）根据蒙城县水资源分析评价成果及工程建设条件，重新对全县农村饮水安全工程进行规划布局，调整各乡镇水厂供水范围、人口和建设规模。（2）调整原规划内的饮水不安全人口，并与城镇化、美好乡村和新农村建设有机结合起来。（3）发展规模化集中供水，采取集中连片、整村推进、兼并小水厂等措施，适度扩大原水厂供水范围，建设规模水厂。（4）将原有小水厂扩建为规模水厂，兼并小水厂，盘活国有资产，充分发挥已有工程效益。通过 6 年的实施，将 57 处水厂整合为 31 处，并掉 26 处，运行良好。实践证明，"十二五"规划修编非常成功。

三、农村饮水安全工程运行情况

1. 农村饮水工程是德政工程、民心工程。建好管好用好这些工程，使其正常和长期发挥作用，是各级水行政主管部门面临的一项紧迫、长期的任务，为了强化管理责任、确保农饮工程能够持久、良性的运行下去，2011 年 8 月 18 日经县机构编制委员会批准成立了"蒙城县农村饮水安全管理总站"，负责全县农饮工程运行管理，与"蒙城县水利工程管理所"一个机构、两块牌子，性质为事业单位，不增加编制，人员从水务局事业单位内部调剂，运行经费由财政负担。

2. 针对我县原已建农饮工程点多、供水厂较分散，水费收缴率低、水厂运行困难等情况，县人民政府对农饮工程的运行管理高度重视，建立了工程维修养护经费，列入县财政预算，2011 年维修养护经费总额为 76 万元、2012 年维修养护经费总额为 80 万元、2013 年维修养护经费总额为 120 万元，以后随供水工程增加，相应增加工程维护费，以确保农村饮水安全工程的正常运行，从而让群众吃上"安全水""放心水"。

3. 2015 年我县利用河道局城南管理所的管理房建立了 280m² 的农饮水质检测中心，配备一台检测车辆和一套完整的检测仪器，可以检测 33 项指标。安徽科技学院为我们培训了 6 名水质化验人员，并为每个规模水厂培训 1～2 名化验人员，各个规模水厂也都配了一台简易的检测设备，水厂每天自检，每月 2 次送检，检测中心不定期下去巡检。

4. 制定水源地保护措施及供水单位应急预案。根据《中华人民共和国水污染防治法》《安徽省城镇生活饮用水水源环境保护条例》规定，蒙城县农村饮水安全工程领导小组下发饮用水水源必须实行水源保护区制度，县农饮办在各水厂制定水源井保护标志牌：农村饮水安全工程水源周围 50m 半径范围内，不得设置渗水厕所、渗水坑、粪坑、垃圾点等污染源，并以水源井的影响半径为水源保护地。受益群众有依法保护农村饮水水源不受破坏的义务，自觉消除饮水工程水源保护范围内的污染源，防止在水源保护区域内发生任何可能污染水域水质的活动，对发现有破坏农饮工程设施的行为坚决给予严厉的打击，确保群众吃上安全水、放心水，已制定了蒙城县农村饮水安全工程应急预案。

5. 我县地下水主要是氟超标，凡以地下水为水源的水厂都配备了除氟设备、消毒设备，不但我们按规定经常自检，卫生部门每年对水厂检测 2～3 次，发现问题及时分析处理。

6. 在工程建成后，县农饮工程建设管理办公室将工程移交县农村饮水安全管理总站，由其分别委托乡镇、清泉自来水公司、泓源自来水供水公司、三义益民水厂几家单位进行管理，并与各管理单位签订运行管理协议，目前，已建成的各水厂运行正常，已发挥工程效益。农饮工程资产仍属国家所有。

农饮总站积极探索运管方式，成功竞拍罗集、立仓两处水厂，彻底改变一些水厂的运行管理理念，对管理松散、靠"财政输血"才能生存的水厂加强了管理，明确责任，树立成本意识，增强自我造血功能。

我县正在积极争取落实安徽省物价局、安徽省水利厅关于完善农村自来水价格管理的指导性意见，争取县级物价部门明确"两部制"水价：预交 100 元，供应 70m³ 水，按月征收的，每月收取 2 元/m³；同时实施基本水费制度，每年低于 5m³ 的缴基本水费 30 元，以保证水厂的正常运行。

7. 监督管理方面的情况。水务局部门联合卫生疾控部门多次开展农饮运行情况检查并督促整改落实检查存在的问题；我县人大、政协每年开展对农饮运行情况进行调研，积极献言献策。

亳州市市级开通 12345 市长热线，农饮总站根据市长热线反应蒙城县农饮存在的问题落实情况及日常管理情况进行考核，奖优罚劣，对运行管理连续两年落后的，实行末位淘汰制。

8. 运行维护情况。在农饮工程的运行维护上，结合我县实际制订了《蒙城县农村饮水安全工程运行管理办法》。（1）明晰工程产权，明确规定工程建成后资产归国家所有；（2）落实运行主体，在工程移交运行管理单位时，及时办理工程运营、维护合同，由运行单位负责工程运行，收取的水费中所包含折旧费、大修费、维修费须专账管理，并用于工程的维修和更新；（3）落实工程维护经费，以后随供水工程增加，相应增加工程维护费，以确保农村饮水安全工程的正常运行。

规范化服务和应急机制。为加强农饮工程的行业管理，规范工程运行管理单位的管理，我县成立了县农村供水管理总站，督促其建立和健全工程运行管理制度，负责协调供水工程运行过程中出现的问题，负责检查农村饮用水水源保护落实情况，负责检查水质情况，负责起草并具体实施农村饮水安全工程供水应急预案等。

在用电、用地、税收等相关优惠政策落实的情况上，我县农村饮水安全工程严格执行农业生产用电价格，县国土资源局出台文件，关于切实做好加快水利改革发展用地保障和管理的实施方案的通知，优先保障农村饮水安全工程用地。扶贫措施：新开户的贫困户，免去自筹资金。

四、采用的主要做法、经验及典型案例

（一）做法和经验

蒙城县政府制定了蒙城县农村饮水安全工程项目管理暂行办法及批准农饮工程水厂供水应急预案等。这些制度的制定落实对于保证农饮工程顺利建设及保障农饮工程的正常运行起到重要的作用。

农饮工程是一个比较复杂的工程项目，群众工作性强，工程点多面广，要更好地完成我县的农村饮水安全工程建设任务，必须得到相关部门的大力支持。在农村饮水建设管理方面我们采取以下措施促进农饮建设得以顺利实施。

1. 提高认识，加强领导

要把实施农村饮水安全项目作为德政工程、民心工程、富民工程来抓。县水务局作为行业管理部门负责农村饮水安全工程的行业监管，选派作风优良、技术过硬、具有多年工程建设管理经验的专业技术人员深入各施工现场，组建项目部，督促、指导具体工作，保证工程建设的顺利实施。项目部组成人员除农饮办外，将受益乡镇分管负责人、水利站站长、运行管理单位管理人员吸纳进来，有效地开展了工作，工程得以提前完成。局领导开展进行工程调度及工程进展协调会。

2. 科学规划，"四个结合"

农村饮水安全工程项目要想长期发挥效益，科学规划至关重要。只有规划设计科学合理，这才是工程建好和管好的关键。从加强对水源的可靠性论证，到因地制宜地选择工程类型和技术方案，确保方案技术适用、经济合理、便于建设和管理。规划建设力争和新农村建设相结合；单村供水与规模水厂相结合，减少单村供水水厂，发挥规模优势；农村供

水与城市供水相结合，提高服务意识；地下供水与地表供水相结合，维护水的生态环境。

3. 强化措施，实行"六制"

我县农村饮水安全工程建设管理全面实行"项目法人制，招标投标制，建设监理制，集中采购制，资金报账制，竣工验收制"；同时我们创新思路，聘请运行管理单位、农民义务监督员全过程进行监督，从而更加有效地保证了工程质量。工程的招标投标活动在业主的组织下，邀请纪委、发改委、财政局参与招标，进行监督，做到"公开、公平、公正"择优选择施工单位和供水管网、供水设备生产厂家。

4. 着重质量，"四位一体"

质量是工程的生命，农村饮水安全工程建设的好坏，直接影响工程效益的发挥。在科学规划设计的基础上，严把主要材料、设备采购关、施工队伍选择关和工程质量管理关。对入户材料要进行检测，检测合格后方可使用；对上年度工程施工质量较差的施工班组实行"黑名单"制度，禁止参建本年度的农饮建设。

5. 履行合同，强化服务

建设单位与施工单位是合同关系，严格落实合同，完成建设任务，是建设单位的最终目的；树立服务意识，填好"三张表格"，一要填好农饮工程入户花名册：安装入户是否合格要群众亲自签字，让农民心中满意，电话、缴入户费票据要填写清楚，让农民心中放心。二要填好施工占地青苗补偿清册，要真实、规范，让农民心中清楚。三要填好"工程现场计量合格签证单"是作为拨付进度款的重要依据。填好"三张"表格，关系到工程是否及时能结算、验收，为下一步工程验收结算奠定基础。

（二）典型工程案例（蒙城县板桥水厂）

1. 基本情况

板桥水厂位于蒙城县板桥镇集南村，属规模水厂，采用自动化设备控制集中供水，范围覆盖板桥镇陶袁村、瓦埠村、关庙村、陶袁村、刘圩村、方刘村、桂光村、大付村、集南村、大苑村、双鹿村 10 个村，172 个自然庄，覆盖人口 55592 人，工程总投资 2346 万元。供水规模 4388m³/d，入户 11842 户，配置：深水井 5 眼（井深 300m），1000m³ 清水池 1 座，管网采用 PE 管，设计压力 0.6MPa，供水管道总长度 266.7km；200QJ63-60/5 水泵 6 台；30kVA 变压器 4 台；200kVA 变压器 1 台；二氧化氯消毒设备 2 台套；全自动控制设备各 1 台套；管理房 3 层共 543.78m²。2013 年 12 月 30 日通水试运行。

2. 管理模式

水厂建成正常运行后由农饮总站直接进行管理，摸索经验，进行推广。

（1）管理人员配置

水厂配置值班人员 2 人，维修及收缴水费人员 3 人，水质化验日常由水厂自行化验，县农饮水质检测中心抽检。

（2）用户建档、运行建台账

水厂对用户逐一建档并入微机，中控室不间断有人值守，流量、压力、液位、在线监测的水质情况、电量等所有运行信息每 2 个小时记录一次，维修人员每天将所有的维修项目、维修用料记录在案，通过数据的观测和分析，有没有跑冒滴漏现象就会及时被发现，运行成本每月都能准确分析出来，为项目法人下一步建设提供了许多可靠又有用的信息。

（3）及时维修

由于跑冒滴漏现象能在第一时间被发现，维修也就变得非常及时，水厂又给维修人员配备面包车1辆，使其能快速到达维修现场。由于维修及时，给群众更换水表、闸阀水龙头等耗材价格合理，群众非常满意。

（4）宣传到位

该水厂用水户共有10000多户，水厂给每户发放宣传册，小册子除印有农饮宣传内容、自来水使用基本知识以及维修电话、投诉电话等内容，还用于记录每户的水量、水费，使用户能清晰地了解到自己的用水及缴费情况，有什么需求也知道该给谁打电话，利益受到损害时知道向谁投诉，这些措施使望疃水厂自投入运行后没有出现过一个打市长热线的。

（5）水费收缴

按照国家五部委联合下发文件精神，该水厂实行的两部制水价，即每年使用70m³水以内交100元水费，超出部分按1.6元/m³收取。

（6）主要管理制度

为加强水厂管理，水厂根据有关规定制定了水厂卫生管理制度、消毒管理制度、水厂应急预案等主要管理制度。

通过农饮总站近几年的经验摸索推广，目前蒙城县各水厂经营规范、群众意见、投诉逐年减少；下一步农饮总站继续学习外地水厂运行管理成熟经验，把蒙城县农村饮水管理的更好。

五、存在问题

1. 农村饮水安全工程需要各级部门的配合及群众的支持

农村饮水安全工程是一项系统民生工程，涉及千家万户。当前，正在进行新农村建设及农村公路畅通工程，面临老庄拆迁、新庄规划、道路改扩建等问题，致使管网铺设存在设计时做好的规划，实施时用水户已搬迁，新房没有进行管网设计；农村新盖房屋、新修公路、挖毁管线、轧坏闸阀井较为随意，法律意识不强；农村新盖房屋沿街、沿路建设，致使管线沿路、沿桥、沿街道布设，与交通、公路、供电、通信、建设部门建设步调不一致，致使上述部门经常出现管线移位、管线挖毁现象；农村自来水厂要远离污染源，征地时，很难找到合适用地，无土地指标计划，已严重影响农饮工程建设。这都需要广大人民群众的大力支持和上级部门的统筹规划。

2. 已建好的工程运行存在困难，需争取上级的扶持

由于农饮工程管线长、覆盖面积大，管网漏损率高，同时，农村大批劳动力外出务工，农村剩下老幼妇女，特别是老年人少用或不用农饮工程，导致了用水率偏低，水费收缴率低，工程亏本运行，直接影响了水厂的运行效益，建议对用水较少的用户收取自来水基本水费，制定适合水厂发展的良性运行模式。

六、"十三五"巩固提升规划情况及长效运行工作思路

（一）农饮工程工程提升"十三五"规划情况

1. 规划思路

（1）坚持可持续发展原则，保证村镇居民安全饮用水的可持续性，保证水源洁清、工

程完好和运行管理的可持续性。

（2）以解决生活供水为重点，充分利用已有农村饮水安全工程，有效降低工程建设投资和运行费用。

（3）认真调查供水区现状，有针对性地提出解决供水问题的思路和方法，宜改造的则改造，能集中的则集中，需延伸管网的则延伸管网。

（4）综合当地自然条件，经济条件和社会发展情况，合理、适度确定用水标准和供水规模。以解决当前群众饮水需要为主，同时兼顾长远发展的需要。

（5）以县农村饮水安全工程管理机构为依托，建立健全农村饮水安全监测体系，加强水源水、出厂水和管网末梢水质检验和监测。

（6）近期与远期相结合，为供水区域的扩大留有余地。

2. 规划目标

到 2020 年，使全县所有农村居民全部吃上符合卫生条件的清洁水源。计划兴建集中供水点 2 处，建设管网延伸 28 处，改造规模水厂 12 处，对十一五期间建设的 20 个行政村的管网进行改造，改造水处理设备 19 处，兴建小型水质化验室 19 处。

完成后可使 32.87 万人的饮水条件得到极大改善，其中新增受益人口 27.77 人，改造管网受益人口 5.1 万人。

3. 建设内容

新建集中式供水工程 2 处，新增供水能力 8558m³/d，工程受益人口 10.7 万人；管网延伸 76 处，新增供水规模 10984m³/d，受益人口 13.73 万人；扩建水厂 3 处，改造水处理设施 3 处，改善饮水受益人口 16 万人。

总受益人口 24.43 万人，其中新增受益人口 21.56 万人，新增受益贫困人口 2.85 万人。改善受益人口 16 万人。

表4 "十三五"巩固提升规划目标情况

农村集中供水率（%）	农村自来水普及率（%）	水质达标率（%）	城镇自来水管网覆盖行政村的比例（%）
100	100	85	35

表5 "十三五"巩固提升新规划工程和管网延伸工程情况

工程规模	新建工程				管网延伸工程			
	工程数量	新增供水能力	设计供水人口	新增受益人口	工程投资	工程数量	新建管网长度	新增受益人口	工程投资
	处	m³/d	万人	万人	万元	万人	公里	万人	万元
合计	2	8557	10.7	7.83	5453	28	1555	19.9	9543
规模水厂	2	8557	10.7	7.83	5453	28	1555	19.9	9543
小型水厂									

表6　"十三五"巩固提升规划改造工程情况

工程规模	改造工程					
	工程数量	新增供水能力	改造供水规模	设计供水人口	新增受益人口	工程投资
	处	m³/d	m³/d	万人	万人	万元
合计	4	1788	1788	2.24	0	760
规模水厂	4	1788	1788	2.24	0	760
小型水厂						

（二）农饮工程长效运行思路

1. 明晰产权，明确责任

农村饮水安全工程验收合格、经县政府清产核资后，坚持责、权、利相统一的原则，明晰理顺工程所有权、管理权与经营权的关系，明确管理主体和管护责任，这一切不仅在移交合同中写清楚，在如何落实上也要说明白，免得在管理中遇到问题互相推诿、互相扯皮现象）。

2. 规范管理，加强监督

管理单位要严格按照《安徽省农村饮水安全工程管理办法》规定的条款建立健全规章制度，规范操作，同时建立健全各项管理制度，做到有管理站、有管理人员、有技术档案、有工程保护措施、有应急预案。乡镇要成立管理、监督机构，随时检查、监督管理者或经营者的运行情况，发现问题及时纠正、及时解决，做到一级对一级负责。特别是比较敏感的"水价、水质、水费"问题，一定要做到"三公开"，让群众吃上明白水。

3. 加强培训，提高管理人员专业技术水平

水行政主管部门和相关部门业务部门要加强对农村饮水安全工程的技术保障，经常组织管理人员开展专业知识、法律法规、规章制度的培训工作，特别是新技术、新工艺、新设备的推广和应用，要使管理人员能够及时领会、及时掌握，逐步建立起一支熟悉供水工程技术，能熟练地使用和正确维护农饮工程的专业队伍。对于自动化设备、监控设备、除氟设备、消毒设备等技术含量比较高的设备的维护与保养，可通过招标的方式确定一支技术精湛、服务态度好的专业队伍，常年轮番对各个水厂进行设备检修、除氟滤料再生等工作。

4. 加强水源地保护，保障水质安全

饮水水源是一级保护区，严禁进行各项开发活动和排污活动，加强水源保护，确保饮用水源的可持续利用是全面改善农村饮水状况的基础。对于依地下水为水源的农饮工程，水源周围50m范围内禁止堆置和倾倒工业废渣、生活垃圾、搭建厕所、饲养家禽家畜。对于依茨淮新河等地表水为水源的常兴水厂，在取水点上游1000m范围内、下游500m范围内禁止倾倒工业废渣、生活垃圾；禁止取土、从事畜禽放养等，通过这些措施，保证水源清洁，为农饮提供优质水源。

5. 严格水质监测，确保饮水安全

我县农饮管理总站已建成了标准化的水质监测中心，各规模水厂也都配备了简易的检测设备，各水厂每天要不间断地对水原水、出厂水和末梢水进行检测，农饮管理中心要定

期对水源水质，制水水质、配水水质等进行必要的检测，并形成常态，以确保饮水安全。

6. 加大宣传力度，提高广大群众的农饮认知度

利用电视、广播、报纸、简报、宣传单等方法向广大群众宣传，使整个社会形成节约用水、保护水资源、保护爱惜农饮工程的良好的风气。

7. 积极协作，相互配合

根据农饮安全保障规划，土地、财政、卫生、环保、公安等相关部门应落实各自的管理职能，明确分工，加强合作，加强沟通，将农饮工程作为建设新农村的重要公益性基础设施和农村供水重要产业来抓，以发挥农饮工程的长期效益。同时建立水厂联网信息化平台，及时掌握各水厂的运行情况，以便加强管理。

8. 加大维护资金投入，落实优惠政策

维护基金是农饮工程可持续发挥效益的基础。《安徽省农村饮水安全工程管理办法》规定，县级人民政府负责落实农饮工程运行维护专项经费，经费来源一是县财政预算安排资金。二是通过承包、租赁工程经营权的所得等。具体运作时除政府财政安排外，可以充分利用市场机制和水价调控手段，推进农饮工程管理社会化、市场化进程，以期达到筹措资金的目的，保障维护资金来源，进而建立起农饮工程运行管理的长效机制，最终走向"以水养水"的路子。

利辛县农村饮水安全工程建设历程

（2005—2015）

（利辛县水务局）

一、基本概况

利辛县位于安徽省西北部，隶属安徽省亳州市，北邻涡阳县，南连阜阳市的颍上县、颍东区，东靠蒙城县及淮南市的凤台县，西接阜阳市太和县。地处东经 115°54′~116°31′，北纬 32°51′~33°27′。自然坡降很小，西北略高，东南略低。全县南北长 41.6km，东西宽 68.5km，面积 2005km²，耕地 178 万亩。

2015 年底，辖 23 个乡镇、391 个村（居）委会，人口 172.18 万（农业人口 155.26 万人）。全县有贫困人口的村共 356 个，贫困户 64719 户、贫困人口 17.24 万人。其中，列入全省建档立卡的贫困村 90 个，总人口 40 万人；贫困户 18276 户，贫困人口 49.58 万人。

利辛县位于北亚热带和暖热带之间的过渡地带，属暖温带半湿润季风气候，常年主导风向为东南风，年平均风速 3m/s。多年平均气温 14.9℃，年极端最高气温 40℃，最低气温 -23℃。多年平均降水量为 860mm，最大降雨量 1360mm，最小降雨量 472mm。

利辛县河流比较密集，主要包括茨淮新河、西淝河、芡河、阜蒙新河，另有 70 条大沟，分属于西淝河和芡河两流域，属西淝河流域占 84.6%，属芡河流域占 15.4%，两河走向均为西北东南向，右岸支流多为东西走向，左岸支流多为南北走向。

由于养殖业及工业废水排放，农业大量使用农药化肥，生活污水等导致地表水有不同程度的污染，甚至部分浅层地下水也受到严重污染，影响居民生活。中深层地下水不仅储藏量较为丰富，而且其近年来开发量较少，开发潜力较大，又加之其埋藏较深不易受到污染，用水多取自该层。

二、农村用水安全工程建设情况

1. 农村人口饮水安全解决情况

我县农村饮水安全的主要问题是氟超标，其次是苦咸水、污染水。国家发改委、水利部、卫生部调查核定的到 2004 年底我县农村饮水不安全人口 60.4 万人；2007 年在原核定范围之外又进行调查核定，新增农村饮水不安全人口 53.88 万人，共计 114.28 万人，其中含师生 2.28 万人。水质超标分为三个区域：

第一区为高氟区（氟化物含量大于等于 1.0mg/L），覆盖人口 112.14 万人，范围涉及旧城、江集、城北、望疃、张村、孙集、西潘楼、王人、王市、汝集、马店、中疃、程家集、巩店、孙庙、永兴、阚疃、新张集、胡集、大李集等 20 个乡镇。

第二区为苦咸水区，覆盖人口 0.19 万人，范围涉及汝集镇庄营村。主要是水中溶解性固体含量超标。

第三区为污染区，覆盖人口 1.95 万人，范围涉及新张集乡前圩村、孙庙乡富民村、孙集镇宋寨村、马店镇水寨村、胡集镇陈塘村、阚疃镇大桥村。形成原因主要是民办小企业、皮革加工业等将污水直接排入周边沟河与池塘。

"十一五"期间农饮工程下达的农村居民指标为 29.57 万人，"十二五"期间为 84.71 万人，共计 114.28 万人。经过十年的建设，到 2015 年底全县共建供水水厂 55 处，覆盖 23 个乡镇 313 个村的 120.22 万农村人口，通水率达到 77.5%。供水现状如下：

（1）2015 年底农村现有人口 155.26 万人，全县共有 391 个村，有贫困人口的村 356 个，贫困户 64719 户，贫困人口 17.24 万人。其中：

已供水人口 120.22 万人，师生 2.28 万人，贫困户 45689 户，贫困人口 12.09 万人。

未供水人口 35.04 万人（含有贫困人口的村总人口为 33.07 万人），贫困户 19030 户，贫困人口 5.14 万人。

（2）列入全省建档立卡的贫困村 90 个，总人口 39.96 万人，贫困户 18276 户，贫困人口 4.96 万人。其中：

已供水人口 29.65 万人，贫困户 14090 户，贫困人口 3.81 万人。

未供水人口 10.31 万人，贫困户 4186 户，贫困人口 1.15 万人。

表 1　2015 年底农村人口供水现状

乡镇数量	行政村数量	总人口	农村供水人口	集中式供水人口	其中：自来水供水人口	分散供水人口	农村自来水普及率
个	个	万人	万人	万人	万人	万人	%
23	391	155.26	120.22	120.22	120.22	0	100

表 2　农村饮水安全工程实施情况

合计			2005 年及"十一五"期间			"十二五"期间		
解决人口		完成投资	解决人口		完成投资	解决人口		完成投资
农村居民	农村学校师生		农村居民	农村学校师生		农村居民	农村学校师生	
万人	万人	万元	万人	万人	万元	万人	万人	万元
120.22	2.28	57717	31.11		14720	89.11	2.28	42977
下达指标是："十一五" 29.57 万人，"十二五" 84.71 万人。								

2. 农村饮水工程建设情况

2005 年以前，我县农村饮水工程主要是：

（1）1997—1998 年利用以工代赈资金建设的张村水厂、江集水厂、旧城水厂和阚疃水厂。除阚疃水厂运行到现在以外，其余三水厂都因后续资金跟不上无法建设。

（2）2003 年利用人畜解困资金建设的城关镇朱瓦房供水点、江集镇纪伦寨供水点、旧城镇盛柳林子供水点，因是分散供水，群众用水不方便，水厂也未能运行下去。

（3）2004—2005 年年初，结合新农村建设试点，我县在张村镇柳西村后孙庄、旧城镇韩王村韩王庄、中疃镇曙光村西田庄兴建了 3 个现行水厂，解决这 3 个村的饮水。在运行过程中，由于规模较小（每个水厂的供水人口都在 300 人左右）而运行困难，后并入后建的农村饮水安全工程中。

（4）2005—2015 年的 11 年里，我们通过国家投资、地方配套、群众自筹、招商引资等多种方式兴建水厂 55 处，解决了 120.22 万人的饮水不安全问题，安装入户 26 万户，入户率 91%。

表3　2015 年底农村集中式供水工程现状

工程规模	工程数量	设计供水规模	日实际供水量	受益乡镇数	受益行政村数	受益农村人口	自来水供水人口
	处	m³/d	m³/d	个	个	万人	万人
合计	55	96176	67323		304	120.22	120.22
规模水厂	48	91640	64148	23	290	114.55	114.55
小型水厂	7	4536	3175	5	14	5.67	5.67

3. 农村饮水安全工程建设思路及主要经历

我县农村饮水安全工程建设从 2005 年开始的，分两个阶段，即"十一五"阶段和"十二五"阶段，分述如下。

"十一五"阶段：

2005 年解决 1.5 万人的农村饮水不安全问题，分布在 5 个乡镇 7 个村，投资 533 万元，建 7 个单村水厂，2 个小型供水厂，只建站首，没有铺设管道。

2006 年解决 5.07 万人的农村饮水不安全问题，分两批实施。第一批解决后冯、代营、戴门楼、陆楼、刘染、陆暗楼、李庄等 7 个村的 2.01 万人和曙光、五里、江新、尚湖、陆营的 5 个新农村示范村的 1.49 万人，建单村水厂 12 处。

第二批解决农村饮水不安全人口 1.58 万人，涉及 4 个乡镇的 7 个村。江集镇的将集村，阚疃镇的平等、民主 2 个居委会，胡集镇的胡东、胡西 2 个村，王人镇的北街、前辛 2 个村，建水厂 3 处，管网延伸 2 处。

两批共投资 1855 万元。

2007 年解决农村饮水不安全人口 4.38 万人，涉及 7 个乡镇 20 个村。投资 1739 万元，建单村水厂 3 处，联村水厂 7 处。

2008 年解决农村饮水不安全人口 3.62 万人，涉及 7 个乡镇 18 个村。投资 1412 万元。建单村水厂 1 处，联村水厂 5 处。

2009 年解决农村饮水不安全人口 8 万人，涉及 9 个乡镇 47 个村。投资 3970 万元，建联村水厂 11 处。

2010 年解决农村饮水不安全人口 7 万人，涉及 5 个乡镇 40 个村。投资 2973 万元，建联村水厂 8 处。

"十一五"期间共解决农村饮水不安全人口 31.11 万人（下达指标 29.57 万人），完成投资 12482 万元，建水厂 59 处。平均每个水厂 5273 人。

"十二五"阶段：

2011 年解决农村饮水不安全人口 5.5 万人，涉及 4 个乡镇 14 个村。投资 2830 万元，建联村水厂 5 处（秦四庙水厂、孙庙水厂、郑王水厂、郭湖水厂、徐营水厂）。

2012 年解决农村饮水不安全人口 10 万人，涉及 7 个乡镇 23 个村。投资 5272 万元，建联村水厂 4 处（常庄水厂、解集水厂、苏店水厂、新张集水厂）。

2013 年解决农村饮水不安全人口 16.47 万人，涉及 6 个乡镇 32 个村。投资 8235 万元，建联村水厂 6 处（展沟水厂、高皇水厂、望疃水厂、旧城水厂、金李水厂、刘寨水厂）。

2014 年解决农村饮水不安全人口 22.77 万人，涉及 10 个乡镇 56 个村。投资 11385 万元，建联村水厂 6 处（富康水厂、东城水厂、永兴水厂、高堂水厂、后扬水厂、三和水厂）。

2015 年解决农村饮水不安全人口 30.51 万人，涉及 15 个乡镇 73 个村。投资 15255 万元，建联村水厂 7 处（新矿水厂、贾桥水厂、双沟水厂、赵桥水厂、谷圩水厂、董集水厂、胜利水厂），改造水厂 2 处（汝集水厂、后冯水厂）。

"十二五"期间共解决农村饮水不安全人口 89.11 万人（下达指标 84.71 万人），完成投资 42977 万元，建水厂 28 处。平均每个水厂 3.18 万人。

2005—2015 年共建水厂 87 处，完成投资 55459 万元。

在 2012 年之前，农村饮水安全工程的建设思路是根据国家发改委、水利部、卫生部 2004 年调查核定的农村饮水不安全人口和 2007 年又重新调查核定的农村饮水不安全人口规划实施的。当时的设想是首先解决调查核定的饮水不安全人口。但通过实施、运行，发现问题很多。一是饮水不安全人口呈点状分布，不连片，有的一个村只有半个村是饮水不安全人口，有的只有一二个庄是饮水不安全人口，建成的农饮工程零散，同是一个村的，有的解决了，有的没解决，群众意见很大，也给施工运行造成了很大难度。二是规划布局不合理、水源选择单一。三是水厂分散、规模小，运行成本高。针对以上问题，2013 年我县对"十二五"规划进行了修编，修编思路是：（1）优先解决规划内人口，统筹解决新增不安全人口。（2）坚持工程建设、水源地保护和水质检测并重。（3）发展集中式供水工程，合理确定工程方案。（4）建管并重，专业管理与用水户参与相结合。（5）加大投资力度，多渠道筹措资金。具体措施是：（1）根据利辛县水资源分析评价成果及工程建设条件，重新对全县农村饮水安全工程进行规划布局，调整各乡镇水厂供水范围、人口和建设规模。（2）调整原规划内的饮水不安全人口，并与城镇化、美好乡村和新农村建设有机结合起来。（3）发展规模化集中供水，采取集中连片、整村推进、兼并小水厂等措施，适度扩大原水厂供水范围，建设规模水厂。（4）将原有小水厂扩建为规模水厂，兼并小水厂，盘活国有资产，充分发挥已有工程效益。（5）给招商引资企业已建成的水厂留有可能扩大的供水范围。（6）规模水厂全部配备水质检测设备。通过 3 年的实施，将 87 处水厂整合为 55 处，并掉 32 处，平均每处水厂覆盖人口 2.2 万人，运行良好。实践证明，"十二五"规划修编非常成功。

三、农村饮水安全工程运行情况

2010 年没成立"利辛县农村饮水安全工程管理中心"之前，农饮工程建成后交由"利辛县水政水资源管理所"管理，由根据水厂的具体情况采取具体管理办法。当时由于水厂规模小、宣传不到位、群众用水积极性不高、管理不专业、责权不明确等原因，致使水厂运行非常艰难。

1. 农村饮水工程是德政工程、民心工程。建好管好用好这些工程，使其正常和长期发挥作用，是各级水行政主管部门面临的一项紧迫、长期的任务，为了强化管理责任、确保农饮工程能够持久、良性的运行下去，2010 年 11 月 26 日经县机构编制委员会批准成立了"利辛县农村饮水安全工程管理中心"，负责全县农饮工程运行管理，与"利辛县水政水资源管理所"一个机构、两块牌子，性质为事业单位，不增加编制，人员从水政水资源管理所抽调，运行经费由财政负担。

2. 县级农饮工程维护基金从 2010 年开始设立，分两部分，一部分由县财政拨付，每年 100 万元左右，都到位；另一部分从水费中提取（从今年开始提取）。

3. 2015 年建立了 280m^2 的农饮水质检测中心，配备一台检测车辆和一套完整的检测仪器，可以检测 33 项指标。检测中心培训了 7 名水质化验人员，并为每个规模水厂培训 1~2 名化验人员，各个规模水厂也都配了一台简易的检测设备，水厂每天自检，每月 2 次送检，检测中心不定期下去巡检。对于以地表水为水源的贾桥水厂，我们每 2 小时检测 1 次，确保水质安全。

4. 为了保证水源地不受污染，我们划定了水源地保护范围。以地下水的水厂，水源井周围 50m 范围内不允许建厕所、堆放垃圾柴草、养殖家禽家畜等有可能影响水质安全的一切活动；对于地表水厂，划定的范围是上游 500m，下游 200m，我们在水厂周围及以地表水为水源的河道上安放了明显的标识牌。

5. 我县地下水主要是氟超标，凡以地下水为水源的水厂都配备了除氟设备、消毒设备，不但我们按规定经常自检，卫生部门每年对水厂检测 2~3 次，发现问题及时分析处理。为了确保水质安全，我们于 2016 年 9 月份通过招标确定了一家专业维护公司，负责全县农饮工程自动化设备保养维护、除氟再生反冲洗工作。

6. 农饮工程管护主体有几种，大部分是乡镇，有的是农饮管理中心、有的是外商，资产随管护主体。在水费收取上，无论大、小水厂，一律采用基本水费和计量水费相结合的"两部制"水费收取办法，基本水费是每户每年 60 元（40m^3 水），超出部分 1.5 元/m^3。

7. 农饮工程优惠政策是：免税收，电价按农业生产电价计收。

8. 扶贫措施：新开户的贫困户，免去自筹资金；贫困户在脱贫前，每户每年免 30 元水费。

四、采用的主要做法、经验及典型案例

（一）主要做法、成功经验

我县农饮工程点多、面广，水源、水质及工程设施运行条件差异比较大，为了搞好工

程的建设、管理，确保工程良性、可持续运行，我们水务局和广大群众经过多年探索，在农饮工程建设、管理方面积累了一定的经验。

1. 建设方面

一是加强领导，明确责任。为强化对农村饮水安全工程建设的领导，县里成立了"利辛县农村饮水安全工程建设领导小组"，水务局成立了"利辛县农村饮水安全工程建设领导小组办公室"和现场管理机构，全程参与，加强对工程建设的协调和管理工作。

二是加大宣传，提高认识。县水务局利用3月22日世界水日和中国水周开展农村饮水安全工程常识讲座，县电视台《沥河农苑》专题栏目进行宣传，调动群众积极参与农村饮水安全工程建设的积极性，起到了很好的效果。

三是科学决策、科学规划。从"十一五"规划到"十三五"规划，一直到每年的实施计划，建设单位和勘察设计单位一起到要实施农饮工程的地方倾听群众意见、倾听地方政府的意见，使拿出的实施方案确实符合当地的实际情况。在设计上，勘察设计单位到项目区一个村一个村的跑，一个庄一个庄的勘察，不仅严格安装规范、强条设计，而且尽量使设计方案最优。

四是加强监督，确保质量。建设过程中，县水务局认真落实工程建设的"六制"，抽调业务熟练技术人员成立现场管理机构，吃住在工地，跟着工程走，负责工程质量控制。监理单位制定了完善的质量控制体系，定期召开监理例会，对工程进度、施工质量进行小结，对存在的问题提出整改意见。建立了公示制度，推行用水户参与的建管模式，工程规划、设计、施工、验收及运行管理均邀请受益乡镇用水户参与，接受监督，保证了用水户的知情权。

通过以上措施，利辛县今年农饮工程做到了质量好，进度快，切实把农村饮水安全工程办成了百姓满意的民心工程、德政工程。

2. 运行管理方面

一是管理主体方面。乡镇管理的水厂，管理主体是乡镇人民政府；利辛县农饮管理中心直接管理的，管理主体是利辛县农饮管理中心。这样做的目的是明确责权、强化责任。

二是管理方式。按照有利于群众使用、有利于工程可持续发挥效益的原则，放开搞活经营管理。农村饮水安全工程实行所有权和经营权分离的办法。在经营管理上，根据不同的工程类型和规模，采取灵活多样的方式：全县共有水厂55处，乡镇管理的18处，外商管理的3处，其余是利辛县农饮管理中心直接管理的。进户工程的产权为用水户所有，其余为管理主体所有。无论哪种管理模式，我们采取的都是企业化管理、市场化运作，自主经营，自负盈亏，从而提高了管理者的积极性、主动性。

三是建立健全各项管理制度。我们不仅把《安徽省农村饮水安全工程管理办法》上墙，而且根据我县的具体情况制订了一系列管理制度并上墙：卫生管理制度、安全生产管理制度、管理人员工作制度、考核与奖惩制度、管线巡查制度、水源地保护制度、化验室管理制度、自动化操作规程、除氟设备操作规程、消毒柜操作规程、清水池清洗制度等。做到有章可循。

四是加强培训。每一批农村饮水安全工程完工前，我们都对管理人员进行1~2次培训，使他们了解农村饮水安全的重要性、管好用好的必要性；设备的操作规程；各项管理制度等，培训合格后持证上岗，特别是有新设备、新技术出现时，我们都及时组织人员学习、了解其特性。截至目前，我们已办培训班 7 期，培训人员 200 余名。

（二）典型工程案例

现以利辛县望疃镇望疃水厂工程为例

1. 基本情况

望疃水厂位于利辛县望疃镇杨梨园居委会，规模水厂，采用自动化设备控制集中供水，范围覆盖望疃镇新望疃村、桥西村、梨园居委会、汪大村及中疃镇武楼村等 5 个村，后又把武油坊水厂并入改水厂，入户 6000 户，受益人口 2.5 万人。工程总投资：998 万元（其中中央投资 798 万元、省级投资 100 万元、县级配套 100 万元）。供水规模 1500m³/d，配置：深水井 2 眼（井深 300m），300m³ 清水池两座，管网采用 PE 管，设计压力 0.6MPa，供水管道总长度 15.5 万 m；200QJ63－60/5 水泵 2 台；80kVA 变压器 1 台；20kVA 变压器 1 台；二氧化氯消毒设备 1 台套；除氟设备及全自动控制设备各 1 台套。2013 年 12 月 1 日通水试运行。

2. 管理模式

水厂建成正常运行后由管理单位利辛县农饮管理中心跟乡镇签移交合同，乡镇跟承包人代超签管理合同，水厂经营权归代个人所有，乡镇只对水厂进行资产监管，县水务局对其水费收缴及水质达标情况进行行业监管，县农饮管理中心对其进行业务指导、业务培训等。

3. 主要管理措施

（1）管理人员配置

水厂配置值班人员 2 人，维修及收缴水费人员 2 人，水质化验由农饮管理中心化验室抽检。

（2）用户建档、运行建台账

水厂对用户逐一建档并入微机，中控室不间断有人值守，流量、压力、液位、在线监测的水质情况、电量等所有运行信息每 2 个小时记录 1 次，维修人员每天将所有的维修项目、维修用料记录在案，通过数据的观测和分析，有没有跑冒滴漏现象就会及时被发现，运行成本每月都能准确分析出来，为项目法人下一步建设提供了许多可靠又有用的信息。

（3）积极派人参加省厅及县农饮管理中心举办的专业培训

为了提高水厂管理人员的素质及业务能力，水厂多次派人参加省厅在万佛湖举办的以及县农饮管理中心举办的各种农饮管理培训，并多次派人到外地多个水厂参观学习人家的管理经验，通过学习，使水厂管理人员的业务水平大为提高，工作也变得得心应手。

（4）及时维修

由于跑冒滴漏现象能在第一时间被发现，维修也就变得非常及时，水厂又给维修人员配备皮卡车 1 辆，使其能快速到达维修现场。由于维修及时，给群众更换水表、闸阀水龙头等耗材价格合理，群众非常满意。

（5）发放明白册

该水厂用水户共有 6000 多户，水厂给每户发放明白册 1 册，小册子除印有农饮宣传内容、自来水使用基本知识以及维修电话、投诉电话等内容，还用于记录每户的水量、水费，使用户能清晰地了解到自己的用水及缴费情况，有什么需求也知道该给谁打电话，利益受到损害时知道向谁投诉，这些措施使望疃水厂自投入运行后没有出现过一个打市长热线的。

（6）水费收缴

按照国家五部委联合下发文件精神，该水厂实行的两部制水价，即每年使用 $40m^3$ 水以内交 60 元水费，超出部分按 1.6 元/m^3 收取。

（7）经常跟用户谈心

承包人几乎每天都要跑一到几个自然庄，见到群众就跟群众谈心，询问群众水用的怎么样，水质是否好，水费缴纳是否合理，碰到群众不理解时耐心向群众解释原因，群众很是满意，水费收缴也变得非常容易，现在该水厂用户都是主动到水厂去交水费。

4. 望疃水厂应急预案

为了保证供水，利辛县望疃水厂结合实际制定出相应的应急预案并经县水务局批准，主要预案为：

（1）应急维修人员与车辆

维修人员为水厂常设维修人员。配备有皮卡车 1 辆，随时听候调用。

（2）应急维修工具及配件、设备

所有抢修工具一应俱全，并为抢修还专门配备了随时随地抽水用的小型清水泵 1 部，1kW 发电机 1 台；各管型材料、接头等均已配齐，随时待用。各种电缆电线等也已齐备。

（3）应急供水办法

水厂水池采用加压与直供相结合的方法，以防出现机械、电器设备等故障影响供水；水厂加压泵配置自动与手动两种送水设备，其中一种如有损坏现象，另一种可代替继续供水。确实保证安全不间断供水。

（4）应急电源、水源

县农饮管理中心备有 50kW 发电机 2 台，可随时调配。

水厂有备用水源井，水质符合国家安全饮用水标准。

（5）应急时间

水厂任何地方发生问题，一般 20 分钟到现场；输水管道抢修时间一般不超过 6 小时；电源抢修一般不超 6 小时；水源更换一般为 $4\sim6$ 小时。

（6）水厂值机与防范

现有水源井、水厂水池均已加盖封闭上锁；水厂值机值班人员 24 小时守候、巡查，以防不法分子投毒、破坏等活动；水池水质每周不少于 3 次检查化验，以保证饮水安全。

（7）健全制度、全面配合

全厂现在人员都按照"双管齐下，责任明确；双层分解，各负其责；因人定岗，一岗一责"的岗位责任，人人上岗敬业、忠于职守，24 小时坚守岗位；该巡查的必须巡查；该维修的适时维修，做到平时尽职尽责，到时抢修及时，以保障对人民群众的安全供水。

五、存在问题

1. 部分水厂规模过小

十一五期间，由于缺乏农村饮水安全工程建设方面的经验，各方面均不成熟，建设时还是采取解决人畜饮水困难的思维方式去对待农村饮水安全工程建设，导致所建水厂规模过小，平均每个水厂不到 5000 人，最小的仅有 1000 多人，甚至到了 2012 年修编十二五规划时依然确定了每个水厂不超过 2 万人的规模，结果导致小水厂无法运行。基于此，从 2008 年起，运行管理单位就开始了对小水厂的并、改、扩工作，截至 2015 年底，全县基本消灭了小水厂，使原小水厂规模达到了万人左右，但改造后的小水厂仍存在标准低、非自动化等问题。

2. 建设标准偏低

鉴于"十一五"期间中央资金投入偏少，农饮工程又处于建设与推广阶段，地方能拿出的资金有限，致使工程建设标准偏低，管理设施不能满足要求，有的水厂 3 个自然庄只设计了 1 个闸阀，造成维修困难。所用管材也都是 PVC 的，运行期间经常被压毁。再加上水厂规模小，使用变频恒压供水运行成本高，大部分小水厂采用了气压水罐供水的模式。这些都给运行管理造成了困难，有待于"十三五"解决。

3. 土地问题一直没能很好地解决

"十一五"期间乃至"十二五"前期，建设所用土地基本上是由乡镇提供，没有被征用，乡镇换了领导后不能兑现前领导的许诺矛盾便突显出来，导致有的水厂被锁门、进占（如潘楼水厂、孙集水厂等），有的水厂几个自然庄长期不交水费（如胡桥水厂）。"十二五"后期，水厂用地全部是征来的，与当地群众的矛盾得以解决，但土地证一直办不下来。

4. 部门之间不能很好地协调建设

除了我们水务部门搞建设外，还有其他如土地整理、现代农业、农业开发、交通危桥、农村畅通工程等多个项目在同时建设，多个部门互不了解彼此的规划，往往造成我们的管网刚刚安装好，土地部门的土地整理、交通部门的畅通工程就把管道给挖坏。另外，农饮工程跟新农村建设步调也不一致，往往我们建设完毕而新村建设刚刚起步或建设中，甚至到了我们的项目都审计完了，新村还在建设中，导致群众投诉不断。

5. 集中供水工程农户用水量达不到设计供水规模

工程按国家农村饮用水标准规定设计每人 50L/d 计算出的供水规模，由于农村劳务输出等原因在实际运行中远远达不到。通过已建水厂近几年的运行，每年随着农民工的外出，实际用水量只能达到设计用水规模的 2/3 左右，使工程在运行中造成了设计投资空耗增大，项目投资和资源的浪费，机组电能损耗增加并使用水成本升高，从实际上加大了农民缴纳水费的负担。

6. 水费征收困难

水费征收困难，在群众中还没有形成以水养水的意识，有些村在管理中无论用水多少，年交费用是固定的，且费用远远低于供水成本，因此造成用水浪费现象严重。

六、"十三五"巩固提升规划情况及长效运行工作思路

（一）农饮工程工程提升"十三五"规划情况

1. 基本原则

坚持政府主导，实施合力攻坚。强化政府责任，引领市场、社会协同发力，鼓励先富帮后富，构建专项扶贫、行业扶贫、社会扶贫互为补充的大扶贫格局，形成脱贫攻坚合力。

坚实行分类指导。找准扶贫对象、致贫原因和帮扶需求，坚持因地制宜、分类指导，制定帮扶措施，做到一村一策、一户一法，扶真贫、真扶贫、真脱贫，切实提高扶贫针对性和有效性。

坚持改革创新，完善体制机制。创新扶贫考核体系，由侧重考核地区生产总值向主要考核脱贫成效转变。

2. 目标任务

"十二五"末利辛县农饮工程下达的农村居民指标是114.28万人，经普查统计，到2015年底全县农业人口155.26万人，正常供水水厂55处，覆盖23个乡镇313个村的120.22万农村人口。所以"十三五"期间利辛县要解决全县剩余的35.04万人的饮水问题，其中，贫困户19030户，贫困人口5.14万人。

"十三五"期间，利辛县农村饮水安全工作的主要目标是：到2020年，自来水普及率达到90%以上，农村饮水安全集中供水率达到90%左右；水质达标率整体有较大提高；小型工程供水保证率不低于90%，其他工程的供水保证率不低于95%。推进城镇供水公共服务向农村延伸，使城镇自来水管网覆盖行政村的比例达到35%。健全农村供水工程长效运行管护机制、逐步实现良性可持续运行。

3. 供水分区划定

根据水源条件及地形地貌条件，全省的农村饮水供水工程总体上划分淮北平原区、江淮丘陵区、沿江平原区、皖南山区和皖西大别山区等5个供水分区。

亳州市利辛县属于淮北平原区，根据水资源现状与特点，全区农村饮水供水工程均采用中深层地下水，但从远期规划来看，可以引用茨淮新河以及"引淮济亳"水源建设地表水厂。

4. 技术方案

技术方案：在水源地中深层地下水富水地段新建深井，建设净水厂，深井泵从深井中取水，提升至净水厂经加二氧化氯消毒后，由供水泵站加压至管网分配给用户。供水工艺流程具体如下：

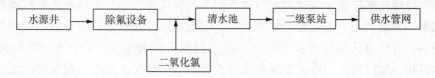

5. 规划成果

利辛县农"十三五"农村饮水安全巩固提升规划建设农村饮水安全工程43处，其中新建水厂11处、改造水厂23处（管网延伸水厂21处、改扩建水厂3处）、管网改造6处。

表4　"十三五"巩固提升规划目标情况

农村集中供水率（%）	农村自来水普及率（%）	水质达标率（%）	城镇自来水管网覆盖行政村的比例（%）
90以上	90以上	95	35

表5 "十三五"巩固提升新规划工程和管网延伸工程情况

工程规模	新建工程					管网延伸工程			
	工程数量	新增供水能力	设计供水人口	新增受益人口	工程投资	工程数量	新建管网长度	新增受益人口	工程投资
	处	m³/d	万人	万人	万元	处	公里	万人	万元
合计	11	21756	30.42	27.2	12819	21	40.81	6.28	1947
规模水厂	11	21756	30.42	27.2	12819	21	40.81	6.28	1947
小型水厂	—	—	—	—	—	—	—	—	—

表6 "十三五"巩固提升规划改造工程情况

工程规模	改造工程					
	工程数量	新增供水能力	改造供水规模	设计供水人口	新增受益人口	工程投资
	处	m³/d	m³/d	万人	万人	万元
合计	3	1360	12962	16.2	1.57	1247
规模水厂	3	1360	12962	16.2	1.57	1247
小型水厂	—	—	—	—	—	—

（二）农饮工程长效运行思路

1. 明晰产权，明确责任

农村饮水安全工程验收合格、经县政府清产核资后，坚持责、权、利相统一的原则，明晰、理顺工程所有权、管理权与经营权的关系，明确管理主体和管护责任，这一切不仅在移交合同中写清楚，在如何落实上也要说明白，免得在管理中遇到问题互相推诿、互相扯皮（现实中确实存在这个现象）。

2. 规范管理，加强监督

管理单位要严格按照《安徽省农村饮水安全工程管理办法》《利辛县农村饮水安全工程管理细则》规定的条款建立健全规章制度，规范操作，同时建立健全各项管理制度，做到有管理站、有管理人员、有技术档案、有工程保护措施、有应急预案。乡镇要成立管理、监督机构，随时检查、监督管理者或经营者的运行情况，发现问题及时纠正、及时解决，做到一级对一级负责。特别是比较敏感的"水价、水质、水费"问题，一定要做到三公开，让群众吃上明白水。

3. 加强培训，提高管理人员专业技术水平

水行政主管部门和相关部门业务部门要加强对农村饮水安全工程的技术保障，经常组织管理人员开展专业知识、法律法规、规章制度的培训工作，特别是新技术、新工艺、新设备的推广和应用，要使管理人员能够及时领会、及时掌握，逐步建立起一支熟悉供水工程技术，能熟练地使用和正确维护农饮工程的专业队伍。对于自动化设备、监控设备、除氟设备、消毒设备等技术含量比较高的设备的维护与保养，可通过招标的方式确定一支技

术精湛、服务态度好的专业队伍，常年轮番对各个水厂进行设备检修、除氟滤料再生等工作。

在选择经营者或管理者方面，乡镇应本着负责和可持续发展的原则，选择那些具有高中以上文化程度、年富力强、责任心强、勇于付出、热爱农饮事业的优秀人才，确保农饮工程运行安全。

4. 加强水源地保护，保障水质安全

饮水水源是一级保护区，严禁进行各项开发活动和排污活动，加强水源保护，确保饮用水源的可持续利用是全面改善农村饮水状况的基础。对于依地下水为水源的农饮工程，水源周围 50m 范围内禁止堆置和倾倒工业废渣、生活垃圾、搭建厕所、饲养家禽家畜。对于依西淝河、茨淮新河等地表水为水源的贾桥水厂、阚疃水厂、东门水厂，在取水点上游 1000m 范围内、下游 500m 范围内禁止倾倒工业废渣、生活垃圾；禁止取土、从事畜禽放养等，通过这些措施，保证水源清洁，为农饮提供优质水源。

5. 严格水质监测，确保饮水安全

我县农饮管理中心已建成了标准化的水质监测中心，各规模水厂也都配备了简易的检测设备，各水厂每天要不间断地对水原水、出厂水和末梢水进行检测，农饮管理中心要定期对水源水质、制水水质、配水水质等进行必要的检测，并形成常态，以确保饮水安全。

6. 加大宣传力度，提高广大群众的农饮认知度

利用电视、广播、报纸、简报、宣传单等方法向广大群众宣传一下内容：

（1）什么是安全饮水，解决安全饮水的必要性；

（2）国家对农饮工程的有关政策；

（3）人人保护农饮工程的必要性，如何保护农饮工程；

（4）节约用水，保护水资源；

（5）有关的法律、法规、细则等。

使整个社会形成节约用水、保护水资源、保护爱惜农饮工程的良好的风气。

7. 积极协作，相互配合

根据农饮安全保障规划，土地、财政、卫生、环保、公安等相关部门应落实各自的管理职能，明确分工，加强合作，加强沟通，将农饮工程作为建设新农村的重要公益性基础设施和农村供水重要产业来抓，以发挥农饮工程的长期效益。同时建立水厂联网信息化平台，及时掌握各水厂的运行情况，以便加强管理。

8. 加大维护资金投入，落实优惠政策

维护基金是农饮工程可持续发挥效益的基础。《安徽省农村饮水安全工程管理办法》规定，县级人民政府负责落实农饮工程运行维护专项经费，经费来源一是县财政预算安排资金；二是通过承包、租赁工程经营权的所得等。具体运作时除政府财政安排外，还可以充分利用市场机制和水价调控手段，推进农饮工程管理社会化、市场化进程，以期达到筹措资金的目的，保障维护资金来源，进而建立起农饮工程运行管理的长效机制，最终走向"以水养水"的路子。

谯城区农村饮水安全工程建设历程

（2005—2015）

（谯城区水务局）

一、基本概况

亳州市谯城区位于安徽省淮北平原的西北部，国土面积 2226km²，耕地总资源 13.2 公顷。

谯城区地处淮北平原，地势较为平坦，由西北向东南缓缓倾斜。主要地貌特征为剥蚀堆积地形。土壤大部分为砂礓黑土，有机质含量低，土壤贫瘠薄，黏性重，通透性差，干湿胀缩系数大，渗漏性强。物理性状极差，易涝、易旱。

谯城区位于北亚热带和暖温带之间的过渡地带，属暖温带、半湿润季风气候，气候温和，四季分明，多年平均气温 14.5℃ ~ 14.9℃。多年平均无霜期 216 天左右，光照充足，光热资源丰富，日照率 54%。多年平均降雨量 804mm。年平均风速为 3.0m/s，风向多以东北风为主。多年平均地温 16.8℃ ~ 17.4℃。全年冰冻期 65 ~ 85 天，最大冻深 20cm。

谯城区下辖 25 个乡镇、办事处。根据 2015 亳州市谯城区统计年鉴，截至 2014 年底，全区总人口 168.20 万人，其中农业人口 136.28 万人。

根据《2014 亳州市水资源公报》成果，亳州市谯城区多年平均降雨量为 15.55 亿 m³，地表水资源量 3.01 亿 m³，地下水资源量 3.23 亿 m³，地下水资源与地表水资源不重复量 2.39 亿 m³，水资源总量 5.40 亿 m³。

由于少量的工业废水排放、农业生产中大量使用农药化肥以及生活污水直接排放等，不仅导致地表水不同程度的污染，甚至部分浅层地下水也受到严重污染，影响居民生活。

中深层地下水不仅储藏量较为丰富，而且其近年来开发量较少，开发潜力较大，又加之其埋藏较深，不易受到污染。

二、农村饮水安全工程建设情况

1. 农村人口饮水安全解决情况

经普查统计，到"十二五"末，全区共建设农村饮水工程 89 处，按上级下达指标，解决农村饮水安全人口 106.69 万人。为完全发挥已建农村饮水工程的效益，提高供水保障率，在区农饮管理中心的指导下，对于 2009 年以前兴建的单村或联村小规模水厂进行联网、并网改造，截至 2014 年底，并网 15 处，整合 1 处，因此保持正常供水的水厂共有 79 处。

根据亳州市谯城区统计年鉴，到 2015 年底全区总人口为 168.20 万人，其中农村人口 136.28 万人，经统计计算，到 2015 年末，全区 79 处正常供水的农村饮水集中供水厂覆盖受益人口为 111.28 万人（2015 年底统计数据）。经统计计算分析，全区农村饮水工程集中供水率达 82.7%，自来水普及率 85.0%，基本解决了全区农村供水人口的饮水安全问题，作为民生工程受到广大人民群众的积极响应和肯定。

表 1　2015 年底农村人口供水现状

乡镇数量	行政村数量	总人口	农村供水人口	集中式供水人口	其中：自来水供水人口	分散供水人口	农村自来水普及率
个	个	万人	万人	万人	万人	万人	%
25	265	168.20	136.28	111.28	111.28		81.02

截至 2011 年底，全区共建设农村饮水安全工程 72 处，解决 32.45 万人及 2.32 万人学校师生的农村饮水安全问题，其中"千吨万人"规模集中供水水厂 4 处（魏岗水厂、安溜水厂、黄楼水厂和蒋集水厂）、规模以下联村或单村水厂 68 处。

2012—2015 年，全区共建设农村饮水安全工程 17 处，均为"千吨万人"规模的集中供水水厂，改扩建 7 处，管网延伸 29 处，共解决 62.54 万人及 3.31 万人学校师生的农村饮水安全问题，

表 2　农村饮水安全工程实施情况

合计			2005 年及"十一五"期间			"十二五"期间		
解决人口		完成投资	解决人口		完成投资	解决人口		完成投资
农村居民	农村学校师生		农村居民	农村学校师生		农村居民	农村学校师生	
万人	万人	万元	万人	万人	万元	万人	万人	万元
111.28	5.63	55640	32.45	2.32	29887	78.83	3.31	25753

根据《谯城区"十二五"农村饮水安全工程规划》，"十二五"期间谯城区共解决农村饮水不安全人口 78.83 万人。分为三个区域：第一区解决高含氟区（氟化物含量大于等于 1.0mg/L）70.33 万人，涉及龙杨镇、古城镇、大杨镇、城父镇、颜集镇、泌河镇、十河镇、华佗镇、十九里镇、观堂镇、牛集镇、古井镇、五马镇、沙土镇、双沟镇、立德镇、谯东镇、赵桥乡、十八里、张店乡等 22 个乡镇 192 个村；第二区解决苦咸水区 4.06 万人，涉及牛集、双沟、沙土等镇的 30 个行政村；第三区解决污染水区 4.44 万人，涉及魏岗、谯东等镇的 13 个行政村。

2015 年 9 月经谯城区水务局对"十二五"期间农村饮水安全工程专项资金统计计算，由于工程招投标等原因，共结余农村饮水安全工程专项资金 5961 万元，详见下表：

谯城区"十二五"农村饮水安全工程专项资金结余情况表

年份	解决人口（万人）	拨款（万元）	招标合同价款（万元）	已送审（万元）	已支付未送审（万元）	结余（万元）	备注
2011	4.22	2362		2362			已审结
2012	20.00	10191		10191			已审结
2013	9.00	4500		4236		264	已审结
2014	22.02	11310		8964	582	1764	
2015	23.59	12395	8273		189	3933	
合计	78.83	40758	82733	25753	771	5961	

2. 农村饮水工程（农村水厂）建设情况

谯城区 2005 年度农村饮水安全工程解决饮水不安全人口 0.4 万人，完成投资 78 万元：国家投资 64 万元，群众自筹资金 13.5 万元。项目安排在龙扬镇杨集、小李两个行政村，建单村水厂共 2 处。

谯城区 2006 年度农村饮水安全工程已实施解决了 4.68 万人的饮水安全问题，工程总投资 1662 万元：国家投资 750 万元，地方配套资金 912 万元。项目具体安排在龙扬、古城、大杨、观堂、古井、牛集等 6 个乡镇 16 个行政村，建单村水厂共 14 处，管网延伸 2 处。

2007 年解决 1.28 万人的农村饮水安全问题，工程总投资 508 万元：国家投资 229 万元，地方配套 279 万元。项目具体安排在龙扬、古井、沙土、五马等 4 个乡镇 4 个行政村，建单村水厂共 3 处，管网延伸 1 处。

2008 年解决 7 万人的农村饮水安全问题，工程总投资 2745 万元：国家投资 1313 万元，地方配套 1432 万元。项目涉及 8 个乡镇 23 个行政村，具体安排在立德、古城、双沟、谯东、五马、牛集、大杨、颜集等镇乡，建设集中供水工程 19 处（其中 1 处管网延伸工程）。建单村水厂共 14 处、联村水厂共 4 处，管网延伸 1 处，其中：大杨镇的聂桥水厂、颜集镇的李集水厂为省试点工程。

2009 年解决 6.5 万人的农村饮水安全问题，工程总投资 3226 万元：国家投资 1935 万元，地方配套 1291 万元。项目涉及、颜集、十河、古井、涅河、城父、牛集、十九里、华佗等 8 个乡镇 33 个行政村。建设集中供水工程 15 处，建单村水厂共 3 处、联村水厂共 11 处，管网延伸 1 处。

2010 年解决 9 万人的农村饮水安全问题，工程总投资 4269 万元：国家投资 2561 万元，地方配套 1708 万元。项目涉及赵桥、芦庙、双沟、古井、涅河、十八里、张店等 7 个乡镇 28 个行政村。建设二次加压水厂 10 处，管网延伸 1 处。

2011 年解决 5.12 万人的农村饮水安全问题，工程总投资 2362 万元：国家投资 1417 万元，地方配套 945 万元。项目涉及张店乡、魏岗镇、牛集镇等 3 个乡镇 10 个行政村。建设二次加压水厂 3 处。

2012 年解决 20.73 万人的农村饮水安全问题，工程总投资 10191 万元：国家投资 6115 万元，地方配套 4076 万元。项目涉及沙土、观堂镇、谯东镇、双沟镇、十河镇、华佗镇、古井镇等 7 个乡镇 50 个行政村。建设二次加压水厂 10 处，管网延伸 6 处。

谯城区 2013 年安排解决 9 万人的农村饮水安全问题，工程总投资 4500 万元：国家投资 2700 万元，地方配套 1800 万元。项目涉及沙土、观堂镇、谯东镇、华佗镇、张店乡、城父镇等 9 个乡镇 23 个行政村。建设二次加压水厂 2 处，管网延伸 7 处。

2014 年安排谯城区安排解决 22.02 万人和 3.31 万师生的农村饮水安全问题，工程总投资 11310 万元：国家投资 6786 万元，地方配套 4524 万元。项目涉及古城镇、立德镇、龙扬镇、五马镇、牛集镇、张店乡、颜集镇、双沟镇、芦庙镇、魏岗镇、十河镇等 11 个乡镇 74 个行政村。建设二次加压水厂 5 处，管网延伸 12 处。

2015 年农村饮水安全工程完成 23.59 万人饮水不安全问题。总投资 12395 万元。项目涉及谯东镇 7 个村 3.26 万人、赵桥乡 5 个村 2.28 万人、十八里镇 8 个村 3.28 万人、十九里镇 5 个村 1.73 万人、沙土镇 3 个村 0.92 万人、观堂镇 5 个村 1.84 万人、淝河镇 4 个村 1.17 万人、城父镇 5 个村 1.86 万人、十河镇 5 个村 1.91 万人、芦庙镇 2 个村 0.89 万人、大杨镇 6 个村 1.93 万人等 12 个乡镇 55 个行政村。建设二次加压水厂 5 处，管网延伸 16 处。

谯城区目前正在利用"十二五"结余资金，针对全区农村饮水安全工程存在的重要问题，建设 8 处工程（新建 2 处、改扩建 5 处、管网延伸 1 处），共解决未供水人口 3.72 万人。因此全区已供水总人口可达到 115.01 万人，其中贫困户 24096 户、贫困人口 4.13 万人。所以截至目前谯城区尚有未供水人口 21.27 万人，其中贫困户 16731 户、贫困人口 2.91 万人。

2016—2018 年谯城区农村饮水安全巩固提升工程精准扶贫工作任务为 32 处水厂。其中 14 处为改扩建水厂、18 处为管网延伸水厂。共解决未供水人口 21.27 万人，其中贫困户 16731 户、贫困人口 2.91 万人。

改扩建水厂 14 处、新增供水人口 14.08 万人，其中贫困户 10430 户、贫困人口 1.82 万人；管网延伸水厂 18 处，新增供水人口 7.19 万人，其中贫困户 6301 户、贫困人口 1.09 万人。

表 3　2015 年底农村集中式供水工程现状

工程规模	工程数量	设计供水规模	日实际供水量	受益乡镇数	受益行政村数	受益农村人口	自来水供水人口
	处	m³/d	m³/d	个	个	万人	万人
合计	79	76230	58851			111.28	111.28
规模水厂	32	55640	43358	23		80.72	80.72
小型水厂	47	20590	15493	23		30.56	30.56

三、农村饮水安全工程建设思路及主要历程

1. 县级农村饮水安全工程专项机构

2002 年，根据谯政办〔2002〕13 号文件，成立谯城区农村饮水工程领导小组。为了切实加强农村饮水安全工程建设的领导，保证农饮工程顺利实施，谯城区政府制定了农村饮水安全工程管理办法，成立了以分管区长为组长，水利、发改委、财政、监察、卫生、环保等有关部门负责同志为成员的农村饮水安全工程领导小组。领导小组下设办公室，水务局局长任办公室主任，领导小组定期召开成员会，解决有关问题，办公室处理日常事务，项目所在有关乡镇主要领导亲自负责，确保工程顺利实施。设有县级农村饮水专管机构：谯城区农村饮水安全工程管理中心，管理中心为事业单位，办公场所在谯城区水务局内，下有 5 名人员，每年的落实经费是 5 万元。

2. 县级农村饮水安全工程维修养护基金

2012 年，谯城区政府落实工程管理主体，落实工程运行维护经费，建立区级维修基金。每年列入区财政预算，按时拨付。区级维修基金近三年来对水厂补贴，每个水厂每年补贴 1 万元，分别是 69 万元、79 万元和 84 万元。

3. 县级农村饮水安全工程水质监测中心

谯城区农村饮水工程水质监检测中心总投资为 252 万元，其中中央投资 87 万元、省级投资 60 万元、区级投资 106 万元。谯城区农村饮水工程水质监检测中心的建设形式为独立建设，办公地点位于双沟镇双沟水厂内，有色谱仪、离子分光仪等仪器设备，可以实现 42 项饮用水常规指标检测。检测频次为 2 次/月。运行管理经费由区财政工程费用中扣除的 1% 和水厂经营权拍卖产生的费用组成。

4. 水源保护情况

每年水厂建成后，谯城区水务局均向环保局申请划定水源地保护区，按照区政府文件批示，划定水厂水井周围 30m 以内为饮用水水源地一级保护区。2015 年，谯城区完成水质检测中心建设，完善农村供水水质检测监测体系、供水水质保障，健全农村供水基层服务体系和应急保障机制。2015 年，谯城区水务局建成在线远程监控中心，将水量、水质等纳入在线监测范围。农村饮水安全工程自动化监控系统可远程监测各乡镇水厂的用水总量，实时监测水厂大门及重点部位的视频图像，监测各水厂进出水流量、出水压力、出水水质和水池水位等信息，实现管理现代化。

5. 水质状况

主要净水工艺为除氟、消毒，水质达标率：水源水 70%，出厂水 95%，末梢水 90%。水质不合格的主要指标是氟、菌群总数超标。

6. 农村饮水工程运行情况

农村饮水安全工程产权属于国有，管理体制是区水务局对下属运行管理单位进行管理，运行管理单位是独立运行，自负盈亏。供水价格为 1.6 元/m^3。水厂运营总体状况良好。水价按照亳州市谯城区饮水安全暂行管理办法的收费执行，实行两部制水价，每月用水不超过 3.4m^3 的，收取 5 元，超出部分按 1.6 元/m^3 来收取。入户率达到 98% 以上。入户材料费价格为 160 元/户。

7. 监管情况

设立农饮投诉专线5123452，接受群众监督。

8. 运行维修情况

工程运行情况相对正常，发现问题及时维修。运行维修队伍建立及相关措施：由管理单位自行配备并严格管理，对执行不好的予以相应处罚。用电、用地、税收等相关优惠政策落实情况，均按有关文件规定执行，没有违规情况。

四、采取的主要做法、经验及典型案例

1. 做法和经验

农村饮水安全工作是民生工程之一，谯城区通过多项措施，推进工程建设，加强工程管理：一是切实加强领导。谯城区政府成立了以分管区长为组长，水利、发改委、财政、监察、卫生、环保等有关部门负责同志为成员的农村饮水安全工程领导小组。领导小组下设办公室，区水务局局长任办公室主任，领导小组定期召开成员会，解决有关问题，办公室处理日常事务，项目所在有关乡镇主要领导亲自负责，确保工程顺利实施。二是加强质量管理。在项目建设管理过程中，积极推行建设项目法人制、招投标制、建设监理制、集中采购制、资金报账制和竣工验收制等，严格按照"六制"进行，并接受上级主管部门和社会各界的监督，以及用水户的全过程参与模式。从源头上控制住不合格的施工队伍和材料、设备进入工程实施过程。三是积极调度促进度。谯城区水务局定期召开农村饮水安全工程调度会，邀请施工单位或监理代表参加，总结前一阶段的工程进度，汲取经验和教训，安排部署农饮办下一阶段的工作任务，对工程建设管理中发现的问题及时加以解决，确保工程顺利进行。四是严格资金管理。为确保农村饮水安全工程的顺利开展，谯城区积极开拓资金筹措渠道和落实配套资金。同时，为加强资金管理和使用监督，设立了农村饮水安全资金专户，制定行之有效的资金管理办法，确保专款专用。在用好中央、省、区专项资金的同时，做好地方群众配套资金的落实工作，力求及时足额到位。按照"谁投资、谁受益"的原则，每户160元筹集配套资金，由行政村负责筹集，统一造册管理，张榜公示，接受监督。五是加大宣传力度。为了促进农村饮水安全工程有效良性运转，区水务局加大民生工程建设的宣传力度，及时发布工程信息，推广乡镇包点干部、村干部直接口头宣传；借助新闻媒体宣传；各工程点张贴宣传瓷砖画，向妇女、儿童发放宣传围裙、宣传笔等创新做法。

为加强水厂建后管养，谯城区实行水厂管理经营权对外拍卖方式对已建水厂进行公开拍卖，实行市场化运作、企业化管理。每一年对新建水厂组织水厂经营权拍卖，选择优秀的管理公司进行水厂管理，有助于促进水厂运行管理水平的提高，确保居民饮水安全。

2. 典型工程案例

亳州福佳泉水业有限公司运行管理模式。亳州福佳泉水业公司经过公开竞拍后，竞得经营权，负责运行管理由谯城区水务局验收合格后的农村饮水安全工程新建水厂，接管运营后肩负着辖区进户、维修和供水设备的养护责任。本着高质量、严要求的原则，其认真做到"六有"：有水源保护区，有工作厂区，有管理人员，有水质监测，有自动管理系统，有完善档案记录。具体工作中做到"三落实"：落实责任人，落实管理办法，落实公司的

各项制度。

公司在各级政府及谯城区水务局的领导下，严格执行有关法律、法规和上级主管关单位领导的指示精神，在当年工程受益的辖区内用户，在国家政策补贴期限内执行每户160元的进户价格，在补贴期限外和不在当年工程受益范围内的用户实行一户一价的有偿服务，严格执行物价部门核定的价格。

健全公司内部职责，全面负责水厂的安全运行和用水管理的工作，建立健全岗位责任制，明确各类人员的岗位责任，切实提高管理水平。

服务方面强化责任，转变作风，做到供水服务优质化；公司在供水服务方式上制定了详细的各项生产服务规章制度，从业人员须经健康体检、入职培训合格后方可上岗，实行管理人员分片责任制，生产部24小时值班，确保自动化设备正常运转，保证供水时间、压力稳定；工程部在接到报修电话后及时到达现场，全力抢修毁坏管网，及时恢复供水，中修4小时内完成，大修8小时内完成，真正做到小修不过时，大修不过夜。建立供水维修服务电话记录和监督服务电话，服务质量让用户监督和评价，以优质的供水服务来赢得用户的好评。

为了方便群众，提高效益，公司率先建立了农村自来水服务大厅，并积极推广智能水表的使用。目前已建立古井镇自来水服务大厅、魏岗镇自来水服务大厅、城父镇自来水服务大厅，拟建立牛集镇自来水服务大厅，并配备了自来水自动管理系统，对辖区用户管理、收费、登记和服务实行全方位的现代化管理，以保证公司的各种数据的服务优质化。

公司采取科学化管理，制水生产工艺为：反应、沉淀、过滤、除氟，采用二氧化氯自动加药消毒，并配备先进的安全生产监控系统。水源井出水量、供水量、管道压力、供水水质全部实现信息化监控。水厂正常运行后，公司抽出专职技术人员在进行学习培训，牢固掌握水质的监测、检测技术，定时对水源水、管网水、末梢水进行定期检测，出具相关的检测报告存档，保证供水的质量安全、做好水质的安全监测、检测。拟建立水质检测中心1座，投入使用后可自行分析生活饮用水42项常规检测项目。

公司为保证水厂的正常运行，使用户的生活和生产不受影响，本着"经常养护、随时维修、养重于修、修重于抢"的原则，加强日常维护，机修部定期对供水设备检查保养及时发现问题，采取果断措施、防患于未然。

为了减轻职工的工作量，保障水费的回收率，促进科学化管理，公司积极推广智能水表的使用，投入资金为用水大户免费更换智能水表，有效地控制了用水大户水费难征收的局面，现已在古井镇逐步推广使用智能水表。

五、存在问题

1. 水费收取困难

由于农村外出务工人口，用水量差异大，收费标准没有物价部门下发的正式文件，导致用户在收费过程中有抵触情绪。

2. 维护权益难

由于农村输配水管点多线长，极易遭到农村建桥修路等基础设施建设和农民挖坑、种田、栽树、建房等行为的破坏，管网损坏后难以理赔，产生了相当大的维修费用，给我们造成了很大资金压力。好多农村居民法律意识淡薄经常私自关闭供水闸阀、私自移挪拆除供水设施，难以管理。

3. 人员配备有待加强

尽管每个水厂配备有水质检测设备，但检测人员的专业水平有待提高，希望多组织些专业培训。

4. 供水能力有待提升

一些水厂建设早、设计规模小、设备老化，已严重不能满足社会发展日益增长的用水需求，需在以后的建设中巩固提升。

六、"十三五"巩固提升规划情况及长效运行工作思路

1. "十三五"规划情况

本次规划范围：对谯城区农村饮水安全工程全面进行巩固提升，解决 21.27 万人未供水的农村人口的饮水安全问题，改善已供水人口但存在问题的农村饮水安全工程；同时解决所有贫困人口的饮水安全问题。本次规划基准年为 2015 年，水平年为 2020 年。

目标任务：按照"确保农村贫困人口实现脱贫，确保贫困县全部摘帽，解决区域性整体贫困"的总要求，实行"三年集中攻坚、两年巩固提升"，到 2018 年，全区总体上达到脱贫标准；到 2020 年，现行标准下农村贫困人口全部脱贫。根据安徽省委省政府要求，到 2018 年底前，谯城区采取以适度规模集中供水为主、分散式供水为辅的方式，实现建档立卡的 58 个贫困村和非建档立卡的未通水贫困人口全部通自来水，解决贫困人口饮水不安全问题。

"十三五"期间，谯城区农村饮水安全工作的主要目标是：到 2020 年，解决剩余未供水人口 21.27 万人（其中贫困户 16731 户、贫困人口 2.91 万人），自来水普及率达到 90%以上，农村饮水安全集中供水率达到 90%左右；水质达标率整体有较大提高；小型工程供水保证率不低于 90%，其他工程的供水保证率不低于 95%。推进城镇供水公共服务向农村延伸，使城镇自来水管网覆盖行政村的比例达到 35%。健全农村供水工程长效运行管护机制、逐步实现良性可持续运行。

在全面摸底调查工程现状、查找薄弱环节及合理划分供水分区的基础上，围绕实施脱贫攻坚工程、全面建成小康社会的目标要求，立足巩固已有饮水安全成果，突出建立健全管理维护长效机制，充分发挥已建工程效益，综合采取配套、改造、升级、联网等方式，辅以新建措施，合理确定县级规划目标和建设任务。按照"规模化发展、标准化建设、专业化管理、企业化运营"的要求，整体推进农村饮水安全巩固提升。当地政府重视、有条件和积极性高的地区可适当超前规划。

表4　"十三五"巩固提升规划目标情况

农村集中供水率（%）	农村自来水普及率（%）	水质达标率（%）	城镇自来水管网覆盖行政村的比例（%）
90	90	95	35

表5 "十三五"巩固提升规划新建工程和管网延伸工程情况

工程规模	新建工程					现有水厂管网延伸			
	工程数量	新增供水能力	设计供水人口	新增受益人口	工程投资	工程数量	新建管网长度	新增受益人口	工程投资
	处	m³/d	万人	万人	万元	处	km	万人	万元
合计						18	35.9	7.19	2563
规模水厂						18	35.9	7.19	2563
小型水厂									

2. 建议

（1）加大宣传力度，通过各种媒体进行宣传。加快"我家亳州APP"网上办理水费收缴、业务办理效率。

（2）建议上级主管部门加强农饮工程法律政策宣传，加强打击破坏供水设施行为的执法力度。

（3）需要上级支持积极开展水质检测人员配备和培训工作，确保检测设备运行正常，以保障水质安全工作有效持续开展。

（4）请求水主管部门积极联系物价部门制定出台明确的农村用水收费标准。

（5）建议对供水能力不足的各水厂，增加或更换供水设备，提高供水能力；对早期铺设的供水管网进行更换，以杜绝由于管网老化而造成的滴漏跑冒现象。

表6 "十三五"巩固提升规划改造工程情况

工程规模	改造工程					
	工程数量	新增供水能力	改造供水规模	设计供水人口	新增受益人口	工程投资
	处	m³/d	m³/d	万人	万人	万元
合计	19	12180	5610	51.84	14.08	9195
规模水厂	15	12180	3710	51.84	14.08	8482
小型水厂	4		1900			713

宿州市

宿州市农村饮水安全工程建设历程

（2005—2015）

（宿州市水利局）

一、基本概况

宿州市位于安徽省淮北平原的东北部，地处东经 116°09′~118°10′，北纬 33°18′~34°38′，东接江苏省，西与河南省毗邻，北与山东、江苏接壤，南与我省蚌埠相连。全市辖砀山、萧县、灵璧、泗县、埇桥区四县一区以及 1 个经济开发区，总面积 9787km²，其中岗地、山丘区面积 911km²，占 9.3%。2015 年末全市耕地面积 851.41 万亩，总人口 649.51 万人，其中农业人口 555.34 万人，全市常住人口 554.10 万人。全市辖 94 个乡镇 12 个街道办事处 103 个居民委员会 1210 个村民委员会。

宿州市地处南北冷暖气流交汇频繁地带，属暖温带半湿润季风气候。主要气候特征是季风明显，四季分明，气候温和，雨量集中。根据宿州市 1956—2015 年水文系列资料分析，该市多年平均水资源总量 28.49 亿 m³、产水模数 29.1 万 m³/km²、产水系数 0.34。宿州市频率为 20%、50%、75%、95% 的水资源总量分别为 37.151 亿 m³、26.46 亿 m³、20.28 亿 m³、14.27 亿 m³。宿州市境内地表蓄水能力低，境内主要河道均为季节性河流，汛期有水，非汛期多成干枯河道，水资源可利用量少。由于少量的工业废水排放、农业生产中大量使用农药化肥以及生活污水无序排放等不仅导致地表水有不同程度的污染，甚至部分浅层地下水也受到严重污染，影响居民生活，故不宜采用地表水及浅层地下水作为饮用水水源。中深层、深层地下水是目前农村饮水安全工程生活饮用水的主要水源。但是随着宿州市农村饮水安全巩固提升工程水源井数量不断地增加，开采量逐渐地加大，中深层地下水位也逐年下降。随着南水北调、淮水北调工程的深入开展，建议工程后期实施阶段在条件允许的情况下尽量地用地表水源置换地下水。

二、农村饮水安全工程建设情况

1. 农村人口饮水安全解决情况

2005—2015 年，宿州市先后建设农村饮水安全工程 707 处（整合前），项目总投资 158662 万元（其中中央投资 11309 万元、省级财政配套 20875 万元、市级财政配套 2480 万元、其余为县级财政配套及受群众自筹），受益人口为 324.24 万农村居民和农村学校师生 11.73 万人。（未统计水利系统外所建农村饮水工程）

表1   2015年底农村人口供水现状

县（市、区）	乡镇数量	行政村数量	总人口	农村供水人口	集中式供水人口	其中：自来水供水人口	分散供水人口	农村自来水普及率
	个	个	万人	万人	万人	万人	万人	%
合计	100	1191	644.81	554.42	334.66	324.51	244.15	59
砀山县	16	135	99.21	83.47	60.11	60.11	28.36	65
萧县	23	257	138.95	129.72	58.54	58.54	71.18	45
埇桥区	25	325	186.23	136.44	78.01	67.86	68.58	53
灵璧县	20	300	126.38	117.14	75.58	75.58	50.8	64
泗县	16	174	94.04	87.65	62.42	62.42	25.23	71

2. 农村饮水工程（农村水厂）建设情况

截至2015年底，全市现有农村水厂501个，其中规模水厂104个、小型水厂397个。

3. 农村饮水安全工程主要历程

2005年全市完成投资1670万元，建设46处工程，解决了4.7万农村居民饮水不安全问题。2006—2010年，宿州市累计建设农村饮水安全工程497处，项目完成投资44848万元（其中中央投资27518万元、省级财政配套7216.7万元、市级财政配套665万元、其余为县级财政配套及受群众自筹），解决了102.0万农村居民的饮水不安全问题。2011—2015年，宿州市累计建设农村饮水安全工程164处，项目完成投资112144万元（其中中央投资84830万元、省级财政配套13658万元、市级财政配套1721万元、县级财政配套11934万元）。解决了217.74万农村居民及农村学校师生11.73万人的饮水不安全问题。"十二五"期间，我市共建设"千吨万人"规模以上供水工程76处，受益农村居民169.63万人，受益农村学校师生8.5万人。

表2   农村饮水安全工程实施情况

县（市、区）	合计			2005年及"十一五"期间			"十二五"期间		
	解决人口		完成投资	解决人口		完成投资	解决人口		完成投资
	农村居民	农村学校师生		农村居民	农村学校师生		农村居民	农村学校师生	
	万人	万人	万元	万人	万人	万元	万人	万人	万元
合计	334.66	11.73	163227	111.36	—	48601	223	11.73	114351
砀山县	60.11	2.59	28643	30.90	—	13422	28.91	2.59	14946
萧县	58.54	2.65	28698	18.60	—	7986	39.94	2.65	20712
埇桥区	78.01	1.51	37976	24.97	—	11064	53.04	1.51	26912
灵璧县	75.58	2.64	36883	23.04	—	10027	52.54	2.64	26856
泗县	62.42	2.34	31027	13.85	—	6102	48.57	2.34	24925

表 3 2015 年底农村集中式供水工程现状

县（市、区）	工程规模	工程数量	设计供水规模	日实际供水量	受益乡镇数	受益行政村数	受益农村人口	自来水供水人口
		处	m³/d	m³/d	个	个	万人	万人
合计	合计	501	226543	149976	—	714	334.66	331.42
	规模水厂	104	178340	108857	30	—	248.71	243.18
	小型水厂	397	60283	41119	16	—	85.93	88.24
砀山县	合计	86	35640	25000	—	108	60.11	64.58
	规模水厂	14	29000	11840	15	59	43.84	43.84
	小型水厂	72	18720	13160	16	59	16.26	20.75
萧县	合计	194	40359	30635	23	112	58.54	58.54
	规模水厂	24	24210	18400			39.94	39.94
	小型水厂	170	16149	12235			18.60	18.60
埇桥区	合计	150	52061	34403	24	198	78.01	78.01
	规模水厂	18	31672	22170			34.51	34.51
	小型水厂	132	20389	12233			43.50	43.50
灵璧县	合计	34	53293	24264	20	193	75.58	75.58
	规模水厂	31	53040	24113			75.09	75.09
	小型水厂	3	253	151	—	—	0.50	0.50
泗县	合计	37	45190	35674	15	103	62.42	54.71
	规模水厂	17	40418	32334	15	103	55.34	49.81
	小型水厂	20	4772	3340	—		7.08	4.90

三、农村饮水安全工程运行情况

至 2015 年底，农村饮水安全工程运行情况如下。

1. 市、县级农村饮水安全工程专管机构

砀山县政府于 2010 年 10 月批复成立了砀山县农村饮水安全工程管理中心，以砀编字〔2010〕号以事业单位编制性质定员 18 名，办公地点在县水务局，管理中心主任为副科级。全县分 5 个管理中心，直接管理辖区内各个分水厂，每个分水厂有 2 ~ 3 名管理人员，具体负责本水厂的设备、管道运行管理及维修，及时为用水户安装维修户内管网、抄收水费等。自 2010 年起每年安排 50 万 ~ 120 万元专项维修基金进行工程维护。

萧县 2010 年经县政府批复设立农村饮水安全工程管理站，该站为股级事业单位，经费财政全额拨款，编制 5 名。该县于 2014 年设立农村饮水安全工程维修养护基金，每年养护资金足额到位，建立资金使用管理制度并做好资金台账。

埇桥区根据区政府《关于同意成立埇桥区农村饮水安全工程管理站的批复》（埇政秘

〔2010〕102 号）成立宿州市埇桥区农村饮水安全工程管理中心。管理中心确定事业编制 5 人，在水利局办公，经费财政拨款，主要对全区农村饮水安全工程进行管理和行业监督，各乡镇也成立了农村饮水安全工程管理站，水利站站长兼任管理站站长为更好地对农村饮水安全工程进行管理，

灵璧县惠民农村供水有限公司成立于 2011 年，由县工业经济委员会批准成立，性质为国有独资企业，公司共有 77 名员工，运行经费主要由收取的水费中提取。

泗县农村饮水安全工程管理中心，成立于 2009 年，批复单位为县编办，属于事业单位性质，定员 3 人，运行经费来源财政拨款。

2. 市、县级农村饮水安全工程维修养护基金

砀山县政府将农村饮水安全工程维护基金纳入县财政预算，自 2010—2015 年每年安排 50 万 ~120 万元专项资金进行工程维护。2010—2012 年每年安排 100 万元，2013、2014 年各安排 50 万元，2015 年安排 80 万元，但缺口仍然较大，砀山县采取政府给一点、管理人员出一点的办法进行管理维修，采取以奖代补的形式进行管理。

萧县于 2014 年设立农村饮水安全工程维修养护基金，每年养护资金足额到位，建立资金使用管理制度并做好资金台账。

埇桥区 2011 年制定了《埇桥区农村饮水安全工程维修基金使用办法》，每年按比例下拨维修基金用于农村饮水安全工程维修养护。自 2011—2015 年共下拨到位维修养护基金 280 万元，主要用于历年建设的工程维修和设备更换。

灵璧县 2011 年设立维修养护基金专户，出台了《灵璧县农村饮水安全工程维修基金实施管理办法》，确保资金专款专用。2011—2015 年累计到位资金 372 万元（其中 2011 年 40 万元、2012 年 130 万元、2013 年 50 万元、2014 年 82 万元、2015 年 71 万元，截至 2015 年已开支 220 万元用于小水厂整合以及平时管网维修，剩余 152 万元）。

泗县 2010 年设立饮水安全工程运行维护资金，制定了严格的运行管理资金使用办法，所设立的运行维护资金应由县主管部门专户存储，专款专用，供水公司在从水厂收益中提取 10% 补一点，到 2015 年底运行管理资金总数为 168 万元。

3. 县级农村饮水安全工程水质检测中心

砀山县 2012 年开始组建县级水质检测中心，规模水厂建立分中心，现在有化验人员 3 名，进行实时监控，逐步实现国家饮用水标准检测项目，现在能够检测常规性检测，2015 年进一步进行完善检测中心设备和设施，达到具备全水质检测标准的水质检测中心

萧县根据国家和省市要求，依托县疾控中心成立了水质检测中心，配备仪器设备和专业检验人员，负责全县所有农村饮水安全工程供水水质的日常检验工作。水质检测中心按照有关规定，对全县农村饮水安全工程项目进行水质检测，确保供水水质安全。

埇桥区于 2015 年依托桃园水厂新建水质检测中心 1 处，具备 42 项检测能力，总投资 202.93 万元。主要建设内容包括：农村饮水安全工程水质检测中心实验室建设、满足水质检测项目要求的仪器设备、配备检测人员办公设备等。目前水质检测中心办公楼的建设已完工，仪器设备经过安装调试已正常运转，落实运行经费 20 万元。

灵璧县 2015 年建设水质检测中心 1 处，建设形式为依托规模水厂，工程投资 177 万元，其中中央投资 69 万元、省级财政配套 52 万元、县级财政配套 56 万元。水质检测中

心具备 37 项检测指标。根据需求检测中心配备人员 4 名，其中管理人员 2 名、检测人员 2 名。初步估算检测中心年运营成本为 22.21 万元，经费来源主要靠水费提成及对外开展业务社会服务收费等，不足部分由财政给予补贴。

泗县县级水质检测中心依托三湾水厂进行建设，总投资 206 万元，主要检测仪器有酸度计、电导仪、散射浊度仪、便携式多参数水质检测仪等，能够满足常规检测和非常规检测的要求，同时还配备了 1 台现场采样车辆和仪器。检测项目 37 项，人员编制数量为 8 人，其中 6 人为专业水质检测人员。

4. 农村饮水安全工程水源保护情况

各县均区划定了农村饮水安全工程供水水源地保护范围，划定保护区范围，严格执行《水资源保护法》，对污染水源的违法案件及时处理，采取水污染，谁治理；制定了农村饮水安全应急预案，以备发生污染事件、突发性供水事故的发生。

5. 供水水质状况

砀山县属于冲积性平原地区，地下水原有害物质，亚硝酸盐和 F、Ca、Mg、Fe、Mn 等离子，严重影响着人们的身体健康。"十一五"期间建设规模小，采用反渗透膜过滤法进行水处理，百姓饮用水到供水点取水饮用。这种处理方法效果较好，但是，产生的废水量大。"十二五"期间，建设规模水厂采用吸附法进行水处理，将原水质的有害物质，亚硝酸盐和 F、Ca、Mg、Fe、Mn 等离子进行处理。

埇桥区水质不合格的主要指标有氟化物和菌落总数，主要净水工艺主要有除氟除铁设备和二氧化氯发生器。

灵璧县供水水源为中深层地下水，主要净水工艺采取除氟设备、除铁锰设备、二氧化氯消毒设备，针对水质超标情况进行水质处理，处理后再进行直供或二次加压供水。水质不合格的主要指标是氟化物、铁锰含量超标。

6. 农村饮水工程（农村水厂）运行情况

各县区按照相关文件要求，分别成立了农村饮水安全工程管理站、管理中心或供水公司，作为专管机构，其中 4 个县区将管理人员纳入事业编制，经费纳入县级财政预算。四县一区均已建立了工程维修养护经费专户，按要求落实维修养护经费。在管理模式上，指导各县区因地制宜，建立有效的运行机制，可以由县区专管机构统管，可以招商引资参与工程建设与管理，也可以承包经营，最终的目的就是确保工程建得成、管得好、用得起、长受益。

泗县以乡镇水利站为依托，以项目为单元，探索出了一套"规模化发展、统一化管理、企业化经营、专业化服务"的建设管理模式，从根本上解决了以往农村供水工程用水难、收费难、管理难的问题，实现了管理单位省力、用水群众受益的双赢局面；灵璧县惠民农村供水有限公司为农村饮水安全工程的县级专管机构，是全县农村饮水安全工程的运行管护责任主体，公司以乡镇水利站为依托，初步建成覆盖全县的供水服务网络，对工程进行专业化管理，市场化运作，负责水厂的运行管理、维修养护、水费收缴、水源保护与日常水质监测等工作；砀山县成立了县级农村饮水安全工程专管机构—砀山县农村饮水安全工程管理办公室，为工程的管护主体；萧县成立了农村饮水安全工程管理站，并设立了萧县农村饮水安全工程运行维护资金专户；埇桥区成立了区农村饮水安全工程管理站，区水利局及时下达了相关文件和管护责任书，确定了供水工程管理权属。区水利局委托乡镇水管站负责各乡镇供水管理工作，供水站站长是工程管护的第一责任人，全面负责该站供水工程设施的保护、维修和安全运行。

砀山县"十一五"期间由水务局与分梨都水业公司清源安装公司签订维修施工协议，管护主体以管理中心为主导，国家投资部归水务局所有，社会资金和管理人员投资部分归管理者所有，水务部门委托梨都水业公司进行运行管理，管理人员具体负责管理，实行产权与责任划分，所有权按照资金量进行划分，明确管理职责范围，确保工程正常运行。对"十二五"期间建设18处规模水厂采取水务局委托、承包、直接管理等方法，确保工程运行正常。

萧县目前成立了萧县农村饮水管理站和萧县民生水务有限公司，专门负责全县农村饮用水安全工程的管理和维护。一是建成后就移交给项目村，由项目村集体管理或承包给个人管理，2006—2010年建设的工程大多为这种模式，由于工程为单村工程，规模小，入户少，运行成本高，工程运行困难；二是建成后移交给乡镇政府，由乡镇政府采取承包等形式进行管理，2011—2014年建设的水厂多为这种模式；三是与发改委招商的水厂合建，由招商的单位进行管理，如酒店乡水厂、黄口镇水厂均为这种模式。

埇桥区按照"政府推动，能人参与，企业化运作"方式，实施工程运营管理。埇桥区建后管护主要有以下三类模式：一是小水厂移交给村里专人管理；二是大水厂承包给专业化公司进行管理；三是部分水厂承包给有经验有能力的个人管理，大部分水厂运行状况良好。

灵璧县农村饮水工程的运行管理主要有以下三种模式：

一是规模化供水工程由灵璧县惠民农村供水有限公司管理；二是部分规模较大的集中供水工程由乡镇水利站管理；三是规模较小的集中供水工程即跨村扩网工程或改造工程，其日常管理由村委会指派或招聘专人具体负责运行管理和日常维护。

泗县水利局成立了农村供水工程有限责任公司，供水公司依托15个乡镇水利站成立分公司，分公司以15个水利站为依托运行管理。自2008年以来建设的农村饮水工程，全部交由供水公司进行统一运行管理。

7. 供水本价核定和收取情况

砀山县实行统一的水价标准，砀山县物价局2014年8月以砀物价〔2014〕30号文件核定农村饮水工程供水水价为1.46元/m³，按照一户一表，计量收费。

萧县物价局对农村饮水水价核定不超过2元/m³，供水水价为1.5~2元/m³，有部分水厂开始尝试执行两部制水价，按31.5元/m³执行，单月不足5元的按5元收取，超出5元的按实际用水量收取。

埇桥区供水水价根据上级部门规定，原则上不应超过城市供水水价2元/m³的标准。水费收取根据水厂情况各有不同，条件好的村水费由村里补贴，条件不好的按1.5元/m³、5元包月或100元包年收取水费。

灵璧县农村饮水工程水价经县物价部门核定，统一按1.5元/m³收取。由于农村居民居住分散，点多面广，流动性大，在部分水厂试行"两部制"水价，即年初按每户每年收取60元供40m³水作为基本水费，年底抄表多出部分按1.5元/m³计量收取。

泗县物价部门核定入户费和用水收费收费标准，供水公司依据物价局统一执行，农村居民统一按 1.5 元/m³ 收取、工业和商业按 1.8 元/m³ 收取。

8. 建设用地、运行用电和税费情况

为了确保农村饮水安全工程的可持续利用和发展，近年来我市各县区均按照省政府有关征地标准全额补偿；运行用电按照相关文件精神执行农业生产用电价格；农村供水工程享受免税优惠政策。

四、采取的主要做法、经验及典型案例

（一）做法和经验

1. 地方出台的政策和法规性文件

为切实加强农村饮水工程运行管理，保证工程良性运行和持续发挥效益，2016 年 8 月，宿州市政府出台了《宿州市农村饮水安全工程运行管理暂行办法》。该《办法》共有六章三十条内容，主要包括供水和用水管理、安全管理、扶持政策、法律责任等内容。根据《办法》，县区政府是农村饮水安全工作责任主体，农村饮水安全工程产权所有者是工程的管护主体；明确规定供水单位及用水户的义务；详细说明运行维修专项经费、建设用地计划、税收优惠政策及生产用电等方面的扶持政策。《办法》的出台，标志着宿州市农村饮水工程的运行管理工作将能够得到依规有序地开展，对加强宿州市农村饮水安全工程运行管理工作的不断改革和发展起到积极的推动作用。

2. 经验总结

砀山县工程竣工验收后，建设单位将资产移交给"砀山县农村饮水安全工程管理中心"并办理所有权证，管理中心代表政府行使国有资产的所有权；"砀山县农村饮水安全工程管理中心"设立"砀山县千江月农村饮水工程管理有限公司"，专业从事砀山县境内所有国家投资兴建的农村饮水工程的建后管理工作，公司受管理中心委托行使工程使用管理权并办理使用权证。管理公司依托水利中心站在全县各乡镇设立 5 个分公司，分别对各自辖区的供水水厂实施管理。具体管理模式将根据各水厂的具体情况，采取公司直管、承包、租赁、拍卖使用权等方式面向社会发包，广泛吸收和利用社会力量来管好和用好工程，使工程发挥更大的社会效益，为群众服务。

泗县大力宣传，广泛动员，使农村饮水安全工程深入人心。项目实施前，深入各乡镇、行政村进行宣传，广泛征求意见和建议，根据当地的具体情况，制定科学合理的实施方案。工程施工期间，在县电视台多个频道开展了"聚集民生工程""民生工程新闻视点""共同关注民生工程""民生工程我知道""泗县'民生杯'自行车比赛"等多个专题报道活动。印制农村饮水安全工程宣传读本和手提袋。工程验收移交后，征求群众对工程管护的意见，宣传保护工程的重要性。

（二）典型县案例

典型县建设与运行的成功案例。灵璧县因地制宜，多措并举，积极探索，创新思路，在农村饮水工程建设运行管理方面取得了一定的成效与经验。一是加强领导，明确责任。为做好农村饮水安全工程建设，确保项目的顺利实施，县政府成立了农村饮水工程领导小组，由分管县长任组长，水利、发改、财政、卫生等相关部门领导为成员。各部门明确责

任，各司其职，密切配合，形成合力，确保农村饮水安全工作有序进行。二是广泛宣传，提高认识。通过《安徽日报》《安徽经济报》《拂晓报》及网络、电视等媒体进行广泛宣传，并结合标语、横幅、宣传车、宣传台、宣传册及发放宣传品、发送短信等灵活多样的宣传形式，对全社会进行饮水安全知识普及和有关政策宣传，提高广大群众对农村饮水安全工程的知晓度和满意率，努力营造有利于项目建设的良好的舆论氛围。三是合理布局，优化设计。为使工程发挥最大效益，灵璧县树立"农村供水城镇化，城乡供水一体化"的建设目标，立足长远，着眼全局，因地制宜，科学谋划。规划方面，坚持集中供水、规模供水的思路，打破行政界限，实现资源共享，降低运行成本；设计方面，在满足经济合理、技术可行的前提下，优化设计方案，优选新设备、新工艺，通过集中式水箱二次加压全自动供水，实现水压、水量、水质的在线监测和对取水、加药、净化、消毒、供水的全程监控。四是实行"六制"，强化质量。在实施过程中，我县牢固树立"质量第一"的思想，严格实行项目法人制、招投标制、建设监理制、资金报账制、合同管理制和竣工验收制等工程"六制"水厂运行管理单位全程参与工程建设，既强化了工程质量监督，也实现了建与管的无缝对接。五是积极创新，明晰产权。为确保工程建成后正常运行，设立工程维修养护基金专户，成立县级农村供水工程有限公司，对农村饮水工程实行专业化管理，市场化运营。六是健全机制，规范管理。为管好、用好农村饮水工程，确保工程效益充分发挥，及时完善出台了农村饮水工程运行管理相关文件、规定，建立以制度管理和约束水厂运行的工作机制。

五、目前存在的主要问题

1. 供水水价偏低，水厂运行难度大。推行"两部制"水费征收方式是维持水厂正常运行的有效途径，试行中群众阻力较大也没有法律依据。

2. 水处理设备更换滤料费用高。水处理设备更新费用难以解决，更换不及时，供水水质安全隐患大。特别是除氟设备滤料的更新，一般情况下 2～3 年需更新 1 次，对处理能力在 $50～80m^3/h$ 的设备，更换 1 次需 15 万～20 万元，更新费用难以解决。

3. 水厂管理水平低。萧县、埇桥区水厂大多由项目村干部管理，文化水平不高，农饮工程存在管护体制机制不完善，管理人员素质较低，专业技术人员匮乏等问题。

4. 部分存在水厂损毁、浪费等现象。近几年，三线三边治理造成供水主管网损毁现象时有发生，造成的主管网损毁一般数额较大，没人出钱维修，造成了水厂停水或停止运行。

六、"十三五"巩固提升规划情况

1. "十三五"末全市受益农村人口情况

"十三五"末全市受益农村总人口达到 333.11 万人，其中新增农村受益人口 201.33 万人。"十三五"期间全市共计划新建工程 74 处，利用已建供水工程管网延伸 33 处，改扩建供水工程 40 处，新增受益人口 201.33 万人（其中贫困人口为 24.47 万人）。工程静态总投资 128031 万元，其中扶贫部分资金 30245 万元。

表4 "十三五"巩固提升规划目标情况

县（市、区）	农村集中供水率（%）	农村自来水普及率（%）	水质达标率（%）	城镇自来水管网覆盖行政村的比例（%）
合计	95	93	70	37
砀山县	98	95	80	35
萧县	90	90	61	36
埇桥区	90	89	75	48
灵璧县	96	88	72	35
泗县	96	87	80	39

2. "十三五"之后农饮工程长效运行工作思路

建立健全公平合理的水价计价动态机制，积极推行"两部制"水价。在实行动态水价的基础上，恳请上级尽快出台关于实行"两部制"水价的指导性文件，以利于全面推行"两部制"水价，确保供水工程正常运转。

建立健全工程维修养护机制，确保设备维修更换资金。建议政府每年列入财政预算的维修养护基金足额到位，落实专户管理，切实用于农村饮水的维修养护。落实管理主体，强化管理责任。工程从一开始建设就要落实管理主体，让管理人员参与到水厂建设中来，缩短移交时间，严格考核制度，落实奖惩。

随着我市"十三五"期间实现农村饮水全覆盖，各县区可以因地制宜，针对自己县区的实际情况规划规划新建、改造、管网延伸、设施改造、水源保护、规模水厂水质化验室建设、水厂自动化监控系统建设、水质状况实时监测试点建等措施实现我市全部水厂良性运行。

表5 "十三五"巩固提升规划新建工程和管网延伸工程情况

县（市、区）	工程规模	新建工程					现有水厂管网延伸			
		工程数量	新增供水能力	设计供水人口	新增受益人口	工程投资	工程数量	新建管网长度	新增受益人口	工程投资
		处	m³/d	万人	万人	万元	处	km	万人	万元
合计	合计	74	92427	157.78	102.52	65276	40	4126.33	31.91	11580
	规模水厂	52	86140	147.16	93.51	59928	35	3956.69	30.05	11169
	小型水厂	22	6287	10.61	9.01	5349	5	169.46	1.86	411
砀山县	合计	12	14000	34.74	16.77	14227	9	408.97	4.00	1004
	规模水厂	12	14000	34.74	16.77	14227	5	252.29	2.35	674
	小型水厂						4	156.5	1.65	331

（续表）

县（市、区）	工程规模	新建工程					现有水厂管网延伸			
		工程数量	新增供水能力	设计供水人口	新增受益人口	工程投资	工程数量	新建管网长度	新增受益人口	工程投资
		处	m³/d	万人	万人	万元	处	km	万人	万元
萧县	合计	14	17510	35.70	26.90	17328				
	规模水厂	8	15670	31.90	24.10	15137				
	小型水厂	6	1840	3.80	2.80	2191				
埇桥区	合计	16	23170	35.94	27.15	13662				
	规模水厂	11	21070	32.96	24.77	12463				
	小型水厂	5	2100	2.98	2.38	1199				
灵璧县	合计	20	22247	32.20	12.51	8321	24	1617.36	26.51	9997
	规模水厂	10	20300	28.79	9.10	6621	23	1604.4	26.30	9917
	小型水厂	10	1947	3.41	3.41	1700	1	12.96	0.21	80
泗县	合计	12	15500	19.19	19.19	11738	7	2100	1.40	578
	规模水厂	11	15100	18.77	18.77	11481	7	2100	1.40	578
	小型水厂	1	400	0.42	0.42	258				

表6　"十三五"巩固提升规划改造工程情况

县（市、区）	工程规模	改造工程					
		工程数量	新增供水能力	改造供水规模	设计供水人口	新增受益人口	工程投资
		处	m³/d	m³/d	万人	万人	万元
合计	合计	39	54818	78938	166.69	69.41	41499
	规模水厂	35	53610	76398	162.62	67.96	40675
	小型水厂	4	938.33	2540	4.08	1.45	825
砀山县	合计	4	7500	6520	12.35	3.04	2335
	规模水厂	3	7200	6200	10.99	2.55	1993
	小型水厂	1	30	320	1.36	0.49	342
萧县	合计	13	28680		68.10	44.30	28198
	规模水厂	13	28680		68.10	44.30	28198
	小型水厂						
埇桥区	合计	15	15400	53500	62.83	18.22	8943
	规模水厂	15	15400	53500	62.83	18.22	8943
	小型水厂						

（续表）

县（市、区）	工程规模	改造工程					
		工程数量	新增供水能力	改造供水规模	设计供水人口	新增受益人口	工程投资
		处	m³/d	m³/d	万人	万人	万元
灵璧县	合计	1	258.33		0.37	0.27	116
	规模水厂						
	小型水厂	1	258.33		0.37	0.27	116
泗县	合计	6	2980	18918	23.04	3.58	1907
	规模水厂	4	2330	16698	20.70	2.89	1541
	小型水厂	2	650	2220	2.34	0.69	366

埇桥区农村饮水安全工程建设历程

（2005—2015）

（埇桥区水利局）

一、基本情况

埇桥区位于安徽省淮北平原的东北部，京沪铁路纵贯全境，东接宿州市灵璧县，西与安徽省淮北市毗邻，北与江苏徐州市铜山县接壤，南与我省蚌埠相连。该区地势平坦，由西北向东南倾斜，形成西北高、东南低地势。埇桥区河流共有 27 条，河道总长 400 多km。分别为濉河、新汴河、淮河三大水系，流域面积 2240km²，主要有澥河、浍河、沱河、新汴河、萧濉引河、濉河、奎河、萧濉新河等 8 条河道。埇桥区境内地表蓄水能力低，除北部山区有一些水库外，现有的主要河道除新汴河、浍河外均为季节性河流，汛期有水，非汛期多成枯河道，水资源可利用量少。中深层地下水是目前农村饮水安全工程生活饮用水的主要来源。根据《安徽省淮北地区地下水资源开发利用规划》成果，埇桥区地下水以大气降水渗入补给为主，其次为灌溉回归补给。全区多年平均补给模数为每年22.18 万 m³/km²，可开采模数为每年 17.67 万 m³/km²，据此计算，全区平均可开采量为每年 52637 万 m³/km²。目前埇桥区饮水水源主要是开采第四系二、三含水层的孔隙水，深度一般为 40~150m，出水量在 30~60m³/h，水质良好，能满足饮用要求。截至 2015 年底，全区共辖 25 乡镇、11 个街道办事处、325 个行政村、43 个社区，人口 186.23 万（其中农业人口 146.59 万人），人口自然增长率为 9.71‰，耕地面积 14.2 万公顷；2013 年全年生产总值（GDP）414.46 亿元，按可比价格计算，比上年增长 10.0%。其中，第一产业增加值 64.20 亿元，增长 4.1%；第二产业正价值 192.57 亿元，增长 12.0%；第三产业增加值 157.69 亿元，增长 10.00%。人均生产总值达到 22159 元，比上年增加 2099 元。三次产业结构为 15.49：46.46：38.05。农民人均年纯收入 7790 元。

二、饮水安全工程建设情况

1. 近年来通过大力实施农村供水工程，2005—2015 年，全区累计总投资 37976 万元，兴建集中供水工程 150 处，涉及全区 24 个乡镇 198 个行政村，农村受益人口为 78.01 万人，集中供水率为 53.22%；供水入户人口 67.86 万人，供水入户率为 46.78%。根据《埇桥区统计年鉴》（2015 年）并结合各乡镇调查摸底和水质抽检情况，截止到 2015 年底，全区分散式供水人口为 68.58 万人，主要供水方式为农户自备手压井或电机取水。

表1　2015年底农村人口供水现状

乡镇数量	行政村数量	总人口	农村供水人口	集中式供水人口	其中：自来水供水人口	分散供水人口	农村自来水普及率
个	个	万人	万人	万人	万人	万人	%
25	325	186.23	78.01	78.01	67.86	68.58	53.22

表2　农村饮水安全工程实施情况

合计			2005年及"十一五"期间			"十二五"期间		
解决人口		完成投资	解决人口		完成投资	解决人口		完成投资
农村居民	农村学校师生		农村居民	农村学校师生		农村居民	农村学校师生	
万人	万人	万元	万人	万人	万元	万人	万人	万元
78.01	1.51	37976	24.97		11064	53.04	1.51	26912

2. 近年来，埇桥区水利局以"农村供水城市化，城乡供水一体化"为目标，积极打造适合我区特点的农村饮水安全工程。自2005—2015年，共建设集中式供水工程78处（整合后），总投资33413万元，解决68.09万人饮水安全问题。另有35处由区环保局等其他单位承建，受益人口约9.92万人，投资约4960万元。

自2013年开始，陆续收取末端入户费，费用分别为每户收取100～300元不等，实际入户率为90%左右。

表3　2015年底农村集中式供水工程现状

工程规模	工程数量	设计供水规模	日实际供水量	受益乡镇数	受益行政村数	受益农村人口	自来水供水人口
	处	m³/d	m³/d	个	个	万人	万人
合计	150	52061	34403	24	198	78.01	78.01
规模水厂	18	31672	22170	—	—	34.51	34.51
小型水厂	132	20389	12233	—	—	43.50	43.50

3. "十一五"期间，重点解决20.01万人的安全饮水问题。第一个阶段为2005—2007年，主要以"一个水井，一间房子，一千米管子，一个水龙头"的形式，建设集中供水点为主。第二个阶段为2008—2010年，主要以村为单位建立水厂。"十一五"期间，共建设水厂36处（整合后），总投资8981万元，受益人口20.01万人。

"十二五"期间，重点解决48.08万人和1.51万学校师生的安全饮水问题。第一个阶段为2011—2012年，共建设农村饮水安全工程21处，总投资8079万元，受益人口16.19万人。第二个阶段为2013—2014年，共建设农村饮水安全工程15处，总投资8838万元，受益人口17.16万人。第三个阶段2015年农村饮水安全工程计划总投资7515万元，解决

"十二五"规划剩余 14.73 万农村居民和 0.5 万学校师生饮水安全问题，建设规模水厂 6 处，分别为符离张楼水厂、朱仙庄水厂、桃园水厂、杨庄乡杜楼水厂、褚兰镇后程水厂、大店水厂改扩建，共涉及 6 个乡镇 33 个行政村。共建成千吨万人规模水厂 18 处，新增供水能力 3.17 万 m³/d，受益人口 34.5 万人。

三、农村饮水安全工程运行情况

至 2015 年底，农村饮水安全工程运行情况如下：

1. 县级农村饮水安全工程专管机构。根据省水利厅相关文件精神及埇桥区政府《关于同意成立埇桥区农村饮水安全工程管理站的批复》（埇政秘〔2010〕102 号），成立了宿州市埇桥区农村饮水安全工程管理中心。管理中心确定事业编制 5 人，在水利局办公，经费财政拨款，主要对全区农村饮水安全工程进行管理和行业监督，各乡镇也成立了农村饮水安全工程管理站，水利站站长兼任管理站站长。

2. 县级农村饮水安全工程维修养护基金。为更好地对农村饮水安全工程进行管理，2011 年埇桥区政府制定了《埇桥区农村饮水安全工程维修基金使用办法》，每年按总投资比例下拨维修基金用于农村饮水安全工程维修养护。2011—2015 年共下拨到位维修养护基金 280 万元，主要用于历年建设的工程维修和设备更换。

3. 县级农村饮水安全工程水质检测中心建设运行情况

为加强农村饮用水水质卫生监测工作，我区于 2015 年依托桃园水厂新建水质检测中心一处，具备 42 项检测能力，总投资 203 万元。其中中央预算内投资 76 万元、省级投资 45 万元、省级以下地方配套 82 万元。水质检测中心已落实运行经费 20 万元。水质检测机构，即埇桥区农村饮水安全工程水质检测中心，共设主任 1 名、技术负责人 1 名、检测技术人员 3 名、实验室管理员（兼司机）1 名。进行专业技术人员岗前培训 2 人次。定期对水质进行常规检测。

4. 农村饮水安全工程水源保护情况。区环保局已划定水源保护区，经区政府同意每年制定水源保护区方案，进一步加强保护饮用水源安全的力度，建立健全保护水源水质制度。设立水源保护基金，专门用于水源保护工作。在人口集中的供水区建设污水处理厂，对工业生产、农业养殖实行污染物排放控制制度，加密水质化验频率。同时，做好群众宣传工作，引导群众养成良好用水习惯，不随意乱倒垃圾、乱排生活污水，提高保护水源、节约用水、文明用水的意识。

5. 供水水质状况。我区位于安徽北部，水质不合格的主要指标有氟化物和菌落总数，主要净水工艺主要有除氟除铁设备和二氧化氯发生器。

6. 农村饮水工程（农村水厂）运行情况。2005—2007 年小规模水厂，主要是村级管理，经济条件好的村对水厂电费可以进行补贴，条件不好的村象征性收取部分水费作为电费，确保水厂正常运行。

对于 2008—2010 年中小规模的水厂，大部分移交给村级进行管理，与村委会签订承包协议，明确双方的权利和义务，定期收取费用，确保水厂正常运行。

2011 年以后建设的大规模水厂，依托专业公司经营维护，以乡镇水利站为中心，采取灵活多样、多种经营方式并存的方式进行管理。自 2014 年政府出台政府购买服务的有关政策文件后，我区以"千吨万人"规模水厂为试点，引进专业化公司，通过签订承包协议，对水厂进行管理，同时强力推进政府购买服务，积极实行两部制水价，取得了良好的效果。

四、采取的主要做法、经验及典型案例

1. 做法和经验

地方出台的政策和法规性文件，包括市级政府和主管部门出台的政策法规文件，市、县级成功做法的政策规定。我区按照《安徽省农村饮水安全工程管理办法》要求，将农村饮水安全工程运行维护专项经费纳入区级财政预算，在资金方面给予优先保障。在土地方面，将农村饮水安全工程建设用地作为公益性项目纳入当地年度建设用地计划，优先安排，保障土地供应，同时充分利用现有土地资源，坚决不占用基本农田用地。在用电方面，我区农村饮水安全工程用电执行的是农业生产用电价格，每千瓦时 0.5 元，仅为工业用电价格的一半。

2. 典型工程案例

（1）褚兰水厂

褚兰镇的褚兰水厂，该处工程 2012 年初开始建设，2012 年底投入作用，总投资 353 万元，解决褚兰镇所辖褚兰村、岗孜村 2 个行政村 2800 户，7133 人的饮水安全问题。褚兰水厂由褚兰水利站管理，现有职工 7 人，设立了主管会计、出纳、抄表员、维修工等岗位。建立健全各项规章制度，定期检测水质，确保水厂正常运行情况下水质好、水压足、水量够，达到供水企业的基本服务要求。水厂管理做到 24 小时有人值班，虽然劳动工作强度不大，但关系到辖区内 2800 户居民的正常生活，一旦发生故障能够快速及时做出应急处理，肩负责任重大，不容忽视。目前褚兰水厂水费按市物价局核定的 1.5 元/m³ 收取，以 2015 年为例，2015 年度收取水费约 22 万元，每月支付电费约 6500 元，年交电费约 7.8 万元，工人工资月平均 1300 元，按现有职工 7 人计算每月支付工人工资 9100 元，年支付工人工资 10.9 万元，合计支出约 18.7 万元，略有盈余。该水厂具体运营由该镇水利站站长程守庆负责，运行状况良好。

（2）夹沟水厂

2014 年政府出台政府购买服务的有关政策文件后，我区以"千吨万人"规模水厂为试点，引进专业化公司，通过签订承包协议，对水厂进行管理。夹沟水厂于 2013 年 3 月开工建设，总投资 680 万元。工程建成后解决夹沟、津浦 2 个行政村，14253 农村居民饮水安全问题。夹沟水厂建成后，面向社会召集有管理水厂意向的公司或个人，通过议标的方式确定了该水厂由宿州市若善水业有限公司管理。该公司驻夹沟水厂共有员工 4 人，其中抢修班组 2 人、收费人员 1 人、会计 1 名。该公司于 2015 年 3 月接手夹沟水厂运营管理。截至 2015 年底夹沟水厂共计实用水户 2876 户，该水厂计费方式为 2 元/m³，按水表实际费用收取，2015 年合计应收水费 198444 元，实际收取 172646 元，入户费用 73660元；2015 年合计收入 272104 元。

五、目前存在的主要问题

1. 现在农村处于大发展阶段，"村村通"建设、"三线三边"治理、老百姓房屋的改

扩建及农业生产等因素，延误农饮工程建设进度。

2. 群众安全饮水意识不够，加之自来水还要交水费，大部分群众洗衣仍然以自吸泵打水为主，较少使用自来水，致使部分水厂运行成本过高，难以达到以水养水的目的。

3. 随着时间的推移以及用水户的逐步增多，管道和机器老化，跑冒滴漏现象严重，加之管理人员管护不到位，部分水厂供水能力跟不上，导致水厂不能正常运转，影响正常供水，群众不能正常吃水。

六、"十三五"巩固提升规划情况及长效运行工作思路

1. 规划情况

围绕全面建成小康社会和实施脱贫攻坚工程的目标要求，为落实省委、省政府2011年一号文件提出的"到2020年，全面解决农村饮水安全问题，实现农村自来水'村村通'"目标，与国民经济总体计划和发展战略相协调，统筹考虑资金筹措能力，区别轻重缓急，因地制宜、突出重点、兼顾一般，逐步实施。同时，结合社会主义新农村建设，以改造、扩建为主，将跨村、跨镇规模化供水作为发展方向，扩大现有水厂供水范围。分期实施计划如下：

（1）2017年优先解决奎濉河两岸居民饮水安全问题。新建水厂6处，涉及时村、大店、顺河、杨庄4个乡镇40个行政村，受益人口16.34万人，总投资8172万元。

（2）2018年优先解决尚未用上自来水农村贫困人口用水问题，特别是建档立卡的贫困村中的贫困人口。

（3）2019—2020年对规模化水厂进行管网延伸，解决尚未用上自来水农村人口用水问题，并对规模化水厂进行巩固提升，提高水厂供水能力和运营管理水平，合并单村供水工程集中供水。

表4　"十三五"巩固提升规划目标情况

农村集中供水率（%）	农村自来水普及率（%）	水质达标率（%）	城镇自来水管网覆盖行政村的比例（%）
90.1	89.6	75	48

表5　"十三五"巩固提升规划新建工程和管网延伸工程情况

工程规模	新建工程					现有水厂管网延伸			
	工程数量	新增供水能力	设计供水人口	新增受益人口	工程投资	工程数量	新建管网长度	新增受益人口	工程投资
	处	m³/d	万人	万人	万元	处	km	万人	万元
合计	16	23170	35.94	27.15	13662				
规模水厂	11	21070	32.96	24.77	12463				
小型水厂	5	2100	2.98	2.38	1199				

表6　"十三五"巩固提升规划改造工程情况

工程规模	改造工程					
	工程数量	新增供水能力	改造供水规模	设计供水人口	新增受益人口	工程投资
	处	m^3/d	m^3/d	万人	万人	万元
合计	15	15400	53500	62.83	18.22	8943
规模水厂	15	15400	53500	62.83	18.22	8943
小型水厂						

2. "十三五"之后农饮工程长效运行工作思路

目前，埇桥区农村供水工程存在自身规模小、农户生活用水量有限、输配水漏损率高、水费实收率低等客观原因，普遍运行困难。另外在农村供水工程管理方式上形式多样，多数管理人员业务水平不高、水厂制度不健全、运行管理不规范，供水管理亟待规范。特别是"十三五"过后，水厂"量大面广"，建后管理问题会更加凸显。针对上述农村供水工程日常运行管护问题，提出如下建议。

一要建立农村供水工程改扩建专项资金体制。农村供水工程是公益性基础设施，完全用市场的方式来解决今后农村供水工程改扩建资金是不现实的，应建立以财政资金为主、社会资金为辅的农村供水工程改扩建专项资金体制。

二要对农村供水工程维修养护经费予以补助。目前，埇桥区绝大部农村供水工程维修养护经费来源仍以财政为主，资金缺口较大。因此，可参照工程建设投资补助方式，中央、省级以及市级财政均予以补助，确保供水工程正常运行。

三要加大对基层农村供水单位管理人员能力培训。目前农村供水工程中只有少量水厂由专业供水单位运行，多数水厂管护人员专业水平低、技术力量差，很难正确使用现有净水、消毒以及水质检测等设备，因此需要省、市制定专业技术培训计划。

砀山县农村饮水安全工程建设历程

（2005—2015）

（砀山县水利局）

砀山县 2005—2015 年实施的农村饮水安全工程顺利地完成了国家下达的投资任务和解决农村饮水不安全人口 60.11 万人，项目计划总投资 28643 万元，其中中央投资 22914 万元、省级配套 2864 万元、市县级配套 2864 万元、受益群众投工投劳折合资金和社会资金 1625 万元，实际完成 30268 万元。

一、基本情况

砀山县位于安徽省最北端，地理坐标为北纬 34°16′~34°40′，东经 116°10′~116°38′，与苏、鲁、豫、皖四省七县交界。全县面积 1192.94km²，总人 92.91 万人，其中农村人口 83.47 万人，辖 13 个乡镇和一个开发区、一个工业园区，135 个行政村 1704 个自然村，耕地面积 96 万亩。砀山县 2015 年度国民经济生产总值 145 亿元，其中农业总产值 39.64 亿元，农村人均可支配收入 7400 元。

由于地处淮北平原高亢地带，全县农村生活用水主要取自地质结构复杂的全新统冲积—洪积层，其间不规律地分布着高含氟的矿物质，为地下水中氟的富集创造了必要的条件，全县饮用氟超标的地下水的农村人口分布全县，涉及全县 13 个乡镇和一个开发区、一个工业园区 986km²。根据普查结果，全县共有近 84 万农村人口饮用水中含氟量超过 2.0mg/L。

砀山县地处淮北平原高亢地带，地表水资源匮乏，现有流域面积大于 60km²，河道 9 条，60km² 以下大沟 34 条；已建小型水库 3 座，总库容 2958.6 万 m³，兴利库容 1485.4 万 m³；过流能力 10m³/s 以上的涵闸 12 座，排灌站 19，座装机 19 台套，机井 11365 眼。

砀山县地处南北冷暖气流交汇频繁地带，属暖温带半湿润季风气候。主要气候特性是季风明显，四季分明，气候温和，雨量集中。春季气温多变，干燥多风；夏季雨量集中，气候晴热而湿润；秋季天高气爽；冬季少雨干燥，气候寒冷。

砀山县多年平均径流深 110.2mm，全县多年平均径流量 1.3 亿，由于年内、年际降水不均，其径流大多集中在每年汛期（6~9 月），占全年径流量的 70% 左右，但由于全县蓄水工程总库容较小，限制了地表径的拦蓄和利用，据分析计算，全县地表水每年可利用量约占20%，其余的径流则白白浪费。

砀山县是一个水果生产大县，全县水果面积占土地面积的70%，浅层地下水和农村沟河受化肥、农药、生活垃圾、生活污水、工业废水、养殖企业、水果加工污水严重污染。

经省水利厅批准砀山县"十一五"期间解决饮用水中含氟量超过2.0mg/L重度氟超标区。2005—2015年全县解决农村饮水不安全人口60.11万人，兴建农村饮水安全工程132处。"十二五"期间解决农村居民和农村在校学生饮水不安全人口62.59万人。

二、农村饮水安全工程建设情况

1. 农村人口饮水安全解决情况

由于地处淮北平原高亢地带，全县农村生活用水主要取自地质结构复杂的全新统冲积—洪积层，其间不规律地分布着高含氟的矿物质，为地下水中氟的富集创造了必要的条件，砀山县地下水类型主要为SO_4^{2-}和F^-型，其次为HCO_3^-型，矿化度$1\sim4g/L$，水中氟化物含量$0.4\sim6.4mg/L$，全县地下水中含氟量超过2.0mg/L的地区达986km^2，砀山南部的朱楼、黄楼地区中深层地下水中Fe^{2+}、Mn^{2+}等离子超标。

全县饮用氟超标的地下水的农村人口分布全县，涉及全县18个乡镇。根据普查结果，我县共有近84万农村人口饮用水中含氟量超过2.0mg/L。

表1 2015年底农村人口供水现状

乡镇数量	行政村数量	总人口	农村供水人口	集中式供水人口	其中：自来水供水人口	分散供水人口	农村自来水普及率
个	个	万人	万人	万人	万人	万人	%
16	135	99.21	83.47	60.11	60.11	28.36	65

（1）"十一五"期间的工程建设情况

2005—2009年我县饮水安全工程共实施了6期，计划总投资13422万元，2005年0.3万人，投资107万元，建设工程2处；2006年两批5.7万人，投资2058万元（第一批1688万元，第四批390万元），建设工程35处；2007年2.1万人，投资834万元建设工程7处；2008年9.79万人，投资3818万元建设工程46处；2009年13.31万人，投资6605万元，建设工程51处。

（2）"十二五"期间的工程建设情况

2012年解决农村居民和农村在校学生饮水不安全人口3.4万人，兴建农村饮水安全工程4处，投资1670万元，供水规模2360m^3/d。2013年解决农村居民和农村在校学生饮水不安全人口3.56万人，兴建农村饮水安全工程2处，投资1775万元，供水规模3000m^3/d。2014年解决农村居民和农村在校学生饮水不安全人口13.81万人，兴建农村饮水安全工程8处，投资6805万元，供水规模15900m^3/d。2014年度兼并规模小水厂43处；其中唐寨镇北水厂兼并4处，葛集镇西水厂兼并8处，周平庄水厂兼并7处，玄庙镇南水厂兼并5处，赵屯镇张新庄水厂兼并5处，曹庄镇水厂兼并7处，关帝庙镇赵岗水厂兼并4处，朱楼镇陈寨水厂兼并 3 处。2015 年度解决农村居民饮水安全人口 9.11 万人和农村在校学生 1.83 万人，兴建工程 3 处，扩建 1 处，投资 4969 万元。程庄镇水厂兼并 6 处小水厂，东郊水厂兼并 2 处小水厂，李庄镇水厂兼并 5 处小水厂，良梨镇水厂兼并 7 处小水厂。

（3）分散式供水工程情况

砀山县现有农村人口 83.47 万人，集中式供水人口 60.11 万人和农村在校学生 2.59 万人，剩余 22.57 万人农村居民饮用水为分散式和简易供水水塔供水，饮用水为浅层地下水，水质受农药、化肥、生活污水、工业废水严重污染。全县农村个人筹资及其他项目投资建设供水工程 170 多处，截至 2015 年底正常运行的只有不足 20 处，全县 83.47 万人农村居民，饮水安全人口 60.11 万人，占农村居民总人口的 72.01%，自来水普及率 65%。全县 135 个行政村，通水村 108 个，通水率 80%，1704 个自然村，通水的自然村 1207 个，自然村通水率 70.8%。农村饮水安全工程项目累计投资 28197 万元，解决农村饮水安全人口 60.11 万人。"十一五"期间累计完成投资 13470.4 万元，建设水厂 131 处，其中新建 95 处，改建扩建 36 处。

2. 农村饮水工程建设情况

砀山县 2000—2004 年国家实施农村人畜饮水解困工程，全县供水工程多达 200 处，几家几户联合建立一个供水工程，有的一个自然村有 5～6 个，供水井大都是 50～70m 深，特别是故黄河高滩地区，小水塔星罗棋布。供水规模大小不一，日供水量 5～30m³，这种供水方式水质水量无保障，截至 2015 年底，这样的供水模式全县不足 20 处。"十一五"期间建设的规模小水厂，除被合并的以外，现有 98% 以上运行正常。"十二五"期间砀山县对"十一五"兴建的部分水厂进行整合兼并，2012 年和 2013 年没有进行整合，2014 年共整合 43 处原建水厂，2015 年整合兼并 20 处原建水厂，"十二五"期间整合后现有水厂 86 处。

3. 农村饮水安全工程建设思路及主要历程

"十一五"期间，砀山县政府要求实施农村饮水安全工程要供水到户，实施饮水安全工程过程中，群众积极性高，工程实施顺利，实行原水供水到户，处理水集中供水点供应。"十一五"期间新建、扩建水厂 131 处，解决了 31.2 万人农村居民原水安全问题，完成投资 13422 万元。"十二五"期间建设 18 处规模水厂，进行整合"十一五"期间规模小水厂 63 处，解决了农村居民原水安全人口 28.96 万人完成投资 15219 万元。

表 2　农村饮水安全工程实施情况

合计			2005 年及"十一五"期间			"十二五"期间		
解决人口		完成投资	解决人口		完成投资	解决人口		完成投资
农村居民	农村学校师生		农村居民	农村学校师生		农村居民	农村学校师生	
万人	万人	万元	万人	万人	万元	万人	万人	万元
83.47	2.59	28643	30.90		13422	28.91	2.59	14946

表3 2015年底农村集中式供水工程现状

工程规模	工程数量	设计供水规模	日实际供水量	受益乡镇数	受益行政村数	受益农村人口	自来水供水人口
	处	m³/d	m³/d	个	个	万人	万人
合计	86	35640	25000	16	108	60.11	64.58
规模水厂	14	29000	11840	15	59	43.84	43.84
小型水厂	72	18720	13160	16	59	16.26	20.75

三、农村饮水安全工程管理运行情况

1. 成立专门管理机构

为了使农村饮水安全工程建后可持续利用，加强建后管理，砀山县政府于2010年10月成立了砀山县农村饮水安全工程管理中心，并以砀编字〔2010〕号下达了人员编制，单位以事业性单位编制定员18名，办公地点在县水务局，管理心主任为副科级。全县分5个管理中心，直接管理辖区内各个分水厂，每个分水厂有2～3名管理人员，具体负责本水厂的设备、管道运行管理及维修，及时为用水户安装维修户内管网、抄收水费等。自2010年起每年安排50万～120万元专项维修基金进行工程维护。

2. 落实管理主体，责权分明

为了使管理责权分明，"十一五"期间砀山县水务局与梨都水业公司清源安装公司签订维修施工协议，管护主体以管理中心为主导，国家投资部归水务局所有，社会资金和管理人员投资部分归管理者所有，水务部门委托梨都水业公司进行运行管理，管理人员具体负责管理，实行产权与责任划分，所有权按照资金量进行划分，明确管理职责范围，确保工程正常运行。对"十二五"期间建设18处规模水厂采取水务局委托、承包、直接管理等方法，确保工程一下正常。砀山县制定了《砀山县农村饮水安全工程建设管理办法》《砀山县农村饮水工程应急预案》《砀山县农村饮水工程维修养护基金使用管理办法》《砀山县农村饮水工程维修养护基金实施细则》以及一系列的规章制度及操作规划，保证了农村居民正常的生活用水和生产用水，确保农村居民饮水水质。

3. 工程维修维护基金

农村饮水安全工程维护需要大量资金。根据砀山的实际情况，县政府将农村饮水安全工程维护基金纳入县财政预算，2010—2015年每年安排50万～120万元专项资金进行工程维护。2010—2012年每年安排100万元，2013年、2014年各安排50万元，2015年安排80万元，虽然县财政安排了一部分资金用于工程管养，但缺口仍然较大，为了保证农户用水及时，砀山县采取政府给一点、管理人员出一点的办法进行管理维修，采取以奖代补的形式进行基金使用。

4. 县级水质检测中心

2012年开始组建县级水质检测中心，规模水厂建立分中心，现在有化验人员3名，进行实时监控，逐步实现国家饮用水标准检测项目，现在能够检测常规性检测，2016年进一

步进行完善检测中心设备和设施，达到具备全水质检测标准的水质检测中心。为了让利于民，全县实行统一的水价标准，砀山县物价局2014年8月以砀物价〔2014〕30号文件核定农村饮水工程供水水价为1.46元/m^3，按照一户一表，计量收费。

5. 农民接水入户情况水质保障措施

为了让利于民，全县实行统一的入户收费标准，砀山县物价局2014年以砀物价〔2014〕30号文件上报县政府核定农村饮水工程入户费用300元/户，农村居民农户自来水入户率85%以上。

6. 农村饮水工程监管情况

为了保障农村居民饮用水正常，砀山县水务局成立农村饮水工程管理中心，对全县所建设以上工程进行监管，从固定资产、规范化管理、入户费用收取、水质、水价、供水服务等方面监管开展的工作。对全县农村供水工程进行追踪监督服务，对百姓热线、电话采访、投诉电话、供水案件、管道损毁等各个方面，发现问题及时解决，严禁超标准收费，对超标收费的管理人员进行批评教育，重则联合物价部门进行处罚，发现一起处理一起，绝不姑息。农村饮水工程管理中心，制定了建设管理办法和各项规章制度，通过规章约束，规范供水工程运行，严格按照制度进行工程运行，各个水厂制定出各种设备的操作规程，实行规范化管理，按量收费，计量收纲，严禁乱收费和多收费，通过监督电话、社会组织、监督供水状况，及时了解管理经验和技术交流，使全县供水规范化、正常化。

7. 水质状况。

主要净水工艺、水质达标率（水源水、出厂水、末梢水）、水质不合格的主要指标等。

砀山县是一个平原县，无大的河流湖泊、地表水匮乏，农村居民饮用水源主要来自于地下水。由于砀山县所处复杂的地质构造带，属于冲积性平原地区，地下水原有害物质和SO_4^{2-}、亚硝酸盐及F、Ca、Mg、Fe、Mn离子存在，严重影响着人们的身体健康，为使农村居民饮用水符合国家饮用水标准的地下水，保障用水需求，采取了成井后进行水源进行水质化验，针对性的对原水中的超标物质进行处理。

"十一五"期间建设规模小，采用反渗透膜过滤法进行水处理，反渗透膜过滤法水设备过滤能力小，而且进行集中供水点供水，处理水不能直接到户，百姓饮用水到供水点取水饮用。这种处理方法效果较好，但是，产生的废水量大。"十二五"期间，建设规模水厂采用吸附法进行水处理，将原水质的有害物质和SO_4^{2-}、亚硝酸盐及F、Ca、Mg、Fe、Mn离子进行处理，使水质符合国家饮用水标准。由以前水质合格率不足10%提高到50%以上。

8. 水厂运营状况

为了使农村饮水安全工程建后可持续利用，确保工程正常运行，砀山县制定了《砀山县农村饮水安全工程建设管理办法》《砀山县农村饮水工程应急预案》《砀山县农村饮水工程维修养护基金使用管理办法》《砀山县农村饮水工程维修养护基金实施细则》以及一系列的规章制度及操作规划，保证了农村居民正常的生活用水和生产用水，确保农村居民饮水水质。

砀山县"十一五""十二五"期间共新建、扩建水厂149处，"十二五"期间合并63

处，现在有 86 处，运行正常。全县实行统一供水价格为 1.5 元/m³，水厂收入主要依靠水费收入，年收入近 2000 万元，支出费用为电费、管理人员工资及日常的部分维修，收入与年支出基本平衡；部分水厂使用初期亏损经营。

9. 运行维护情况

砀山县"十一五""十二五"期间共新建、扩建水厂 149 处，"十二五"期间合并 63处，现在有 86 处，运行正常。2015 年砀山县水务局通过招投标确定砀山县千江月农村饮水工程管理公司为砀山县农村饮水工程维修中标单位，负责全县农村饮水工程设备、管道维修。县税务、国土资源供电等部门，免征农村饮水工程供水所得税，国土资源部门优先安排厂区建设土地和农村饮水安全工程供水用电实行农业生产用电等优惠政策。建设过程中，用地优先批准；运行过程中，免征税收；用电为农业生产用电。

10. 水源地保护措施及供水单位应急预案制定情况

县政府划定了农村饮水安全工程供水水源地保护范围，划定保护区范围，一级保护区为供水井半径 30m，二级保护区为 50m，保护区内严禁存在污染源，严禁建设高层建筑，严格执行《水资源保护法》，对污染水源的违法案件及时处理，采取水污染，谁治理；制定了《砀山县农村饮水安全应急预案》，以备发生污染事件、突发性供水事故的发生。

四、采取的主要做法、经验及典型案例

（一）做法和经验

1. 严格建设管理程序，实行"四制"管理

在实施农村饮水安全工程过程中，我们按照有关文件精神，积极推行"四制"管理，即项目法人制、项目招标制、项目监理制、工程竣工验收制。

2. 建设成立专门管理机构

为切实加强对农村饮水安全工程的建设领导，成立了砀山县农村饮水安全工程领导小组，由县长任组长，副县长段梅英任副组长，县发改委、水务局、财政局、卫生局、环保局、物价局、国土资源局、建设局、农委、审计局、监督局负责人为成员。领导小组下设办公室，水务局局长任办公室主任，水务局抽调专人充实到农村饮水安全工程办公室，具体负责农村饮水安全工程的实施和管理工作。

3. 资金专户管理，确保专款专用

根据农村饮水安全工程建设资金管理办法，我县农村饮水安全工程建设建设资金实行财政专户管理制度，在县财政局设立农村饮水安全工程资金专户，所有的国家、省、市、县配套资金一律纳入专户由专人负责管理。资金拨付必须有现场监理工程师签发的进度拨款凭证，经水利、财政部门分管领导签批后直接拨至施工单位或设备材料供应商，减少中间环节，避免侵占、挪用项目资金。

（二）典型工程案例

程庄水厂是 2015 年度农村验收安全项目，在原规划设计过程中，考虑到程庄镇有几处小水厂，借鉴 2014 年度实施饮水工程实施过程中的教训，不兼并规模小水厂。经过调查了解，原水厂管理人员收入效益低下，积极要求教训合并，砀山县调整设计方

案，进行全镇整体推进，建设大型规模水厂，投资 1800 万元，日供水能力为 3800m³/d，覆盖程庄全镇，供水人口达到近 45000 人。该水厂正常运行后，为了确保供水，砀山县水务局采取公开招投标的形式对外发包，承包期为 5 年，承包费用 3 万元/年，交 20 万元的保证金，合同期满，保证金原额退还。2016 年 2 月通过招投标芜湖市居民夏威中标承包管理，在管理工程运行过程中，承包人根据以前的管理经验，制定一系列的措施，采取每 5 日 1 次主干管道巡查，24 小时电话维修服务，公布服务热线，公开收费价格，对贫困户、孤寡老弱实行半价或者成本价收费，使饮水工程这一民生工程、惠民工程让百姓得到实惠。

五、目前存在的主要问题

1. 工程运行困难

"十一五"期间，我县共实施了六期农村饮水安全工程，工程运行管理实行个人管理模式，在供水安全、保证供水时间方面起到了很好的作用，由于设计规模小，部分入户只有 300 ~ 400 户，管理人员不仅没有利润，工程运行困难，出现保本、负债经营，造成管理人员不想继续管理，放弃管理用水户居民强烈反对，只有采取定时供水的方法，来降低运行成本；"十二五"期间建设的规模水厂水处理费用较高，根据测算水价在 1.9 ~ 2.1 元/m³，按照物价部门所定水价 1.46 元/m³，水厂年亏损在数十万元，"十一五"期间建设的规模小水厂，水费收取采取年收费和擅自提价方法来弥补亏损。

2. 基础设施建设损毁供水管道，维修恢复资金困难

由于乡镇基础设施建设，时有供水管道损毁，造成百姓网络问政不断发生；一些项目是政府行为，管道维修需要大量资金，少则几万，多则几十万，维修基金数量本来就较小，远远不能满足一些政府项目损毁修复资金需求。

3. 水处理设备使用中存在问题

十一五期间，采用的除氟设备为反渗透膜过滤法，在使用过程中产生的废水量较大，生产量较小，日生产量在 2m³ 左右，所产生的废水占总水量的 60% 左右，浪费水资源严重，水资源利用率低，反渗透膜使用期限短，每隔 1 周或 10 天就要反冲洗 1 次；更换费用较高，一般使用半年左右，更换 1 次反渗透膜需要 1 万多元。"十二五"期间改为吸附法水处理，此种设备处理量大，效果较好，但是，反冲洗时间长，废水量较大。吸附滤料更换价格高，产生的废水、废料处理难，二次污染严重。一个罐体吸附滤料需要原料 7.5 吨以上，价格在 6.5 万元左右，一套处理设备有 4 ~ 8 个罐体，更换一次需要投资 25 万 ~ 50 万元，无论是水厂还是水务局都难以承担。

六、"十三五"巩固提升规划情况

表4 "十三五"巩固提升规划目标情况

农村集中供水率（%）	农村自来水普及率（%）	水质达标率（%）	城镇自来水管网覆盖行政村的比例（%）
98	95	80	35

表5 “十三五”巩固提升规划新建工程和管网延伸工程情况

工程规模	新建工程					现有水厂管网延伸			
	工程数量	新增供水能力	设计供水人口	新增受益人口	工程投资	工程数量	新建管网长度	新增受益人口	工程投资
	处	m^3/d	万人	万人	万元	处	km	万人	万元
合计	12	14000	34.74	16.77	14226	9	409	4.00	1004
规模水厂	12	14000	34.74	16.77	14226	5	252	2.35	674
小型水厂						4	157	1.65	331

表6 “十三五”巩固提升规划改造工程情况

工程规模	改造工程					
	工程数量	新增供水能力	改造供水规模	设计供水人口	新增受益人口	工程投资
	处	m^3/d	m^3/d	万人	万人	万元
合计	4	7500	6520	12.35	3.04	2335
规模水厂	3	7200	6200	10.99	2.55	1993
小型水厂	1	30	320	1.36	0.49	342

1. “十三五”农村饮水巩固提升工程规划

砀山县“十三五”农村饮水工程巩固提升规划以实现村村通水，供水到户为轴线，实现村村通自来水，户户有自来水，提高农村居民饮水水质合格率，到“十三五”末，全县饮用水水质合格率达到80%；以巩固提升为措施，保证供水正常，保证水厂运行正常；以新建规模水厂为基础，兼并小水厂，实现全覆盖。

2. 规划建设主要内容、保障措施

（1）“十三五”期间建设规模水厂12处，改建、扩建7处，新建水厂全部实现规模化、自动化，新建水厂结合今后利用地表水进行建设，“十三五”期间估计投资2.5亿元，水厂厂区主要以水源建设、管道建筑物、水处理设备、输变电、水质化验为主，厂区以外以管网铺设为主。

（2）为更好地实施“十三五”农村饮水巩固提升工程，实行健全组织，加强领导，招商引资，拓宽建设筹资路，利用贷款进行建设，结合实际，建设规模化集中供水工程，合作经营，走专业化管理之路，增加项目实施的科技含量，提高供水自动化水平等措施确保项目实施。

3. 建议

政府尽快出台对目前存在的简易小水厂实行关停政策，拿出专项资金用于收购、赎买简易小水厂，尽快让这些简易小水厂覆盖范围内的村民用上符合卫生条件的安全水。

建议扩大投资，尽量使每个的群众都用上符合卫生条件的安全水提高供水价格，确保工程运行效益。

总之，砀山县通过实施农村饮水安全工程项目，解决了60多万人的饮水问题，取得了较好的效果，到“十三五”末实现村村通水、户户安装，覆盖全县农村。

灵璧县农村饮水安全工程建设历程
（2005—2015）

（灵璧县水利局）

一、基本概况

灵璧县位于安徽省东北部，淮北平原东部，地理坐标为东经 117°17′～117°44′，北纬 33°18′～34°02′，东临泗县，西连宿州市埇桥区，南接蚌埠市固镇、五河两县，北与江苏省铜山、睢宁两县接壤。

灵璧县属暖温带半湿润季风气候，为我国南北气候的过渡地带，其特点是气候温和、四季分明、雨量适中，但年际年内变化大，日照时数多、温差大、无霜期长，季风气候明显，表现为夏热多雨、冬寒晴燥、秋旱少雨、冷暖和旱涝的转变往往很突出。

灵璧县隶属安徽省宿州市，现辖 13 个建制镇 6 个乡、1 个省级开发区，县政府驻地为灵城镇。全县国土总面积 2054km²，耕地 181 万亩。灵璧县总人口 126.38 万人，其中农业人口 117.14 万人，农民人均纯收入 8399 元。

灵璧县地表水资源可利用量为 1.153 亿 m³，灵璧县多年平均浅层地下水资源量 3.302 亿 m³，地下水资源量平均模数为 16.1 万 m³/km²。其中，山丘区多年平均地下水资源量为 0.058 亿 m³，占灵璧县地下水资源量的 1.8%；平原区多年平均地下水资源量 3.297 亿 m³，占灵璧县地下水资源量的 98.2%。

二、农村饮水安全工程建设情况

1. 解决情况

实施农村饮水安全工程前，根据调查及水质化验资料，我县存在的饮水不安全类型包括氟超标、苦咸水、污染、水源保证率、生活用水量及用水方便程度不达标等问题，涉及全县 20 个乡镇（开发区）的 75.28 万人。

饮水不安全类型区域分布具体为：高氟区涉及朝阳、大路、大庙、冯庙、下楼、朱集、尤集、禅堂、杨疃、尹集、娄庄、黄湾、韦集、向阳、灵城等 15 个乡镇；苦咸水涉及大路、高楼、冯庙、下楼、尤集、朱集、尹集、浍沟、娄庄、灵城、开发区等 11 个乡镇（开发区）；污染涉及尤集、尹集、冯庙、娄庄、虞姬、灵城等 6 个乡镇；水源保证率、生活用水量及用水方便程度不达标问题主要发生在山丘高亢地区，包括朝阳、大路、渔沟、大庙、高楼、下楼、浍沟、尹集、韦集、虞姬、灵城等 11 个乡镇。

至 2015 年底，我县共划分 20 个乡镇（开发区）300 个行政村，总人口为 126.38 万人，其中农业人口 117.14 万人。已解决农村居民 75.58 万人和农村学校师生 2.64 万人的饮水不安全问题（国家下达指标为农村居民 75.28 万人和农村学校师生 2.64 万人），涉及全县 20 个乡镇（开发区）的 193 个行政村，农村自来水普及率达到 64.52%，通水行政村比例达到 64.33%。

表 1　2015 年底农村人口供水现状

乡镇数量	行政村数量	总人口	农村供水人口	集中式供水人口	其中：自来水供水人口	分散供水人口	农村自来水普及率
个	个	万人	万人	万人	万人	万人	%
20	300	126.38	117.14	75.58	75.58	50.80	64.52

表 2　农村饮水安全工程实施情况

合计			2005 年及"十一五"期间			"十二五"期间		
解决人口		完成投资	解决人口		完成投资	解决人口		完成投资
农村居民	农村学校师生		农村居民	农村学校师生		农村居民	农村学校师生	
万人	万人	万元	万人	万人	万元	万人	万人	万元
75.58	2.64	36883	23.04		10027	52.54	2.64	26856

2. 建设情况

2005 年以前，我县农村饮水问题主要解决方式为家庭手压井分散式供水，水源为浅层地下水。截至 2015 年底，我县先后建设农村饮水安全工程 156 处（含农村学校供水工程），通过兼并整合为 34 座水厂（含 1 座城市供水）。其中，"千吨万人"规模水厂 29 座，总供水能力 5.3 万 m³/d，涉及全县 19 个乡镇及 1 个经济开发区的 193 个行政村和 14 所农村学校。2005—2015 年，项目累计完成投资 36883 万元，其中财政配套资金 36123.55 万元、群众投劳折资及自筹资金 759.45 万元。

表 3　2015 年底农村集中式供水工程现状

工程规模	工程数量	设计供水规模	日实际供水量	受益乡镇数	受益行政村数	受益农村人口	自来水供水人口
	处	m³/d	m³/d	个	个	万人	万人
合计	34	53293	24264	20	193	75.58	75.58
规模水厂	31	53040	24113	—	—	75.09	75.09
小型水厂	3	253	151	—	—	0.50	0.50

3. 建设思路及主要历程

2005 年及"十一五"阶段，我县坚持"统筹规划，突出重点；防治并重，综合治理；

因地制宜，近远结合；城乡统筹，多渠道筹资；建管并重，良性运营"为基本原则，解决全县 23.04 万人农村居民的饮水不安全问题。"十一五"期间，我县主要以建设单村供水工程为主，建设农村饮水安全工程 109 处，项目总投资 10027 万元。

"十二五"阶段，我县本着以人为本，因地制宜，结合实际，整合提高，按照全面、协调、可持续的科学发展观和全面建设更高水平小康社会的要求，以加强农村供水基础设施建设、完善农村供水社会化服务体系为目标，坚持"科学规划、综合防治、先急后缓、逐步解决"为建设原则，解决全县 52.24 万农村居民和 2.64 万农村学校师生的饮水不安全问题。"十二五"期间，建设规模水厂 29 座，兼并整合 2005 年和"十一五"期间兴建的全部 109 处农村饮水安全工程，项目总投资 26856 万元。

三、农村饮水安全工程运行情况

1. 产权归属及运行管理方式

目前，我县农村饮水工程的产权归属及运行管理方式主要为以下三种模式：一是规模化供水工程其产权属国家所有，由灵璧县惠民农村供水有限公司（以下简称供水公司）管理。供水公司安排一批懂业务、会经营、有能力、责任心强的技术人员进行专业化管理，具体负责水厂的日常管理和设备维护、水费征收等工作。二是部分适度规模的集中供水工程由乡镇水利站管理。对于部分条件较好的乡镇，供水公司与乡镇水利站签订协议，由乡镇水利站具体负责部分规模较大的集中供水工程的运行管理。水厂日常管理由水利站指派或招聘人员负责，包括水费征收、电费缴纳、设备维护和管网维修等日常工作。公司对水厂的水质水量、管网维护、服务质量等予以监督。三是规模较小的集中供水工程即跨村扩网工程或改造工程，产权属国家所有，其日常管理由村委会指派或招聘专人具体负责运行管理和日常维护。实行自负盈亏、独立核算。供水公司具体负责行业管理和业务指导。

灵璧县惠民农村供水有限公司成立于 2011 年，由县工业经济委员会批准成立，性质为国有独资企业，公司共有 77 名员工，运行经费主要由收取的水费中提取。

2. 工程维修养护基金

为进一步做好农村饮水安全工作，加大建后管理力度，根据安徽省水利厅、财政厅《关于印发〈关于加强农村饮水安全工程建后管理养护的实施意见〉的通知》（皖水农〔2011〕230 号）精神和《安徽省农村饮水安全工程运行管理暂行办法》要求，我县 2011 年设立维修养护基金专户，为了正确使用维修养护基金，县农饮领导小组专门出台了《灵璧县农村饮水安全工程维修基金实施管理办法》，确保资金专款专用。2011—2015 年累计到位资金 372.1 万元，其中 2011 年 40 万元、2012 年 130 万元、2013 年 50 万元、2014 年 82 万元、2015 年 70 万元。截至 2015 年，使用维修养护基金 220 万元，资金用于小水厂整合以及平时管网维修，剩余 152 万元。

3. 县级水质检测中心

我县 2015 年建设水质检测中心 1 处，建设形式为依托规模水厂，工程投资 177 万元，其中中央投资 69 万元、省级财政配套 52 万元、县级财政配套 56 万元。水质检测中心具备 37 项检测指标。根据需求检测中心配备人员 4 名，其中管理人员 2 名、检测人员 2 名。

初步估算检测中心年运营成本为 22.21 万元，经费来源主要靠水费提成及对外开展业务社会服务收费等，不足部分由财政给予补贴。

4. 水源保护情况

我县的每个水厂的水源井从勘测设计到开凿成井都严格按照水源井保护要求，设立水源保护区。水源井均成井在远离垃圾场、排污口、化粪池等污染源的地方。每个水源井均设立水源保护区，建立醒目的警示标志，有条件的千吨万人水厂还安装全天候监控装备，对水源井、清水池等进行 24 小时实时监控，以保障供水安全。

为防止重大安全事故，减少供水损失，保障居民供水，我县水利局联合相关部门，出台了县级农村供水工程应急预案，供水公司也相应制定了供水应急预案，备好应急物资，定期进行应急演练，以更好地服务好广大用水户，保障用水安全。

5. 供水水质状况

我县供水水源为中深层地下水，主要净水工艺采取除氟设备、除铁锰设备、二氧化氯消毒设备，针对水质超标情况进行水质处理，处理后再进行直供或二次加压供水。水质不合格的主要指标是氟化物、铁锰含量超标。

6. 水价及水费收取情况

本着"保本微利，合理补偿"的原则，我县农村饮水工程水价经县物价部门核定，统一按 1.5 元/m³ 收取。由于农村居民居住分散，点多面广，流动性大，我县在部分水厂试行"两部制"水价，即年初按每户每年收取 60 元供 40m³ 水作为基本水费，年底抄表多出部分按 1.5 元/m³ 计量收取。

7. 监管情况

县农饮办负责对全县工程进行监管，对固定资产、规范化管理、入户费用收取、水质、水价、供水服务等方面全面监管，开展年度检查，数据分析，上报指导。同时接受县水利局及其他相关部门的监督。

8. 运行维护情况

工程后期运行管理由县惠民供水公司负责，供水公司制定了相关制度，确保工程良性运行。用电、用地、税收等方面均执行了国家相关优惠政策，用电执行农业生产用电，工程用地政府予以协调，暂不收取农村供水工程的运营税费。

四、采取的主要做法、经验及典型案例

（一）做法和经验

1. 出台相关政策

为了保障工程建后运行管理，县政府出台了《灵璧县人民政府办公室关于印发灵璧县农村饮水安全工程运行管理办法的通知》（灵政办发〔2013〕92 号）、《灵璧县人民政府办公室关于印发灵璧县农村饮水安全工程应急预案的通知》（灵政办发〔2013〕38 号）、《关于印发灵璧县集中式地下饮用水源保护区划分意见的通知》（灵政办发〔2011〕86 号），县农饮小组出台并印发《关于印发〈灵璧县农村饮水安全工程维修基金实施管理办法〉的通知》（灵农饮〔2011〕4 号）；为规范资金使用，县财政局印发了《关于进一步加强政府投资项目资金管理的通知》（灵财建〔2014〕74 号），县财政局、水利局制定并印发《关于印发〈灵璧县农村饮水安全项目资金管理暂行办法〉的通知》（财建〔2008〕121号）；为确保工程的顺利实施，每年县水利局与财政局联合制定并下发当年度的实施方案，农饮小组制定并印发《关于印发〈灵璧县农村饮水安全工程建设管理暂行办法〉的通知》（灵农饮〔2008〕3号），农饮办制定工程建设有关管理规章制度；对入户费及水费方面，县物价局出台了《关于重新核定农村安全饮水工程入户建安价格的函》（灵价〔2014〕43号）、《关于重新核定农村饮水安全工程供水价格的批复》（灵价〔2012〕55号）。

2. 经验总结

为确保完成目标建设任务，我县因地制宜，多措并举，积极探索，创新思路，在农村饮水工程建设运行管理方面取得了一定的成效与经验。

一是加强领导，明确责任。为做好我县农村饮水安全工程建设，确保项目的顺利实施，县政府成立了农村饮水工程领导小组，由分管县长任组长，水利、发改、财政、卫生、环保、国土等相关部门领导为成员。为强化责任落实，县政府与工程所在乡镇签订农村饮水工程目标责任书，逐级细化量化目标。各相关乡镇按负责做好征地拆迁、矛盾纠纷调处、群众自筹资金等相关工作；县水利局具体负责工程实施；财政局负责项目资金管理；其他各部门明确责任，各司其职，密切配合，形成合力，确保农村饮水安全工作有序进行。

二是广泛宣传，提高认识。通过《安徽日报》《安徽经济报》《拂晓报》《灵璧报》《灵璧县民生简报》及网络、电视等媒体进行广泛宣传，并结合标语、横幅、宣传车、宣传台、宣传册及发放宣传品、发送短信等灵活多样的宣传形式，对全社会进行饮水安全知识普及和有关政策宣传，提高广大群众对农村饮水安全工程的知晓度和满意率，努力营造有利于项目建设的良好的舆论氛围。

三是合理布局，优化设计。为使工程发挥最大效益，我县树立"农村供水城镇化，城乡供水一体化"的建设目标，立足长远，着眼全局，因地制宜，科学谋划。规划方面，坚持集中供水、规模供水的思路，打破行政界限，实现资源共享，降低运行成本；设计方面，在满足经济合理、技术可行的前提下，优化设计方案，优选新设备、新工艺，通过集中式水箱二次加压全自动供水，实现水压、水量、水质的在线监测和对取水、加药、净化、消毒、供水的全程监控。通过优化整合，逐步实现了水厂规模化、集约化，提高了供水水平。

四是实行"六制"，强化质量。在实施过程中，我县牢固树立"质量第一"的思想，坚持把质量作为农村饮水安全工程的"生命线"紧抓不放。严格实行项目法人制、招投标制、建设监理制、资金报账制、合同管理制和竣工验收制等工程"六制"；建立项目建设目标管理考评体系，明确职责任务、保障措施、经费投入、序时进度、质量标准、管理制度及考核办法；水厂运行管理单位全程参与工程建设，既强化了工程质量监督，也实现了建与管的无缝对接。

五是积极创新，明晰产权。为确保工程建成后正常运行，本着有利于群众使用、有利于工程效益发挥、有利于水资源可持续开发和利用的原则，我县积极探索工程运行管理模式，设立工程维修养护基金专户，成立县级农村供水工程有限公司，对农村饮水工程实行专业化管理，市场化运营。同时结合我县实际，在明确工程产权为国有的基础上，在县水利、卫生、物价等部门的业务指导和有效监督下，由供水公司直接负责农村饮水工程的运行管理。供水水价由物价部门核定，根据"保本微利"的原则，结合县情实际情况，经成本核算，我县农村饮水安全工程水价为 1.5 元/m³。工程用电执行农业生产用电价格；用地和税费按照国家和省有关规定执行优惠政策。通过公司化管理、市场化运作机制的建立，大多数工程初步实现了良性运行。

六是健全机制，规范管理。为管好、用好农村饮水工程，确保工程效益充分发挥，我县及时完善出台了农村饮水工程运行管理相关文件、规定，制定《灵璧县农村饮水安全工程建设管理暂行办法》《灵璧县农村饮水安全工程运行管理暂行办法》《灵璧县农村饮水安全工程维修基金管理实施办法》等，严格执行最严格水资源管理制度，建立以制度管理和约束水厂运行的工作机制。通过对水厂的水压、流量、水质等在线数据的监测检查，及时捕捉信息，实行有效监督。对水质管理实行严格的三级检测制度，即：水厂化验室日常检测、县供水公司常规检测和县卫生疾控中心巡检抽检制度，实现对水源、生产、供水、用户的全程监控。通过规范管理，维护市场秩序，创造公正、合理、稳定的供水市场。

（二）典型工程案例

冯庙水厂农村饮水安全工程建设与运行管理：

冯庙水厂属灵璧县 2014 年农村饮水安全工程，设计供水总人口 45633 人，其中 2014 年解决规划内人口 24600 人，涉及冯庙镇张汪、邹圩、大王、木谷、大卢、黄家、冯庙等 7 个行政村；兼并张汪、后曹、后刘、大王冯居等 5 个供水点和南周、后朱、双李 3 座小型水厂 21033 人。

冯庙水厂于 2014 年 12 月 15 日进行设备调试及试运行，标志了主体工程的全部完工。水厂于 2015 年 5 月 13 日进行了单位工程验收。

为保证农村饮水安全工程建后的良性运行，我县 2011 年成立了灵璧县惠民农村供水有限公司，作为水厂运行专管机构，并以乡镇水利站为依托，对工程进行专业化管理，市场化运作。制度上，供水公司制定了设备、供水管网使用及维修管理制度以及管理人员的相关制度标准；日常管理上，供水公司安排值班人员具体负责水厂的日常管理，包括设备维护保养、管网巡查检修、收费收缴以及值班记录等；因冯庙水厂水源井氟、锰含量超标，在工程建设时采购安装了除氟设备、除锰设备，在日常水质监测中，每周水厂对出厂水和末梢水进行 1 次常规检测，县疾病预防控制中心每年检测 2 次（枯水期和丰水期各 1 次）。

五、目前存在的主要问题

1. 水厂用地方面

主要问题为农村水厂用地未办理土地使用证。农村饮水安全工程为民生工程，年度计划下达较迟，民生工程考核要求当年任务当年完成，而土地使用证办理手续繁杂，办理周期长，占用非建设用地指标需经省里批准，诸多原因造成水厂占地是多采取直接同村集体签订土地使用协议的形式，有县土地部门出具的用地意见的也只有小部分工程，致使工程用地手续不完善，容易造成土地产权纠纷，给水厂资产移交和后续管理留下问题隐患。

2. 工程建设方面

主要问题为 2005 年实施的农村饮水安全工程管网不完善，工程未入户。因该批工程是第一批农村饮水安全项目，因受当时规划设计思路、经济水平、投资政策等诸因素影响，该项目仅完成中央投资部分实施的主体工程，供水管网不完善，未实施入户工程，供水方式实行集中供水点供水，群众受益率低。

3. 运行维护方面

主要问题：一是农村外出务工人员多，用户用水量小，水厂运行困难。因农村大量青壮年人口外出务工，用户用水量小，甚至出现不少常年"空方"用户，致使水厂单位供水成本加大，造成水厂运行困难。二是供水水价偏低，水厂运行难度大。

4. 水质保障方面

主要问题是水处理设备运行成本高，资金落实困难。我县农村饮水不安全问题，主要是氟、铁、锰超标，建成的 33 座农村水厂中有 10 座需要配备水处理设备，正常运行每立方米水成本增加 0.3~0.4 元。特别是氟处理设备，目前多数采用的是羟基磷灰石吸附再生法除氟，设备运行 2 年左右就需更换羟基磷灰石滤料，更换一次费用需 15 万~20 万元，资金落实困难。

六、"十三五"巩固提升规划情况及长效运行工作思路

1. "十三五"规划情况

围绕实施脱贫攻坚工程、全面建成小康社会的目标要求，实行"三年集中攻坚、两年巩固提升"，到 2018 年，全县总体上达到脱贫标准；到 2020 年，现行标准下农村贫困人口全部脱贫，稳定实现不愁吃、不愁穿，饮水安全有保障，解决区域性整体贫困。

灵璧县在农村饮水安全巩固提升工程"十三五"期间共规划工程 69 处，其中新建工程 20 处、管网延伸工程 24 处、改造工程 1 处、巩固提升工程 24 处，新增供水能力 22513.3m³/d，新增受益农村人口 38.44 万人（贫困人口 1.13 万人），巩固提升工程改善受益人口 9.69 万人。工程总投资 21369 万元。

实施新建工程的同时，对原有的水厂加强运行管理，确保工程正常发挥效益，得到良性运行。

表4 "十三五"巩固提升规划目标情况

农村集中供水率（%）	农村自来水普及率（%）	水质达标率（%）	城镇自来水管网覆盖行政村的比例（%）
96	88%	72	35

表5 "十三五"巩固提升规划新建工程和管网延伸工程情况

工程规模	新建工程					现有水厂管网延伸			
	工程数量	新增供水能力	设计供水人口	新增受益人口	工程投资	工程数量	新建管网长度	新增受益人口	工程投资
	处	m³/d	万人	万人	万元	处	km	万人	万元
合计	20	22248	32.20	12.51	8321	24	1617	26.51	9997
规模水厂	10	20300	28.79	9.10	6621	23	1604	26.3	9917
小型水厂	10	1948	3.41	3.41	1700	1	13	0.21	80.11

表6 "十三五"巩固提升规划改造工程情况

工程规模	改造工程					
	工程数量	新增供水能力	改造供水规模	设计供水人口	新增受益人口	工程投资
	处	m³/d	m³/d	万人	万人	万元
合计	1	258.33		0.37	0.27	116.36
规模水厂						
小型水厂	1	258.33		0.37	0.27	116.36

2. 建议及展望

一是按照城乡供水一体化的发展方向，重点发展区域集中连片规模化供水工程。采取"以城带乡、以大带小，以大并小、小小联合"的方式，"能延则延、能并则并、能扩则扩"，科学合理确定工程布局与供水规模。

二是着力加强工程运行管护，建立工程良性运行长效机制，通过明晰工程产权，保障合理水费收入，落实运行管护经费，保障工程长期发挥效益。

三是推进工程管理体制和运行机制改革，建立健全县级农村供水管理机构或农村供水专业化服务体系，进一步探索科学合理的水价及收费机制、工程运行管护经费保障机制，进一步加强水质检测、水源保护区和信息化建设；加大对水厂运行管理关键岗位人员的业务能力培训，进一步通过水厂管理专业化水平。

泗县农村饮水安全工程建设历程

（2005—2015）

（泗县水利局）

一、基本概况

泗县位于安徽省淮北平原的东北部，地处东经 117°37′～118°10′，北纬 33°16′～33°46′，东接江苏的泗洪县，西与灵璧县毗邻，北与江苏睢宁县接壤，南与五河相邻。

泗县地处濉河流域中下游地区。全境河流自西北向东南流入洪泽湖，故可总称之为洪泽湖水系，但从入湖位置上的不同亦可分为漴潼河水系、安河水系、濉河水系、新汴河水系。

泗县辖 15 个乡镇、1 个开发区。县境总面积 1787km²，耕地面积 139.4 万亩。截至 2015 年底，全县总人口 94.04 万人，其中农村人口 87.65 万人。全县国内生产总值 107.1 亿元，农业总产值 25.02 亿元，粮食总产量 84.5 万吨，农民人均年纯收入 5648 元。

二、农村饮水安全工程建设情况

1. 实施农村饮水安全工程前，我县共有饮水不安全人口为 62.42 万人，其中饮用水氟超标人口 34.31 万人、饮用苦咸水人口为 14.53 万人、饮用污染水人口为 12.79 万人。饮水水源保证率不达标人口为 0.79 万人。截至 2015 年底，农村总人口 87.65 万人，饮水安全人口 62.42 万人，自来水普及率 71.2%；全县共计 174 个行政村，通水行政村为 128 个，通水比例为 73.6%。2005—2015 年，省级计划投资 31027 万元，计划解决人口为 62.42 万人。

表1　2015 年底农村人口供水现状

乡镇数量	行政村数量	总人口	农村供水人口	集中式供水人口	其中：自来水供水人口	分散供水人口	农村自来水普及率
个	个	万人	万人	万人	万人	万人	%
16	174	94.04	87.65	62.42	62.42	25.23	71.2

表2　农村饮水安全工程实施情况

合计			2005 年及"十一五"期间			"十二五"期间		
解决人口		完成投资	解决人口		完成投资	解决人口		完成投资
农村居民	农村学校师生		农村居民	农村学校师生		农村居民	农村学校师生	
万人	万人	万元	万人	万人	万元	万人	万人	万元
62.42	2.34	31027	13.85		6102	48.57	2.34	24925

2. 2005—2015 年全县已建供水工程 87 处，通过并网改造后截至 2015 年底，我县共有 37 处集中式供水工程，集中式供水工程的水源类型均为地下水，供水方式为供水入户。我县集中式供水工程总供水规模为 34856m³/d，集中供水受益总人口为 62.4244 万人。其中，供水规模 5000 ~ 1000m³/d 的工程有 17 处，总供水规模为 40418m³/d，受益人口为 55.3379 万人；供水规模 1000 ~ 200m³/d 的工程有 10 处，总供水规模为 3399m³/d，受益人口为 5.3995 万人；供水规模 200 ~ 20m³/d 的工程有 10 处，总供水规模为 1373m³/d，受益人口为 1.687 万人。自来水入户率约 88%。

表3　2015 年底农村集中式供水工程现状

工程规模	工程数量	设计供水规模	日实际供水量	受益乡镇数	受益行政村数	受益农村人口	自来水供水人口
	处	m³/d	m³/d	个	个	万人	万人
合计	37	45190	35674	15	103	62.42	54.71
规模水厂	17	40418	32334	15	103	55.34	49.81
小型水厂	20	4772	3340	—	—	7.08	4.9

3. "泗县十一五"期间解决 13.85 万人饮水安全问题，分年实施情况如下：

（1）2005 年农村安全饮水工程解决 0.9 万人饮水氟超标问题，新建村级供水工程 9 处，工程总投资 284 万元。

（2）2006 年农村安全饮水工程解决 2.85 万人饮水氟超标问题，共建村级供水工程 20 处，总投资 1035 万元。项目工程建设分两批实施：第一批解决 2.2 万人饮水安全问题，工程投资 781 万元，建村级供水工程 17 处；第二批解决 0.65 万人饮水安全问题，工程投资 254 万元，建村级供水工程 3 处。

（3）2007 年农村饮水安全工程解决 1 万人饮水氟超标问题，共建村级供水工程 6 处，总投资 397 万元。

（4）2008 年农村饮水安全工程解决 1.7 万人饮水安全问题。其中，解决饮用污染水人口为 9000 人，解决饮用苦咸水人口为 8000 人。新建村级供水工程 6 处，工程总投资 663 万元。

（5）2009 年农村饮水安全工程解决 2.5 万人饮水安全问题，新建村级供水工程 9 处，工程总投资 1241 万元。项目工程建设分两批实施：第一批解决 1.5 万人饮水安全问题。

其中，污染水人口为 4840 人；解决苦咸水人口为 5840 人；解决高氟水人口为 4320 人。工程投资 745 万元，建村级供水工程 6 处。第二批解决 1 万人饮水氟超标问题，工程投资 496 万元，建村级供水工程 3 处。

（6）2010 年农村饮水安全工程解决 5 万人饮水安全问题，其中，解决氟超标人口为 21406 人，解决苦咸水人口 38594 人。新建村级供水工程 11 处，总投资 2482 万元。项目工程建设分两批实施：第一批解决 3 万人饮水安全问题，工程投资 1489 万元；第二批解决 2 万人饮水安全问题，工程投资 993 万元。

4. 泗县"十二五"期间解决 48.57 万人饮水安全问题，分年实施情况如下：

（1）2011 年解决 6 万农村人口和 0.39 万学校师生的饮水安全问题，新建水厂 3 处，工程总投资 3070 万元。

（2）2012 年农村饮水安全工程解决 9.13 万农村人口和 0.72 万学校师生饮水安全问题。新建水厂 4 处，管网饮水工程 2 处，解决学校 7 处。工程总投资 4745 万元。

（3）2013 年农村饮水安全工程新建水厂 4 处，管网延伸工程 2 处，解决学校饮水问题 4 处。解决 8.5 万农村人口和 0.45 万学校师生的饮水安全问题。工程总投资 4385 万元。

（4）2014 年农村饮水安全工程新建水厂 3 处，解决学校饮水问题 4 处。解决 12.35 万农村人口和 0.5 万学校师生的饮水安全问题。工程总投资 6325 万元。

（5）2015 年农村饮水安全工程新建水厂 5 处，管网延伸工程 2 处，解决学校饮水问题 4 处。解决 12.59 万农村人口和 0.35 万学校师生的饮水安全问题。工程总投资 6400 万元。

三、农村饮水安全工程运行情况

1. 我县农村饮水安全工程专管机构是泗县农村饮水安全工程管理中心，成立于 2009 年，批复单位为县编办，属于事业单位性质，定员 3 人，运行经费来源财政拨款。

2. 2010 年设立饮水安全工程运行维护资金，制定了严格的运行管理资金使用办法，为工程的长期运行提供了有效保证。所设立的运行维护资金应由县级水行政主管部门专户存储，专款专用，并接受县级以上地方人民政府有关部门的监督检查。基金的来源县政府每年从财政预算给一点，供水公司在从水厂收益中提取 10% 补一点，到 2015 年底运行管理资金总数为 168 万元。

3. 县级水质检测中心依托 2012 年建设的三湾水厂进行建设，总投资 206 万元，主要检测仪器有酸度计、电导仪、散射浊度仪、便携式多参数水质检测仪、显微镜、培养皿、原子吸收分光光度仪、原子荧光光度计、气相色谱仪、离子色谱仪、红外测油仪、固相萃取仪等，能够满足常规检测和非常规检测的要求，同时还配备了 1 台现场采样车辆和仪器。检测项目 37 项，对Ⅰ型供水工程每月检测 1 次，Ⅱ型工程每季度检测 1 次，Ⅲ型及以下工程每半年检测 1 次。运行经费由财政支付，人员编制数量为 8 人，其中 6 人为专业水质检测人员。

4. 作为生活用水的水源，为防止人为破坏及水源污染，保证水质，根据工程的不同类型和所处的地理位置，按照国家制定的《生活饮用水卫生标准》（GB 5749—2005）中水源卫生防护的规定，结合《安徽省农村饮水安全工程管理办法》（省人民政府令第 238

号)、《安徽省城镇生活饮用水水源环境保护条例》，制定切实可行的防止水污染措施，设置生活饮用水水源环境保护区，以保证水源可持续利用。

7. 2005—2015 年全县已建供水工程 87 处，通过并网改造后截至 2015 年底，我县共有 37 处集中式供水工程，集中式供水工程的水源类型均为地下水，供水方式为供水入户。我县集中式供水工程总供水规模为 34856m³/d，集中供水受益总人口为 62.42 万人。其中供水规模 5000～1000m³/d 的工程有 17 处，总供水规模为 40418m³/d，受益人口为 55.34 万人；供水规模 1000～200m³/d 的工程有 10 处，总供水规模为 3399m³/d，受益人口为 5.4 万人；供水规模 200～20m³/d 的工程有 10 处，总供水规模为 1373m³/d，受益人口为 1.69 万人。

37 处集中供水工程项目管理单位归口泗县农村饮水安全工程领导小组管理，项目法人为泗县清泉供水公司，公司实行定编、定岗、定人，人员公开对外招聘。在保证安全供水的前提下，给予公司自主经营权，以目标形式核定全年收支任务。

17 处"千吨万人"以上水厂，水处理设施完善，消毒设备完善，配备化验室，供水水质达标，配水管网齐全，运行管理人员配备齐全，运行情况良好。具体情况见附表-泗县农村供水工程现状基本情况表

10 处供水规模 200～1000m³/d 的供水工程，水处理设施完善，消毒设备完善，配备化验室，供水水质达标，配水管网齐全，运行管理人员配备基本齐全，运行情况良好。

10 处供水规模 20～200m³/d 的供水工程，水处理设施完善，消毒设备完善，供水水质达标，局部配水管网毁破渗漏，运行情况基本正常。

四、采取的主要做法、经验及典型案例

(一) 做法和经验

泗县水利局高度重视工程建设及建后管理，积极探索新形势下农村饮水安全工程管理的新路子，最大限度地发挥工程效益，探索出一套"规模化发展、统一化管理、企业化经营、专业化服务"的建设管理模式，取得了显著成效。具体做法是：

1. 规模化发展，实现农村用水一体化的目标

泗县 2007 年之前，农村饮水工程覆盖面小，供水受益人口少，使用率较低，运行成本高，群众无法正常用水，个别工程设施长期闲置不用，造成资源的极大浪费。针对这一情况，泗县水利局按照就近的原则进行并网整合，打破行政区划，实行整村连片推进，扩大供水规模，集中统一管理。实现全县水厂联成一张网，全县同网同质同价，实现农村用水一体化的目标。

2. 统一化管理，形成区域农饮工程长效运行机制

一是建立统一管理组织。2009 年泗县水利局成立了泗县清泉农村供水工程有限责任公司，负责统一管理全县农村饮水工程。2011 年成立泗县农村饮水工程管理中心，管理县级信息化中心、水质化验中心和县维修养护资金，负责政策法规的执行、监督供水公司的供水服务质量、协调处理供水公司的水事纠纷，确保了国家供水惠民政策的落实和受益群众的基本权益得到保障。

二是完善统一规章制度。我县根据《安徽省农村饮水安全工程管理办法》《水利产

业政策》《安徽省农村饮水工程运行管理办法（试行）》等法律法规和文件规定，结合我县实际，出台了《泗县农村饮水安全工程运行管理办法》。建立和完善了工程建设、管理及使用各项规章制度。与此同时，我县制定了《泗县农村饮水安全工程突发水质污染事件应急措施》，确保在我县范围内发生供水污染事件时，能够及时有效地调集各方面救援力量，最大限度地减少突发水质污染事件可能造成的危害和损失，保障人民群众身体健康安全。

三是设立统一农村饮水安全运行管理资金。泗县水利局于 2010 年设立饮水安全工程运行维护资金，制定了严格的运行管理资金使用办法，为工程的长期运行提供了有效保证。所设立的运行维护资金应由县级水行政主管部门专户存储，专款专用，并接受县级以上地方人民政府有关部门的监督检查。基金的来源县政府每年从财政预算给一点，供水公司在从水厂收益中提取 10% 补一点，到 2012 年底运行管理资金总数为 150 万元。

四是统一收费。公司实行有偿供水，计量收费，每月基本用水量为 $3m^3$ 计算，用户实际用水量超过基本用水量的，按实际用水量计收水费；用水户实际用水量达不到基本用水量的，按基本用水量计收基本水费。用水单位或用水户要按规定的日期缴纳水费，逾期不缴者，每天加收 2‰ 的滞纳金；超过期限仍不交纳者，可停止供水。

为保障广大群众的利益，实现良性循环发展的目标，公司实行水费、入户费规范化收缴制度。县物价部门核定入户费和用水收费标准，供水公司依据物价局统一执行。具体标准为：（1）居民生活用水每月 $10m^3$ 以下为 1.5 元/m^3；（2）居民生活用水每月 $10m^3$ 以上为 1.7 元/m^3，非居民生活用水为 1.8 元/m^3。

公司积极通过多种形式，提高广大用水户的参与程度。一是聘任农民监督员、定期召开用水户座谈会，让大家自觉自愿地参与到农村供水工作中，了解和认可工程管理体制和运行机制。二是物价和水利部门在召开水价听证会时，邀请用水户代表一同参加，让用水户了解水价构成，并对水价制订提出意见和建议。三是在水费征收上，实行按月收费，收费开票到户，并在一定范围内进行公示，做到水量、水价、水费公开。

3. 企业化经营，盘活资产壮大队伍实现双赢

2007 年农村饮水安全工程纳入民生工程后，国家投资加大，水厂数量增多、规模增大，形成的国有资产越来越大。与此同时，已经移交乡村管理的工程由于规模小、用户少，暴露出工程无人管、电费无人缴、工程坏了无人修，无法正常使用的群众意见大，政府不满意，水利局还得义务维护的尴尬局面。另一方面，水利局乡镇水利站有 100 多职工有技术、会管理，因体制改革没编制、没财政供给，水利局队伍难稳定。针对我局实际情况，为了更好地管理和使用全县农村饮水安全工程，合理盘活好这一大型国有资产，充分发挥农村饮水安全工程的经济效益和社会效益，造福广大人民群众。2009 年正式挂牌成立了泗县清泉农村供水工程有限责任公司。公司依托 17 个水利站成立了分公司，按照"自主经营，独立核算，严格开支，逐步积累，滚动发展"企业模式进行运作经营，总公司负责对全县农村供水设施进行管理，并指导农村水厂做好安全管理、营销管理、优质服务、管网延伸服务等工作。各乡镇分公司负责对辖区供水工程的运行管理，保持设备和供水管网正常运行。农村饮水安全工程竣工验收合格后，县水利局把产权移交泗县清泉供水工程公司，以供水公司为龙头形成一批优良资产。

目前，我县建成的 75 处农村饮水安全工程中总公司直接经营管理的水厂有 2 个，其余 73 处工程分别由工程所在的分公司负责经营管理，由于对分公司采取"自主经营，独立核算"管理模式，充分调动他们的积极性。如墩集镇水利站有职工 13 人，其中 8 人没有编制，财政不供给，水利站就连职工的 60% 工资都很难保证，没有几人正常工作，基本上是一团散沙。2009 年泗县清泉供水工程有限责任公司以水利站为依托成立墩集分公司，总公司将汴河新村、石梁河村、霸王村、墩集村、仇岗村、赵王村等供水工程交其管理。公司管理引进竞争手段，管理人员包片，村级管理员包村、工资奖励相结合，奖金和管理人口、管理效益、服务质量相挂钩，极大调动广大职工积极性。经过四年多来的运营，工程维修养护比较及时，群众缴费积极性明显提高，企业经营效益稳定增长，职工不仅工资得到了保证，各种福利也随之而来。由于得到实惠，墩集分公司先后承接了下杨村、齐岗村、张陶村等村办水厂的经营，同时通过管网延伸解决了大魏村、孙刘村、佃户村等村的饮水问题，扩大了经营范围，增加了收入。从根本上解决了以往农村供水工程用水难、收费难、管理难的问题，实现了工程管理单位省力、用水群众受益的双赢局面。

公司财务严格实行"收支两条线"管理，分公司收取所有费用全额上缴总公司，总公司返回支出人员工资、电费等。利润分配方案如下：2013 年底前公司分配当年税后利润时，提取利润的 20% 列入总公司法定公积金，用于工程大修和突发事件处理，其余全额返还各分公司，2014 年起，总公司预留利润 30%～35% 资金，用于工程维护和必要的管网延伸，扩大供水范围，进行扩大再生产。如大杨分公司 2012 年共收取水费及入户费 39 万元全部上缴总公司，总公司返还大杨分公司 29 万元。其中人员工资 7.2 万元、电费 7.5 万元、维修费 2.8 万元、入户材料费 11.3 万元、总公司提取 1.94 万元作为公积金，其余 7.76 万元全部返还大杨分公司，分公司自主支配。企业逐步实现了"以水养水、独立核算、自负盈亏"的目标。

4. 专业化服务，保障广大群众用水方便安全

为保证工程良性运行，清泉农村供水公司组成了 40 多人的工程部，配备了老、中、青相结合的专业队伍。为给广大农村用水户提供优质服务，供水公司还设立了农村饮水安全工程服务热线电话，同时在各村显要位置公布维修电话、管理人姓名、电话，方便群众联系。在节假日用水高峰时总公司成立抢修队，24 小时值班保障广大群众用水。如停水超过 1 天，将通过广播、电视等形式提前通知用户，做好应急准备。

为提高管理队伍人员素质，公司每年聘请专家对水厂的管理和技术人员进行 2 次以上技术培训，以更好地服务于农村饮水工程。2012 年 7 月请到水利部农村节水与农村供水中心专家及各厂家专业技术人员授课、并进行现场解答操作中的问题，有 50 人通过了协会颁发的水厂管理上岗合格证。公司积极派员参加水利部农村饮水中心组织的水质化验人员上岗培训。

县政府对水源地挂牌保护，水厂定期进行水质监测。供水公司各和水厂都制定了农村饮水安全工程突发水质污染事件应急措施，确保发生突发事件时，能够严密组织，协同作战，及时有效的调集各方面救援力量，最大限度地减少事故可能造成的危害和损失程度，维护社会的稳定。

（二）典型工程案例

1. 工程概况

泗县吴圩水厂位于丁湖镇吴圩村，供水范围涉及丁湖镇吴圩村、椿韩村、文湖村、苗尤村 6 个行政村，现状总人口 16546 人，规划总人口 18514 人。2013 年 12 月水厂建成，解决了群众安全饮水问题。

吴圩水厂供水工程概算静态总投资 835.73 万元，其中，工程部分静态总投资 806.52 万元，工程占地及拆迁补偿投资静态总投资 24.8 万元，水土保持与环境保护静态总投资 4.4 万元。

2. 建设管理

供水项目管理单位归口安徽省泗县农村饮水安全工程领导小组管理，项目法人为泗县清泉供水公司。工程建设和日常运行管理由泗县清泉供水公司负责。公司主持工程建设的全面日常工作，按照"项目管理法人制、招标投标制、监理制、合同制"要求进行工程建设管理（即按水利行业基本建设管理程序）。工程完工正式投产后，根据工程具体情况建立能良性运营的管理机制和管理制度。管理制度主要包括：岗位责任制，运行操作规程，日常保养、定期维护和大修制度，水源保护、卫生防护等供水安全保障制度，计量收费制度和财务管理制度。

泗县水利局划定了吴圩水厂工程保护范围，工程保护范围不小于其外围 30m，吴圩水厂在保护范围内设置警示标志。在划定的水厂工程保护范围内，禁止从事危害工程设施安全的行为。在农村饮水安全工程供水主管道两侧各 1.5m 范围内，禁止从事挖坑取土、堆填、碾压和修建永久性建筑物、构筑物等危害农村饮水安全工程的活动。在水厂的清水池、泵站外围 30m 范围内，任何单位和个人不得修建畜禽饲养场、渗水厕所、渗水坑、污水沟道以及其他生活生产设施，不得堆放垃圾。

吴圩水厂在丁湖供水公司的严格管理下，入户率达到了 90%，水质出厂合格率达到了 83%。解决了群众安全饮水问题，受到了广大群众的拥护。

五、目前存在的主要问题

1. 现有的水厂都由各乡镇分公司负责经营管理维护，总体较好，但近年群众建房取土等工程活动经常挖断水管，管网漏水严重，影响正常供水。

2. 由于外出务工人员较多，入户率较低，收取有限的水费扣除电费，工人工资，基本处于亏本状态。

3. 项目区群众觉悟不高，收费收取困难，没有形成自觉、按时按量缴费的意识。

六、"十三五"巩固提升规划情况及长效运行工作思路

1. "十三五"巩固提升规划情况

我县根据本地区的实际，通过农村饮水安全巩固提升工程实施，采取新建和改造等措施，到 2018 年底前，实现贫困村村村通自来水；到 2020 年，全面解决贫困人口饮水安全问题，实现集中供水工程全覆盖，农村集中供水率达到 100%，水质达标率为 90%，自来水普及率达到 85% 左右，集中供水工程的供水保证率不低于 90%。建立健全工程良性运

行机制，提高运行管理水平和监管能力。

2016—2020 年：新建集中式供水工程 12 处，供水总规模为 15500m³/d，新增受益人口 19.19 万人，工程投资 11738.40 万元；管网延伸工程 7 处，新增受益人口 1.4 万人，工程投资 578 万元；改造集中供水工程 6 处，新增受益人口 3.58 万人，解决 8 个贫困村 8395 贫困人口的饮水安全问题，总投资 1907 万元；水质净化和管网设施改造、消毒设备配套工程 8 处，改善受益人口 3.57 万人，投资 1471.11 万元。水源防护设施建设 32 处；规模化水厂化验室建设 11 处；规模化水厂自动化监控系统建设 11 处；水质状况实施监测试点建设 11 处；县级农村饮水安全信息系统建设 1 处。农村饮用水水源保护、水质检测与监管能力建设总投资 318.70 万元。

表4　"十三五"巩固提升规划目标情况

农村集中供水率（%）	农村自来水普及率（%）	水质达标率（%）	城镇自来水管网覆盖行政村的比例（%）
96	87	80	39

表5　"十三五"巩固提升规划新建工程和管网延伸工程情况

工程规模	新建工程					现有水厂管网延伸			
	工程数量	新增供水能力	设计供水人口	新增受益人口	工程投资	工程数量	新建管网长度	新增受益人口	工程投资
	处	m³/d	万人	万人	万元	处	km	万人	万元
合计									
规模水厂	11	15100	18.77	18.77	11481	7	2100	1.40	578
小型水厂	1	400	0.42	0.42	258				

表6　"十三五"巩固提升规划改造工程情况

工程规模	改造工程					
	工程数量	新增供水能力	改造供水规模	设计供水人口	新增受益人口	工程投资
	处	m³/d	m³/d	万人	万人	万元
合计	6	2980	18918	23.04	3.56	1907
规模水厂	4	2330	16698	20.70	2.89	1541
小型水厂	2	650	2220	2.34	0.69	366

2. 农村饮水安全工程长效运行思路

（1）加强县级农村饮水工程管理中心建设，充分发挥农村饮水工程管理中心的职能，管理县级信息化中心、水质化验中心和县维修养护资金，负责政策法规的执行、监督供水公司的供水服务质量、协调处理供水公司的水事纠纷，确保了国家供水惠民政策的落实和受益群众的基本权益得到保障。

（2）加强县级水质检测中心建设，提高县级水质检测能力，开展专业培训，提升检测人员的业务水平，争取县级水质检测中心具备相应资质。

（3）加大宣传力度，让群众充分了解饮水安全的重要性，提升他们的积极性，从而提高自来水入户率。

（4）经常对工程管理人员进行技术培训，提升管理队伍的业务水平，保障工程正常运行。

（4）全面建立合理水价和收费机制，制定切实可行的措施，保障收费的正常收取，进而保障工程正常运行。

萧县农村饮水安全工程建设历程

（2005—2015）

（萧县水利局）

一、基本概况

萧县位于安徽省北部，黄淮海平原南端，总面积 1885km²，由于黄泛冲击原因，形成了西南平原、故黄河高地和东南浅山区三个不同自然区域的结合体，主属黄淮冲积平原。西南平原区面积约 1179km²，地面高程由西北向东南缓倾，为 39～33m，地面坡降约为 1/7000；故黄河高地面积约为 194km²，地面高程 42～39m；东南山区面积约为 512km²，属低山残丘，最高海拔为 395m。平原区以沙质土壤为主；故黄河高地有沙土和淤土；东南山区主要为山淤土和山红土等土壤结构。

萧县属暖温带半湿润半干旱性季风气候区，处于北亚热带和暖温带的过渡带，兼有南方和北方气候的特点，冬季干冷，夏季多雨，四季分明，雨量适中，萧县多年平均降雨量为 789.4mm，但降雨量季节分配不均，年际变化悬殊。萧县多年平均水面蒸发量为 988mm，多年平均陆面蒸发量为 669.4mm，降雨量小于水面蒸发量，干旱指数为 1.2。

截至 2015 年底，全县辖 23 个乡镇，共有 257 个行政村，人口 141 万人，其中农业人口 121 万人。我县属淮北平原旱粮农作区，农作物为一年两作制。主要粮食作物有小麦、玉米、黄豆、山芋，经济作物有棉花、油料，水果有葡萄、苹果等。萧县多年平均水资源总量为 5.43 亿 m³，全县人均水资源占有量为 480m³，亩均占有量为 279m³，占全省人均水资源占有量的 43.2%，亩均占有量的 34.8%，属水资源严重缺乏地区。

二、农村饮水安全工程建设情况

1. 农村人口饮水安全解决情况

根据省水利厅的要求，我县于 2005 年 3 月份完成了全县农村饮水现状调查评估。报告显示，我县农村供水方式分为分散式供水和集中式供水两种，而以分散式供水为主，供水设施为手压井，分散式供水人口为 114.55 万人，主要取用 50m 以内浅层地下水作为生活饮用水，有的含氟量超标，有的丰水期大肠杆菌超标，污染严重，用水水质不达标。截至 2006 年底，我县有集中式供水工程 67 处，供水总规模在 4265m³/d，受益人口为 6.8 万人，其中，供水到户工程 20 处，受益人口为 2.34 万人；集中供水点工程 47 处，受益人口 4.46 万人，用水方便程度难以保证。我县农村饮水不安全总人数为 32.3 万人，不安全类型为氟超标、污染水，用水量、用水方便程度及用水保证率不达标。我县氟超标人口主要分布在北部和中西部地区，氟超标人口为 23.39 万人，污染水人口为 5.6 万人，我县集中供水工程水源类型为深层地下水，无净化设施。

经过十年的建设，我县农村饮水不安全问题基本解决，具体数据如表 1。

表 1　2015 年底农村人口供水现状

乡镇数量	行政村数量	总人口	农村供水人口	集中式供水人口	其中：自来水供水人口	分散供水人口	农村自来水普及率
个	个	万人	万人	万人	万人	万人	%
23	257	138.95	129.72	58.54	58.54	71.18	45

表 2　农村饮水安全工程实施情况

合计			2005 年及"十一五"期间			"十二五"期间		
解决人口		完成投资	解决人口		完成投资	解决人口		完成投资
农村居民	农村学校师生		农村居民	农村学校师生		农村居民	农村学校师生	
万人	万人	万元	万人	万人	万元	万人	万人	万元
58.54	2.65	28698	18.60	0	7986	39.94	2.65	20712

2. 农村饮水工程（农村水厂）建设情况

2005 年以前，我县有集中式供水工程 67 处，供水总规模在 4265m³/d，受益人口为 6.8 万人，其中，供水到户工程 20 处，受益人口为 2.34 万人；集中供水点工程 47 处，受益人口 4.46 万人，用水方便程度难以保证。存在问题是氟超标、水污染，用水量、用水方便程度及用水保证率不达标。

2006—2015 年，全县共投入资金 2.9 亿元，共实施 10 期农村饮水安全工程，在全县 23 个乡镇建设农村饮水安全工程 194 处，解决农村居民饮水不安全人口 58.54 万人，"十二五"期间实施农村学校饮水工程 21 处，解决学校饮水不安全师生 2.65 万人。

其中 2006—2010 年建设的农村饮水安全工程为小规模单村供水工程，投入资金 0.8 亿元，建设农村饮水工程 170 处，解决了 18.6 万人的饮水不安全问题。2011—2015 年建设大规模的标准化水厂（供水规模每天超过 1000m³ 或供水人口超过 1 万人），完成工程投资 2.1 亿元，建设规模水厂 24 处，解决了 39.94 万人的饮水不安全问题。

2015 年底，全县农村饮水安全工程农民接水入户率达到 90% 以上。入户材料费按照 170 元/户收取。

表3 2015年底农村集中式供水工程现状

工程规模	工程数量	设计供水规模	日实际供水量	受益乡镇数	受益行政村数	受益农村人口	自来水供水人口
	处	m³/d	m³/d	个	个	万人	万人
合 计	194	40359	30635	23	112	58.54	58.54
规模水厂	24	24210	18400	—		39.94	39.94
小型水厂	170	16149	12235			18.60	18.60

3. 农村饮水安全工程建设思路及主要历程

为全面解决萧县农村人口的饮水不安全问题，让农民群众喝上放心水，萧县县委、县政府高度重视，将农村饮水安全工程列为民生工程。按照"科学规划、全力实施、中省补助、市县配套、提高质量、整体推进"的总体思路，加快推进民生水利工程建设，加大农村饮水安全工程建设力度，不断完善农村饮水安全工程建设管理，我县农村饮水状况发生了翻天覆地的新变化。

我县"十一五"期间主要建设单村供水工程，2006—2010年投入资金0.8亿元，建设农村饮水工程170处，解决了18.6万人的饮水不安全问题。

由于单村供水工程存在规模小、用水人口少、运行成本高、水费难收缴、无人管理等问题，我县及时调整工作思路，"十二五"期间开始建设千吨万人以上规模水厂，2011—2015年完成工程投资2.1亿元，建设规模水厂24处，解决了39.94万人的饮水不安全问题。

三、农村饮水安全工程运行情况

1. 县级农村饮水安全工程专管机构

经过县政府批复，我县2010年设立农村饮水安全工程管理站，该站为股级事业单位，经费财政全额拨款，编制5名。

2. 县级农村饮水安全工程维修养护基金

我县于2014年设立农村饮水安全工程维修养护基金，每年养护资金足额到位，建立资金使用管理制度并做好资金台账。设立农村饮水安全工程运行维修基金，用于补助供水水价低于成本和实际用水量达不到设计标准的农村饮水安全工程的运行费用以及维修和养护费用。

3. 县级农村饮水安全工程水质检测中心

根据国家和省市要求，我县依托县疾控中心成立了水质检测中心，配备仪器设备和专业检验人员，负责全县所有农村饮水安全工程供水水质的日常检验工作。水质检测中心按照有关规定，对全县农村饮水安全工程项目进行水质检测，确保供水水质安全。

4. 农村饮水安全工程水源保护情况

按照国家饮用水水源地保护有关规定，我县及时出台相关水源保护文件，对较大规模集中供水工程均设立水源保护区，树立警示标志牌，加强对水源井管理，严禁在水源保护范围内倾倒垃圾、排放污水、建设有污染危害的项目或开矿取水等。

5. 供水水质状况

2015 年，为提高水质保障能力，加大检测力度，扩大检测范围，提高检测效率，预防控制和应急处置农村饮用水突发事件，保证供水安全，根据安徽省水利厅《关于县级农村饮水安全水质检测中心建设有关事项的通知》《关于进一步强化农村饮水工程水质净化消毒和检测工作的通知》等有关文件精神和要求，萧县人民政府及时上报了《萧县人民政府关于我县农村饮水安全工程水质检测中心建设的意见》，并通过安徽省水利厅审查。该监测中心建在萧县疾病预防控制中心，共分为理化室、无菌室、天平室、色谱室、光谱室、微生物室等 6 个功能区，检测能力达 42 项以上。

该中心建成后，对萧县农村供水单位的水源水、出厂水和末梢水的水质进行监测，对当地水源性疾病相关资料进行收集和分析，发布监测信息报告系统的运行及信息，对农村供水工程基本情况包括水源类型、供水方式、供水范围、供水人口、饮用水污染事件等基本信息进行收集，确保我县广大人民群众的饮水水质安全。

6. 农村饮水工程（农村水厂）运行情况

我县的农村饮水安全工程大部分都是国家投资兴建的，其所有权归国家所有，由水利局代为行使国家所有权，水利局根据工程的具体情况采取多种运行管理模式。

"十一五"期间，我县建设农村饮水安全工程 170 处，全部是单村单井工程，工程建成经验收合格后，我局及时将工程管理使用权移交给镇村，由镇村采取村集体管理或个人承包管理。由于管理不到位、工程规模小、入户率低、运行养护成本高，加之群众饮用安全水的意识淡薄，水费难收缴，大部分单村供水工程运行困难甚至停止运行，工程效益不能正常发挥。

"十二五"期间，我县及时调整工作思路，开始建设"千吨万人"以上的大规模水厂，五年间建设规模水厂 24 处，并对 35 处停运的小水厂进行并网联网，进一步恢复供水能力，保证了居民的正常用水。

对于规模水厂的运行管理，我局成立了农村饮水安全工程管理站和供水公司，规模水厂的运行管理交由农村饮水安全工程管理站管理，农饮管理站以保证工程安全运行为前提，以深化工程管理体制改革创新为动力，以保障农民群众饮用水的合法权益为根本，在坚持政府主导，尊重农民意愿的前提下，围绕"产权有归属，管理有载体，运行有机制，工程有效益"的要求，按照"政府引导，政策扶持，因地制宜，试点探索，逐步推进"的工作思路，着力构建良性运行的农村饮水安全工程管护机制。

农饮工程管理站按照所有权和经营权分离的原则，通过公开竞争承包、招商引资、供水公司直接管理等形式确定经营模式和经营者。个人承包的水厂有大屯镇水厂、庄里乡水厂、孙圩子乡水厂、白土镇水厂和新庄镇戴集水厂等 19 处，合理确定承包期，承包者缴纳一定数额的承包押金和承包费，管理站与承包人签订承包合同，明确双方权利和义务，确保工程管得好、用得起、常受益。招商引资管理的水厂有黄口镇水厂和酒店乡水厂 2 处，双方共同出资建设，交由外商进行有效管理。局供水公司直接管理的水厂有龙城镇李台水厂、杨楼镇郝集水厂和圣泉乡袁新庄水厂 3 处。作为全县农村饮水安全工程的管理单位，农饮管理站给予技术指导与服务，统筹做好全县供水工程的运行管护工作，进一步搞好水厂运行管理人员的应知培训和操作常识培训，确保工程良性运行，正常发挥工程效益。

7. 农村饮水工程（农村水厂）监管情况

各个规模水厂固定资产采取登记制度、规范化管理，入户费用收取、水质、水价、供水服务等方面由农村饮水管理站进行定期不定期开展检查工作，并纳入水厂年底考核目标。

8. 运行维护情况

我县农村饮水安全工程运行状况良好，落实工程管理单位，组建了工程应急抢修队伍，制定了供水应急预案，确保工程正常供水。根据省政府有关规定，农饮工程在用电、用地、税收等方面给予优惠政策，用电执行农业生产用电价格，按照保本微利的原则，合理核定水价。我县农村饮水安全工程水费收取严格按照县物价局萧价业〔2011〕27号文核定的价格执行，水价格不超过2元/m³。

四、采取的主要做法、经验及典型案例

（一）做法和经验

我县农村饮水安全工程建设已经实施10年，特别是"十二五"规模水厂的建设和投入运行，为我县积累了一定的建设和运行管理经验，造就了一批建设和管理人才，为我县今后的农村供水工程建设和管理提供有力的技术支撑。

1. 前期工作是做好农村饮水工作的基础

前期工作是项目实施的依据，必须认真细致地做好。发展农村供水，保障饮水安全，必须严格按照国家生活饮用水标准和饮水安全评价指标体系的有关规定，对全县农村供水现状进行调查评估，进一步研判农村供水需求，科学规划，统筹工程区域布局，坚持以规划为引领，抓好区域布局的顶层设计，积极兼并小水厂，大力发展规模化供水，为"十三五"农村供水工作的开展提供科学依据。

2. 广泛宣传是做好农村饮水工作的前提

为了提高项目村干群对农村饮水安全工程的认识，我县采取多种有效方式广泛宣传，力争做到家喻户晓：一是利用宣传车、黑板报、公开栏、农村广播等多种形式深入宣传；二是我县把国家关于农村饮水安全方面的优惠政策、饮水安全知识印刷成宣传单，通过现场会、下乡、上街宣传等多种形式广泛散发；三是通过召开座谈会，有疑解答，解除群众后顾之忧，让群众真正了解实施农村饮水安全工程的重大意义，争取群众的最大理解和支持；四是全面推行双公开制度，对工程建设、水价、入户材料费等进行公开。通过广泛宣传，项目乡镇和项目村干群进一步提高了认识，为工程建设创造一个良好的舆论氛围，确保工程顺利实施。

3. 资金到位是做好农村饮水工作的保证

农村饮水工程建设事关农村居民的基本生存，是一项以社会效益为主的公益性事业，工程投资量大，回收期长，受益较低，需要政府和受益群众共同投资进行建设。工程建设资金的及时足额到位，是工程开工建设的保证，必须多渠道筹措资金，建立多元化的投入机制。一是及时做好调查评估、工程规划等前期工作，积极向上级有关部门汇报和反映，争取把农村供水工程列入国家投资计划，得到国家和省级的资金支持；二是逐步引入市场

机制，实行市场经济准则，把一些有投资价值的工程项目推向市场，由个体商家投资建设和经营；三是争取地方政府从财政中拿出一定的配比资金，同时广泛发动受益群众自筹部分资金或投工投劳折资等。

4. 注重质量是做好农村饮水工作的灵魂

加强工程建设管理，注重工程质量是做好农村饮水工作的灵魂。总结最近几年农村饮水安全工程建设的成功经验，领导责任制、项目管理、报账制和公示制都是搞好农村饮水工程建设的科学方法。工程的建设实行项目法人制、招标投标制、工程监理制及合同制管理。实行行政首长负责制，政府主要领导亲自抓，分管领导具体抓，层层落实责任。工程建设期间，要把好工程资金使用关，把好材料设备采购关，把好施工队伍选择关，把好工程质量监督关，把好检查验收关。确保工程质量，力争建一处，成一处，发挥效益一处。

5. 加强管理是做好农村饮水工作的关键

农村饮水工程建成后，进一步合理选择工程管理模式和落实管理人员，加强工程建后管理是关键。只有深化改革，不断完善农村饮水工程管理体制和运行机制，才能保证工程持久发挥效益。要根据水利部颁发的《小型农村水利工程管理体制改革实施意见》和《关于加强村镇供水工程管理的意见》的要求，以保障农民群众的饮水安全为目标，以提供优质供水服务为宗旨，坚持按经济规律办事，建立适应社会主义市场经济体制要求、符合农村饮水工程特点、产权归属明确、责任主体落实、责权利相统一、有利于调动各方面积极性、有利于工程可持续利用的管理体制、运行机制和社会化服务保障体系，按成本水价供水、计量收费、市场运作。成立县级专管机构，建立维修养护专项资金制度，建设县级水质检测中心，积极推行两部制水价。落实农村饮水优惠政策，出台建设用地管理具体办法，将国家支持农村饮水工程建设和管理方面的各项优惠政策落到实处，确保农村饮水工程长期发挥效益。

（二）典型工程案例

我县龙城镇李台水厂是 2014 年建设的农村饮水安全工程项目，也是我县运行管理较成功的典型案例之一。

该水厂于 2014 年 7 月下旬开工建设，12 月完工，2015 年正式运行，并按照《萧县农村饮水安全十二五规划》并网了附近的纵圩子、二庄、房庄、薛庄 4 座小水厂。目前该水厂覆盖李台、刘行和房庄 3 个行政村，22 个自然村，受益人口 16550 人。主要建设内容有：钻深 300m 深的水源井 2 眼，建设 600m³ 清水池 1 座、建设管理办公楼 200m²、加压泵房 90m²，购买取水、供水设备、自动化控制系统及高低压变配电设施，铺设干、支供水管道约 10 万 m，工程总投资 796 万元。

为切实保障李台水厂发挥效益，该水厂由我局成立的民生供水公司直接管理，按照水质合格、水量充足、水价合理、服务周到原则管理。该水厂的管理做法有：

一是搞好饮水安全知识宣传、提高群众知晓率。水厂通过利用宣传车、宣传画、致受益农户一封信、公示牌等多种有效形式，对国家农村饮水安全政策方针、饮水安全知识、自来水管日常保护措施等广泛宣传，取得群众对饮水工程的拥护和支持。

二是完善服务设施建设。为方便群众及时了解自己用水量及水费等情况，水厂建设了标准化收费大厅，并建立了李台水厂群众用水资料等数据库，随时为受益户提供查询服务。

三是完善各项管理制度。明确水费收取、管道维护、入户安装、水户报停等各项管理制度。让制度管人，让制度管事，使群众在用水过程发生的任何行为都有章可循，同时杜绝水厂管理人员在工作过程中的随意性。

四是实行两部制水价，确保工程基本运行维护费用。水厂水价按 1.5 元/m³，基本水费每户每月 5 元；每户每月不足 5 元的按 5 元收取；多于 5 元的按实际用水量收取，每半年收费 1 次。

五是推行服务公开承诺制。在营业场所公开水价标准、服务程序、收费项目和收费标准，体现透明的服务形式；对群众公开承诺了水厂对管道维修的响应期限、停水供水时间限制等方面内容；在抄表收费和维修服务上严格实行工款分离的财务管理制度，接受群众及主管部门监督。

李台水厂通过一系列管理措施的实施，创造出了一条新的运行管理模式，使管理工作走上良性发展的轨道，受到了当地干部群众的肯定，也为我县农村饮水安全工程建后运行管理提供了良好范例。

五、存在问题

1. 工程建设方面

2006—2010 年建设均为单村单井工程，全县共建设 170 处，而且分布散，工程规模小，运行成本高，导致工程运行困难，甚至导致工程停止运行，不能发挥工程应有效益。我县从 2011 年才开始建设规模较大水厂，并不断并网以前单村单井工程，仅以"十二五"期间建设的规模水厂并网其供水范围内水厂还远远不够，今后还需加大规模水厂供水范围和提高并网能力。

2. 运行管理方面

我县建设的农村饮水安全工程，一是规模相对较小，特别是"十一五"期间建设的工程，均是单村单井工程，户数少是通病，水费维持工程运行非常困难；二是水厂管理人员大多为村干部或者该村电工，对水厂管理缺乏应有的技能；三是好多受益农户举家外出打工，逢年过节才回来，对两部制水价的执行存在一定的难度。

3. 水质保障方面

我县"十一五"期间建设的农村饮水安全工程，由于规模小，投资少，没有配置水质净化和消毒设施，部分工程增加配置了除铁设备，运行成本进一步加大，管理人员不会操作使用，除铁效果不明显，导致水质不理想，水费难收缴。"十二五"期间建设的农村饮水安全工程为规模化水厂，都配备了水质净化处理设施和消毒设施，水质达标率进一步提高。每个水厂都设置了水质化验室，配备了简单的水质化验仪器设备，但是由于缺少水质化验专业技术人员，水厂水质化验工作大多没有开展。

六、"十三五"巩固提升规划情况及长效运行工作思

1. 县级农饮巩固提升"十三五"规划情况

（1）规划思路。深入贯彻落实党的十八大、十八届三中、四中全会和习近平总书记、

李克强总理关于水利工作重要讲话精神，遵循"节水优先、空间均衡、系统治理、两手发力"的新时期治水思路，按照统筹城乡发展和全面建成小康社会对农村饮水安全的总体要求，顺应农村居民对改善饮水条件的迫切要求，注重轻重缓急、近远结合、量力而行、可以持续的原则，综合采取新建、扩建、配套、改造、联网等方式，进一步提高农村集中供水率、自来水普及率、水质达标率、供水保证率和工程运行管理水平，建立"从龙头到源头"的农村饮水安全工程建设和运行管护体系，进一步改善农村生活条件，促进农村经济社会全面、协调和可持续发展。

（2）规划目标。"十三五"期间，全省农村饮水安全工作的主要目标是：到2020年，全省自来水普及率达到80%以上。宿州市政府目标任务是："十三五"期间，全市做到农村自来水全覆盖。我县尚有农村居民71.18万人，需要在"十三五"期间解决，实现农村饮水安全工程全覆盖的目标任务。

（3）主要建设内容。根据省市县脱贫攻坚的总体部署和省级以上投资安排情况，"十三五"期间，全县计划新建和改扩建农村饮水安全工程27处，其中新建14处、改扩建13处，估算工程总投资4.55亿元。具体工作计划是：2016—2018年重点解决剩余55个贫困村和分散贫困户居民饮水问题，2019—2020年实施巩固提升工程，实现"十三五"末村村通自来水的目标。

（4）运行管理方面。在工程运行管理方面，我县将进一步推进工程管理体制和运行机制改革，建立健全县级农村供水管理机构、农村供水专业化服务体系、合理的水价及收费机制、工程运行管护经费保障机制和水质检测监测体系、水厂信息管理，依法划定水源保护区或保护范围，加大对水厂运行管理关键岗位人员的业务能力培训。

表4　"十三五"巩固提升规划目标情况

农村集中供水率（%）	农村自来水普及率（%）	水质达标率（%）	城镇自来水管网覆盖行政村的比例（%）
90	90	61	36

表5　"十三五"巩固提升规划新建工程和管网延伸工程情况

工程规模	新建工程					现有水厂管网延伸			
	工程数量	新增供水能力	设计供水人口	新增受益人口	工程投资	工程数量	新建管网长度	新增受益人口	工程投资
	处	m³/d	万人	万人	万元	处	km	万人	万元
合计	14	17510	35.70	26.90	17328				
规模水厂	8	15670	31.90	24.10	15137				
小型水厂	6	1840	3.80	2.80	2191				

表6 "十三五"巩固提升规划改造工程情况

工程规模	改造工程					
	工程数量	新增供水能力	改造供水规模	设计供水人口	新增受益人口	工程投资
	处	m³/d	m³/d	万人	万人	万元
合计	13	28680		68.10	44.30	28198
规模水厂	13	28680		68.10	44.30	28198
小型水厂						

2. "十三五"之后农饮工程长效运行工作思路

（1）以"管理+机构"，夯实工程运行管理的组织保障。我县依据中央对农村饮用水安全工作的政策和省、市水利部门的安排部署，批准成立萧县农村饮水管理站和萧县民生水务有限公司，目前专门负责全县农村饮用水安全工程的管理和维护。

（2）以"管理+制度"，夯实工程运行管理的制度保障。为保障农村自来水厂建得成、管得好、用得起、长受益，我县精心制订并完善了一套农村水厂管理规章制度。其主要有农村自来水厂维护制度、水表控制管理制度、财务管理一票否决制度、开户管理制度、目标管理考核方案等。各个水厂用制度来约束、用考核来督促，通过周报表、月巡查、季督查调度等形式，加强农村水厂安全监管，定期召开农村水厂安全经营调度会，分析和解决管理中存在的问题，总结管理经验，逐步提高我县农村自来水厂正规化管理水平。

（3）以"管理+培训"，夯实工程运行管理的人才保障。我县农饮管理站以"树理念、建班子、带队伍"九字方针，培养了一支业务良好、素质过硬的供水经营管理人才队伍，为全县农村自来水事业可持续发展提供了人才保障。

（4）以"管理+创新"，夯实工程运行管理的服务保障。我县在运行管理上创新思路，按照先试点后普及，采用摸着石头过河的方法，不断开拓创新管理模式，一是制定了《萧县农村自来水厂目标管理考核方案》，每季度对水厂进行督导，及时解决和纠正存在的问题，确保水厂安全供水。二是推广全县农村水厂自来水网络收费系统。为实行全县农村水厂电脑收费，逐步建立全县农村自来水厂收费系统。目前3个农村水厂系统已建成并投入运行，下一步将逐步覆盖所有已建水厂系统。三是组建农村水厂综合服务队伍。我县制定了《萧县农村自来水厂综合服务队伍管理办法》，建立了高效快速的应急处理反应机制，明确了农村自来水厂综合服务队伍的目标和责任。从根本上提高了农村水厂处置突发供水问题能力。四是建立农村自来水厂维修管材、设备仓库基地。从根本上保证了维修管材管件的质量，并提供了有力的基地化保障，提高了维修的时效性，强化了维修的应急性，把握了维修的主动性。

按照省委、省政府"十三五"期间巩固提升农村饮水安全项目的要求，任务将更加艰巨。我们必须坚持以人为本、全面协调可持续的科学发展要求，加大投入，扎实工作，努力开创萧县农村饮水安全工作的新局面，积极探索切合当地实际的农村饮水工程管理体系。农村安全饮水集中供水工程"建好是基础、管好是关键"，如何破解农饮工程建设难、运行管理难、长效运行难上加难的"三难"课题，我县以精细化管理为依托，着重从机构、制度、培训、创新等方面强化建后运行管理工作。

蚌埠市

蚌埠市农村饮水安全工程建设历程

（2005—2015）

（蚌埠市水利局）

一、蚌埠市基本情况

蚌埠市位于淮河中游下段，安徽省东北部，淮北平原南部，北纬 32°43′～33°30′，东经 116°45′～118°04′，北与濉溪县、宿州市埇桥区、灵璧县、泗县接壤，南与淮南市、凤阳县相连，东与明光市和江苏省泗洪县毗邻，西与蒙城县、凤台县搭界。京沪铁路从境内中部纵贯南北，淮河自西向东从境南穿过，辖区大部分处于淮北平原南端。东西长约 135km，南北宽约 86.5km，总面积 5952km²。以淮河为界，蚌埠市北部开阔平坦，南部岗丘起伏泾渭分明的地貌景观。淮河以北为淮北平原的南缘部分，地势开阔平坦，由西北向东南倾斜，地面标高一般在 14～24m，平均地面坡降 1/8000～1/10000。淮河以南为江淮丘陵的北缘部分。地形波状起伏，次级地貌类型有低丘、残丘、岗地、洼地等，地面标高一般在 16～30m。

蚌埠市下辖怀远、五河、固镇 3 个县和淮上、禹会、龙子湖、蚌山 4 个区，共 55 个乡镇 924 个行政村，至 2015 年末全市总人口数 371.12 万人，其中农村人口数 269.3 万人。2015 年，蚌埠市全年生产总值（GDP）1253.05 亿元，按可比价格计算，比上年增长 10.2%。分产业看，第一产业增加值 188.55 亿元，增长 4.7%；第二产业增加值 641.95 亿元，增长 10.5%；第三产业增加值 422.56 亿元，增长 12.2%。三次产业结构由上年的 15.5∶51.9∶32.6 调整为 15.1∶51.2∶33.7。GDP 人均 38267 元（折合 6143 美元），比上年增加 2725 元。

蚌埠市地处淮河中游下段，境内河流、湖泊众多，均为淮河流域，分属淮河干流水系和怀洪新河水系。蚌埠市境内共有水库 54 座，其中中型水库 1 座，即五河县的樵子涧水库。蚌埠市属华北大区晋冀鲁豫地层区淮河地区分层，境内 90% 以上面积被第四纪松散沉积物覆盖，出露的地层为上更新统或全新统，厚度一般在 20～200m，并且从南向北、由东向西逐渐增厚。仅在南部边缘淮河南岸一带有少量的基岩出露，以下即为前震旦系基岩。

2015 年全市供水总量 12.84 亿 m³，其中，地表水 10.42 亿 m³、占供用水量的 81.1%，地下水 2.32 亿 m³、占供用水量的 18.1%，其他水源供水 0.10 亿 m³、占供用水量的 0.8%。总用水量 12.84 亿 m³，其中，农田灌溉用水量 7.95 亿 m³ 林牧渔畜用水量 0.24 亿

m³，工业用水量 2.66 亿 m³，城镇公用用水量 0.35 亿 m³，居民生活用水量 1.35 亿 m³，城镇环境 0.29 亿 m³。耗水总量 8.14 亿 m³，平均耗水率 63.4%。我市农村饮水安全工程未发生水污染事件。农村饮水安全工程水源类型分两种，一种为地表水，一种为地下水。由于工业污水、城乡生活污水的排放量和农药、化肥用量不断增加，养殖场产生的畜禽粪便废弃物未经处理便排入河道，以及水产养殖业的迅速发展，都已经成为新的污染大户，使地表水水质存在不同程度的污染。广大农村居民对浅层地下水水源保护意识较弱，生活污水排放影响浅层地下水水质的问题也没有得到彻底解决，部分村无害化标准公厕未建设，农户私厕改造力度不大，村庄环境卫生很差，造成浅层地下水污染严重。

二、农村饮水安全工程建设情况

1. 农村人口饮水安全解决情况

蚌埠市在实施农村饮水安全工程前，存在的饮水不安全类型主要为高砷水、苦咸水、高铁高锰水，饮水不安全人口占比不高，但零星分布在各县和部分区。

2015 年底，全市农村总人口 269.3 万人，解决农村饮水安全人口数 194.19 万人，农村自来水供水人口 194.19 万人，自来水普及率 71.4%；全市共有行政村数 924 个，通水行政村数 653，通水比例 71%。

2005—2015 年，农饮省级投资计划累计下达投资额 90345 万元，计划解决农村饮水不安全人数 183.37 万人；累计完成投资 84652 万元，建成集中式供水工程 95 处，解决农村饮水困难人口 192.28 万人。

表1 2015 年底农村人口供水现状

县（市、区）	乡镇数量	行政村数量	总人口	农村供水人口	集中式供水人口	其中：自来水供水人口	分散供水人口	农村自来水普及率
	个	个	万人	万人	万人	万人	万人	%
合计	55	924	371.12	194.19	194.19	166.74	37.74	72
怀远县	18	333	127.87	69.48	69.48	69.48	36.65	54.33
五河县	14	199	66.41	43.6	43.6	35.31		66.6
固镇县	11	192	63.54	46.6	46.6	45.15		82
淮上区	5	75	26.69	11.90	11.9	12.67		60
禹会区	3	39	26.5	3.48	3.48	1.25	1.09	90
龙子湖区	1	18	19.5	2.88	2.88			23.6
蚌山区	1	22	18.81	16.25	16.25	2.88		85.7
高新区	1	24	12					
经开区	1	22	9.8					

2. 农村饮水工程建设情况

2005—2015 年底，蚌埠市共有农村水厂 95 处（怀远县 21 处、五河县 41 处、固镇县 15、淮上区 12、禹会区 4 处、龙子湖区 2 处、蚌山区 4 处），设计供水能力 161992m³/d，实际供水 97084m³/d。其中规模水厂 51 处（怀远县 21 处、五河县 9 处、固镇县 15 处、淮上区 3 处、禹会区 2 处、龙子湖区 1 处、蚌山区 3 处）。

2005—2015 年，全市完成投资 84652 万元，资金由政府财政资金和地方群众自筹构成，无社会资本、个人资金、银行贷款等资金投入。2015 年底，农民接水入户现状，包括入户部分费用不超过 300 元/户，其中怀远县入户费用为 200 元/户、固镇县入户费用为 150 ~ 230 元/户不等，五河县、蚌山区等农民接水入户不收取任何费用，财政足额承担。全市入户率约 91%，其中怀远县入户率达到 85%、五河县入户率达到 62.68%、固镇县入户率达到 95%、淮上区户率达到 90%、禹会区入户率达到 100%、蚌山区入户率达到 99.5%。

3. 农村饮水安全工程建设思路及主要历程

"十一五"期间主要解决全市天然水体缺陷和人为水体污染。天然水体缺陷主要是水体含氟、含砷超标，水体苦咸，人为水体污染主要是水体锰等金属超标。"十一五"解决农村居民不安全人口 57.8 万人、农村学校师生 1.29 万人，完成资金 21522.50 万元，建设规模水厂 8 处。"十一五"期间建设的水厂大部分是小型水厂。

"十二五"建设目标是解决全市所有不安全饮水问题。解决农村居民人数 127.82 万人、农村学校师生 5.37 万人，完成资金 63129 万元，建设规模水厂 43 处。"十二五"期间，水厂建设规模逐步从小型水厂过渡到规模水厂。农村供水工作从"饮水解困"过渡到"饮水安全"阶段。

表 2　农村饮水安全工程实施情况

县（市、区）	合计			2005 年及"十一五"期间			"十二五"期间		
	解决人口		完成投资	解决人口		完成投资	解决人口		完成投资
	农村居民	农村学校师生		农村居民	农村学校师生		农村居民	农村学校师生	
	万人	万人	万元	万人	万人	万元	万人	万人	万元
合计	185.62	6.66	84652	57.8	1.29	21522.5	127.82	5.37	63129
怀远县	69.48	1.5	33000	21.12	0.5	9000	48.36	1	24000
五河县	43.29	2.77	16731	9.47		501.5	33.82	2.77	16229
固镇县	45.15	1.26	22000	15.67	0.46	7043	29.48	0.8	14957
淮上区	12.67	0.44	5653	7.79		3374	4.88	0.44	2279
禹会区	9	0.45	4500	1.25	0.25	625	7.75	0.2	3875
龙子湖区	3.23	0.08	1414	1.5	0.08	589	1.65	0.08	825
蚌山区	2.88	0.08	1354	1		390	1.88	0.08	964

表3　2015年底农村集中式供水工程现状

县（市、区）	工程规模	工程数量	设计供水规模	日实际供水量	受益乡镇数	受益行政村数	受益农村人口	自来水供水人口
		处	m³/d	m³/d	个	个	万人	万人
合计	合计	95	161992	97084			174.71	154.71
	规模水厂	51	143178	86982			152.33	132.33
	小型水厂	44	18814	10102			22.39	22.39
怀远县	合计	21	73000	49600			69.48	49.48
	规模水厂	21	73000	49600			69.48	49.48
	小型水厂							
五河县	合计	41	38233	21375	19	127	41.37	41.37
	规模水厂	9	24844	16030	8	76	25.9	25.9
	小型水厂	32	13389	5345	11	51	15.47	15.47
固镇县	合计	15	39732	16430	11	169	45.15	45.15
	规模水厂	15	39732	16430	11	169	45.15	45.15
	小型水厂							
淮上区	合计	12	7227	7227			7.71	7.71
	规模水厂	3	3502	3502			3.55	3.55
	小型水厂	9	3725	3725			4.17	4.17
禹会区	合计	4	2200	1700			9	9
	规模水厂	2	1600	1200			7.75	7.75
	小型水厂	2	600	500			1.25	1.25
龙子湖区	合计	2	1600	752	2	6	2	2
	规模水厂	1	500	220	1	1	0.5	0.5
	小型水厂	1	1100	532	1	5	1.5	1.5
蚌山区	合计	4	1663.5	1663.5			2.88	2.88
	规模水厂	3	1332.3	1332.3			2.38	2.38
	小型水厂	1	331.2	331.2			0.5	0.5

三、农村饮水安全工程运行情况

1. 农村饮水安全工程专管机构

怀远县、五河县、固镇县分别成立了农村饮水安全工程专管机构，怀远县农村安全饮水中心事业编制6人，非编制人员1人，五河县、固镇县农村饮水安全工程专管机构分别由县水利局内部人员调剂兼职。

表 4　农饮管理队伍情况表

机构名称	成立时间（年）	单位性质	人员是否在编			批复单位	经费来源	备注
			是	否	合计			
固镇县饮水安全管理中心	2009	事业单位	10		10			由县水务局人员内部调剂兼职
五河县农村安全饮水工程领导小组办公室	2006			7	7		政府拨款	由县水利局农水科人员兼职
怀远县饮水安全管理中心	2010	事业单位	6	1	7	怀远县机构编制委员会		

2. 农村饮水安全工程维修养护基金

怀远县于 2010 年 3 月 1 日出台《怀远县农村饮水安全工程运行管理办法》，并根据该办法配套出台《怀远县农村饮水安全工程县财政补助资金和"一事一议"补助经费使用管理细则》，根据《关于开展怀远农村饮水安全工程运行管理考核工作的通知》文件要求明确工程运行的考核细则，落实了具体的管理形式、管理组织、管理人员和管理费用。从制度和机制上确保了农村饮水安全工程运行管理工作落到实处，长久发挥供水效益。农村饮水安全工程日常维修养护资金根据县财政设立农饮工程日常运行管护补助资金专户，各水厂每年经运行管理考核合格的。

五河县每年年初，县财政安排一定数量农饮维修资金，确保农村水厂及时有效运转。

固镇县政府出台了《固镇县农村供水工程维修养护基金管理使用办法》，建立维修养护专项经费，专项用于饮水工程运行管理。自 2003 年开始县财政每年设立运行维护经费30 万元，每年足额到位，专项用于农饮工程设备更新改造、维修维护、水源地保护、水质监测和管理，确保饮水安全工程长期运行。加强管理人员的培训，建立适宜的奖惩机制，强化日常维护管理，从根本上把管理纳入政府考核的范围。

3. 县级农村饮水安全工程水质检测中心

《安徽省发展改革委安徽省水利厅安徽省财政厅关于下达 2015 年农村饮水安全工程水质检测能力项目中央预算内投资计划的通知》下达蚌埠市水质检测能力资金 961 万元，涉及怀远县、五河县、固镇县和禹会区。目前已成投入使用。

怀远县 2015 年 10 月 20 日建成水质检测中心，隶属县农村饮水管理中心管理，目前已确定 3 名人员作水质检测工作，明确水质监测中心的主要工作职责。水质监测中心设有前处理室、理化室、色谱室、光谱室、试剂室、微生物室以及中央工作平台，购置和安装了原子吸收分光光度计、原子荧光光度计、气相色谱仪、离子色谱、紫外可见分光光度计大型检测仪器5台；超纯水器、马弗炉、生化培养箱、电热恒温干燥箱、电热恒温水浴锅、高压灭菌锅、浊度仪、色度仪、余氯、二氧化氯测定仪、分析天平（万分之一）、生物显微镜、净化工作台等小型仪器设备30台，购置试验台、试验柜、玻璃器皿及实验室试剂药品齐全。具备《生活饮用水卫生标准》（GB 5749—2006）规定的42项常规指标和部分非常规指标的水质检测能力。办公场所使用面积达258m^2，基本建设投资282万元，仪器设备投入120多万元，水质监测中心于2016年4月初正式投入运行。经过学习和平台操作，自1月初，水质监测中心通过现场水样采集的方式，对全县地表水和地下水水源水、出厂水和管网末梢水进行了除放射性指标以外的水质常规42项指标的监测和检测，并对部分村分散式供水工程进行了水质抽检，形成水质检测报告120多份。检测结果通报主管部门和专管机构，并作为农村饮水安全工程（水厂）供水安全、运行管理和考核的依据。

五河县水质检测中心建设于2015年12月，主要工程有装饰装修工程、通风系统工程、办公设备采购等，主要检测仪器有：离子色谱仪、BOD测定仪等，水质检测每周1次，检测项目共17项，主要运行经费来源财政拨款。有专业人员定期送检。

固镇县水质检测中心项目位于浍北二桥东。项目通过县发改委、财政局、审计局水务局、县中环水务等单位组成的联合验收，检测中心主要业务移交给县中环水务管理，县级检测中心已经正常运行。目前共落实水质检测专业技术人员为6人，每人按3万元/年进行估算；大型仪器校验费用大约在3000元/次，现有大型仪器7台，1年1次大约在2.10万元；辅助仪器26台，其中超纯水机的滤芯每2个月更换1次，费用大约在3000元/次，大约在1.80万元；其他辅助仪器费用大约在2万元；试剂消耗大约12万元；玻璃器皿消耗大约3万元；饮水安全水质检测中心需要费用大约在40万元以上，费用从运行维护经费和水厂征收的水费用中列支。今年县政府计划从财政预算再列支30万元，专项用于水质化验经费，不足部分从水费中补足。

禹会区财政每年拨付一定检测费用，定期将出厂水和末梢水送质量检测机构进行检测，同时区级卫生监督部门每季度定期对水厂的出厂水和末梢水水质进行取样检测，水质经检测全部符合要求。

4. 农村饮水安全工程水源保护情况

根据市政府办公室《关于印发蚌埠市乡镇集中式饮用水水源地保护区划分方案的通知》（蚌政办〔2010〕2号），全市怀远、五河、固镇三县共划分不同类型乡镇集中式饮用水水源地30个，其中河流型2个、地下水型28个。县级人民政府环境保护行政主管部门负责制定饮用水水源保护区水污染防治规划并监督实施；组织对饮用水水源保护区及排污单位排污口的水质监测；负责饮用水水源保护区内水污染防治法律、法规执行情况的监督。

5. 供水水质状况

在供水方式上，地表水采用三池（反应池、沉淀池、过滤池）处理、地下水采用打铸铁管井汲取地下水，两种形式均通过变频恒压控制经过供水管网供至农户。地下水水质物理性指标基本达标，因此在水净化过程中无反应、沉淀过程，仅针对性地进行水处理。降铁、锰净化工艺流程：

水源一级泵站→一体化净水设备（除铁、锰净）→清水池（消毒）→二级泵站→管网→农户庭院。

6. 农村饮水工程（农村水厂）运行情况

怀远县通过几年的并联、扩建设全县水厂全部为规模水厂。以怀远县河溜水厂为例，水厂位于河溜镇河溜村境内，始建于 2009 年，由农村饮水安全项目投资兴建，解决 17860 人饮水不安全问题，供水到户 4465 户，日实际供水量 700m³，使用地下水供水。2013 年该水厂通过扩建，全镇采取全覆盖，设计供水能力日供水 8000m³，总长度达 540km。改造完成后由诚达水务公司进行承包管理，确定了 12 名专管人员，目前执行两部制水价，水价 1.7 元/m³，年水费收入 238 万元，效益明显，群众满意。

五河县农村水厂管护主体为各乡镇政府，水厂资金主要来源收取水费。

固镇县建成后的水厂由饮水安全管理中心负责统一管理，产权归国家所有，面向社会发包承租，选择具有管理经验和实力的管理商，水务局全部与管理商签订承包合同。同时以当地镇办水务站为依托，强化技术支撑，固镇县农村饮水工程安全管理中心及时做好工程监管和行业指导，同时做好培训、指导、维修、服务等工作。按照水利部《村镇供水站定岗标准》设厂长、财务、计量收费、运行管理岗位共 2～3 人。管理人员的工资福利、运行电费、维修、大修费、车旅费均从水费中支出，不足部分由水利运行维护专项基金支出。全县 15 处水厂，涉及农村居民 45.15 万人，由于农村用水量小，实际日供水量约为 1.35 万 m³，供水价格为 1.5 元/m³，水厂收入来源主要来源为水费收入，年收入约为 580 万元，年运行成本总支出为 530 万元，共 7 处水厂实行了"两部制"收费，水费收取率为 70%～90% 不等。目前各水厂均能正常运行。

7. 农村饮水工程（农村水厂）监管情况

首先，强化水质监管，以县为单元，建立标准化水质检测中心。"千吨万人"以上工程设立水质化验室，配备专职检验人员，确保水质常规检测常态化、全覆盖。其次，强化建后管理，农村饮水安全工程经竣工验收合格后，固定资产及运行管理权移交于所在地的乡镇政府，地方政府和用水户协会为后期运行管理部门，县农村饮水管理中心为业务主管部门，一并加强运行监督、检查和管理工作。再次，水厂经营坚持推行公司化运营、专业化管理、用水户参与、社会化服务，政府全力监管的运管模式。水厂在运行上，接受发改委、财政局、水务局、地方乡镇政府、物价局，卫计委等同时监管。

8. 运行维护情况

一是完善管护机制，建立健全县乡两级农村饮水安全专管机构，明晰工程产权，逐项落实管护主体，小型工程推行产权改革。二是建立县级维修养护基金，省里将贫困村饮水安全工程纳入小型水利工程维修养护给予经费支持。以乡镇为单位，按照"保本微利"的原则，确定水价，分步到位。建立农村饮水安全地方首长负责制，逐步实现同乡镇群众吃同质同价水。三是落实优惠政策，严格执行农村饮水安全税费、农业电价、建设用地等优惠政策；城市自来水管网延伸用水户水费中免收城市污水处理费，并按最低标准收取入户成本费。

四、采取的主要做法、经验及典型案例

1. 做法和经验

一是建章立制，规范运作。我市及时出台了相关政策和措施，出台了《关于印发

〈蚌埠市农村饮水安全工程建设管理办法〉和〈蚌埠市农村饮水安全工程招投标管理办法〉的通知》（蚌水农〔2006〕4号）、《关于印发〈蚌埠市农村饮水安全工程资金管理办法〉的通知》（蚌水农〔2007〕12号）、《关于印发〈蚌埠市农村饮水安全工程运行管理办法〉的通知》（蚌水农〔2009〕33号）、《关于印发〈蚌埠市农村饮水安全工程建设实施方案〉和〈蚌埠市病险水库除险加固工程建设实施方案〉的通知》（蚌水农〔2012〕22号）、《关于印发〈蚌埠市农村饮水安全工程实施办法〉的通知》（蚌水农〔2016〕11号）等。严格执行有关技术标准和规程规范，改进农村饮水项目建设和管理办法。在严格按照"项目法人制、招投标制、工程监理制、合同管理制"的基础上，针对农村饮水项目面广量大的特点，在建设管理过程中，实行受益农户监督制，用水户验收参与制等一系行列之有效的办法，切实赋予用水户知情权、参与权和监督权，使工程建设更具阳光。

二是努力全面推进规模化水厂建设。从农村安全饮水水厂的运行情况看，"千吨万人"以上规模化水厂便于实施专业化、规范化管理，有利于工程的长效运行。我市根据水源、已有供水设施、地形和人口分布等方面的情况，因地制宜地选择建设模式，尽可能发展日供水"千吨万人"以上的集中供水工程。"十二五"期间我市"千吨万人"规模以上供水工程44处，占工程总数的79%。2005—2010年仅固镇县推行建设"千吨万人"水厂，2011年以来全市全面进入"千吨万人"水厂建设期，三县水厂以"千吨万人"以上规模水厂建设为主，怀远县白莲坡水厂供水规模达到10000m³/d、河溜水厂供水规模达到8000m³/d，五河县建成了供水规模达5000m³/d的申集水厂，固镇县通过水厂串、并、扩建，推进一个乡镇一个规模以上水厂的建设模式。

三是充分利用城市水厂向农村进行管网延伸，尽可能地向农村供水、向城乡供水一体化方向发展。淮上区、蚌山区大多连接城市供水管网，推进城镇供水公共服务向农村延伸，提高城镇自来水管网覆盖农村的比例，积极推进城乡供水一体化。

四是建成后的农村饮水安全工程管理。为做好农村饮水安全工程建设管理工作，使工程发挥良好的经济效益、社会效益和生态效益，保证饮水安全工程长效运行，我市努力推进有农村饮水建设任务的县区建立县级农村饮水安全工程专门管理机构，制定农村饮水安全工程管理办法，落实工程管理主体和运行维护经费，建立县级维修基金，努力推广两部制水价。

五是明确工程产权，落实工程管理主体。建成后的水厂由安全饮水管理中心负责统一管理，按照市场经济规律要求，明确管理主体，落实管理责任。农村饮水安全工程产权归国家所有，采取多种形式，面向社会发包承租。实行企业化管理，公司化经营，自负盈亏，独立核算。

六是加强水源保护，强化水质检测。以保障饮用水水源安全为重点，进一步加大水资源保护和水污染防治力度，我市出台了《关于印发蚌埠市乡镇集中式饮用水水源地保护区划分方案的通知》，三县共划分不同类型乡镇集中式饮用水水源地30个，各有关县区已制定农村饮用水水源保护管理办法。按照现行的《生活饮用水卫生标准》等有关标准，完善了农村供水水质检测监测体系，定期进行水质监测，及时准确地掌握水质状况，提高水质达标。

2. 典型县案例

（1）固镇县典型案例

为做好农村饮水安全工程建设管理工作，使工程发挥良好的经济效益、社会效益和生态效益，保证饮水安全工程长效运行，固镇县相继出台和印发了《农村饮水安全工程水质卫生监测工作方案》《关于印发固镇县农村饮水安全工程水质检验制度的通知》《固镇县农村饮水安全工程运行管理办法》《固镇县农村生活饮用水水源保护管理办法》《固镇县农村饮水供水工程水价补贴工作方案》《关于我县农村饮水安全工程自来水价格的通知》《固镇县农村供水工程维修养护基金管理使用办法》《固镇县人民政府转发关于固镇县农村饮水安全工程建设建设用地管理有关问题的通知》《固镇县农村饮水安全工程应急预案》《固镇县人民政府转发关于支持农村饮水安全工程建设运营税收政策的通知》《固镇县人民政府转发关于明确农村饮水安全工程运行用电价格的通知》。主要做法如下：

一是明确工程产权，落实工程管理主体。建成后的水厂由安全饮水管理中心负责统一管理，按照市场经济规律要求，明确管理主体，落实管理责任。农村饮水安全工程产权归国家所有，采取多种形式，面向社会发包承租。实行企业化管理，公司化经营，自负盈亏，独立核算。

二是建立运行维护基金，实行专款专用。为保证水厂的长效运行，加大对水厂的扶持力度，固镇县政府设立了农村饮水安全运行维护基金，管理维护基金 30 万元，用于解决工程的更新改造、日常维修等工作，确保了工程的有效使用。

三是加强水源地保护，强化水质监测。以保障饮用水水源安全为重点，进一步加大水资源保护和水污染防治力度，合理划定饮用水水源保护区，在保护区实施植树造林，防止水土流失，保证水源的可持续利用。按照现行的《生活饮用水卫生标准》等有关标准，定期进行水质监测，及时准确地掌握水质状况，保证水质达标。

四是加大宣传和执法力度，提高全民用水和保护供水工程意识。固镇县制定了《固镇县农村饮水工程宣传实施方案》，计划利用广播、电视、报刊、宣传栏、宣传车、标语横幅、明白纸等多种形式，广泛开展宣传，使农村饮水安全工程家喻户晓、深入人心，争取全社会的支持和受益村群众的积极参与。同时加强法制教育加大执法力度，坚决贯彻执行《安徽省农村饮水安全工程管理办法》，依法惩处恶意损毁民生工程的行为。依法打击破坏饮水工程设施的行为，保证农饮工程的正常运转。

五是搞好技术指导，建立健全服务体系。固镇县水务局加强对农村饮水工程的技术服务，实行统一管理，做好管理人员的业务技术培训，搞好水价、水费及供水价格补贴等工作。

（2）怀远县典型县案例

怀远县农村饮水变频器的使用。微机设定给水泵工作压力，即用户用水压力。生活给水时，设备运行在低压变频状态，由变频器时刻监控管网压力，对反馈值和设定值进行运算和比较计算，若管网压力低于用户所需压力（设定压力）则自动增加输出频率，从而使泵的转速增加，出水量增加，当一台泵运行满足不了用户需要时，其他各台泵自动投入，以保证用户的使用压力。

自来水管网的压力升高达到与用户使用压力时候，变频器经过一段延时后便降低转速直到停止，只有当压力降到某一设定压力值时，变频器才重新开始工作。变频泵组的工作只是满足用户的用水压力与管网压力之差，大大节约了电能。当流量调节器内压力低于一个标准大气压时，安装在流量调节器顶的负压消除器自动打开，使气体进入流量调节器内，消除负压。当流量调节器内压力升高时，又可以将多余的气体排出流量调节器外，使流量调节器内蓄满水，以备下次用水高峰期时使用。当流量调节器内蓄满水后，安装在流量调节器顶的遇压消除器自动关闭，防止溢流。怀远县荆芡水厂在使用变频器前每月电费近万元，使用后每月只需电费 6000 元，变频器投资 5 万多元，不到两年就可收回成本。

五、目前存在的主要问题

1. 工程建设方面

（1）招投标周期过长，低价中标，影响工程建设的进度和质量。一个项目设计、施工全部要进行招标，招标前还有标前审计，周期过长。由于农村安全饮水工程项目要求都是当年工程当年完成、当年发挥效益，在招标环节需要几个月，特别是设计招标确定设计单位后才能进行初步设计或实施方案编制、审批等，导致施工期很短，完成任务压力大，再加上低价中标，在一定程度上影响了工程质量。

（2）不少工程建设标准低，建设内容不完整。如个别取地下水的水厂没有备用水源井，使用单井供水经常断水；个别水厂运行期水质存在苦咸水、高砷水、铁锰超标未配置水质处理设备；大多数地下水厂未设置水质化验室；部分地表水厂取水设施简陋、混凝剂要人工添加、缺少计量设备、净水及调节构筑物未按规范要求分组分格等。

（3）早期供水管网老化、破损严重。早期建设的地下水水厂因建设年久，土建设备及管路阀件均有不同程度的毁损。有不少管网铺设年份较早，老化严重、漏损率高、爆管时有发生。另外随着美好乡村建设和村村通道路的建设，再加上农村饮水管网覆盖范围大，供水管道、水表设施等经常受到取土、建房等人为破坏。多数老管网位于镇区或经济发展较好的集镇，所需管径较大、施工安装难度也大，从而导致改造成本远高于现行投资标准。

（4）现有供水设施覆盖有限，自来水普及率亟待提高。

到 2015 年末我市农村人口 269.3 万人，其中农村安全饮水受益人口 194.19 万人（含城市管网延伸），自来水覆盖率为 72%，仍然有将近 75.11 万人饮水不安全。省委、省政府提出"到 2020 年，全面解决农村饮水安全问题，实现自来水'村村通'"的要求，仍有较大差距。如按照相关标准 500 元/人的投资预算需要 37555 万元解决剩余人口不安全问题。

2. 水质保障方面

（1）水质净化处理：地下水基本为抽入清水池消毒后供向用户，一般无水处理设施，地表水采用混凝土三池传统工艺，利用絮凝、沉淀、过滤经消毒由清水池供出。

（2）消毒设施设备配备与使用：目前地表水规模水厂消毒设备都在使用的均为二氧化氯发生器，但消毒环节十分薄弱，消毒效果没有达到预期效果。单村和地下水使用消毒的较少。

（3）水质达标情况：全县通过疾病控制中心对全县各水厂进行水质化验，小水厂存在部分指标不达标现象。

（4）水质检测能力建设：水质检测是农村饮水安全的重要保障措施，供水工程中水质检测不到位是影响农村饮水安全工程的重要因素，目前一部分规模水厂配套了仪器设备，但检测项目少，水质检测频次较少，仪器不全，检测人员虽经培训，但人员文化程度低，操作水平有待提高。

3. 运行维护方面

（1）目前现有的农村饮水工程管理人员与当前的管理任务不相适应。农村安全饮水工程面广量大，管线长，涉及村庄农户多，任务重、责任大，需要有专管机构、适量的专业技术人员进行管理。全市三县分别成立了农村饮水安全工程专管机构，各区没有专管机构，多数县区农村饮水安全工程专管机构分别由县水利局内部人员调剂兼职。现有的管理人员偏少，远远不能满足当前的管理需要。

（2）运行管理单位人员素质不高。在管理方式上有村集体管理、个人承包、专业化供水单位等多种形式，少量水厂由专业供水单位运行，更多由个人、村委会等非专业人员进行管理。由于缺乏专业技术人才，其专业水平低、技术力量差，缺乏必要的专业知识和供水系统常识，很难正确使用现有净水、消毒以及水质检测等设备，存在有水就用，坏了就停的运管状态，导致工程投资效益不能持久发挥。

（3）农村安全饮水工程运行较为困难。由于农村居住点分散，制水成本高，再加上农民外出务工多，整体用水量小，不少农户仅在喝水、做饭时才用自来水，水费收取整体偏少，难以维持正常运行，多数水厂亏本经营。

六、"十三五"巩固提升规划情况

1. 规划思路

"十三五"巩固提升规划分为两部分，前三年实现全市所有贫困村通自来水，解决贫困人口的饮水不安全问题；后两年通过供水管网延伸、改造等措施，统筹解决部分地区仍然存在的工程标准低、规模小、老化失修以及水污染、水源变化等原因出现的农村饮水安全不达标、易反复等问题。

2. 规划目标

到2020年，全市自来水普及率达到80%以上，农村饮水安全集中供水率达到85%左右；水质达标率整体有较大提高；小型工程供水保证率不低于90%，其他工程的供水保证率不低于95%。推进城镇供水公共服务向农村延伸，使城镇自来水管网覆盖行政村的比例达到37%。健全农村供水工程运行管护机制、逐步实现良性可持续运行。

3. 主要建设内容

全市"十三五"期间计划总投资14295.2万元，解决17.66万人的饮水问题。其中，现有水厂管网延伸工程计划投资4118.43万元，解决10.24万人的饮水问题；改造工程计划投资6492.37万元，解决7.42万人的饮水问题；水质净化、配套消毒设备、农村饮用水水源保护、水质检测与监管能力建设等计划投资3684.4万元。

全市 2016—2018 年农村饮水安全精准扶贫工程总投资 4268.08 万元，解决 24 个贫困村 66829 人和 3 个非贫困村 8457 人的集中供水问题，实现建档立卡 88 个贫困村自来水"村村通"，其中贫困人口 3495 人。

4. 运行管理措施

我市于今年 2 月份召开会议要求各县区抓紧编制《农村饮水安全巩固提升工程"十三五"规划》，各县于 3 月底编制完成《农村饮水安全巩固提升工程"十三五"规划》。目前各县区已经按照规划的内容开始实施，市局召开工程推进会，进行实地监督检查，对检查结果进行通报，2016—2018 年项目将于 2016 年底前全部完成。

表4 "十三五"巩固提升规划目标情况

县（市、区）	农村集中供水率（%）	农村自来水普及率（%）	水质达标率（%）	城镇自来水管网覆盖行政村的比例（%）
合计	85	80	84.7	37
怀远县	85	80	95	45
五河县	85	80	70	33
固镇县	85	80	89	33

表5 "十三五"巩固提升规划新建工程和管网延伸工程情况

县（市、区）	工程规模	新建工程					现有水厂管网延伸			
		工程数量	新增供水能力	设计供水人口	新增受益人口	工程投资	工程数量	新建管网长度	新增受益人口	工程投资
		处	m³/d	万人	万人	万元	处	km	万人	万元
合计	合计						9	985.06	10.24	4118.43
	规模水厂						9	985.06	10.24	4118.43
	小型水厂									
怀远县	合计						7	958.1	9.33	3480.83
	规模水厂						7	958.1	9.33	3480.83
	小型水厂									
五河县	合计						2	26.96	0.91	637.6
	规模水厂						2	26.96	0.91	637.6
	小型水厂									
固镇县	合计									
	规模水厂									
	小型水厂									

表6　"十三五"巩固提升规划改造工程情况

县（市、区）	工程规模	改造工程					
		工程数量	新增供水能力	改造供水规模	设计供水人口	新增受益人口	工程投资
		处	m³/d	m³/d	万人	万人	万元
合计	合计	20	25824	36504	50.32	7.42	6492.37
	规模水厂	19	25500	36504	49.53	7.02	6188.64
	小型水厂	1	324		0.79	0.4	303.73
怀远县	合计	6	10000				250
	规模水厂	6	10000				250
	小型水厂						
五河县	合计	4	11424	7456	17.09	2.42	2765.82
	规模水厂	3	11100	7456	16.3	2.02	2462.09
	小型水厂	1	324		0.79	0.4	303.73
固镇县	合计	10	4400	29048	33.23	5	3476.55
	规模水厂	10	4400	29048	33.23	5	3476.55

5. 建议

（1）优化招投标过程，缩短招投标时间，特别是选择设计单位招标，要简化程序，在施工招标中，取消最低价中标，确保工程保质保量完成。

（2）要建立一支与当前农村安全饮水工程管理相适应的管理机构，配备适量的专业技术人员、管理设施等，使现有的工程管得好、用得好、效益发挥得好。

（3）一要提高农村安全饮水工程运行管理单位的人员素质和管理水平，降低制水成本；二要进一步加大宣传教育力度，提高农民对饮水安全的认识水平，引导农民改变传统用水观念，树立正确的用水消费观，提高自来水使用量；三要增加财政对农村安全饮水工程维修养护的支持力度，确保农村安全饮水工程正常运行。

（4）加强基础工作，开展农村安全饮水工程基础资料的收集整理，汇总编制成册，编制全市农村安全饮水工程管理手册，摸清本地区农村安全饮水工程建设、管理、运行等基本情况，作为日常管理的工具书。

怀远县农村饮水安全工程建设历程

（2005—2015）

（怀远县水利局）

一、基本概况

怀远县位于淮河中游，地处北纬 32°43′~33°19′，东经 116°45′~117°09′。东与固镇县、淮上区、禹会区为临，南与淮南、凤台接壤，北接宿州、濉溪，西连蒙城。全县除南部有荆山、平峨孤山残丘外，绝大部分为平原地带，属淮北大平原的一部分，第四纪松散沉积物覆盖深厚，地势平坦，由西北向东南微微倾斜，自然坡降为 1/8000~1/10000，地面高程为 15.5~24.5m，怀远县处于暖温带南部，南北方的过渡地带，属暖温带中湿润季风气候区。一般特点：冬春干旱少雨，夏秋炎热多雨。根据县气象局多年资料统计分析，多年平均降雨量 902.7mm，多年平均蒸发量为 1502.3mm，多年平均气温 15.4℃，最热多在 7 月，平均气温为 28.1℃，极端最高气温达 41℃。日照时数 2206.5h，空气相对湿度 76%，无霜期 217 天，多年平均大于 10℃积温为 5346.6℃。

2015 年全县总人口 127.87 万人，其中农业人口 106.13 万人、城镇人口 21.74 万人。全县总面积 2212km²，耕地 181 万亩，全县辖 18 个乡镇，1 个国家级农业产业化示范基地（白莲坡食品科技产业园），2 个省级经济开发区（怀远经济开发区、龙亢经济开发区），2 个省级现代农业示范区（龙亢农场、古城镇），蚌埠市国家级农业科技园区核心区（龙亢农场）。为全国粮食生产先进县、全国科技进步先进县、全省科学发展先进县。根据 2015 年统计资料，怀远县地区生产总值达到 241 亿元，其中第一产业增加值达 63.7 亿元、第二产业增加值达 103 亿元、第三产业增加值达 75.3 亿元，财政收入 23.06 亿元。全县农村常住居民人均可支配收入 11630 元。

水污染状况。由于城乡生活污水的排放量和农药、化肥用量不断增加，养殖场产生的畜禽粪便废弃物未经处理便排入河道，以及水产养殖业的迅速发展，都已经成为新的污染大户，饮用水水质超标大多表现在感观和细菌学指标方面，农村居民目前饮用的浅层地下水受到一定的污染。

二、农村饮水安全工程建设情况

1. 农村人口饮水安全解决情况

怀远县已实施农村饮水安全项目有 10 期，分别为 2005 年、2007 年、2008 年、2009

年、2010 年、2011 年、2012 年、2013 年、2014 年、2015 年。

10 期工程总投资 3.3 亿元，其中中央财政投资 2.6 亿元、地方财政配套及群众自筹资金 0.7 亿元。共计解决饮水不安全人口 69.48 万人。共建集中饮水工程 21 处，其中地表水工程 12 处、地下水工程 9 处，饮水总规模达 7.3 万 m³/d。

表1 怀远县农村饮水建设情况表

序号	乡镇	水厂名	设计供水能力（m³/d）	受益人口（人）	水源类型（地表水/地下水）
1	白莲坡镇	白莲坡水厂	10000	33966	地表水
2	河溜镇	河溜水厂	8000	65220	地表水
3	包集镇	小集水厂	6000	49657	地表水
4	淝河乡	淝河水厂	7000	75449	地表水
5	褚集镇	褚集水厂	4200	44568	地表水
6	魏庄镇	魏庄水厂	4000	44233	地表水
7	兰桥乡	兰桥水厂	4000	41924	地表水
8	唐集镇	唐集水厂	1814	23413	地表水
9	淝南乡	淝南水厂	1200	18671	地表水
10	万福镇	万福水厂	4000	38196	地表水
11	荆山镇	荆芡水厂	3172	36570	地表水
12	榴城镇	榴城镇管网延伸	1610	15235	地表水
13	双桥集镇	双桥水厂	1216	13019	地下水
14	双桥集镇	赵集水厂	3400	30958	地下水
15	龙亢镇	龙亢水厂	1437	11745	地下水
16	常坟镇	常坟水厂	1434	22790	地下水
17	古城镇	古城水厂	1415	15373	地下水
18	龙亢镇	龙亢二水厂	2239	23171	地下水
19	包集镇	包集水厂	1355	19713	地下水
20	徐圩乡	徐圩水厂	3800	50916	地下水
21	陈集乡	陈集水厂	2000	20021	地下水
	合计		73292	694808	

表2 2015 年底农村人口供水现状

乡镇数量	行政村数量	总人口	农村供水人口	集中式供水人口	其中：自来水供水人口	分散供水人口	农村自来水普及率
个	个	万人	万人	万人	万人	万人	%
18	365	106.13	69.48	69.48	69.48	36.65	65.46

表 3　农村饮水安全工程实施情况

合计			2005 年及"十一五"期间			"十二五"期间		
解决人口		完成投资	解决人口		完成投资	解决人口		完成投资
农村居民	农村学校师生		农村居民	农村学校师生		农村居民	农村学校师生	
万人	万人	万元	万人	万人	万元	万人	万人	万元
68.48	1.5	330000	21.12	0.5	9000	48.36	1	24000

2. 农村饮水工程（农村水厂）建设情况

2005 年以前，由爱卫会、卫生、环保、水利等单位建成的工程有十几处，规模极小，多的只有 2000 人，少的只有几百人，工程设施简单，现已全部并入规模水厂，原小水厂已不存在。

截至 2015 年底，全县现有农村规模水厂 20 个数，1 处县城管网延伸，每乡镇 1 处，其中双桥、包集为 2 处，主要分布在乡镇府所在地。2015 年底，农民接水入户在 85%，入户费用为 200 元。

表 4　2015 年底农村集中式供水工程现状

工程规模	工程数量	设计供水规模	日实际供水量	受益乡镇数	受益行政村数	受益农村人口	自来水供水人口
	处	m³/d	m³/d	个	个	万人	万人
合计							
规模水厂	21	73000	49600			69.48	49.48
小型水厂							

3. 农村饮水安全工程建设思路及主要历程

"十一五"期间，全县农村饮水安全工程可研总体目标解决人口 21.12 万人，分 2005、2007、2008、2009、2010 年五年实施，受益人口覆盖全县 14 个乡镇 108 个行政村。饮水不安全主要为氟超标、苦咸水、污染水三种类型。供水方式主要为地表水和地下水两种，工程形式：地表水主要为取河湖水为水源通过絮凝、沉淀、过滤池、清水池由供水泵供入管网到户、地下水主要为深井、清水池、由供水泵供入管网到户等。项目总投资 9000 万元。

"十一五"期间，我县农村饮水安全工程，总体上呈现点多、面广、分散、受益范围小的特点。共建成集中供水工程 24 处，其中标准化水厂 3 处，"十一五"期间，项目总投资 9000 万元，受益人口 21.12 万人。涉及全县 18 个乡镇和经济开发区，日设计供水规模 2.5 万 m³，日实际供水 1.4 万 m³，年供水量 511 万 m³。

"十二五"期间，我县共解决农村居民人口 48.36 万人和农村学校师生 1.0 万人饮水不安全问题，其中，2011 年解决 3 万人；2012 年解决 7.2 万人；2013 年解决 13 万人；2014 年解决 14.72 万人；2015 年解决 10.44 万人。合计解决 48.36 万人。项目总投资 2.4

万元，共建成规模水厂20处，新增日供水能力4.8万 m^3。

三、农村饮水安全工程运行情况

1. 县级农村饮水安全工程专管机构

为全面提高农村饮水安全工程运行管理人员维护管理能力，保障各供水工程的正常运用，2010年9月15日，怀远县机构编制委员会以怀编〔2010〕20号文批复成立"怀远县农村饮水安全管理中心"，为县水利局副科级全额拨款事业单位，编制6名。

2. 县级农村饮水安全工程维修养护基金

为规范农村饮水安全工程的运行管理，怀远县于2010年3月1日出台《怀远县农村饮水安全工程运行管理办法》，并根据该办法配套出台《怀远县农村饮水安全工程县财政补助资金和"一事一议"补助经费使用管理细则》，根据《关于开展怀远农村饮水安全工程运行管理考核工作的通知》文件要求明确工程运行的考核细则，落实了具体的管理形式、管理组织、管理人员和管理费用。从制度和机制上确保了农村饮水安全工程运行管理工作落到实处，长久发挥供水效益。农村饮水安全工程日常维修养护资金根据县财政设立农饮工程日常运行管护补助资金专户，各水厂每年经运行管理考核合格的。

3. 县级农村饮水安全工程水质检测中心

（1）方案批复。根据《关于加强农村饮水安全工程水质检测能力建设的指导意见》的文件精神和要求，2015年4月，蚌埠市水利勘察设计室在深入调查的基础上，编制了《怀远县农村饮水安全工程水质检测中心实施方案》。5月8日，蚌埠市发改委、水利局以《关于怀远县农村饮水安全工程水质检测中心建设项目实施方案的批复》（蚌发改农经〔2015〕122号）文件批复同意建设方案，怀远县农村饮水安全工程建设管理局认真组织了中心的基础建设。

（2）机构设立。2015年10月20日，县水质检测中心建成属县农村饮水管理中心管理，目前已确定3名人员作水质检测工作，明确水质监测中心的主要工作职责。

（3）场所设备。水质监测中心设有前处理室、理化室、色谱室、光谱室、试剂室、微生物室以及中央工作平台，购置和安装了原子吸收分光光度计、原子荧光光度计、气相色谱仪、离子色谱、紫外可见分光光度计大型检测仪器5台；超纯水器、马弗炉、生化培养箱、电热恒温干燥箱、电热恒温水浴锅、高压灭菌锅、浊度仪、色度仪、余氯、二氧化氯测定仪、分析天平（万分之一）、生物显微镜、净化工作台等小型仪器设备30台，购置试验台、试验柜、玻璃器皿及实验室试剂药品齐全。具备《生活饮用水卫生标准》（GB 5749—2006）规定的42项常规指标和部分非常规指标的水质检测能力。办公场所使用面积达 $258m^2$，基本建设投资282万元，仪器设备投入120多万元，水质监测中心于4月初正式投入运行。

（4）人员配备。自2015年10月20日以来，怀远县水利局已选派多人参加安徽省农村饮水安全工程水质检测培训班，通过省水利部门培训，配备专职检测人员4名。怀远县农村饮用水安全工程水质监测中心的挂牌成立及专职人员的配备，将进一步推动怀远县农村饮水安全工程水质检测专业化的建设和管理。

（5）运行管理。怀远县农村饮水安全水质监测中心主要承担县域已建成投入使用，对全县农村饮水安全工程水厂的水源水、出厂水和管网末梢水的水质定期检测和巡检；加强对农村供水单位从业人员进行业务培训及检测仪器操作维护的指导和技术支撑，加大对县域重要水功能区水质状况进行监测的力度，按规定报送水质检测成果，保障供水安全。

怀远县农村饮用水安全工程水质监测中心配备专职检测人员3名，2016年计划向社会公招检测专业人员2名，进一步加大检测队伍建设，提高检测人员的专业素质，从而提升水质安全突发事件的应急能力。制定实验操作制度、危险试剂管理制度等各项管理制度12项，完善制度上墙，加强制度管理。

（6）检测工作开展情况。水质安全是运行管理的关键工作和重点工作。经过2015年10月份的学习和平台操作，自2016年1月初，水质监测中心通过现场水样采集的方式，对全县地表水和地下水水源水、出厂水和管网末梢水进行了除放射性指标以外的水质常规42项指标的监测和检测，并对部分村分散式供水工程进行了水质抽检，形成了水质检测报告120多份。检测结果通报主管部门和专管机构，并作为农村饮水安全工程（水厂）供水安全、运行管理和考核的依据。

4. 农村饮水安全工程水源保护情况

（1）水源地概况。怀远县从2005—2015年共建21处水厂，分布全县各个乡镇，全县18个乡镇均有水厂，取用水源有地表水和地下水两种，地表水取水水源有芡河、北淝河、怀洪新河、茨淮新河，地下水水源区为县北部地下水开采区。根据已批准的水功能区规划，均为饮水水源地保护区，全县有12处地表水水厂、9处地下水水厂。

（2）水源地评价。大部分供水水源地受人类活动影响相对较小，水质相对较好，水质类别一般在Ⅰ～Ⅲ类间，少部分供水水源地水质类别为Ⅳ类，怀远县近几年进行水环境整治，水质变好，未出现Ⅴ或劣Ⅴ类水质，污染类型主要为有机物污染和富营养化。主要超标污染物质有：铁、锰、大肠菌群、粪大肠菌群、总磷、高锰酸盐指数、BOD。

地表水水源有芡河、北淝河、茨淮新河、怀洪新河，地表水受污染的原因：一是由于无序开发，开垦，汛期受雨水径流、冲刷影响，造成部分水源相对污染，溶解土壤中有机物、总磷、总氮等污染因素带入水体，致使部分水源水质超标。二是供水水源地没有进行系统规划，部分水源地内人类活动相对频繁，农村生活污水和畜禽废水无序排放，生活垃圾和粪便也随意堆放，汛期雨水冲刷，增加了污染物质的入河量。三是农业种植方式较为传统，耕作及施肥技术较落后，农药的流失量相对较大，加剧水体水质污染。

在"十三五"期间，每个水厂打井配套水源井，作为第二水源。

加强水资源的统一管理工作。进一步加强水资源的计划用水、节约用水，防治水污染的行政管理。应用行政、法律手段，进一步强化宣传工作，加大水事案件查处工作力度。

建立水资源监测、调控网络中心，加大水资源的综合开发与管理的力度。

优化调整农村产业结构，合理配置水资源，调整、压缩耗水量大的农业，适当提高耗水量小的旱田作物，实施水资源的优化配置。

各乡镇也根据各工程水源情况，分别制定了水源保护和水源调度的措施和乡规民约，划定水源保护区范围，在各处供水工程水源地设立公告牌。

5. 供水水质状况

县水利局紧密联系卫生、环保等有关部门，加强各水厂各项水质指标的检测和监测。

各水厂均建立水质化验室，对各自水厂水质进行化验。同时建立水质监测培训制度，定期和不定期在卫生防疫部门的指导下，对水厂化验人员进行业务培训，使其掌握在水质检测和水质安全方面的知识。通过调查，全县水厂水源水质达标率平均为95%，各水厂都建立了水质检测制度，一般水厂每年夏、冬季，丰水期及枯水期各检测1次；规模水厂按季节每年检测3~4次，经巡检合格率达到90%以上。水质不合格的主要指标为总大肠菌群、耐热大肠菌群、大肠埃希氏菌、菌落总数。

6. 农村饮水工程（农村水厂）运行情况

（1）供水管理单位情况。全县20座水厂全部落实供水管理单位（或个人）；供水管理单位全部为专业化供水企业管理。水厂运行管理人员总计179人，其中具备高中及中专及以上学历的人数99人。

（2）农村供水工程产权。工程由县农村饮水领导小组办公室负责建设，验收合格资产全部移交当地人民政府，政府与企业签订经营管理协议。

（3）水厂运营状况。通过调查，2015年水厂运营状况：全县水厂年供水总量1103多万 m^3，实际供水户数为14.54万户，实际受益人口69.48万人，年收入1700万元；年支出1510万元，其中人员工资450万元、电费450万元、工程维护费用360万元、药剂费250万元，毛收益190万元。

（4）水价及水费收取。水价采用"两部制"计收为主，简易消毒设备较为齐全。

县级直管供水工程的水价，按城市自来水水价，但免收城市排污费；乡镇直管供水工程采取"两部制"水价，水价一般在1.6元，上下可浮动10%。管网入户收取费用不超过200元/户，收取最低水费7元/（月·户）。

（5）规模水厂管理运行情况。通过几年的并联、扩建设全县水厂全部为规模水厂。规模水厂受益面大，受益人口多，当地政府和部门都相当重视其运行，从目前来看，都能保证其正常运行。

现以我县较大的规模水厂河溜水厂为例。河溜水厂位于河溜镇河溜村境内，始建于2009年，由农村饮水安全项目投资兴建，解决17860人饮水不安全问题，供水到户4465户，日实际供水量700m^3，使用地下水供水。

2013年该水厂通过扩建，全镇采取全覆盖，设计供水能力日供水8000m^3，总长度达540km。改造完成后由诚达水务公司进行承包管理，确定了12名专管人员，目前执行两部制水价，水价1.7元/m^3，年水费收入238万元，效益明显，群众满意。经过几年多的运营，水厂各方面运行很好，无论从水质、水量还是水压，都比以前有了质的改观。

7. 农村饮水工程（农村水厂）监管情况

强化建后管理。农村饮水安全工程经竣工验收合格后，固定资产及运行管理权移交于所在地的乡镇政府，地方政府和用水户协会为后期运行管理部门，县农村饮水管理中心为业务主管部门，一并加强运行监督、检查和管理工作。

强化水质监管。以县为单元，建立标准化水质检测中心。"千吨万人"以上工程设立水质化验室，配备专职检验人员，确保水质常规检测常态化、全覆盖。

8. 运行维护情况

完善管护机制。建立健全县乡两级农村饮水安全专管机构，明晰工程产权，逐项落实管护主体，小型工程推行产权改革。建立县级维修养护基金。省上将贫困村饮水安全工程纳入小型水利工程维修养护给予经费支持。以乡镇为单位，按照"保本微利"的原则，确定水价，分步到位。建立农村饮水安全地方首长负责制，逐步实现同乡镇群众吃同质同价水。

落实优惠政策。一是严格执行农村饮水安全税费、农业电价、建设用地等优惠政策。二是城市自来水管网延伸用水户水费中免收城市污水处理费，并按最低标准收取入户成本费。

四、采取的主要做法、经验及典型案例

（一）做法和经验

全县农村现有集中式饮水工程 21 处，解决饮水不安全人口 69.48 万人，总供水规模达 7.3 万 m^3/d。在工程建设与管理中所取得主要经验为：

1. 坚持正确发展方向，加大联网整合力度

远县农村饮水工程按照"农村饮水城市化，城乡饮水一体化"的总体目标和"规模化发展，标准化建设，市场化运作，企业化经营，专业化管理"的发展方向，取得了显著效果。实践证明，这一发展目标符合怀远县实际情况，解决了农村饮水安全、规模、机制、管理等重点难点问题，又为工程长期良性运行打下了良好基础。对这一行之有效、群众认可的路子，坚定不移地推行下去。在工程规模化方面，要坚持以优质水源为依托，打破行政区域界限，打破流域界限，尽量将单个工程规模做大。实现一镇一网，或多镇一网；城市近郊和城镇驻地周围地区，以城市自来水管网为依托，向周边村庄辐射，扩大工程饮水规模，提高饮水保证率。自来水普及率较高的地区，要通过对现有小规模饮水工程进行整合联网，实现有小联片到大联片，由小网到大网的转变。在标准化建设方面，要吸取过去部分饮水工程建设由于工程建设标准偏低，运行时间不长就需要维修的教训，树立精品意识，强化措施，严把规模关、水质关、材料关、施工关、验收关和水源保护关等环节，提高工程建设标准和质量，坚决杜绝只求进度不求质量的现象发生。

2. 重视水源工程建设，加强饮用水源保护

水源是饮水工程的基础，水源水量与水质是决定饮水安全工程建设成败的关键因素。因此，水源的选择要合理，既要考虑当前，又要考虑长远；既要考虑水量，又要考虑水质。水源的选择必须符合当地水资源规划和管理的要求。合理利用水资源，优质水源应首先满足生活用水需要，要避免选用氟、砷、含盐量、污染物超标的水源。

水质问题是工程建设最关键的环节。在水源选择上，既要保证有足够的水量，更要重视水源的水质。当地无合格水源的要采取远距离调水的方式解决。实在难以解决的，配备必要的水处理设备，确保水质达标。要加强饮用水源地保护，特别是加强对水源地周边排污口的管控，定期检测水源水质，确保水质安全可靠，把符合饮用水标准的自来水送到群众家中。

解决农村饮水安全问题，就是确保将符合国家水质标准的水供给群众使用。水源的保护尤为重要，水源的保护：一是要做好水源地环境保护的规划工作，对供水水源地的保护区进行科学的划定，制定水源地环境保护措施，使划定保护区真正能够对水源保护发挥作用。二是依据相关法律法规制定切实可行的水源保护规章制度等，使水源保护的执法能够

有法可循、有章可依。三是在进行水源保护的过程中执法要严，违法必究，坚决取缔水源保护区内的排污口，严防养殖业污染水源，禁止有毒有害物质进入水源保护区内，强化水污染事故的应急和处理工作。

每项工程完成后，县水利局都将及时与有关部门共同按照国家颁发的《生活饮用水水源保护区污染防止管理规定》的要求，合理划定饮水水源保护区和饮水工程管护范围，制定保护办法，特别是要加强对水源地周边设置排污口的管理，限制和禁止有害化肥、农药的使用，杜绝垃圾和有害物品的堆放，防止饮水水源受到污染。供水单位要经常巡视，及时处理影响水源安全的问题。

3. 加强工程建设管理，确保工程质量

建立健全"建设单位负责、施工单位保证、政府部门监督"的质量保证体系，实行项目法人制、招标投标制、工程监理制、合同管理制"四制"管理，严把材料设备采购关、施工队伍选择关、工程质量监督关以及工程竣工验收关等四个关口，确保工程建设质量。

根据项目要求，饮水工程所需材料和设备的选择全部为水利部推荐目录产品，公开招标采购，选取的供货单位产品质量好，供货单位信誉度高，价格相对合理。经过检测和运行，采购的管材均符合国家质量标准和卫生标准，必须有质量合格证和卫生合格证，供货企业在供货过程中能按时、守信，严格按供货合同承诺提供产品和服务，使群众满意。

4. 加强资金管理使用，保证工程顺利实施

为了使项目资金公开、透明，加大对群众的宣传力度，使群众对资金的使用管理一清二楚，并允许农户以投劳代资等方式折算自筹资金，保证工程顺利实施。资金使用严格按照基建工程财务管理要求实行报账制管理，并通过此办法建立起了有效的资金制约机制，做到专款专用，保证了工程质量和进度，确保了资金效益的发挥。对所有工程资金，严格使用管理，在县水利局设立"怀远县农村饮水安全工程"资金专户，实行专账核算，专款专存、专款专用，严禁截留、挤占、挪用和违规支出资金。农村饮水安全工程资金实行"报账支付"的管理方式，通过政府采购中心采购的大宗工程材料，县农饮办根据招投标合同、供货单位合法票据直接将资金拨至供货单位。确保资金使用合理。大力推行资金管理使用公示制度，通过各种方式对社会公示，实施阳光操作；自觉接受各有关部门、新闻媒体和广大农民群众的监督。

5. 采用新技术，提高工程质量水平

怀远县在 2007—2015 年工程建设项目中供水泵站全部使用了变频设备，改变了多年以来采取高位蓄水池和气压水罐供水的传统方式，不仅减少了工程费用，缩短了工期，而且在运行中节省电费、减少了维护次数，方便管理，节约了运行成本，避免了水的二次污染。在饮水工程建设中，建设信息化管理系统以及水处理三池等，提高工程质量水平。

6. 加强工程建后管理，确保工程长久运行

为加强农村饮水安全工程的建后管理，成立了农村饮水管理机构——怀远县农村饮水管理中心，出台了《怀远县农村公共饮水管理办法》《怀远县农村饮水工程维修专项基金管理办法》，设立了维修专项基金账户，制定了《怀远县农村饮水安全工程应急预

案》，成立了怀远县农村饮水安全工程应急领导小组。农村饮水安全工程建成并经验收合格以后，怀远县农村饮水安全工程建设领导小组及时与各有关乡镇办理交接手续，明确管理主体。各乡镇切实加大工程运行与管护力度，采取切实可行的工程运行管理措施，在工程实施期间，提前谋划水厂运行管理模式，通过多种渠道和多种形式，积极引进市场机制，坚持市场化管理模式，采用承包、租赁等方式，进一步拓宽运行管理渠道，严格落实运行管护主体，使饮水安全工程正常运转起来，确保工程良性运行。各运行管理单位，及时制定管理措施，建立健全工程维修、养护、用水、节水、水费计收、水源保护等各项规章制度，落实具体管护人员，规范工程运行与管理。管理人员均由责任心强、管理水平高、技术业务精的人员担任，运行管理的好与坏直接与管理人员续聘、解聘、工资等挂钩。

在工程运行管理期间，县政府加大政策扶持力度，出台农村饮水安全工程饮水优惠政策，试运行期间无偿向用水户供水，提高群众使用自来水的积极性，改变用水习惯。认真核定饮水价格，确保饮水安全工程做到良性运行。县政府组织发改委、水利等部门通过深入调研，认真评价，制定出全县较为合理的饮水安全工程指导性水价，为 1.6 元/m^3，上下可浮动10%，以达到用水户能够接受、管理单位能够正常运转的目的，以提高工程安装入户率和群众用水的积极性，让民生工程真正造福百姓，惠及民生。切实加强饮水安全工程饮水水源地保护，县水利局负责制定水资源分配计划，落实特大干旱年份的饮水方案，县卫生、防疫部门负责水源的检测，确保水质达标，并公示水质卫生状况，同时严禁饮水点附近的居民做出任何破坏水源环境的行为。饮水单位定期向群众公布水价、水量、水质、水费收支情况，确保群众吃上"放心水、明白水、安全水"。

7. 合理确定水价，实现工程良性运行

合理的水价是保证工程良性运行的前提。水价过低，不利于水资源的优化配置，也不利于工程长期运行。水价过高，会增加农民群众的负担，抑制农村饮水市场发展。要高度重视水价问题，探索建立合理的水价形成机制，根据《水利工程供水价格管理办法》，按照补偿成本、合理收益、优质优价、公平负担的原则，充分考虑当地经济发展状况、水资源条件、饮水对象的承受能力以及工程建设成本等各方面因素，制定合理水价。让老百姓用得起，管理单位水费收得上。水费是工程运行维护资金的主要来源。完善水费征收管理制度，足额收取水费，实现"以水养水，自我维护"，确保工程长期发挥效益。水价由县政府根据制水成本审核制定，切实建立起适应社会主义市场经济要求的农村饮水管理体制和经营机制，实现工程的良性运行。

8. 加大项目宣传力度，形成较好的外部供水环境

全面解决农村饮水安全问题是党中央、国务院的重大决策，水利部将解决饮水安全作为水利工作的第一要务，安徽省委、省政府为落实中央决策，提出5年内基本实现村村通自来水，实施这项工程是民心所向，是长期的，是艰巨的任务。加大宣传力度，利用新闻媒体、公益性广告、宣传专栏等一切有利形式进行广泛、深入、持久的宣传教育，让广大群众公众了解农村饮水安全问题的现状、政府解决饮水安全问题的决心和工作力度，清醒地认识面临的形势和危害，调动全社会的力量来完成。

充分利用广播电视、宣传车、公示栏、公告栏等一切宣传工具，宣传党的方针政策、

水资源保护的法律法规；宣传水资源可持续利用的重要性，强化节约用水的自觉性；宣传工程建设决策过程，工程管理的重要性，提高资金利用、工程建设、工程管理的透明度，保证工程的长久利用，让农民群众认识到"农村饮水安全工程"是一项真真正正的"民心工程"。

（二）典型工程案例

怀远县荆芡水厂建于 2011 年，设计供水规模为 3200m³/d，涉及荆芡乡 13 个村 3.6 万人，以 2.3km 外的芡河作为取水水源，水质常年为 Ⅱ～Ⅲ类。

1. 微机设定给水泵工作压力，即用户用水压力。生活给水时，设备运行在低压变频状态，由变频器时刻监控管网压力，对反馈只值和设定值进行运算和比较计算，若管网压力低于用户所需压力（设定压力）则自动增加输出频率，从而使泵的转速增加，出水量增加，当 1 台泵运行满足不了用户需要时，其他各台泵自动投入，以保证用户的使用压力。

2. 当自来水管网的压力升高达到与用户使用压力时候，变频器经过一段延时后便降低转速直到停止，只有当压力降到某一设定压力值时，变频器才从新开始工作。变频泵组的工作只是满足用户的用水压力与管网压力之差，大大节约了电能。

3. 当流量调节器内压力低于 1 个大气压时，安装在流量调节器顶的负压消除器自动打开，使气体进入流量调节器内，消除负压。当流量调节器内压力升高时，又可以将多余的气体排出流量调节器外，使流量调节器内蓄满水，以备下次用水高峰期时使用。当流量调节器内蓄满水后，安装在流量调节器顶的遇压消除器便自动关闭，防止溢流。

荆芡水厂在没有使变频器前每月电费近万元，使用后每月使用电费 6000 元，变频器投资 5 万多元，2 年可收回成本。

五、目前存在的主要问题

1. 水质保障方面

水源保护状况：水源类型分两种，一种为地表水，另一种为地下水，水源保护是从源头上保证水质安全，将大大提高饮用水质量标准，节省大量资金投入，由于历史原因，怀远县地表水取用的水源地有不少网箱养鱼，水质存在不同程度的污染。县有关部门虽对水源进行规划，但实施退网还湖不彻底，源水水源没有可靠保障。广大农村居民对浅层地下水水源保护意识较弱，生活污水排放影响浅层地下水水质的问题也没有得到彻底解决，部分村无害化标准公厕未建设，农户私厕改造力度不大，村庄环境卫生很差，造成浅层地下水污染严重。

水质净化处理：地下水基本为抽入清水池消毒后供向用户，一般无水处理设施，地表水采用混凝土"三池"传统工艺，利用絮凝、沉淀、过滤经消毒由清水池供出。

消毒设施设备配备与使用：目前地表水规模水厂消毒设备使用的均为二氧化氯发生器，但消毒环节十分薄弱，消毒效果不达标。单村和地下水使用消毒的较少。

水质达标情况：全县通过疾病控制中心对全县各水厂进行水质化验，小水厂存在部分指标不达标现象。

水质检测能力建设：水质检测是农村饮水安全的重要保障措施，供水工程中水质检测不到位是影响农村饮水安全工程的重要因素，目前一部分规模水厂配套了仪器设备，但检测项目少，水质检测频次较少，仪器不全，检测人员虽经过培训，但人员文化程度低，操作水平有待提高。

2. 运行维护方面

农村饮水管线长，面广量大，涉及村庄农户多，由于经营水厂管理人员有限，各村的用水者协会对用户使用、维修管护和宣传力度不够，管道破裂、跑、漏、滴和维修不及时，水量损耗的现象仍然存在。

在运行管理方面，由于建设管理单位对饮水安全工程管理人员缺少正规的培训工作，饮水安全工程的运行管理人员素质普遍较低，缺乏必要的专业知识和供水系统常识，操作不符合规定，供水不按成本收取水费，存在有水就用，坏了就停的运管状态，导致工程投资效益不能持久发挥。

六、"十三五"巩固提升规划情况及长效运行工作思路

（一）规划目标

1. 总体目标

按照全面建成小康社会和脱贫攻坚的总体要求，通过农村饮水安全巩固提升工程实施，采取新建和改造等措施，到 2018 年底前，全面实现贫困村村村通自来水；到 2020 年，全面解决贫困人口饮水安全问题，进一步提高农村供水集中供水率、自来水普及率、城镇自来水管网覆盖行政村的比例、水质达标率和供水保证率，建立健全工程良性运行机制，提高运行管理水平和监管能力，为全面建设小康社会提供良好的饮水安全保障。计划在"十三五"期间共解决 93296 人的饮水不安全问题，其中解决贫困人口 31493 人。

2. 工程建设目标

采取管网延伸、新建、改造、配套、联网等措施，到 2020 年，使我县农村集中供水率达到 85％左右，农村自来水普及率达到 80％以上，水质达标率有较大提高；小型供水工程保证率不低于 90％，其他工程的供水保证率不低于 95％。推动城镇供水公共服务向农村延伸，使城镇自来水管网覆盖行政村的比例达到 45％。

3. 工程管理目标

（1）实现工程管理与技术服务全覆盖。以县为单元，继续健全完善农村饮水安全保障管理机构，全面建立县级农村供水技术支持服务体系。

（2）基本实现供水工程良性运行。明晰工程产权，落实工程管理主体、责任和经费，全面建立合理的水价和收费机制，落实工程运行管护经费。

（3）建立完善水质保障体系。全面划定饮用水水源保护区或保护范围，强化水源保护，强化供水单位水质管理，加强水质检测监测与评价，建立完善农村饮水安全数据库及信息共享机制，确保供水安全。

（二）主要建设内容

"十三五"规划本着"前三年集中脱贫、后二年巩固提升"的步骤进行。2016—2018 年主要解决贫困村及贫困人口饮水不安全问题，规划解决贫困人口 31493 人，2019—2020 年主要是对饮水工程进行巩固提升，规划解决 61803 人饮水不安全问题。"十三五"期间

共解决 93296 人饮水不安全问题。规划总投资 4680.83 万元。

表5　"十三五"巩固提升规划目标情况

农村集中供水率（%）	农村自来水普及率（%）	水质达标率（%）	城镇自来水管网覆盖行政村的比例（%）
85	80	95	45

规划主要建设内容：现有水厂管网延伸供水工程 7 处，改造供水工程 6 处。

1. 新建工程（新增供水受益人口）

现有水厂管网延伸工程。在距县城、乡集镇等现有供水管网较近的农村，充分利用城镇自来水厂的富余供水能力，或通过对现有规模较大农村水厂扩容改造，延伸供水管网，扩大供水范围，进一步改善农村供水条件。现有水厂经扩容改造后，应达到规模化供水工程的规模。

表6　"十三五"巩固提升规划新建工程和管网延伸工程情况

工程规模	新建工程					现有水厂管网延伸			
	工程数量	新增供水能力	设计供水人口	新增受益人口	工程投资	工程数量	新建管网长度	新增受益人口	工程投资
	处	m³/d	万人	万人	万元	处	km	万人	万元
合计						7	958.1	9.33	3480.83
规模水厂						7	958.1	9.33	3480.83
小型水厂									

2. 改造工程（未新增供水受益人口）

规模较大水厂配套改造工程。按照水源实际情况和供水水质要求，改造落后的制水工艺及供水工程构筑物，并配套改造管网，以解决部分规模较大的农村水厂水处理设施不完善、制水工艺落后、管网配套不完善等影响工程效益发挥的问题。

表9　"十三五"巩固提升规划改造工程情况

工程规模	改造工程					
	工程数量	新增供水能力	改造供水规模	设计供水人口	新增受益人口	工程投资
	处	m³/d	m³/d	万人	万人	万元
合计	6	10000				250
规模水厂	6	10000				250
小型水厂						

3. 农村饮用水水源保护、水质检测能力建设以及水厂信息化建设

开展农村饮用水水源保护，推进水源保护区或保护范围划定、防护设施建设和标志

设置等工作。进一步加强农村饮用水水源保护和监测，强化供水水质检测能力建设，"千吨万人"以上工程均配置水质化验室，健全水质卫生常规监测制度，完善农村饮水水质监测网络，全面提升农村饮水安全监管水平。加强工程管理人员技术培训，对集中供水厂负责人、净水工和水质检验工等关键岗位人员开展专业培训。规模水厂试点开展工程运行及主要水质指标在线监测及水厂信息化建设工程示范，积累经验后逐步推广至全县所有水厂。

4. 加强运行管理措施

一是建立健全县级农村供水管理机构、农村供水专业化服务体系，制定完善水厂在管理、维修、养护、用水、节水、水费计收和水源保护等方面各项规章制度，实行责、权、利相统一的运行管理新机制。同时加大内部改革力度，建立有效的约束和激励机制，使管理责任、工作绩效和职工的切身利益紧密挂钩。

二是全面落实"两部制"水价政策，落实运行管护经费制度，积极探索信息化管理，加强专业人员技术培训，实行水厂运行管理关键岗位人员持证上岗制度。

三是积极推行管养分离、精干管理机构、提高养护水平，配备必要的专业技术力量和设备，组建专门的内部专业维修养护队伍，专门负责农村供水工程的维修和养护，本着及时检查、观测、经常养护、及时维修、防修并重、以防为主的原则，达到专养、勤养、提高养护水平的目的。

四是全面推进工程运行机制改革，积极推行农村供水工程管理制度改革。在村级管理上有条件的地方要成立用水户协会，接受群众监督，实行群众参与式管理。

五是划定水源保护区，加大水源保护力度，加强水质监测体系建设，保证饮用水安全。为保证饮用水水质，应加大农村供水工程水源地的保护力度，防止水源保护区内发生污染水质的活动，对饮用水水源设置防护地带，在卫生防护地带内，严格按照有关部门颁发的《饮用水源保护区污染防治管理规定》《生活饮用水卫生标准》《地面水环境质量标准》等规定，加强管理，确保水源不受污染。同时，要加强水源水、出厂水和管网末梢水的水质监测和检验，建立和完善水质化验室，落实机构、人员、任务、责任、仪器设备和经费，并实现信息畅通，资料数据准确及时。同时，建立健全应急响应机制，完善应急预案。

六是工程建成后，要按照生活饮用水水质标准开展技术服务，做到水量够、水压足、水质好。保证水质水量达到供水标准要求，把水质和供水量情况向用户公开，积极推行服务承诺制度和合同供水制度。

（三）"十三五"之后农饮工程长效运行工作思路

按照我县现有农村人口，根据"十二五"农村饮水安全规划，2011—2015年，通过农村饮工水程解决180个行村52万人的饮水安全问题。完成"十二五"农村饮水安全工程建设任务，连同"十一五"期间的成果，将使长期存在的几十万农村人口饮水不安全问题得到较好解决。但是对于我县这样一个农村供水基础十分薄弱、现代意义上的供水事业起步很晚的县，农村要实现用上持续、稳定的、符合国家饮用水安全卫生评价指标标准的饮用水目标，仍有大量艰巨繁重的工作要做。

根据城乡统筹，以人为本，全面建设小康社会的要求，"十二五"之后，将根据国家经济社会总体发展目标任务，尤其是社会主义新农村和美好乡村建设的具体任务、目标和要求，结合农村供水事业发展具体情况，通过工程配套、改造、升级、联网，进一步提高全县农村集中式供水工程完好率和水质卫生监测合格率，重点是配套或改造净化消毒、水质检测设施以及严重老化的机电设备和管网设施；进一步深化农村供水工程管理体制改革，提高农村供水集约化、专业化、社会化经营管理程度，逐步建立起通过以收取水费为主、其他途径补贴为辅的供水全成本补偿制度，确保工程长期发挥效益。所以，"十三五"期间，将有 50 万农村人口出现饮水不安全问题；预计"十三五"期间，将解决 180 个行政村 50 万人的农村饮水安全问题。

五河县农村饮水安全工程建设历程

（2005—2015）

（五河县水利局）

一、基本概况

五河县位于安徽省东北部，淮河中游下段，地跨淮河两岸，东与江苏省泗洪县接壤，南邻凤阳、明光两县市，北接泗县、灵璧，西毗蚌埠淮上区及固镇县，县境东西长约56km，南北宽约45km，边界长约230km，全县总面积1428km²。淮河、泗河横贯东西，县境内有104号国道贯穿南北，五蚌公路（306省道）、五固公路（304国道）西连蚌埠、固镇，全县总面积1428km²。

五河县地处东经117°25′~118°04′和北纬32°34′~33°20′，暖温带半湿润气候区与北亚热带湿润气候的过渡地带，多年平均气温14.7℃，平均降水量937.5mm。

全县大部分是平原，地面高程19.0~13.5m，由西向东缓缓倾斜，平均坡降为1/10000左右。东北部天井湖以东及东南部淮河以南为丘陵区，地面高程20~40m，南部边缘在60m以上，最高点小溪镇玉皇山为97.4m，最低点在漴潼河南岸东卡子，高程为12.4m。

全县按地形特征可划分为平原岗地、湖湾洼地、丘陵和湖泊水面四种类型。其中，平原岗地418km²，占总面积的29.3%，主要分布在淮河以北、天井湖以西及沱浍之间，地面高程一般为13.5~19.5m；湖湾洼地655km²，占45.9%，主要分布在沿淮圩区和怀洪新河两岸的各湖洼地，地面高程一般为11.5~16.5m；丘陵区面积170km²，占11.9%，主要分布在淮河南岸的朱顶、小溪两乡镇及武桥镇天井湖东岸地区，地面高程一般为20~60m；湖泊水面185km²，占13.0%。

全县辖12个镇2个乡，216个村（含13个居委会），全县总人口66.41万人，其中农业人口58.08万人，非农业人口8.33万人。

二、农村饮水安全工程建设情况

2005—2015年，五河县共实施了集中式供水工程以乡镇（沱湖乡、临北乡、城关镇、东刘集镇、武桥镇、浍南镇、小溪镇、朱顶镇、头铺镇、大新镇、小圩镇、申集镇、双忠庙镇、周庄镇）为单位42处，其中9处地表水厂、32处地下水厂，设计供水量37773m³/d，实际供水量21095m³/d。解决饮水困难人口409200人，铺设管网长度5524.1km，解决143个村居饮水不安全问题。

表1　2015 年底农村人口供水现状

县（市、区）	乡镇数量	行政村数量	总人口	农村供水人口	集中式供水人口	其中：自来水供水人口	分散供水人口	农村自来水普及率
	个	个	万人	万人	万人	万人	万人	%
五河县	14	199	66.41	60.40	40.92	35.31	0	66.6

表2　2015 年底农村人口供水现状

合计			2005 年及"十一五"期间			"十二五"期间		
解决人口		完成投资	解决人口		完成投资	解决人口		完成投资
农村居民	农村学校师生		农村居民	农村学校师生		农村居民	农村学校师生	
万人	万人	万元	万人	万人	万元	万人	万人	万元
43.29	2.77	16279	9.47	0	501.5	33.82	2.77	16229

表3　2015 年底农村集中式供水工程现状

工程规模	工程数量	设计供水规模	日实际供水量	受益乡镇数	受益行政村数	受益农村人口	自来水供水人口
	处	m³/d	m³/d	个	个	万人	万人
合计	2	6900	2300	2	16	5.57	
规模水厂	2	6900	2300	2	16	5.57	
小型水厂							

三、农村饮水安全工程运行情况

农村饮水安全工程领导小组办公室成立于 2006 年，属于临时单位，共 7 人、运行经费来源政府拨款。

每年年初，县财政安排一定数量农饮维修资金，确保农村水厂及时有效运转。

水质检测中心建设于 2015 年 12 月，主要工程有装饰装修工程、通风系统工程、办公设备采购等，主要检测仪器有：离子色谱仪、BOD 测定仪等，水质检测每周 1 次，检测项目共 17 项，主要运行经费来源财政拨款。有专业人员定期送检。

农村饮水安全工程水源保护情况。水源上游 1000m、下游 100m 属于水源保护地，有水厂管理人员看管并配合水政监察大队定期检查。

供水水质状况。主要净水工艺有消毒、过滤。

农村饮水工程（农村水厂）运行情况。农村水厂管护主体，各乡镇镇府，水厂资金主要来源收取水费。

农村饮水工程（农村水厂）监管情况。水厂监管运行机制健全，水厂全天 24 小时供水，水质达标并做到水价按照"两部制"收取。

运行维护情况。各水厂有专业维修人员对水厂定期维修养护，征地按照省政府征地标准，用电按照当地电力部门标准缴纳。

四、采取的主要做法、经验

1. 根据目前农村饮水安全工程建设和后期管护运行情况，2016 年 9 月 28 召开五河县农饮水工程管理中心及水质检测中心推进会，会议确定农村饮水水质检测仍暂由县环保局负责运行，县水利局要进一步谋划，拿出切实可行的方案，成立农村安全饮水工程管理中心，管理中心下设农村饮水安全水质检测中心。

2. 经验总结：建立和执行农村饮水安全工程和建设、水源保护、水质监测"三同时"制度，按照环境保护部、水利部《关于加强农村饮用水水源保护工作的意见》（环办〔2015〕53号）要求，加大农村饮用水水源保护力度工作，建立健全农村饮水安全工程基础管理服务体系，原则上要以县为单位，健全县级农村饮水安全工程管理技术服务体系，按照城乡供水一体化的发展方向，有条件的县区依托县城公共供水公司，建立系统管理的服务公司。

五、目前存在的主要问题

五河县现有 42 处农村安全饮水工程，早期建设的取水水源为地下水的水厂设备老旧经常损坏。原有的设计供水能力和井数不能满足当前的用水要求，管网破损严重。部分地下水厂直接抽取地下水未经过任何处理直接供给住户。地下水水厂因建设年久，土建设备及管路阀件均有不同程度的毁损，特别采用的不锈钢水箱因长期加药使用，不少出现锈蚀漏水现象；加上地下水水厂规模小，单个水厂经营效益不明显，有的水厂甚至亏本运行，因此出现不少水厂设备毁坏无钱修，直至停水关门情况。

表4 "十三五"巩固提升规划目标情况

县（市、区）	农村集中供水率（%）	农村自来水普及率（%）	水质达标率（%）	城镇自来水管网覆盖行政村的比例（%）
五河县	100	100	100	100

表5 "十三五"巩固提升规划新建工程和管网延伸工程情况

县（市、区）	工程规模	新建工程					现有水厂管网延伸			
		工程数量	新增供水能力	设计供水人口	新增受益人口	工程投资	工程数量	新建管网长度	新增受益人口	工程投资
		处	m³/d	万人	万人	万元	处	km	万人	万元
五河县	合计						2	26.96	0.91	637.6
	规模水厂						2	26.96	0.91	637.6
	小型水厂									

表6　"十三五"巩固提升规划改造工程情况

县（市、区）	工程规模	改造工程					
		工程数量	新增供水能力	改造供水规模	设计供水人口	新增受益人口	工程投资
		处	m^3/d	m^3/d	万人	万人	万元
五河县	合计	4	11424	7456	17.09	2.42	2765.82
	规模水厂	3	11100	7456	16.3	2.02	2462.09
	小型水厂	1	324		0.79	0.4	303.73

六、"十三五"巩固提升规划情况

2016年3月14蚌埠市发展改革委、水利局组织市财政局、市卫计委、市环保局、市住建局召开了《五河县农村饮水安全巩固提升工程"十三五"规划》，形成意见如下：

一是《规划》在全面摸底调查五河县农村工程现状的基础上，采取管网延伸、原有工程改扩建等方式，合理确定了规划建设任务。所依据的基础资料翔实，内容较全面，基本达到了《规划》编制深度的要求。

二是原则上同意《规划》提出的总体布局方案及规划任务：对全县4处水厂进行改扩建，实施管网延伸工程10处，解决33246人的饮水问题，其中解决5个乡镇7个贫困行政村20828人的饮水问题、对8处地表水水厂水源划定水源保护区、新建县级供水调度中心。坚持从实际出发，着眼长远，积极争取更多项目，实现我县农村自来水"村村通"。

固镇县农村饮水安全工程建设历程

（2005—2015）

（固镇县水务局）

一、基本概况

固镇县位于安徽省淮北平原东南部，地处北纬 33°10′~33°30′，东经 117°2′~117°36′。南与蚌埠市淮上区为临，北靠沱河与灵璧交界，东与五河接壤，西与宿州市埇桥区毗连。全县下辖 11 个乡镇，227 个行政村，全县总面积 1360km²。全县总体地势低洼平坦，地面高程为 16.0~22.5m，局部低洼地面高程为 14.0~16.0m，西北高，东南低，坡降约为 1/10000；地貌包括河间洪积—冲积平原，河漫滩地，冲沟河流。

根据地层及当地开采地下水的实际情况，以 50m 深度作为划分浅层与中深层的界线。浅层包括全新统和上更新统顶部部分地层。含水层分上下两层，上部顶板埋深 4~9m，底板埋深 20~25m，含水层厚度 6~25m；下部顶板埋深 25m，底板埋深 48m，含水层厚度 2~8m。含水层渗透系数多在 4~8m/d，水力坡度较为平缓。中深层含水组深度为 50~150m，包括上更新统层及中下更新统上部地层，含水层岩性主要是粉砂和细砂，少量中砂，部分细砂夹泥。砂层厚度为 10~40m，平均渗透系数为 1.5~6.6m/d。该区上更新统层顶部一般有较厚的连续的黏土隔水层，中深层地下水为承压水。

全县有沱河、包浍河、澥河、怀洪新河等 4 条河流，河道总长 153.42km，其中包浍河、怀洪新河河道（88.42km）开挖疏浚于 1991—2000 年；澥河河道（23km）开挖疏浚于 1952—1953 年；沱河河道（42km）开挖疏浚于 1952 年。4 条河流上共有防洪圩堤 194.05km，其中，怀洪新河、包浍河圩堤建于 1991—2000 年，长 157.55km；沱河圩堤建于 1952 年、1957 年，长 24.8km；澥河右堤建于 2003 年，长 11.7km。上述圩堤中，防洪标准达到 40 年一遇的 100.56km（怀洪新河及包浍河固镇闸下），达到 20 年一遇标准的 93.49km（包浍河固镇闸上堤防、沱河集闸以上右岸堤防、澥河右堤）。

根据 2015 年统计资料，全县共 11 个乡镇，227 个村（居）（村委会 192 个，居委会 35 个），全县总户数 17.6 万户，总人口 63.54 万人，其中农业人口 55.09 万人（其中农村集中供水人口 45.15 万人）、非农业人口 8.45 万人。固镇县农业总产值 77.8 亿元，工业总产值 349.91 亿元，财政收入 10.84 亿元。

目前，固镇县地表水资源利用程度比较低，在丰水年份、丰平季节，大量的地表水资源废泄，即使在枯水年份，地表水资源的利用程度也只能达到 20%~30%。主要问题是：

机电提水能力差，现有河道、大沟拦蓄工程数量少，现在灌溉设施老化。本县浅层地下水得到了广泛地开发与利用。全县目前机井和小口土井总灌溉面积近 44 万亩，共有人畜饮用手压井 10 万眼。

农村饮水安全工程建设前项目区村民水源均为单户自供水源，大部分农村居民依靠打手压井取水，个别用户使用小型电机取水。水源为 10 ~ 18m 浅层地下水，由于埋藏浅，易受外界因素影响，水质较为复杂，除含氟超标外，受农业生产和村民生活影响，水质有一定程度的污染。

二、农村饮水安全工程建设情况

1. 农村人口饮水安全解决情况

工程实施前长期饮用氟超标水的农村人口为 27.4 万人，主要分布在任桥、湖沟等乡镇，水中氟化物含量为 1.4 ~ 4.12mg/L，大大超出《农村实施〈生活饮用水卫生标准〉准则》规定的氟化物含量。

工程实施前长期饮用苦咸水的农村人口为 13.25 万人，此类水主要分布在刘集、濠城等乡镇，水中溶解性总固体含量为 1100 ~ 2550mg/L，也超出了《农村实施〈生活饮用水卫生标准〉准则》规定的溶解性总固体含量，固镇县苦咸水区的成因主要是地质岩性有关系。

工程实施前饮用污染严重、未经处理的地下水人数为 4.5 万人，主要分布在城关镇三八河沿线及连城镇附近，表现在水体的颜色发暗，有刺鼻气味，口感有异味。

截至 2015 年底，县级农村总人口 55.09 万人，在省水利厅、市水利局指导下，通过"一扩""二连""三并"等多项措施共实施了集中式供水工程以 11 个乡镇（仲兴乡、杨庙乡、石湖乡、新马桥镇、城关镇、刘集镇、连城镇、濠城镇、任桥镇、王庄镇、湖沟镇）为单元 15 处水厂，解决饮水困难人口 45.15 万人。工程全部供水到户，14 处地下水，1 处地表水。现状供水规模为 38987m³/d，受益村 169 个，通水比例为 88%。

表 1　2015 年底农村人口供水现状

乡镇数量	行政村数量	总人口	农村供水人口	集中式供水人口	其中：自来水供水人口	分散供水人口	农村自来水普及率
个	个	万人	万人	万人	万人	万人	%
11	227	63.54	55.09	45.15	45.15		82

2. 农村饮水工程（农村水厂）建设情况

2005 年以前，农村供水仅湖沟镇、王庄镇、刘集镇、濠城镇、新马桥镇存在乡镇水厂，供水能力为 1200m³/d，涉及人口约 1.5 万人，5 个乡镇老水厂大多设备老旧，用水量小，运行困难。

目前，农村饮水安全管理中心共辖 15 个水厂，管网总长度 200 多万米。各年建设情况如下：2007 年解决饮水困难人口 1 万人，新建杨庙创新自来水厂，项目总投资 397 万元，其中中央预算专项资金 179 万元、省级配套 64 万元、地方配套 154 万元。2008 年解决饮水困难人口 2.5 万人，新建石湖水厂和仲兴水厂；项目总投资 975 万元，其中省级配套607万元、地方配套368万元。2009年度实施的农村饮水安全工程为农村饮水安全2008年新增项目，解决饮水困难人口4.16万人，新建集中供水工程3处，分别为仲兴水厂续建工程、新马桥水利水厂、石湖水厂续建工程；总投资2126.4万元，其中中央预算内投资为1239万元、省级投资267万元、地方配套620.4万元。2010年度饮水安全工程解决饮水困难人口8.01万人；新建集中供水工程3处，分别为城关水厂、刘集水厂、董庙水厂；项目总投资4112万元，其中中央投资2467万元、省级投资823万元、市级投资127万元、县级配套695万元。2011年解决农村饮水不安全人口2万人，分别为连城水厂新建，石湖水厂续建；项目总投资992万元，其中中央预算内投资595万元、地方配套397万元。2012年分三批共解决农村饮水不安全人口9万人，分别为新建濠城华巷水厂、王庄水厂、任桥镇和谐新村水厂、管网延伸仲兴水厂、新建湖沟瓦疃水厂和魏庙新村水厂、扩建新马桥镇水利水厂、改造湖沟水厂；项目总投资4485万元，其中中央投资2691万元；省级投资897万元、市级投资135万元、县级配套762万元。2013年解决饮水困难人口4.5万人，新建水厂4处，杨庙乡乔店水厂、任桥镇老任桥水厂、城关镇唐南水厂、王庄陈渡水厂；项目投资2400万元，其中中央投资1440万元、省级投资480万元、市级投资75万元、县级配套405万元。2014年解决饮水困难人口6万人，项目总投资3090万元，其中中央补助1854万元、省财政配套资金618万元；市级投资94.5万元；县级配套523.5万元；新建水厂3处，新建任桥镇泰山水厂、湖沟镇中心水厂、新马桥怀洪水厂、扩建水厂3处，分别为濠城华巷水厂扩建、任桥和谐新村水厂扩建、刘集腾达水厂扩建。2015年农饮工程建设水厂4处，解决饮水不安全人口7.98万人；项目总投资3990万元，其中中央补助2394万元、省级配套资金798万元；市级配套资金120万元；县级配套资金678万元；分别为连城水厂管网延伸、扩建仲兴水厂、扩建乔店水厂、续建新马桥怀洪水厂。

各建设年度，入户费用为150~230元/户不等，在水厂运行初期，居民用水每户每月约2m³，每年呈递增趋势。水价实行1.5元/m³，为保障水厂可持续运行，部分水厂实行"两部制"水价，基础保底4m³。水费的收取根据用水量的大小按年或季度收取，坚持保本经营、优质服务的原则，推行"水价、水量、水费"三公开，接受用户监督，让群众吃上放心水、明白水。目前各水厂均正常运行。

3. 农村饮水安全工程建设思路及主要历程

"十一五"和"十二五"期间我县共解决饮水困难人口45.15万人，工程总投资2.2亿元，共建设新马桥怀洪水厂、刘集腾达水厂、任桥和谐新村水厂、杨庙乔店水厂等11个乡镇15处规模水厂。

表2 农村饮水安全工程实施情况

合计			2005年及"十一五"期间			"十二五"期间		
解决人口		完成投资	解决人口		完成投资	解决人口		完成投资
农村居民	农村学校师生		农村居民	农村学校师生		农村居民	农村学校师生	
万人	万人	万元	万人	万人	万元	万人	万人	万元
45.15	1.26	22000	15.67	0.46	7043	29.48	0.8	14957

表3　2015年底农村集中式供水工程现状

工程规模	工程数量	设计供水规模	日实际供水量	受益乡镇数	受益行政村数	受益农村人口	自来水供水人口
	处	m³/d	m³/d	个	个	万人	万人
合计	15				169	45.15	45.15
规模水厂	15	39732	16430	11	169	45.15	45.15
小型水厂							

三、农村饮水安全工程运行情况

1. 县级农村饮水安全工程专管机构

为使工程的运营管理走上正规化、规范化轨道，2009年我县在全省就率先成立了"固镇县饮水安全管理中心"，正科级事业单位，经费纳入财政全额预算管理，核定人员编制10名，办公地点设在县水务局。专职管理全县农村饮水安全工程。

整合城乡供水管网，实行城乡供水"一体化"、"同网同价"。建成后的水厂由安全饮水管理中心负责统一管理，按照市场经济规律要求，明确管理主体，落实管理责任。农村饮水安全工程产权归国家所有，采取多种形式，面向社会发包承租。

2. 县级农村饮水安全工程维修养护基金

为保障农饮工程长效运行，固镇县政府出台了《固镇县农村供水工程维修养护基金管理使用办法》，建立维修养护专项经费，专项用于饮水工程运行管理。自2003年开始县财政每年设立运行维护经费30万元，每年足额到位，专项用于农饮工程设备更新改造、维修维护、水源地保护、水质监测和管理，确保饮水安全工程长期运行。加强管理人员的培训，建立适宜的奖惩机制，强化日常维护管理，从根本上把管理纳入政府考核的范围。

3. 县级农村饮水安全工程水质检测中心

根据省发改委、水利厅、财政厅《关于下达2015年农村饮水安全工程水质检测能力项目中央预算内投资计划的通知》（皖发改投资〔2015〕203号）安排，2015年我县水质检测能力建设项目总投资229万元，其中中央补助92万元、省级配套资金55万元、县配套资金82万元。项目由蚌埠市水利局于2015年11月19日全市统一招标。

检测指标在《生活饮用水卫生标准》（GB 5749—2006）规定的42项常规指标中，增加石油类指标，实际检测指标共计43项。项目于2016年1月开始供货调试，至2016年4月供货调试结束，地点位于浍北二桥东。项目于6月17日通过县发改委、财政局、审计局水务局、县中环水务等单位组成的联合验收，考虑县级水质检测能力的业务特称要求，检测中心主要业务移交给县中环水务管理，目前县级检测中心已经正常运行。人员及经费如下：目前共落实水质检测专业技术人员为6人，每人按3万元/年进行估算，大约在18万元；大型仪器校验费用大约在3000元/次，现有大型仪器7台，1年1次大约在2.10万元；辅助仪器26台，其中超纯水机的滤芯每2月进行更换1次，费用大约在3000元/次，大约在

1.80 万元；其他辅助仪器费用大约在 2 万元；试剂消耗大约 12 万元；玻璃器皿消耗大约 3 万元；饮水安全水质检测中心需要费用大约在 40 万元。

以上费用从运行维护经费和水厂征收的水费用中列支，今年县政府计划从财政预算再列支 30 万元，专项用于水质化验经费，不足部分从水费中补足。

4. 农村饮水安全工程水源保护情况。

根据《中华人民共和国水法》《中华人民共和国水污染防治法实施细则》《饮用水水源保护区污染防治管理规定》等的相关规定，由县环保局会同县水务局、卫生局等部门提出饮用水水源保护区划分方案，报请县政府审定后，报市人民政府批准。经市人民政府批准后，由县人民政府向社会公布水源保护区地理界线，并责成相关部门在一级保护区设置标志牌、警示牌、界碑、界桩等。

5. 供水水质状况

我县深层地下水水质物理性指标大多达标，部分铁、锰少量超标，因此在水净化过程中无反应、沉淀过程，仅针对性地进行降铁、锰净及消毒处理。

6. 农村饮水工程（农村水厂）运行情况

建成后的水厂由饮水安全管理中心负责统一管理，产权归国家所有，面向社会发包承租，选择具有管理经验和实力的管理商，水务局全部与管理商签订承包合同。同时以当地镇办水务站为依托，强化技术支撑，固镇县农村饮水工程安全管理中心及时做好工程监管和行业指导，同时做好培训、指导、维修、服务等工作。按照水利部《村镇供水站定岗标准》设厂长、财务、计量收费、运行管理岗位共 2～3 人。

管理人员的工资福利、运行电费、维修、大修费、车旅费均从水费中支出，不足部分由水利运行维护专项基金支出。

全县 15 处水厂，涉及农村居民 45.15 万人，由于农村用水量小，实际日供水量约为 1.35 万 m^3，供水价格为 1.5 元/m^3，水厂收入来源主要来源为水费收入，年收入约为 580 万元，年运行成本总支出为 530 万元，共 7 处水厂实行了"两部制"收费，每月保底水量为吨，水费收取率为 70%～90%。目前各水厂均能正常运行。

7. 农村饮水工程（农村水厂）监管及运行维护情况。

水厂经营坚持推行公司化运营、专业化管理、用水户参与、社会化服务，政府全力监管的运管模式。水厂在运行上，接受发改委、财政局、水务局、地方乡镇政府、物价局、卫计委等同时监管，并落实县政府工作报告出台的用电、用地、税收等相关优惠政策。

四、采取的主要做法、经验及典型案例

为做好我县农村饮水安全工程建设管理工作，使工程发挥良好的经济效益、社会效益和生态效益，保证饮水安全工程长效运行，我县相继出台了和印发了《农村饮水安全工程水质卫生监测工作方案》《关于印发固镇县农村饮水安全工程水质检验制度的通知》《固镇县农村饮水安全工程运行管理办法》《固镇县农村生活饮用水水源保护管理办法》《固镇县农村饮水供水工程水价补贴工作方案》《关于我县农村饮水安全工程自来水价格的通知》《固镇县农村供水工程维修养护基金管理使用办法》《固镇县人民政府转发关于固镇县农村饮水安全工程建设建设用地管理有关问题的通知》《固镇县农村

饮水安全工程应急预案》《固镇县人民政府转发关于支持农村饮水安全工程建设运营税收政策的通知》《固镇县人民政府转发关于明确农村饮水安全工程运行用电价格的通知》等文件。

（一）做法与经验

1. 明确工程产权，落实工程管理主体

建成后的水厂由安全饮水管理中心负责统一管理，按照市场经济规律要求，明确管理主体，落实管理责任。农村饮水安全工程产权归国家所有，采取多种形式，面向社会发包承租，实行企业化管理，公司化经营，自负盈亏，独立核算。

2. 建立运行维护基金，实行专款专用

为保证水厂的长效运行，加大对水厂的扶持力度，每年县政府设立农村饮水安全运行维护基金 30 万元，建立运行维护基金，实行专款专用，从而解决工程的更新改造、日常维修等工作，确保了工程的有效使用，以后将逐年增加。

3. 加大宣传力度，提高保护意识

以专题报道、开设专栏、制作面扳、编写简报等形式，广泛宣传，营造氛围，充分认识工程管理的重要性和必要性，进一步提高全民工程保护意识。

4. 成立专管机构，健全管理机制

"固镇县饮水安全管理中心"作为县级农村饮水安全专管机构，核定人员编制，强化管理队伍建设，加强对饮水工程的技术服务并做好管理人员的业务技术培训，搞好水价、水费及供水价格补贴等工作。

完善县、乡、村三级供水管网建设、改造和维护机制，制定供水工程管理的政策、法规，形成一套自上而下行之有效的管理体系，切实加强对饮水工作的指导和监督。整合城乡供水管网，实行城乡供水"一体化""同网同价"，为我县农村供水事业的发展做出应用的更大的贡献。

（二）典型工程案例

以刘集水厂为例，刘集镇位于固镇县城东 20km，全镇区域面积 168.8km²，人口 6.4 万人，耕地 12.1 万亩。供水工程建设前，除刘集街道群众外，全部饮用水质严重超标、保证率不高的浅层地下水。

2010 年为了解决刘集镇广大村民饮水不安全问题，固镇县农村饮水工程领导小组办公室投资 2500 万元，建设了刘集水厂及刘集水厂董庙分厂，两个水厂联网供水，解决了刘集镇大部分群众饮水不安全的问题。

刘集水厂位于刘集镇刘集居委会崔庄南，设计供水规模 4500m³/d，供水水压标准为四层建筑物所需的最小水头 17.0m，供水方便程度为供水到户。供水管网采用树枝状布置，供水范围为刘集镇新刘集居委会、杨湖村等 18 个行政村（居），供水人口近 5 万人。水厂采用 150m 深的中深层水为供水水源，新打铸铁管井 6 眼，新建容积 300m³ 一体化供水泵站 2 座，铺设 PE 干支管网近 100km，入户管线由农户负责。工程于 2010 年 4 月开工，工程建设过程中严格实行项目法人责任制、招标投标制、建设监理制和合同管理制，于 2010 年 12 月完工并通过完工验收。

刘集水厂采用承包经营的模式来管理经营，由江苏扬州人姚洪照承包经营管理，固镇县农村饮水安全中心负责监管，水厂共有包括姚洪照在内的管理人员 6 名，人均工资 1800 元/月。目前水厂执行水价为 1.5 元/m³，2015 年全年供水 95 万 m³，经有关部门检测，出厂水和末梢水水质均达到标准，净水厂、水井、一体化设计房等设施都安装了监控设备，有效地进行了水源保护和安全防范。

经过 5 年多的运行，设备和管网运行情况良好，由于设备与管网运行时间不长，维修经费不多，水厂目前运行良好。

五、目前存在的主要问题

一是水厂实际供水量小，运行成本高。农村留守人员多为老人、儿童，实际供水人口较少。水厂运行初期，实际用水多数是 1.5～2m³/月，初期水厂运行困难。

二是管理体制不够完善。农村供水工程面广量大，管理难度大，乡村供水管道、水表设施等经常受到人为破坏，漏水、偷水现象时有发生，考虑运行成本，多数水厂只有一两个人管理，而且绝大多数是没有经过培训的农民，文化水平不高。部分镇、村行政领导干预，人为降低或减免水费，致使供水工程水费收缴存在一定困难。加上县级财政困难，维修养护资金补助低，老百姓保护意识差，该维修的工程不能维修，该更换设备的不能及时更换，影响了工程效益的发挥，工程运行困难。

三是乡镇管理缺位，水厂管理缺少行政支持。由于项目区乡镇对水厂管理不够重视，普遍存在从乡镇政府到村级干部对自来水使用及设施保护重视不够，使用安全水的意识不强，造成农民使用自来水和安全保护意识淡薄，自来水使用率低。

六、"十三五"巩固提升规划情况及长效运行工作思路

1. 规划目标

"十三五"期间，我县农村饮水安全工作的主要预期目标是：到 2020 年，全县农村集中供水率达到 85% 左右，自来水普及率达到 80% 以上；水质达标率为整体有较大提高。推进城镇供水公共服务向农村延伸，使城镇自来水管网覆盖行政村的比例达到 33%。健全农村供水工程运行管护机制、逐步实现良性可持续运行。

2. 主要建设内容

按照"十三五"规划编制要求，我县计划利用 2016—2018 年的时间全面解决建档立卡的 5 个贫困村通自来水，解决贫困人口的饮水不安全问题；利用 2019—2020 年，对我县已建水厂根据需要，对水质化验检测设备进行全面改造提升和部分村庄的管网延伸。

3. 加强运行管理措施

一是明确工程产权，落实工程管理主体；二是建立运行维护基金，实行专款专用；三是加强水源地保护，强化水质监测；四是加大宣传和执法力度，提高全民用水和保护供水工程意识；五是搞好技术指导，建立健全服务体系。

4. "十三五"之后农饮工程长效运行工作建议

一是成立专管机构，健全管理机制。成立专管机构，健全管理机制，明确管理单位地位和责任，核定人员编制，充实管理队伍。进一步完善县、乡、村三级供水管网建设、改造和维护机制，制定供水工程管理的政策、法规，形成一套自上而下行之有效的管理体

系，切实加强对饮用水工作的指导和监督。2009 年我县在全省就率先成立了"固镇县饮水安全管理中心"，受到省、市领导的高度肯定，整合城乡供水管网，实行城乡供水"一体化""同网同价"。

建成后的水厂由农饮管理中心负责统一管理，下设供水总公司。供水总公司设农村饮水各水厂、管网抢修队、设备维修队、自动化监控中心、县级水质化验中心。

只有真正做到了有机构、有人员、有经费才能真正落实责任，落实任务。

二是强化管理，着力增加安全水用水量。水厂运行初期，平均每户每月用水不足 $2m^3$，水厂运行困难。必须在水量上下功夫，一是完善制度，加大宣传，提高入户率和使用率。建成后的水厂按照市场经济规律要求，明确管理主体，落实管理责任。加大宣传力度，不断提高群众爱护供水设施的自觉性，增强群众饮用安全水、用水付费、爱护水利工程的意识，确保农饮工程永续利用。二是分类管理，逐步取缔部分自备水源。对管网覆盖区的自备水源进行分类管理，由乡镇政府干预，引导机关、事业单位、学校等优先保证使用自来水，取缔自备水源。树立农村用水户典型，发挥示范作用，引导和宣传老百姓使用安全的自来水，逐步废弃不安全水的手压井。

三是完善各项管理制度，加强行业指导。强化水行政主管部门在运行管理中的主导地位，加强制度建设。加强对项目的进展情况、完成质量以及安全措施落实情况等的工程督查验收，进行跟踪指导，全程监督和督促，严格执行建设标准，确保工程质量。不断充实专业技术队伍，通过加强技术培训，统一标准，防止因质量不合格造成经济损失而挫伤农民群众改水的积极性，及时为群众提供技术和管理服务。健全水费征收、管理的各项规章制度，尤其是折旧费的管理制度，对资金管理进行监督。

四是建立维修养护专项经费，建立长效管理机制。按全省统一要求，县财政预算每年设立农村饮水安全运行维护基金 30 万元，同时积极探索在水厂覆盖村从入户费中提取或利用"一事一议"筹集维修养护基金。这些投入对于全县的农饮水厂运营来说，是微不足道的，健康的运营需要在上级部门的关心支持下才能健康发展。因此，建议在农村水厂运营管理上，上级部门可以给予更多真金白银的支持，解决工程的更新改造、日常维修等工作，保证各水厂健康长久运行。

五是加大宣传力度，提高全民意识。要继续加大农村饮水安全工程建设，特别是饮用优质安全水的宣传力度，利用广播、电视、报刊、宣传栏等多种形式，广泛开展宣传，使农村饮水安全工作家喻户晓、深入民心，争取全社会的支持和受益村群众的积极参与，努力提高受益村群众爱护供水设施的自觉性，不断增强受益村群众珍惜水资源、保护水资源、用水付费、爱护水利工程的意识，保证水费征收和大修、折旧费足额提取，确保工程永续利用，农民长期受益。

六是强化项目乡镇和卫生部门监管力度。农饮工程点多面广，管理困难，要进一步强化项目乡镇对农饮工程的监管力度，多引导、支持农村供水事业，加强宣传，依法打击破坏供水设施的行为。强化卫生部门对水厂水质的监管，确保农民用上安全卫生的达标水。

表4 "十三五"巩固提升规划目标情况

农村集中供水率（%）	农村自来水普及率（%）	水质达标率（%）	城镇自来水管网覆盖行政村的比例（%）
85	80	90	33

表5 "十三五"巩固提升规划改造工程情况

工程规模	改造工程					
	工程数量	新增供水能力	改造供水规模	设计供水人口	新增受益人口	工程投资
	处	m³/d	m³/d	万人	万人	万元
合计	10	4400	29048	33.23	5	3477
规模水厂	10	4400	29048	33.23	5	3477
小型水厂						

淮上区农村饮水安全工程建设历程
（2005—2015）

（淮上区水利局）

一、基本概况

蚌埠市淮上区位于淮河北岸，地理位置为北纬 32°57′~33°05′，东经 117°24′~117°64′。东与五河县临北、大新、会南镇和固镇县的王庄镇接壤；北与固镇县的新马桥镇毗邻，西与怀远县魏庄镇和五岔镇相连，南以淮河为界，与龙子湖区、蚌山区、禹会区隔河相望，国土总面积 231.53km²，其中城区规划面积 30km²。淮上区下辖 1 个乡、4 个建制镇及 1 个街道，77 个行政村，全区总人口 35.41 万人，其中农业人口 25.17 万人。

淮上区位于淮河中下游的北岸，地处淮北平原的南端，主要为平原地形，地层为第四纪松散沉积物覆盖，分布较广，地表为近代黄泛冲积物。全区地势平坦，总体南北两端地势较高，地面高程一般为 18.0~20.0m，中部沿北淝河两岸地势相对低洼，地面高程一般为 15.0~16.5m。

淮上区境内主要河流有淮河和北淝河，淮河干流多年平均年径流量为 267 亿 m³，但河流区间径流多为过境水，淮上区在其中所占比例极小。北淝河为淮河一级支流，河道总长 39.4km，淮上区境内河道长度为 22.9km，流域面积为 505km²，淮上区约占 46%。北淝河流域系统内多年平均径流量为 0.4 亿 m³，主要作为流域内的农业灌溉和少部分工业生产水源。在枯水季节，可通过河道上游首端的尹口闸，经怀洪新河从蚌埠闸上游进行补给。故淮上区境内的地表水资源量具有不确定性的特征。

淮上区地下水主要为松散岩类孔隙水，可分为浅层地下水和中深层地下水。浅层地下水埋深一般在 50m 范围内，为潜水半承压水，富水性变化较大，下部有较稳定的弱透水层与深层含水层组相连，主要由大气降水和地表水转化而来，不仅受开采的影响，而且受季节性的降水和地表水体的影响很大，单井出水量一般是 500~1000m³/d。中深层地下水主要储存在有第四系中、下更新统合上第三系组成的含水层组中，受基底起伏构造的影响含水层组的埋深由南向北逐步增厚，属于孔隙承压水，一般埋藏深度在 50~150m，主要接受来自上部浅层地下水通过弱透水层的越流补给和侧向的径流补给。中深层地下水单井出水量一般是 800~1000m³/d，部分区域单井出水量可达 2000~3000m³/d。

二、农村饮水安全工程建设情况

在"十一五"期间，省地方病防治办公室经摸底调查确定淮上区砷超标人口 2.0497

万人，涉及 3 个乡镇的 10 个行政村。

表 1　2015 年底农村人口供水现状

乡镇数量	行政村数量	总人口	农村供水人口	集中式供水人口	其中：自来水供水人口	分散供水人口	农村自来水普及率
个	个	万人	万人	万人	万人	万人	%
5	77	26.69	20.98	12.67	12.67		60.0

表 2　农村饮水安全工程实施情况

合计			2005 年及"十一五"期间			"十二五"期间		
解决人口		完成投资	解决人口		完成投资	解决人口		完成投资
农村居民	农村学校师生		农村居民	农村学校师生		农村居民	农村学校师生	
万人	万人	万元	万人	万人	万元	万人	万人	万元
12.67	0.44	5653	7.79		3374	4.88	0.44	2279

1. 农村饮水现状

淮上区自 2006 年开始建设农村饮水安全工程，截至 2015 年共建设 23 处，涉及 5 个乡镇 36 个行政村，受益人口 11.53 万人，累计投资 5489.51 万元，建成单村自来水厂 12 座，供水水源均为深井地下水，设计供水能力 5046m³/d，涉及梅桥镇、曹老集镇和沫河口镇的 23 个行政村和 8 所中小学。2009 年以后，采取利用城市自来水管网延伸建设供水工程 11 处，设计供水能力 8827m³/d，涉及吴小街镇和小蚌埠镇的 13 个行政村和 3 所中小学。

2. 农村供水工程现状

淮上区农村供水现状见表 3。

三、农村饮水安全工程运行情况

依据《安徽省农村饮水安全工程管理办法》，结合淮上区农村饮水安全工程实际，采取不同的管理模式，工程实行建管分开，企业化管理，市场化运作，鼓励经营者承包经营。对于规模较小，且难以进行串、并、联的单村工程，由村集体委派专人负责管理，村集体负责水厂管理人员基本工资。对于管网延伸工程，由中环水务公司按总表进行收费，各村委派专人收取村内用水户水费，水费实行专户存储，专款专用，主体工程的养护和维修资金由管理单位负责多渠道筹措解决，入户工程由农户维修。单村集中供水工程，主体工程的养护和维修资金由管理人员负责多渠道筹措解决或用水协会组织召开村民代表大会按"一事一议"原则向用水户分摊解决，工程移交以后，明确水价和收费办法及服务体系，确保供水工程良性运行，保证工作正常发挥效益。运行管理与中环水务一并运行。

表3 淮上区2006—2015年农村饮水全工程现状统计表

序号	工程名称	主体工程建成时间（年）	工程所在地		建设任务完成				水源	
			乡（镇）	受益村庄名	工程总投资（万元）	受益情况		供水规模（m³/d）		
						实际受益人口	解决规划内人口	设计	实际	地下	地表
1	金山湖水厂	2006	曹老集镇	金山湖村、杨湖村	364	7184	7184	649	649	地下	
2	路西水厂	2006	曹老集镇	路西村、周集村	328	8254	8254	855	855	地下	
3	清河水厂	2006	曹老集镇	清河、周台、高吴	451	10808	10808	741	741	地下	
4	大岗水厂	2006	梅桥镇	大岗村	78	2000	2000	168	168	地下	
5	梅桥水厂	2006	梅桥镇	梅桥、湖口、苗台、淝北	719	14668	14668	1773	1773	地下	
6	杨楼水厂	2006	梅桥镇	杨楼村	156	4000	4000	335	335	地下	
7	杜陈水厂	2007	曹老集镇	杜陈村	151	3799	3799	318	318	地下	
8	淝南水厂	2007	梅桥镇	淝南村	147	3702	3702	310	310	地下	
9	华圩水厂	2007	梅桥镇	华圩村	99	2497	2497	209	209	地下	
10	市第三水厂管网延伸工程	2009	小蚌埠镇	东赵、陈台、后楼、滨河、吴小街、山香、卢小苗、芦台、九台、双墩、徐岗、西门渡、王小沟	1830	38180	38180	6002	6002		地表
11	四铺水厂	2006	沫河口镇	四铺村	76	1622	1622	140	140	地下	
12	沫河口水厂	2010	沫河口镇	沫河口村	513	8600	8600	741	741	地下	
13	石王水厂	2014	沫河口镇	石王、宋岗、洼张、五营、陈桥	578	10000	10000	988	988	地下	
	合计				5490	115314	115314	13229	13229		

淮上区农村饮水安全工程分为两类：一类为村级自来水供水工程，水厂、供水主管网产权为国有，由工程所在乡镇政府代管；另一类为城市自来水管网延伸供水工程，主管网产权为中环水务，支管网为国家，入户水表以下为农户自有。

表4 2015年底农村集中式供水工程现状

工程规模	工程数量	设计供水规模	日实际供水量	受益乡镇数	受益行政村数	受益农村人口	自来水供水人口
	处	m³/d	m³/d	个	个	万人	万人
合计							
规模水厂	3	3502	3502			3.55	3.55
小型水厂	9	3725	3725			4.17	4.17

在运行管理方面，淮上区已建成12处村级自来水厂中，有7处水厂按市场化运作，采取了承包经营，其余5座由所在村委会负责运行管理。利用城市自来水管网延伸的供水工程由蚌埠中环水务公司管理至入村总水表，总水表以下由村委会管理。

四、采取的主要做法、经验及典型案例

（一）做法和经验

1. 科学管理与维护。淮上区2006年以来，共建成村级自来水厂12处，其中有7处水厂按市场化运作，采取了承包经营。工程产权主体属于国有，由乡镇政府代为管理。经营者承包水厂的使用和管理权，承包经营期间，除入户管道之外的水厂、管网等所有供水设施均由承包人负责管护和维修，以保证工程正常运转。

2. 在政策上给予优惠。在政策上给水厂承包经营者予以优惠，对水厂用电按农业生产用电价格执行，适当减免水资源费，在一定程度上降低了水厂生产成本，提高了经营者的积极性。

3. 推行城乡供水一体化 确保水质。自2009年开始，淮上区逐步推行城乡供水一体化，利用城市自来水管网延伸，解决城区近郊村庄的饮水用水问题。供水水源为蚌埠第三自来水厂，水源地为淮河蚌埠闸上游，水源地环境保护、水源水、出厂水和末梢水水质安全有保障。

4. 因地制宜与"美好乡村"相结合。与"美好乡村"相结合，申报项目优先考虑新农村建设和中心村布点。在材料采购和实施方案中充分体现小区高楼的特点，确保水量、水压、水质满足现行国家规范要求。

（二）典型案例

淮上区2012年将解决10022农村人口和农村在校师生的饮水安全问题，涉及小蚌埠镇的王小沟和梅桥乡的胡口、苗台、淝北等4个行政村，以及胡口、苗台、蓝天等3所农村小学在校师生695人。本工程共建设管网延伸供水工程3处，设计供水总规模为1071.37m³/d，其中小蚌埠镇王小沟村利用城市自来水管网延伸供水工程1处，供水规模

249.84m³/d。梅桥乡 3 个村利用梅桥、沲南、杨楼及华圩 4 座水厂并网采取管网延伸联合供水工程 2 处，供水规模为 821.54m³/d。

五、目前存在的主要问题

1. 工程设施方面

蚌埠市淮上区成立于 2004 年 3 月，2005 年以前没有建设农饮工程。自 2006 年后相继建设梅桥水厂、华圩水厂等 16 处水厂，部分水厂供水规模小、水源可靠性低，大部分水厂净水设施、信息化设备存在落后老化状况。

2. 水质保障方面

淮上区利用城市自来水管网延伸供水工程，供水水厂为蚌埠第三自来水厂，净水工艺符合有关规范和规定要求。

已建成的村级自来水厂日供水规模为 200～1000m³，均为小型水厂，供水单位一般每年定期将出厂水和末梢水送质量检测机构进行检测，以保证供水安全，同时市级卫生监督部门一般每年定期对水厂的出厂水和末梢水水质进行取样检测。部分水厂在运行初期水源水质合格，在运行 2～3 年后，出现铁锰超标现象，个别水井的铁锰超标 3～5 倍，为保证群众用水安全，区农饮办有针对性的增加了铁锰处理设备，处理后的水质经检测符合要求。

3. 运行维护方面

淮上区农村饮水安全工程分为两类：一类为村级自来水供水工程，水厂、供水主管网产权为国有，由工程所在乡镇政府代管；另一类为城市自来水管网延伸供水工程，主管网产权为中环水务，支管网为国家，入户水表以下为农户自有。

在运行管理方面，淮上区已建成 12 处村级自来水厂中，有 7 处水厂按市场化运作，采取了承包经营，其余 5 座由所在村委会负责运行管理。利用城市自来水管网延伸的供水工程由蚌埠中环水务公司管理至入村总水表，总水表以下的配水管网则由受益村自管，管理和维护费用则由受益群众按照实际用水量筹集。

采取承包经营的村级自来水厂及供水管网，由承包经营者负责，村级自来水厂由村委会委派的管护人员负责水厂的运行管理和维护，鉴于村级水厂受益不高，对于水厂改造、设备更新等较大的投资，由区级维修养护资金承担。水厂用电、税收、水资源费等均按照省政府相关政策执行，在一定程度上降低了水厂的运行成本。

目前，12 处村级自来水厂中，采取承包经营的 7 处水厂基本运行正常，供水水价为 1.8～2.0 元/m³，采取计量水费按季度收取。根据水厂测算，各水厂供水户数一般在 300～500 户，户均用水量 3m³ 左右，每月收取的水费一般在 2000～3000 元，扣除管理人员工资、运行电费、药剂费、设备维护等成本后，受益较少，基本处于微利运行状态。为保证工程正常运行，受益村集体委派专人负责工程维护，管理和维护费用则由受益群众分担，在一定程度上增加了农民负担。

管护专项资金没有落实，农饮工程主体产权不清，责任不明。

对管网跑、冒、滴、漏均能及时安排施工技术人员进行维修。目前还达不到专业化服务，没有定期对人员进行培训。

五、"十三五"巩固提升规划情况及长效运行工作思路

1. "十三五"巩固提升规划建设内容

（1）供水工程改造。淮上区将在2019—2020年改造梅桥水厂、泗南水厂和华圩水厂3处，受益人口2.09万人。

（2）水处理设施改造配套工程。改造梅桥水厂、泗南水厂和华圩水厂净化工艺、配套消毒设备3台，受益人口2.09万人。

（3）管理工程。划定水源保护区或保护范围3处，建设规模化水厂水质化验室3处，建设规模水厂自动化监控系统3处，建设水质状况实时监测试点3处，建设县级农村饮水安全信息系统3处。

2. 工作思路

结合逐步建立"从源头到龙头"的工程和运行管护体系的要求，按照城乡供水一体化的发展方向，以水量充足、水质优良的可靠水源为基础，重点发展区域集中连片规模化供水工程。采取"以城带乡、以大带小，以大并小、小小联合"的方式，"能延则延、能并则并、能扩则扩"，科学合理划定供水分区，确定工程布局与供水规模，研究提出区域农村饮水发展思路与对策措施。同时，着力加强工程运行管护，建立工程良性运行长效机制，通过明晰工程产权，保障合理水费收入，落实运行管护经费，保障工程长期发挥效益。

表5　淮上区农村饮水工程主要建设内容及规模

工程规模及水源类型	工程名称	水厂所在乡镇	工程建设属性		设计供水规模	受益人口
			新建	改造	m^3/d	人
县级合计					12322	144635
1000～5000m³/d 工程	梅桥水厂	梅桥镇		√	1773	14668
200～1000m³/d 工程	泗南水厂	梅桥镇		√	310	2497
	华圩水厂	梅桥镇		√	209	3702

龙子湖区农村饮水安全工程建设历程

（2005—2015）

（龙子湖区农林水利委员会）

一、基本概况

龙子湖区属安徽省蚌埠市辖区，位于淮河中游南岸、蚌埠市区东部，东经117°2′～117°36′，北纬33°30′～33°70′。下辖东风、治淮、东升、解放、曹山、延安等6个街道办事处和李楼乡1个乡镇。6个街道办事处基本位于龙子湖西岸，现为城市建成区；李楼乡1个农村乡镇位于龙子湖东岸。

龙子湖区地处江淮丘陵的北缘部分地处江淮丘陵的北缘部分，次级地貌有平原洼地、岗地、残丘、低丘，规划城区以北基本为平原洼地，地面高程一般17～22m；规划城区以南为山丘区，地面高程一般22～50m，主要的山丘有锥子山、老山、东芦山、西芦山等，大多数不连续，呈零星状分布。

龙子湖区北靠淮河，区内西部有龙子湖。龙子湖为淮河南岸的一级支流，流域面积140km^2。湖底高程约14.0m，死水位16.0m，在正常蓄水位17.0～17.5m，水面约8km^2，兴利库容750万～1100万 m^3。区内山水相连，风景秀丽，现为国家4A级旅游景区和国家级水利风景区，成为蚌埠市一颗闪亮的明珠。

二、农村饮水安全工程建设情况

1. 农村人口饮水安全解决情况。

2012 年长淮卫镇农村饮水安全工程，对提高村民生活质量，维护社会稳定意义重大。该项目计划投资825万元，解决龙子湖区原长淮卫镇曹彭、余滩、陈郢、淮上、司马、淮光、高郢、汪庙等八个行政村4154 户，16500 人及在校师生836 人的饮水安全问题。

表1　2015 年底农村人口供水现状

乡镇数量	行政村数量	总人口	农村供水人口	集中式供水人口	其中：自来水供水人口	分散供水人口	农村自来水普及率
个	个	万人	万人	万人	万人	万人	%
1	28	5.986	3.23	3.23	3.23	2.756	54

表2　农村饮水安全工程实施情况

合计			2005年及"十一五"期间			"十二五"期间		
解决人口		完成投资	解决人口		完成投资	解决人口		完成投资
农村居民	农村学校师生		农村居民	农村学校师生		农村居民	农村学校师生	
万人	万人	万元	万人	万人	万元	万人	万人	万元
3.23	0.08	1414	1.5	0.08	589	1.65	0.08	825

2. 农村饮水工程建设情况

2007—2008年，先后在长淮卫镇的东风、南湾、长淮、卫东、仇岗等5个行政村实施了农村饮水工程，解决饮水不安全人口1.5万人。在实施上述饮水安全工程过程中，沿输水管道沿线在各村庄干道的路口均预留了管道接口，以便在后期实施的自来水管网延伸扩展。

2012年农村饮水安全工程计划解决长淮卫镇曹彭村、陈郢村、淮上村、淮光村、高郢村、汪庙村、司马村、余滩村等8个行政村农村居民16500人和5所小学836人饮水困难问题。

截至2015年底，入户率达到54%，农民接水入户不收取任何费用，区财政足额承担。

3. 农村饮水安全工程建设思路及主要历程

"十一五"阶段，解决思路：对于南部城区周边村庄，利用紧靠城区的地理优势，采取管网延伸的方式，接入城市自来水管网。

2007—2008年龙子湖区累计完成农村饮水安全工程项目总投资589万元，解决饮水不安全人口1.5万人。

"十二五"阶段，解决思路：利用城市大建设近年的发展，按照先近后远的原则，统筹规划，利用近年已建成的城市自来水主管网，分步实施北部村庄的饮水工程建设；对城市管网延伸不到的地区，采取新打辐射井解决部分村庄的饮水不安全问题，由近及远，逐步解决。

2012年龙子湖区累计完成农村饮水安全工程项目总投资825万元，解决饮水不安全人口1.73万人。

三、农村饮水安全工程运行情况

截至2015年底，农村饮水安全工程运行等方面情况如下：

1. 区级农村饮水安全工程专管机构

工程建设完成后，及时移交乡政府，由乡政府负责统一管理；对于规模较小，且难以进行串、并、联的单村工程，由村委会派负责管理，村集体负责水厂管理人员基本工资；对于管网延伸工程，由乡政府负责统一管理。

2. 区级农村饮水安全工程维修养护基金

区财政设立农村饮水安全工程维修养护基金专户，将工程维修养护经费列入年度财政预算，并足额落实。

3. 县级农村饮水安全工程水质检测中心建设情况

区财政每年拨付检测费用 5 万元，定期将出厂水和末梢水送质量检测机构进行检测，同时区级卫生监督部门每季度定期对水厂的出厂水和末梢水水质进行取样检测，水质经检测全部符合要求。

4. 农村饮水安全工程水源保护情况

自 2009 年开始，龙子湖区逐步推行城乡供水一体化，利用城市自来水管网延伸，解决城区近郊村庄的饮水用水问题。供水水源为蚌埠第三自来水厂，水源地为淮河蚌埠闸上游，水源地环境保护、水源水、出厂水和末梢水水质安全有保障。

5. 供水水质状况

龙子湖区利用城市自来水管网延伸供水工程，供水水厂为蚌埠第三自来水厂，净水工艺符合有关规范和规定要求。

已建成的村级自来水厂日供水规模为 $200 \sim 1000\,m^3$，均为小型水厂，供水单位一般每年定期将出厂水和末梢水送质量检测机构进行检测，以保证供水安全，同时区级卫生监督部门每季度定期对水厂的出厂水和末梢水水质进行取样检测，水质经检测符合要求。

6. 农村饮水工程（农村水厂）运行情况

依据《安徽省农村饮水安全工程管理办法》，结合龙子湖区农村饮水安全工程实际，采取不同的管理模式，工程实行建管分开，企业化管理，市场化运作，鼓励经营者承包经营。对于规模较小，且难以进行串、并、联的单村工程，由村集体委派专人负责管理，村集体负责水厂管理人员基本工资。对于管网延伸工程，由中环水务公司按总表进行收费，各村委派专人收取村内用水户水费，水费实行专户存储，专款专用，主体工程的养护和维修资金由管理单位负责多渠道筹措解决，入户工程由农户维修。单村集中供水工程，主体工程的养护和维修资金由管理人员负责多渠道筹措解决或用水协会组织召开村民代表大会按"一事一议"原则向用水户分摊解决，工程移交以后，明确水价和收费办法及服务体系，确保供水工程良性运行，保证工作正常发挥效益。

目前，龙子湖区农村饮水安全工程执行的水价是城市自来水管网延伸工程，其供水水价为 $2.55\,元/m^3$，外加村委会收取的 $0.45\,元/m^3$ 村委会服务费，合计 $3\,元/m^3$。受益群众对供水服务、水价和水质评价良好。

7. 农村饮水工程（农村水厂）监管情况

农村饮水安全工程建设资金是国家投资为主，区级配套为辅。其建设和形成的主体工程产权归国家所有，由区级水行政主管部门行使国有资产管理权。工程完成后由区水行政主管部门移交乡政府，要求承包者按照法律、法规合法经营，不得擅自断水、抬高水价，垄断供水市场。水行政主管部门制定水资源分配计划，及时制定干旱年份的供水方案。区卫生防疫部门负责水源的检测，确保水质达标，并公示水质卫生状况。供水点附近的居民。

8. 运行维护情况

龙子湖区农村饮水安全工程为城市自来水管网延伸供水工程。主管网产权为中环水务，支管网为国家。每个行政村设置 2 名水管员，负责行政村内的干支管网的维修工作。

截至目前，各饮水工程运行良好。

四、采取的主要做法、经验及典型案例

1. 做法和经验

（1）在运行管理方面

龙子湖区农村安全饮水工程利用城市自来水管网延伸的供水工程，由蚌埠中环水务公司管理接入村总水表，总水表以下由村委会管理。工程产权主体属于国有，由乡镇政府代为管理。

（2）在政策优惠方面

在政策上给水厂承包经营者予以优惠，对水厂用电按农业生产用电价格执行，适当减免水资源费，从而在一定程度上降低了水厂生产成本，提高了经营者的积极性。

（3）在水质水源检测方面

自2007年开始，龙子湖区逐步推行城乡供水一体化，利用城市自来水管网延伸，解决城区近郊村庄的饮水用水问题。供水水源为蚌埠第三自来水厂，水源地为淮河蚌埠闸上游，水源地环境保护、水源水、出厂水和末梢水水质安全有保障。

（4）在与"美好乡村"相结合方面

与"美好乡村"相结合，申报项目优先考虑新农村建设和中心村布点。在材料采购和实施方案中充分体现小区高楼的特点，确保水量、水压、水质满足现行国家规范要求。

2. 典型工程案例

2012年龙子湖区长淮卫镇采用城市管网延伸供水工程，设计供水规模660.23m³/d，实际供水量560m³/d，受益范围为曹彭村、陈郢村、淮上村、淮光村、高郢村、汪庙村、司马村、余滩村等8个行政村，受益人口1.73万人。

一是实现城乡供水一体化。龙子湖区1.7万人使用城市管网供水工程，实现了城乡供水一体化，工程运行管理基本纳入城市自来水厂管理。

二是工程建成后，供水水量、水质、保证率、方便程度均高于农村饮水安全工程设计标准。尤其是水质水源和入户水管水质的感观指标、一般化学、毒理学、细菌学指标均符合《生活饮用水卫生标准》要求。

三是建立工程养护基金。采取财政补贴和从水费中按比例提取的方式，建立供水工程养护基金，确保工程持久良性运行。

五、目前存在的主要问题

一是农村饮水安全规划与新农村、美好乡村结合的滞后，主要原因是不安全饮水的地方与新农村、美好乡村建设规划不能得到有机结合，可能面临建后几年即拆的命运。

二是增加了农户额外水费。目前运行的农村饮水安全工程连接中环水务水厂供水，但在管理上没有实现与城市用户一样管理的待遇，中环水务只管理供水口与村口之间的输水工程，入村后工程维修养护、抄水表均有村委会负责，长此下去，不利于农村饮水安全工程持久运行。为了抄水表各村在中环水务水价的基础上增加了一定额外水费，该水费用于村内工程管理和抄水表费用及缴费费用。为保证工程正常运行，受益村集体委派专人负责

工程维护，管理和维护费用由受益群众分担，在一定程度上增加了农民负担。

三是管护资金不足。管护专项资金落实不足，农饮工程主体产权不清，责任不明。

四是缺少必要的业务培训。对管网跑、冒、滴、漏均能及时安排施工技术人员进行维修。目前还达不到专业化服务，没有定期对人员进行培训。

六、"十三五"巩固提升规划情况及长效运行工作思路

（一）农饮巩固提升"十三五"规划情况

1. 目标任务

（1）工程建设：采取新建、扩建、配套、改造、联网等措施，到 2020 年，使我区农村集中供水率达到 90% 以上，农村自来水普及率达到 90% 以上，水质达标率比 2015 年提高 15 个百分点以上，供水保障程度进一步提高。

（2）管理方面：推进工程管理体制和运行机制改革，建立健全区级农村供水管理机构、农村供水专业化服务体系、合理的水价及收费机制、工程运行管护经费保障机制和水质检测监测体系、水厂信息化管理，依法划定水源保护区或保护范围，加大对水厂运行管理关键岗位人员的业务能力培训。

2. 主要建设内容

根据区域农村饮水发展目标，采取新建、扩建等工程措施和加强运行管理等非工程措施，巩固提升农村供水保障水平。

开展农村饮用水水源保护，推进水源保护区或保护范围划定、防护设施建设和标志设置等工作。进一步加强农村饮用水水源保护和监测，强化供水水质检测能力建设，配置水质化验室，健全水质卫生常规监测制度，完善农村饮水水质监测网络，全面提升农村饮水安全监管水平。加强工程管理人员技术培训，对集中式水厂负责人、净水工和水质检验工等关键岗位人员开展专业培训。开展工程运行及主要水质指标在线监测及水厂信息化建设工程示范。

表4　"十三五"巩固提升规划目标情况

农村集中供水率（%）	农村自来水普及率（%）	水质达标率（%）	城镇自来水管网覆盖 行政村的比例（%）
90	90	95	

（二）"十三五"之后农饮工程长效运行工作思路

1. 着眼规范化管理，强化农村水厂规模化建设

充分利用和整合现有资源，打破行政界线和"一村一厂"格局，着力实施农村饮水安全工程规模化建设，为工程建后规范化管理创造基础条件。

（1）在工程规划建设上，采取"一延、二建、三改"的办法。在农村饮水工程建设中，不要盲目大干快上，而是立足农村供水城市化、集镇化，城乡供水一体化，按照新的农村饮水安全标准进行科学规划。

基本思路是：一延，即充分利用城市供水设施进行扩网，扩大辐射半径，引导市自来水公司扩规扩网，通过延伸主管网，辐射城郊农村。二建，即打破行政区划，在农民居住

相对集中的中心地带，按规模效益要求，新建一批适度规模水厂。三改，即利用现有的规模水厂，转变体制、扩大制水规模、扩大供水管网，对具有再利用价值的镇处中心水厂进行改造，扩网辐射解决周边农村。

（2）在建设资金筹措上，探索"四个一点"的多元投入机制。坚持走"国家投入、地方配套、群众自筹、社会融资"的路子，初步建立起了多渠道、多层次、多元化的农村饮水安全工程建设筹资、融资新格局。一是加大财政投入。除积极争取中央和省投资外，区财政每年安排专项资金用于农村饮水安全工程建设。二是引导农民筹资。根据饮水安全工程建设的实际需要，引导受益群众采取"一事一议、建后算账、张榜公布、多退少补"的办法，自觉自愿筹资。三是招商引资吸纳社会资金。打破惯性思维束缚，强化招商理念，以出让水厂经营权，吸引社会资金投入农村饮水安全工程建设。在资金的使用上，中央和省投资主要用于水厂中心工程（主体工程）建设和输水主管网建设；群众自筹资金主要用于解决管网入户费用；社会资金主要用于村内配套管网建设。

（3）在工程建设管理上，严把"四关"。一是严把项目审批关。认真抓好农村饮水安全工程项目设计和项目审查，确保工程建设方案科学合理。二是严把设备材料采购关。对工程所用塑管、水表箱、加密阀、水表、铜阀等大宗材料。三是严把工程质量监督关。通过巡回监理、层层监督，落实工程建设质量责任制，设立了水利服务热线电话，接受社会监督，多造精品工程，杜绝"豆腐渣"工程，确保农村饮水安全工程优质高效。四是严把工程验收关。所有竣工工程都已通过了法人验收，全面落实项目验收建卡管理制。从项目立项开始，分项目逐个建立档案，做到项目规划、设计、审查、审批、施工、质检、验收以及资金使用管理等建卡管理，实行一处一卡，按卡实施，验收销号，确保农村饮水安全工程建一处、成一处、受益一处。

2. 立足长效运行，强化农村水厂建后管理

在坚持政府主导、政策引导的同时，要积极探索以"明确产权、搞活经营权"为重点的农村水厂经营管理新机制、新办法，促进农村水厂发展。

（1）完善管理体系。一是要实行区、乡（镇）、供水企业等三级管理体制。成立"龙子湖区农村饮水安全工程管理总站"，对全区农村饮水安全工程运行实行行业归口管理；设置各处管理区农村饮水安全工程管理站，负责各地农村饮水安全工程和建设和运行管理。二是建立各司其职的部门协调机制。区政府要出台《龙子湖区农村饮水安全项目建设与管理办法》，落实水利、发改、财政、卫生、环保、物价、电力、税务等相关部门的工作职责，初步建立起了职能清晰、权责明确、大力支持农村供水事业发展的协调机制。三是要完善行之有效的管理制度。编制农村饮水供水应急方案，要成立农村水厂应急抢修队，有效应对突发事件。制定了工程运行管理制度、财务制度、设备操作规程、制水操作规程、设备维修养护制度、水费计收管理制度、人员考核制度等内部管理制度。

（2）完善经营体制。一是明晰产权。全区所有由国家和受益群众投资兴建的农村供水工程，产权由全体受益群众集体所有，所形成资产由区农村饮水安全工程管理总站代管，产权证由区人民政府核发。二是放活经营权。农村供水工程通过采取拍卖经营权、承包经营权等形式，将水厂的经营权、管理权交由企业，明确其市场主体地位，实行企业自我管理、自主经营、自负盈亏，以增加水厂发展活力。

（3）完善保障机制。一是要强化水源保护、水质保障。划定农村水源保护区和供水工程管护范围，建立水源水质和供水水质定期检测制度，确保水源安全、制供水安全。二是抓好"两费"计提。所有供水单位都按规定提取折旧和大修费用，年计提标准为总资产的2%。三是强化人员、技术保障。采取"走出去、请进来"的方式，定期或不定期组织开展业务培训。每年将单位内部的管理人员送出去，与其他市区的同行进行业务学习和交流，提高能力，开阔视野。同时，每年定期对从事农村供水管理和经营的人员进行技术培训，相互交流工作心得。四是完善设施功能。全区新建水厂都具备净水、供水、消毒、化验、远程监测等五大功能。新入户设施都具备方便管理功能即"一个水表箱、一块防滴漏水表、一个加密阀、一个表后阀"，降低了管理负担，并确保了水费的回收率。

3. 坚持科学发展，推进农村供水管理现代化、信息化

全方位推进农村供水管理信息化建设。一是购置高端 PC 机，并按要求安装操作平台，建立全区农村供水工程管理网络。二是与科研院所合作，在水厂进行试点，安装了自来水管网监测、水厂自动化控制管理系统及厂区安全视频监控设施。在管网的关键点上分别装有压力传感器、流量传感器、浊度传感器，在管网末梢装有二氧化氯余量传感器，对水质、水量、水压、厂区安全实行实时在线监测，达到了可视、可控、可调、远传的现代化的管理水平。通过绘制于卫星地图上的管网，可以更加清晰、直观地掌握管网走向、埋深、材质等相关信息。水厂内部安装有视频监控系统，通过监控系统对水厂内部及周边环境进行安全监控，并可保存录像，以保证水厂运行安全，使饮水安全工程更安全。

蚌山区农村饮水安全工程建设历程

（2005—2015）

（蚌山区农林水利委员会）

一、基本概况

蚌埠市原中市区区划调整后更名为蚌山区，面积 83.08km²，人口 21.83 万人，辖雪华、燕山 2 个乡，天桥、青年、纬二路、黄庄、宏业村 5 个街道办事处，总人口 15.45 万人，农村总人口 3.36 万人。

蚌山区经济增长较快，地区生产总值从 2009 年的 21 亿元增加到 2013 年的 52 亿元。招商引资成效显著，引进资金连年大幅增长，从 2006 年 7.33 亿元到 2013 年 49.8 亿元，招商引资工作被市政府授予"特别贡献奖"。民营经济快速发展，个私经营户达 8000余家。

二、农村饮水安全工程建设情况

1. 农村人口饮水安全解决情况。

农村饮水安全工程实施前，蚌山区饮水不安全人口主要集中在燕山乡，水质不安全类型主要为水污染，自 2007 年开始建设农村饮水安全工程至 2015 年，农村总人口为3.32 万人，饮水安全人口为 2.88 万人，自来水普及率 86.7%；全区行政村共 18 个，通水行政村 13 个，通水比例 72%。2005—2015 年，蚌山区共解决农村饮水不安全人口2.88 万人，完成农村饮水工程投资 1354 万元，其中中央补助 754 万元、省级补助资金257 万元、市级配套 74 万元、区级配套 269 万元。建成水厂 1 座，城市管网延伸工程3 处。

表 1　2015 年底农村人口供水现状

乡镇数量	行政村数量	总人口	农村供水人口	集中式供水人口	其中：自来水供水人口	分散供水人口	农村自来水普及率
个	个	万人	万人	万人	万人	万人	%
1	18	3.36	2.88	2.88	2.88		85.7

表 2　农村饮水安全工程实施情况

合计			2005 年及"十一五"期间			"十二五"期间		
解决人口		完成投资	解决人口		完成投资	解决人口		完成投资
农村居民	农村学校师生		农村居民	农村学校师生		农村居民	农村学校师生	
万人	万人	万元	万人	万人	万元	万人	万人	万元
2.88	0.08	1354	1		390	1.88	0.08	964

2. 农村饮水工程（农村水厂）建设情况

2009 年 6 月燕山乡采用城市管网延伸，计供水规模 660.23m³/d，日实际供水量 560m³/d，受益范围为 4 个行政村，受益人口 11000 人。

燕山乡孙家圩水厂建于 2013 年 1 月，水源采用地表水，设计供水规模 331.2m³/d，日实际供水量 331.2m³/d，受益范围为 1 个行政村，受益人口 5000 人。

燕山乡南庙水厂建于 2014 年 12 月，水源采用地表水，设计供水规模 1332.3m³/d，日实际供水量 1332.3m³/d，受益范围为 5 个行政村，受益人口 14600 人。

截至 2015 年底，入户率达到 99.5%，农民接水入户不收取任何费用，区财政足额承担。

表 3　2015 年底农村集中式供水工程现状

工程规模	工程数量	设计供水规模	日实际供水量	受益乡镇数	受益行政村数	受益农村人口	自来水供水人口
	处	m³/d	m³/d	个	个	万人	万人
合计	4	1663.5	1663.5			2.88	2.88
规模水厂	3	1332.3	1332.3			2.38	2.38
小型水厂	1	331.2	331.2			0.5	0.5

3. 农村饮水安全工程建设思路及主要历程

"十一五"阶段，解决思路：对于南部城区周边村庄，利用紧靠城区的地理优势，采取管网延伸的方式，接入城市自来水管网。

2007—2008 年蚌山区累计完成农村饮水安全工程项目总投资 390 万元，解决饮水不安全人口 1.0 万人。共建成饮水安全工程 2 处，供水总规模为 861.56m³/d。

"十二五"阶段，解决思路：利用城市大建设近年的发展，按照先近后远的原则，统筹规划，利用近年已建成的城市自来水主管网，分步实施北部村庄的饮水工程建设；对城市管网延伸不到的地区，采取新打辐射井解决部分村庄的饮水不安全问题，由近及远，逐步解决。

2013—2014 年蚌山区累计完成农村饮水安全工程项目总投资 964 万元，解决饮水不安全人口 2.38 万人。共建成饮水安全工程 2 处，供水总规模为 1663.5m³/d。

三、农村饮水安全工程运行情况

1. 区级农村饮水安全工程专管机构

工程建设完成后，及时移交燕山乡政府，由燕山乡政府负责统一管理；对于规模较小，且难以进行串、并、联的单村工程，由村委会派负责管理，村集体负责水厂管理人员基本工资；对于管网延伸工程，由燕山乡政府负责统一管理。

2. 区级农村饮水安全工程维修养护基金

区财政设立农村饮水安全工程维修养护基金专户，将工程维修养护经费列入年度财政预算，并足额落实。

3. 县级农村饮水安全工程水质检测中心建设情况

区财政每年拨付检测费用5万元，定期将出厂水和末梢水送质量检测机构进行检测，同时区级卫生监督部门每季度定期对水厂的出厂水和末梢水水质进行取样检测，水质经检测全部符合要求。

4. 农村饮水安全工程水源保护情况

自2009年开始，蚌山区逐步推行城乡供水一体化，利用城市自来水管网延伸，解决城区近郊村庄的饮水用水问题。供水水源为蚌埠第三自来水厂，水源地为淮河蚌埠闸上游，水源地环境保护、水源水、出厂水和末梢水水质安全有保障。

水源保护按照《饮用水源保护区污染防治管理规定》的要求，规定在水井周围200m范围内不得设置渗水厕所、渗水坑、粪坑、垃圾堆和废渣等污染源，并在水源保护区内禁止乱打井超采地下水，造成水量不足，甚至引起不同含水层水质混合，造成饮用水源卫生指标低于安全标准。

5. 供水水质状况

蚌山区利用城市自来水管网延伸供水工程，供水水厂为蚌埠第三自来水厂，净水工艺符合有关规范和规定要求。

已建成的村级自来水厂日供水规模在 $200 \sim 1000 m^3/d$，均为小型水厂，供水单位一般每年定期将出厂水和末梢水送质量检测机构进行检测，以保证供水安全，同时区级卫生监督部门每季度定期对水厂的出厂水和末梢水水质进行取样检测，水质经检测符合要求。

6. 农村饮水工程（农村水厂）运行情况

依据《安徽省农村饮水安全工程管理办法》，结合蚌山区农村饮水安全工程实际，采取不同的管理模式，工程实行建管分开，企业化管理，市场化运作，鼓励经营者承包经营。对于规模较小，且难以进行串、并、联的单村工程，由村集体委派专人负责管理，村集体负责水厂管理人员基本工资。对于管网延伸工程，由中环水务公司按总表进行收费，各村委派专人收取村内用水户水费，水费实行专户存储，专款专用，主体工程的养护和维修资金由管理单位负责多渠道筹措解决，入户工程由农户维修。单村集中供水工程，主体工程的养护和维修资金由管理人员负责多渠道筹措解决或用水协会组织召开村民代表大会按"一事一议"原则向用水户分摊解决，工程移交以后，明确水价和收费办法及服务体系，确保供水工程良性运行，保证工作正常发挥效益。

目前，蚌山区农村饮水安全工程执行的水价有两类，一类是城市自来水管网延伸工程，其供水水价为 2.55 元/m³，外加村委会收取的 0.45 元/m³ 村委会服务费，合计 3 元/m³；另一类为农村供水水厂集中供水工程，水价为 1.8 元/m³（2012 年村级水厂水费），外加村委会收取的 0.2 元/m³ 村委会服务费，合计 2 元/m³。水费均按月以计量水量收取。根据各供水工程水费征收情况，水费基本能够按时收取，每户月均缴纳水费一般为 4~6 元，每户年均缴纳水费一般不超过 80 元。水费在受益群众生活支出中所占比例较小。受益群众对供水服务、水价和水质评价良好。

7. 农村饮水工程（农村水厂）监管情况

农村饮水安全工程建设资金是国家投资为主，区级配套为辅。其建设和形成的主体工程产权归国家所有，由区级水行政主管部门行使国有资产管理权。工程完成后由区水行政主管部门移交燕山乡政府，要求承包者按照法律、法规合法经营，不得擅自断水、抬高水价，垄断供水市场。水行政主管部门制定水资源分配计划，及时制定干旱年份的供水方案。区卫生防疫部门负责水源的检测，确保水质达标，并公示水质卫生状况。供水点附近的居民。

8. 运行维护情况

蚌山区农村饮水安全工程分为两类：一类为村级自来水供水工程，水厂、供水主管网产权为国有，由工程所在乡镇政府代管；另一类为城市自来水管网延伸供水工程。主管网产权为中环水务，支管网为国家。每个行政村设置 2 名水管员，负责行政村内的干支管网的维修工作。截至目前，各饮水工程运行良好。

四、采取的主要做法、经验及典型案例

1. 做法和经验

（1）在运行管理方面

蚌山区已建成 1 处村级自来水厂中，均按市场化运作，采取了承包经营管理。余下 3 处利用城市自来水管网延伸的供水工程由蚌埠中环水务公司管理接入村总水表，总水表以下由村委会管理。

工程产权主体属于国有，由乡镇政府代为管理。经营者承包水厂的使用和管理权，承包经营期间，除入户管道之外的水厂、管网等所有供水设施均由承包人负责管护和维修，以保证工程正常运转。

（2）在政策优惠方面

在政策上给水厂承包经营者予以优惠，对水厂用电按农业生产用电价格执行，适当减免水资源费，在一定程度上降低了水厂生产成本，提高了经营者的积极性。

（3）在水质水源检测方面

自 2009 年开始，蚌山区逐步推行城乡供水一体化，利用城市自来水管网延伸，解决城区近郊村庄的饮水用水问题。供水水源为蚌埠第三自来水厂，水源地为淮河蚌埠闸上游，水源地环境保护、水源水、出厂水和末梢水水质安全有保障。

（4）在与"美好乡村"相结合方面

与"美好乡村"相结合，申报项目优先考虑新农村建设和中心村布点。在材料采购和实施方案中充分体现小区高楼的特点，确保水量、水压、水质满足现行国家规范要求。

2. 典型工程案例

2009 年 6 月燕山乡采用城市管网延伸供水工程，设计供水规模 660.23m³/d，日实际供水量 560m³/d，受益范围为金圩村、燕山村、陈梁村、陶店村等 4 个行政村，受益人口 11000 人。

该处农村饮水安全工程有如下特点：

一是实现城乡供水一体化。蚌山区 1.0 万人使用城市管网供水工程，实现了城乡供水一体化，工程运行管理基本纳入城市自来水厂管理。

二是工程建成后，供水水量、水质、保证率、方便程度均高于农村饮水安全工程设计标准。尤其是水质水源和入户水管水质的感观指标、一般化学、毒理学、细菌学指标均达到《生活饮用水卫生标准》。

三是建立工程养护基金。采取财政补贴和从水费中按比例提取的方式，建立供水工程养护基金，确保工程持久良性运行。

五、目前存在的主要问题

一是农村饮水安全规划与新农村、美好乡村结合的滞后，主要原因是不安全饮水的地方与新农村、美好乡村建设规划不能得到有机结合，可能面临建后几年即拆的命运。

二是投资不足。农村饮水安全工程按照城乡供水一体化的要求，现行国家规定的人均 510 元投入不能实现上述目标。经测算，人均投入要在 850 元左右。

三是增加了农户额外水费。目前运行的农村饮水安全工程连接中环水务水厂供水，但在管理上没有实现与城市用户一样管理的待遇，中环水务只管理供水口与村口之间的输水工程，入村后工程维修养护、抄水表均有村委会负责，长此下去，不利于农村饮水安全工程持久运行。为了抄水表各村在中环水务水价的基础上增加了一定额外水费，该水费用于村内工程管理和抄水表费用及缴费费用。为保证工程正常运行，受益村集体委派专人负责工程维护，管理和维护费用由受益群众分担，在一定程度上增加了农民负担。

四是管护资金不足。管护专项资金落实不足，农饮工程主体产权不清，责任不明。

五是缺少必要的业务培训。对管网跑、冒、滴、漏均能及时安排施工技术人员进行维修。目前还达不到专业化服务，没有定期对人员进行培训。

六、"十三五"巩固提升规划情况及长效运行工作思路

1. 目标任务

工程建设：采取新建、扩建、配套、改造、联网等措施，到 2020 年，使我区农村集中供水率达到 90% 以上，农村自来水普及率达到 90% 以上，水质达标率比 2015 年提高 15 个百分点以上，供水保障程度进一步提高。

管理方面：推进工程管理体制和运行机制改革，建立健全区级农村供水管理机构、农村供水专业化服务体系、合理的水价及收费机制、工程运行管护经费保障机制和水质检测监测体系、水厂信息化管理，依法划定水源保护区或保护范围，加大对水厂运行管理关键岗位人员的业务能力培训。

2. 主要建设内容

根据区域农村饮水发展目标，采取新建、扩建等工程措施和加强运行管理等非工程措施，巩固提升农村供水保障水平。

开展农村饮用水水源保护，推进水源保护区或保护范围划定、防护设施建设和标志设置等工作。进一步加强农村饮用水水源保护和监测，强化供水水质检测能力建设，配置水质化验室，健全水质卫生常规监测制度，完善农村饮水水质监测网络，全面提升农村饮水安全监管水平。加强工程管理人员技术培训，对集中式水厂负责人、净水工和水质检验工等关键岗位人员开展专业培训。开展工程运行及主要水质指标在线监测及水厂信息化建设工程示范。

新建蚌山区铅山水厂 1 处（含：水质化验室、水质监测网络）。设计供水规模 392m³/d，主要建设内容为新建水厂 1 处，新铺设村头以上管道长 3.55km，村内管道长度 48.8km。

表4　"十三五"巩固提升规划目标情况

农村集中供水率（%）	农村自来水普及率（%）	水质达标率（%）	城镇自来水管网覆盖行政村的比例（%）
90	90	95	

表5　"十三五"巩固提升规划新建工程和管网延伸工程情况

工程规模	新建工程					现有水厂管网延伸			
	工程数量	新增供水能力	设计供水人口	新增受益人口	工程投资	工程数量	新建管网长度	新增受益人口	工程投资
	处	m³/d	万人	万人	万元	处	km	万人	万元
合计	1	392	0.5	0.5	0.5				
规模水厂									
小型水厂	1	392	0.5	0.5	0.5				

禹会区农村饮水安全工程建设历程

（2005—2015）

（禹会区农林水利委员会）

一、基本概况

禹会区位于蚌埠市区西部，原为西市区。2004 年 1 月，经国务院批准（国函〔2004〕4 号），调整蚌埠市部分行政区划，西市区更名为禹会区。地理坐标为东经 117°17′~117°23′，北纬 32°54′~32°57′。辖长青乡、秦集镇两个乡镇及大庆、张公山、纬四、朝阳、钓鱼台 5 个街道办事处，面积为 341km²，人口 22.01 万人。2013 年，经国务院批准，再次调整蚌埠市部分行政区划，怀远县的马城镇和涂山风景区（部分）化为禹会区范围，使得"新"禹会区面积扩大到 341km²，是原面积的 3.63 倍。

禹会区主要地处淮河南岸，位于江淮丘陵地带的北端。次级地貌有平原洼地、岗地、残丘、低丘，规划城区以北基本为平原洼地，地面高程一般 16~30m；规划城区以南为山丘区，地面高程一般 22~50m，主要的山丘有张公山（71.20m）、黄山（59.80m）、黑虎山（191.1m）、独山（221.00m）、大洪山（178.1m）等，山丘大多数不连续，呈零星状分布。禹会区属暖温带半湿润季风气候区，降水量年际变化大且时空分布不均，多年平均降水量 900mm。

二、农村饮水安全工程建设情况

2005—2015 年底禹会区共解决农村居民饮水不安全人口 9.0 万人，工程项目总投资 4500 万元。其中，十一五期间，完成投资 625 万元，解决 1.25 万人。2008 年实施长青乡石巷村，2010 年实施秦集镇彭巷村、大徐村、东周村和九塘村，主要以中环水务城市自来水厂为供水水源进行城市管网延伸。十二五期间，完成投资 3875 万元，解决 7.75 万人。2014 年实施了冯嘴水厂项目建设，解决了 6 个村的居民安全饮水问题；2015 年实施建设了马城水厂，解决了 12 个村的居民安全饮水问题。

表 1 2015 年底农村人口供水现状

乡镇数量	行政村数量	总人口	农村供水人口	集中式供水人口	其中：自来水供水人口	分散供水人口	农村自来水普及率
个	个	万人	万人	万人	万人	万人	%
3	29	26.5	10.09	7.75	1.25	1.09	90

表2　农村饮水安全工程实施情况

合计			2005 年及"十一五"期间			"十二五"期间		
解决人口		完成投资	解决人口		完成投资	解决人口		完成投资
农村居民	农村学校师生		农村居民	农村学校师生		农村居民	农村学校师生	
万人	万人	万元	万人	万人	万元	万人	万人	万元
9	0.45	4500	1.25	0.25	625	7.75	0.2	3875

表3　2015 年底农村集中式供水工程现状

工程规模	工程数量	设计供水规模	日实际供水量	受益乡镇数	受益行政村数	受益农村人口	自来水供水人口
	处	m³/d	m³/d	个	个	万人	万人
合计	4	2200	1700			9	9
规模水厂	2	1600	1200			7.75	7.75
小型水厂	2	600	500			1.25	1.25

三、农村饮水安全工程运行情况

1. 区级农村饮水安全工程专管机构

工程建设完成后，及时移交蚌埠中环水务公司，由蚌埠中环水务公司负责统一管理。

2. 区级农村饮水安全工程维修养护基金

区财政设立农村饮水安全工程维修养护基金专户，将工程维修养护经费列入年度财政预算，并足额落实。

3. 县级农村饮水安全工程水质检测中心建设情况

区财政每年拨付一定检测费用，定期将出厂水和末梢水送质量检测机构进行检测，同时区级卫生监督部门每季度定期对水厂的出厂水和末梢水水质进行取样检测，水质经检测全部符合要求。

4. 农村饮水安全工程水源保护情况

禹会区逐步推行城乡供水一体化，利用城市自来水管网延伸，解决城区近郊村庄的饮水用水问题。水源地为淮河蚌埠闸上游，水源地环境保护、水源水、出厂水和末梢水水质安全有保障。

水源保护按照《饮用水源保护区污染防治管理规定》的要求，规定在水井周围 200m 范围内不得设置渗水厕所、渗水坑、粪坑、垃圾堆和废渣等污染源，并在水源保护区内禁止乱打井超采地下水，造成水量不足，甚至引起不同含水层水质混合，造成饮用水源卫生指标低于安全标准。

5. 供水水质状况

供水单位一般每年定期将出厂水和末梢水送质量检测机构进行检测，以保证供水安全，同时区级卫生监督部门每季度定期对水厂的出厂水和末梢水水质进行取样检测，水质经检测符合要求。

6. 农村饮水工程（农村水厂）运行情况

依据省、市有关部门制定的《农村饮水安全工程运行管理办法》，结合禹会区农村饮水安全工程实际，采取不同的管理模式，工程实行建管分开，企业化管理，市场化运作，由中环水务公司按总表进行收费。工程移交以后，明确水价和收费办法及服务体系，确保供水工程良性运行，保证工作正常发挥效益。

7. 农村饮水工程（农村水厂）监管情况

农村饮水安全工程建设资金是国家投资为主，区级配套为辅。其建设和形成的主体工程产权归国家所有，由区级水行政主管部门行使国有资产管理权。水行政主管部门制定水资源分配计划，及时制定干旱年份的供水方案。区卫生防疫部门负责水源的检测，确保水质达标，并公示水质卫生状况，告知供水点附近的居民。

8. 运行维护情况

农村饮水安全工程建设运行均有蚌埠中环水务公司管理。截至目前，管理一切正常。

四、采取的主要做法、经验及典型案例

1. 做法和经验

区政府一直高度重视群众吃水问题，将解决农村饮水安全问题纳入全区国民经济和社会发展规划加快实施，并将饮水安全工作作为社会主义新农村建设和构建和谐社会的紧迫任务，制定了一系列措施，加快了农村饮水安全工作进程。自实施农村饮水安全工程建设以来，区政府把解决农村饮水安全列入"十一五""十二五"经济和社会发展规划，编制了农村饮水安全工程建设实施方案。同时，区委、区政府出台《关于进一步加快水利建设和改革的实施意见》对农村饮水安全工程建设提出了明确要求，特别是2011年出台的关于加快水利改革发展的实施意见，提出到2015年解决农村饮水安全问题。这一决定对加快农村供水城乡一体化，助推农村公用事业发展，统筹城乡发展具有十分重要的意义。

（1）广泛调查，科学规划。为确保农村饮水工作目标的实现，先后制定并实施了一系列规划。根据2005年省发改委、省水利厅《2005—2006年农村饮水安全应急工程规划》，这一规划标志着农村供水工作从"饮水解困"过渡到"饮水安全"阶段。2005年，开展了全市农村饮水安全现状调查，初步摸清全区的农村饮水安全状况，完成了《蚌埠市农村饮水安全现状调查评估报告》。在此基础上，编制完成了《禹会区农村饮水安全工程"十一五"规划》。2006年省发改委、省水利厅批准了《蚌埠市农村饮水安全工程"十一五"规划》（包括禹会区）。2008年，配合国家发改委、水利部、卫生部联合委托的中国国际工程咨询公司，对"十一五"规划实施情况进行了中期评估，完成了《蚌埠市农村饮水工程"十一五"规划中期评估报告》和政策、投资专题报告。2010年，编制完成了《蚌埠市农村饮水安全工程"十二五"规划》。科学的规划为工程顺利实施提供了重要前提。

（2）政府指导，多元投入。经过多年探索，形成了以政府投资为导向、农民投入解决入户工程、其他各方积极参与的多元化投融资格局。一是政府加大投入。在国家加大投入的基础上，从2006年起，市政府固定了市县两级财政投入比例，三县农村饮水不安全区农民每人补助 15 元、淮上区每人补助 20 元、淮河以南三个区每人补助 25 元，剩余由县区财政和农民负担。二是积极筹措农民资金。管道入户部分的投入主要由农民投工投劳加上一事一议融资完成。充裕的资金为农村饮水安全工程顺利实施提供了资金保证。

（3）建章立制，规范运作。为指导、规范和强化工程的建设与管理，确保工程质量和效益，加强了制度建设。首先，严格执行《蚌埠市农村饮水安全工程实施管理方案》《农村饮水安全项目建设管理细则》《农村饮水安全招投标管理细则》《农村饮水安全工程资金管理细则》《农村饮水安全工程运行管理制度》《关于加强农村饮水安全工程卫生学校评价和水质卫生监测工程的通知》《关于对农村饮水安全项目进行社会公示的通知》。

其次，根据蚌埠市实际，组织专家论证确定了适合蚌埠市的农村饮水安全标准，即总的要求是"农村供水城市，城乡供水一体化。"

（4）因地制宜，发挥综合效益。各地根据水源、用水需求、地形、居民点分布等条件，因地制宜，紧紧与农村供水工程与乡镇经济发展相结合、与新农村建设相结合、与道路村村通相结合、与自来水"村村通"建设相结合，来合理选择饮水工程的类型、规模及标准，使得农村饮水安全工程不仅仅是解决农村饮水安全的工程，也是促进地方经济社会发展的工程。水厂设计规模由解决农民饮水不安全问题发展到为地方经济、庭院经济、集镇经济、改水改厕、改变生活习惯规模，提高了原供水标准，实现村镇供水一体化。

（5）创新机制，加强管理。首先，中环水务负责建后工程的维修养护、跟踪检查、水质监测、运行管理等方面的指导。明晰了工程产权，落实工程管理主体和责任主体。按照建立管理机制，健全规章制度，计量供水、合理收益原则，合理确定了供水水价。其次，水源保护纳入中环水务管理范围。农民群众安全饮水问题，不仅得到可靠的水源，而且有了安全的水质作为保障。对供水水质实行动态管理，定时、定点对供水水源、出厂水和管网末梢水水质进行监测，保障群众饮水安全。农村饮水安全工程水源、制水、供水、用水、检测、应急等全部纳入中环水务企业化管理，促进了工程良性运行，提高了农村饮水安全度。

2. 典型工程案例

2010 年采用城市管网延伸供水工程，主要以中环水务城市自来水厂为供水水源进行城市管网延伸。受益范围为彭巷村、大徐村、东周村和九塘村 4 个行政村，受益人口 7500 人。

该处农村饮水安全工程有如下特点：

一是实现城乡供水一体化。禹会区 7500 人使用城市管网供水工程，实现了城乡供水一体化，工程运行管理基本纳入城市自来水厂管理。

二是工程建成后，供水水量、水质、保证率、方便程度均高于农村饮水安全工程设计标准，尤其是水质水源和入户水管水质的感观指标、一般化学、毒理学、细菌学指标均达到《生活饮用水卫生标准》。

三是农村饮水安全工程水源、制水、供水、用水、检测、应急等全部纳入中环水务企业化管理，促进了工程良性运行，提高了农村饮水安全度。

五、目前存在的主要问题

一是农村饮水安全规划与新农村、美好乡村结合的滞后，主要原因是不安全饮水的地方与新农村、美好乡村建设规划不能得到有机结合，可能面临建后几年即拆的命运。

二是投资不足。农村饮水安全工程按照城乡供水一体化的要求，现行国家规定的人均500元投入不能实现上述目标。经测算，人均投入要在850元左右。

六、"十三五"巩固提升规划情况及长效运行工作思路

1. 目标任务

工程建设：采取新建、扩建、配套、改造、联网等措施，到2020年，使我区农村集中供水率达到90%以上，农村自来水普及率达到90%以上，水质达标率比2015年提高15个百分点以上，供水保障程度进一步提高。

管理方面：推进工程管理体制和运行机制改革，建立健全区级农村供水管理机构、农村供水专业化服务体系、合理的水价及收费机制、工程运行管护经费保障机制和水质检测监测体系、水厂信息化管理，依法划定水源保护区或保护范围，加大对水厂运行管理关键岗位人员的业务能力培训。

2. 主要建设内容

根据区域农村饮水发展目标，采取新建、扩建等工程措施和加强运行管理等非工程措施，巩固提升农村供水保障水平。

开展农村饮用水水源保护，推进水源保护区或保护范围划定、防护设施建设和标志设置等工作。进一步加强农村饮用水水源保护和监测，强化供水水质检测能力建设，配置水质化验室，健全水质卫生常规监测制度，完善农村饮水水质监测网络，全面提升农村饮水安全监管水平。加强工程管理人员技术培训，对集中式水厂负责人、净水工和水质检验工等关键岗位人员开展专业培训。开展工程运行及主要水质指标在线监测及水厂信息化建设工程示范。

阜阳市

阜阳市农村饮水安全工程建设历程

（2005—2015）

（阜阳市水务局）

一、基本概况

阜阳市地处安徽省西北部、黄淮海平原南端、淮北平原西部，淮河中游，东部与淮南市相连，西部与河南省周口市、驻马店市相邻，西南部与河南省信阳市接壤，南部与六安市隔淮河相望，北部、东北部与亳州毗邻。东西长 160km，南北宽 142km，总面积 9775km²。阜阳交通发达，6 个方向的铁路在此交汇，界阜蚌、合淮阜、阜亳、阜周高速公路、阜新高速公路使阜阳形成东引京沪、西通京珠、南连沪汉、北接南洛的高速公路网。境内的淮河、沙颍河是通往华东的重要水运航道。皖北唯一的 4C 级民航机场已开通北京、上海、广州、天津、厦门等 10 多条航线。

阜阳 1996 年经国务院批准撤地成立地级阜阳市，2000 年 7 月 1 日，涡阳、蒙城、利辛三县从阜阳市划归亳州市，阜阳现辖界首市和太和、临泉、颍上、阜南四县及颍州、颍东、颍泉三区，全市共有 172 个乡（镇、办事处）、257 个城市社区、1702 个村民委员会，全市总人口 1042.6 万人，其中农村人口 904.56 万人。2015 年地区生产总值（GDP）1267.4 亿元，人均 GDP16121 元（折合 2588 美元）。

阜阳市地处淮河流域，淮河流经境内 153km，较大的支流有 6 个：沙颍河、茨淮新河、洪汝河、润河、谷河和西淝河。沿淮河有四个行蓄洪区：蒙洼、南润段、邱家湖和唐垛湖。主要湖泊有焦岗湖、颍州西湖、八里河（湖）等；大型闸坝有王家坝濛洼进水闸、曹台子濛洼退水闸、邱家湖进退洪闸、姜唐湖退水闸、阜阳闸、耿楼闸、颍上闸、茨河铺闸、插花闸、杨桥闸、原墙闸共 11 座，中型闸坝有陶坝孜闸、老集闸、坎河溜闸等 40 座。阜阳市年均降水量 900.8mm。2015 年全市供水总量 16.56 亿 m³，2015 年全市用水总量 16.56 亿 m³。根据 2015 年安徽省水环境监测中心实测阜阳市 41 眼地下水井评价结果，地下水水质总体良好，部分地区铁、锰、氟化物、溶解性总固体超过地下水 Ⅲ 类水质标准。

二、农村饮水安全工程建设情况

1. 农村人口饮水安全解决情况

在实施农村饮水安全工程前，阜阳市农村饮用水主要为分散式供水，水源以浅层地下水为主，多为手压井或家用自吸泵提水，供水水质无法得到保证。据 2004 年和 2010 年两次分别调查统计，全市共有农村饮水不安全人口 493.94 万人，主要表现为浅层地下水污染、氟铁锰超标、水量及保证率不达标等问题。到 2015 年底，全市农村总人口 904.65 万人、农村饮水安全工程解决人口 523 万人、农村自来水供水人口 552 万人、自来水普及率 61%；全市共有行政村数 1702 个、通水行政村数 1139 个、通水比例 67%。2005—2015 年，全市累计投入建设资金 24.95 亿元（其中中央资金 18.075 亿元、省级资金 3.332 亿元、市县配套及自筹资金 3.538 亿元），建成集中供水工程 489 处（其中日供水千吨万人以上的规模水厂 164 处），解决了 523.3 万农村居民和 31.1 万学校师生（省下达计划 493.94 万人，超计划解决农村居民约 30 万人）的饮水安全问题。

表 1   2015 年底农村人口供水现状

县（市、区）	乡镇数量	行政村数量	总人口	农村供水人口	集中式供水人口	其中：自来水供水人口	分散供水人口	农村自来水普及率
	个	个	万人	万人	万人	万人	万人	%
合计	172	1702	1042.6	904.65	552.35	552.35	352.3	61
界首市	18	135	80.2	63.46	53.12	53.12	10.34	84
太和县	30	287	173.0	156.3	95.43	95.43	60.87	61
临泉县	32	370	223.3	208.30	119.98	119.98	88.32	57
阜南县	29	304	169.7	154.39	72.28	72.28	82.11	47
颍上县	30	322	173.8	152.77	99.80	99.80	52.97	65
颍州区	15	99	85.0	53.70	28.88	28.88	24.82	54
颍泉区	6	85	72.6	61.84	43.90	43.90	17.94	71
颍东区	12	100	65.0	53.89	38.96	38.96	14.93	72

2. 农村饮水工程建设情况

2005—2015 年底，阜阳市共有农村饮水工程 489 处，设计供水能力约 43 万 m^3/d，其中设计供水能力达到 1000m^3/d 以上的规模水厂 164 处。水源类型分两种，大部分地方为中深层地下水，颍上县沿淮部分地方为取用淮河地表水。2005—2015 年全市完成投资 248594 万元，资金由政府财政资金和地方群众自筹构成。2008 年以前，由于国家下达人均投资较少，农村饮水工程建设收取入户费用，但不超过 300 元每户。2009 年以后，国家下达人均投资标准提高到 500 元/人，大部分县区安装入户不收取入户费用，由财政足额承担，只有颍州区等少数地方收取部分入户费用，均不超过 300 元/户。到 2015 年底，全市农村饮水工程实施范围内群众入户率达 90% 以上。

3. 农村饮水安全工程建设思路及主要历程

2005 年，我市组织人员对全市农村饮水安全现状进行了调查评估，先后编制完成了《阜阳市 2007—2011 年农村饮水安全项目可行性研究报告》及《阜阳市农村饮水安全"十一五"规划报告》。"十一五"期间农村饮水工程主要解决浅层地下水污染、氟铁锰超标、水量及保证率不达标等问题，全市计划投资 53130 万元，解决饮水不安全人口农村居民 116.22 万人和学校师生 4.89 万人。实际完成投资 52742 万元，建设水厂 291 处，解决饮水不安全人口农村居民 126.23 万人和学校师生 9.26 万人。

2010 年，阜阳市组织各县市区编制了《县级农村饮水安全工程"十二五"规划》，全市计划投资 196323 万元，解决人数农村居民 377.72 万人和学校师生 26.21 万人。实际完成投资 195852 万元，建设水厂 198 处，解决人数农村居民 397.06 万人和学校师生 30.83 万人。2013—2015 年，对已建的部分小水厂通过改扩建、并网运行、管网延伸等方式，发展规模化集中供水。

表2 农村饮水安全工程实施情况

县（市、区）	合计			2005 年及"十一五"期间			"十二五"期间		
	解决人口		完成投资	解决人口		完成投资	解决人口		完成投资
	农村居民	农村学校师生		农村居民	农村学校师生		农村居民	农村学校师生	
	万人	万人	万元	万人	万人	万元	万人	万人	万元
合计	523.3	40.09	248594	126.23	9.26	52742	397.06	30.83	195852
界首市	49.66	3.14	24711	13.40	0.41	5805	36.26	2.73	18906
太和县	95.43	4.36	41878	20.04		8972	75.39	4.36	32906
临泉县	106.98	7.96	49092	25.99	0.84	9350	80.99	7.12	39742
阜南县	72.28	8.02	34377	15.53	3.49	6272	56.74	4.53	28105
颍上县	95.90	9.31	48506	18.92	1.66	8101	76.98	7.65	40405
颍州区	28.88	2.09	13775	11.14	0.86	4465	17.74	1.23	9310
颍泉区	40.23	2.11	20174	10.19	0.40	4679	30.04	1.71	15495
颍东区	33.94	3.11	16081	11.02	1.60	5098	22.92	1.50	10983

表3 2015 年底农村集中式供水工程现状

县（市、区）	工程规模	工程数量	设计供水规模	日实际供水量	受益乡镇数	受益行政村数	受益农村人口	自来水供水人口
		处	m³/d	m³/d	个	个	万人	万人
合计	合计	489	434569	321860	295	1143	552.37	552.37
	规模水厂	164	266145	194925	139	658	337	337
	小型水厂	325	168424	126935	156	485	215.37	215.37
界首市	合计	50	47353	41640	18	138	53.12	53.12
	规模水厂	17	27940	25140	15	75	30.92	30.92
	小型水厂	33	19413	16500	18	63	22.2	22.2
太和县	合计	87	70080	50880	31	175	95.43	95.43
	规模水厂	29	38270	27230	19	100	53.84	53.84
	小型水厂	58	31810	23650	27	75	41.59	41.59

（续表）

县（市、区）	工程规模	工程数量	设计供水规模	日实际供水量	受益乡镇数	受益行政村数	受益农村人口	自来水供水人口
		处	m³/d	m³/d	个	个	万人	万人
临泉县	合计	95	96435	78013	32	217	120	120
	规模水厂	39	63570	51360	28	149	76.5	76.5
	小型水厂	56	32865	26653	25	72	43.5	43.5
阜南县	合计	59	56414	34740	28	160	72.28	72.28
	规模水厂	21	37140	24140	28	85	45.98	45.98
	小型水厂	38	19274	10600	28	75	26.3	26.3
颍上县	合计	77	83020	47905	30	216	99.8	99.8
	规模水厂	31	62300	35950	30	148	76.5	76.5
	小型水厂	46	20720	11955	29	68	23.3	23.3
颍州区	合计	34	21410	19269	15	69	28.88	28.88
	规模水厂	8	9800	8820	7	31	15.69	15.69
	小型水厂	26	11610	10449	11	38	13.19	13.19
颍泉区	合计	43	31120	24117	6	85	43.9	43.9
	规模水厂	11	15500	12400	5	42	24.14	24.14
	小型水厂	32	15620	11717	6	43	19.76	19.76
颍东区	合计	44	28737	25296	12	79	38.96	38.96
	规模水厂	8	11625	9885	7	28	13.43	13.43
	小型水厂	36	17112	15411	12	51	25.53	25.53

三、农村饮水安全工程运行情况

1. 农村饮水安全工程专管机构

2011年4月，经阜阳市编办批准，市水务局专门成立了市农村饮水安全管理站，负责全市农村饮水安全工程运行管理的指导和监管工作。2011—2012年，全市8个县市区经编委批准，先后成立了县级农村饮水安全工程管理站（中心），为股级事业单位，经费供给形式为全额拨款，负责本地农村饮水安全工程的运行管理和技术服务，人员由水务局内部事业单位人员调剂。

2. 农村饮水安全工程维修养护基金

各县市区自2011年开始设立农村饮水安全工程维修养护基金，县级财政按照年度工程投资1%的标准落实维护专项经费，列入财政预算，截至2015年底，累计落实维修经费约2800万元，主要用于工程维修养护和小水厂运行补贴。县级物价部门核定供水价格（为1.2~1.6元/m³），实行装表到户、计量收费。各地积极推行基本水价和计量水价相结合的

"两部制"水价政策，落实供水用电执行农业电价等优惠政策，促进工程良性运行。

3. 县级农村饮水安全工程水质检测中心

2015年，阜阳市组织各县市区认真开展了农村饮水安全工程县级水质检测中心建设，其中界首市依托疾控中心合作共建，其余7个县区为水利部门单独建立。计划投资1814.03万元，其中中央预算内投资705.4万元、省级投资428.2万元、省级以下地方配套680.43万元。2016年初全部完成实验室场地建设及水质检测仪器设备采购、安装、调试和水质检测车辆采购。各县市区积极落实水质检测中心人员、机构和运行经费，建立完善水质检测中心相关制度和保障机制，确保水质检测中心工作开展。目前，全市已落实水质检测人员33人，县级财政落实运行经费345万元。县级水质检测中心具备42项常规检测指标，水质检测人员经培训后基本具备操作能力，正常开展水质检测工作。

4. 农村饮水安全工程水源保护情况

2015年8月，阜阳市政府办公室《关于印发阜阳市农村集中式供水工程水源保护区划分技术方案的通知》（阜政办秘〔2015〕67号）划定了农村集中供水工程饮用水水源保护区范围，全市共划定农村集中式饮用水水源保护区451个，一级保护区范围3.54km²。各县市区人民政府对辖区内农村集中式饮用水保护区水源质量负总责，组织、协调和监督有关部门按照职责分工做好饮用水水源保护工作，合理开发利用水资源，切实保护饮用水源水质。县市区环保、水务部门对所辖行政区域的农村饮用水水源保护区实施统一监督管理，对农村集中式饮用水水源保护工作实施监督管理。

5. 供水水质状况

县级政府在工程所在地划定饮用水水源保护区，设立水源保护标志，明确水源保护范围和保护措施，加强水源保护和供水设施保护。市水务局、财政局出台了《阜阳市农村饮水安全工程建后管理养护工作的实施意见》，县市区制定出台了农村饮水安全工程运行管理办法及供水应急预案，保障工程安全正常运行。水厂配备有供水消毒设备，对水源水含氟、铁、锰等超标的，分别配套除氟、除铁锰等水处理设备，加强水质处理，保障供水水质达标。规模水厂设立水质化验室，进行供水水质日常检测。

6. 农村饮水工程（农村水厂）运行情况

为加强农村饮水安全工程运行管理，市水务局指导各地创新工作思路，明晰所有权，理顺管理权，放开经营权，积极探索有利于工程长效运营的管理机制。颍上、颍州、颍泉等地成立农村饮水安全工程供水管理公司，对部分工程实行统一管理。界首市将已建的部分农村饮水安全工程移交给界首市自来水公司管理。阜南、临泉、颍泉等地积极探索市场化运作、公司化经营的路子，对部分水厂经营管理权进行拍卖，进一步提升水厂管理水平和服务质量。各县市区结合实际采取供水公司管理、拍卖经营权、承包经营、镇村自管等多种管理模式。

7. 农村饮水工程（农村水厂）监管情况

一是强化水质监管，以县为单元，建立县级农村饮水安全工程水质检测中心。"千吨万人"以上规模水厂单独设立水质化验室，配备专职检验人员，确保水质常规检测常态化、全覆盖。二是强化建后管理，工程竣工验收合格后，移交给县级农村饮水安全工程管理中心（站）或者工程所在地乡镇政府，落实工程运行管理人员，加强工程运行管理。三是坚持推行公司化运营、专业化管理、用水户参与、社会化服务、政府监管的运管模式。

8. 运行维护情况

一是完善管护机制，建立健全县级农村饮水安全工程专管机构，明晰工程产权，落实工程管护主体和管护制度。二是县级财政落实维修养护专项经费，纳入财政预算。三是建立农村饮水安全工程运行维修队伍，当水厂发生较大设备故障，由运行维修队伍实施维修，所需经费从县级维修养护经费中列支；较小故障由管理单位（或者经营者）负责维修，所需经费从收缴水费中列支。四是落实优惠政策，严格执行农村饮水安全税费、农业电价、建设用地等优惠政策。

四、采取的主要做法、经验及典型案例

1. 做法和经验

一是科学规划，稳步推进。2005年，我市组织人员对全市农村饮水安全现状进行了调查评估，先后编制完成了《阜阳市2007—2011年农村饮水安全项目可行性研究报告》及《阜阳市农村饮水安全"十一五"规划报告》。2010年底组织各县市区编制了《县级农村饮水安全工程"十二五"规划》。2013年，针对部分已建的小水厂供水规模小、不利于运行的情况，进一步修编完善"十二五"规划，通过改扩建、并网运行、管网延伸等方式，扩大供水范围和人口，发展规模化集中供水，促进工程效益发挥。

二是建章立制，规范运作。为指导、规范和强化工程建设与管理，我市及时出台相关政策和措施，印发了《阜阳市农村饮水安全工程实施办法》《阜阳市农村饮水安全工程建后管理养护工作的实施意见》等相关文件。严格按照"四制"管理。在建设管理过程中，实行人大代表、受益群众代表参与监督等行列之有效的办法，切实赋予用水户知情权、参与权和监督权。

三是注重宣传，积极发动。市及各县市区充分利用电视、报纸和网络等新闻媒体，对农村饮水安全工程进行全方位宣传，营造工程建设良好氛围。通过开展集中宣传、送戏下乡、流动宣传车等方式，向群众积极宣传饮水安全知识、国家政策、目标任务和建设措施等，增强群众饮水安全意识，调动受益群众参与工程建设的积极性和主动性，提高农村饮水安全工程入户率。

四是统筹谋划，提升规模。因地制宜选择建设模式，尽可能发展"千吨万人"以上的规模化集中供水工程。2014—2015年对全市部分已建的小水厂通过改扩建、并网运行、管网延伸等方式，扩大供水规模，促进了工程效益发挥。到"十二五"末全市"千吨万人"以上规模水厂164处，占工程总数的34%。

五是严格建管，注重质量。要求各县市区严格建设程序，切实加强工程建设管理，落实隐蔽工程、重要部位的联合验收和供水管材、管件的"双控检测"制度，对工程质量、进度严格实行责任制和责任追究制，有力地推动工程实施，确保工程质量和标准。各地抽调有施工经验、善于管理的人员参与工程建设管理，强化工程建设和资金管理，切实把好设计、招标、施工、质量、资金和验收关，确保工程优质、干部优秀、资金安全。

2. 典型县案例

（1）阜南县地城镇中心水厂租赁经营。地城镇中心水厂为阜南县农村饮水安全工程，一期工程于 2013 年实施，投资 902 万元，设计供水能力 1400m³/d，解决 1.58 万农村人口饮水不安全问题。二期工程于 2015 年实施，投资 245 万元，新增受益人口 5888 人。2013 年 12 月，县水务局与阜南县水建公司签订农村饮水安全工程经营权租赁协议，将地城中心水厂租赁给阜南县水建公司经营。阜南县水建公司成立农村饮水安全分公司，专门负责水厂经营管理。水厂租赁费按经营毛利 5% 计提，每年年终结算。租赁收入全部上缴县财政，专项用于农村饮水安全工程改扩建、运行管理等开支。

（2）临泉县引入社会资本，参与工程管理——临泉县谭棚镇白行水厂拍租经营权。自 2005 年以来，随着大量农村饮水安全工程的建成和投入使用，工程建后管理引起临泉县委县政府和水务局的高度重视。如何使已建成的农饮工程长期有效发挥效益，让广大农民群众长期受益，县水务局通过多年来在管理农村饮水安全工程运行方面总结的经验，逐渐探索出一条较成功的水厂运行管理模式：即"引入社会资本，通过拍卖水厂经营权来实现工程长效发挥效益"。谭棚镇白行水厂为临泉县农村饮水安全工程，投资 571 万元，供水规模为 790m³/d。2013 年 11 月完工并投入运行，解决了 2 个行政村 1.13 万农村居民的饮水问题。2014 年 7 月 10 日，临泉县将谭棚镇白行水厂的经营权向社会公开拍卖，完成竞拍后，签订经营权出让协议，落实管护责任，接受县农村饮水安全工程管理站的监管和指导，经营管理和效果明显。

五、目前存在的主要问题

1. 工程建设方面

（1）招投标周期过长，低价中标，影响工程建设进度和质量。农村安全饮水工程是民生工程、扶贫工程，要求当年实施、当年完成、当年发挥效益。同时项目按基建程序管理，设计、施工、监理、采购都要进行招标，招标环节多、周期长，造成工期较长，部分工程中标价较低，不利于质量控制。

（2）自来水普及率偏低。到"十二五"末，全市农村自来水普及率约 61%，远低于全省的 72%、全国的 76%。全市尚有 352 万农村人口没有用上自来水，这部分居民饮用水仍以自备水井供水为主，水源为浅层地下水，基本上都未采取水质净化和处理措施，存在饮水安全隐患。

2. 水质保障方面

（1）供水水质达标率不高。目前各地农村饮水安全工程基本都配备有消毒设备，但部分工程消毒设备的开启使用率不高。通过卫生部门对县市区的水厂进行水质化验，部分小水厂存在个别指标不达标现象，水质达标率还需要进一步提高。

（2）水质检测能力建设：目前规模水厂基本都配套了水质检测仪器设备，但检测项目少，水质检测频次较少，没有专业检测人员，操作水平有待提高。

3. 运行维护方面

（1）早期供水管网老化、破损严重。早期建设的部分农村饮水工程存在供水规模小、建设标准低、管网漏损率高、水质水量不稳定等问题，影响工程效益发挥。另外，大量农村路网进行扩宽改造，部分沿公路铺设的供水管道需要外移施工，加之美丽乡村建设和集镇建设进程加快，农村供水管道、水表设施等经常受到取土、建房等人为破坏。

（2）运行管理人员业务水平不高。在管理方式上有村集体管理、个人承包、专业化供水单位等多种形式，少量水厂由专业供水单位经营，更多水厂由村委会、个人等进行管理，其专业水平低、技术力量差，缺乏必要的专业知识和供水系统常识，很难正确使用净水、消毒以及水质检测等设备，不利于工程运行管理。

（3）部分小水厂运行困难。由于农村居住分散，制水成本高，加之外出务工人员较多，总体用水量小，水费收缴率整体不高，个别小水厂亏本经营、难以维持正常运行。

六、"十三五"巩固提升规划情况

1. 规划思路

2016年5月，市政府印发《阜阳市农村安全饮水全覆盖三年行动计划》，决定实施全市农村安全饮水全覆盖三年行动计划。2016—2018年集中攻坚，全面解决352万农村人口（其中贫困人口24.7万人）的饮水问题，实现农村安全饮水全覆盖，完成扶贫攻坚任务；2019—2020年，实施巩固提升工程，进一步提高农村饮水安全保障水平。主要工作重点：一是合理建设一批规模水厂，扩建、改造、并网部分已建工程，提高农村自来水覆盖率；二是加强工程运行管理，加强信息化建设，提高工程监控和管理水平，保障工程高效、安全、良性运行；三是强化水源保护和水质保障，提高农村供水水质达标率。资金来源：计划争取省级以上投资5亿~6亿元，市财政2016—2018年每年安排1亿元专项资金用于全市农村饮水安全工程建设补助，其余资金缺口约为12亿元，通过国家开发银行贷款解决。

2. 规划目标

根据县市区"十三五"农村饮水安全工程巩固提升规划，到2020年，全市自来水普及率达到95%以上，水质达标率整体有较大提高。推进城镇供水公共服务向农村延伸，使城镇自来水管网覆盖行政村的比例达到33%以上。健全农村供水工程运行管护机制、逐步实现良性可持续运行。

3. 主要建设内容

坚持规模化发展、标准化建设、专业化管理、市场化运作，结合脱贫攻坚、新型城镇化和美丽乡村建设，整体推进农村饮水安全工程建设和管理，构建完善饮水安全保障体系。全市2016—2020年计划投资21.4亿元，规划新增解决352万人的饮水问题：总共建设水厂323处，其中，新建水厂84处，新增供水受益人口210.53万人；改造水厂149处，新增供水受益人口100.24万人；管网延伸水厂46处，新增供水受益人口41.71万人；设施改造水厂45处；水源保护区或保护范围划定150处；规模水厂水质化验室建设178处；规模以上水厂自动化监控系统建设179处；水质状况实时监测试点建设116处；县级农村饮水安全信息系统建设8处。

4. 运行管理措施

一是切实加强农村供水工程运行管理。建立健全工程管理机构，负责农村饮水安全工作管理与监督。按照分类指导的原则，加强农村饮水安全工程的监督、指导，鼓励有条件的地方以县为单位实行统一管理。重点加强由乡镇管理供水工程的服务与指导，确保供水正常、水质达标。明晰工程产权、管理主体和管护责任，健全运行管理制度。建立合理水价制度，落实工程维修养护经费，鼓励引入市场机制促进工程长效运行。加强信息化建设，提高工程监控和管理水平，保障工程高效、安全、良性运行，切实维护好、巩固好已建工程成果。

二是强化水源保护和水质保障。进一步落实农村饮水安全工程建设、水源保护、水质监测"三同时"制度，强化水源保护措施，配套完善水质净化设施，解决水处理设施不完善、制水工艺落后、管网不配套等影响供水水质的问题，提高农村供水水质达标率。建立完善县级水质检测中心，落实机构、人员和运行经费，加强人员培训，建立规模水厂自检、县级水质检测中心巡检、卫生监督部门抽检的三级水质检测体系，加强水质检测监测，确保供水水质达标。

表4　"十三五"巩固提升规划目标情况

县（市、区）	农村集中供水率（%）	农村自来水普及率（%）	水质达标率（%）	城镇自来水管网覆盖行政村的比例（%）
合计	95	95	85	33
界首市	95	95	85	33
太和县	100	100	85	33
临泉县	95	95	85	33
阜南县	95	95	85	33
颍上县	95	95	85	33
颍州区	95	95	85	33
颍泉区	95	95	85	33
颍东区	95	95	85	33

表5　"十三五"巩固提升规划新建工程和管网延伸工程情况

县（市、区）	工程规模	新建工程					现有水厂管网延伸			
		工程数量	新增供水能力	设计供水人口	新增受益人口	工程投资	工程数量	新建管网长度	新增受益人口	工程投资
		处	m³/d	万人	万人	万元	处	km	万人	万元
合计	合计	84	159856	238.66	210.53	108112	46	3419.20	41.71	16692
	规模水厂	81	157947	235.24	207.83	106493	41	3126.70	39.43	15716
	小型水厂	3	1909	3.42	2.70	1619	5	292.50	2.28	977
界首市	合计	4	4400	6.03	5.83	3392	5	264.00	2.62	1004
	规模水厂	3	3600	5.07	4.87	2742	4	248.00	2.46	915
	小型水厂	1	800	0.96	0.96	651	1	16.00	0.16	89
太和县	合计	21	31400	45.46	45.46	22398	4	285.00	1.90	1534
	规模水厂	21	31400	45.46	45.46	22398	2	157.50	1.05	646
	小型水厂						2	127.50	0.85	888

（续表）

县（市、区）	工程规模	新建工程					现有水厂管网延伸			
		工程数量	新增供水能力	设计供水人口	新增受益人口	工程投资	工程数量	新建管网长度	新增受益人口	工程投资
		处	m³/d	万人	万人	万元	处	km	万人	万元
临泉县	合计	18	41300	61.30	53.48	25692	8	503.50	4.14	1213
	规模水厂	18	41300	61.30	53.48	25692	8	503.50	4.14	1213
	小型水厂									
阜南县	合计	13	35431	48.47	41.8	24146	3	965.00	7.46	2561
	规模水厂	11	34322	46	40.05	23178	1	816.00	6.19	2561
	小型水厂	2	1109	2.46	1.75	968	2	149.00	1.27	0
颍上县	合计	10	20800	33.59	29.74	15107	11		12.45	4359
	规模水厂	10	20800	33.59	29.74	15107	11		12.45	4359
	小型水厂									
颍州区	合计	7	8320	11.74	11.74	5914.21	10	1100.00	11.04	4911
	规模水厂	7	8320	11.74	11.74	5914.21	10	1100.00	11.04	4911
	小型水厂									
颍泉区	合计	6	8205	18.3	11.91	5582	2	176.00	1.26	440
	规模水厂	6	8205	18.3	11.91	5582	2	176.00	1.26	440
	小型水厂									
颍东区	合计	5	10000	13.78	10.57	5880	3	125.70	0.84	670
	规模水厂	5	10000	13.78	10.57	5880	3	125.70	0.84	670
	小型水厂									

表6　"十三五"巩固提升规划改造工程情况

县（市、区）	工程规模	改造工程					
		工程数量	新增供水能力	改造供水规模	设计供水人口	新增受益人口	工程投资
		处	m³/d	m³/d	万人	万人	万元
合计	合计	149	83197	85136	287.06	100.2373	67551
	规模水厂	123	80058	70484	261.87	95.7535	63194
	小型水厂	26	3139	14652	25.2	4.4838	4357
界首市	合计	11	4920		21.11	1.8933	1852
	规模水厂	10	4540		20.46	1.2457	1552
	小型水厂	1	380		0.65	0.6476	300

（续表）

县（市、区）	工程规模	改造工程					
		工程数量	新增供水能力	改造供水规模	设计供水人口	新增受益人口	工程投资
		处	m³/d	m³/d	万人	万人	万元
太和县	合计	22	12650	13460	38.91	13.49	12490
	规模水厂	20	12200	12160	37.40	13.49	11798
	小型水厂	2	450	1300	1.51		692
临泉县	合计	49	21840	36760	85.26	30.71	20267
	规模水厂	29	20300	25200	66.02	28.47	17827
	小型水厂	20	1540	11560	19.24	2.24	2440
阜南县	合计	30	22945	11330	70.62	33	16410
	规模水厂	28	22176	10299	67.72	31.4	15565
	小型水厂	2	769	1031	2.9	1.6	845
颍上县	合计	8	5000		20.8	10.78	6145
	规模水厂	8	5000		20.8	10.78	6145
	小型水厂						
颍州区	合计	9	1660	1660	2.08	2.08	2416
	规模水厂	9	1660	1660	2.08	2.08	2416
	小型水厂						
颍泉区	合计	11	3942	11686	22.46	4.77	2721
	规模水厂	10	3942	10925	21.56	4.77	2641
	小型水厂	1		761	0.9		80
颍东区	合计	9	10240	10240	25.83	3.52	5250
	规模水厂	9	10240	10240	25.83	3.52	5250
	小型水厂						

5. 建议

（1）阜阳市"十三五"农村饮水安全工程投资约21.4亿元，建设任务全省最重。由于阜阳处于农产品主产区，经济欠发达，8个县市区分属国家和省级贫困县，地方财力较弱，加之目前全市分散式供水人口较多，为此建议国家和省进一步加大对阜阳市农村饮水的投入力度，减轻地方财政压力，力争尽快实现农村自来水全覆盖。

（2）建议省水利厅协调相关部门，进一步明确县级农村饮水安全工程运行维护经费和县级水质检测中心运行经费来源、标准等，以便纳入财政预算，及时落实到位，加大财政对农村饮水安全工程维修养护的支持力度，确保农村安全饮水工程正常发挥效益。

界首市农村饮水安全工程建设历程

（2005—2015）

（界首市水务局）

一、基本概况

界首市位于安徽省西北部，东与太和县相邻，东南与阜阳市颍泉区接壤，南与临泉隔泉河相望，西连豫沈丘县，北依豫郸城县，南北长 48～58km，东西宽 10～25km，总面积 667km²。辖 3 个街道、12 个镇、3 个乡，共有 135 个村民委员会，2015 年末总人口为 80.2 万人，其中农村人口 63.46 万人。界首市属暖温带半湿润季风气候区，年平均气温 14.7℃，年平均降水量 888.1mm，年平均风速 2.8m/s。界首市境内沟河纵横，排水系统比较健全。沟河大致分属三大水系、北部属茨谷河水系、中北部属颍河水系，南部属泉河水系，主要有泉河、颍河、茨谷河等河流和 43 条大沟。界首市中深层地下水水质为中性淡水，矿化度小于 1.0g/L，除氟化物超标外，其他指标均达到《地下水质量标准》（GB/T 14848—1993）中的Ⅲ类水及以上标准。

二、农村饮水安全工程建设情况

1. 农村饮水现状

截至 2015 年底，界首市农村供水工程共计已解决农村饮水不安全人口 53.12 万人，占农村总人口的 83.7%，涉及 121 个行政村，其中农村饮水安全工程资金解决 49.31 万人、其他投资解决 3.81 万人。界首市现有农村人口 63.46 万人，通过建设集中式供水工程已解决饮水安全问题 53.12 万人，尚有约 10 万人仍采取分散式供水方式，取用浅层地下水，水质不达标。

2. 农村供水工程现状

截至 2015 年底，界首市农村供水工程涉及 17 个乡镇及办事处，共建设水厂 50 处，受益行政村 121 个，受益人口 53.12 万人，设计供水规模 43480m³/d，城镇自来水管网已覆盖行政村 44 个，覆盖比例已占 31.2%。所有供水工程均以中深层地下水作为水源，均存在氟化物超标问题，北部的马集水厂和前李水厂存在铁超标问题。

表1　2015 年底农村人口供水现状

乡镇数量	行政村数量	总人口	农村供水人口	集中式供水人口	其中：自来水供水人口	分散供水人口	农村自来水普及率
个	个	万人	万人	万人	万人	万人	%
18	135	80.2	63.46	53.12	53.12	10.34	84

3. 农村饮水工程（农村水厂）建设情况

2005—2015 年共建设水厂 50 处，受益行政村 121 个，受益人口 51.15 万人，供水入户受益人口 51.15 万人。总投资 23408 万元，其中中央投资 18302 万元、省级投资 2448 万元、地方配套 2658 万元。农户入户率达到 95%，入户费用 2012 年以前为每人 39 元，2012 年以后每户收取 200 元。

界首市现有千吨万人规模水厂 16 处，涉及 12 个乡镇，受益人口 28.95 万人，设计供水规模 23700m³/d，规模水厂均配套管理设施、井房消毒间、清水池、供水泵房、自动化监控设施、水质化验室及化验设备等；现有小型水厂 34 处，涉及 16 个乡镇，受益人口 22.21 万人，设计供水规模 19780m³/d，上述水厂普遍采用变频直供、气压罐、水塔供水。

4. 农村饮水安全工程建设思路及主要历程

"十一五"期间，界首市农村饮水安全工程共解决 13.4 万人饮水安全问题，涉及陶庙、王集等 16 个乡、镇、街道办事处，共建工程 39 处，总投资 5805 万元，主要以单村供水工程为主。

"十二五"期间，共完成投资 18906 万元，其中中央投资 15124 万元、省级配套 1891 万元、地方配套 1890 万元；建成集中供水工程 38 处（新建水厂 18 处，管网延伸及改扩建工程 20 处），基本都是"千吨万人"规模以上水厂，解决农村居民 36.26 万人，农村学校师生饮水安全问题 2.73 万人。

表 2　农村饮水安全工程实施情况

合计			2005 年及"十一五"期间			"十二五"期间		
解决人口		完成投资	解决人口		完成投资	解决人口		完成投资
农村居民	农村学校师生		农村居民	农村学校师生		农村居民	农村学校师生	
万人	万人	万元	万人	万人	万元	万人	万人	万元
49.66	3.14	24711	13.40	0.41	5805	36.26	2.73	18906

表 3　2015 年底农村集中式供水工程现状

县（市、区）	工程规模	工程数量	设计供水规模	日实际供水量	受益乡镇数	受益行政村数	受益农村人口	自来水供水人口
		处	m³/d	m³/d	个	个	万人	万人
界首市	合计	50	47353	41640	18	138	53.12	53.12
	规模水厂	17	27940	25140	15	75	30.92	30.92
	小型水厂	33	19413	16500	18	63	22.2	22.2

三、农村饮水安全工程运行情况

1. 成立县级农村饮水安全工程专管机构。2009 年 12 月，经界首市机构编制委员会同意，成立界首市农村饮水安全工程管理站，负责全市农村饮水安全工程的运行管理，为事业单位。目前，共有工作人员4人；运行经费及来源为财政拨款。

2. 建立县级农村饮水安全工程维修养护基金。2010年起界首市建立了农村饮水安全工程维修、养护基金，资金足额到位，严格按照《关于印发〈界首市农村饮水安全工程专项维修、养护基金使用与管理办法〉》（政办〔2010〕151号）使用管理执行。

3. 县级农村饮水安全工程水质检测中心。界首市农村饮水安全工程水质检测中心2015年依托界首市疾病预防控制中心组建，主要为其购置主要检测仪器设备、现场采样检测车，现有专业检测人员11人，均具有检测资格，人员工资和运行经费由界首市财政解决。

4. 农村饮水安全工程运行情况。目前，界首市对已建成的农村饮水安全工程实行四种管理模式：一是实行企业承包经营；二是移交当地乡镇政府负责经营管理；三是实行村级管理；四是移交给界首市自来水公司管理。其中，规模水厂实行的主要是第二、第四两种管理模式，小型水厂实行的是第一、第三两种管理模式。供水价格实行"两部制"水价，基础水费每月5元，对应基础水量4m³，超出基础水量部分实行计量收费。

5. 农村饮水安全工程监管。界首市于2014年出台《界首市农村饮水安全工程运行管理办法》（政办〔2014〕72号），规范工程运行管理，加强运行监管，并全面落实农村饮水安全工程用地、用电和税收优惠政策。

四、采取的主要做法、经验及典型案例

1. 做法和经验

（1）前期工作突出"快"字，彰显"实"字。在市民生工程动员会未开之际，我们就提前召开了动员会，成立了领导小组、督查组、技术组、宣传组，抽调工程技术人员分组对涉及镇村挨家挨户调查测量统计，边调查、边宣传、边解释，得到了人民群众和镇村干部的积极配合和好评，为工程顺利实施加如期完成奠定了坚实的基础。

（2）政策宣传体现"广"字，突出"新"字。宣传工作贯穿工作全过程。工程开工后，我局与文化部门共同创作反映安全饮水党的政策、安全饮水好处的小品、戏曲、渔鼓说唱等群众喜闻乐见的节目，送戏进农家。2015年共进乡镇、村庄演出22场，发放宣传单5万份，编发农饮工程简报32期，制作宣传条幅600条，受教育人口10万人。

（3）任务分解突出"责"字，彰显"细"字。工程施工过程中，水务局抽调精兵强将，进行了任务分解，明确了每个项目所在乡镇包点领导、驻工地代表、技术负责人、管材发放负责人、信息宣传报道负责人等，并明确职责，形成了人人有责任、有压力、有动力、"横到边、竖到底"的责任落实机制，严格责任追究。

（4）工程监督体现"严"字，突出"勤"字。每周召开工程例会，及时汇报工程进度，交流经验，查找问题，分析研究，落实解决。每个项目区包保领导还定期组织项目涉及镇村干部、监理、施工负责人和驻工地技术人员到其他项目区进行观摩学习，汲取经验，补差补缺，开展各项目区、各标段的评比活动，兑现奖惩，有效推进了工程进展，提高了工程质量。

2. 典型县案例

小型水厂并网运行：界首市光武镇金庄水厂、段庄水厂、黄寨水厂3处供水工程均为单村供水工程，水厂亏损运行，根据农村安全饮水工程的布局、现状，为加强运行管理，降低运行成本，界首市水务局投入资金4万余元，将3处供水工程进行了联网运行。水费收取将原来的按月收取调整为按年收取，并实行两部制水价，每户每年预收水费50元（27m³水），超出部分按1.5元/m³计收水费，水厂联网运行后减少了管理成本，增加了水费收入，产生了经济效益，而且能提高用水保证率，保障工程正常良性发挥效益。

五、目前存在的主要问题

1. 我市目前规模以上水厂仅17处，均为2012—2015年兴建；其余33处小水厂为2005—2011年兴建，以单村水厂为主，数量较多，规模较小，设备简单，多为直接供水形式，运行成本较高，不利于工程运行管理。

2. 水费收缴难度大，水费回收率低。由于我市农村劳动力大量外流，部分工程出现实际用水户多为留守老人、妇女、儿童，用水量偏小，加之部分村民安全饮水、有偿用水的意识淡薄，水费收缴难度大，部分小水厂入不敷出。

六、"十三五"巩固提升规划情况

1. 规划思路。按照统筹兼顾、分步实施，规模发展、注重实效，防治结合、确保水质，建管并重、良性运行，政府主导、群众参与的原则，计划在3年内，即2016—2018年，全面解决界首市农村地区的饮水安全问题，实现全覆盖；2019—2020年，对已建工程进行并网改造提升建设，进一步提高农村自来水普及率、水质达标率、供水保证率和工程运行管理水平。

2. 建设方面。采取新建、扩建、配套、改造、联网等措施，使界首市农村自来水普及率达到95%以上，水质达标率达到85%，供水保证率达到95%以上，城镇自来水管网覆盖行政村比例达到33%。

3. 管理方面。全面推进工程管理体制和运行机制改革，建立健全农村供水专业化服务体系、合理水价形成机制、信息化管理、工程运行管护经费保障机制，依法划定水源保护区或保护范围，实行水厂运行管理关键岗位人员持证上岗制度。

4. 主要建设内容。界首市"十三五"规划建设水厂共计24处，其中新建水厂4处、改扩建水厂2处、管网延伸5处、改造13处。本规划涉及受益人口41.08万人，新增解决饮水不安全人口10.34万人，兼并管理运营困难的小水厂16处。

5. 加强运行管理措施。我市准备把已建成农饮工程全部移交城市自来水公司，成立一个全市城乡一体化的管理机构，借助他们成功的管理经验，实现城乡一体化管理。

表4　"十三五"巩固提升规划目标情况

农村集中供水率（%）	农村自来水普及率（%）	水质达标率（%）	城镇自来水管网覆盖行政村的比例（%）
95	95	85	33
95	95	85	33

表5 "十三五"巩固提升规划新建工程和管网延伸工程情况

工程规模	新建工程					现有水厂管网延伸			
	工程数量	新增供水能力	设计供水人口	新增受益人口	工程投资	工程数量	新建管网长度	新增受益人口	工程投资
	处	m³/d	万人	万人	万元	处	km	万人	万元
合计	4	4400	6.03	5.83	3392	5	264	2.62	1004
规模水厂	3	3600	5.07	4.87	2742	4	248	2.46	915
小型水厂	1	800	0.96	0.96	651	1	16	0.16	89

表6 "十三五"巩固提升规划改造工程情况

工程规模	改造工程					
	工程数量	新增供水能力	改造供水规模	设计供水人口	新增受益人口	工程投资
	处	m³/d	m³/d	万人	万人	万元
合计	11	4920		21.11	1.89	1852
规模水厂	10	4540		20.46	1.25	1552
小型水厂	1	380		0.65	0.65	300

颍上县农村饮水安全工程建设历程

（2005—2015）

（颍上县水务局）

一、基本概况

颍上县地处安徽省西北部，阜阳市东部。南临淮河，中跨颍水。地理坐标为东经 115°56′~116°38′，北纬 32°27′~32°54′。东与凤台县接壤，西与颍州区、阜南县毗邻，南与霍邱县隔河相望，北与利辛县交界。全县东西长 72.5km，南北宽 56.1km，总面积 1859km²。颍上县辖 30 个乡镇，共有 322 个村民委员会。2015 年末总人口为 173.8 万人，其中年末农业人口 152.77 万人。颍上县 2015 年实现地区生产总值 205.4 亿元，按常住人口算，人均地区生产总值 16526 元，较上年增加 1047 元。全县完成财政总收入 24.02 亿元。颍上县属典型的淮北冲积平原，境内无山丘，地势平坦，多年平均年降水量为 942.1mm、径流深为 245.7mm、地表径流系数为 0.26、径流量 4.63 亿 m³，多年平均地表水资源量为 4.63 亿 m³。颍上县境内沟河纵横，排水系统比较健全。沟河大致分属 2 个水系：颍河水系，焦岗湖水系。目前，主要河道均为季节性河道，水资源时空分布不均匀，且地表水资源均受到不同程度的污染，已不能直接用于农村人畜饮水。

二、农村饮水安全工程建设情况

1. 农村人口饮水安全解决情况

截止到 2015 年底，颍上县人口 173.8 万人，其中农村人口为 152.77 万人；全县共建水厂 93 处，其中农饮水厂 77 处；农村集中式供水人口 99.8 万人，其中农村饮水安全工程投资 48507 万元，解决 95.9 万人。

2005 年及以前建设水厂共 33 处，全部为单村小水厂。其中世行贷款项目建设水厂 17 处，解决人口 2.65 万人（3 处水厂利用农饮工程资金管网延伸 1 万人）；16 处为庄台小水厂，供水 1.25 万人，为其他工程投资解决。"十一五"期间，建设水厂共 38 处（含管网延伸）；计划解决 16.26 万农村居民和 1.66 万在校师生的饮水不安全问题，实际解决 17.92 万农村居民和 1.66 万在校师生的饮水不安全问题，涉及 62 个行政村，完成投资 7746 万元，全部为农饮工程资金解决。"十二五"期间，建设水厂共 44 处，其中新建 23 处、改扩建及管网延伸水厂 21 处；计划解决 75.4 万农村居民和 8.99 万在校师生的饮水不安全问题，实际解决 76.98 万农村居民和 7.65 万在校师生（经上级同意调减 1.34 万人）的饮水不安全问题，涉及 151 个行政村，完成投资 40406 万元，全部为农村饮水安全工程资金解决。

截止到2015年底，颍上县农村饮水安全工程涉及30个乡镇，共有水厂77处，受益行政村216个，受益人口95.9万人，设计供水规模83020m³/d。其中以地表水作为水厂饮用水水源的水厂3处，设计供水规模11200m³/d；以中深层地下水作为水厂饮用水水源的水厂74处，设计供水规模71820m³/d。

表1　2015年底农村人口供水现状

乡镇数量	行政村数量	总人口	农村供水人口	集中式供水人口	其中：自来水供水人口	分散供水人口	农村自来水普及率
个	个	万人	万人	万人	万人	万人	%
30	322	173.8	152.77	99.8	99.8	52.97	65.32

表2　农村饮水安全工程实施情况

合计			2005年及"十一五"期间			"十二五"期间		
解决人口		完成投资	解决人口		完成投资	解决人口		完成投资
农村居民	农村学校师生		农村居民	农村学校师生		农村居民	农村学校师生	
万人	万人	万元	万人	万人	万元	万人	万人	万元
95.9	9.31	48507	18.92	1.66	8101	76.98	7.65	40406

2. 农村饮水工程（农村水厂）建设情况

2005年以前（含2005年），之前建设水厂共33处。其中，世行贷款项目建设水厂17处，为县卫生部门牵头建设，解决人口2.65万人（3处水厂利用农饮工程资金管网延伸1万人）；16处为庄台小水厂，供水1.25万人，为其他工程投资解决。上述水厂，供水规模为单村供水，在合并村后，部分水厂只覆盖半个行政村，加之水厂建设入户时，群众入户积极性不高，入户率较低。

2005年开始实施农村饮水安全工程后，农村供水项目建设资金有了保障。我局与有关乡镇沟通，结合规划，对世行贷款17处水厂进行改扩建和延伸，对16处庄台小水进行设备更新；建设规模水厂31处，涉及30个乡镇，受益人口76.5万人，集中式供水入户人口76.5万人，设计供水规模62300m³/d；建设小型水厂46处，涉及29个乡镇，受益人口23.3万人，集中式供水入户人口23.3万人，设计供水规模20720m³/d。入户率基本达到100%。

表3　2015年底农村集中式供水工程现状

工程规模	工程数量	设计供水规模	日实际供水量	受益乡镇数	受益行政村数	受益农村人口	自来水供水人口
	处	m³/d	m³/d	个	个	万人	万人
合计	77	83020	47905	30	216	99.8	99.8

（续表）

工程规模	工程数量	设计供水规模	日实际供水量	受益乡镇数	受益行政村数	受益农村人口	自来水供水人口
	处	m³/d	m³/d	个	个	万人	万人
规模水厂	31	62300	35950	30	148	76.5	76.5
小型水厂	46	20720	11955	29	68	23.3	23.3

3. 农村饮水安全工程建设思路及主要历程

"十一五"期间建设水厂共 38 处（含管网延伸）。计划解决 16.26 万农村居民和 1.66 万在校师生的饮水不安全问题；实际解决 17.92 万农村居民和 1.66 万在校师生的饮水不安全问题，涉及 62 个行政村，完成投资 7746 万元，全部为农村饮水安全工程资金解决。

"十二五"期间建设水厂共 44 处，其中新建 23 处、改扩建及管网延伸水厂 21 处。计划解决解决 75.4 万农村居民和 8.99 万在校师生的饮水不安全问题；实际解决 76.98 万农村居民和 7.65 万在校师生（经上级同意调减 1.34 万人）的饮水不安全问题，涉及 154 个行政村，完成投资 40406 万元，全部为农村饮水安全工程资金解决。

三、农村饮水安全工程运行情况

1. 县级农村饮水安全工程专管机构

2010 年 11 月 19 日，县编办《关于设立颍上县农村饮水安全工程管理中心的通知》（颍编字〔2010〕41 号）明确管理中心为股级事业单位，经费供给形式为全额拨款，核定编制 15 名。

2. 县级农村饮水安全工程维修养护基金

按照上级有关要求，我县自 2011 年开始，将农饮维修养护经费按照工程投资的 1% 列入县级年度财政预算，资金划入农饮专户，实行报账制。截至 2015 年底，累计落实维修经费 400 万元，主要用于维修材料采购、维修人员工资以及部分小水厂的运行补贴。

3. 县级农村饮水安全工程水质检测中心

我县水质检测中心为 2015 年水利部门单独建立，总投资 324 万元，其中中央预算内投资 92 万元、省级投资 55 万元、县级配套 177 万元。检测中心配备人员 5 名，包括负责人 1 名、水质检测员 3 名、驾驶员 1 名。人员从农饮管理中心调剂，服从中心统一管理。水质检测中心年运行费用约 45 万元（根据实际情况适时调整），每个水厂每周不少于 1 次检测，每次不少于 3 个水样（水源水、出厂水和末梢水），检测项目包括微生物指标、毒理指标、感官性状和一般化学指标等 40 项常规检测项目。

4. 农村饮水安全工程水源保护情况

为保证农饮工程水质安全，县域内各水厂均配备消毒设备，部分水厂配备了除铁锰设备，"千吨万人"以上规模水厂还配备了水质在线监测设备及水质化验室。同时，各年度项目在建设之初，积极与县环保部门沟通，按照相关要求，设立水源保护地。目前全县各水厂经县环保部门审批，均已划定水源保护区。

5. 供水水质状况

我县实施农村饮水安全工程，主要分为采用地表水和地下水两类。地表水主要通过"三池"过滤后，加二氧化氯消毒；采用地下水为水源的，通过打深井，能够有效的避开氟超标、苦咸水以及污染等其他水质问题，余下的铁锰超标，通过上除铁锰设备过滤，能够解决铁锰超标的问题，最后加二氧化氯消毒。通过上述处理，我县水质达标率能够达到90%以上。

6. 农村饮水工程（农村水厂）运行情况

水厂建成后建设单位及时将项目移交给运行管理单位，运管单位通过体检、培训、考核，选聘熟悉业务，群众基础好，责任心强，工作负责的水厂管理员，对建后水厂进行管理，并定期组织培训，强化考核。根据水厂盈亏状况、管理人员责任心及业务素质，每年对水厂管理员进行考核，一年签订一次水厂承包协议。实施奖惩措施，对于管理到位，效益好的水厂，要给予管理人员奖励，适当减免管理费；对于一些管理粗放，责任心不强的管理员，第二年度不予继续签订水厂承包协议；照成损失的将予以赔偿；导致国有资产流失无法弥补的，将按照有关法律、法规追究其责任。颍上县物价局按照颍价〔2009〕第39号文"关于颍上县农村饮水安全工程水价的批复"执行水价1.3元/m³。同时，实行两部制水价，以60元/年为基本水费，超出部分按计量方式收取。

7. 农村饮水工程（农村水厂）监管情况

水厂巡查制度要实现常态化，原则上县域内各水厂每月巡查不少于一遍。中心成立3个调查组，对全县77处农饮工程分片包干进行巡视。调查组通过查设备、查管网、查记录、查票据、查管理人员到位情况，根据水厂效益、产权、规模等因素，将水厂进行分类，通过不同类型的水厂，制定不同的管理方案。

为保证农饮工程水质安全，县农饮管理中心每年委托县卫生部门，对已建水厂的卫生、水质进行督查，重点对水源水、出厂水和末梢水的常规检测项目进行监测，动态了解水质变化情况，根据水质变化及时采取处理措施，保证供水安全。县水务局制定了《颍上县农村饮水安全工程应急预案》，县政府以颍政秘〔2013〕85号文予以批复，进一步明确了各单位的职责，有利于正确应对和高效处置村镇供水安全突发性事件，最大限度地减少损失，保障人民群众饮水安全。

8. 运行维护情况

县农饮管理中心组建了一支机动灵活、业务素质过硬的农饮抢修队伍。维修队配备抢修车辆，落实维修人员，购置抢修工具，公布抢修电话。进一步规范农饮维修服务队伍建设与管理。打造快速反应队伍，有效应对各类农饮设施事故及突发事件。同时，各水厂之间建立联动互助机制，小事故水厂之间就能及时解决，切实保障群众用水安全。

四、采取的主要做法、经验及典型案例

（一）做法和经验

1. 做好前期工作

为了尽快落实方案，我县按照新形势下水资源管理的要求，在规划设计中集中体现"优水优用"这一原则，逐步推行新建/改扩建规模水厂、智能化水厂。水厂配备了消毒设备、除铁锰设备、水质在线检测设备以及日常水质化验设备，确保水质安全。

2. 严格建设管理

按照基建及民生工程管理要求，严格实行项目"四制"管理，建立健全各项规章制度。资金拨付实行报账制，进度款经县农饮办、县发改委、县财政局审核后，从县农饮专户及时拨付。工程验收时，严格按照《安徽省农村饮水安全工程验收办法》实行县级自验、市级验收和省级抽验的三级验收制度。县农饮办定期组织召开工程调度会，组织施工标段互相学习观摩，加强施工现场管理，年度项目在初期、中期和期末先后组织 3 次现场观摩考评，通过现场检查评比，鼓励先进，鞭策后进，推动工程进度，提升工程质量；从受益村中选出责任心强的群众，担任水厂建设监督员，全程参与水厂建设，对管网及入户工程施工进行监督。

3. 运管单位全程参与工程实施

管理单位坚持"以劳养武、平战结合"的指导思想，全程参与农饮工程的实施。提前介入外业调查，对工程规划设计提出合理化建议，对在建工程进行跟进，监督工程质量，积极参与工程验收、移交等各项工作，为工程运行管理打下良好的基础。

（二）典型工程案例

六十铺镇中心水厂是我县 2013 年新建的农村饮水安全工程，解决六十铺镇马付村、五十铺村、赵庄村、夷陵社区 4 个行政村（居委会）16824 农村居民和 245 在校师生的饮水不安全问题，设计供水规模 1400m³/d，计划投资 743.51 万元。为更好地发挥规模水厂效益，2014 年对其进行管网延伸，新增供水人口 6246 人，总供水人口 23070 人。项目建成后，征得六十铺镇党委、政府后，将水厂移交镇水利站负责运行管理，同时每个村选派一名管理员，负责该村的管道巡查和水费征收，管道漏水或遭到破坏，实行反映问题有奖制度，当场兑现。因地制宜的管理方式，使得管理人员素质有保障，跑冒滴漏现象减少，人员费用降低。水厂运行管理费用进一步降低。

五、目前存在的主要问题

1. 征地标准偏低

目前，水厂建设用地执行安徽省人民政府《关于调整安徽省征地补偿标准的通知》（皖政〔2015〕24 号文），征地标准偏低，征地困难。建议结合经济发展情况，进一步提高征地价格。

2. 运管经费不足

颍上县农村饮水安全工程自 2005 年开始实施，除新建一部分水厂外，还对原先世行贷款 17 处水厂进行了管网延伸。随着项目的运行，部分厂区土建、装饰老化脱落，管理房、泵房、围墙沉陷开裂，机泵、消毒设备老化，农村建房地基开挖使得管网遭到破坏，需及时维修、更换。仅靠财政拨付的运管经费很难满足正常的维修，建议分级落实运行管理经费。

六、"十三五"巩固提升规划情况及长效运行工作思路

（一）农饮巩固提升"十三五"规划

1. 工程任务

通过新建、新建并网、改扩建、改造及管网延伸等措施，规划新增解决颍上县 52.97

万人的农村饮水问题。

2. 主要建设内容

新建水厂 10 处，新增供水受益人口 297384 人；改造水厂 31 处，新增供水受益人口 107804 人；管网延伸水厂 11 处，新增供水受益人口 124550 人；水源保护区或保护范围划定 31 处；规模以上水质化验室建设 31 处；水质状况实施监测试点建设 31 处；颍上县农村饮水安全信息系统建设 1 处。

3. 加强建后管理

引进公司专业化管理，吸引多家公司参与经营，形成竞争机制；落实运行管理经费，县级财政预算安排运行维护专项经费，县农村饮水安全工程管理站向各水厂收取水费的 8% 作为维修养护经费，负责对大的维修如机泵维修、更换，主管路维修或改线等。供水管理单位依靠收取的水费，对水厂及管网进行日常的维护。

表4 "十三五"巩固提升规划目标情况

农村集中供水率（%）	农村自来水普及率（%）	水质达标率（%）	城镇自来水管网覆盖行政村的比例（%）
95	95	85	33

表5 "十三五"巩固提升规划新建工程和管网延伸工程情况

工程规模	新建工程					现有水厂管网延伸			
	工程数量	新增供水能力	设计供水人口	新增受益人口	工程投资	工程数量	新建管网长度	新增受益人口	工程投资
	处	m³/d	万人	万人	万元	处	km	万人	万元
合计	18	20800	33.59	29.74	15107	11		12.45	4359
规模水厂	10	20800	33.59	29.74	15107	11		12.45	4359
小型水厂									

表6 "十三五"巩固提升规划改造工程情况

工程规模	改造工程					
	工程数量	新增供水能力	改造供水规模	设计供水人口	新增受益人口	工程投资
	处	m³/d	m³/d	万人	万人	万元
合计	8	5000		20.8	10.78	6145
规模水厂	8	5000		20.8	10.78	6145
小型水厂						

（二）"十三五"之后农饮工程长效运行工作思路

"十三五"后，颍上县农村饮水安全工程将在政府的监管和扶持下，通过"三个落实"（落实专职机构、落实专项经费、落实管理制度）等各项保障措施的实施，逐步建立和完善符合农村供水工程特点的"产权清晰、权责明确、政府引导、群众参与、管理到位、制度健全、供水安全"的长效管理体制和运行机制，达到工程良性运行，长期发挥效益，保障农村饮水安全。

1. 明确工程所有权

按照"谁投资、谁所有"的原则，农村饮水安全工程由国家投入部分形成的资产所有权归国家所有，其他投入（包括群众自筹资金）形成的资产归出资人所有。针对农村饮水安全工程是公益性项目，将工程的所有权按照各级政府出资与群众自筹出资的比例，在保证国有资产不流失的前提下将部分产权通过承包、租赁、拍卖、转让、委托、股份制等具体形式转让给企业或者个人，产权受让者可拥有占有权、使用权和收益权，但不具有处分权，不能将工程出让、拍卖、赠予、继承以及在财产上设定抵押等。

2. 创新管理模式

以国家投资为主修建的跨村集中供水工程，由县级水行政主管部门组织成立农村饮水安全管理中心直接管理或委托乡镇成立专管机构负责管理；由国家补助、群众自筹和社会资金共同投资修建的集中供水工程，由县级水行政主管部门监管，根据各方投资比例确定股份，成立董事会，由董事会确定管理模式；在不改变基本用途的前提下，工程可采取拍卖、租赁、承包等形式确定经营者。所得收益纳入运行管理维护基金，继续用于农村饮水工程的运行管理。

3. 建立完善供水服务保障体系

颍上县近期将筹备组建农村饮水工程管理中心，其职责主要为指导全县饮水工程运行管理工作，对其进行考核，协助优化供水方案；实行宏观调控；接受用水户举报，查处偷盗水案件，协调解决供、用水纠纷；对基层供水单位管理人员进行岗前和业务知识培训；管理饮水工程折旧和大修资金；提供技术和工程维修服务等。各乡镇成立农村饮水工程管理协会，各工程村成立村级用水管理分会。自上而下形成管理网络，对饮用水工程的运行、水价执行、水费征收、经营管理等工作进行规范管理。

阜南县农村饮水安全工程建设历程

（2005—2015）

（阜南县水务局）

一、基本概况

阜南县地处淮北平原，位于安徽省西北部，国土面积 1768km²，境内无山丘，地势平坦，由西北向东南略为倾斜。除淮河流经阜南外，境内主要河流有洪河、谷河、润河。分布有较丰富的浅层地下孔隙水，按其埋藏深度和补、径、排水条件循环及开采条件，从上至下划分为浅层、中深层、深层 3 个含水层。地质特征属华北地层，广大平原均为第四系冲积物覆盖。

2015 年末，辖 28 个乡镇和 1 个省级经济开发区，共 328 个村（居）民委员会，户籍人口 169.7 万人，其中农村人口 154.39 万人。2015 年实现生产总值 124.8 亿元，人均生产总值 7478 元。全县财政总收入 8.96 亿元。2014 年阜南县总供水量 2.37 亿 m³，全县水资源量 5.86 亿 m³，水资源开发率达到 40.4%，开发利用程度较高。2014 年阜阳市农田灌溉亩均综合用水量 181.2m³，城镇公共人均用水量 13.6m³，城镇居民生活人均用水量 119.6L/d，农村居民生活人均用水量 82.7L/d。阜南县境内河段主要污染物为氨氮、高锰酸盐。

二、农村饮水安全工程建设情况

截至 2015 年底，解决农村饮水不安全人口 72.28 万人，涉及 160 个行政村。其中氟超标人口 12.49 万人、其他水质问题 59.79 万人。实施农村饮水安全工程前，全县农村均存在饮水不安全问题，主要为西北部分地区浅层水氟超标、洪蒙洼地区水质污染及铁锰超标、谷河两岸水源保证率不达标等饮水不安全

2015 年底，阜南县农村总人口 154.39 万，饮水安全人口 72.28 万，均为农村自来水供水人口，自来水普及率 46.8%。阜南县列入农饮工程范围行政村共 311 个，其中通水行政村 160 个、通水比例为 51.45%。

2005—2015 年，阜南县农村饮水安全工程省级投资计划累计下达投资 3.44 亿元，计划解决农村饮水不安全人口 69.72 万。实际完成投资 3.44 亿元，建成农村饮水安全工程水厂 57 处，解决农村饮水不安全人口 72.28 万（2008 年实施的三塔镇三塔水厂解决人口 4782 人，2013 年三塔镇张寨中心水厂解决供水人口 0.51 万人，现已划归阜阳市颍州区）。

表1　2015 年底农村人口供水现状

乡镇数量	行政村数量	总人口	农村供水人口	集中式供水人口	其中：自来水供水人口	分散供水人口	农村自来水普及率
个	个	万人	万人	万人	万人	万人	%
29	304	169.7	154.39	72.28	72.28	82.11	47

表2　农村饮水安全工程实施情况

合计			2005 年及"十一五"期间			"十二五"期间		
解决人口		完成投资	解决人口		完成投资	解决人口		完成投资
农村居民	农村学校师生		农村居民	农村学校师生		农村居民	农村学校师生	
万人	万人	万元	万人	万人	万元	万人	万人	万元
72.28	8.02	34377	15.53	3.49	6272	56.74	4.53	28105

阜南县农村饮水安全工程开始于 2007 年，截至 2015 年底，阜南县农村饮水安全工程共建设水厂 59 处，涉及 28 个乡镇及 1 个工业园区，受益行政村 160 个，受益人口 72.28 万人，设计供水规模 56414m³/d。其中，"千吨万人"规模水厂 21 处，涉及 14 个乡镇，受益行政村 92 个，受益人口 45.98 万人，设计供水规模 37140m³/d。2016 年以前，阜南县农村饮水安全工程建设全部为财政投资。2015 年底，自来水入户率接近 100%，入户费用全部由工程资金解决。

表3　2015 年底农村集中式供水工程现状

工程规模	工程数量	设计供水规模	日实际供水量	受益乡镇数	受益行政村数	受益农村人口	自来水供水人口
	处	m³/d	m³/d	个	个	万人	万人
合计	59	56414	34740	29	160	72.28	72.28
规模水厂	21	37140	24140	29	85	45.98	45.98
小型水厂	38	19274	10600	28	75	26.3	26.3

"十一五"期间，阜南县农村饮水安全工程建设主要为小水厂，通常是一个行政村一个水厂，单个水厂规模较小，解决人口较少，"十一五"期间累计完成投资 6272 万元，解决人口 14.13 万，建成 33 处小水厂。

"十二五"期间，阜南县农村饮水安全工程新建水厂全部为规模水厂，并通过改扩建、管网延伸，变原来小水厂为规模水厂。"十二五"期间累计完成投资 2.81 亿元，解决人口 56.74 万人，建成水厂 46 处，主要规模水厂有中岗镇中心水厂、焦陂镇中心水厂、苗集中心水厂、于集乡中心水厂、龙王乡中心水厂、地城镇中心水厂、王化镇中心水厂等 21 处。

三、农村饮水安全工程运行情况

阜南县编制办已批复成立阜南县农村供水专管机构阜南县农村饮水安全工程管理站，编制为全额事业单位，落实管理人员 13 人（含水质检测中心人员），落实年度维修管理经费 101 万元（含水质检测中心费用 51 万元），有力地保障了农村供水水厂的日常管护和维修。2016 年完成县级水质检测中心建设，负责对全县农村饮水安全工程水源水、出厂水和末梢水水质定期进行全面检测，保证饮水安全。

阜南县农村饮水安全工程各水厂均已划定水源保护区和保护范围，该范围由阜南县人民政府批准设置，距离水源地 100m 范围内不得设置渗水厕所、渗水坑、粪坑垃圾站，且已配套有水源防护设施，水源保护条件较完善。县水务局委托县疾病预防控制中心对阜南县现有农村供水工程水厂进行水质检测，签订正式委托合同，每年对水厂进行 2 次不间断检测，出具检测报告。"千吨万人"规模水厂管理单位结合水厂自身的水质化验设备开展日常化验。

阜南县现有农村供水工程为政府投资，产权为政府所有。"千吨万人"规模水厂的资产监管人为水利部门，即阜南县水务局。单村集中供水小型水厂资产监管人主要有两种类型，分别为水利部门、乡镇政府，其中大部分单村集中供水小型水厂以乡镇政府为资产监管主体。农饮工程的供水管理全部落实了供水管理单位或个人，管理方式主要为规模水厂拍卖经营权、租赁经营，单村集中供水小水厂个人承包经营三种类型。根据上级有关物价文件精神，阜南县农村饮水安全工程投资的水厂工程实施两部制水价，基本水费为 60 元/年（户均用水量 48m³/年以内），超出部分按照 1.3 元/m³ 收取。县政府出台了《阜南县农村饮水安全工程运行管理实施细则》，明确了工程的责任主体、责任和措施，以及实施"两部制"水价的具体办法，落实了奖惩措施。建立了县级供水应急预案制度，编制了县级供水应急预案，确保供水安全。完善了各水厂抄表制度、保修制度、值班制度、水质检测制度、消毒制度等各种内部管理制度。

四、采取的主要做法、经验及典型案例

1. 做法和经验

"十二五"期间，全县共建设水厂 55 处（含 1 处管网延伸），其中新建 18 处、改扩建水厂 36 处，解决了 129 个行政村 56.57 万农村群众饮水不安全问题。一大批农村饮水安全工程的建成投入使用，极大地改善了受益群众的生产条件，提高了生活质量。农村饮水安全工程真正成为群众满意的"德政工程""民心工程"。

（1）强化组织领导，是加快推进农村饮水安全工程建设的保障

县委、县政府高度重视农村饮水安全工作，主要负责同志、分管领导经常深入一线，检查指导工作，解决存在问题，推动工作有效开展。县政府强化组织领导和协调推进，并将县级配套资金列入财政预算，确保足额落实到位。县、乡逐级签订目标责任书，层层落实建设任务，定期督查，严格追责，督查结果纳入年度绩效考核，确保了项目建设的顺利实施。相关乡镇和县直有关部门切实加强组织领导，认真落实职责，为加快推进全县农村饮水安全工程建设提供了强有力的组织保障。

（2）加强部门协调，是加快推进农村饮水安全工程建设的基础

水务、财政、发改、扶贫、卫生、环保等部门按照工作职责，调动一切力量和资源，形成强有力的工作合力，确保了各项工作顺利展开，做到计划早下达、资金早到位、项目早安排、工程早运用，为高标准高质量完成农村安全饮水工作目标任务奠定了坚实基础。

（3）规范建设程序，是加快推进农村饮水安全工程建设的前提

在工程建设中，全面落实项目法人负责、招投标、建设监理、集中采购、资金报账和竣工验收"六制"，严格按照国家基本建设程序规范、有序推进工程建设，确保了工程质量。

（4）坚持改革创新，是确保农村饮水安全工程有效运行的关键

县政府出台了《阜南县农村饮水安全工程运行管理实施细则》，明确农村饮水安全工程管理主体和责任，建立县级农村饮水安全工程运行维护基金，加大县级财政管理投入，确保农村饮水安全工程建得起、长受益。县水务局结合实际，进一步完善了各项运行管理制度，推行"两部制"水价，促进水厂良性运行和节约用水。切实强化水源地保护和水质保障能力建设。成立县农村饮水安全工程管理站，负责全县农村饮水安全工程建设和运行管理工作。成立县农村饮水安全工程检测中心，加强供水水质检测，保障供水安全。进一步健全管理机制，创新管理模式，拍卖 6 处、租赁 6 处千吨万人规模水厂经营权，其余 42 处集中供水工程对外承包经营，成功探索出一条规模水厂拍卖、租赁经营，单村集中供水小水厂承包经营的管理模式。

2. 典型工程案例

地城镇中心水厂实行租赁经营。地城镇中心水厂为阜南县 2013 年度农村饮水安全工程，一期工程计划投资 902 万元，新建管理房、加压泵房、配电间、井房和消毒备药间，新打深井 3 眼（备用 1 眼），配套深井泵、加压泵等供水设备、自动化控制设备，铺设干、支供水管网。工程于 2013 年 4 月开工建设，2013 年 10 月完工，设计供水能力 1400m³/d，解决 3 个村 1.58 万农村人口饮水不安全问题。2015 年投资 245 万元，实施水厂续建工程，调整水厂内电气设备，埋设供水干支及入户管网、配套及安装闸阀和水表，新增受益人口 5888 人，师生 400 人。

2013 年 12 月，根据水厂所在乡镇推荐意见，经认真审核，阜南县水务局与县水建公司签订农村饮水安全工程经营权租赁协议，将地城中心水厂租赁给阜南县水建公司经营。阜南县水建公司成立农村饮水安全分公司，专门负责水厂经营管理。水厂租赁费按经营毛利 5% 计提，每年年终结算。租赁收入全部上缴县财政，专项用于农村饮水安全工程改扩建、运行管理等开支。

五、目前存在的主要问题

1. 农村自来水普及率偏低

阜南县现有农村居民 154.39 万人，到 2015 年底，阜南县农村自来水普及率仅 47%，自来水普及率明显偏低。

2. 少数水厂运行维护难

"十一五"期间建设的水厂，受限于当时的投资限制，加之建设年份较长，存在人为

破坏现象，部分水厂管网漏失率较高。

3. 供水水源单一

目前，全县农村饮水安全工程水源全部为中深层地下水，从长远发展考虑，急需增建地表水水厂。

六、"十三五"巩固提升规划情况及长效运行工作思路

按照统筹城乡发展和全面建成小康社会对农村饮水安全的总体要求，顺应农村居民对改善饮水条件的迫切需求，注重轻重缓急、近远结合、量力而行、可以持续的原则，采取新建、扩建、配套、改造、联网等措施，使阜南县农村自来水普及率达到95%以上，水质达标率比2015年提高15个百分点，达到85%左右。集中供水率达到95%以上，供水保证率达到95%以上。计划新建水厂13处，改造水厂30处，管网延伸3处，到2018年底前，实现自来水"村村通"。

全面推进工程管理体制和运行机制改革，建立健全县级农村供水管理机构、农村供水专业化服务体系、合理水价形成机制、信息化管理、工程运行管护经费保障机制和水质检测监测体系，依法划定水源保护区或保护范围。

表4 "十三五"巩固提升规划目标情况

农村集中供水率（%）	农村自来水普及率（%）	水质达标率（%）	城镇自来水管网覆盖行政村的比例（%）
95	95	85	33

表5 "十三五"巩固提升规划新建工程和管网延伸工程情况

工程规模	新建工程					现有水厂管网延伸			
	工程数量	新增供水能力	设计供水人口	新增受益人口	工程投资	工程数量	新建管网长度	新增受益人口	工程投资
	处	m³/d	万人	万人	万元	处	km	万人	万元
合计	13	35413	48.47	41.8	24146	3	965	7.47	2561
规模水厂	11	34322	46	40.05	23178	1	816	6.2	2561
小型水厂	2	1109	2.46	1.75	968	2	149	1.27	0

表6 "十三五"巩固提升规划改造工程情况

工程规模	改造工程					
	工程数量	新增供水能力	改造供水规模	设计供水人口	新增受益人口	工程投资
	处	m³/d	m³/d	万人	万人	万元
合计	30	22945	11330	70.62	33	16410
规模水厂	30	22176	10299	67.72	31.4	15565
小型水厂	0	769	1031	2.9	1.6	845

　　农村饮水安全工程的最大弊端就是重建轻管，为了确保农村饮水安全工程充分发挥工程效益，必须建立起现代化的运行管理机制。

　　现阶段阜南县水务局已成立了负责统一管理全县范围内的农村饮水安全工程的管理机构"阜南县农村饮水安全工程管理站"。管理站成立至今，承担起全县农村饮水安全工程的运行管理任务。

　　从长远发展来看，为了有利于更好的管理水厂，提高管理水平，建议以后条件成熟的水厂要逐步走向公司化运营。乡镇管理的规模水厂待条件成熟后应进行资产评估后采取拍卖经营权的方式进行管理维护，小型水厂在本次并网改造后规模扩大，待条件成熟采取同样的方式。

太和县农村饮水安全工程建设历程

（2005—2015）

（太和县水务局）

一、基本概况

太和县位于安徽省西北部，东经 115°25′~115°55′，北纬 33°04′~33°35′，东与利辛县、涡阳县相邻，南与颍泉区接壤，北与河南郸城县隔河相望，西与界首市交界。总土地面积 1822km²，总耕地面积 175 万亩，太和县地势平坦，西北高、东南低，自然坡降为 1/7000~1/10000。太和县属淮河流域，县域内分属沙颍河、黑茨河和西淝河三个流域。太和县辖 30 个乡镇，287 个行政村，总人口 173 万人，其中农村人口 156.3 万人，地区生产总值 190.7 亿元，财政收入 23.1 亿元，规模以上工业增加值 89.1 亿元，农业生产总值 92.8 亿元，农民人均可支配收入 9229 元，全县粮食总产 106.1 万吨。

全县多年平均降水量 838mm，多年平均水资源总量为 6.3 亿 m³，人均水资源占有量 425m³。全县总蓄水库容 10400 万 m³，其中沟河闸坝蓄水 9096 万 m³、水塘蓄水 1304 万 m³。由于节制工程少，地表水拦蓄库容小，再加上当地农作物以旱作物为主，地表水开发利用率较低；因缺少勘探资料，中深层地下水储量不清楚，根据现状，城区地下水超采严重，出现地面下沉，农村地下水动静水位均有不同程度下降；浅层地下水和地表水受工农业生产和生活垃圾污染较重，不宜作为生活用水水源。

二、农村饮水安全工程建设情况

1. 农村人口饮水安全解决情况

实施农村饮水安全工程前，太和县农村居民饮用水源均为浅层地下水，普遍存在使用农药、化肥及生活产生的污染和氟超标等问题，根据卫生部门提供的资料，太和县东北部氟含量一般达 1.8mg/L，最高达 2.08mg/L，向南逐步降低，南部一般为 1.4~1.6mg/L。全县农村总人口 156.3 万人，农村自来水供水人口 95.43 万人，自来水普及率 61%；全县行政村 287 个，通水行政村数 175 个，通水比例 61%。农村饮水累计完成投资 41878 万元，建成集中供水工程 87 处，解决了 95.43 万农村居民饮水问题。

表1 2015 年底农村人口供水现状

乡镇数量	行政村数量	总人口	农村供水人口	集中式供水人口	其中：自来水供水人口	分散供水人口	农村自来水普及率
个	个	万人	万人	万人	万人	万人	%

（续表）

乡镇数量	行政村数量	总人口	农村供水人口	集中式供水人口	其中：自来水供水人口	分散供水人口	农村自来水普及率
30	287	173.0	156.3	95.43	95.43	60.87	61

表2　农村饮水安全工程实施情况

合计			2005年及"十一五"期间			"十二五"期间		
解决人口		完成投资	解决人口		完成投资	解决人口		完成投资
农村居民	农村学校师生		农村居民	农村学校师生		农村居民	农村学校师生	
万人	万人	万元	万人	万人	万元	万人	万人	万元
95.43	4.36	41878	20.04	0	8972	75.39	4.36	32906

2. 农村饮水工程（农村水厂）建设情况

2005年以前，全县只有坟台镇私营水厂1处水厂能够供水，供水范围为坟台集，设计供水规模600m³/d，供水人口0.62万人，没有配备除氟、消毒设备。倪邱镇、三堂镇、苗老集镇、李兴镇等4个镇建水厂，只完成了深井和水塔，没有铺设管道，不能供水。

除坟台镇私营水厂外，2005—2015年，8个乡镇政府与私营企业主签订了供水协议，由私营企业对全镇进行供水。私营企业利用镇原有供水设施或新建供水设施8处，对水厂周边进行供水，设计供水量6450m³/d，实际供水量4720m³/d，供水人口7.71万人，采用吸附法除氟，无消毒设备，投资情况不明。

表3　2015年底农村集中式供水工程现状

工程规模	工程数量	设计供水规模	日实际供水量	受益乡镇数	受益行政村数	受益农村人口	自来水供水人口
	处	m³/d	m³/d	个	个	万人	万人
合计	87	70080	50880	30	175	95.43	95.43
规模水厂	29	38270	27230	—	—	53.83	53.83
小型水厂	58	31810	23650	—	—	41.59	41.59

3. 农村饮水安全工程建设思路及主要历程

2006年，我县开始实施农村饮水安全工程，主要解决农村居民饮用水含氟量超标问题。"十一五"期间，主要在地下水含氟量高的东北部地区，实施农村饮水安全工程，以行政村为单位建设小型水厂。"十一五"期间，全县解决人口数20.04万、资金投入8972万元，没有建设规模水厂。"十二五"期间，主要建设联村水厂，全县解决人口数为79.35万人、资金投入32906万元，对已经建成的小水厂经行改造提升，全部建设为规模水厂，截止2015年底，我县已有规模水厂29处。

三、农村饮水安全工程运行情况

1. 县级农村饮水安全工程专管机构

"太和县农村饮水管理站"经"太和县机构编制委员会"批准，于2016年3月21成立，单位性质为股级事业单位，编制人员14人，财政全额拨款。

2. 县级农村饮水安全工程维修养护基金

2010年，按照上级文件精神，我县设立县级农村饮水安全工程维修养护基金专户，并按照年度投资总额的1%由县级财政解决，目前，专户资金为300多万元。由于工程建设建设中采用"六制"原则，公开招标采购优质建设材料，没有出现任何自然损坏，所以，维修养护资金暂时没有动用。

3. 县级农村饮水安全工程水质检测中心

太和县根据省水利厅要求，2015年开展了县级农村饮水安全工程水质检测中心建设，工程于6月开工建设，8月完成土建工程，10月进行仪器设备安装。水质检测中心配备2名专职检测人员，每月对全县水样进行1次抽检，每季度对水样进行1次全分析。

4. 农村饮水安全工程水源保护情况

太和县农村饮水安全工程水源全部为中深层地下水，水源保护范围为水源井周边50m，保护区范围内不得设置渗水厕所、渗水坑、粪坑、垃圾场（站）等污染源，日常由水厂管理单位和乡镇负责管理，太和县农村饮水管理站配合县水政监察大队进行监督管理。

5. 供水水质状况

由于我县地下水水质主要是氟离子超标，个别地区有铁含量超标，我们主要采用分子筛除氟，消毒用氯化钠，水质达标率（水源水、出厂水和末梢水）、早期建设的水厂没有安装除氟设备，水质不合格的主要指标是氟超标。

6. 农村饮水工程（农村水厂）运行情况

（1）管护主体。农村饮水安全工程兴建的水厂资产属国家所有，工程完成并验收合格后，交工程所在乡镇管理。2013年以前建设的水厂规模较小，营利空间不大，一般由乡镇委托工程所在行政村人员管理，也有几个水厂实行公司化管理，如旧县集镇水厂、原墙中心水厂、原墙镇刘协水厂等。2013年开始，建设的水厂均为规模水厂，由乡镇对水厂经营权实行公开招标，管理单位或个人要向乡镇交纳押金管理费。

（2）运营情况。全县规模水厂29处，规模以下水厂58处，日实际供水量5.08万m^3/d，供水价格为1.5元/m^3，收入来源为水费，年水费收入3369万元。主要支出为电费、人员工资、上缴乡镇政府管理费、日常维修费等。水费以每户60元/年为基价，不足60元的按60元收取，超过部分按1.5元/m^3收取。

7. 农村饮水工程（农村水厂）监管情况

目前，农村饮水工程由乡镇政府管理，县农村饮水管理站负责监督固定资产的管理，指导乡镇、水厂规范化管理。一是在规划范围内正在建设的水厂，由于国家资金和县级配套资金，已经满足工程建设需要，不需收取群众入户费用于工程建设，我们采取每户收取60元，作为一年的水费，鼓励群众用水，同时也有利于群众爱护供水设施；二是在已供水范围内,有要求新入户的居民,不再享受国家补助,入户材料费、工时费用由申请人全部承担。

8. 运行维护情况

太和县农村饮水工程所有水厂供水均正常,不存在水厂闲置现象。每个水厂均成立维修队,负责水厂供水设施、管网的日常维护和维修。太和县农村饮水管理站依托太和县水利工程建筑安装有限公司成立土建工程抢修队、阜阳市大洋供水设备有限公司成立供水设备抢修队,对所有水厂出现自身不能排除的故障进行抢修,确保供水安全。

四、采取的主要做法、经验及典型案例

1. 做法和经验

出台《太和县农村饮水工程运行管理实施细则》,按照细则对农村饮水工程的供水管理、水质检测、水费计收,根据《细则》制定《太和县农村饮水工程运行管理考核办法》。考核评定采用评分法,满分为 100 分。考核结果分为优秀、良好、合格、不合格四个等级。由水务局会同财政局、卫生局、环保局、物价局等有关部门组成考核工作组,对乡镇的供水承包单位进行考核,连续 2 年考核不合格的,解除承包的经营权,另行公开发包。

依托县财政局"西城公司"成立"太和县农村供水公司",开设账户,用于竞拍保证金和承包费存入以及以后管护、工资、办公等费用的支出。农村供水公司人员由农村饮水管理站有关人员和东天翔投资管理有限公司人员组成。

为了确保工程保质保量完成,严把"六关",确保群众饮用上优质、健康、纯净的自来水。一是严把前期工作关。组织人员积极配合设计勘测部门,深入实地调查研究,制定了详细的实施方案,并将实施方案公开,征求当地群众意见,取得他们的同意。二是严把设计关。在精心勘测、科学选比的基础上,委托阜阳市水利规划设计院进行工程设计,因地制宜确定了供水模式和工程布局,重点对水源的可靠性、技术方案与概算的合理性、地方配套落实、工程建后管理方案等进行审查。三是严把招标关。按照方便、快捷、节省的原则,县饮水安全工程办公室委托招标代理公司在安徽省水利工程招投标信息网发布招标公告,面向国内公开招标。经过专家评标小组严格评审,最终确定有丰富施工经验的公司中标,实行项目法人制和质量终身负责制。四是严把材料质量关。工程所需材料、设备大到供水设备、变频设施,小到一块水表、一个水龙头都全部实行集中采购,同时,组织人员对管材供应单位进行现场考察,材料一律实行"质量双控"。对进入施工现场的主要工程用材均按有关规定进行检验,最大限度节约建设成本,保证质量。五是严把工程监理关。为保证整个工程质量,我们和聚星监理公司签订了工程监理合同。依据有关资料、工程规范和本次工程的具体情况,制订工程监理计划,指派监理工程师常驻工地,做到全天候、旁站式监督,全程监督工程的实施。六是严把工程验收关。首先,施工单位坚持"三级验收制",即施工班组自检、项目部复检、公司派员终检的质量管理网络,对于隐蔽工程及关键部位、施工单位终检合格后,必须经工程建设单位、质量监督、工程监理等技术人员联合验收,同时进行照相、录像作为佐证,确保工程合格率 100% 。

工程建设保证"四个安全"。一是确保工程安全。工程质量是工程的生命所在,我们

将继续加强监督检查，对于所使用的材料、建设的隐蔽工程等实行现场监理旁站式监督，业务人员随时、随机抽查方式，保证质量安全；在原材料使用上，继续采用"质量双控"原则，确保原材料优质、安全。二是确保资金安全。加强资金使用审核、报账制度，层层把关，确保资金使用安全。三是确保人员安全。继续加强廉政、勤政教育，邀请纪委、监察、发改、财政等单位人员加强监督，确保工程人员的廉洁，保证人员安全。四是确保时间安全。按照上级要求，我县农村饮水工程12月全部完工，我们要加强时间观念，充分利用有利天气，保证工程按期保质保量完成。

2. 典型工程案例

太和县旧县水厂运行管理：为了认真贯彻执行"安全第一，防御为主"的方针，确保太和县旧县水厂自来水公司生产运行、设备管理等方面的安全，结合公司实际情况，制定落实安全生产责任制，建立旧县水厂收费营业大厅，实行每户一卡，定期收缴水费。公司成立运行维修抢修队，对于报修、抢修、新增用户进行管理。制定设备安全管理制度，进一步加强安全生产工作的监督管理，预防和减少生产安全事故，确保水厂生产运行、设备管理等方面的安全。水厂每年电费占当年制水总成本的30.02%，每年的电费支出平均达13余万元，通过宣传引导，如在水厂收费处张贴节水意识标志，平时对居民用户宣传节水意识等，鼓励用水户节约用水，每年仅电费支出就可节约约1万元。

五、目前存在的主要问题

1. 我县在农村饮水安全工程实施前期建设的部分工程由于供水规模较小、供水人口较少，加之外出务工人员较多，用水量少，水厂运行较为困难。

2. "十一五"和"十二五"期间建设的水厂入户水表为普通水表，对以后公司化经营管理不利。

六、"十三五"巩固提升规划情况及长效运行工作思路

1. 规划内容

"十三五"期间，我县农村饮水安全工程项目总投资为38176万元，主要建设内容为：

（1）新建水厂21处，新增供水受益人口45.46万人。

（2）改造水厂22处，新增供水受益人口13.49万人。

（3）管网延伸水厂4处，新增供水受益人口1.9万人。

（4）水源保护区或保护范围划定44处。

（5）规模以上水质化验室建设44处。

（6）水质状况实施监测试点建设30处。

（7）太和县农村饮水安全信息系统建设1处。

表4　"十三五"巩固提升规划目标情况

农村集中供水率（%）	农村自来水普及率（%）	水质达标率（%）	城镇自来水管网覆盖行政村的比例（%）
100	100	85	33

表5　"十三五"巩固提升规划新建工程和管网延伸工程情况

工程规模	新建工程					现有水厂管网延伸			
	工程数量	新增供水能力	设计供水人口	新增受益人口	工程投资	工程数量	新建管网长度	新增受益人口	工程投资
	处	m³/d	万人	万人	万元	处	km	万人	万元
合计	21	31400	45.46	45.46	22398	4	285	1.9	1534
规模水厂	21	31400	45.46	45.46	22398	2	157.5	1.05	646
小型水厂						2	127.5	0.85	888

表6　"十三五"巩固提升规划改造工程情况

工程规模	改造工程					
	工程数量	新增供水能力	改造供水规模	设计供水人口	新增受益人口	工程投资
	处	m³/d	m³/d	万人	万人	万元
合计	22	12650	13010	38.91	13.49	12490
规模水厂	20	12200	12160	37.4	13.49	11798
小型水厂	2	450	1300	1.51	0	692

2. "十三五"工作计划和安排

（1）组织管理。为确保太和县农村饮水安全工程项目有计划、有步骤的顺利实施，太和县水务局成立了农村饮水安全工程领导小组办公室，并明确为太和县农村安全饮水项目工程建设法人单位，具体负责太和县农村饮水安全项目建设管理及实施工作。县、乡逐级签订目标责任书，层层落实建设任务，定期督查，严格追责，督查结果纳入年度绩效考核，确保项目建设的顺利实施。各部门配合，全力推进，县发改委、水务局、财政局、卫生等部门加强协作，做到工作计划早下达、建设资金早到位、施工项目早安排、饮水工程早运用，为工程顺利实施奠定了坚实基础。

（2）资金管理。太和县将农村饮水安全工程资金设立专门账户，统一管理，专款专用，并由有关部门定期进行审计，一经发现有违规违纪现象，严肃处理。在支付工程款的时候严格手续，严格过程控制。

（3）质量管理。将农村饮水安全工程纳入基本建设项目管理程序进行管理，保证工程质量，工期严格按要求完成，做到建一处，成一处，发挥一处效益。太和县水务局会同有关上级单位定期对本工程实施情况进行检查，对工程进度、质量、资金使用、合同执行情况进行管理、监督。

（4）运行管理。为确保农村饮水工程充分发挥工程效益，克服水利工程重建轻管的弊端，农村饮水运行管理中心，对已建成的农村饮水工程进行监管和技术指导。根据我县农村供水的实际情况，借鉴其他先进地区农村饮水工程的管理经验，农村饮水工程建成后，多方面探索，采用多种形式进行运行管理，已建成的工程主要采取乡镇经营管理、公司化经营管理两种管理模式，"十三五"新建工程将采用PPP模式管理，成立供水公司，实行规模化、公司化管理。

临泉县农村饮水安全工程建设历程

（2005—2015）

（临泉县水务局）

一、基本概况

临泉县地处淮北平原，位于安徽省的西北部，东经 114°52′~115°31′，北纬 32°34′~33°10′。南与河南省淮滨、新蔡县毗邻，北与界首市及河南省沈丘县相连，西与河南平舆、项城市交界，东与阜阳市区及阜南县接壤，南北长 68km，东西宽 62km，国土面积 1839km²。临泉县现辖 31 个乡镇和 1 个工业园区，370 个村民委员会和 25 个居委会。临泉县 2015 年末户籍人口约 223.3 万人，其中农村人口 208.3 万人。2015 年临泉县地区生产总值（GDP）当年价为 154.4 亿元，全年实现财政收入 12 亿元，比上年增长 17.6%。

临泉县河流密布，交通便利。南临洪河，北依泉河，中有谷河、润河、涎河、流鞍河河道穿境东流，又有临艾河、界南河等人工河道横贯南北。地下水位高，且含量丰富，可提取水量达 3.6 亿 m³，而且无色、无味、透明、属中性偏碱性淡水，适宜生活和灌溉，但浅层地下水污染严重，不能饮用。地表水也十分充足，除洪河、泉河水流已污染外，其他河流均适宜灌溉，对农业生产颇为有利。

二、农村饮水安全工程建设情况

1. 农村人口饮水安全解决情况

2015 年底，全县农村总人口 208.3 万人、饮水安全人口数 119.98 万人、农村自来水供水人口 119.98 万人、自来水普及率 57%；全县行政村数总数为 395 个，其中通水行政村数 217 个，通水比例 55%。2005—2015 年，农饮省级投资计划累计下达投资额 49092 万元，计划解决人口 119.98 万人；累计完成投资 49092 万元，建成农村水厂 95 个。

表 1　2015 年底农村人口供水现状

乡镇数量	行政村数量	总人口	农村供水人口	集中式供水人口	其中：自来水供水人口	分散供水人口	农村自来水普及率
个	个	万人	万人	万人	万人	万人	%
32	370	223.3	208.3	119.98	119.98	88.32	57

表2　农村饮水安全工程实施情况

合计			2005年及"十一五"期间			"十二五"期间		
解决人口		完成投资	解决人口		完成投资	解决人口		完成投资
农村居民	农村学校师生		农村居民	农村学校师生		农村居民	农村学校师生	
万人	万人	万元	万人	万人	万元	万人	万人	万元
106.98	7.96	49092	25.99	0.84	9350	80.99	7.12	39742

2. 农村饮水工程（农村水厂）建设情况

2005年以前，我县只有长官、铜城、杨桥、滑集、谭棚等少数几个乡镇水厂，建设主体为发改、卫生行政主管部门，由于地方配套资金不落实，供水范围仅限于乡镇政府所在地的中心集镇。从2005年开始农村饮水安全工程由县水行政主管部门为建设主体，特别是2007年以来，纳入县民生工程，建设力度不断加大，截至2015年底，我县现有农村水厂95个、设计供水规模96435m³/d、分布在全县各乡镇，其中规模水厂39个、设计供水规模63570m³/d、分布在2013年以来建设的有关乡镇。农饮工程建设中，2005—2015年间，社会资本、个人资金、银行贷款等资金没有投入农村饮水安全工程建设中；在运行管理中，通过拍租经营权的方式，引入社会资本参与水厂运行管理，2014年以来已经连续3年拍租水厂29个，拍租收入1353.75万元，主要用于工程的大修等。2015年底，由于入户费用不让农民承担，全部由县财政负担，所以农民乐于接水入户，除少数举家外出务工多年不在家居住户外，年均接水入户率达98%以上。

表3　2015年底农村集中式供水工程现状

工程规模	工程数量	设计供水规模	日实际供水量	受益乡镇数	受益行政村数	受益农村人口	自来水供水人口
	处	m³/d	m³/d	个	个	万人	万人
合计	95	96435	78013	32	217	120.0	120.0
规模水厂	39	63570	51360	—	—	76.5	76.5
小型水厂	56	32865	26653	—	—	43.5	43.5

3. 农村饮水安全工程建设思路及主要历程

2005年及"十一五"期间，全县共新建水厂33处（在"十二五"期间，被并网、改扩建后，还有11处），均为单村小型水厂，解决农村居民25.9906万人，农村学校师生0.84万人，投入资金9350万元。

"十二五"时期，全县规划目标任务是解决76.86万农村人口和7.12万农村学校师生的饮水安全问题，通过5年的艰苦努力，全县共新建、并网、改扩建水厂84个，其中规模水厂34个，解决80.9872万农村人口和7.12万农村学校师生的饮水安全问题，投入资金39742万元。

三、农村饮水安全工程运行情况

1. 县级农村饮水安全工程专管机构。2010年经县政府批准成立了临泉县农村饮水安全工程管理站，副科级编制，人数8人，事业编制，人员经费纳入县财政预算，并明确农村饮水安全工程管理站工作职责是专门负责全县的农村饮水安全工程运行管理和技术指导工作。

2. 县级农村饮水安全工程维修养护基金。2010年开始建立县级农村饮水安全工程维修养护基金，2011年起县财政每年安排不少于50万元的农村饮水安全工程维修养护基金。从2013年开始，县财政每年均安排100万元的专项管理经费，并及时足额到位，保证了全县农村饮水安全工程的正常运行。

3. 县级农村饮水安全工程水质检测中心。2015年，根据省、市统一部署，建设了县级农村饮水安全工程水质检测中心，建立健全了水质检测制度，完善了农村供水水质检测监测体系，水质检测人员参加了省水利厅举办的水质检测业务学习班，具备了县级水质检测能力，定期对供水水质进行化验检测，发现问题，分析原因，及时整改，确保水质符合国家饮用水卫生标准。

4. 农村饮水安全工程水源保护情况。2012年县政府《关于划定农村饮水安全工程水源井保护区的通知》（临政办〔2012〕36号），明确农村饮水安全工程水源井为一级保护区，保护区范围以取水井为中心半径50m。设立水源保护标志，严禁一切新建、扩建与供水设施和保护水源无关的建设项目；严禁一切污染水源的活动。目前，已建成的水厂均划定了水源保护区。

5. 供水水质状况。根据我县地下水不安全因素，主要采取了消毒和除氟净水工艺，提高水质安全保障，水源水、出厂水和末梢水水质达标率98%以上。

6. 农村饮水工程（农村水厂）运行情况。小型水厂由所在地乡镇人民政府委托村级管理，实行村用水户协会或承包给热心村内公益事业者运行；规模水厂由县水务局拍租经营权，经营权限15年，引入社会资本参与水厂经营管理。2014年对2处规模水厂进行拍租试点，在试点成功的基础上，2015年、2016年连续两年对已建成的规模水厂均进行了拍租，拍租水厂29个，拍租收入1573.75万元，用于农村饮水安全工程的运行管理维修支出，按照县级、乡（镇）级、村级各60%、20%、20%的比例分摊使用。按照"鼓励适用、减轻负担"的原则，实行基本水费和计量水费的"两部制"水价制度。基本水费每户每月5元、基本水量每户每月4吨，超出部分实行计量收费。

7. 农村饮水工程（农村水厂）监管情况。由县水务局牵头，县财政局对农村饮水安全工程固定资产进行监管，确保其安全完整，不受损毁和人为破坏；由县卫计委对于水质进行监管，确保水质安全、达标；由县物价局（发改委）对水价进行监管，坚决杜绝工程管理单位（或者经营者）乱涨价，使民生工程受惠于民；由县农村饮水安全工程管理站对工程管理单位（或者经营者）供水服务进行监管，保证正常供水，逐步提高服务质量，让广大农民群众满意。

8. 运行维护情况。县农村饮水安全工程管理站负责全县的工程运行管理和技术指导工作。如水厂运行过程中发生较大设备故障，由县农村饮水安全工程管理站联系有维修资质的维修专业单位实施维修，所需经费由县级农村饮水安全工程维修养护基金中列支；一般较小故障，由县农村饮水安全工程管理站指派技术人员现场指导，由工程管理单位（或者经营者）维修。

四、采取的主要做法、经验及典型案例

1. 做法和经验

（1）成立组织，加强领导。为切实加强对工程建设的领导，县政府成立了民生工程建设协调领导小组，水务局成立了农村饮水安全工程建设管理处（以下简称建管处），为该工程建设的项目法人，局主要领导和分管领导分别任正、副处长，建管处下设工程科、财务科、综合科、运行管理科，专门负责工程的建设管理工作。为农村饮水安全工程建设顺利进行提供了组织保障。

（2）科学规划，认真准备。为确保农村饮水安全工程按计划、有步骤的顺利实施，县水务局狠抓前期工作，实地调查，认真研究，统筹兼顾，科学规划，针对不同地区、不同乡镇水源、水质等农村饮水不安全状况，编制了农村饮水安全工程总体可行性研究报告。按照市水务局的统一要求，及时编制年度实施方案，从而保证了建设的顺利进行。

（3）制定方案，规范程序。根据省《农村饮水安全工程建设实施方案》，结合临泉特点，县政府制定了《临泉县农村饮水安全工程建设实施方案》。按照《临泉县农村饮水安全工程建设实施方案》，县水务局制定了《临泉县农村饮水安全工程建设操作程序》。在实际工作中，严格按照程序操作，确保农村饮水安全工程建设规范有序进行。

（4）严格执行建设"四制"。2014年以前，按照农村饮水安全工程建设管理的有关规定，全面实行建设"六制"和用水户全过程参与制管理模式。从2014年起，由于新建水厂均属规模水厂，全面推行基本建设管理模式，即建设"四制"，全面实行项目法人制、招标投标制、建设监理制、合同管理制。用水户全过程参与监督，对工程质量有质疑权、建议权、否决权，有效地保证了工程建设质量。

为保证深井、清水池、供水管道铺设等土建工程建设质量，建管处制定了《临泉县农村饮水安全工程质量管理办法》，建立质量管理体系和质量检查体系，明确了质量责任单位，建管、设计、监理、施工等各参建单位齐抓共管，严把工程质量关。

为保证管材、管件和机泵等主要设备材料质量，在设备材料招标时，选择国家水利部农村饮水安全中心推荐厂家生产的设备材料，并实行了质量"双控检测"，即供货商提供有效的质量保证资料，建管处委托有检测资质的第三方检测机构检测，从而保证了主要设备材料的质量。

对基础工程、管网铺设等隐蔽工程，对水源井、清水池等关键部位，施工单位严格控制质量标准，监理单位和建设单位对照施工规范严把质量关。工序完成后，由建设、设计、监理、施工等单位组成的验收组联合验收后，方可进入下一道工序施工，从而保证了隐蔽工程的施工质量，避免工程建成后遗留安全隐患。

农村饮水安全工程建成后，建管处组织施工单位、监理单位、设计单位有关人员，对水源取样，送有资质的检测单位进行水质化验，化验结果存档，为下一步工程运行管理提供依据。从建成后的水厂水质化验结果来看，供水水质、水量都能满足《农村饮用水安全

卫生评价指标体系》安全规定，确保群众喝上"安全水"、"放心水"，保障群众身体健康，享受越来越美好的生活。

（5）建立健全质量责任制度。一是落实质量监督制度，根据市水务局《关于农村饮水安全及农田水利面上小型工程质量监督工作的通知》（阜水质〔2010〕228号）精神，为保证农村饮水安全工程建设质量，项目法人委托临泉县水利工程质量监督站对工程质量进行全过程监督，并签订了工程质量监督书。二是项目法人建立健全施工质量检查体系，根据农村饮水安全工程特点，建立了质量管理机构和质量管理制度。项目法人明确其设立的工程科为质量管理机构，制定了《临泉县农村饮水安全工程质量管理办法》。三是监理单位建立健全了质量控制体系，并根据监理合同，制定了监理工作大纲和监理工作细则。四是施工单位建立健全了质量保证体系，制定和完善了岗位质量规范、质量责任及考核办法，落实了质量责任制。

（6）加强资金管理，确保使用合理。根据《基本建设财务管理规定》及《安徽省农村饮水安全项目资金管理办法》，建管处设立了财务科作为财务管理机构，配备具有会计从业资格的财务人员，专职负责农村饮水安全工程建设资金管理工作。同时，建立健全内部财务管理内部控制制度，切实加强资金管理工作。

（7）加强工程管理，确保运行正常。根据《安徽省农村饮水安全工程运行管理办法》和《临泉县农村饮水安全工程运行管理实施细则》。明确了管理责任主体和行业主管部门，使农村饮水安全工程运行管理工作走上正规化轨道。临泉县农村饮水安全工程管理分为两种模式。一是2012年以前建成的工程，由乡镇人民政府负责管理。工程建成后，把工程移交给工程所在地乡镇人民政府，由乡镇人民政府根据工程实际情况，分别确定管理模式，实行用水户协会管理的工程，与该协会签订管理协议；实行村委会管理的工程，与该村委会签订管理协议。在县水务局的指导下，乡镇人民政府和用水户协会或村委会共同制订管理措施和管理制度，落实管理责任人，具体负责工程的日常管理运行，确保工程运行正常。二是2012年以后建成的工程，由拍租获得经营权者负责管理。工程建成后，由县农村饮水安全工程管理站委托拍卖公司公开拍租水厂经营权，由出价高者获得，租期15年。拍租收入的60%上交县财政，用于水厂的管理维修；拍租收入的40%划归乡镇财政，用于维护管理环境，保障管理工作顺利进行。获得经营权者与县农村饮水安全工程管理站签订租赁协议，明确双方责任，依据协议约定进行管理工程，合理收取水费，并接受县水务局和县农村饮水安全工程管理站的监督指导。

2. 典型工程案例

引入社会资本，参与工程管理——谭棚镇白行水厂拍租经营权典型案例。

解决农村居民饮水安全问题是党中央、国务院惠民政策的充分体现，县委县政府高度重视。农村饮水安全工程建设是饮水安全工作的阶段性目标，确保工程正常运行并发挥效益则是一项长期而艰巨的工作任务。自2005年以来，随着大量农村饮水安全工程的建成和投入使用，工程建后管理引起县委县政府和水务局的高度重视。如何使已建成的农饮工程长期有效发挥效益，让广大农民群众长期受益，县水务局通过多年来在管理农村饮水安全工程运行方面总结的经验，逐渐探索出一条较成功的水厂运行管理模式：即"引入社会资本，通过拍卖水厂经营权来实现农村饮水安全工程长期有效发挥工程效益"。

临泉县农村饮水安全工程谭棚镇白行水厂，工程投资571万元，于2013年11月底完工并投入运行，供水规模为790m³/d。解决谭棚镇张老家和白行两个行政村11316人农村居民和710人学校师生的饮水不安全问题。结合我县农村饮水安全工程实际，制定各项工程运行管理制度。（1）健全管理体系，成立临泉县农村饮水安全管理站，负责全县农村饮水安全工程建设与管理；筹备成立临泉县农村饮水安全工程水质化验中心，负责农村饮水安全工程供水水质的监测。（2）强化监督管理，出台《临泉县农村饮水安全工程运行管理实施细则》，确保水厂国有资产不流失、供水水质有保证、供水水价不超限。（3）加大管理投入，县财政设立农村饮水安全专项资金，每年拨付50万元，用于水厂工程运行管理维护。（4）实行"两部制"水价制度。（5）落实水源保护区制度，划定饮用水源保护区，设置警示牌，发布水源保护管理公告，并对水源周边区域进行了综合治理。

为创新临泉县农村饮水安全工程管理模式，县水务局按照《安徽省农村饮水安全工程管理办法》（省政府令第238号）和《临泉县农村饮水安全工程运行管理实施细则的通知》（临政办〔2014〕11号）文件精神，结合我县实际，在总结我县农村饮水安全工程多年运行管理经验的基础上，经县委常务会议研究，首次将谭棚白行水厂和张新庄水厂的经营权向社会公开发布拍卖。谭棚白行水厂和张新庄水厂自2014年7月10日完成竞拍后，于2014年8月10日同临泉县水务局签订了经营权出让协议，临泉县水务局同时将白行水厂的运行资产正式移交给竞拍成交人。业务上在临泉县农村饮水安全工程管理站的指导下，经营者为使供水范围内的群众充分了解农村饮水安全知识，设置了流动宣传台、固定宣传栏、录制农村安全饮水知识广播，走村入户，大力宣传农村安全饮水的意义，使广大农村群众充分了解农村安全饮水的重要性。随后陆续对规模水厂进行经营权拍卖。

五、目前存在的主要问题

1. 由于农村饮水安全工程量多分散，单靠县级管理站的人员难以顾及。

2. 2012年以前建成的农村饮水安全工程，站首建设用地由受益行政村无偿提供，没有明确产权，易发生产权纠纷，给工程管理造成困难。

六、"十三五"巩固提升规划情况及长效运行工作思路

1. 县级农饮巩固提升"十三五"规划情况

规划目标：到2020年，全县农村集中式供水受益人口达到95%以上，农村自来水普及率达到95%以上，水质达标率达到85%，供水保证率达到95%。

主要建设内容：规划共计建设供水工程75处，其中新建供水工程18处、改扩建20处、管网延伸8处，已建水厂提升改造29处，共计新增供水规模63140m³/d，改造供水规模40110m³/d。

加强运行管理措施：一是继续实行拍租水厂经营权的方式，对"十三五"改造提升后的水厂进行拍租，促使获得经营权者加强水厂经营管理。二是建立健全运行维修队伍，由县农村饮水安全工程管理站组建不少于50人的运行维修队，对全县农村饮水安全工程出现设备故障和供水管网进行及时维修，并加强日常维护。三是修订完善《临泉县农村饮水安全工程应急预案》，建立四级响应应急预案，一旦出现紧急情况，按照响应级别及时启动应急响应机制，确保供水安全。四是继续加强水源地保护，按照县政府《关于划定农村饮水安全工程水源井保护区的通知》（临政办〔2012〕36号）规定，及时划定水源保护区，严格实行"水源井为一级保护区，保护区范围以取水井为中心半径50米"的保护政策，并设立水源保护标志，严禁一切新建、扩建与供水设施和保护水源无关的建设项目；严禁一切污染水源的活动。

表4 "十三五"巩固提升规划目标情况

农村集中供水率（%）	农村自来水普及率（%）	水质达标率（%）	城镇自来水管网覆盖行政村的比例（%）
95	95	85	33

表5 "十三五"巩固提升规划新建工程和管网延伸工程情况

工程规模	新建工程					现有水厂管网延伸			
	工程数量	新增供水能力	设计供水人口	新增受益人口	工程投资	工程数量	新建管网长度	新增受益人口	工程投资
	处	m³/d	万人	万人	万元	处	km	万人	万元
合计	18	41300	61.30	53.48	25692	8	503.5	4.14	1213
规模水厂	18	41300	61.30	53.48	25692	8	503.5	4.14	1213
小型水厂									

表6 "十三五"巩固提升规划改造工程情况

工程规模	改造工程					
	工程数量	新增供水能力	改造供水规模	设计供水人口	新增受益人口	工程投资
	处	m³/d	m³/d	万人	万人	万元
合计	49	21840	36760	85.26	30.7	20267
规模水厂	29	20300	25200	66.02	28.47	17827
小型水厂	20	1540	11560	19.24	2.235	2440

2."十三五"之后农饮工程长效运行工作思路

《临泉县农村饮水安全工程运行管理实施细则的通知》（临政办〔2014〕11号）文件精神，进一步强化乡（镇）政府管理职能，逐步建立健全乡镇级农村饮水安全工程管理队伍，同时充分发挥市场机制的作用，进一步推进农村饮水安全工程管理体制改革。一是要逐步走向公司化运营，采取区域供水工程统一经营的模式，实行集团化管理；二是改革水价体制机制，在继续实行"两部制"水价的基础上，逐步计提水厂折旧，提高现行保本微利的水价标准；三是积极推行管养分离制度，实行维修养护包干制，降低运营成本；四是加强水质监测管理，提高水质达标率，提高供水质量和服务水平，在确保供水安全的同时，不断满足农民群众日益增长的用水需求。

颍泉区农村饮水安全工程建设历程

（2005—2015）

（颍泉区水务局）

一、基本概况

阜阳市颍泉区位于淮北平原北部、阜阳市中部，东经 115°33′ ~ 115°55′，北纬 32°54′ ~ 33°07′，北靠太和县，西接界首市，南临颍州区，东与颍东区接壤，国土面积 643.3 km²，耕地 55.55 万亩。现辖 4 镇 2 办及 2 个园区，包括 85 个行政村 5。2015 年全区总人口为 72.6 万人，其中农业人口 61.84 万人，耕地面积 55.25 万亩，人均耕地 0.89 亩，2015 年全区地区生产总值 107.33 亿元，工业生产总值 21.41 亿元，农业生产总值 19.86 亿元，全社会固定资产投资 85.45 亿元，实现社会消费品零售总额 91.34 亿元，粮食总产量 32.93 万吨。财政收入为 12.0 亿元，城镇居民人均可支配收入 22109 元，农民人均纯收入 8365 元。

颍河、泉河、黑茨河、茨淮新河穿境而过，全区地势北高南低，地势比较平缓。颍泉区地下水大部分为孔隙潜水，局部为孔隙微承压水，主要赋存砂壤土层及砂层中。以大气降水及地表水补给为主，除汛期河水补给地下水外，一般情况为地下水补给河水。水资源主要由地表水和地下水两部分构成，地表水资源主要来自降水和过境水，为颍河、泉河、黑茨河、茨淮新河及内河涵闸蓄水量。颍河、泉河、黑茨河由于污染，主要用于农业灌溉和工业用水；茨淮新河水量为Ⅱ类或Ⅲ类水源，目前作为阜阳市二水厂水源供阜阳市居民生活用水。

二、农村饮水安全工程建设情况

1. 农村人口饮水安全解决情况

截止到 2015 年年底，颍泉区共建设水厂 43 处，解决农村饮水不安全人口 43.90 万人，涉及 85 个行政村。其中农村饮水安全工程资金解决 40.23 万人，但是由于近年来人口增长，根据实际统计，现状是 43 处农村饮用水安全工程水厂供水受益范围内实际受益人口为 439017 人。

表1　2015年底农村人口供水现状

乡镇数量	行政村数量	总人口	农村供水人口	集中式供水人口	其中：自来水供水人口	分散供水人口	农村自来水普及率
个	个	万人	万人	万人	万人	万人	%
6	85	72.6	61.84	43.9	43.90	17.94	71

表2　农村饮水安全工程实施情况

合计			2005年及"十一五"期间			"十二五"期间		
解决人口		完成投资	解决人口		完成投资	解决人口		完成投资
农村居民	农村学校师生		农村居民	农村学校师生		农村居民	农村学校师生	
万人	万人	万元	万人	万人	万元	万人	万人	万元
40.23	2.11	20174	10.19	0.4	4679	30.04	1.71	15495

2. 农村饮水工程（农村水厂）建设情况

颍泉区农村饮水安全工程是从2005年开始实施的，早期建设的水厂由于资金投入低，水厂建设大多没有配套建设备用水源，水厂供水范围往往也只涉及单个行政村，供水规模一般为200~500m³/d，供水能力偏小，在用水高峰期间，常常出现供水不足的情况，给用水户造成了很大不便。除此之外，颍泉区部分现有供水工程供水设备、消毒设备及净水设施存在老化过时的现象，这些问题已经严重制约了我区的社会经济发展与人民生活水平的提高。从颍泉区农村集中式供水工程建设开始，截止到2015年末，通过水厂扩建、管网合并与延伸，颍泉区建设农村饮水安全供水工程共43处，包括11个规模以上水厂（供水受益人口大于1万人，供水规模大于1000m³/d）及32个规模以下水厂，均为集中式供水工程。43处供水工程分布在全区6个镇、办和2个园区，其中闻集镇7处（规模水厂3处）、统筹试验区3处、行流镇9处（规模水厂2处）、宁老庄镇7处（规模水厂3处）、中市办事处6处、循环经济园1处、周棚办事处3处（规模水厂1处）、伍明镇7处（规模水厂2处），各处水厂总体运行正常。

颍泉区农村饮水安全工程总投资20174万元，其中中央投资11635.6万元、省级配套4060.2万元、市级配套1346.86万元、区级配套3131.34万元。入户费由政府承担，农民积极配合入户，自来水入户率达到100%。

表3　2015年底农村集中式供水工程现状

工程规模	工程数量	设计供水规模	日实际供水量	受益乡镇数	受益行政村数	受益农村人口	自来水供水人口
	处	m³/d	m³/d	个	个	万人	万人
合计	43	31120	24117	8	85	43.9	43.9
规模水厂	11	15500	12400	5	42	24.14	24.14
小型水厂	32	15620	11717	8	43	19.76	19.76

3. 农村饮水安全工程建设思路及主要历程

2005 年及"十一五"时期，颍泉区农村饮水安全工程建设主要为小水厂，水厂供水范围往往只涉及单个行政村，供水规模较小，解决人口较少，"十一五"期间累计完成投资 4679 万元，解决 10.19 万人和 0.4 万学校师生的饮水安全问题，共建工程 31 处，投入资金 4679 万元。

"十二五"时期，规划目标任务是解决 300400 人饮水安全问题，规划解决饮水不安全学校 50 所，解决人数 17100 人。规划共建工程 32 处，涉及 30 个水厂，其中新建 14 处、解决人口 14.95 万人，管网延伸 7 处、解决人口 3.305 万人，扩建工程 11 处（含并网后扩建 1 处）、解决人口 11.785 万人（含宋湾后期扩建及周棚管网延伸 5887 人），投入资金 15495 万元。

三、农村饮水安全工程运行情况

截至 2015 年底，颍泉区农村饮水安全工程运行情况如下：

1. 区级农村饮水安全工程专管机构

为确保建成后的农村饮水安全工程长期良性运行，颍泉区编制办于 2012 年以阜泉编〔2012〕17 号文《关于设立阜阳市颍泉区农村饮水安全工程管理中心的批复》批复成立颍泉区农村饮水安全工程管理中心，编制为全额事业单位，落实管理人员 7 人，落实管理经费 30 万元。

2. 区级农村饮水安全工程维修养护基金

2011 年 6 月 10 日阜阳市颍泉区水务局下发泉水秘〔2011〕36 号文《颍泉区农村饮水安全工程维修基金使用管理办法》，对维修基金的使用进行规范。农村饮水安全工程维修基金原则上由区财政每年的拨款和各工程的维修费组成，区级财政 2011 年下发农村饮水安全工程维修费 20 万元，截止 2015 年底已提高至 40 万元。

3. 区级农村饮水安全工程水质检测中心

（1）为提高农村饮水安全工程水质检测能力，阜阳市颍泉区机构编制委员会于 2015 年 12 月 13 日以文《关于设立颍泉区农村饮水安全工程水质检测中心的批复》（阜泉编〔2015〕18 号）同意设立颍泉区农村饮水安全工程水质检测中心，与颍泉区农村饮水安全工程管理中心一个机构两个牌子，主要职责为建立健全水质检测中心管理体系和水质检测制度；负责全区农村自来水的取样、分析和水质检测；负责加强水源保护和供水设施保护等。（2）仪器设备。县级农村饮水安全检测中心配备检测常规水质监测指标的专用检测设备、仪器。水质检测中心另外配备一台现场采样车辆及采样容器、水样冷藏箱和便携式检测仪器箱等。（3）人员配备。配备专门水质检测人员 5 名，结合我区实际情况，配备的 3 名人员从颍泉区农村饮水安全工程管理中心调配、另外 2 名从颍泉区农村饮水供水有限公司调配。（4）检测项目和频次。地下水源：检测项目包括色度、浑浊度、铁、锰细菌总数等 42 项。出厂水和管网末梢水：按照《生活饮用水卫生标准》（GB 5749—2006）进行评价，常规检测指标达到 42 项。日常巡检：每处水厂一年检测不少于 12 次。定期检测：供水规模以下水厂，年度定期检测任务为 31 处/次，一年检测 4 次。规模水厂，年度定期检测任务为 12 处/次，一年检测 12 次。随机抽检检测：每月进行 1 次随机抽检。应急检测：供水工程出现受污染情况时，临时进行检测。（5）建设投资。工程总投资 215.84 万元，其中，中央投资 91.65 万元，省级投资 55.15 万元，市、区级配套资金 69.04 万元。（6）运行经费。颍泉区水质检测中心建成后，2015 年维修基金增至 60 万元，主要用于水质检测、水厂干管和主要供水设备的维修。

4. 农村饮水安全工程水源保护情况

为了进一步加强农村集中式饮用水水源地环境保护工作，消除饮用水安全隐患，阜阳市人民政府于 2015 年 8 月下发了《关于印发阜阳市农村集中式供水工程水源保护区划分技术方案的通知（阜政办秘〔2015〕67 号）》。据此，颍泉区共划定农村集中式饮用水水源保护区 45 处，一级保护区面积为 0.353km²。

5. 供水水质状况

供水水质符合国家《生活饮用水卫生标准》（GB 5749—2006）要求。根据我区地下水不安全因素，主要采取了消毒和除氟净水工艺，提高水质安全保障，水源水、出厂水和末梢水水质达标率 100%。

6. 农村饮水工程运行情况

颍泉区编制办已批复成立颍泉区农村饮水安全工程管理中心，负责全区农村饮水安全工程的工程管理工作。为确保水厂良性运行，颍泉区政府出台了《颍泉区农村饮水安全工程管理体制改革创新试点工作方案》，批准成立了阜阳市颍泉区农村饮水供水有限公司，由供水公司对全区水厂尽心统一管理，并对现有水厂进行试点改革，对规模以下水厂将通过改扩建、合并等方式逐步过渡到由区供水公司统一管理；现有规模以上水厂通过管理权变更由区供水公司统一管理。颍泉区现有的 43 处供水工程已有 13 处水厂交由区供水公司管理。

根据颍泉区各水厂实际情况，区物价、水务部门以泉价办字〔2015〕03 号文件核定颍泉区农村饮水安全工程水价为：无除氟设备的 1.3 元/m³，有除氟设备的为 1.4 元/m³。同时根据水利部、水利厅相关文件精神和颍泉区农村人口外出务工人员多以及居民饮水习惯等，以核定的供水水价为基础实行"两部制"水价，即每户每月基本用水量为 4m³，超过 4m³ 的按照水表计量收费，不足 4m³ 的按照 4m³ 计算，收取的水费主要用于工程运行产生的电费、管理人员工资、工程维护等，结余部分作为大修基金等，从而确保了水厂正常运行。目前，颍泉区 43 处水厂水费收取正常，收费率为 85%～98%。

7. 农村饮水工程监管情况

加强水质检测工作，新建的供水工程必须经过卫生防疫部门水质检测合格后方可投入使用，确保水质安全、达标；由区物价局（发改委）对水价进行监管，坚决杜绝工程管理单位（或者经营者）乱涨价，使民生工程受惠于民；由区农村饮水安全工程管理中心对工程管理单位（或者经营者）供水服务进行监管，保证正常供水，逐步提高服务质量，让广大农民群众满意。

8. 运行维护情况

区农村饮水安全工程管理中心负责全区的农村饮水安全工程运行管理和技术指导工作，指导工程管理单位（或者经营者）的工程运行工作。我区供水公司有运行维修队伍 3 支，当水厂运行过程中发生较大设备故障，由运行维修队伍实施维修，所需经费由区级农村饮水安全工程维修养护基金中列支；一般较小故障，由区农村饮水安全工程管理中心指派技术人员现场指导，由工程管理单位（或者经营者）维修，保证水厂的正常运行。

四、采取的主要做法、经验及典型案例

（一）做法和经验

1. 坚持行政推动与部门落实相结合，确保组织领导和技术服务到位

为切实加强对工程建设的领导，颍泉区政府成立了 33 项民生工程建设协调领导小组。为贯彻落实中央、省委两个一号文件和中央、全省水利工作会议精神，加强颍泉区中小型水利工程建设管理水平，规范建设管理行为，提高项目管理水平，成立了颍泉区中小型水利工程建设管理局，局主要领导和分管领导分别任正、副局长，管理局下设工程技术科、综合科、质量安全科、财务科，专门负责工程的建设管理工作，为农村饮水安全工程建设顺利进行提供了组织保障。

2. 落实政策，政府扶持

为提高承包人长期持续经营水厂的积极性，区政府结合相关政策，出台了一系列优惠、扶持措施。一是明确水厂承包人不仅享有工程使用权和收益权，并同样享有获得国家资金补助、奖励等有关优惠扶持政策；二是明确水厂仍属于区级维修基金覆盖范围内，依法享有申请使用维修基金权利；三是逐步推行"两部制"水价和阶梯水价，在实现节约用水的前提下，确保水厂"合理盈利"；四是及时提供技术支撑，区人饮管理中心通过集中培训、发放资料、上门服务等方式，逐步提高水厂管理员的综合技能，使其尽快适应水厂管理的新要求。

3. 注重宣传发动，鼓励群众积极参与

针对农村饮水安全工程点多面广的特点，区建管局灵活采取措施，强化宣传力度，夯实群众基础，让群众理解支持工程建设。一是在工程建设前，召开设计镇、村干部及群众代表座谈会，为工程建设打好群众基础；二是张贴一张公式卡，发放一本用水户手册，印制一份宣传册，介绍国家相关政策，宣传饮用水知识，真正做到工程建设公开透明，群众用水明明白白；三是实行用水户全过程参与，让群众参与工程建设，监督工程质量，确保让领导放心，让群众满意。

4. 加强建设监管，保障工程质量

在工程建设中，将严格项目建设程序，切实加强农村饮水安全工程建设管理，对工程质量、工程进度和建设程序严格实行责任制和责任追究制。同时，对工程建设质量、解决人口、供水水质实行"三不放过"原则。

（二）典型工程案例

1. 基本情况

李长营水厂位于颍泉区宁老庄镇李长营村许庄自然村境内，宁苏路南侧。项目区内除李长营村部分农民群众外，其余农民群众由于缺乏有效的供水设备和净水设备，长期饮用不安全的水，导致与水相关的疾病逐年增多，群众多次反映迫切要求解决饮水不安全问

题。"十二五"期间，颍泉区本着统筹布局、分期分步实施的方针，对原李长营水厂进行改扩建，逐步解决了李长营当地农村饮水不安全问题。本工程供水范围为李长营、大田、梅寨、姜堂、锦湖等 5 个行政村，供水总人口 24717 人，其中 2009 年已解决姜堂村 4682 人、2010 年已解决李长营村 5251 人、2015 年扩建工程再解决 14784 人。

2. 管理制度建设

为了确保农村饮水安全工程充分发挥工程效益，必须建立起现代化的运行管理机制。（1）一般要求及管理制度，采用自动化控制系统调度运用，严格水资源有偿使用制度。（2）水质检验管理，加强水质检测工作，新建的供水工程必须经过防疫部门水质检测合格后方可投入使用，供水期间，设立专门的水质检验室。（3）水源管理，做好相关法律法规的宣传工作，划定区域内饮水安全工程水源保护区，设置警示牌，发布水源保护管理公告，并对水源周边区域进行了综合治理。（4）实行"两部制"水价制度。

五、目前存在的主要问题

1. 供水规模，早期水厂由于资金投入低，水厂范围往往只涉及单个行政村，供水能力偏小。

2. 水价机制执行方面，颍泉区已全面按照两部制水价进行收费，但在调查中发现还有部分水厂管理员为了省事，没有执行"两部制"水价，仍按户进行收费。

3. 专业化管理及服务方面，颍泉区已经成立了区农村饮水供水有限公司，对全区农村供水工程进行市场化管理。但是目前还有部分水厂由工程所在村委会管理，管理效率较低，"十三五"期间，通过延伸、并网等措施将逐渐过渡到由区供水公司统一管理。此外，由于现有水厂信息化程度低，并且相关设备损毁严重，也制约了水厂专业化管理及服务的发展。

六、"十三五"巩固提升规划情况及长效运行工作思路

1. 颍泉区农饮巩固提升"十三五"规划情况

规划目标。采取新建、扩建、配套、改造、联网等措施，使颍泉区农村自来水普及率达到 95% 以上，水质达标率比 2015 年提高 15 个百分点，达到 85% 左右。集中供水率达到 95% 以上，供水保证率达到 95% 以上。其中，到 2018 年底前，实现贫困村自来水"村村通"，解决贫困人口饮水不安全问题，完成精准扶贫任务。同时，优先解决地下水铁锰超标地区农村饮水安全巩固提升问题。

管理方面：全面推进工程管理体制和运行机制改革，建立健全区级农村供水管理机构、农村供水专业化服务体系、合理水价形成机制、信息化管理、工程运行管护经费保障机制和水质检测监测体系，依法划定水源保护区或保护范围。

主要建设内容：近郊供水片区新建水厂 2 处，改造水厂 4 处，管网延伸水厂 2 处。新增受益人口 64500 人。

远郊供水片区新建水厂 4 处，改造水厂 7 处，设施改造水厂 2 处。新增受益人口 114908 人。

加强运行管理措施：（1）一般要求及管理制度，采用自动化控制系统调度运用，严格水资源有偿使用制度。（2）水质检验管理，加强水质检测工作，新建的供水工程必须经过防疫部门水质检测合格后方可投入使用，供水期间，设立专门的水质检验室。（3）水源管理，做好相关法律法规的宣传工作，划定区域内饮水安全工程水源保护区，设置警示牌，发布水源保护管理公告，并对水源周边区域进行了综合治理。（4）泵站管理，泵站管理应符合《泵站技术管理规程》的有关规定。

表4 "十三五"巩固提升规划目标情况

农村集中供水率（%）	农村自来水普及率（%）	水质达标率（%）	城镇自来水管网覆盖行政村的比例（%）
95	95	85	33

表5 "十三五"巩固提升规划新建工程和管网延伸工程情况

工程规模	新建工程					现有水厂管网延伸			
	工程数量	新增供水能力	设计供水人口	新增受益人口	工程投资	工程数量	新建管网长度	新增受益人口	工程投资
	处	m³/d	万人	万人	万元	处	km	万人	万元
合计	6	8205	18.30	11.91	5582	2	176	1.26	440
规模水厂	6	8205	18.30	11.91	5582	2	176	1.26	440
小型水厂	—	—	—	—	—	—	—	—	—

表6 "十三五"巩固提升规划改造工程情况

工程规模	改造工程					
	工程数量	新增供水能力	改造供水规模	设计供水人口	新增受益人口	工程投资
	处	m³/d	m³/d	万人	万人	万元
合计	11	3942	11686	22.46	4.77	2721
规模水厂	10	3942	10925	21.60	4.77	2641
小型水厂	1	—	761	0.90	—	80

2. "十三五"之后农饮工程长效运行工作思路

农饮安全工程的良性运行，事关投资效益充分发挥，事关农民切身利益，为了确保工程充分发挥工程效益，必须建立现代化的运行管理机制。（1）颍泉区政府出台了《颍泉区农村饮用水安全工程管理体制改革创新试点工作方案》，建立了专业化的管理机构。（2）管理制度建设，现阶段，颍泉区以区政府的名义批准了《农村饮水安全工程实施办法》，该办法明确了管理主体、管理责任和管理义务。（3）水价及收费机制，在继续实行"两部制"水价的基础上，逐步计提水厂折旧，提高现行保本微利的水价标准。（4）工程运行机制，分体系、分类别开展关键岗位人员专业及行业管理人员培训。

颍东区农村饮水安全工程建设历程

（2005—2015）

（颍东区水务局）

一、基本概况

阜阳市颍东区位于安徽省西北部，淮北平原南部，地理坐标为北纬 32°56′，东经 115°50′，东邻利辛，南邻颍上，隔颍河与颍州相望，北部、西部于颍泉相接。南北宽约 30km，东西长约 35km，总面积 684.9km²。颍东区地形西高东低，地势平坦开阔，自西北向东南倾斜，地面坡降为 1/10000，西部海拔最高处 31.50m，东南最低处为 23.00m 左右（1985 国家高程，下同）。由于降雨、河流的侵蚀作用和人类的长期活动及近代河流泛滥的影响，颍东区具有不同的小地形和地貌，具有大平小不平的特点，最洼处乌江、港湾、倪家湾、杨楼洼地地面高程只有 23.00 ~ 26.00m。

颍东区境内沟河纵横，流域面积大于 200km² 的河道有颍河、茨淮新河、济河、苏沟 4 条，流域面积在 50 ~ 200km² 的沟河有乌江、新河 2 条，流域面积在 10 ~ 50km² 的沟河有总干渠、阜蒙河、十八里河等 19 条，流域面积在 1 ~ 10km² 的沟河有 38 条。地质构造属九龙—阜阳凹陷带，接受了巨厚层的松散沉积物，地下水为单一的松散岩类孔隙水。

2015 年颍东区有插花、口孜、正午、枣庄、老庙、袁寨、杨楼孜、新乌江镇 8 个镇，冉庙乡 1 个乡和河东、向阳和新华 3 个办事处，100 个村民委员会，土地面积 684.9km²，常用耕地面积 61.69 万亩，总人口 65 万人，其中农村人口 53.89 万人。2015 年颍东区 GDP507253 万元，人均 GDP7881 元，农民人均纯收入 6100 元。财政收入 42790 万元，财政支出 122490 万元。

二、农村饮水安全工程建设情况

1. 农村人口饮水安全解决情况

实施农村饮水安全工程前，颍东区饮水存在的主要不安全类型为氟化物、铁锰超标和污染水。饮水不安全人口近 50 万人，主要分布在插花镇、冉庙乡、新华办事处、枣庄镇、老庙镇。

截止到 2015 年底，颍东区农村人口 53.89 万人，共 100 个行政村。颍东区农村供水工程共计已解决农村饮水不安全人口 38.96 万人，占农村总人口的 72.3%，其中农村饮水安全工程资金解决 33.94 万人（涉及 79 个行政村）、其他投资解决 5.02 万人（乡镇招商引资建设水厂及阜阳市二水厂解决）；目前仍有 14.93 万居民未解决饮水问题。2005—2015 年，农饮共下达投资 16081 万元，累计完成投资 16081 万元，解决 33.94 万人，共建成水厂 44 个，其中规模水厂 8 个。

表 1　2015 年底农村人口供水现状

乡镇数量	行政村数量	总人口	农村供水人口	集中式供水人口	其中：自来水供水人口	分散供水人口	农村自来水普及率
个	个	万人	万人	万人	万人	万人	%
12	100	65.0	53.89	38.96	38.96	14.93	72

表 2　农村饮水安全工程实施情况

合计			2005 年及"十一五"期间			"十二五"期间		
解决人口		完成投资	解决人口		完成投资	解决人口		完成投资
农村居民	农村学校师生		农村居民	农村学校师生		农村居民	农村学校师生	
万人	万人	万元	万人	万人	万元	万人	万人	万元
33.94	3.1	16081	11.02	1.6	5098	22.92	1.5	10983

2. 农村饮水工程（农村水厂）建设情况

2005 年以前，颍东区农村水厂只有枣庄镇枣庄水厂、插花镇插花水厂、老庙镇老庙水厂、袁寨镇袁寨水厂 4 个乡镇自来水厂。截止到 2015 年底，颍东区农饮工程共建设水厂 44 个（并网后），解决农村饮水不安全人口 33.94 万人，涉及 11 个乡镇（办事处）79 个行政村。其中铁锰超标 3 处，涉及人口 3.62 万人，氟化物超标 17 处，涉及人口 15.28 万人。设计供水规模 28737m^3/d。全部以中深层地下水作为水厂饮用水水源，根据水源水水质化验报告，除冉庙乡、插花镇、老庙镇、正午镇存在氟化物、铁（锰）含量超标以外，其他水厂水源水水质均可达到《地下水质量标准》（GB/T 14848—93）Ⅲ类水以上标准，水源保证率在 95% 以上。

颍东区"十一五"期间（并网前）共建设水厂 37 处，其中新建水厂 35 处、管网延伸水厂 2 处。解决农村饮水不安全人口 11.62 万人，涉及 11 个乡镇 36 个行政村。其中铁、氟超标人口 3.94 万人、其他水质问题 7.68 万人。

颍东区"十二五"期间（并网前）共建设水厂 29 处，其中新建 17 处、改扩建及管网延伸水厂 12 处。解决农村饮水不安全人口 22.32 万人，涉及 9 个乡镇 51 个行政村。其中铁和氟超标人口 11.65 万人、其他水质问题 10.67 万人。

并网后，颍东区已供水受益人口为 33.94 万人，供水受益行政村为 79 个，现有实际供水规模 22042m^3/d。颍东区现有千吨万人规模水厂 8 处，涉及 7 个乡镇，受益行政村 30 个，受益人口 14.44 万人，集中式供水入户人口 14.44 万人，设计供水规模 11625m^3/d；颍东区现有小型水厂 36 处，涉及 11 个乡镇，受益行政村 49 个，受益人口 19.5 万人，集中式供水入户人口 19.5 万人，设计供水规模 17112m^3/d。

2005—2015 年，无社会资本、个人资金、银行贷款等资金投入农村饮水安全工程建设，建设所有资金均为国家投资。2015 年底，农村实际入户数基本上占设计入户数的90% 以上，且用水户用水状况良好。受益行政村实际收取的入户费用（按照 200 元/户）统一上缴至乡镇统筹使用统筹管理，主要用于青苗补偿、拆迁征地等。

表3　2015 年底农村集中式供水工程现状

工程规模	工程数量	设计供水规模	日实际供水量	受益乡镇数	受益行政村数	受益农村人口	自来水供水人口
	处	m³/d	m³/d	个	个	万人	万人
合计	44	28737	25296	12	79	38.96	38.96
规模水厂	8	11625	9885	7	28	13.43	13.43
小型水厂	36	17112	15411	12	51	25.53	25.53

3. 农村饮水安全工程建设思路及主要历程

颍东区"十一五"期间解决农村饮水安全问题的主要思路是通过以单个行政村为供水范围，优先解决氟超标行政村的饮水问题。（并网前）共建设水厂 37 处，其中新建水厂35 处、管网延伸水厂 2 处。解决农村饮水不安全人口 11.62 万人，工程总投资 5098 万元。涉及 11 个乡镇 36 个行政村。其中铁和氟超标人口 3.94 万人、其他水质问题 7.68 万人。

颍东区"十二五"期间解决农村饮水安全问题的主要思路是通过对多个行政村供水，逐步扩大到跨村跨乡镇供水的规模化水厂建设。（并网前）共建设水厂 29 处，其中新建 17 处、改扩建及管网延伸水厂 12 处。解决农村饮水不安全人口 22.32 万人，工程总投资 10983 万元。涉及9 个乡镇 51 个行政村。其中铁和氟超标人口 11.65 万人、其他水质问题 10.67 万人。

并网后共建设水厂 44 个，颍东区已供水受益人口为 33.94 万人，供水受益行政村为79 个，现有实际供水规模 25296m³/d。

三、农村饮水安全工程运行情况

1. 县级农村饮水安全工程专管机构

2010 年 10 月 25 日，根据阜颍东编〔2010〕59 号文件批复，经区编委会研究，同意成立颍东区农村饮水安全工程管理中心，负责我区农村饮水安全工程的管护工作。副科级建制，所用事业编制从局事业编制中调剂 5 名。办公场所设在水务局办公室。运行经费从区财政预算中拨付。

2. 县级农村饮水安全工程维修养护基金

颍东区水务局于 2010 年开始设立饮水安全工程运行维护资金，制定了严格的运行管理资金使用办法，运行维护资金由财政局设立专户存储，来源从区财政预算中提取，专款专用，并接受地方人民政府有关部门的监督检查。到 2015 年底运行维修资金总数为 200 万元。

3. 县级农村饮水安全工程水质检测中心建设

颍东区农村饮水安全工程水质检测中心已建设完成，主要检测设备为双光束紫外可见光分光光度、火焰—石墨炉原子吸收分光光度计、原子荧光光度计、离子色谱仪、气相色谱仪等 5 项仪器，可以检测 37 项水质指标项目。工程建设总投资 180.95 万元，运行经费 40 万元，专业检测人员已落实，并有 2 人参加了省级水质检测培训。

4. 农村饮水安全工程水源保护情况

农村饮水安全工程已划定供水水源保护区和供水工程管护范围，水源井的影响半径 50m 范围内，水厂生产区内及外围 30m 范围内，为运行管理和保护范围。在水源井的影响半径 50m 范围内，不得修建渗水厕所、渗水坑、堆放废渣，不得使用工业废水或生活污水灌溉和施用持久性或剧毒性的农药，不得从事破坏深层土壤的活动。在水厂生产区外围 30m 范围内，不得设置生活居住区，畜禽饲养场，不得设置污水渠道、渗水坑，不得堆放垃圾、粪便、废渣等，并保持良好的生活及工作环境。

5. 供水水质状况

颍东区主要净水工艺有除氟工艺、除铁锰工艺和消毒工艺三种。水质达标率 57%，水质不合格的主要指标是氟超标和铁锰超标。

6. 农村饮水工程运行情况

颍东区现有农村供水工程产权方面全部为政府投资（除乡镇招商引资建设的自来水厂外），为政府所有，颍东区现有水厂产权清晰，不存在与群众、社会企业及个人产生纠纷的地方，有利于下一步的资产管理及改扩建工作的开展。管理方式主要有乡镇水利站管理、村级管理和个人承包经营三种类型。

颍东区农村饮水安全工程实施两部制水价，基本水费为 60 元/年（户均用水量为 48m^3/年以内），超出部分按照 1.5 元/m^3 收取。近年来实施的农村饮水工程，供水入户率较高，水厂均按表收费，大部分水费收缴率可达到 70% 以上。但是受限于农村供水工程自身规模小、农户生活用水量有限、输配水漏损率高等客观原因，"千吨万人"规模水厂效益尚可，少部分小型水厂存在运行困难。

随着近年来规模化水厂的建设及运行，管理中也暴露出管理人员知识结构差，没有专业管理知识的短板，自动化设备、电气设备、监控设备等出现的问题无法及时排除，虽然管理单位也定期进行培训，但是由于管理人员本身学历低、培训时间短等原因导致培训成效不高。部分小型水厂由于规模较小，均采用由个人承包，专业水平低、技术力量差，设备损坏后基本上没有任何维修养护能力。

7. 农村饮水工程监管情况

区农村饮水安全工程管理中心定期到各个水厂查看设备运行、档案资料管理、环境卫生等情况。督促乡镇收取入户费用后上缴财政，按照财政拨款手续依法办理开支费用，配合区疾控中心定期对水厂水质进行抽检化验，督促各水厂管理单位按规定水价收取水费。

8. 运行维护情况

为贯彻落实中央和国务院精神，改善农村人居环境，提高农村生活质量。加快实施农村饮水安全工程建设，认真落实财政部、国家税务总局《关于支持农村饮水安全工程建设运营税收政策的通知》（财税〔2012〕30 号）文件精神。在农饮工程建设实施管理期间，税务部门对契税、印花税、房产税、城市土地使用税、增值税进行免征，对水厂生产经营所得征收企业所得税采用"三免三减半"的税收优惠政策。

农村饮水工程各水厂在运营期间，严格执行水厂运营用电按照农业生产用电价格。为加强农村饮水工程水源地的保护和水厂的安全运营，我区出台《颍东区农村饮水工程管理办法》。为了保障农村居民饮用水安全，水务部门联合卫生疾控和环保部门，定期对水源地、水质情况进行监测，及时在水厂公示栏对检查监测情况进行公示，让广大农村居民了解和掌握饮用水水质状况。

四、采取的主要做法、经验及典型案例

（一）主要做法

1. 设计阶段

设计单位受业主委托承接设计任务后，随即开展水厂的勘察和测量以及初步设计报告编制工作。勘察和测量工作完成的任务有：勘测拟建水厂受益范围内的地形、地貌、地物等情况，测绘厂区地形图，并勘察水厂厂区工程地质情况，编制完成了水文地质勘查报告。项目组编制人员多次会同建设单位、地方政府赴现场进行详细的调查，充分发动项目区地方政府的积极性，地方政府在前期工作中提供了翔实准确的项目区基础资料如项目区村庄名称、位置和人口、学校等数据。在设计过程中，设计人员多次与水务局就厂区布置、管路走向等相关问题进行沟通，优化管线走向。设计单位的设计文件、计算书及施工图采取层层把关形式，设计人员初稿完成后由校核仔细校对、项目负责人把关送至审查、审定人员定稿后再批准上报、交付使用，有效地保证了设计文件的质量。

2. 建后管护

颍东区编办批复成立了颍东区农村供水专管机构颍东区农村饮水安全工程管理中心，编制为全额事业单位，落实管理人员 5 人，落实管理经费 50 万元。建立县级维修养护基金，财政年补贴金额约 50 万元，截至 2014 年底账户金额达到 200 万元，有力地保障了农村饮水水厂的日常管护和维修。

颍东区人民政府出台了《颍东区农村饮水安全工程运行管理实施细则》，进一步完善各项运行管理制度；实行严格的水源地保护措施，切实强化水源地保护和水质保障能力建设。结合颍东区的实际情况，该区水厂的管理采用了村级管理、个人承包经营、乡镇水利站管理的管理模式。

村级管理主要由村委会负责水厂的运营、维护、管理，并负责各水厂的水费的收取。采用该种方式管理的水厂包括杨楼孜镇汤圩水厂等 4 处水厂。

个人承包的引进外地有经验的承包经营者参与竞争管理。大部分水厂目前均采取该种管理方式。该类管理方式为通过乡镇推荐、区考核管理人员，培训合格后，组建水厂管理机构，承包经营方式。该类水厂的日常管理交由个人管理，由其收缴水费及日常小型设施的维护。机泵设备的大修等仍由颍东区农村饮水安全工程管理中心利用维护经费解决。采用该方式管理的水厂包括杨楼孜镇王屯水厂、八里水厂等 35 处水厂。

（二）典型案例

杨楼孜镇前进水厂通过承包租赁经营。杨楼孜镇前进水厂为颍东区 2012 年度（二期）农村饮水安全工程项目，该工程计划投资 439 万元，主要建设内容为：新建管理房及泵房、蓄水池，配套深井泵、加压泵等供水设备、自动化控制设备，新打深井 1 眼，铺设干、支供水管线。工程于 2013 年 1 月开工建设，2013 年 6 月完工，设计供水能力 950m³/d，解决

2 个村 0.91 万农村人口饮水不安全问题。2014 年 5 月，根据水厂所在乡镇意见，杨楼孜镇人民政府与有经验的经营管理者签订了农村饮水安全工程经营权租赁协议，将前进水厂租赁给个人经营管理。负责水厂的改扩建、运行管理等方面的开支。目前，经营管理者已将附近小规模水厂（杨楼水厂、八里水厂、董杨水厂）并网至前进水厂统一运行管理。

五、目前存在的主要问题

1. 水厂申请用电报批手续复杂

水厂建设用电及运营用电，供电部门严格按照农村饮水安全工程运行用电执行农业生产用电价格。大大地减轻水厂经济压力，有力地支持农村饮水工程的健康发展。但是，用电申请及报批程序复杂，时间过长，影响农饮工程进度。

2. 水厂管理专业人员匮乏

农村饮水工程水厂运营，需要大量专业技术人员。工程建成验收合格后移交给乡镇办事处管理，乡镇办事处没有按照程序核审水厂承包者的能力和专业水平。水厂管理需要专业技术人员进行维修和养护，每年进行技术培训，但是文化层次参差不齐，没有达到我们预想目的。

六、"十三五"巩固提升规划情况及长效运行工作思路

1. 规划思路

截至十二五末颍东区农村供水工程覆盖率已达 72.3%，仅余 14.93 万人的农村人口未解决（其中贫困人口 13622 人），拟按全覆盖规划布局。按照普遍受惠的原则，统筹考虑颍东区 14.93 万农村人口尚未通自来水的实际情况，主要以规划新建规模化集中供水工程的方式，进一步提高颍东区农村自来水普及率。采取"以城带乡、以大带小、以大并小、小小联合"的方式，"能延则延、能并则并、能扩则扩"的原则，以跨村、跨镇规模化供水为发展方向，充分发挥规模水厂优势，管网向四周辐射延伸，扩大现有水厂供水范围。加大单村供水工程整合力度，推进联村并网集中供水工程建设，由单村小型供水向联村规模供水转变。

2. 规划目标

2016—2018 年，全面解决颍东区农村地区贫困人口的饮水安全问题，实现颍东区安全饮水全覆盖。2019—2020 年，对已建农村饮水安全工程进行达标改造建设，进一步提高农村自来水普及率、水质达标率、供水保证率和工程运行管理水平。

颍东区本次农村饮水安全巩固提升工程"十三五"规划水厂 17 处，其中新建水厂 5 处、改扩建 9 处、管网延伸 3 处。工程总投资 13700 万元。本工程涉及受益人口为 44 万人，新增供水受益人口为 14.93 万人。

3. 加强运行管理措施

农村饮水安全工程建设是基础，管理是关键。下一步颍东区将在加大政府支持力度的同时，充分发挥市场机制的作用，进一步推进农村饮水安全工程管理体制改革。颍东区农村饮水安全工程现状管理主要交给地方乡镇，区农村饮水安全工程管理中心负责全区的农村饮水水厂总的管理及指导工作。因现状水厂分布广，个数多，地方乡镇缺乏管理经验，

水厂运行问题较多。

"十三五"期间，颍东区规划对全区实行农村饮水安全工程全覆盖，使颍东区农村集中式供水受益人口达到95%以上，农村自来水普及率达到95%左右。并巩固提升现状小水厂，"十三五"期末，颍东区实现将小水厂全部通过整合并进行巩固提升为规模水厂，届时颍东区17个水厂全部为规模水厂。

根据《安徽省农村饮水安全工程管理办法》（安徽省人民政府令第238号），国家投资的农村饮水安全工程，由县级人民政府委托水行政主管部门或者乡（镇）人民政府行使国家所有权。

为加强建后管理，引进公司专业化管理。

（1）建立严格的水资源有偿使用制度，严格按量收取水费制度，以水养水，限制粗放使用。

（2）引进公司专业化管理，吸引多家公司参与经营，形成竞争机制；根据近几年来阜阳市其他县区管理规模水厂的经验，水厂待最后竣工验收后，农村饮水安全工程管理中心联合审计部分对该水厂国有固定资产进行评估，依据评估结果将水厂的经营权进行拍卖，由中标公司负责公司的运营、维护、管理。拍卖后水厂的所有权依旧为国有所有，经营权承包给个人，充分发挥中标公司的管水积极性、责任心。负责各水厂的公司依靠收取的水费，对水厂及管网进行日常的维护。

（3）本工程的运行管理经费主要来自两方面：一部分为县级财政预算安排的运行维护专项经费；另一部分主要为收取的水费。本工程的县级工程管护专项经费由颍东区财政预算安排，每年拨付一定费用作为本水厂的运行维护专项经费。

颍东区农村饮水安全工程管理中心向各水厂收取水费的一定比例的费用作为维修养护经费，负责对大的维修如机泵维修、更换，主管路维修或改线等；负责各水厂的公司依靠收取的水费，对水厂及管网进行日常的维护。

目前，颍东区农村饮水安全工程管理体制改革工作正在逐步推进开展中，初见成效。

表4 "十三五"巩固提升规划目标情况

农村集中供水率（%）	农村自来水普及率（%）	水质达标率（%）	城镇自来水管网覆盖行政村的比例（%）
95	95	85	33

表5 "十三五"巩固提升规划新建工程和管网延伸工程情况

工程规模	新建工程					现有水厂管网延伸			
	工程数量	新增供水能力	设计供水人口	新增受益人口	工程投资	工程数量	新建管网长度	新增受益人口	工程投资
	处	m³/d	万人	万人	万元	处	km	万人	万元
合计									
规模水厂	5	10000	13.78	10.57	5880	3	125.7	0.84	670
小型水厂									

表6 "十三五"巩固提升规划改造工程情况

工程规模	改造工程					
	工程数量	新增供水能力	改造供水规模	设计供水人口	新增受益人口	工程投资
	处	m³/d	m³/d	万人	万人	万元
合计						
规模水厂	9	10240	10240	25.83	3.5187	5250
小型水厂						

颍州区农村饮水安全工程建设历程

(2005—2015)

(颍州区水务局)

一、基本概况

颍州区地处黄淮海平原，位于安徽省的西北部，是阜阳市政府所在地，南与阜南县相邻，北与颍泉区、颍东区隔河相望，西与临泉县相邻，东与颍上县接壤。颍州区属洪冲积平原，地势自西北向东南缓倾，地面高程最高 33.5m，最低 29.6m，地面坡降 1/8000 ~ 1/10000。颍州区境内沟河纵横，排水系统比较健全。其境内主要河流有沙颍河、泉河、小润河、草河等。

颍州区国土面积有 616.3km²，辖 15 个乡镇和办事处，耕地面积 47 万亩。2015 年末总人口为 85 万人，其中农村人口 53.7 万。颍州区是阜阳市政府所在地，有得天独厚的区位经济发展优势，经济基础雄厚，也是个农业大区，近年来国民经济和各项社会事业发展较快。2015 年全区全年生产总值为 166.4 亿元，人均 GDP 达 23340 元。2015 年颍州区总供水量 1.34 亿 m³，全区水资源量 1.72 亿 m³，水资源开发率达到 78%，开发利用程度较高。颍州区中深层地下水水质较好，除局部存在氟化物指标超标外，其余均可达到Ⅲ类水质标准。

二、农村饮水安全工程建设情况

1. 农村人口饮水安全解决情况

"十一五"期间，颍州区累计投资 4465 万元，建设水厂 36 处，涉及 36 个行政村，解决了 11.14 万人农村居民的饮水安全问题。发展改革、水利、卫生、财政、国土、环保、住房城乡建设、农业等各有关部门明确职责，密切配合，共同推动开展农村饮水安全工程规划设计、工程建设和运行管理、水质检测、水源保护等工作，推进落实相关优惠政策，有效提高了农村饮水安全保障水平，改善了农村生产生活环境和卫生条件。

"十二五"期间颍州区共投资 9310 万元，建设水厂 30 处，其中新建 15 处、改扩建及管网延伸水厂 15 处，解决农村饮水不安全人口 17.74 万人，涉及 39 个行政村。

表 1 2015 年底农村人口供水现状

乡镇数量	行政村数量	总人口	农村供水人口	集中式供水人口	其中：自来水供水人口	分散供水人口	农村自来水普及率
个	个	万人	万人	万人	万人	万人	%
15	99	85	53.7	28.88	28.88	24.82	54

表2　农村饮水安全工程实施情况

合计			2005年及"十一五"期间			"十二五"期间		
解决人口		完成投资	解决人口		完成投资	解决人口		完成投资
农村居民	农村学校师生		农村居民	农村学校师生		农村居民	农村学校师生	
万人	万人	万元	万人	万人	万元	万人	万人	万元
28.88	2.09	13775	11.14	0.86	4465	17.74	1.23	9310

2. 农村饮水工程（农村水厂）建设情况

截止到2015年底，颍州区有千吨万人规模水厂8处，规模以下水厂26处，受益行政村71个，受益人口28.88万人。规模水厂均配套完善的管理设施、井房消毒间、清水池、供水泵房、自动化监控设施、水质化验室及水质化验设备等，现状设备运行良好。规模以下水厂中九龙镇叶寨水厂、马寨乡宋寨水厂、马寨乡皮楼水厂、三合镇三合水厂、三胡水厂、王店镇高棚水厂、王店镇刘新水厂、景区办景区水厂、西湖镇大田水厂配套井房消毒间、清水池及供水泵房、自动化控制设施。其余水厂现有供水方式为变频直供、气压罐、水塔供水。

2005—2015年，颍州区共投资13775万元，其中中央投资7758万元、省级配套资金3037万元、市级配套资金985万元、区财政配套资金1623万元、群众自筹资金372万元。

表3　2015年底农村集中式供水工程现状

工程规模	工程数量	设计供水规模	日实际供水量	受益乡镇数	受益行政村数	受益农村人口	自来水供水人口
	处	m^3/d	m^3/d	个	个	万人	万人
合计	34	21410	19269	15	71	28.88	28.88
规模水厂	8	9800	8820	7	33	15.69	15.69
小型水厂	26	11610	10449	11	38	13.19	13.19

3. 农村饮水安全工程建设思路及主要历程

（1）"十一五"期间农村饮水安全工程建设

颍州区"十一五"期间农村饮水安全工程建设的基本原则：一是统筹规划，突出重点。在规划中先急后缓，先重后轻，优先解决对农民生活和身体健康影响较大的饮水安全问题，把重点放在解决高氟水、污染水，严重缺水和经常缺水的地区。二是防治并重，综合治理。三是因地制宜，近远结合。根据要解决的问题及当地自然、经济条件和社会发展状况，合理选择饮水工程的类型、规模及供水方式。首先考虑当前的现实可行性，同时兼顾今后长远发展的需要。四是城乡统筹，多渠道筹集资金。按照中央、地方和受益群众共同负担，困难大的多补、困难小的少补等原则制定资金筹措计划。从我区农村实际情况出发，受益农户要在负担能力允许的范围内，承担一定投资、投劳的义务。

"十一五"期间，颍州区累计投资 4465 万元，建设水厂 36 处，涉及 36 个行政村，解决了 11.14 万人农村居民的饮水安全问题，全部是规模以下水厂。

（2）"十二五"期间农村饮水安全工程建设

颍州区"十二五"期间农村饮水安全工程建设的基本原则：一是统筹兼顾，分步实施。与新农村建设规划、农村学校建设、扶贫开发等工作有机结合，鼓励统筹区域城乡供水，充分利用现有供水设施及管网资源，合理确定工程布局和建设规模，防止重复投资，提高投资效益。二是规模发展，注重实效。充分考虑水资源、人口等因素和区域经济社会发展需要，加强水源可靠性和工程运行可持续性论证。三是防治结合，确保水质。采取综合措施，加强饮用水水源地的保护，防止污染和人为破坏。四是建管并重，良性运行。按照建得成、管得好、用得起、长受益的要求，强化项目前期工作，加强建设管理，完善运行管护机制，落实工程维修养护经费，建立健全区级供水技术服务体系，确保工程长期发挥效益。五是政府主导，农民参与。工程建设资金按照中央、地方和受益群众共同负担原则筹措；鼓励和引导社会资金投入。

"十二五"期间颍州区共投资 9310 万元，建设水厂 30 处，其中新建 15 处、改扩建及管网延伸水厂 15 处。解决农村饮水不安全人口 17.74 万人，涉及 39 个行政村。

三、农村饮水安全工程运行情况

1. 农村饮水安全工程专管机构

颍州区编办 2010 年 11 月 5 日批复成立颍州区农村饮水安全管理中心，编制为全额事业单位，落实管理人员 3 人。2015 年 11 月 30 日，为进一步加强颍州区饮水安全管理工作，"颍州区农村饮水安全管理中心"更名为"颍州区农村饮水工程管理和水质监测中心"，另调剂增加 4 名编制，为全额事业单位。

2. 维修养护资金

按照上级有关要求，颍州区自 2011 年开始设立农村饮水安全工程维修养护基金，区级财政按照工程投资 1% 的标准落实维护专项经费，列入区级年度财政预算，主要用于工程维修养护以及部分小水厂的运行补贴。截止 2015 年底账户金额达到 220 万元，有力地保障了农村饮水水厂的日常管护和维修。

3. 水质检测中心

颍州区农村饮水工程管理和水质监测中心 2015 年 8 月开工建设，目前已经全部建成使用。占地面积 817m²、建筑面积 945m²，工程总投资 339.5 万元。在实施区水质检测中心建设的同时，颍州区水务局积极向政府汇报，落实水质检测人员、机构和运行经费，建立完善水质检测相关制度和保障机制，确保水质检测中心工作开展。目前，颍州区农村饮水工程管理和水质监测中心已落实水质检测人员 4 人，已参加培训 4 人，颍州区水质检测中心具备《生活饮用水卫生标准》（GB 5749—2006）规定的 42 项常规检测指标，水质检测人员经培训后基本具备操作能力，目前正常开展水质检测工作。

4. 水源保护

颍州区政府划定本行政区域内农村饮水安全工程水源保护区，组织、协调和监督有关部门按照职责分工做好饮用水水源保护工作，合理开发利用水资源，切实保护饮用水水源水质。区环保、水务部门对所辖区域的农村饮用水水源保护区实施统一监督管理,对农村集中式饮用水水源保护工作实施监督管理。

5. 供水水质状况

颍州区制定出台了《农村饮水安全工程运行管理办法》,明确工程运行管理、水源保护、水质监测、供水应急措施,保障工程安全正常运行。每处水厂配备有供水消毒设备,对水源水含氟元素超标的,配套了除氟水处理设备,加强水质处理。规模水厂设立有水质化验室,进行供水水质日常检测。较小的水厂依托区水质检测机构或规模水厂定期进行水质检测,保障供水安全。目前,颍州区农村饮水安全工程供水水质达标。

6. 农村饮水工程运行情况

颍州区水厂的供水管理全部落实了供水管理单位或个人,管理方式主要有委托给供水服务公司、委托给水厂所在村委会、委托给个人经营管理三种类型。"千吨万人"规模水厂的全部委托给供水服务公司经营管理。个别单村小型水厂委托水厂所在村委会或个人给进行管理。颍州区现有农村供水工程产权方面全部为政府所有,资产监管人为颍州区水务局。根据上级有关物价文件精神,颍州区农村饮水安全工程全部实施两部制水价,基本水费为 60 元/年(户均用水量在 $36m^3$/年以内),超出部分按照 2.0 元/m^3 收取。

7. 农村饮水工程监管情况

一是强化水质监管,颍州区成立区级农村饮水安全工程水质检测中心。"千吨万人"以上规模水厂单独设立水质化验室,配备专职检验人员,确保水质常规检测常态化、全覆盖。二是强化建后管理,农村饮水安全工程竣工验收合格后,固定资产移交给区农村饮水安全工程管理中心,区财政落实工程维修养护专项经费。三是水厂经营坚持推行公司化运营、专业化管理、用水户参与、社会化服务、政府全力监管的运管模式。

8. 运行维护情况

一是完善管护机制,建立健全区级农村饮水安全工程专管机构,明晰工程产权,落实工程管护主体和管护制度。二是建立维修养护队伍。颍州区建立农村饮水安全工程运行维修队伍,当水厂运行过程中发生较大设备故障,由维修队伍实施维修,所需经费从区维修养护经费中列支;一般较小故障,由工程管理单位(或者经营者)负责维修,所需经费从收缴水费中列支。

四、采取的主要做法、经验及典型案例

(一)做法和经验

1. 组织制度建设

颍州区以区政府的名义批准了《农村饮水安全工程实施办法》,该办法明确了管理主体、管理责任和管理义务。为确保颍州区农村饮水安全工程项目有计划、有步骤的顺利实施,区政府成立了民生工程协调小组,下设办公室,具体负责协调农村饮水安全项目建设实施工作。颍州区水务局成立了民生工程领导小组,农村饮水安全项目建设涉及的乡镇相应成立了农村饮水安全项目实施协调小组,并明确颍州区农村安全饮水项目工程建设法人单位为颍州区水务局,具体负责颍州区农村饮水安全项目建设管理及实施工作。区、乡逐级签订目标责任书,层层落实建设任务,定期督查,严格追责,督查结果纳入年度绩效考核，确保项目建设的顺利实施。

2. 前期工作

项目编制人员多次会同建设单位、地方政府赴现场进行详细的调查，充分发动项目区地方政府的积极性，地方政府在前期工作中提供了翔实准确的项目区基础资料。在设计过程中，设计人员多次与区水务局及项目所在地乡镇就厂区布置、管路走向等相关问题进行了沟通，优化管线走向；并听取当地民众建议，力求使设计与现场实际及新农村建设规划相吻合。

3. 水质检验管理

新建的供水工程必须经过有资质的检测机构检测并合格后方可投入使用。在供水期间，设立专门的水质检验室，配备专门的检测设备，对出厂水和管网末梢水进行检测并记录存档。水样的采集、保存和水质检验方法应符合《生活饮用水标准检验法》的规定。对不能检测的项目，委托具有相关资质的单位进行检验。

4. 水源管理

做好《水法》《环境保护法》等有关法律法规宣传。在水厂大门道路钱设立水源重地保护警示牌，厂区内设立水源保护宣传栏。充分让群众认识到饮用有害水源所造成的危害性。继而爱护水源，珍惜水源，节约用水。

（二）典型工程案例

颍州区着力化解农饮工程管养难

颍州区创新农村饮水安全建后管养供给模式，引入竞争机制，通过走市场化之路，推进饮水工程运行管理工作规范化、制度化，保证各水厂正常运行，使饮水工程长期发挥效益。

颍州区在日常管护中发现，一些以村为单位成立的供水协会和个体承包户管理的自来水厂，因为专业技术能力和经济条件等限制，存在着管理不善、运行状况差等情况；部分群众缺乏爱护供水工程的意识，随意损坏供水设施；有的用水不交钱、交钱浪费水，包括偷用水等现象时有发生；有的甚至用安全饮水灌溉农田，造成供水管道的跑、冒、滴、漏。

为切实加强农村饮水安全工程管理，颍州区出台了《农村饮水安全工程管理养护工作实施意见》，明确并落实工程管护主体与责任。在区水务局的指导下，"颍州区农村饮水工程管理和水质监测中心"公开招标，与"阜阳市天长饮水服务公司"签订服务承包协议，实现此项民生工程管理的专业化、服务的社会化。

通过竞争上岗的"阜阳市天长饮水服务公司"在保证正常供水的前提下，对聘用的管理人员进行岗位培训，使其熟练掌握机电设备操作、工程运行维护、常见故障排除等操作技能，努力提高供水工程管护的技术水平。面对用水农户居住分散、饮水工程管线长等管理难度大的问题，管理服务人员不断强化管理措施，一方面加大巡查力度，一方面提供限时服务；同时公示服务监督电话，实行 24 小时值班，随时赶到现场排除故障。

民生工程建好后，管养的好坏，直接关系到能否确保工程运行长期发挥社会效益和经济效益。颍州区采用市场化的办法，在民生工程建后管养中由政府购买服务，调动了社会力量参与民生工程、建后管养的主动性和积极性。

五、目前存在的主要问题

1. 工程设施方面

颍州区现有小型水厂除九龙镇叶寨水厂、马寨乡宋寨水厂、马寨乡皮楼水厂、三合镇三合水厂、王店镇桃花水厂、王店镇高棚水厂、王店镇刘新水厂、景区办景区水厂、西湖镇大田水厂配套井房消毒间、清水池及供水泵房、自动化控制设施外，其余水厂现有供水方式为变频直供、气压罐、水塔供水，并配套有消毒设备。虽然部分水厂厂区内还有气压罐，但是大部分气压罐毁坏比较严重，内部锈蚀，已基本废弃，无法正常发挥工程效用。现有变频直供水厂由于变频泵启动频繁，导致运行成本高，变频泵及变频柜损坏较频繁，直接导致了水厂运行成本较高。现有的消毒设备几乎全部损毁，不具备制备消毒剂的能力，无法使用。

2. 水质保障方面

颍州区现有的部分小水厂的消毒设备基本无法使用，多因运行管理人员不熟悉消毒设备的操作使用，致使设备长时间搁置，因消毒液原料存在较强的腐蚀性，现有的消毒设备多数存在严重的锈蚀现象，已无法使用。

3. 运行维护方面

随着近年来规模化水厂的建设及运行，近年来规模水厂大部分采用公司化运营管理，但是工程管理中也暴露出管理人员知识结构差，没有专业管理知识的短板，自动化设备、电气设备、监控设备等出现的问题无法及时排除，虽然管理单位也定期进行培训，但是由于管理人员本身学历低、培训时间短等原因导致培训成效不高。小型水厂由于规模较小，部分委托给村委会和个人经营，因缺乏专业技术人才，技术力量差，个别水厂管理人员不会操作消毒设备，设备损坏后基本上没有任何维修养护能力。

六、"十三五"巩固提升规划情况

1. 规划思路

2016 年 5 月，阜阳市政府印发了《阜阳市农村安全饮水全覆盖三年行动计划》，决定实施全市农村安全饮水全覆盖三年行动计划。即按照"总体规划、分期实施"的建设原则和"三年全面建成，两年巩固提升"的目标要求，2016—2018 年集中攻坚，全面解决农村人口的饮水问题，实现农村安全饮水全覆盖，完成扶贫攻坚任务；2019—2020 年，实施巩固提升工程，进一步提高农村饮水安全保障水平。根据市政府文件精神，颍州区"十三五"期间的农村安全饮水工程的规划思路是：一是合理建设一批规模水厂，扩建、改造、并网部分已建工程，提高农村自来水覆盖率；二是加强工程运行管理，加强信息化建设，提高工程监控和管理水平，保障工程高效、安全、良性运行；三是强化水源保护和水质保障，提高农村供水水质达标率。

2. 规划目标

到 2020 年，全区农村饮水安全集中供水率到达 95% 以上；自来水普及率达到 95% 以上；水质达标率比 2015 年提高 15 个百分点；推进城镇供水公共服务向农村延伸，使城镇自来水管网覆盖行政村的比例达到 33%。健全农村供水工程运行管护机制、逐步实现良性可持续运行。

3. 主要建设内容

颍州区"十三五"农村饮水工程规划共计建设水厂26处，其中新建水厂7处、管网延伸水厂10处、改扩建水厂9处。新增受益行政村72个，新增受益人口24.82万人，新增供水规模17768m³/d。总投资13241万元。

表4 "十三五"巩固提升规划目标情况

农村集中供水率（%）	农村自来水普及率（%）	水质达标率（%）	城镇自来水管网覆盖行政村的比例（%）
95	95	85	33

表5 "十三五"巩固提升规划新建工程和管网延伸工程情况

工程规模	新建工程					现有水厂管网延伸			
	工程数量	新增供水能力	设计供水人口	新增受益人口	工程投资	工程数量	新建管网长度	新增受益人口	工程投资
	处	m³/d	万人	万人	万元	处	km	万人	万元
合计	7	8320	11.74	11.74	5914	10	1100	11.04	4911
规模水厂	7	8320	11.74	11.74	5914	10	1100	11.04	4911

表6 "十三五"巩固提升规划改造工程情况

工程规模	改造工程					
	工程数量	新增供水能力	改造供水规模	设计供水人口	新增受益人口	工程投资
	处	m³/d	m³/d	万人	万人	万元
合计	9	1660	1660	2.08	2.08	2416
规模水厂	9	1660	1660	2.08	2.08	2416

4. 农村饮水工程长效运行工作思路

（1）加强资金管理。严格资金管理制度，设立专门账户，由建设单位统一管理，实行专款专用，确保工程建设的顺利实施。

（2）加强质量管理。按照《农村人饮项目建设管理办法》的要求，将颍州区农村饮水安全工程纳入基本建设项目管理程序进行管理，实行项目法人制、招标投标制、工程监理制，从制度上保证工程的质量，工期严格按要求完成，做到建一处，成一处，发挥效益一处。

（3）加强运行管理。从长远发展来看，为了更好地管理水厂，建议以后条件成熟的水厂要逐步走向公司化运营。乡镇管理的规模水厂待条件成熟后应进行资产评估后采取拍卖经营权的方式进行管理维护，小型水厂在本次并网改造后规模扩大，待条件成熟采取同样的方式。

（4）加强饮用水源保护。按照国家制定法律法规中水源卫生防护的规定，划定供水水源保护区，制定保护办法，特别是要加强对水源地周边设置的排污口的管理，以保证水源安全、持续利用。

（5）加大宣传力度。要通过广播电视、发放宣传资料、网站等多种形式，大力宣传解决农村饮水安全问题的重要意义，营造全社会关心扶持饮水安全工作的良好氛围，让这一德政工程得到广泛认同、深入人心。

淮南市

淮南市农村饮水安全工程建设历程

（2005—2015）

（淮南市水利局）

一、基本概况

淮南市位于淮河中游，地处安徽省中北部，东与蚌埠市、滁州市毗邻，南与合肥市接壤，西与六安市、阜阳市相接，北与亳州市交界。素有"中州咽喉，江南屏障"之称，有着"蔡楚故地，能源之都"的独特魅力，全市国土面积 5571km²。

淮南市境内主要河流有淮河、西淝河、济河、港河、永幸河、架河、泥河、黑河、茨淮新河、东淝河、窑河、淠河等，主要湖泊有焦岗湖、瓦埠湖、高塘湖、十涧湖、安丰塘等。

2016 年 1 月，淮南市政区面积扩大，辖五区二县一个国家级综合实验区，下设 73 个乡镇，226 个社区居委会，866 个行政村；国土面积 5571km²，总人口 383.4 万人，其中农村人口 262.45 万人。截至 2015 年底，全市农村供水人口 158.74 万人。

淮南市多年平均当地水资源总量 16.82 亿 m³，其中地表水资源量 14.2 亿 m³、地下水资源量 6.35 亿 m³，地表与地下水不重复量为 2.62 亿 m³。我市地表水水源地水质基本满足农村饮水水源地要求。主要污染物为 COD 和氨氮，湖泊均呈轻度富营养化，河道除淮干部分河道，其他水质一般较好。

二、农村饮水安全工程建设情况

1. 农村人口饮水安全解决情况

2005 年我市组织各县区编报的农村饮水现状调查评估报告，市水利局进行汇总编报，经水利厅核定，"十一五"全市各区县饮水不安全人口有 69.97 万人（含寿县 24.8 万人）。我市各级政府高度重视，自 2005 年开始实施，2007 年都将其列为民生工程，按照省政府和省厅的部署安排，全面启动了农村饮水安全工程建设。

2015 年底，全市农村总人口 262.45 万人，农村供水人口 158.74 万人，集中式供水人口 158.74 万人，其中自来水供水人口 158.74 万人，农村自来水普及率 60%；全市行政村 866 个，通水行政村 631 个，行政村通水比例 73%。2005—2015 年，农饮省级投资计划累计下达投资 7.45 亿元，计划解决农村人口 148.47 万人，累计完成投资 7.473 亿元，建成农村水厂 165 处。

2. 农村饮水工程（农村水厂）建设情况

2005 年以前，我市只有寿县建设农村集中供水工程 14 处，其他县区均未建设农村饮水工程。按水源类型划分有取用地表水和地下水两种；取用地表水的有瓦埠、大顺、三觉、寿春四镇水厂，受益人口 17836 人；提取地下水的共 10 处，受益人口 23897 人。按供水规模分：现状日供水规模在 1000m³/d 以上的有 2 处，受益人口 15790 人；现状日供水规模在 200～1000m³/d 的 1 处，受益人口 1469 人；现状日供水规模在 20～200m³/d 的有 10 处，受益人口 24474 人。

表 1　2015 年底农村人口供水现状

县（市、区）	乡镇数量	行政村数量	总人口	农村供水人口	集中式供水人口	其中：自来水供水人口	分散供水人口	农村自来水普及率
	个	个	万人	万人	万人	万人	万人	%
合计	73	866	262.45	158.74	158.74	158.74		60
寿　县	25	278	131.26	70.53	70.53	70.53		54
凤台县	17	234	50.95	30.63	30.63	30.63		60
潘集区	11	141	36.61	20.36	20.36	20.36		56
田家庵区	5	40	7.6	7.14	7.14	7.14		93
谢家集区	6	58	11.5	11.54	11.54	11.54		100
大通区	4	51	10.45	5.08	5.08	5.08		49
八公山区	2	21	2.96	2.96	2.96	2.96		100
毛集实验区	3	43	11.12	10.5	10.5	10.5		94

截至 2015 年底，全市现有农村水厂 165 处，设计供水规模 151290m³/d，农村受益人口 158.74 万人，其中：规模水厂共 45 处、小型水厂 120 处、规模水厂按水源类型分采用地表水的 36 处，采用地下水的 8 处，采用地表水的规模水厂主要分布在淮河、茨淮新河、瓦埠湖、安丰塘、淠河、淠东干渠等。我市农村饮水安全工程除寿县外，其他县区的全部供水入户，实际入户数占设计入户数的 95% 以上。除寿县外，其他县区农村饮水安全工程采取直接入户，基本未收取受益农民承担入户材料费用，个别收取入户材料费用，也严格按照每户不超过 300 元规定收取。

3. 农村饮水安全工程建设思路及主要历程

"十一五"阶段：各县区根据农村饮水存在问题的分布情况，统筹规划、先重后轻、先急后缓、逐步解决，与集镇建设结合起来，采用城镇自来水厂管网延伸为主，不具备管网延伸条件的采取深井取水建设单村集中供水工程，实行供水入户。

2005 年农村饮水安全工程项目根据省发改委、省水利厅下达的投资计划，解决 2 个县区 1.7 万人饮水安全问题，工程总投资 610 万元。共建成小型供水工程 6 处，解决 3 个乡镇 6 个行政村 1.7 万人的饮水问题，完成总投资 610 万元，其中，中央预算内专项资金

270 万元，地方配套及群众自筹 340 万元。"十一五"期间，先后完成了 69.97 万人农村人口和 0.17 万学校师生的建设任务，累计完成投资 31085 万元，其中中央专项资金 13800 万元、省级投资 8630 万元、地方配套资金 8655 万元。

"十二五"阶段：各县区根据农村饮水安全未解决人口和新增人口情况，前期以单村集中供水和管网延伸为主，后期我市不断总结"十一五"以来工程建设经验，在工程建设同时重点考虑后期运行管护，我市自 2013 年逐渐转变建设思路，开始调整县区农饮工程"十二五"规划，采取新建规模化供水工程、整合兼并小型供水工程、改扩建规模水厂，招商引资建设规模化供水工程，结合集镇建设、新农村建设、美好乡村建设，并适度发展农村自来水设施，引进部分社会资金和企业管理模式，促进工程良性运行。"十二五"期间新建各类规模化供水工程 26 处，其中整合兼并小型集中供水工程新建规模水厂 3 处、改扩建规模水厂 12 处、新建规模水厂 11 处。"十二五"期间全市共完成投资 43393 万元，其中，中央预算内专项资金 30780 万元、省级配套 6379 万元、市县区配套 6234 万元，解决了 78.5 万农村居民和 14.17 万农村学校师生饮水安全任务。

表 2　农村饮水安全工程实施情况

县（市、区）	合计			2005 年及"十一五"期间			"十二五"期间		
	解决人口		完成投资	解决人口		完成投资	解决人口		完成投资
	农村居民	农村学校师生		农村居民	农村学校师生		农村居民	农村学校师生	
	万人	万人	万元	万人	万人	万元	万人	万人	万元
合计	148.47	14.34	74479	69.97	0.17	31085	78.5	14.17	43393
寿县	66.84	8.18	34469	24.8		11062	42.04	8.18	23407
凤台县	29.76	2.73	14963	12.09	0.17	5378	17.67	2.56	9585
潘集区	16.63	1.13	7843	14.31		6344	2.32	1.13	1499
谢家集区	11.03	1.3	5665	4.09		1815	6.95	1.3	3850
田家庵区	7.14		3228	6.2		2758	0.94		470
大通区	4.93		2208	4		1743	0.93		465
八公山区	0.99		460	0.3		117	0.69		343
毛集实验区	11.14	1	5643	4.18		1869	6.96	1	3774

表 3　2015 年底农村集中式供水工程现状

县（市、区）	工程规模	工程数量	设计供水规模	日实际供水量	受益乡镇数	受益行政村数	受益农村人口	自来水供水人口
		处	m³/d	m³/d	个	个	万人	万人
合计	合计	165	151290	87805	72	631	158.74	158.74
	规模水厂	45	123666	69837	—	—	123.92	123.92
	小型水厂	120	27624	17968	—	—	34.82	34.82

（续表）

县（市、区）	工程规模	工程数量	设计供水规模	日实际供水量	受益乡镇数	受益行政村数	受益农村人口	自来水供水人口
		处	m³/d	m³/d	个	个	万人	万人
寿县	合计	25	71650	42080	25	251	70.53	70.53
	规模水厂	22	70300	41200	—	—	68.61	68.61
	小型水厂	3	1350	880	—	—	1.92	1.92
凤台县	合计	40	35807	19066	16	119	30.63	30.63
	规模水厂	7	24613	10770	—	—	18.06	18.06
	小型水厂	33	11194	8296	—	—	12.57	12.57
潘集区	合计	43	9000	4675	11	77	20.36	20.36
	规模水厂	3	4000	2800	—	—	10.03	10.03
	小型水厂	40	5000	1875	—	—	10.33	10.33
谢家集区	合计	7	9666	3750	6	58	11.54	11.54
	规模水厂	2	9000	3545	—	—	10.6	10.6
	小型水厂	5	666	205	—	—	0.94	0.94
田家庵区	合计	17	7323	2808	5	37	7.14	7.14
	规模水厂	2	4863	2808	—	—	4.68	4.68
	小型水厂	15	2460	1722	—	—	2.46	2.46
大通区	合计	12	5715	1320	4	28	5.08	5.08
	规模水厂	1	3020	2114	2	—	3.17	3.17
	小型水厂	11	2695	1320	2	—	1.91	1.91
八公山区	合计	2	1070	820	2	21	2.96	2.96
	规模水厂	2	1070	820	—	—	2.96	2.96
	小型水厂							
毛集实验区	合计	17	11059	9400	3	40	10.5	10.5
	规模水厂	4	6800	5780	—	—	5.81	5.81
	小型水厂	13	4259	3620	—	—	4.69	4.69

三、农村饮水安全工程运行情况

1. 农村饮水安全工程专管机构

各区县分别由当地机构编制委员会或政府批准成立了区县级农村饮水安全工程运行管理站（管理中心），设在县区（农林）水利（水务）局。寿县由县编办批复，于2014年1月28日寿县成立了寿县农村饮水安全管理中心，该中心属于事业单位编制，人员经费由县财政全额拨款。其他各县区分别由县区政府批准设立运行管理站（管理中心），人员采用内部调剂使用，落实工程管理主体和运行维护经费。

2. 农村饮水安全工程维修养护基金

我市率先在全省制定出台了《淮南市农村饮水安全工程运行管理办法（试行）》（淮府办〔2010〕151号），文件规定对我市建设小型集中式供水工程市县区财政按照5：5的比例建立运行维修养护经费，对深井供水工程供水人口2000人以上的每年每处7.5万元补助，2000人以下的每处每年5.5万元补助。经过几年的运行管理，市政府于2014年对《淮南市农村饮水安全工程运行管理办法》进行了修订。修订的管护办法进一步明确了管理主体、管护责任，加大对水源地、供水水质监管力度，鼓励社会资金投资新建规模水厂，对纳入农饮工程管理运行维修费用财政给予适当补贴，增加对规模水厂、城市管网延伸工程维修养护补助，规定规模水厂按7~8元/人·年标准，管网延伸工程5元/人·年标准，深井工程5万~7万元/年，为我市农饮工程运行管护提供更有力的保障。

自2010年运行管理办法出台以来，市、县（区）财政将农村饮水安全工程运行维修养护经费纳入年度预算，累计建立运行管护经费5868万元，其中市财政下拨运行管护资金2934万元。各县区根据运行管理办法制定出台了运行管护资金使用细则，制定具体可操作性运行维修养护经费细则，各县区财政设立农村饮水安全工程运行维修养护经费专项，采用县级财政报账制，由县区财政负责运行维修养护资金的管理和使用。2015年，市财政局、市水利局联合制定出台了《淮南市农村饮水安全工程运行管护资金管理暂行办法》（淮财经建〔2015〕432号），进一步规定了维修养护资金的使用范围，规定了资金使用和管理的。

3. 县级农村饮水安全工程水质检测中心建设

根据相关规定，2015年全市建设县级水质检测中心5处，采取政府购买水质检测服务的区3个。县级水质检测中心采取与规模水厂合作共建2处，分别是寿县、毛集实验区；与县级疾控中心合作的2处，分别是凤台县、潘集区；水利部门单独建设的1处为谢家集区。全市2015年农村饮水安全工程水质监测能力项目中央预算内投资计划（皖发改投资〔2015〕203号）总投资872万元（寿县投资173.92万元，凤台县投资171.14万元，潘集区投资168.48万元，谢家集区投资153.87万元，毛集实验区投资204.59万元）。2015年底，我市建设的县水质检测中心全面建成并完成调试，按照建设方式现已落实有个人员并开展水质检测工作。

4. 农村饮水安全工程水源保护情况

我市规模以上水厂全部划定水源保护区或保护范围，小型集中供水工程基本划定了水源保护区或保护范围，各地农村饮水安全工程都在水源保护区内基本都设立了标志牌和警示牌，以地表水为水源的在取水区设置明显的标志和保护告示，以地下水为水源取水建筑物设立保护设施。供水单位对水源保护区实行定期巡查，对影响水源安全问题的及时报告，妥善处理，并做好记录。县区水利部门负责起草县（区）农村饮水安全应急预案，均由当地政府出台印发。每处农村饮水安全项目点均根据下发的县（区）级应急预案，编制了符合各自实际、可操作性强的应急预案；规模较小的项目点以乡镇为单位，编制乡镇级农村饮水安全工程应急预案。各预案均报区县水利（务）备案和批复。部分县区建立农村饮水安全工程应急抢修队伍，配备人员和设备，确保供水安全。

5. 供水水质状况

全市农饮工程主要采用二氧化氯和臭氧消毒，针对水质超标情况进行水质处理，进行直供或二次提水。农村饮水安全工程的水质检测主要采取供水单位自检、送检和卫生部门监测。供水企业安排专人定时对水质进行检测，并定期将水质送市、县卫生疾控部门检测相，保证供水水质安全。卫生部门定期或不定期地对辖区内的水厂及单村工程进行水质检测，并出具检测报告，对不合格的水厂及单村工程进行通报并限期整改，确保供水安全。今年以来，县级农村饮水安全工程水质检测中心已投入运行开始开展水质巡检。

6. 农村饮水工程运行情况

全市农村饮水安全工程当年完成建设任务，当年移交给受益乡镇、村，办理移交手续并移交所有竣工资料。水利部门结合实际，积极探索和建立与市场经济相适应的工程运行管理机制。经过积极探索，全市初步形成了四种管护模式。一是镇村管理——"毛集模式"；二是村民自治管理——"连岗模式"；三是承包经营——"孤堆模式"；四是水厂管理模式。

7. 农村饮水工程监管情况

全市农村饮水安全工程供水全成本经测算：引水工程为 $1.0 \sim 1.8$ 元/m³，提水工程为 $1.5 \sim 2.0$ 元/m³。由于群众的承受能力原因，实际供水用水量达不到设计标准，水价偏低，农村饮水安全工程实收水价为提水工程为 $1.0 \sim 1.5$ 元/m³，通过市自来水公司管网延伸为 2 元/m³，通过自来水公司管网延伸为 $1.5 \sim 2.0$ 元/m³。

四、采取的主要做法、经验及典型案例

（一）做法和经验

1. 地方出台的政策和法规性文件

市级政府出台文件。2014 年市政府办公室印发了《淮南市农村饮水安全工程运行管理办法》（淮府办〔2014〕60 号），明确县区人民政府是农村饮水安全的责任主体，市、县区财政按照 5∶5 的比例筹集农村饮水安全运行管理资金，列入财政预算积极推行基本水费和计量水费乡结合的水价制度。《淮南市人民政府关于加强基层水利服务体系建设工作的实施意见》（淮府〔2014〕70 号），文件规定县区加强基层服务体系建设，切实加强对农村饮水安全工程管护，2015 年全市选聘村级水管员 561 名，开展岗前农村饮水安全工程相关知识培训，加强农村饮水安全运行管理工作。

主管部门出台文件。市物价局《关于加强农村自来水价格管理的规定》（淮价商价〔2014〕6 号），文件规定农村自来水价格和农村自来水管网配套价格实行政府定价，授权县区物价局制定。市审计局、市水利局《关于加强我市小型水利工程建设项目审计的意见》（淮审农〔2015〕79 号），提出对农村饮水安全等工程加大审计覆盖，深化审计内容，规定项目完工后 1 个月完成竣工财务决算并向审计机关提出书面申请，审计机关 60 个工作日内完成竣工决算审计工作。市财政局、市水利局《淮南市农村饮水安全工程运行管护资金管理暂行办法》（淮财经建〔2015〕432 号），规定了县区政府和相关部门的职责，明确了农村饮水安全维修养护经费使用的范围。市水利局《关于明确农村水利工程建设和运行管理责任的通知》（淮水农〔2015〕55 号），文件对农村饮水安全工程等工程，明确市级和县级建设和具体建设和运行管理责任，并明确到具体责任人。

2. 经验总结

一是加强组织领导，落实建管责任。市、县（区）政府认真落实农村饮水安全工程行政首长负责制，分别成立了政府主要领导担任组长的建设管理协调机构，具体协调农村饮水安全工程建设管理工作。市委、市政府领导定期召开调度会，市人大、市政府领导班子分别带队赴县区实地视察农村饮水安全工程建设管理。印发文件落实农村饮水安全工程建设和运行管理"两个责任"，落实了市、县区水利部门和项目法人（建设管理单位）具体责任人，并将市、县区农村饮水安全工程建设管理责任人进行网上公示。同时，对已建的农村饮水安全工程逐一落实管护单位和管护人员，明确管理责任人。

二是大力推行"六制"，规范建设管理。我市在农村饮水安全工程建设中，大力推行"六制"管理，严格实行项目法人制、建设监理制、集中采购制、资金报账制、竣工验收制和用水户全过程参与模式。同时，采取受益群众代表和市水利质量监督站开展工程质量监督；工程建设原材料及管材入场时均分批（组）分型号委托有资质检测机构的进行检测；积极推行农村饮水安全工程竣工质量检测制度。

三是制定管理制度，促进工作落实。我市先后出台了《淮南市农村饮水安全工程实施办法》《淮南市农村饮水安全工程资金管理办法》《淮南市农村饮水安全工程专项资金绩效考评评价实施办法》等。狠抓工程建设和运行管护督查工作，按月下发《民生水利工程通报》，将建设和运行管理纳入年度目标考核内容。

四是整合小型水厂，推进规模化建设。"十一五"期间我市建设了众多的小型供水工程，突出问题是工程"小"和"散"，良性运行困难，财政对运行管护补贴较多。针对存在问题，我市高度重视，认真进行调查摸底，分县区划定供水分区，开展小型供水工程整合试点，加大财政投入并吸引社会资金投资建设，全力推进规模化供水工程建设。

（二）典型工程案例

凤台县农饮工程经过多年的建设，形成了一套成熟的经验做法，取得扎实的成效。从项目规划开始即广泛征求意见，并结合上级部门的指导意见，实事求是，适当超前，严抓设计、审查、施工、建管等各个环节，保障了农村饮水工程的顺利实施和效益发挥，得到了地方干群的一致肯定。

凤台县将农村饮水安全工程资金设立专门账户，由建设单位县水利局统一管理，实行专款专用，并由有关部门定期进行审计。在支付工程款的时候严格手续，严格过程控制。在工程实施时，按照《农村人饮项目建设管理办法》的要求，将凤台县农村饮水安全工程纳入基本建设项目管理程序进行管理，实行项目法人制、招标投标制、工程监理制、合同制、集中采购制、资金报账制和竣工验收制，从制度上保证工程的质量，工期严格按要求完成，做到建一处，成一处，发挥一处效益。凤台县水利局会同有关上级单位定期对本工程实施情况进行检查，对工程进度、质量、资金使用、合同执行情况进行管理、监督，对不能按计划完成的要追究有关责任人的责任。在水厂建设实施过程中，加强社会监督，工作透明。县级各有关乡镇充分利用广播、电视、公告牌等多种形式，对工程建设地点、建设标准、资金补助、物料价格等进行工程；县水利局在项目实施前，逐乡镇召开群众座谈会，广泛征求群众意见；及时公布和通报工程进展，保证了工程建设的公开和透明。

凤台县人民政府出台了《凤台县农村饮水安全工程运行管理实施办法（试行）》《凤台县农村饮水安全工程项目资金管理办法》等文件，进一步明确了农村饮水工程的责任主体和机构，完善各项运行管理制度；实行严格的水源地保护措施，切实强化水源地保护和水质保障能力建设。进一步健全管理体制，创新管理模式，探索出一条农饮工程高效、有序、安全的管理模式。

五、目前存在的主要问题

1. 单村工程供水成本高

我市农村饮水安全工程大部分是以地下水为水源，工程规模小，供水量少，制水成本较高；实际供水规模小于设计供水规模，造成供水成本高。另外，多数供水工程，实际水价低于成本价，仅能满足简单运行要求。

2. 管护人员缺乏专业技术

目前，我市农村饮水安全小型供水工程管护人员多数为农民或村干部兼职，除少数经过市、县（区）举办的短期培训外，绝大多数没有经过技术培训，而且部分管理人员文化程度和业务素质较低，不能适应日常管理工作要求。农村饮水安全工程涉及机电、设备、水质、管网安装等多个专业，管护维修专业性强，亟须建立和完善技术服务体系。

3. 消毒理念不够高

"十一五"期间国家投入资金少，建设标准低，虽然配备了消毒设备，但管理人员意识不强，加之老百姓的用水消毒理念不够高，认为使用消毒过的水有股消毒药品的味道，口感不好，要求管理人员关掉消毒设备，而管理人员又未坚持原则，导致出现水质阶段性微生物超标情况。

六、"十三五"巩固提升规划情况

1. 全市农饮巩固提升"十三五"规划情况

今年以来，我市组织各县区对农村饮水安全工程状况进行全面摸底调查评价，合理制定农村饮水提质增效规划目标。将全市已建工程进行了分类，梳理存在的问题。市级统一编制农村饮水安全巩固提升工程总体规划，以县级行政区划为单元，整体规划，确定供水分区，科学合理确定农村饮水工程布局与供水规模，采取融资贷款全面解决我市农村饮水安全问题，力争2018年底前全面实施农村自来水"村村通"工程。"十三五"期间，我市采取规模集中供水为主的方式，采取财政投入和水利融资贷款相结合，2018年底前解决实施贫困村和贫困人口的饮水问题，实现我市农村自来水"全覆盖"。

表4　"十三五"巩固提升规划目标情况

县（市、区）	农村集中供水率（%）	农村自来水普及率（%）	水质达标率（%）	城镇自来水管网覆盖行政村的比例（%）
合计	96	96	86	68
寿县	95	95	85	58
凤台县	95	95	85	33

（续表）

县（市、区）	农村集中供水率（%）	农村自来水普及率（%）	水质达标率（%）	城镇自来水管网覆盖行政村的比例（%）
潘集区	95	95	85	52
谢家集	100	100	85	99
大通区	100	100	85	100
八公山区	100	100	90	100
毛集实验区	98	98	85	33

表5　"十三五"巩固提升规划新建工程和管网延伸工程情况

县（市、区）	工程规模	新建工程					现有水厂管网延伸			
		工程数量	新增供水能力	设计供水人口	新增受益人口	工程投资	工程数量	新建管网长度	新增受益人口	工程投资
		处	m³/d	万人	万人	万元	处	km	万人	万元
合计	合计	22	39390	105.46	53.86	28692	33	4691	43.63	23097
	规模水厂	18	34929	99.54	50.07	26773	33	4691	43.63	23097
	小型水厂	4	4461	5.92	3.79	1919				
寿县	合计	13	26580	79.69	41.79	21421	13		18.94	9814
	规模水厂	13	26580	79.69	41.79	21421	13		18.94	9814
	小型水厂									
凤台县	合计	5	7289	18.46	9.49	5612	2	430	2.87	1032
	规模水厂	3	6428	17.14	8.16	4883	2	430	2.87	1032
	小型水厂	2	861	1.32	1.33	729	0	0	0	0
潘集区	合计	2	3600	4.6	2.46	1190	3	2195	15.7	8520
	规模水厂						3	2195	15.7	8520
	小型水厂	2	3600	4.6	2.46	1190				
谢家集区	合计	1	619	0.94	0.12	63	6	1980	0.12	63
	规模水厂	1	619	0.94	0.12	63	6	1980	0.12	63
	小型水厂									
大通区	合计						2	76	5.37	2956
	规模水厂						2	76	5.37	2956
	小型水厂									
八公山区	合计						4	5		400
	规模水厂						4	5		400
	小型水厂									

（续表）

县（市、区）	工程规模	新建工程					现有水厂管网延伸			
		工程数量	新增供水能力	设计供水人口	新增受益人口	工程投资	工程数量	新建管网长度	新增受益人口	工程投资
		处	m³/d	万人	万人	万元	处	km	万人	万元
毛集区	合计	1	1302	1.77	0	406	3	4.4	0.63	314
	规模水厂	1	1302	1.77	0	406	3	4.4	0.63	314
	小型水厂									

表6 "十三五"巩固提升规划改造工程情况

县（市、区）	工程规模	改造工程					
		工程数量	新增供水能力	改造供水规模	设计供水人口	新增受益人口	工程投资
		处	m³/d	m³/d	万人	万人	万元
合计	合计	33	83183	2730	149.47	68.81	36648
	规模水厂	33	83183	2730	149.47	68.81	36648
	小型水厂						
寿县	合计	26	77390		121.26	60.73	31235
	规模水厂	26	77390		121.26	60.73	31235
	小型水厂						
凤台县	合计	5	5174		25.37	7.96	4997
	规模水厂	5	5174		25.37	7.96	4997
	小型水厂	0	0		0	0	0
谢家集区	合计	1	619	619	0.94	0.12	63
	规模水厂	1	619	619	0.94	0.12	63
	小型水厂						
毛集实验区	合计	1	0	2111	1.9	0	353
	规模水厂	1	0	2111	1.9	0	353
	小型水厂						

2. "十三五"之后农饮工程长效运行工作思路

建立健全地方政府农村饮水安全工程运行管理机制，进一步研究制定符合农村供水管理制度文件。组织各县区建立农村饮水安全工程应急维修平台，成立区域性专业化运行维修服务队伍。鼓励组建区域性、专业化供水单位，对农村饮水安全工程实行统一经营管理。积极推行基本水费和计量水费相结合水价制度。加强水质管理、水源地保护工作，进一步加强农村饮水安全工程自动化建设。

凤台县农村饮水安全工程建设历程

（2005—2015）

（凤台县水利局）

一、基本概况

凤台县地处淮河中游沿岸，淮南市西部。北以茨淮新河为界，与蒙城县隔河相望，南接寿县，西临颖上县，东与淮南市潘集区、八公山区接壤。地理位置坐标为北纬32°33′~33°，东经116°21′~116°56′。凤台县属于沿淮淮北平原，地势平缓，南北长45km，东西宽30km，总面积928km²。其中，淮河右岸51.3km²，属于江淮丘陵区，高程在49~194.5m。历年平均降水量875.6mm，但降水在年际和年内分布不均，年最大平均降水量达1627.8mm，年最小降水量仅446.9mm，相差2.6倍，全县每年平均降水107天。夏季降水集中在6~7月，约占全年降水量的40%。多年平均蒸发量为932mm。

凤台县境内淮河、茨淮新河、西淝河为3条过境河流。地表水资源主要分布在这3条河流上。全县淮河左岸境内多年平均浅层地下水总量2.30亿m³。地下水补给源为降雨入渗、灌溉回归，河渠渗漏和外区侧河补给等，据调查平原地区单井出水量可达45~50m³/h。中深层地下埋深于地面以下40~150m，深层地下水埋藏深度大于150m。

截止到2015年末，全县总人口为64.2万人，其中非农业人口13.25万人、农业人口50.95万人，辖16个乡（镇）、1个经济开发区、234个行政村。农村人均收入约5600元。耕地68.97万亩，其中水田48.73万亩。

二、农村饮水工程基本情况

1. 农村人口饮水安全解决情况

2005—2015年，实施我县农村饮水安全工程以来，经过10年建设，建成集中供水工程40处，涉及我县除城关镇外其余16个乡镇119个行政村，共解决了30.6338万人，尚余20.3163万人未解决。共完成投资1.4963亿元，其中中央8540万元、地方配套6423万元。

表 1　2015 年底农村人口供水现状

乡镇数量	行政村数量	总人口	农村供水人口	集中式供水人口	其中：自来水供水人口	分散供水人口	农村自来水普及率
个	个	万人	万人	万人	万人	万人	%
17	234	50.95	30.63	30.63	30.63	0	60

表 2　农村饮水安全工程实施情况

合计			2005 年及"十一五"期间			"十二五"期间		
解决人口		完成投资	解决人口		完成投资	解决人口		完成投资
农村居民	农村学校师生		农村居民	农村学校师生		农村居民	农村学校师生	
万人	万人	万元	万人	万人	万元	万人	万人	万元
30.63	2.73	14963	12.96	0.17	5378	17.67	2.56	9585

2. 农村饮水工程建设情况

2005 年以前，我县尚未建设有农村水厂。截止到 2015 年，经过"十一五"和"十二五"共 10 年的工程建设，已建成供水工程共 40 处，其中规模水厂 7 处（其中 1 处为利用县自来水厂延伸）、规模以下水厂 33 处（其中 200～1000m³/d 工程 22 处、20～200m³/d 工程 11 处）。除尚塘水厂采用茨淮新河水源，县自来水厂采用淮河水源外，其余水厂均采用中深层地下水作为供水水源，取水层为地下 60～180m。

表 3　2015 年底农村集中式供水工程现状

工程规模	工程数量	设计供水规模	日实际供水量	受益乡镇数	受益行政村数	受益农村人口	自来水供水人口
	处	m³/d	m³/d	个	个	万人	万人
合计	40	35808	19066	—	—	30.63	30.63
规模水厂	7	24614	10770	—	—	18.06	18.06
小型水厂	33	11194	8296	—	—	12.57	12.57

3. 农村饮水安全工程建设思路及主要历程

（1）解决农村饮水安全问题"十一五"阶段

"十一五"期间，凤台县委、县政府将民生工程作为头等大事来抓，积极响应上级号召，认真落实地方财政配套资金，不向老百姓收取一分钱，农村饮水用户全部免费入户，大大地减轻了群众的经济负担。

（2）解决农村饮水安全问题"十二五"阶段

"十二五"期间，凤台县委、县政府把这项工作作为一项严肃的政治任务来抓，从组织上保证了工程的顺利运作，并把任务层层分解，纳入了政府考核目标进行管理。

工程建设以水源条件为依据，适度规模；水源选择应符合当地水资源管理的要求，根据区域水资源条件选择水源，优质水源优先满足生活用水需要；工程形式以联村集中供水为主。同时，加强农村饮水安全工程建设与城镇化和新农村建设规划等有机衔接，条件具备的乡镇建设集中式供水工程。

三、农村饮水安全工程运行情况

1. 县级农村饮水安全工程专管机构

2006年成立了"凤台县农村饮水安全工程建设领导小组"，分管县长为组长，县发展改革委、水利局、财政局、卫生局、环保局、审计局等为成员单位，并在县水利局设立"凤台县农村饮水安全工程建设办公室"；2012年凤台县人民政府下文成立凤台县农村饮水安全工程管理站，人员从水利局内部调剂，专门从事农村饮水安全工程的建设及后期运行管护管理。

2. 县级农村饮水安全工程维修养护基金

2011年依据《淮南市农村饮水安全工程运行管理办法》出台《凤台县农村饮水安全工程运行管理实施办法》，列入财政预算，此后历年来，由市、县两级财政按照运行管理办法所需管护资金1∶1配套，足额到位。按照管理单位申报，乡镇专管机构审核，县农村饮水安全工程管理站拨付，并定期、不定期的抽查，检查运行管护工作。制定具体管理使用细则，专款专用、专户专账、统筹使用。

3. 县级农村饮水安全工程水质检测中心

2015年，按照相关文件规定，完成我县县级农村饮水安全工程水质检测中心建设，完成投资171.14万元。建成基本功能室：样品室、天平室、化学分析室、试剂与化玻仓库等以及特殊功能室：原子吸收室、原子荧光室、离子色谱室等。配备有散射浊度仪、原子荧光光度计、离子色谱仪、现场采样车辆及采样容器、水样冷藏箱和便携式检测仪器箱等仪器设备。

水质检测中心的主要检测任务包括三项：供水工程水源水质定期检测；供水工程出厂水定期检测与日常巡检，管网末梢水定期检测与日常巡检；并对水质不定期抽查。

当发生影响水质的突发事件时，对受影响的供水单位增加检测频率。水样采集、保存、运输、检测分析按照《生活饮用水标准检验方法》（GB/T 5750—2006）进行，并做好水质检测记录和异常情况报告等资料并归档保存。

凤台县水质检测中心年运营经费由凤台县财政列入年度财政预算解决。

4. 农村饮水安全工程水源保护情况

2013年制定《凤台县农村饮水安全工程水源保护管理办法（试行）》，明确农村饮水安全工程水源类型，保护范围等参数指标，建立定期巡查制度，并随机抽查送检，保证水源安全。

5. 供水水质状况

我县供水水源主要采用地下水为主，部分规模以上水厂采用地表水；地表水水厂采用沉淀、过滤、消毒等工艺供水入户；水源为地下水的采用消毒及净化后供水入户，水质及水量能满足供水安全要求。

6. 农村饮水工程运行情况

我县规模水厂由乡镇委托专门的供水公司负责日常运行管护，规模下小型水厂由乡镇或村负责运行管理，县水利局农村饮水安全工程管理站负责日常监管及技术指导。

7. 农村饮水工程监管情况

水厂资产均交由所在乡镇所有，并制定规章制度规范化管理。目前，我县农村饮水安全工程不收取入户费用。对水厂所供水质，每月2次，由县级水质检测中心检测。水价按照物价部门制定的标准收取。每半年由县农村饮水安全工程管理站抽检考核水厂运行管理情况，依据制定的办法考核奖惩。

8. 运行维护情况

组织人员不定期到水厂抽查日常运行情况，现场核实维修情况等，确保工程运行良好，保证居民用水。

四、采取的主要做法、经验及典型案例

1. 做法和经验

凤台县农饮工程经过多年的建设，形成了一套成熟的经验做法，取得扎实的成效。从项目规划开始即广泛征求意见，并结合上级部门的指导意见，实事求是，适当超前，严抓设计、审查、施工、建管等各个环节，保障了农村饮水工程的顺利实施和效益发挥，得到了地方干群的一致肯定。

凤台县将农村饮水安全工程资金设立专门账户，由建设单位县水利局统一管理，实行专款专用，并由有关部门定期进行审计。在支付工程款的时候严格手续，严格过程控制。在工程实施时，按照《农村人饮项目建设管理办法》的要求，将凤台县农村饮水安全工程纳入基本建设项目管理程序进行管理，实行项目法人制、招标投标制、工程监理制、合同制、集中采购制、资金报账和竣工验收制，从制度上保证工程的质量，工期严格按要求完成，做到建一处，成一处，发挥一处效益。凤台县水利局会同有关上级单位定期对本工程实施情况进行检查，对工程进度、质量、资金使用、合同执行情况进行管理、监督，对不能按计划完成的要追究有关责任人的责任。在水厂建设实施过程中，加强社会监督，工作透明。县及各有关乡镇充分利用广播、电视、公告牌等多种形式，对工程建设地点、建设标准、资金补助、物料价格等进行工程；县水利局在项目实施前，逐乡镇召开群众座谈会，广泛征求群众意见；及时公布和通报工程进展，保证了工程建设的公开和透明。

淮南市和凤台县对于农村饮水安全工程出台了一系列的相关文件，如《淮南市农村饮水安全工程项目资金管理暂行办法》（淮财经建〔2015〕433号文），凤台县人民政府出台了《凤台县农村饮水安全工程运行管理实施办法（试行）》（财农〔2015〕48号文），《凤台县农村饮水安全工程项目资金管理办法》（财农〔2015〕49号文）等，进一步明确了农村饮水工程的责任主体和机构，完善各项运行管理制度；实行严格的水源地保护措施，切实强化水源地保护和水质保障能力建设。进一步健全管理体制，创新管理模式，探索出一条农饮工程高效、有序、安全的管理模式。

2. 典型工程案例

凤台县尚塘茨润自来水有限公司位于尚塘乡朱庙村境内，北距茨淮新河1.38km。水厂前身是尚塘乡政府招商引资企业，2011 年 11 月开始自主建设水厂站首；依据凤台县农村饮水安全工程《十二五》规划，由国家投资，经凤台县农村饮水安全工程建设办公室建设，经 2012 年、2014 年、2015 年建设，从最初的日供水 100m³/d，用户只有 800 余户的简陋乡镇水厂，发展为现在日供 6000m³/d，拥用水户达 3 万余户规模水厂，目前水厂已覆盖尚塘乡、马店镇全境 8.4 万余人。水厂高举"真诚实意服务客户"、"无欲无求惠泽民生"的口号，紧紧围绕着水质、水量、水压"三个合格"和政府、用户"两满意"这个指针，对企业内部实行精细化管理的同时，又进行了外部管理模式的创新。建立自动化控制、信息化管理系统。全自动制水水质水量控制系统由全自动加药系统、全自动水质消毒系统、供水运行监测系统、管网压力监控系统组成。全自动系统实现了水厂自动化控制和信息管理实时监控情况，水质、水压、水量指标和用水状况分析等，使得生产各个环节合理运行从"源头到龙头"实现全程监控，确保出厂的每一滴水都有人监督都有人细心的照料。

五、目前存在的主要问题

1. 工程设施方面

经过"十一五"和"十二五"共 10 年的工程建设，目前凤台县农村安全饮水工程已建成供水工程共 40 处，其中规模水厂 7 处（其中 1 处为利用县自来水厂延伸）、规模以下水厂 33 处（其中 200～1000m³/d 工程 22 处、20～200m³/d 工程 11 处）。除尚塘水厂采用茨淮新河水源，凤凰镇采用县自来水厂地表水源外，其余水厂均采用中深层地下水作为供水水源，取水层为地下 60～180m。

从《凤台县农饮十三五调查报告》来看，凤台县"十一五"期间及以前建设的水厂，如桂集村深井工程、黄庙村深井工程、临泌村深井工程、张集村深井工程等，由于建设年份较长，且受限于当时的投资限制，基本都是单村水厂，由于规模小，设计标准低，无备用设备和水源，且在实际运行过程中存在人为破坏现象，部分水厂管网漏失率较高。上述几座水厂，部分原有铺设管网是沿路布置，近几年来，农村道路改扩建较多，道路加宽导致原有主管道被埋于加宽后的路面之下，目前出现大量的损坏无法维修，只能重新铺设。

"十二五"期间建设的水厂无论从供水保证程度上、管网完好率以及水源保护状况方面均比前期建设的水厂有明显的提高，完好程度比较高，但 2013 年之前建设的水厂，大部分仍以小型水厂为主，规模化不大，带来管理、维护等一系列问题。

2014—2015 年新建水厂，均配套完善的管理设施、井房消毒间、清水池、供水泵房、自动化监控设施、水质化验室及水质化验设备等。管网漏损率基本上都在 8%～10% 左右。

整体来说凤台县规模水厂配套设施较完善，供水效率较高。按照规范要求，规模水厂应配套备用水源工程，以此提高供水保证率。

2. 水质方面

凤台县"十二五"期间建设的水厂总体上是按照规模水厂的思路去规划设计建设。但由于前期建设理念、资金等原因，尤其是 2012 年之前的水厂，大部分并未达到"千吨万人"的规模，也未使用省厅推荐的清水池和供水泵房供水的方式，备用井和水质化验室也大部分没有配备。其中顾桥安置区水厂、关店安置区水厂、李冲乡水厂等仍采用了不锈钢水箱供水的方式，其余大部分采用了变频直供的方式。而除古店、尚塘水厂、顾桥安置区、丁集、大兴、岳张集前岗安置区、关店安置区 7 水厂外，均未配备水质化验室。

由于 2010 年之前的水厂普遍仅配套单一消毒设施，无备用设备，造成在消毒设备故障维修期间，供水消毒不及时，水质不稳定，因此目前凤台县需要提升水质稳定性和达标率。

目前凤台县县级农饮饮水安全工程水质检测中心刚刚建成，尚未正式投入使用。水质定期检测主要依托凤台县疾病预防控制中心或委托第三方检测机构对水厂进行抽样化验。随着近年来规模水厂的实施，规模水厂配备了水质检测设备，可以开展水厂的日常常规水质化验。但是前期小水厂由于场地资金等限制现阶段还不具备日常常规水质化验检测能力，在"十二五"期间全县所有规模水厂均配套了日常水质化验设备。

3. 运行管理方面

凤台县人民政府出台了《凤台县农村饮水安全工程运行管理办法》《凤台县人民政府办公室关于印发凤台县农村饮水安全工程突发水质污染事件应急方案的通知》《凤台县人民政府关于划定全县农村饮水安全工程水源地保护的通知》《凤台县人民政府办公室关于建立凤台县农村饮水安全工程维护基金的通知》等文件，进一步明确完了善各项运行管理制度，实行严格的水源地保护措施，切实强化水源地保护和水质保障能力建设。

凤台县农村饮水安全管理中心管理是由凤台县水利局组建的农饮工程管理单位，目前在岗 6 人，主要负责全县农饮工程的建设及运行管理工作。建设完成后各水厂的日常管理，以委托专门的管理机构或交由各村管理的模式。该管护人员选聘通过由村推荐、乡镇审核、县级考核方式。

另外由于农村大量人口外出务工，实际用水人口远小于设计人口，一些小型水厂的供水范围小，用水人口少，供水能力远远没有发挥，又由于水费征收不足，造成水厂运行困难。

4. 采煤沉陷区方面

由于凤台县是能源大县，近年来年均产煤量都在 4000 万吨以上，随着煤炭的开采，沉陷区的面积也随之扩大，部分乡镇如岳张集、顾桥两镇，已有 60% 的地面沉陷，关店、丁集等也有约 20% 地面沉陷。沉陷区的发展，使农饮工程的管道连接变得困难，而煤矿企业由于产能、保密等原因，并不公布具体规划采煤区的范围，这对农饮工程的布置也产生了一定影响。

六、"十三五"巩固提升规划情况及长效运行工作思路

1. "十三五"农饮巩固提升规划情况

（1）工程设施的改造需求

凤台县农村供水工程主要分为两个阶段，分别是 2006—2012 年农村饮水安全工程建设的小型水厂，以及 2013—2015 年建设的规模化水厂。

凤台县 2006—2012 年建设的水厂大多都是小型单村水厂，通过井泵提取中深层地下水，利用变频泵直供及不锈钢水箱供水。目前各水厂均能正常供水，但存在不锈钢水箱变形、供水泵损坏、深井出砂量大等情况，且均未配备信息化监控设备，运行安全情况无法及时获取，根据各水厂的运行情况显示，大部分小水厂运行成本高，水厂收益小，尤其体现在变频直供的水厂。小水厂的管理单位、人员积极性不高，对水厂设施维护的责任心不强，影响供水工程的持久稳定运行。

凤台县 2013—2015 年建设的水厂基本上是按照规模水厂的标准去规划设计建设。除 2013 年度规模化水厂未配备备用水源外，其余均配备了备用井。规模水厂均配套完善的管理设施、井房消毒间、清水池、供水泵房、自动化监控设施、水质化验室及水质化验设备等。管网漏损率基本上都在 8% ~ 15%。

（2）水质安全的需求

凤台县农村供水工程水源除利用县水厂供水部分及尚塘水厂供水外，其余全部为中深层地下水。由于大部分为小型水厂，原设计标准较低，对于卫生环境等保护不足，管理人员生活区与水源距离较近，且水源保护工作不足，水质化验设施不足，易产生水源污染，且无条件进行及时检测。

随着近年来规模水厂的实施，规模水厂配备了水质检测设备，可以开展水厂的日常常规水质化验。但是小水厂前期由于场地资金等限制现阶段还不具备日常常规水质化验检测能力，拟在"十三五"期间对水厂改扩建达到"千吨万人"的规模化水厂均配套水质化验设备。

（3）精准扶贫的需求

截至 2015 年底，凤台县尚有 9139 贫困人口尚未解决饮水问题。根据国家、省、市等对于建成小康型社会的要求，在 2018 年，要全面实现脱贫任务。作为政府民生保障工程之一的农村饮水安全工程，是精准扶贫工作的重要措施之一，为保障脱贫攻坚任务的顺利实施，规划在 2016—2018 年全面解决凤台县贫困人口的安全饮水问题。

表4 "十三五"巩固提升规划目标情况

农村集中供水率（%）	农村自来水普及率（%）	水质达标率（%）	城镇自来水管网覆盖行政村的比例（%）
95	95	提高	33

表5 "十三五"巩固提升规划新建工程和管网延伸工程情况

工程规模	新建工程					现有水厂管网延伸			
	工程数量	新增供水能力	设计供水人口	新增受益人口	工程投资	工程数量	新建管网长度	新增受益人口	工程投资
	处	m³/d	万人	万人	万元	处	km	万人	万元
合计	5	7289	18.46	9.49	5612	2	430.34	2.87	1032
规模水厂	3	6428	17.14	8.16	4883	2	430.34	2.87	1032
小型水厂	2	861	1.32	1.33	729	0	0	0	0

表6　"十三五"巩固提升规划改造工程情况

工程规模	改造工程					
	工程数量	新增供水能力	改造供水规模	设计供水人口	新增受益人口	工程投资
	处	m³/d	m³/d	万人	万人	万元
合计	5	5174	—	25.37	7.96	4997
规模水厂	5	5174	—	25.37	7.96	4997
小型水厂	0	0	—	0	0	0

2. "十三五"之后农饮工程长效运行工作思路

凤台县农饮十三五期间，以建设规模性水厂为主，对尚未供水的区域和原有单村水厂，首先考虑利用附近规模水厂延伸或并网，附近没有规模水厂的，对现有水厂改扩建或建设新的站首工程予以供水。在茨淮新河附近的区域，建设规模水厂优先考虑利用附近的茨淮新河地表水源。

但考虑到本县境内煤矿众多，大大小小的采煤沉陷区使全面规模化农村饮水工程较为困难，因此在特殊的地区仍需建设小型水厂作为补充。

结合农村安全饮水精准扶贫方案，规划至2020年，做到凤台县农村饮水工程农村居民集中供水率达到100%。

"十三五"期间的农饮工程分为两个阶段来实施，第一个阶段为精准扶贫攻坚阶段，时间为2016—2018年；第二个阶段为巩固提升阶段，时间为2019—2020年，详述如下。

第一阶段目标：至2018年，全面解决贫困人口饮水安全问题。

目前，凤台县尚有27个贫困村尚未通水，在2016—2018年期间，凤台县农村饮水安全工程以精准扶贫完成贫困村自来水"村村通"为基本要求，利用现有水厂改扩建、管网延伸，保证2018年之前农村饮水工程实现贫困村"村村通"。同时结合其他必要的水厂改扩建和管网延伸方案，覆盖部分贫困村以外的贫困户。

根据目前的农村饮水工程情况，尚有部分水厂由于规模小，标准低，管理差，处于水质水量等不达标的情况，在解决完所有贫困人口通水问题后，再通过对不达标水厂的改扩建、并网等方式，改善贫困人口的饮水问题。

第二阶段目标：至2020年，基本完成农饮巩固提升工程。

在本阶段，以不涉及贫困人口的大山水厂改建、李冲水厂站首新建为主，辅以改造顾桥和岳张集境内的6个沉陷区边缘水厂设施，并着力进行产权改革，完善运行管理制度，培训水厂管理员、质检员，在运行、管理、检测、服务等方面进行提升。

寿县农村饮水安全工程建设历程

（2005—2015）

（寿县水务局）

一、基本概况

寿县总面积 2948km²，总人口 139.05 万人（2014 年末）。全县辖 22 个镇、3 个乡、278 个行政村。2014 年地区生产总值（GDP）123.4 亿元。按户籍人口计算，人均生产总值达 8872 元。

寿县地处江淮丘陵与淮北平原之间，东邻长丰县，南接六安市、肥西县，西接霍邱县、颍上县，距省会合肥市约 110km。

地势南高北低。淠河流经寿县、霍邱两县之间，在正阳并入淮河，东淝河经瓦埠湖至八公山入淮河；湖泊水库有瓦埠湖、安丰塘等。

寿县位于安徽省中部、淮河中游南岸，境内的河流有淮河、淠河、东淝河。淠河流经寿县、霍邱两县之间，在正阳并入淮河，东淝河经瓦埠湖至八公山入淮河。寿县境内淠东、瓦西、瓦东等干渠、支渠构成的灌溉网。湖泊水库有瓦埠湖、安丰塘等。

2013 年寿县供水总量 7.56 亿 m³。其中：地表水源供水量 7.47 亿 m³，地下水源供水量 0.09 亿 m³。根据用水量及社会经济指标统计计算成果分析，2013 年寿县人均用水量 545.02m³，低于淮南市平均水平 453.5m³；居民（城镇与农村）生活人均用水量 29.56m³，低于全市平均水平 47.3m³；农田灌溉亩均用水量 360.76m³，低于全市平均水平 384.9m³。

二、农村饮水安全工程建设情况

1. 农村人口饮水安全解决情况

（1）原存在的饮水不安全类型

2006 年，我县启动农村饮水安全工程，饮用水水质不达标而形成饮水不安全的主要有铁、锰超标和污染物，主要分布在全县 25 个乡镇 278 个行政村。

（2）2015 年底完成情况

自开展农饮工程建设以来，寿县建成农村集中式供水工程 25 座，其中规模化水厂 21 座，农村饮水安全受益行政村 251 个，受益农村居民 70.53 万人（其中计划内受益农村居民人口 66.84 万人），受益在校师生 8.18 万人。农饮工程总投资 34469 万元。截至"十二五"末，寿县农村人口集中供水率达到54%，自来水普及率达到51%，城镇自来水管网覆盖行政村的比例达到51%。目前，寿县仍剩余60.73万人的农村人口未通上自来水

（3）累计完成投资情况

截至2015年，我县农村饮水安全工程累计完成投资34469万元，其中中央投资25665万元、省级配套资金4284万元、市级配套资金80万元、县级配套资金4614万元。

表1　2015年底农村人口供水现状

乡镇数量	行政村数量	总人口	农村供水人口	集中式供水人口	其中：自来水供水人口	分散供水人口	农村自来水普及率
个	个	万人	万人	万人	万人	万人	%
25	278	139	131.26	70.53	70.53	0	54.

表2　农村饮水安全工程实施情况

合计			2005年及"十一五"期间			"十二五"期间		
解决人口		完成投资	解决人口		完成投资	解决人口		完成投资
农村居民	农村学校师生		农村居民	农村学校师生		农村居民	农村学校师生	
万人	万人	万元	万人	万人	万元	万人	万人	万元
66.84	8.18	34469	24.8	—	11062	42.04	8.18	23407

2. 农村饮水工程（农村水厂）建设情况

（1）集中式供水基本情况

2005年底我县共有集中供水工程14处，按水源类型划分有取用地表水和地下水两种，其中，取用地表水的有瓦埠、大顺、三觉、寿春四镇水厂，受益人口17836人；提取地下水的10处，受益人口23897人。

（2）存在问题

① 饮用水水质超标问题

我县造成饮水不安全的因素主要是以饮用水污染严重、未经处理的地下水和苦咸水为主，饮用水污染严重，未经处理的地下水的人口，主要是因为这些人群多是采用手压井提取浅层地下水为主，环境污染和水质本身不达标是影响安全饮水的主要因素。

② 水源保证率、生活用水量及用水方便程度方面的缺水情况

我县因水源保证率低于90%，从而造成饮水不安全的人口数为1.74万人，其中位于淠河岸边的隐贤镇0.7万人，瓦埠湖周边的窑口乡1.04万人。

③ 全县水厂供水情况

截至2015年，我县共有水厂25座，其中规模水厂22座、小型水厂3座，设计供水规模110770m³/d，日实际供水量44480，m³/d。共建成集中供水工程25处，完成对9座水厂的新建和4座水厂的改扩建，并对全县25个乡镇进行了管网延伸工程。详见下表。

（4）2005—2015 年，社会资本、个人资金、银行贷款等资金投入情况

自 2006 年开展农村饮水安全工程建设以来，我们就积极与落户的招商引资自来水厂联系，利用招商引资兴建的水源工程开展管网延伸配套。据统计，2005—2015 年，利用社会资本、个人资金共解决农村饮水不安全人口 58544 人。

表 3   2015 年底农村集中式供水工程现状

工程规模	工程数量	设计供水规模	日实际供水量	受益乡镇数	受益行政村数	受益农村人口	自来水供水人口
	处	m³/d	m³/d	个	个	万人	万人
合计	25	71650	42080	25	251	70.53	70.53
规模水厂	22	70300	41200	25	248	68.61	68.61
小型水厂	3	1350	880	—	3	1.92	1.92

3. 农村饮水安全工程建设思路及主要历程

（1）"十一五"建设历程

根据农村饮水存在问题的分布情况，统筹规划、先重后轻、先急后缓、逐步解决，与集镇建设结合起来，采用城镇自来水厂管网延伸为主。

"十一五"期间，我县共解决 22.64 万人的饮水不安全问题，累计投入资金 11062 万元，其中中央资金 6874 万元、省级配套 1903 万元、市级配套 80 万元、县级配套 2205 万元。

（2）"十二五"建设基本情况

根据农村饮水安全未解决人口和新增人口情况，以对水厂进行改扩建和管网延伸为主，不断总结"十一五"以来工程建设经验，在工程建设同时重点考虑后期运行管护，逐渐转变建设思路。结合集镇建设、新农村建设、美好乡村建设，并适度发展农村自来水设施，引进部分社会资金和企业管理模式，促进工程良性运行。"十二五"期间，我县共解决规划内饮水不安全人口 50.22 万人，其中农村居民 42.04 万人和农村学校师生 8.18 万人；完成投资 23581 万元，其中中央投资 18791 万元、省投资 2381 万元、县级配套 2409 万元。主要对我县 25 个乡镇进行管网延伸，新建及改扩建水厂 11 座。

三、农村饮水安全工程运行情况

1. 县级农村饮水安全工程专管机构

根据寿编〔2014〕10 号文，2014 年 1 月 28 日寿县成立了寿县农村饮水安全管理中心，该中心属于事业单位编制，人员经费由县财政全额拨款。

2. 县级农村饮水安全工程维修养护基金

为规范农村饮水安全工程的运行管理，寿县于 2009 年出台《寿县农村饮水安全集中供水工程运行管理办法（试行）》，从制度和机制上确保了农村饮水安全工程运行管理工作落到实处，长久发挥供水效益。

3. 县级农村饮水安全工程水质检测中心

2015年寿县水务局与寿县自来水有限责任公司共建寿县农村饮水安全工程县级水质检测中。2015年下达投资计划173.92万元，其中中央投资65.5万元、省投资40.5万元、县级配套67.92万元。检测中心于2015年6月开工建设，2016年3月投入使用。

具备检测42项水质指标的能力。每月对全县所有水厂的水源水、出厂水和末梢水进行定期检测，并要求各水厂进行日检，确保群众能够吃上安全水、放下水。

4. 农村饮水安全工程水源保护情况

确保出厂水水质达到国家标准。同时，加强水源地保护工作，实行江河、湖泊水库、地下水源三级保护区制度。在全县水厂水源地均设立了明显标志，附近设有网状护栏，严禁杂草等污染物进入水源地。环保部门定期或不定期地对水源地水质情况进行监测。

5. 供水水质状况

全县20座水厂供水水源均来自地表水，水质符合《地表水环境质量标准》（GB 3838—2002），因此，原水只需采用混凝沉淀（或澄清）、过滤加消毒的常规净水工艺即可满足《生活饮用水水源水质标准》（CJ 3020）要求。

全县20座水厂大部分采用源水泵房提水，反应、絮凝、平流沉淀，过滤、二氧化氯消毒、二级泵房供水等一整套水处理程序，陶店自来水厂采用地下水，进行过滤、消毒后送至用户，其净水工艺如下：

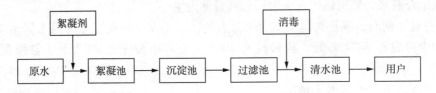

6. 农村饮水工程（农村水厂）运行情况

（1）供水管理单位情况

我县目前规模水厂达21座。规模水厂受益面大，受益人口多。规模水厂受益人口68.6万人，日供水量4.4万 m^3 左右。全县25座水厂全部落实供水管理单位（或个人）；供水管理单位类型：委托乡镇水利站管理、个人承包管理等。水厂运行管理人员总计168人。

（2）农村供水工程产权

全县26座水厂归政府所有的水厂7座，政府与企业（或个人）共同所有的有4座，企业（或个人）所有的水厂14座。

（3）水价及水费收取

按照安徽省物价局、水利厅文件精神，严格收取费用，即农村居民管网配套费每户300元。由于我县尚未出台"两部制"水价收费标准，县内各水厂的水费仍按照计量水费计量。

7. 农村饮水工程（农村水厂）监管情况

强化建后管理。农村饮水安全工程经竣工验收合格后，固定资产及运行管理权移交给水厂管理。县水务局为业务主管部门，一并加强运行监督、检查和管理工作。

8. 运行维护情况

（1）完善管护机制

建立健全县乡两级农村饮水安全专管机构，明晰工程产权，逐项落实管护主体，小型工程推行产权改革。以乡镇为单位，按照"保本微利"的原则，确定水价，分步到位。

（2）落实优惠政策

一是按实际受益人口对各工程运行管理单位的维修养护给予财政补助，列入年度县财政预算，配套制定了县财政补助费用管理使用细则。二是遇重大自然灾害所造成的工程毁坏，其修复费用列入县财政"一事一议"。三是严格执行农村饮水安全税费、农业电价、建设用地等优惠政策。四是城市自来水管网延伸用水户水费中免收城市污水处理费，并按最低标准收取入户成本费。

四、采取的主要做法、经验及典型案例

1. 解决饮水安全问题的成功经验

自启动农村饮水安全工程建设以来，寿县始终把解决农村饮水安全问题作为改善民生的重大项目来抓。2015 年底，全县累计完成农饮工程投资 34469 万元，集中供水工程 25处，解决了 70.53 万农村人口的饮水安全问题，为规划解决人口数的 105.5%，超过了计划解决 66.84 万人的目标。

（1）出台地方管理办法

根据《安徽省农村饮水安全工程管理办法》等相关法规，我局先后出台了《寿县农村饮水安全集中供水工程运行管理办法（试行）》《寿县农村饮水安全工程财务管理办法》等相关规章制度，做的有法可依。

（2）共建水质检测中心

与县自来水厂公司合作，成立了寿县农村饮水安全工程水质检测中心，经过不断学习和完善，该中心已运行正常，具备检测农村饮水安全卫生标准 42 项指标要求。

（3）加强水源地保护

按照《安徽省城镇生活饮用水水源环境保护条例》，实行江河、湖泊水库、地下水源三级保护区制度。在全县水厂水源地均设立了明显标志，附近设有网状护栏，严禁杂草等污染物进入水源地。

2. 做法和经验

（1）重视规划设计，科学编制方案

根据自来水工程规划、标准化的思路，结合寿县的实际情况，坚持"先急后缓、分年度实施"的原则，把村村通自来水工程与农村饮水安全相结合，优先解决饮水困难的村庄。对新建工程走农村供水城市化、城乡供水一体化的路子。

（2）城乡统筹的建管模式

寿县在实践中建立的农村饮水安全工程"公建公管""公建民管""民建民管"三种模式，实行"公管"和"民管"相结合，打破了城市和农村、行业和地域的界限，以城乡统筹一体化来解决农村饮水安全问题。大力推行管网延伸工程，有效地利用了现有城市

供水富余资源，弥补了农村供水的欠缺。

（3）合理的水价形成机制

由于农村饮水安全工程供水对象的特殊性和维持工程良性运行的要求，供水水价既不能高，也不能过低，在实践过程中兼顾供水对象承受能力和工程长效运行两个要素，建立合理的水价形成机制，规范水价构成和水价制定的程序，实行计量收费。严格水价的制定程序更是体现了"群众参与、部门指导、政府监管"的原则，确保了民生工程的长效运行。

3. 典型工程案例

寿县三觉水厂是我县 2010 年建成的日供水 3000m³ 的规模水厂，供水范围覆盖三觉镇 14 个街道和行政村，实际受益人口 36907 人，实际供水 1500m³/d。

自从建了自来水厂，当地群众逢人便说：今年盖起了新房，住进了新居，家里用上了自来水，买了热水器和洗衣机，生活方便多了，以前吃压水井里的水，费时费力，水质也不太好。现在用上了自来水，真是既卫生又方便，还是党政策好啊！

工程建成后，我们通过县招投标管理局，对外进行经营权拍卖，通过竞拍，中标单位以 118.6 万元的价格，取得了该水厂 10 年的经营权。

在运行管理中，三觉水厂积极与县物价部门联系，落实收费标准，通过调查、听证，县物价部门颁发了收费许可证，确定了收费标准。

三觉水厂自实施农村饮水安全工程这项民生工程以来，始终坚持工程建设项目法人制和运行管理厂长负责制，同时根据制定《寿县农村饮水安全集中供水工程运行管理办法（试行）》等一系列规范性管理文件和规章制度，加强工程建设管理。

下一步水厂将大力强化建后管理，扩大供水范围和受益人口，努力提高农村自来水普及率、水质达标率和群众满意度。

五、目前存在的主要问题

1. 水厂运行困难

县政府 2009 年第 16 号会议纪要规定：农村自来水的管网补偿费（初装费）为每户 600 元，水价 2 元/m³。而水厂经营方认为管网补偿费太低，目前全县执行的普遍较高。

2. 已建小水厂运行维护费高，普遍存在亏损经营状态

水厂管理人员不专业，管理水平不达标，无法满足规范化管理要求，供水成本较高。

3. 多数水厂两部制水价还很难执行，对于实行计量水价的水厂收取水费无法维持正常运行

因为长期在家居住人口较少，大部分农民吃水、喝水使用自来水，其他生活用水依然使用井水、河水，每户每月用水量少则 1m³，多则 5m³，每户每月收取的水费也在 2~10 元，这样的收费水厂无法维持正常运行。

六、"十三五"巩固提升规划情况及长效运行工作思路

1. 总体目标

按照全面建成小康社会和脱贫攻坚的总体要求，通过农村饮水安全巩固提升工程实

施，采取新建和改造等措施，到 2018 年底前，实现贫困村村村通自来水；到 2020 年，全面解决农村人口饮水安全问题，进一步提高农村供水集中供水率、自来水普及率、城镇自来水管网覆盖行政村的比例、水质达标率和供水保证率，建立健全工程良性运行机制，提高运行管理水平和监管能力。

2. 工程建设

采取新建、改扩建水厂及管网延伸等措施，2020 年前全面解决全县未通水 60.73 万人，实现全县自来水"村村通"。

到 2020 年，使全县农村集中供水率达到 95% 以上，农村自来水普及率达到 95% 以上。推进城镇供水服务向农村延伸，使城镇自来水管网覆盖行政村的比例达到 58%，健全农村供水工程管护机制、逐步实现良性可持续运行。供水保障程度进一步提高。

3. 管理方面

积极推进工程管理体制和运行机制改革，建立健全寿县农村供水管理机构、农村供水专业化服务体系，制定合理的水价和收费机制，建立工程运行管护经费保障机制和水质检测体系，依法对项目区的水源划定水源保护区和保护范围，加大对水厂运行管理关键岗位人员的业务能力培训。

表4 "十三五"巩固提升规划目标情况

农村集中供水率（%）	农村自来水普及率（%）	水质达标率（%）	城镇自来水管网覆盖行政村的比例（%）
95	95	提高	58

表5 "十三五"巩固提升规划新建工程和管网延伸工程情况

工程规模	新建工程					现有水厂管网延伸			
	工程数量	新增供水能力	设计供水人口	新增受益人口	工程投资	工程数量	新建管网长度	新增受益人口	工程投资
	处	m³/d	万人	万人	万元	处	km	万人	万元
合计	13	26580	79.69	41.79	21421	13		18.94	9814
规模水厂	13	26580	79.69	41.79	21421	13		18.94	9814
小型水厂									

表6 "十三五"巩固提升规划改造工程情况

工程规模	改造工程					
	工程数量	新增供水能力	改造供水规模	设计供水人口	新增受益人口	工程投资
	处	m³/d	m³/d	万人	万人	万元
合计	26	77390		121.26	60.73	31235
规模水厂	26	77390		121.26	60.73	31235
小型水厂						

2. 下一步工作计划及思路

（1）成立组织，加强领导

成立寿县农村饮水安全工程建设领导组，领导组成员由县直有关单位和有关乡镇组成，并明确领导组成员单位职责。

（2）修订饮水管理办法

根据《淮南市农村饮水安全工程运行管理办法》文件要求，修订《寿县农村饮水安全集中供水工程运行管理办法（试行)》，尽快出台《寿县农村饮水安全工程运行管理办法》。

根据《寿县农村饮水安全工程运行管理办法》，农村饮水安全工程建成后，将无偿移交给乡镇管理，由乡镇与各水厂签订委托管理协议。由农村饮水安全建设的主管单位和项目法人单位作为鉴证，确保国有资产不流失和保证工程正常运行。对已建成并运行的水厂，逐步移交给乡镇管理。

《寿县农村饮水安全工程运行管理办法》应明确两部制水价的标准。建议我县"两部制"水价基本水费每户每月 8 元，基本水量每户每月 $4m^3$；不足 8 元的按照 8 元收取，超出基本水量的超出部分实际计量收费，但不得超过县物价局核定的水价。

（3）严格收费标准

从 2016 年开始，县农村饮水安全工程建设管理局将严格按照文件要求，将管网铺设到水表，水表以下由水厂负责安装，每户收取入户材料费 300 元。

（4）明确考核标准

将农村饮水安全工程纳入全县民生工程单项考核内容，根据考核结果予以奖惩。

（5）完善饮水专管员制度

在水务系统六分局成立农村饮水安全工程办公室，各乡镇成立农村饮水安全工程管理站（人员由水利站兼任），负责管理所辖范围内的饮水安全工程。根据各水厂的供水总人口，确定供水管理员。

潘集区农村饮水安全工程建设历程

（2005—2015）

（潘集区水利局）

一、基本概况

潘集区地处淮河中游，黄淮海平原的南缘，地理坐标为东经116°39′30″~117°05′30″，北纬32°8′30″~32°55′00″。西邻凤台，北部和东部与怀远县接壤，南与淮南市区隔河相望。

全年平均降雨量928.2mm，以7月份降雨量最多，占全年的25.7%，年际间降雨变化以1991年最多为1558mm，2001年最少为347mm，年平均相对湿度为76%，常年主导风为东南风。

潘集区辖九镇一乡一街道（高皇镇、平圩镇、芦集镇、潘集镇、泥河镇、架河镇、古沟乡、贺疃镇、夹沟镇、祁集镇、田集街道），有177个村（社居）委会，土地总面积590.1km²。根据《2015年潘集区情》等统计资料，2014年全区总人口44.23万人，其中农村人口36.61万人、耕地总面积3.02万公顷。地区生产总值（GDP）达135亿元、其中第一产业16.7亿元、第二产业95.9亿元，第三产业23.4亿元，地方工业总产值558674万元，农业总产值254225万元，农民人均纯收入10315元，低于全市和全国平均水平。

境内主要河流有7条：淮河、架河、泥河、黑泥、伊河、茨淮新河、利民新河。过境水是本区水资源开发利用的主要对象，开发利用潜力大，丰富的水资源仅仅少部分用来灌溉农田。

淮河是潘集区境内主要水系，淮河流经潘集区约34km，河道宽200~300m，平均年径流总量1.44亿m³，由于年内降水量不均，其径流量、年内分配大多集中在汛期5~9月，占年径流量的70%以上，加之区内拦蓄工程较少，地面水利用率低，据估算仅占年总径流量的10%左右，大部分径流量在汛期被排泄掉。因此，加强地表水资源的拦蓄和调度是今后水资源开发利用的重要途径。

二、农村饮水安全工程建设情况

（一）农村饮水安全现状

1. 原存在的饮水不安全类型

2006年，我区启动农村饮水安全工程，饮用水水质不达标而形成饮水不安全的主要有铁、锰超标和污染物。主要分布在全区11个乡镇（街道）78个行政村。

2. 2015 年底完成情况

截至 2015 年，全区总人口 44.05 万人，行政村（社区）177 个，其中农村人口 36.1 万人。自开展农饮工程建设以来，全区建成农村集中式供水工程 43 座，其中规模化水厂 2 座，农村饮水安全受益行政村 80 个，受益农村居民 20.36 万人（其中计划内受益农村居民人口 16.73 万人），受益在校师生 1.13 万人。农饮工程总投资 8011.5 万元。截至"十二五"末，全区农村人口集中供水率达到 45.7%，自来水普及率达到 55.6%。

目前，全区仍剩余 16.25 万人的农村人口未通上自来水。自 2011 年以来，通过对已建小型集中供水工程进行改扩建、兼并、整合，打破初期以自然村为独立供水单元、粗放经营管理的旧有模式，确定了"一厂供水、多村受益、专业管理、优质服务"的工程建设模式和运行管理机制。截至 2015 年，建设农村集中式供水工程 43 座，农村饮水安全受益总人口 20.36 万人。其中招商引资水厂 2 座。

表1　2015 年底农村人口供水现状

乡镇数量	行政村数量	总人口	农村供水人口	集中式供水人口	其中：自来水供水人口	分散供水人口	农村自来水普及率
个	个	万人	万人	万人	万人	万人	%
11	80	36.61	20.36	20.36	20.36		55.60

3. 累计完成投资情况

截止到 2015 年我县农村饮水安全工程累计完成投资 8011.5 万元，其中中央投资 3175 万元、省级配套资金 2573 万元、市级配套资金 1131 万元、区级配套资金 1131 万元。

（二）农村饮水工程（农村水厂）建设情况

2005 年以前，全区没有一处农村集中供水工程，全部采用手压井，饮用浅层地下水，水质安全无保障。2005—2010 年全区实施集中式供水工程 57 处、深水井方式 41 处、管网延伸方式 16 处，共解决农村 14.32 万人饮水安全问题。其中 2005 和 2006 年度分别解决 1 万人，2007 年度解决 1.2 万人，2008 和 2009 年度分别解决 3.6 万人，2010 年度解决 3.92 万人。除贺疃乡古岗塘东村、均刘朱集村采用管网延伸方式，由淮南市贺疃水务有限公司用茨淮新河地表水消毒净化后供水到户；其余均是以深层地下水为水源。

2013 年度解决农村人口 1.2 万人，采用管网延伸，涉及贺疃镇史圩村、李庄村，潘集镇魏圩村、李兴村，田集街道朱圩村。

2014 年度解决农村人口高皇镇胡集村、老胡村、孙岗村和后集村 1.12 万人，10 所学校师生 1.13 万人，利用水源地为淮河的淮南市高皇高平水厂，采取管网延伸。

2005—2015 年，解决农村人口数 16.73 万人，累计完成投资 8011.5 万元、建成并整合后农村水厂数为 43 处，项目区全部管道进户，没有收取入户费用，实际入户率达到 98% 以上。

（三）农村饮水安全工程建设思路及主要历程

"十一五"、"十二五"期间解决农村饮水安全问题的基本思路。对饮水不安全地区的人口进行了全区规划，制定分期实施，分年度实施计划。饮水工程涉及千家万户，建设实施过程监管任务重，难度大。为保证工程质量，我们在规划上进行统筹考虑，严格做到

"四个结合"：是与村镇规划相结合。在规划时充分考虑村镇近远期规划，使井眼选择和布局科学合理。二是同新农村建设相结合。为推动新农村建设，凡实施新农村建设的地方优先考虑，可提高整合资源。三是同"村村通"建设相结合。为了避免先建后拆，边建边拆的矛盾，在规划时结合交通部门实施方案，尽量避开"村村通工程"范围。四是同防汛工作结合，淮河干流汤渔湖缕堤上住户密集，仅光明、闸口、安台和段湾四村手压井多达2000多眼，汛期对缕堤安全渡汛构成严重的威胁。对此我们优先实施农村饮水工程，采取集中供水方式，取消和封堵手压井，消除防汛隐患，对减轻防汛压力，提高群众饮水质量起到了良好成效。

表2　农村饮水安全工程实施情况

县（市、区）	合计			2005 年及"十一五"期间			"十二五"期间		
	解决人口		完成投资	解决人口		完成投资	解决人口		完成投资
	农村居民	农村学校师生		农村居民	农村学校师生		农村居民	农村学校师生	
	万人	万人	万元	万人	万人	万元	万人	万人	万元
潘集区	16.63	1.13	8012	14.31	—	6344	2.32	1.13	1668

表3　2015 年底农村集中式供水工程现状

工程规模	工程数量	设计供水规模	日实际供水量	受益乡镇数	受益行政村数	受益农村人口	自来水供水人口
	处	m³/d	m³/d	个	个	万人	万人
合计	43	9000	4675	11	77	20.36	20.36
规模水厂	3	4000	2800	—	23	10.03	10.03
小型水厂	40	5000	1875	—	54	10.33	10.33

三、农村饮水安全工程运行情况

1. 区级农村饮水安全工程专管机构

2006 年我区成立了区农村饮水安全工程建设领导小组，并根据上级要求成立了区农村饮水安全工程建设管理处，项目法人作为具体负责饮水安全工程的实施。以后每年根据人事的变动对两个机构的组成人员进行调整和充实。2012 年 9 月潘府秘〔2012〕37 号文《关于成立潘集区农村饮水安全工程管理站的通知》，要求该站负责专门管理全区农村饮水工程，但人员没有编制，无独立办公经费。

2. 区级农村饮水安全工程维修养护基金

2009 年建立工程维修养护基金，按千瓦时进行补助。2011 年市区两级每年各出 155万元维护资金进行管护，资金全部当年到位；资金使用管理制度实行区级报账制。

3. 县级农村饮水安全工程水质检测中心

2015 年建立区级水质化验中心，具备检验 42 项常项检测能力；设在区疾控中心六楼，日常管理由区卫生防疫站负责，人员将实行外聘制，运行经费用农村饮水工程维修管护费用中列支。

4. 农村饮水安全工程水源保护情况

供水水源地保护区由区环保局划分，河道水源地同环保局和水厂设立水源地保护标识标牌；深井工程由乡镇负责设立水源地保护标识标牌。

5. 供水水质状况

地表水净水工艺为：絮凝→沉淀过滤→预处理和深度处理→消毒→供水。地下深井供水：抽取地下水到压力罐→臭氧发生器消毒→变频供水。水质达标率为90%以上，少数时段存在大肠杆菌超标现象。

6. 农村饮水工程（农村水厂）运行情况

规模水厂管护主体为水厂，水费由水厂按季或年收取，水费为2元/m³，5m³及以内为10元，超出部分具实结算。水型深井工程管护主体为乡镇或村为主，少数为镇水利站或个人承包管理，每户每月收取水费5元。水费收取主要用于电费、维修和人员工资支出。2015年12月区水利局和物价局联合以潘价〔2015〕8号文件切实落实两部制水价，引导企业正常收费。农村饮水资产划分按照谁投资谁所有，国家投资部分归乡镇所有，水厂投资部分归水厂，管道由国家投资为国有资产，水厂有使用权，负责管理和维修。

7. 农村饮水工程（农村水厂）监管情况

全区农村饮水安全工程建后固定资产均移交当地人民政府，由当地人民政府负责监管。入户费均由财政配套资金承担，不收取费用。供水水质监测由水质检测中心负责每月进行巡检，区卫计委和农林水利局委托区防疫站或市疾控中心每年进行2次检测。

8. 运行维护情况

为了保证工程建后能够持续发挥效益，各处农饮工程管理机构建立健全了管护制度，组建了专业维护抢修队伍，按时巡查管网，发现问题及时修复。按照农村饮水安全管理办法要求，用电、用地、税收等相关优惠政策全部落实，目前所有建成投入使用的农饮工程运行正常，受益群众非常满意。

四、采取的主要做法、经验及典型案例

1. 做法和经验

为实施好、管理好农村饮水安全工程，我区及时出台了《潘集区农村饮水安全工程建设管理细则》《潘集区农村饮水安全工程资金使用管理办法》《潘集区农村饮水安全工程水源保护管理办法》《潘集区农村饮水安全工程应急预案》等办法预案，成立了潘集区农村饮水安全工程领导小组，领导小组下设工程建设管理处，各有关乡镇同时也相应地成立了有关工程服务协调机构，具体负责处理工程施工环境，为工程建设提供了坚强有力的组织保障。

2011年起淮南市政府和区政府农村饮水工程维修管护经费纳入财政预算，分别按1∶1出资。

（1）超前谋划工作是解决农村饮水安全问题的基础

本区对解决农村饮水安全问题十分重视，成立了分管区长任组长，发改委、水利、卫生、财政、审计、有关乡镇等部门负责同志为成员的农村饮水安全工程规划和建设领导小组。并将办公室设在区水利局，从事日常工作。2009 年 12 月份按照市局统一安排，根据省水利厅、卫生厅皖水农〔2009〕297 文件要求，区水利局、卫生局联合组成调查复核小组，对我区广大农村饮水现状进行了摸排全面调查，摸清农村饮水不安全人数、范围、问题的类型及其成因和危害；重点摸清饮用高氟水、苦咸水、污染水的人口及其分布，无供水设施的人口及其分布。

（2）做好资金筹措是农村饮水安全建设的前提

工程建设离不开资金的支持。农村饮水安全工程是造福群众的民生工程，也是纯公益性的事业，没有太明显的直接经济效益。制约农村饮水安全工作实施的主要困难是资金缺乏，工程采取中央、地方配套的方式，多途径、多渠道、多层次筹措资金，保证了工程的顺利实施。

（3）做好工程建设管理是保证工程质量的关键

工程质量决定着农村饮水安全工程能否真正解决问题，发挥应有的效益。工程实施过程中，严格按照国家规定的有关建设程序操作，实行项目法人制、招标投标制、建设监理制、集中采购制、资金报账制、竣工验收制等六制和用水户全过程参与模式。

在农村饮水安全工程建设质量管理中，我区均公开招标或委托方式选择了工程监理单位，对农村饮水安全工程的质量、进度、投资进行监理。凡不符合标准要求的工程材料严禁进入施工场地，确保施工建筑材料合格率达标。同时，实行局领导包片负责和技术干部包乡镇负责的工作机制，每个单位工程都明确 1～2 名技术干部对关键的建设部位、隐蔽工程实行全时段旁站制，对混凝土浇筑、管道埋设等进行现场把关。

此外，在工程建设的日常管理中实行一旬上报一次进度、每月通报一次情况、一季度全面督查一次，局领导不定期组织专家组技术人员深入施工现场，指导工作，发现问题，及时督促协调解决。农村饮水安全工程水源点建设分散，施工环境差，建设难度大。我区克服重重困难，加强施工组织调度，确保了工程的进展。在项目建设管理中，还把接受方方面面的社会监督作为重要内容，实行项目公示制度，主动将项目实施方案工程建设情况、受益范围、投资规模等在电视台、报纸、村务公开栏上公告。同时，邀请区人大代表、政协委员、受益群众代表视察、督查，实行阳光操作。

（4）做好建后管理才能保证工程持久发挥效益

农村饮水安全项目，是当前广大农村群众最关心、最迫切、最现实的建设工程之一，是推进社会主义新农村建设、构建社会主义和谐社会的重要任务，也是党和政府非常重视的一项民生工程。搞好农村饮水安全工程建后管理，具有十分重大的意义。

克服重建轻管的思想，通过培训，提高管护人员的管理能力。工程建后管理按照"谁受益、谁管理、谁维护"的原则，由村委会推荐专人管理，合理制定水价，保证了饮水工程的良好运行。

2009 年 9 月份，我区在全市率先建立农村饮水安全工程运行维护基金，实行电费补贴制度，每台供水泵每千瓦每月区补助 30 元，乡镇每千瓦每月补助 20 元。2011 年 1 月 1 日，淮南市农村饮水安全工程运行管理办法正式实施，建立维护基金。对 2000 人以上井每年补助 7 万元，2000 人以下井每年补助 5 万元，每处供水点设 1 名专管员每年 2000 元，

3 名收费员每人每年 1000 元，市财政和区财政按 5∶5 统筹。本办法实施后有效地解决运行管理资金不足，为工程长效运行打下坚实的基础。

本区及时成立区农村饮水管理站，安排专人负责全区农村饮水安全工程管理。

2. 典型工程案例

田集街道吴湖村农村供水深井工程建于 2009 年，设计人口 2400 人，534 户，总投资 112 万元，铺设主支管网 6000m，入户管网 16090m。建成后由村委会委托个人管理，每月付工资 1000 元，电费平均每月 2000 元，收取水费每月约 2200 元。财政维修管护资金是 4.8 万元，主要用于日常维修和配件管道更换，部分支付人员工资，节余不多，勉强能够正常运行。

五、目前存在的主要问题

1. 规划方面的问题

水利规划人才稀缺，不能合理统筹规划，没有合理整合水资源。以前水源点没有通过政府进行合理的规划进行保护，造成水资源严重浪费；由于工农业生产和城乡生活污水随意排放，地表水和浅层地下水均呈污染加重的趋势，划定水源区域的保护工作显得尤为重要。

2. 运行管理方面的问题

（1）管理机构

水利部门兴建的饮水工程建成之后没有任何机构和部门管理，因水利局只管建。建成后的水厂和管道等附属设施由乡镇或村委会来管，村委会是只管有水吃就行，没水吃就去向政府反应，不存在什么管理机构和组织。有的乡镇成立了管水委员会，但形同虚设，根本没有发挥作用。

（2）管理人员

饮水工程运行管理人员不固定，缺乏必要的专业知识，供水系统的常识都不懂，对供水工程管理人员缺少正规的培训。

（3）管理体制

饮水工程供水不按成本收取水费，更不存在提取折旧费和大修费用，大锅饭式的管理。有水就用，坏了就停用。管理人员没有责任感，管好管坏不与管理人员的利益挂钩，导致工程管理不善，使用不久就报废。

一是建管体制问题。农村饮水安全项目建设管理的是区水利局或设置的农村饮水建管处，而项目实施的责任主体应是乡镇，大量的协调工作必须由乡镇解决，但仍然有部分乡镇存在"千言万语争项目，上推下卸建项目"的现象，由于具体管理不够到位，直接影响了工程建设进程。

二是配套资金问题。农村饮水安全工程项目资金中国家和省级补助占 80%，还有 20% 的资金来自于地方配套和农户自筹，由于区乡两级财力有限，难以配套，完全取决于向农户收取，而有部分农户虽然饮水愿望迫切，但不愿筹资以及吃水不交钱的现象时有发生，导致部分供水工程入使用率低，难以发挥工程效益最大化。

三是供水成本问题。另外由于宣传不到位，农村居民吃商品水的观念普遍没有形成，致使水费收缴困难，这样导致水厂管理费用严重不足，我区有相当数量的农村安全饮水工程不能足额提取折旧费和大修费，导致水利工程后期难以良性运行。

四是运行管理问题。许多已建成的农村供水工程缺乏良性经营运行机制，责任管理主体缺位，一方面是集体大包大揽，管理不细；另一方面是简单的甩手承包，工程产权不清，市场运作责任不明，资产监管失控，加上规章制度不健全，承包人管理水平低下，管理混乱，直接影响工程的正常营运和效益的发挥。

六、"十三五"巩固提升规划情况及长效运行工作思路

1. 农饮巩固提升"十三五"规划情况

农饮巩固提升"十三五"规划目标：通过对袁庄、贺疃和高皇 3 座规模水厂的改扩建和管网延伸覆盖全区农村 36.61 万人供水，最终达到袁庄水厂受益人口 19.31 万人，新增人口 10.93 万人；高皇高平水厂受益人口 7.49 万人，新增人口 3.24 万人；贺疃茨源水厂受益人口 9.18 万人，新增人口 3.05 万人。以 3 座水厂为基础，对全区农村深井饮水工程进行"串""并""带"和决有解决乡镇管网延伸，整合为三大供水区域。

表4 "十三五"巩固提升规划目标情况

农村集中供水率（%）	农村自来水普及率（%）	水质达标率（%）	城镇自来水管网覆盖行政村的比例（%）
98	98	提高	52

表5 "十三五"巩固提升规划新建工程和管网延伸工程情况

工程规模	新建工程					现有水厂管网延伸			
	工程数量	新增供水能力	设计供水人口	新增受益人口	工程投资	工程数量	新建管网长度	新增受益人口	工程投资
	处	m³/d	万人	万人	万元	处	km	万人	万元
合计	3	3800	4.5	2.46		3	1342	15.7	8520
规模水厂						3	1342	15.7	8520
小型水厂	2	3800	4.5	2.46	1006				

表6 "十三五"巩固提升规划改造工程情况

工程规模	改造工程					
	工程数量	新增供水能力	改造供水规模	设计供水人口	新增受益人口	工程投资
	处	m³/d	m³/d	万人	万人	万元
合计	42	10000		27.00	6.3	6046
规模水厂	2	10000		16.67	6.3	3980
小型水厂	40		5000	10.33		2066

谢家集区农村饮水安全工程建设历程

（2005—2015）

（谢家集区农林水利局）

一、基本概况

谢家集区位于淮南市西部，南靠瓦埠湖、西临东淝河、淮河从本区北部穿境而过。区内地形属于丘陵区，地形复杂，山丘、平原、岗地、湖洼地均有。地势呈北高东低、东高西低形，地面海拔高程为 18.0~45.0m。区内为侵蚀—溶蚀地，在丘陵与淮河二级阶地之间为山前斜地，主要岩性为中更新统的坡积亚黏土，黏土在砾石、含钙、锰质结核；其次为堆积—剥蚀—侵蚀平原，为淮河二级阶地，沿山前斜地坡脚带发育，地面波状起伏（俗称岗地），冲沟发育；第三为冲积—剥蚀平原，岩性主要为亚黏土、亚砂土、局部为黏土，属河流相沉积扬；其他属控河床和泛滥相沉积物，岩性大部分为全新统砂土和亚砂土，部分地段为粉土和亚黏土。全区总面积 276km²，区内辖六个乡镇共 57 个行政村，1 个园艺场，5 个街道和 1 个工业园区。截至 2015 年底，全区总人口 33.7 万人，其中农村人口 11.5 万人（学生 0.94 万人）。2015 年底地区生产总值 77.1 亿元，城镇、农村常住居民人均可支配收入分别达到 27080 元、11710 元。

现有小水库 3 座，兴利库容 147 万 m³，塘坝 429 处，蓄水量 219 万 m³，主要用于农业生产灌溉、人畜饮水。

二、农村饮水安全工程建设情况

1. 农村饮水安全工程实施情况

我区在实施农饮工程前农村居民饮水不安全类型主要是苦咸水和污染严重地下水及其他水质问题，苦咸水主要分布在我区唐山镇、孤堆回族乡、孙庙乡、杨公镇 30 个行政村共 6.8 万人。污染水主要分布在淮南市园艺场、李郢孜镇和望峰岗 27 个行政村共 4.7 万人。

截至 2015 年底，全区总人口 33.7 万人，其中农村人口 11.5 万人（学生 0.94 万人）。全区六个乡镇共 57 个行政村和 1 个园艺场 11.5 万人（学生 0.94 万人）已全部通水，自来水普及率 100%。2005—2015 年，我区共下达投资计划 5664 万元，计划解决万 11.04 农村居民及全区 1.3 万农村学校师生饮水不安全问题（含田家庵区托管史院乡 0.5 万农村居民和 0.36 万农村学校师生），累计完成投资 5664 万元。完成工程 61 处，其中深井工程 5

处、孙庙自来水厂管网延伸 28 处、长丰海洋自来水厂管网延伸 1 处、首创自来水管网延伸 27 处。

表1 2015 年底农村人口供水现状

乡镇数量	行政村数量	总人口	农村供水人口	集中式供水人口	其中：自来水供水人口	分散供水人口	农村自来水普及率
个	个	万人	万人	万人	万人	万人	%
6	58	33.7	11.5	11.5	11.5	0	100

表2 农村饮水安全工程实施情况

合计			2005 年及"十一五"期间			"十二五"期间		
解决人口		完成投资	解决人口		完成投资	解决人口		完成投资
农村居民	农村学校师生		农村居民	农村学校师生		农村居民	农村学校师生	
万人	万人	万元	万人	万人	万元	万人	万人	万元
11.04	1.3	5664	4.09		1814	6.95	1.3	3850

注："十二五"期间解决农村居民含托管史院乡 0.49 万人、农村学校师生（含托管史院乡）0.36 万人。

2. 农村饮水工程（农村水厂）建设情况

2005 年以前，本区望峰岗、李郢孜、唐山 3 个镇共计 5 个行政村靠近城区已安装了自来水厂工程；受益人口 1.01 万人。其余均为浅水井或手压井，水质普遍较差。截至 2015 年底，国家实施农村饮水安全工程以来，我区利用招商引资项目引进资金 500 万元建成规模水厂 1 处，日供水能力为 5000m³；深井工程 5 处，日供水能力为 666m³；利用城市自来水厂管网延伸 1 处，日供水能力为 4000m³。农村人口饮水不安全问题全部解决，入户费用全部由财政解决，不收取费用，入户率 100%。

表3 2015 年底农村集中式供水工程现状

工程规模	工程数量	设计供水规模	日实际供水量	受益乡镇数	受益行政村数	受益农村人口	自来水供水人口
	处	m³/d	m³/d	个	个	万人	万人
合计							
规模水厂	2	9000	3545	6	53	10.6	10.6
小型水厂	5	666	205	3	5	0.94	0.94

3. 农村饮水安全工程建设思路及主要历程

我区"十一五"期间解决农村人口饮水不安全问题以坚持统筹规划、突出重点为原则，以本区目前饮水最不安全的人群为重点，尽可能统一规划、集中连片建设，以便建设管理。坚持因地制宜、近远结合的原则，既要考虑当前的现实可行性又要兼顾今后长远发展的需要，合理确定工程方案。坚持建管并重，强化用水参与管理。在项目的资金管理上，实行专款专用，同时积极作好地方配套资金的筹集和管理使用工作，力争建一片成一片，彻底解决项目区的饮水不安全问题。"十一五"期间共解决农村饮水不安全人口 4.09 万人，总投资 1814 万元。2009 年利用招商引资项目引进资金 500 万元建成规模水厂 1 处，日供水能力为 $5000m^3$。

"十二五"期间解决农村人口饮水不安全问题从当地实际出发，因地制宜，遵循以人为本，全面协调可持续的科学发展观，充分认识解决农村饮水安全问题的艰巨性、复杂性和紧迫性。按照建设社会主义新农村的总体要求，加快农村饮水安全工程建设步伐；深抓农村供水工程管理改革，强化水源保护、水质监测和社会化服务，建立健全农村饮水安全保障体系，使农民获得安全饮用水，维护生命健康，提高生活质量，促进农村经济，社会可持续发展。"十二五"期间共解决农村饮水不安全人口（含田家庵区托管史院乡）6.95 万人及全区农村学校师生（含田家庵区托管史院乡）1.3 万人饮水不安全问题，总投资 3850 万元。

三、农村饮水安全工程运行情况

1. 县级农村饮水安全工程专管机构

为了加强我区已建成农村饮水安全工程的管理，实现工程长期发挥效益，根据省、市统一要求，经局研究并报区政府同意，于 2012 年 6 月 13 日成立了"谢家集区农村饮水安全工程管理中心"，办公室设在区农林水利局，负责全区农村饮水安全工程的运行管护。管理中心共 3 名工作人员，均为其他部门抽调，未落实编制，无专项经费。

2. 县级农村饮水安全工程维修养护基金

2010 年市、区两级财政建立农村饮水安全工程运行维护资金，列入财政预算。市、区两级财政按 5∶5 筹集管护资金，2015 年又进行了修订。区财政部门按照专款专用、专户专账、统筹使用的原则，制定具体管理使用细则，负责维护资金日常管理和监督。

3. 县级农村饮水安全工程水质检测中心

2015 年 5 月市发改委、水利局批复建设谢家集区农村饮水安全工程水质检测中心，工程投资 153.86 万元，于 2015 年 10 月份完成。

（1）检测能力及检测任务

中心检测仪器设备按照《生活饮用水卫生标准》（GB 5749—2006）检测指标共 41 项配备，包括：①感官性状和一般化学指标 18 项；②毒理指标 15 项；③微生物学指标 4 项；④与消毒有关的指标 4 项。

水质检测中心的主要检测任务是承担全区所有农村饮水安全工程的水源水、出厂水和末梢水水质的常规检测、按时巡测和应急监测，并与市疾病预防控制中心抽样检测、供水企业自检形成"三位一体"检测体系，大大增强全区农村饮水安全工程水质卫生监测和供水行业监管能力，切实保障农村居民饮用水更加安全、更加放心、更加可靠。

（2）工作开展情况

我区水质检测中心虽然已经成立，但无编制、无专职检测人员、无经费，目前检测工作开展主要通过聘用有资质的人员进行。

4. 农村饮水安全工程水源保护情况

为进一步加强谢家集区农村集中式饮用水水源地保护工作，解决好农村居民的饮用水安全问题，根据《中华人民共和国水法》《中华人民共和国水污染防治法》等法律法规，制定了《谢家集区农村饮用水水源地保护实施方案》《谢家集区农村饮用水水源地保护区划分方案》。

5. 供水水质状况

我区地表水水厂一般采用常规处理工艺，设施完善，消毒设备均能正常使用。深井供水工程取中深层地下水，采取直接消毒的处理工艺，消毒方法采用臭氧消毒。市疾控中心对各供水点进行每年 2 次的抽检，根据抽检结果供水工程供水水质符合《生活饮用水卫生规范》要求。

6. 农村饮水工程（农村水厂）运行情况。

我区农村饮水安全工程建后均移交当地人民政府，由当地人民政府选择管护单位，具体有 4 种管护类型，一是交所在村进行管理；二是交规模水厂统一管理；三是个人承包管理，四是城市自来水公司管理。

2015 年全区农饮工程累计供水 153 万 m^3，水价平均 2.5 元/m^3，实收水费 372.5 万元，人员工资、运行成本及固定资产折旧等费用全年为 470 万元，亏损 97.5 万元。我区规模水厂采用"两部制"水价，可以维持正常运行。其他管理模式的供水工程一直比照城市自来水价格收取水费，虽然用电电费按农业用电进行收取，但农村群众用水较节约，每户用水量较小，扣取电费、管网损失量、管网维护、管护人员工资等各种费用，大部分供水工程处于亏损状态。

7. 农村饮水工程（农村水厂）监管情况

我区农村饮水安全工程建后固定资产均移交当地人民政府，由当地人民政府负责监管。入户费均由财政配套资金承担，不收取费用。供水水质监测由水质检测中心负责每月进行巡检，区卫计委和农林水利局委托市疾控中心每年进行 2 次检测。供水水价一直比照城市自来水价格收取水费。

8. 运行维护情况

为了保证工程建后能够持续发挥效益，各处农饮工程管理机构建立健全了管护制度，组建了专业维护抢修队伍，按时巡查管网，发现问题及时修复。按照农村饮水安全管理办法要求，用电、用地、税收等相关优惠政策全部落实，目前所有建成投入使用的农饮工程运行正常，受益群众非常满意。

四、采取的主要做法、经验及典型案例

1. 做法和经验

为实施好、管理好农村饮水安全工程，我区及时出台了《谢家集区农村饮水安全工程建设管理办法》《谢家集区农村饮水安全工程资金使用管理办法》《谢家集区农村饮水安全工程水源保护管理办法》《谢家集区农村饮水安全工程应急预案》等办法预案。成立了谢家集区农村饮水安全工程领导小组，领导小组下设工程建设办公室，各有关乡镇同时也相应地成立了有关工程服务协调机构，具体负责处理工程施工环境，为工程建设提供了坚强有力的组织保障。地方出台的政策和法规性文件，包括市级政府和主管部门出台的政策法规文件，市、县级成功做法的政策规定。

谢家集区在往年农村饮水安全工程实施过程中，认真做好前期工作，结合本地区的实际情况，因地制宜地进行管网铺设线路的规划设计，根据物探进行深井供水点的选址，实行乡镇、村及农户三结合的原则，尽量做到管网走向不走弯路、不留死角，群众参与，用户满意。同时"公开、公平、公正"地做好工程招投标工作，为了保证工程标准及材料质量的安全，多年来谢家集区实行土建工程、机电设备及管材分项招标，在保证工程进度的同时也保证了原材料的质量，效果明显。

工程建设过程中实行项目经理及监理负责制，严格按照设计要求及施工规范进行施工。同时做好安全施工，文明施工，在农村饮水安全工程施工中未发现重大质量事故及安全事故。

资金筹措方面，中央和省、市、区地方配套资金全部足额到位，保证了工程顺利实施。

建设是基础，管理是关键，根据上级要求，我区建立了农村饮水安全工程维护专项经费和管理机构，并结合实际、因地制宜，制定了《谢家集区农村饮水安全工程管理办法》，要求所有农村饮水安全工程，都要明晰产权，成立管理机构，因地制宜地落实管理措施，明确管理人员和管理责任，制定有效的管理办法，确保饮水供给保证率和工程安全运行。

确保供水水质安全是农村饮水安全工程首要条件，也是重中之重的必须要求。多年来，我区农村饮水安全工程没有专业水质检测机构，水质检测主要依靠市疾控中心年度抽检和送检，其范围和频次远远不能满足检测需求，群众饮水水质安全无法得到保障。水质检测中心建成后，承担全区所有农村饮水安全工程的水源水、出厂水、末梢水水质的常规巡测和应急监测，并与市疾病预防控制中心抽样检测、供水企业自检形成"三位一体"检测体系，大大增强全区农村饮水安全工程水质卫生监测和供水行业监管能力，切实保障农村居民饮用水更加安全、更加放心、更加可靠。

2. 孙庙自来水厂建后管理先进典型案例

（1）工程概况

孙庙自来水公司属孙庙乡党委政府招商引资项目。水厂占地面积3000多 m²，设计供水受益人口8万人，计划解决杨公镇、孙庙乡6万多农村人口饮水安全问题。

工程于2009年5月3日开工建设，工程总投资900万元。其中农村饮水安全工程项目投资400万元，共解决人口5.5万人，累计铺设管网80万余 m，新建供水、水处理、仓储等一批硬件设施。现有管理人员4名、职工14名。工程实现了当年开工、当年投入使用、当年发挥效益的目标。水质经淮南市疾病控制检测，符合国家农村饮用水标准。

（2）强化安全生产

① 加强员工培训

对新进员工进行岗前培训，主要学习培训各种管道的维修，熟练掌握各种焊接设备的应用，做到会使用、会保养、能排除一般故障，重点进行安全生产教育，要求员工在消毒过程中必须按规程操作，不合格的水绝不允许出厂。

② 加强制水设施的水处理能力

加强清洗沉淀池的管理。根据天气、时间、用水量，在每月的 30 日，组织全厂职工清洗沉淀池和滤池。每天专人到水池巡查，及时根据需要对过滤池的石英砂进行更换，保证过滤池的过滤能力。

③ 扩大水源检测范围

根据每年源水变化的季节不同，技术人员总结了近几年的工作经验，制定了源水监测制度。源水监测前移上游 1000m。如遇特殊情况及时与相关部门取得联系，从源头切断安全隐患。

④ 建立供水水质监测制度

我厂水质化验委托淮南市疾控中心进行定期抽检，针对不同季节，调节消毒药物的投放，确保水质的各项指标达标。

⑤ 健全监控设备设施，防微杜渐

自 2009 年 11 月通水后，对全厂外围 70m 范围内实行 24 小时全方位监控。做到监控有效，报警灵敏。确保水厂安全生产。

（3）提高服务质量

① 加大宣传，分户管理

自水厂投产以来，所有用户，分别按照村域进行分类管理，建立各类档案资料 1400 余份，累计发放用户卡 1400 余张，各类用水知识宣传册 1400 余份。对所有用户水表进行编号发卡，水费吨位按卡号姓名及时公示，方便了用户查询，同时增加了群众信任度。

② 实行取水、供水自动化

取水和供水均由程序控制，水压自动调节，管道始终保持恒压，方便了群众生产生活。

③ 建立停水、缴费短信通知系统

因主管道破坏等其他非正常因素停水，导致区域用户用水不便时，及时通过短信通知该区域用户，说明停水原因、恢复正常供水时间。今年 6 月，取水口干枯，导致取水不方便，我们及时地用短信通知用户储备了 2 天的饮用生活用水，避免了夏季无水的不良影响。对不及时缴纳水费的用户，我们会利用催缴费平台，进行温馨的提醒，督促用户及时缴纳水费。

④ 健全抢修队伍，建立日常养护制度

做到小修不过夜，并要求抢修队员必须 30 分钟内到达抢修现场，1 分钟内告知问题所在，这是水厂对所有用户的承诺，各村负责水工坚持每星期查线一次，发现问题及时排除，对各村管线实行责任到人。

五、目前存在的主要问题

1. 工程设施方面

谢家集区 2005 年以前建设的工程较少，基本为村民自建打井工程，涉及平山村部分人口，供水规模较小、水源可靠性较差、净水设施不完善、入户管网配套完整。目前存在村内供水支管老化的问题。

目前谢家集区正在使用5处深井供水工程，取中深层地下水。单井工程建后管理难度较大，因为用户少、用水量不足，处于亏损运营状态，管理难度较大。2个地表水厂运行良好，从水源、输配水管线、厂区净水工艺均无显著问题。

2. 水质保障方面

由于资金问题、设备问题、人员操作问题、二次污染问题、地方水质问题等诸多原因，农村饮用水质不安全仍是很大问题，尤其是地表水流域面积比较大，面源污染等问题。

（1）水源保护状况

作为生活饮用水的水源，地表水和地下水水厂均划定了水源保护区，并规定相应的保护措施，但存在监管难度大，处罚困难等问题。

（2）水质净化处理

地表水水厂一般采用常规处理工艺，设施完善，消毒设备均能正常使用。深井供水工程取中深层地下水，采取直接消毒的处理工艺，消毒方法采用臭氧消毒，臭氧发生器时有损坏的现象。

（3）水质达标情况

市疾控中心对各供水点进行每年两次的抽检，根据抽检结果16处供水工程供水水质符合《生活饮用水卫生规范》要求。

（4）水质检测能力建设

3个地表水厂配有化验室，其中首创水厂化验室检测能力较强，能检测浊度、余氯、pH值等20余项指标；其他2个水厂化验室检测能力相对较弱，能检测10余项指标。13处深井供水工程无化验室，无水质检测能力。目前谢家集区农村饮水安全工程水质检测中心正在实施，能检测42项水质指标。

3. 运行维护方面

（1）工程运行管理机制不健全，管护责任未完全落实，执行困难

农村饮水安全工程的运行管理机制不健全，没有制定完善的规章管理制度、部分有管理制度但未认真执行。另外，由于农村饮水安全工程是政府主导的公益性很强的事业，一些工程运行管理人员的服务意识差，管理不尽心、不到位，管护责任未落实。

（2）供水成本高

造成农村饮水安全工程供水成本偏高的原因很多，主要包括以下两个方面：

① 供水规模没有得到充分发挥；

② 供水集约化程度低，规模效益小。

（3）供水工程技术力量薄弱，缺乏专业技术管理人才

绝大部分农村饮水安全工程建在经济基础相对薄弱的农村地区（部分是城市管网延伸工程），经济物质条件差，工资福利水平低，难以吸引到专业技术管理人才；而且由于工程本身的经费有限，经济上也不允许配备较多专职管水员。特别是单村的供水工程，一般是由村委会或者个人承包，工资低、杂事多、缺乏专业管理养护和运营知识，只起到了看管和简单的运行操作作用，维修、养护检修水平低，使工程在运行过程中破管漏水、机电故障等得不到及时维修，机电设备、管道受损程度易加大，维修资金投入增加，工程设计

寿命易缩短，有些工程配套维修频繁、重复建设现象较多，造成较大浪费。另外，供水单位本身也缺乏人才识和科技意识，忽视了对管理技术人员的培训和再教育。

六、"十三五"巩固提升规划情况及长效运行工作思路

1. "十三五"目标任务

工程建设目标：采取改造、联网等措施，进一步提高供水保证率，提供农村居民水量充沛、水质合格，水压达标的自来水。自来水普及率维持现状100%不降低、集中供水率维持现状100%，水质达标率稳步提升。通过更换部分村内管道，进一步降低管网漏损率。

管理方面目标：推进工程管理体制和运行机制改革，健全区级农村供水管理机构、农村供水专业化服务体系、合理的水价及收费机制、工程运行管护经费保障机制和水质检测监测体系、水厂信息化管理，依法划定水源保护区或保护范围，加大对水厂运行管理关键岗位人员的业务能力培训

表5　"十三五"巩固提升规划目标情况

农村集中供水率（%）	农村自来水普及率（%）	水质达标率（%）	城镇自来水管网覆盖行政村的比例（%）
100	100	85	99

表6　"十三五"巩固提升规划新建工程和管网延伸工程情况

工程规模	新建工程					现有水厂管网延伸			
	工程数量	新增供水能力	设计供水人口	新增受益人口	工程投资	工程数量	新建管网长度	新增受益人口	工程投资
	处	m³/d	万人	万人	万元	处	km	万人	万元
合计									
规模水厂	1	619	0.94	0.12	63	6	1980	0.12	63
小型水厂									

表7　"十三五"巩固提升规划改造工程情况

工程规模	改造工程					
	工程数量	新增供水能力	改造供水规模	设计供水人口	新增受益人口	工程投资
	处	m³/d	m³/d	万人	万人	万元
合计						
规模水厂	1	619	619	0.94	0.12	63
小型水厂						

2. "十三五"之后农饮工程长效运行工作思路

为保证农村饮水安全工程实施后能够持久发挥效益，为农村居民提供优质稳定的生活用水，加强工程的建后管理是重要的基础和保证。根据实际情况，采取灵活多样的办法，

加强对工程的管护，力争实现工程的良性循环运用，是工程后期管理的目标。

总结我区往年农村饮水安全工程运行管理经验，基本以行政村为供水单元进行直接管理。在完善运行财务管理、消费征收标准、管理人员报酬的前提下，推荐有威信、有管理能力的村民代表，对工程进行日常管理和维护，实现村民自己管理。也可采用工程运行"个人承包、村民监督"的方法进行工程后期管理。

运行管理机构与人员编制。由行政村作为农村饮水安全工程运行直接管理的单位，可以成立"饮水工程管理站"，按照水利部《村镇供水站定岗标准》根据工程规模确立管理工作人员的编制，一般为2～3人。实行个人承包租赁的由承包人自行组织管理。

建立社会化供水服务体系。为保证农村饮水安全工程能够实现良性循环，要进一步明晰饮水工程的产权，积极推动建立社会服务化体系，多运用市场机制，鼓励普通法租赁、股份合作等灵活多样的经营管理模式，充分利用社会资源，使饮水安全工程成为一种可以独立、持续经营的资产，发展成一种产业，真正实现工程建设资金的社会效益和经济效益。

田家庵区农村饮水安全工程建设历程

（2005—2015）

（田家庵区农林水利局）

一、基本概况

田家庵区是淮南市的经济、文化中心，位于淮河干流右岸，淮河与舜耕山之间。北与潘集区相连，东与大通区接壤，西、南与谢家集区为邻。属山区与平原过渡地带，地貌特征为山冈坡地与沿淮洼地交错。地面高程 17~60m。全区辖安成、舜耕、曹庵、史院、三和 5 个乡镇 40 个行政村、9 个街道 52 个社区，国土总面积 189.7km²，全区总人口为 51 万人，其中非农业人口 43.4 万人、农业人口 7.6 万人。2015 年，全区实现地区生产总值 209.2 亿元。

本区主要水系为淮河，另有石涧湖、瓦埠湖、泉山水库、龙湖等自然和人工湖泊。可利用水资源量 1.12 亿 m³，主要用于农业生产灌溉、人畜饮水。

全区农村可用作饮用水水源为地表水和地下水，其中地表水占 80% 左右、地下水占 20% 左右。地表水水源主要为淮河、小型水库蓄水及瓦埠湖提水，但地表水水源均存在不同程度的污染。淮河受上游污水影响，年污染期超过 9 个月以上，瓦埠湖水质存在着乡镇企业污染和微生物污染。

由于本区境内地形岗冲起伏，属分水岭地区，山南乡镇南低北高，山北乡镇南高北低，全区水利基础设施薄弱，全区洪涝和旱灾频繁发生。遇一般干旱年份，工农业生产用水基本保证，如遇严重干旱，农村塘坝、浅水井干涸，地下深井水位下降。

二、农村饮水安全工程建设情况

1. 农村人口饮水安全解决情况

实施农村饮水安全工程前，农村饮水不安全人口为 7.7 万人。按照农村饮水安全评价指标，通过调查及水质化验表明，截至 2006 年底，自来水受益人口 3.2 万人，普及率 29%。2015 年底，农村总人口 76000 人，农村自来水供水人口 71423 人，自来水普及率 93%。农村供水工程总供水能力 8097.33m³/d。完成工程建设总投资 2757.2 万元。"十二五"期间农村饮水安全工程建设投资完成 470 万元。2005—2015 年，累计完成投资 3227.2 万元，解决 71423 人饮水安全问题。

表1　2015年底农村人口供水现状

乡镇数量	行政村数量	总人口	农村供水人口	集中式供水人口	其中：自来水供水人口	分散供水人口	农村自来水普及率
个	个	万人	万人	万人	万人	万人	%
5	40	7.6	7.14	7.14	7.14	7.14	93

表2　农村饮水安全工程实施情况

合计			2005年及"十一五"期间			"十二五"期间		
解决人口		完成投资	解决人口		完成投资	解决人口		完成投资
农村居民	农村学校师生		农村居民	农村学校师生		农村居民	农村学校师生	
万人	万人	万元	万人	万人	万元	万人	万人	万元
7.14		3227	6.2		2757	0.94		470

2. 农村饮水工程（农村水厂）建设情况

我区无农饮规模化水厂。

3. 农村饮水安全工程建设思路及主要历程

"十一五"期间，全区解决5个乡镇35个村6.2万人农村饮水安全问题。完成工程建设51处，其中，打井提水工程30处，解决2.46万人农村饮水安全问题；自来水管网延伸工程21处，解决3.74万人农村饮水安全问题。全区农村饮水工程日供水能力为0.347万 m³，完成工程建设总投资2757.6万元。

"十二五"期间农村饮水安全工程建设投资完成470万元，其中中央282万元、省级94万元、市级47万元、区级47万元。建成集中式供水工程7处，解决饮水安全问题规划内人数9423人，全部采用城市自来水。

三、农村饮水安全工程运行情况

1. 县级农村饮水安全工程维修养护基金

根据区政府办公室《关于印发〈田家庵区农村饮水安全工程运行管理暂行办法〉的通知》（田政办〔2009〕75号）文件精神，对深井供水的行政村，其中2000人以上的行政村每年补助7.5万元（运行维护7万元、人员工资0.5万元），2000人以下的行政村每年补助5.5万元（运行维护费5万元、人员工资0.5万元），每年补助管理人员工资6.5万元，维修经费73万元，合计79.5万元。"十二五"期间支付维修管理经费计293万元。

2. 供水水质状况

全区农村饮水安全工程分为两部分，打深井供水工程和城市首创自来水、合肥海洋自来水有限公司供水。深井工程抽取地下水、水质符合饮用标准。两自来水供应商有较好的水源保护、净水工艺符合规范要求，供水质量符合饮用水标准。水源水和末梢水各次检查均符合要求。

3. 农村饮水安全工程水源保护情况

曹庵镇、史院乡农村饮水安全项目自来水水源是瓦埠湖，长丰县海洋自来水公司在取水处上、下游已建立保护设施，划定保护范围。确保水源不被污染。部分打井水源工程，划定水井周围 20 ~ 30m 为保护范围。在保护范围内不得设置生活居住区，不得修建畜禽养殖场、厕所、堆放垃圾、废渣和和污水管道，以保护井水不被污染。

4. 运行维护情况

田家庵区饮水安全工程点多面广，为了便于管理，以村为单位成立了村饮水工程管理所。

管理所机构设置 2 ~ 3 人。所长 1 人，负责全面管理和经营工作；工程管理 1 人，负责工程维修维护；财务管理 1 人，负责成本核算收取水费。管理人员由群众协商推举，村委会批准。或者采取村民承包制，由招投标决定管理人员。

田家庵区农村饮水安全工程分布在江淮分水岭和淮南丘陵等缺水地区，供水形式和工程形式不同。各村饮水工程管理所按照本村工程情况，因地制宜制定规范合理的水价（一般为 1.8 元/m³左右）和水费征收管理使用制度，并建立监督制度。采用市场机制经营，提倡租赁、承包和股份合作等多种形式经营管理。推行民主管理，提高用水户的参与水平。做到水费的征收计价、存储和使用公开透明。

为了加强管理，田家庵区人民政府办公室《关于印发<田家庵区农村饮水安全工程运行管理暂行办法>的通知》（田政办〔2009〕75 号）文要求乡、镇人民政府和有关单位认真贯彻落实。2012 年 1 月区农林水利局、财政局《关于拨付我区农村饮水安全工程深井运行管理经费的通知》（田农字〔2012〕05 号）文落实市政府《印发淮南市农村饮水安全工程运行管理办法（试行）的通知》（淮府办〔2010〕151 号）文精神，对深井供水的行政村，每年补助管理人员工资 6.5 万元，维修经费 73 万元，合计 79.5 万元，确保打井工程可持续发展。

四、采取的主要做法、经验及典型案例

1. 地方出台的政策和法规性文件

区政府办公室发布《关于印发〈田家庵区农村饮水安全工程运行管理暂行办法〉的通知》（田政办〔2009〕75 号）文件。

2. 经验总结

（1）加强领导，明确责任。区政府成立了农村饮水安全工作领导小组，主要领导多次在有关会议上对这项工作做出重要指示，并召开专题会议研究部署，多次深入项目乡镇和工程建设现场检查指导工作。区农林水利局成立农村饮水安全建设办公室，负责计划制定、招投标、调度、决算和验收等工作。在工程建设中，及时协调并妥善处理工程建设中的问题，加强技术指导，从施工质量到工程验收全程参与，推动了全区农村安全饮水项目的有序实施。

（2）加强宣传，营造氛围。农村安全饮水工程作为民生工程，服务对象是广大人民群众，关系到千家万户的切实利益。因此，群众对饮水工程的认识和参与度至关重要。区、乡镇和村通过多种形式加大农村饮水安全工程重大意义的宣传，通过宣传饮用不安全水的

危害，转变群众用水观念，由饮用不安全水转变为积极要求饮用安全卫生水；通过宣传农村饮水安全工程是国家投资造福于民的民生工程、德政工程，引导群众积极参与和支持工程建设，保证了工程建设的顺利实施。

（3）严格程序，规范操作。严格按照省政府《农村饮水安全工程建设实施方案》的要求，严格实行"六制"，即项目法人制、招投标制、建设监理制、集中采购制、合同管理制、资金报账制。组建项目法人，明确区农林水利局作为全区农村饮水安全工程项目法人。规范招投标工作，对监理、施工、设备采购在网上进行公开招标，邀请纪检部门全程参与，做好资格审查、评标把关和标底审定等工作。对招标结果进行公示，确保公开、透明和公正。加强建设资金管理，设立农村饮水安全工程财政资金专户，实行资金财政报账制度，确保专款专用。

（4）突出重点，狠抓落实。一是抓好规划设计。每年项目下达后，及时召开会议，安排乡镇和村现场勘测，确定主管道位置和长度，形成管网平面图，对项目区人口分户造册，为设计部门提供翔实的基础资料。二是抓好质量管理。建立项目法人、工程监理、市水利质量监督站共同参与的质量管理模式，严把质量关。三是抓好工程调度。定期召开工程调度会，要求施工单位履行投标承诺，科学安排施工计划，强化施工力量组织，倒排工期，确保工程按期完工。包括水源保护、前期工作、资金筹措、工程建设管理、运行管理、水质检测监测体系建设、区域信息化和水厂自动化管理、水质监管等方面的好的做法和经验。

五、目前存在的主要问题

田家庵区舜耕山以北属于山坡地、深丘地区，地形变化很大，远离城市，交通不便。地质情况复杂，多为岩石地基，风化带、半风化带。裂隙、断层含水量有限，不少深井，平时水量够用，炎热干燥的夏季出水量偏少，用水紧张。舜耕山以南，曹庵镇地处江淮分水岭是全省有名干旱地区，地下含水量少。打深井解决农村饮水安全问题，也只是权宜之计。

六、"十三五"之后农饮工程长效运行工作思路

为保证农村饮水安全工程能够实现良性循环，要进一步明晰饮水工程的产权，积极推动建立社会服务化体系，多运用市场机制，鼓励普通法租赁、股份合作等灵活多样的经营管理模式，充分利用社会资源，使饮水安全工程成为一种可以独立、持续经营的资产，发展成一种产业，真正实现工程建设资金的社会效益和经济效益。十三五期间将做好以下工作：

1. 加强运行管理，进一步落实管护责任，建立健全管理制度，鼓励专业化公司管理农村饮水安全工程；强化水质管理和水源地保护工作，加强对水质巡查工作，确保工程正常有序运行，让广大群众喝上安全卫生的自来水，真正感到民生工程的实惠。

2. 制度出台相关制度文件，坚决打击各种毁坏农村饮水安全供水设施的行为，加大行政执法力度，加大执法宣传，严格责任追究，提高社会关注度，确保农村供水设施不受损坏。

3. 定期开展水质检测，掌握供水水质状况。更新改造水处理设备，推广新科技，管好用好水处理设备，保证供水水质符合国家标准。

大通区农村饮水安全工程建设历程

（2005—2015）

（大通区农林水利局）

一、基本概况

大通区位于淮河南岸，淮南市东部，东临蚌埠、定远、南临合肥市长丰县，国土总面积350km²。大通区处于淮河中下游，淮河自西向东从区境北边穿过，境内主要有窑河及其下游湖泊高塘湖、大涧沟和蔡城塘。窑河发源于怀远县新城口镇入淮河，全长7.8km，属湖泊性河流。窑河闸以下平均河宽为50m，水深3～5m。高塘湖是窑河闸以上的水域，为淮河的旁侧湖泊，地跨长丰、定远、凤阳县及淮南市大通区上窑镇。蔡城塘是高塘湖的旁侧湖泊（两湖水体相连），位于大通区孔店乡和淮南市大通区九龙岗境内，湖水总面积为3.04km²。

我区辖4个乡镇、1个街道，51个行政村，总人口18.3万人，其中农业人口11.3万人。大通区地处淮南市东部，淮河南岸，舜耕山北麓，地势南高北低，南部与东部是丘陵，分别属于舜耕山脉和上窑山区，两山与淮河之间为平原地带。北部有洛河湾，东有上窑山和高塘湖，北临淮河。全区总面积350km²，辖九龙岗镇、洛河镇、上窑镇、孔店乡和大通街道，共50个行政村，18个社居委，耕地面积15.3万亩。全区总人口18.35万人，农村人口10.45万人。

大通区工农业和城市生活用水的主要水源为淮河和高塘湖，农村生活用水主要是地下水。本区多年平均降雨量887mm，多年平均径流深240mm；小水库14座，总库容1154万m³，兴利库容692.3万m³；塘坝48处，蓄水量537万m³，兴利库容284万m³。

二、农村饮水安全工程建设情况

1. 农村人口饮水安全解决情况

实施农村饮水安全工程前，我区存在的饮水不安全类型有：①氟超标，主要在上窑镇窑河、马庙、方楼张郢、余巷、云南岗、红光村人口11800人。②污染水，主要在洛河镇王庄、陈庄、西湖、洛河、淮建、金庄、刘郢村人口12675人，九龙岗夏农、夏菜、陈巷村人口3501人。③苦咸水，主要在九龙岗镇魏咀、王楼、方岗、曹店、九龙岗村人口7762人；孔店乡新街、孔店村5362人；④缺水用水方便程度不达标，主要分布在孔店乡马厂、沈大郢、费郢、新华村人口8200人。2015年底，县级农村总人口11.3万人、饮水安全人口数 4.93 万人、农村自来水供水人口 30233 人、自来水普及率 30%；行政村数 51 个、通水行政村数 19 个、通水比例 38%。2005—2015 年，农饮省级投资计划累计下达投资额 2208 万元及解决人口数 4.93 万人，累计完成投资情况、建成农村深井水厂数 11 处，其他为城市自来水延伸工程等。

表1　2015年底农村人口供水现状

乡镇数量	行政村数量	总人口	农村供水人口	集中式供水人口	其中：自来水供水人口	分散供水人口	农村自来水普及率
个	个	万人	万人	万人	万人	万人	%
4	50	18.35	10.45	5.08	3.17	5.37	30.36

表2　农村饮水安全工程实施情况

合计			2005 年及"十一五"期间			"十二五"期间		
解决人口		完成投资	解决人口		完成投资	解决人口		完成投资
农村居民	农村学校师生		农村居民	农村学校师生		农村居民	农村学校师生	
万人	万人	万元	万人	万人	万元	万人	万人	万元
4.93	—	2208	4	—	1743	0.93	—	465

2. 农村饮水工程（农村水厂）建设情况

2005 年以前，我区没有农村水厂，截至 2015 年底，我区现有农村深井水厂情况：深井工程 11 处，受益人口 19067 人，供水规模为 2695m³/d，主要分布在孔店乡 8 眼深井 6 个村，13572 人，上窑镇 3 眼深井，5495 人。深井工程水源为 100m 以下深层地下水。

农饮工程建设中，2005—2015 年，我区只有洛河镇部分村城市自来水延伸工程通过社会资本及个人资金投入情况，开户费每户一般为 1000 元左右。

表3　2015年底农村集中式供水工程现状

工程规模	工程数量	设计供水规模	日实际供水量	受益乡镇数	受益行政村数	受益农村人口	自来水供水人口
	处	m³/d	m³/d	个	个	万人	万人
合计	11	2695	1320			5.08	5.08
规模水厂						3.17	3.17
小型水厂	11	2695	1320			1.91	1.91

3. 农村饮水安全工程建设思路及主要历程

（1）"十一五"阶段工程建设任务完成情况

2007 年农村饮水安全工程解决孔店乡新街村、孔店村，九龙岗镇夏菜村，洛河镇陈庄、西湖、王庄村农村人口 1.27 万人。工程于 2007 年 11 月开工，2008 年 4 月完工，完成总投资 495.2 万元。2008 年 11 月，新街村、孔店村工程移交给大通区排灌总站孔店电灌站运行和管护。夏菜村，洛河镇陈庄、西湖、王庄村城市自来水管网延伸工程由市首创水务运行和维护。

2008年农村饮水安全工程解决上窑镇余巷、红光、窑河、马庙、方楼、张郢村农村人口1万人，工程于2008年5月开工，2008年12月完工，完成总投资390万元。2009年7月，余巷、红光村打深井建管网集中供水工程由上窑镇运行和管护，窑河、马庙、方楼、张郢城市自来水管网延伸工程由市首创水务运行管理和维护。

2009年农村饮水安全工程解决孔店乡马厂、新华、费郢、沈大郢村，上窑镇云南岗村农村人口1万人，工程于2009年5月开工，9月完工，完成投资496万元。2010年4月，孔店乡农村饮水安全工程交由孔店乡政府运行管理和维护，上窑镇农村饮水安全工程交由上窑镇政府运行管理和维护。

2010年农村饮水安全工程解决洛河镇洛河、淮建、金庄、刘郢村农村人口0.73万人，工程于2010年7月开工，2010年12月完工，完成总投资362万元。以上4个村农村饮水安全工程为城市自来水管网延伸工程，工程完工后交由市首创水务运行管理和维护。

"十一五"累计完成投资1743万元，主要为中央及省、市、区资金。

（2）"十二五"阶段工程建设任务完成情况

大通区"十二五"期间，主要是2012年建设的农村饮水安全工程。我区村民饮用的浅层地下水普遍存在苦咸水、缺水等问题，不宜作为饮用水源，迫切希望使用洁净的饮用水，"十一五"期间已解决全区现有饮水不安全人口4万人。"十二五"期间继续解决剩余农村饮水不安全人口，2012年共解决饮水不安全人口9300人，工程涉及九龙岗镇镇陈巷村、夏农村、曹店村、九龙岗村、方岗村、王楼村、魏咀村等7个行政。其中，陈巷村592人、夏农村946人、曹店村2566人、九龙岗村389人、方岗村1918人、王楼村1358人、魏咀村1531人。农饮项目采取城市自来水主管道延伸管网入户集中供水方式解决农村饮水不安全问题，工程设计7处，供水规模为962.09m³/d。共完成工程建设投资465万元。

4. 其他情况

通过其他途径，城建部门的建设，"十一五"期间主要通过城市自来水延伸解决洛河镇刘郑村、刘郢村农村饮水不安全人口1500人。

三、农村饮水安全工程运行情况

1. 区级农村饮水安全工程专管机构

2007年区政府批准成立大通区农村饮水安全工程建设领导小组办公室负责农村饮水安全工程建设管理，办公室设在区农林水利局，为临时机构；2011年区政府成立农村饮水安全工程管护工作领导小组，办公室设在区农林水利局，主要负责农村饮水安全工程管护工作；2011年12月10日，区政府成立农村饮水工程管理站单位性质临时机构，人员主要为区农林局2人、4个乡镇4人，共计6人，运行经费来源主要是农村饮水工程管护经费，基本未支出经费。

2. 区级农村饮水安全工程维修养护基金

按照《淮南市农村饮水安全工程运行管理办法》，对深井供水工程，供水人口2000人以下和以上分别给予每年 3 万元和 5 万元运管维护补助；市首创水务公司管理的管网延伸工程，由该公司负责运行维护和经费落实。2012 年九龙岗镇自来水工程，由九龙岗镇成立的专门运行管护队伍管护。按照管理的供水人口数量划拨管护经费，每人每年 5 元，总价承包，市区资金不够的由所在乡镇补贴。现已落实到位。维修基金建立时间为 2009 年，维修养护基金于 2010 年市、区各一半资金，每年 37 万元，从 2010—2014 年，每年足额到位，2015 年为 41.65 万元，主要增加 9300 人自来水延伸工程管护经费。每年都足额到位，管护资金采取报账制，严格规范资金使用。

3. 区级农村饮水安全工程水质检测中心

我区无水质检测中心，通过购买服务方式，水质检测主要通过委托检测，对水质定期检测。

4. 农村饮水安全工程水源保护情况

供水水源地保护区划定 11 处、水源管理措施主要对深井工程采取水源地保护措施、监督执法通过定期巡查等方式，对破坏管道的要求谁破坏谁负责恢复，并进行批评教育等措施。

5. 供水水质状况

主要净水工艺为臭氧定期消毒，部分水碱大的（不超标）深井水厂，采取离子交换和超滤等措施净化水质，效果较好。水质达标率（水源水、出厂水和末梢水）基本合格、水质不合格的主要指标是短期内末梢水大肠杆菌超标等。

6. 农村饮水工程（农村水厂）监管情况

固定资产交由管护单位所在乡镇、规范化管理主要采取定期和不定期对水厂检查，年终考核打分评优办法，入户费用不收取、水质采取购买服务检测；水价，城市自来水延伸的由首创水务公司管理的按照城市自来水水价、由乡镇管理的水价为基本水价加上城市自来水水水价两部制水价办法；供水服务主要通过入户调查询问用水户满意的形式监督水管单位服务情况，采取奖惩措施开展的工作。

7. 运行维护情况

工程运行状况，深井工程由所在乡镇负责，自来水延伸由市首创水务公司负责，深井机电设备维修由区农林局负责；我区没有专业的运行维修队伍，管道维修由各水厂自行负责。

四、采取的主要做法、经验及典型案例

1. 做法和经验

按照《淮南市农村饮水安全工程运行管理办法》，区政府又制定了《大通区农村饮水安全工程运行管理办法》《大通区农村饮水安全工程运行管护资金管理办法》，为运行管理措施和资金上提供了保障，细则明确了区级财政每年每个水厂维护资金及管理和维护人员，切实保障了农村饮水安全工程的正常运行。对深井供水工程，供水人口 2000 人以下和以上分别给予每年 3 万元和 5 万元运管维护补助；市首创水务公司管理的管网延伸工程，由该公司负责运行维护和经费落实。经验总结如下：

（1）水质检测办法。大通区农村饮水安全工程供水水质根据供水水源，自来水水源由首创水务负责监测和保证，深井水源水质和所有供水点水质由区卫生防疫站通过每年 2 次对水质抽检；同时，区农饮办委托水质检测专业机构定期对水质进行检测，目前各个水源水、末梢水水质均能达到合格要求。

（2）供水价格的确定和执行情况。大通区农村供水工程根据深井水厂和城市自来水管道延伸供水的方式，采用不同的供水价格。自来水延伸工程水价按照城市自来水水价 1.5 元/m^3，深井工程供水水价为 1.8～2.0 元/m^3，计量收费。水费由运行管理单位向用户直接收取，并向淮南首创水务公司支付或作为运管经费。目前，水费计收情况正常，水费计收率达到 95%。

（3）运行维护情况。深井工程由所在乡镇派专人管理，一眼井 1～2 人，日常管道维修由管护人员负责，主要机电设备维修由区农林局安排专业人员协助；小型设备维修由管护人员负责购置，资金管理采取报账制。首创水务公司负责城市自来水延伸工程的维护。目前管网运行正常，能够保障区域供水要求。

（4）农村饮用水源保护情况。水源地保护是饮水安全的重要措施，大通区政府为加强水源地保护，专门制定了《水源地保护办法》，依据省、市有关要求，同各单位各镇签订了保护责任制，明确了各镇在保护水源地工作中的任务，依据责任制，每年或每季度对水源地周围进行检查，区环保局按照环境保护法和目标考核办法适时监督监测，对各镇各单位进行定期考核，有效地保障了水资源的安全。

为确保已建工程的供水安全，对农村饮水安全工程在饮水水源地显要的地方设立"水源保护区"标志牌，划定保护范围，实施水源涵养林保护、严禁家畜进入保护区以及严禁在保护区从事对水源有污染影响的一切人为活动。目前，大通区已划定 11 处水源保护区或保护范围。

（5）机构健全，措施落实。区政府成立了农村饮水安全工程建设领导小组，并设立管理办公室，区农林水利局、区民生办负责监管和考核。

2011 年，大通区出台了《大通区农村饮水安全工程运行管理办法》和《大通区农村饮水安全工程管护资金使用办法》，明确规定了运行管护经费的来源和使用范围，建立资金专账。

（6）实施了多元化管理。为使农村饮水安全工程走"建得成、用得起、管得好、长受益"可持续发展的道路，实施多元化管理格局，实行首创水务公司管理、乡镇管理的模式，目前大通区实施承包经营管理模式已成为管理的主流，有效地推进了饮水工程效益的正常发挥。

（7）加强服务，切实保障农村饮水工程安全。为确保已建工程的供水安全，对农村饮水安全工程在饮水水源地显要的地方设立"水源保护区"标志牌，划定保护范围，实施水源涵养林保护、严禁家畜进入保护区以及严禁在保护区从事对水源有污染影响的一切人为活动。在运行期间区农林水利局作为农村饮水安全工程的行业管理部门，坚持负责技术指导和监督，帮助运行单位培训技术人员，区卫生部门作为饮水卫生监督和水质监督单位始终坚持定时检查饮水水质状况、管理人员的身体情况，区财政部门积极落实运行维护的资金和水费收缴使用管理。上述措施的实施有效保障了饮水安全工程的正常运行。

2. 典型工程案例

大通区 2010 年农村自来水延伸工程建设和运行管理成功典型工程。

（1）工程建设基本情况。由于洛河镇离城市自来水管道水源较近，农村饮水安全工程建设采取城市自来水延伸解决饮水不安全问题。我区 2010 年农村饮水安全工程主要解决洛河镇洛河、淮建、金庄、刘郢村共 4 个村农村人口 7300 人。工程项目法人单位为大通区农村饮水安全工程建设领导小组办公室，施工单位市首创水务公司，工程监理单位为安徽省广淼水利工程监理有限公司，工程于 2010 年 7 月开工，2010 年 12 月完工，并实现供水，完成总投资 362 万元。

（2）管护情况。工程建设前期区政府与市首创水务公司多次洽谈，希望利用城市自来水水源，最后签订协议，工程由首创水务公司施工，工程费用按照户数与首创结算，工程完工后交由该公司运行管护，管护费用由该公司承担，供水水价按照城市自来水水价执行。

（3）运行情况。洛河镇 4 个村农村饮水工程建成后运行良好，农民自发到首创水务公司收费大厅交取水费或通过网上缴费，农民用水正常。市首创水务公司抄表所专门人员抄表，专业供水维修对负责管道维修，受到当地老百姓一致好评。专业的管护队伍保证了工程长期运行发挥效益，提高了企业效益，我区就不需要支付运行维护经费，同时保证了工程长期运行，意义深远。

五、目前存在的主要问题

1. 工程建设

工程勘测设计方面。我区于 2007 年开始农村饮水安全工程建设，建设初期没有建设经验，工程设计只设计每个村打一眼井，有的村还打了 2 眼井，规划设计经验不足，摸着石头过河，造成点多面广工程分散，从工程招投标到施工管理难度较大。

工程施工方面。施工企业力量薄弱，施工技术及经验不足，监管难度大。

监理方面。施工监理业务水平不高，监督经验不足，业务水平参差不齐。

项目法人单位。业务水平不高，基本没有饮水工程管理经验，对深井设备、管道安装施工没有专业管理水平，工程监管经验不足，一度影响工程建设质量，由于工程点多面广，缺乏住工地管理人员，存在管不到位、管不好现象。

2. 运行管理

管理机构规模小且零乱，缺乏专业管理人员，不利于工程运行维护

村管单井小水厂缺乏专业管理人员，特别是净水设备和供水管网维护及使用方面，由于管理人员文化程度本就不高，对管理的认识不能全面的理解或不重视，更重要的是责任心不强，不能全面地掌握供水设备的技术性能，不太熟悉管理范围的供水路线，使之操作设备常常出错，加之维护不到位，造成设备、管网损坏严重，跑漏水现象频繁，不仅给维修带来很多困难，同时供水成本也高，水源更无法得到保证，直接影响了安全饮水的效益。农民用水量较少，基本供水没有效益，只能勉强维持。通过市区每年的管护经费投入到工程中，勉强维持水厂运行。

3. 水质保障

工程建设已完工后，一般 6～7 年供水末梢水水质较好，在运行 7 年后，由于管道长期运行管壁内侧的污垢沉积越来越多，一定程度上影响水质，加上只有臭氧消毒，管理人

员对水源水消毒不及时，使得供水水质不同时段存在大肠杆菌超标现象；部分深井水硬度较高，就是常说的水碱较大，农民反映强烈，虽然总硬度不超标，但是给农民的影响就是水质不好，后来安装了水质净化设备，通过离子交换和超滤等措施，水质得到了进一步改善，但是净化设备运行费用较高。水质检测采用购买服务方式费用较高，一般一个水样检测费用为 500 元，存在检测不及时等现象。

4. 行业管理

工程建成后，一般管护都交给所在乡镇，乡镇把管护交给所在村，管护人员都为村民，没有管理技术和经验，经过培训后只能勉强工作，只是业余水平，谈不上专业。供水管理在水利部门也是头一次，行业管理方面没有经验，平时只是行政管理，没有企业化专业化管理水平，管理机构是临时机构，都为兼职人员，平时业务很多，很忙，可见行业管理缺乏人员，供水管理需要专业化队伍专业化人员，从村级、乡镇到县区人员和技术都不足。

六、"十三五"巩固提升规划情况及长效运行工作思路

1. 规划目标

按照全面建成小康社会的总体要求，到 2020 年，通过实施农村饮水安全巩固提升工程，大通区农村饮水安全工作的主要目标是：实现规模化供水全覆盖；城镇自来水管网覆盖行政村的比例达到 100%。

2. 主要建设内容

（1）2017 年农村饮水安全巩固提升规划

2017 年通过市首创水务公司城市自来水管网延伸工程，实施将使上窑镇和九龙岗镇受益人口 27300 人，其中新增受益人口 15500 人，改造工程受益人口 11800 人，主要是：

① 新建工程。利用上窑镇城市自来水管网解决上窑镇上窑村、马岗村、泉源村、外窑村等 4 个村计 13153 人的饮水不安全问题；利用九龙岗镇城市自来水管网延伸解决九龙岗村 2347 人的饮水不安全问题。

② 管网改造工程。通过上窑镇城市自来水管网延伸将使上窑镇余巷、红光、云南岗、窑河、马庙、方楼、张郢 7 个村计 11800 人饮水安全得到巩固提升。

（2）2018 年农村饮水安全巩固提升规划

2018 年区农村饮水安全巩固提升工程，将以山南新区建成的自来水厂管网为基础，实施孔店乡全乡域自来水管网延伸工程。受益人口 44213 人，其中新增受益人口 38200 人，改造工程受益人口 6013 人。

3. 加强运行管理措施

（1）工程产权改革及管理机构、制度建立

为使农村饮水安全工程走"建得成、用得起、管得好、长受益"可持续发展的道路，使农村饮水进入长效法，我区实施多元化管理格局，在工程建设后首先明晰产权，明确责任，制定政策，立规建制，放活经营，采取多种形式的运行管理模式。一是有条件的村可以实施电费村级补助制；二是委托管理，供水范围大用水量多的地区也可以实施委托管理；三是承包经营，目前大通区实施承包经营管理模式刚刚起步，有效地推进了饮水工程

效益的正常发挥。

目前我区农村饮水安全工程管理组织机构完整，区成立了安全饮水管理工作领导小组，镇人民政府成立了供水管理站，区农林水利局负责技术指导和监督，镇人民政府是监管主体。落实了运行管理经费，区财政每年按照要求的1:1比例配套管护经费。明确规定了运行管护经费的来源和使用范围，建立资金专账，以井核算。

为更好地保障农村饮水安全工程能长期发挥效益，在《淮南市农村饮水安全工程运行管理办法》的基础上，大通区政府制定了《大通区农村饮水安全工程运行管理办法》《大通区农村饮水安全工程运行管护资金管理办法》，为运行管理措施和资金提供了保障，细则明确了区级财政每年每个水厂维护资金及管理和维护人员，切实保障了农村饮水安全工程的正常运行。

我区将进一步完善县镇级农村饮水安全工程管理体系，以政府统筹为主导，实行多元化运行管理机制，村管员、水费征收员可以实行承包经营、定量经营或购买经营等方式，市场化动作是今后发展的趋势。

加大水质检测的检测和监督力度，对农村供水工程的水源和末端水要形成定期检测的管理制度，准确掌握农村饮用水的动态变化，确保农村用上安全的饮用水。

（2）水价及收费机制

由于农村饮水安全工程供水对象的特殊性和维持工程良性运行的要求，供水水价既不能高，也不能过低，我区在实践过程中兼顾供水对象承受能力和工程长效运行两个要素，建立合理的水价形成机制，规范了水价构成和水价制定的程序，按照"两部制"水价计收模式，实行定量用水（即基本水量）和计量收费方式，控制水价和用水量，确保了民生工程的长效运行。

在实际运行中，对于用水量小或季节性人员分散的情况，采用半年制或年度制，目前全区水费征收正常，均能保证运行正常。

我区将在已实行的两部制水价基础上，积极探索适合本区的水费计收方式，对不同行业的用水情况进行调查，鼓励节约用水，把两制水价真正体现在实际运行中。

（3）工程运行机制

为确保农村饮水安全工程良性化发展，将在现有的管理体制基础上，进一步完善工程运行机制，深化体制改革，实行多元化管理体制，完善区农村饮水安全工程管理机构，镇村管理人员实行年度考核制，按照区"农村饮水安全工程运行管理办法"，逐级考核镇村两级管理人员。

实施水厂兼并，提高管护效益。实施东部水厂对新街和孔店村3眼深井小水厂的兼并，实施西部水厂对沈大郢、马厂2眼深井小水厂的兼并，对上窑镇余巷、红光、云南岗3个小水厂兼并，提高供水效益、管理效益。

进一步完善农村饮水安全工程运行维护服务队伍，细化和完善"大通区饮水安全工程运行维护资金管理办法"，健全运行管护经费制度，鼓励节约用水，把两部制水价体现在实际运行中。

做好水源地保护工作，按照水源保护区划定原则，落实水源保护区责任，建章立制，责任到人，把所有的水源地都树立明显的标志标牌。

及时修订应急预案，对已制订的预案，结合全区实际情况和现有条件进行细化和完善，按照全区发展状况适时修改适应发展的安全性强的应急预案，防止突发性事件发生给人民带来的损害，把人民生命安全放在第一位。

加强管理人员培训，提高管理水平和素质，进一步完善运行管理人员的持证上岗制度，把农村饮水安全工程实实在在地落实在岗位上。

表4　"十三五"巩固提升规划目标情况

农村集中供水率（%）	农村自来水普及率（%）	水质达标率（%）	城镇自来水管网覆盖行政村的比例（%）
100	100	85	100

表5　"十三五"巩固提升规划新建工程和管网延伸工程情况

工程规模	新建工程					现有水厂管网延伸			
	工程数量	新增供水能力	设计供水人口	新增受益人口	工程投资	工程数量	新建管网长度	新增受益人口	工程投资
	处	m³/d	万人	万人	万元	处	km	万人	万元
合计						2	76.2	5.37	2954
规模水厂						2	76.2	5.37	2954
小型水厂									

表6　"十三五"巩固提升规划改造工程情况

工程规模	改造工程					
	工程数量	新增供水能力	改造供水规模	设计供水人口	新增受益人口	工程投资
	处	m³/d	m³/d	万人	万人	万元
合计	2		1424	1.78		178
规模水厂	2		1424	1.78		178
小型水厂						

八公山区农村饮水安全工程建设历程

（2005—2015）

（八公山区农林水利局）

一、基本概况

八公山区位于淮河南岸，东、南与谢家集区接壤，西与寿县、凤台县为邻，国土面积 96.4km²，耕地面积 1.5 万亩，人口 16.1 万人，属亚热带与暖温带的过渡地带，呈半湿润季风气候。自然形成西高东低、北高南低的倾斜地势。西部为山丘和岗地，约占全区面积的 60%，东部为湾地（近淮为冲积平原），约占 40%。全区下辖 1 个国家 AAAA 级风景区，八公山镇、山王镇 2 个镇，新庄孜、土坝孜、毕家岗 3 个街道和妙山林场。全区共有城市社区 21 个，农村社区村民委员会 21 个。3 条城市排洪沟总长 16km，2 座小型水库。全区年均降水深度 900mm。淮河是八公山区境内主要水系，是全区工农业生产和人民生活用水的重要来源，淮河流经八公山区境内 11km，河道宽 200m 左右，平均年径流总量 1.44 亿 m³。

2015 年是八公山区发展进程中极为困难的一年。国民经济发展较往年有所下降，各项社会事业同比下降，消费品市场运行基本平稳，财政收入小幅下降，市场物价基本保持稳。实现生产总值（GDP）45 亿元，同比增长 6%，完成固定资产投资 20 亿元，增长 17.6%，实现财政收入 1.53 亿元，同比下降 30%。

我区 2015 年实行最严格水资源管理制度，全区用水总量 0.29 亿 m³ 以内，万元工业增加值用水量 36.3m³，农田灌溉水有效利用系数达到 0.545，全区重要江河湖泊水功能区水质达标率为 100%。

二、农村饮水安全工程建设情况

1. 农村人口饮水安全解决情况

我区无新建水厂，全部承接自来水管网入户。农饮工程建设中，我区投入资金全部由中央、省、市、区级财政配套解决。2015 年底，农民接水入户 100%，没有收取任何开户费。

2011 年实施了山王镇南塘村、林场村、闪冲村，八公山镇妙山村、淮滨村共计 6900 人饮水安全工程，除妙山村承接寿县自来水厂管网延伸外其他村均承接西城水务自来水公司管网延伸。投资 343 万元，其中中央资金 205 万、省级 69 万、市、区两级 69 万元。截至2011年，我区农村饮水不安全问题全部承接自来水管网延伸入户解决。目前工程全部运行正常。

表1 2015年底农村人口供水现状

乡镇数量	行政村数量	总人口	农村供水人口	集中式供水人口	其中：自来水供水人口	分散供水人口	农村自来水普及率
个	个	万人	万人	万人	万人	万人	%
2	21	16.1	2.96	2.96	2.96	0	100%

表2 农村饮水安全工程实施情况

合计			2005年及"十一五"期间			"十二五"期间		
解决人口		完成投资	解决人口		完成投资	解决人口		完成投资
农村居民	农村学校师生		农村居民	农村学校师生		农村居民	农村学校师生	
万人	万人	万元	万人	万人	万元	万人	万人	万元
0.99		460	0.3		117	0.69		343

2. 农村饮水工程（农村水厂）建设情况

2005年以前，我区无新建水厂，全部承接自来水管网入户。农饮工程建设中，我区投入资金全部由中央、省、市、区级财政配套解决。2015年底，农民接水入户100%，没有收取任何开户费。

表3 2015年底农村集中式供水工程现状

工程规模	工程数量	设计供水规模	日实际供水量	受益乡镇数	受益行政村数	受益农村人口	自来水供水人口
	处	m³/d	m³/d	个	个	万人	万人
合计	2	1070	820	2	21	2.96	2.96
规模水厂	2	1070	820	—	—	2.96	2.96
小型水厂				—	—		

3. 农村饮水安全工程建设思路及主要历程

"十一五"阶段，我区主要在2007年实施山王镇山王村饮水安全工程，解决人口0.3万人，资金投入117万元。"十二五"阶段，我区在2011年解决山王镇南塘村、林场村、闪冲村，八公山镇妙山村、淮滨村共计0.69万人，共投入资金343万元。

三、农村饮水安全工程运行情况

1. 区级农村饮水安全工程专管机构

我区目前农村饮水安全工程全部交由受益村自行管理，由于全部都是自来水管网延伸工程，其日常运行维护管理相较于深井工程相对简单。目前，各村已安排1名农饮专管员，主要负责每月抄收水表以及简单的日常维护。

2. 区级农村饮水安全工程维修养护基金

我区从 2015 年开始，按照自来水管网延伸工程每人补助 5 元的标准，市区两级各配套 5：5，落实管护经费 4.95 万元，今年度财政补助金额暂时未到位。资金使用按照财政报账制履行，由各行政村申报工程维修经费，区农林水利局审核，待工程完工后，区财政局、区农林水利局、所在镇等相关单位进行验收合格后，履行财政专项资金报账制。

3. 区级农村饮水安全工程水质检测中心

我区农饮工程水质监测工作按照政府购买的方式，委托安徽省蚌埠水科院进行水质监测，合同签订按照每半年监测 1 次的频率确保水质安全。

4. 农村饮水安全工程水源保护情况

我区农村饮水安全工程全部承接西城水务自来水管网延伸入户，水源保护由西城水务公司进行保护。

5. 供水水质状况

合格。

6. 农村饮水工程（农村水厂）运行情况

无水厂。

7. 农村饮水工程（农村水厂）监管情况

无水厂。

8. 运行维护情况

运行正常。

四、采取的主要做法、经验及典型案例

我区在全市率先完成农村饮水全覆盖。在 2011 年实施八公山镇妙山村农饮工程时，由于该村位于景区山里，且与寿县八公山镇临边，当时考虑工程成本及方便用水程度，我区与寿县八公山水厂进行洽谈，由该水厂进行供水因地制宜地解决了妙山村饮水问题。

五、"十三五"巩固提升规划情况及长效运行工作思路

1. "十三五"巩固提升规划情况

"十三五"期间，我区计划将山王镇孔集村、王巷村，八公山镇妙山村、沈巷村村纳入提升改造工程。这 4 个村由于建成多年后存在管网损毁的情况，计划将 2005 年建成的孔集村、王巷村、沈巷村进行部分管网更换，妙山村由于地势较高计划新增加压设施，初步估算投资约 150 万元。目前正在积极申报中。

表4　"十三五"巩固提升规划目标情况

农村集中供水率（%）	农村自来水普及率（%）	水质达标率（%）	城镇自来水管网覆盖行政村的比例（%）
100%	100%	85	100%

表5 "十三五"巩固提升规划改造工程情况

工程规模	改造工程					
	工程数量	新增供水能力	改造供水规模	设计供水人口	新增受益人口	工程投资
	处	m³/d	m³/d	万人	万人	万元
合计	2	200	210	0.5		150
规模水厂	2	200	210	0.5		150
小型水厂						

2. "十三五"之后农饮工程长效运行工作思路

为保证农村饮水安全工程实施后能够持久发挥效益，为农村居民提供优质稳定的生活用水，加强工程的建后管理是重要的基础和保证。根据实际情况，采取灵活多样的办法，加强对工程的管护，力争实现工程的良性循环运用，是工程后期管理的目标。

总结我区2007年、2011年农村饮水安全工程运行管理经验，以行政村为供水单元进行直接管理。在完善运行财务管理、消费征收标准、管理人员报酬的前提下，推荐有威信、有管理能力的村民代表，对工程进行日常管理和维护，实现村民自己管理。也可采用工程运行"个人承包、村民监督"的方法进行工程后期管理。

运行管理机构与人员编制。由行政村作为农村饮水安全工程运行直接管理的单位，可以成立"饮水工程管理站"，按照水利部《村镇供水站定岗标准》根据工程规模确立管理工作人员的编制，一般为2~3人。实行个人承包租赁的由承包人自行组织管理。

建立社会化供水服务体系。为保证农村饮水安全工程能够实现良性循环，要进一步明晰饮水工程的产权，积极推动建立社会服务化体系，多运用市场机制，鼓励普通法租赁、股份合作等灵活多样的经营管理模式，充分利用社会资源，使饮水安全工程成为一种可以独立、持续经营的资产，发展成一种产业，真正实现工程建设资金的社会效益和经济效益。

毛集实验区农村饮水安全工程建设历程

（2005—2015）

（毛集实验区水务局）

一、基本概况

毛集实验区位于安徽中部、淮河中游，是华东能源之都——淮南市的城郊型生态新区，也是全国唯一用实验区命名的区，位于淮河与西淝河交汇处，东接八公山区，南与寿县隔淮河相望，西、北两面与颍上县、凤台县毗邻，下辖毛集镇、夏集镇、焦岗湖镇和焦岗湖景区。区境南北长 15.5km，东西宽 18.5km，总面积 201km^2。

毛集实验区地处淮河中游左岸，西淝河和淮河交汇处，地形自西北向东南倾斜，分属西淝河流域、焦岗湖流域和董峰湖行洪区，地形高程为 17.5~24.5m（采用 1985 国家高程，下同），沿淮河、西淝河为低洼地，主要湖泊洼地有花家湖和焦岗湖，常年水面约为 32km^2。地貌特征大面积为平原，在局部形成圩区。

毛集实验区位于淮南市西南部，辖夏集镇、焦岗湖镇、毛集镇 3 个镇，43 个行政村，总人口 13.03 万人，2015 年底农村供水人口 12.2041 万人。毛集实验区多年平均水资源量为 230.94 亿 m^3。

二、农村饮水安全工程建设情况

1. 农村人口饮水安全解决情况

我区目前农村人口是 11.12 万人，存在的饮水不安全类型为菌落种数和总大肠菌群超标，水质在Ⅲ类水以上，自 2007 年饮水安全工程建设以来到 2015 年，已解决农村饮水不安全人口 12.2 万人和 1.5 万名师生，受益户达到了 4.02 万户，占全区人口和户数的 93.6% 和 94.5%，完成投资 5847.59 万元，建成规模水厂 3 处，小型水厂 13 处，水质检测中心 1 处，共计农村饮水安全工程 17 处。其效益发挥良好，群众用水率已达到了 95% 以上，群众的接受率达到 97% 左右，工程的完好率达到 98%。

表1　2015 年底农村人口供水现状

乡镇数量	行政村数量	总人口	农村供水人口	集中式供水人口	其中：自来水供水人口	分散供水人口	农村自来水普及率
个	个	万人	万人	万人	万人	万人	%
3	43	13.03	11.12	12.2	12.2	0	93.6

表2 农村饮水安全工程实施情况

合计			2005 年及"十一五"期间			"十二五"期间		
解决人口		完成投资	解决人口		完成投资	解决人口		完成投资
农村居民	农村学校师生		农村居民	农村学校师生		农村居民	农村学校师生	
万人	万人	万元	万人	万人	万元	万人	万人	万元
12.2	1.5	5848	4.18	0.5	1869	8.02	1	3979

2. 农村饮水安全工程建设情况

我区农村饮水安全工程的"十一五"规划,自 2007—2010 年通过管网延伸和打深井两种措施解决农村饮水不安全问题,建成小型水厂 15 处,供水规模为 3069m³/d。"十二五"规划期间,建成小型水厂 5 处,后经联网小水厂改扩建成规模水厂 3 处,供水规模为 6990m³/d。其中 2008 年度形成两种管理模式,一是以毛集水厂管网延伸的毛集社区、中心社区和大桥村由毛集水厂承包管理,用水率达到 72% 左右。二是魏庙村由村级管理,用水率达到 83% 左右;2009—2013 年度建成的小型村级水厂均以村为管理主体,镇为监管单位,目前使用率都能达到 82% 以上,部分村可以达到 95% 以上;夏集源泉水厂经过 2014—2015 年扩建,供水规模从受益人口 1.5 万人、日供水量 1300m³,增加到受益人口 3.6 万人、日供水能力 3100m³,目前运行正常;2014—2015 年通过整合扩建完成穆台水厂,供水规模从受益人口 0.32 万人、日供水量 310m³,增加到受益人口 1.59 万人、日供水能力 1400m³;新建整合的南湾水厂,现受益人口 1.4 万人、日供水能力 1300m³;农村饮水安全工程检测中心也已全部建设完工,在《生活饮用水卫生标准》(GB 5749—2006)规定的 42 项常规指标中,筛除总 α 放射性、总 β 放射性 2 项放射性指标,增加氨氮指标,实际检测指标共计 41 项。主体情况是全区农村饮水安全工程运行良好,为农村饮水安全工程效益持续发挥奠定了基础。

截至 2015 年底,我区共计完成投资 5847.59 万元,其中中央投资 3461.55 万元、省级 1173.35 万元、市级 606.34 万元、县级万元 606.35 万元。

表3 2015 年底农村集中式供水工程现状

工程规模	工程数量	设计供水规模	日实际供水量	受益乡镇数	受益行政村数	受益农村人口	自来水供水人口
	处	m³/d	m³/d	个	个	万人	万人
合计	16	11059	9400	3	40	12.20	12.20
规模水厂	4	6800	5780	—	—	7.51	7.51
小型水厂	13	4259	3620	—	—	4.69	4.69

3. 农村饮水安全工程建设思路及主要历程

毛集实验区农村饮水安全工程建设至今,已全区覆盖,从开工建设到运行管理,每个环节都进行得十分顺畅，主要思路有以下几个方面：

（1）夯实政府责任

各级政府是实施农村饮水安全工程的第一责任人。各地要切实落实行政首长负责制，强化行政推动，建立政府考核机制，把农村饮水安全工作作为各级政府绩效考核的重要内容，进一步夯实责任，建立健全政府"一把手"负总责、政府分管领导具体负责、部门各司其职、强力推进的责任机制，严格绩效考评，切实把责任落实到单位和责任人，逐级落实责任，一级抓一级，层层抓落实。倒排工期赶超进度，集中力量攻坚克难，确保完成年度建设任务，不折不扣地全面兑现政府庄严承诺，让广大农村群众长期稳定受益。

（2）严格节点控制加大推进力度

各地层层传导压力，严格跟踪问效，倒排工期，节点控制，逐项目明确时间节点，制定精确详细的阶段目标以及进度计划方案，加大协调推动力度，全力推进工程建设，千方百计加快施工进度，按照时间节点要求如期完成任务。

（3）加强管理确保建设进度和质量

严格按规定组织实施，抓进度与抓质量并重，抓建设管理和抓建后管理并举，解决好工程建设管理各个环节的突出问题，严格落实项目建设"四制"，健全质量监控体系，把好原材料进口关、设备采购关、施工质量关和竣工验收关，确保工程"四个安全"。全面排查和评估已建工程投资落实、建成处数、解决人数以及水质合格率等情况，全力做好存在问题整改。加强工程施工和项目资金监管，实行区级财政报账制，专户储存，专款专用，确保资金使用安全，提高资金使用效率。

（4）强化运行管理确保水质安全和发挥效益

解决农村饮水安全问题，核心是保证水质安全。必须坚持"抓两头、保中间"，抓好从水源地到水龙头的各个环节，按照国家饮水安全的标准要求，对取水、制水和供水实行全过程监管，切实提高水质合格率。坚决杜绝重大饮水水质污染事故，进一步加大水源保护力度，划定饮水水源保护区域，落实水源安全保障措施，加强水源巡视和常规水质检测。各地切实抓好项目前期及建设，全面提升水质安全检测能力，确保群众喝上安全达标的"放心水"。各地采取有效措施，强力推动专管机构、管理办法和维修基金的措施落实。积极探索各种工程运行管护模式，强化专业化管理，推广用水户参与管理，科学合理地确定水价，为工程良性运行提供有力保障。

（5）超前谋划发展抓好提质增效升级

我区针对农村特别是部分区域自然条件差、人口居住分散的情况，认真分析现状，准确把握形势，总结归纳经验，分析存在问题，结合"十一五""十二五"规划，统筹谋划农村饮水提质增效工作，逐步提高饮水安全标准，进一步提高集中供水率、供水保证率、水质合格率和自来水普及率，使广大农村居民喝上更加方便、更加安全的饮用水。紧紧围绕水源、水质和保障率等问题，使规划更具有针对性和实效性。合理规划工程布局和发展重点，超前谋划，科学布局，努力构建城乡供水大水网，为实现全区水资源统调统配奠定基础，切实提高全区饮水安全保障能力。

三、农村饮水安全工程运行情况

1. 组织机构

毛集实验区农村饮水安全工程运行管理组织机构完整，2011 年 3 月至 5 月各镇结合农村饮水安全工程运行管理方案分别成立了镇级管理办公室，区管委为加强全区农村饮水安全工程运行管理工作，于 2011 年 9 月份成立了毛集实验区农村饮水安全工程管理领导小组（毛管办秘〔2011〕30 号），区管委分管领导为组长，相关局和镇主要领导为成员，并设置了办公室全面负责日常运行管理工作，办公室设在区水务局。为更好地保障农村饮水安全工程能长期发挥效益，在《淮南市农村饮水安全工程运行管理办法》的基础上，区管委又制定了《毛集实验区农村饮水安全工程运行管理办法实施细则》《毛集实验区农村饮水安全工程运行管护资金管理办法》，为运行管理措施和资金上提供了保障，细则明确了区级财政每年每个水厂维护资金及管理和维护人员，使农村饮水安全工程运行有了保障。

2. 维修资金落实情况

按照"资金管理办法"每年初区财政根据农村饮水安全工程实施完成情况和运行状况，足额拨付管理资金，2011—2012 年，区财政每年拨付维护和管理人员资金，经我们审查，资金使用合理规范，目前尚未发现违规现象，为农村饮水安全工程正常运行创造了条件，据调查平均用水率可达到 93% 以上，除去外出务工因素外，用水率可达到 97% 以上，群众的接受率可达到 98% 左右。

3. 农饮工程管护主体

毛集实验区农村饮水安全工程运行管理分两种方式：一是以夏集源泉水厂、穆台水厂、南湾水厂、毛集水厂负责管理，这 4 座水厂均以镇为单位，建后资金产移交于 4 个水厂，由 4 个水厂负责对设备和管网管理维护；二是以村为单位，由各受益村为管理单元，镇为监管单位，建后资产移交于各受益村，村负责维护与管理，经过我们年度审查，目前各个水厂运行均正常，使用率都能达到 93% 以上，大部分村可达到 97% 以上，为农村饮水安全工程效益持续发挥奠定了基础。

4. 区级水质检测中心

毛集实验区农村饮水安全工程检测中心依托南湾水厂建设，共投入 204.59 万元（其中中央投资 75.75 万元、省级 44.75 万元、市级 42.04 万元、县级 42.05 万元），已全部完成投资。计划 7 名检测人员尚未确定，平均每年运行经费为 10 万元。在《生活饮用水卫生标准》（GB 5749—2006）规定的 42 项常规指标中，筛除总 α 放射性、总 β 放射性 2 项放射性指标，增加氨氮指标，实际检测指标共计 41 项。

毛集实验区农村饮水安全工程均以村为单元，小型水厂多，均以地下水为主。为保障饮水安全，加强水质监控，之前都是依托区卫生防疫站每年对各水厂或供水点分旬检测，通过每年旬测情况看各个水源水、末梢水水质均能达到合格要求。区级水质检测中心人员尚未确定，待设备装配齐全后，将对供水工程出厂水和管网末梢水进行定期与日常巡检。

5. 供水价格的确定和执行情况

按照毛集实验区农村饮水工程运行管理办法规定，毛集实验区农村饮水工程水费计收分两个标准，一是群众生活用水，以 1.5 元/m³ 计；二是经营性用水以 1.8 ~ 2 元/m³ 计，自运行以来各村自征收以来水费均控制在 1.5 元/m² 以内，有些村对部分困难群众实施了免收的办法，由村补贴，村级在计收水费时均采用月或季度计收制，对于用水量小或季节性人员分散的情况，采用半年制或年度制，目前全区水费计收正常，均能保证运行正常。

6. 运行维护情况

毛集实验区农村饮水安全工程按照管理办法要求，区水务局成立了农村饮水安全工程运行服务队（毛水字〔2011〕20 号），服务队有 6 人组成，负责全区农村饮水工程日常的维修抢修工作，制订了维护抢修制度和养护办法，为农村饮水安全工程正常运行提供了保障。

农村饮水安全工程是一项惠给于民的德政工程，区管委在建设和管理用地、用电、税收等相关政策上始终给予支持，电价最低，无偿提供建设用地，经营免税收，各种办证手续简化等，为农村饮水安全工程建设管理创造了良好条件。

7. 水源地保护和应急预案制定情况

水源地保护是饮水安全的重要措施，区管委为加强水源地保护，专门制定了《水源地保护办法》，依据省、市有关要求，同各单位各镇签订了保护责任制，明确了各镇在保护水源地工作中任务，依据责任制，每年或每季度对水源地周围进行检查，区环保局按照环境保护法和目标考核办法适时监督监测，对各镇各单位进行定期考核，有效地保障了水资源的安全。

四、采取的主要做法、经验及典型案例

（一）做法和经验

根据省政府令第 238 号和市政府关于《淮南市农村饮水安全工程运行管理办法》和毛集实验区关于《毛集实验区农村饮水安全工程运行管理办法实施细则》精神，区镇村均成立了农村饮水安全管理机构，制定了《毛集实验区农村饮水安全工程运行管理办法》《毛集实验区农村饮水安全工程运行管护资金管理办法》《毛集实验区饮用水水源地突发性环境事件应急预案》《毛集实验区管理委员会办公室关于加强农村饮水工程水源保护区管理的通知》《毛集实验区农村饮水安全应急预案》《毛集实验区村级水管员选聘管理及考核办法》等相关文件，为运行管理措施和资金上提供了保障，明确了区级财政每年每个水厂维护资金及管理和维护人员，实现了农村饮水安全工程运行有了保障。

1. 机构健全，措施落实

区管委成立了由管委主任任组长，分管主任任副组长，区发改、财政、卫生、物价、审计、监察、国土、环保、广电、水务等部门为成员的农村饮水安全工程建设领导小组，并设立专项管理办公室，区水务局、区民生办负责监管和考核。

2010 年，我区出台了《毛集实验区农村饮水安全工程运行管理办法实施细则》和《毛集实验区农村饮水安全工程管护资金使用办法》，2014 年又进行了修改并以区管委的名誉下发到各镇、各单位和部门，办法的出台，实现了落实了管理机构，区成立了安全饮水管理工作领导小组，镇人民政府成立了供水管理站，工程所在村（居）委成立了管理小组；落实了区、镇、村（居）委三级的管理责任体系，明确规定了农村饮水安全工程运行管理实行区管委负责制，区水务局负责技术指导和监督，镇人民政府是监管主体，村

（居）委是管理主体。落实了运行管理经费，区财政每年按照要求的 1：1 配套管护经费。明确规定了运行管护经费的来源和使用范围，建立资金专账，以井核算。

2. 实施了多元化管理

农村饮水工程建设是政府投入，群众受益的公益性工程，如何管好决定工程效益的可持续，怎样管、如何管、谁来管直接影响到效益的发挥。2010 年，为使农村饮水安全工程走"建得成、用得起、管得好、长受益"可持续发展的道路，使农村饮水进入长效法，实施多元化管理格局，在工程建设后首先明晰产权，明确责任，制定政策，立规建制，放活经营，采取多种形式的运行管理模式。一是有条件的村可以实施电费村级补助制；二是委托管理，供水范围大用水量多的地区也可以实施委托管理；三是承包经营，目前毛集实验区实施承包经营管理模式已成为管理的主流，有效地推进了饮水工程效益的正常发挥。

3. 加强服务　保障安全

为保障群众饮水安全，区明确要求水务、卫生、财政、环保等部门要始终把供水工程水源的可靠性、安全性作为饮水安全的第一要素来考虑，从水源调查、选点、水质化验等方面做了大量前期工作，保证了工程所在地水量、水质符合农村饮水安全标准。为确保已建工程的供水安全，对农村饮水安全工程在饮水水源地显要的地方设立"水源保护区"标志牌，划定保护范围，实施水源涵养林保护、严禁家畜进入保护区以及严禁在保护区从事对水源有污染影响的一切人为活动。在运行期间区水务局作为农村饮水安全工程的行业管理部门，坚持负责技术指导和监督，帮助运行单位培训技术人员，区卫生部门作为饮水卫生监督和水质监督单位始终坚持定时检查饮水水质状况、管理人员的身体情况，区财政部门积极落实运行维护的资金和水费收缴使用管理。我们成立了抢修服务队伍，公示服务电话，抢修服务队的成立，有效地保障了工程正常运行。我们的服务队具有专业性，一般情况下，对于井上设备、主管网的抢修基本上都在第一时间解决，工作时间从没超出 5 个小时，抢修队配备了一整套的设备和工具，今年抢修队增加了一套洗井设备，已投入使用，有效地保障了饮水安全工程的正常运行。

（二）典型工程案例

毛集实验区夏集镇农村饮水安全工程，始建于 2007 年，工程建设初期是在原夏集源泉水厂的基础上，经过多年改扩建，至 2015 年全部完成全镇饮水安全工程，已实现了全覆盖。全镇共完成规模水厂 1 处，日生产饮水用水 4000m³，农村受益人口 3.7 万，12 所农村学校 0.35 万名师生，其中本镇 10 个村（居）委人口 3.325 万人、焦岗湖农场移民人口 0.375 万名，服务民营企业 57 家，公益性单位 2 个，集镇商户 276 家，安装入户水表10775 只，入户率达到 100%，目前使用率都能达到 93% 以上，水费收缴率 82% 以上，成立镇级管理站 1 个，从事镇级管理人员 3 名，水厂管理人员 5 名，其中水厂管理及财务人员 2 人、水质检测人员 1 人、机电泵手 2 名，村级管理人员 10 名，抄表和收费员 10 名。2015 年度供水总量为 41.5 万 m³，水费征收额 41.2 万元，生产成本支出 38.57 万元，当年赢利 2.63 万元。夏集源泉水厂具体的做法是：

1. 增强服务意识，提高服务质量是促进水厂可持续发展的主线

为进一步提升服务质量，更好地服务于民，夏集源泉水厂，始终把民生工程坚持延续下去，在经营管理中，落实好自来水生产和窗口服务工作的各项职责，把"上善若水"的

企业文化融入服务当中，积小善为大善，抓好服务细节，为广大农民提供一流的供水服务，抓服务创新，以消费者的方便、舒适、满意、安全为中心，创新服务方式，规范的服务质量，提高服务水平，把群众满意不满意、高兴不高兴、答应不答应作为服务工作的标准和准则，水厂一班人员，坚持民生工程为民众的理念，以此推进企业的可持续发展，只有群众满意了、放心了，才能更好地促进水费收缴工作。

2. 完善制度保障安全

为加强全镇农村饮水工程管理，保证农村饮水工程发挥最大效益，保障人民群众生活生产安全，夏集源泉水厂根据相关法律、法规和省市区有关农村饮水安全工程运行管理条例、办法等，结合本镇实际情况制定了《厂长工作职责》《饮水安全水工程管理基本职责》《饮水安全工程设施保护制度》《饮水安全工程水费计收管理制度》《抄表员工作制度》《制水安全员工作制度》《泵房运行操作规范》《安全员工作制度》《财务管理制度》等，以制度和职责规范管理人员，提升运行管理水平，增强管理人员责任心，确保饮水安全。

3. 严格水源地保护和水质检测、监测，保障饮水工程供水安全

源泉水厂充分认识到供水水源地的保护是饮水安全的重中之重，为此，水厂水质检测员，定时对水源地进行检查，时时观察水源地周围情况。夏集农村饮水工程的水源地大都设置在距群众居民区附近，群众随时都有可能在水源地周围堆放垃圾或从事家畜家禽养殖，水厂坚持一旦发现当即处理。农村饮水安全工程水质是考核供水安全的重要指标，水厂配齐了在线监控设备，办理了供水卫生许可证、管水员健康证，除自觉接受区卫生部门对水质的检测外，还强化了水质的内部检测，购置了便携式水质检测设备，建立了小型化验室，可不定期在现场对供水水质的有关指标进行检测。完善了供水水质检测的控制手段，实现了对供水水质的定期检测和日常检测相结合本制度，确保了饮水安全。

4. 建立健全受益农户参与机制，促进效益长足发展

农村饮水安全工程涉及千家万户，直接服务于广大农民群众，如果没有他们的参与和配合，管理工作很难顺利进行，在运行管理中，夏集镇依托水厂从各村聘请了部分村民代表作为水质和水费收缴众信息监督员，时刻监督用户水质情况和水费缴纳状况，充分发挥了用水群众的监督作用，得到了广大村民的理解和认可，村民自觉保护管道、水源井等供水设施的意识也得到了提高，实现了相互理解、相互支持，促进了管理工作的顺利推进。经过几年的运行实践证明，农村饮水安全工程建是基础，管是关键。为将国家的巨额投资工程管理运行顺畅，只有不断完善供水工程的管理体制和运行机制，增强自身的管理水平，提高服务意识，加强内部管理，降低运营成本，实现政府、企业与用水户的共赢，让政府放心、企业顺心、用水户满意，农村饮水安全工程才能得到长效发展。

五、目前存在的主要问题

1. 饮水工程尚有部分采用单村单井集中供水方式，供水保证率低下

毛集实验区 2012 年以前按照"十一五"规划，实施以单村成井独立集中供水的方式，共打井 19 眼，单井最大供水能力 $375m^3/d$，解决 19 个村 8.36 万人。由于供水水源单一，一旦出现供水设备和主支管网损坏，就出现全村停水现象，供水保证率低下。2015 年通过整合

和改造 3 个水厂之后，目前尚有毛集镇的董岗、后拐、大郢、山拐、刘岗、花家湖、河西、陆庄、魏庙、梁庵等 10 个村（社区）和焦岗湖镇王郢、史集等 2 个村的 11 座小水厂尚未整合。

2. 尚有 3 个村庄未解决农村饮水安全问题

毛集镇河口、张王、胡台 3 个村位于董峰湖行洪堤退建与加固工程影响范围内，需进行搬迁，所以目前仍有尚未解决的农村安全饮水问题。农民主要采用一家一户手压井供水，水源为浅层地下水。近年来，受农业生产污染等影响，区域浅层地下水水质有明显恶化的趋势，群众的生活质量、身体健康受到严重威胁。

3. 水质保障方面缺乏水质净化处理设施，仅配备简单消毒设备

毛集实验区 2012 年以前所建成的单村单井集中供水工程，所建水源井受征用土地的影响，均建在村级集体土地或村公益性土地范围。一方面，小水厂厂址设在村办公或公共地为主，基本上同群众居住地相连，无法分离，周围集中公共设施明显多，水源保护区的划分较为困难或无条件划定保护区；另一方面，所建水厂水源管理房受地理环境的制约，设备间狭小，无法设置水质净化处理设施和水质监控设施，仅安置简单的消毒设备。目前设置的设备运用基本正常，可以达到消毒的作用，多年来每年两次水质检测均未出现各类指标超标的情况，其原因不只是消毒设备的作用，更主要的是所建成的水源井取用的是地面 80m 以下的深层地下水，水源水质良好，各项指标均正常，只要管网中不出现二次污染，水质就能得到保障。

4. 管理机构规模小且零乱，缺乏专业管理人员，不利于工程运行维护

毛集实验区 2012 年以前所建成的单村单井集中供水工程，形成管理机构 19 个，管理人员 66 人，规模小管理零乱，单位能耗达到近 112%，不利于农村饮水工程的长效运营。

村管小水厂缺乏专业管理人员，特别是净水设备和供水管网维护及使用方面，由于管理人员大多是留守在家的老年人，文化程度本就不高，对管理的认识不能全面的理解，或不重视，更重要的是责任心不强，不能全面地掌握供水设备的技术性能，不太熟悉管理范围的供水路线，使之操作设备常常出错，加之维护不到位，造成设备、管网损坏严重，跑漏水现象频繁，不仅给维修带来很多困难，同时供水成本也高，用水不科学，直接影响了安全饮水的效益。

六、"十三五"巩固提升规划情况

（一）县级农饮巩固提升"十三五"规划情况

1. 规划目标

工程建设方面：采取新建、改造等措施，到 2020 年，使全区农村集中供水率达到98% 左右，自来水普及率达到 98% 以上；水质达标率比 2015 年提高 5 个百分点；小型工程供水保证率不低于 90%，其他工程的供水保证率不低于 98%。推进城镇供水公共服务向农村延伸，使城镇自来水管网覆盖行政村的比例达到 33%。

管理方面：全面推进工程管理体制和运行机制改革，建立健全区级农村供水管理机构、农村供水专业化服务体系、合理水价形成机制、信息化管理、工程运行管护经费保障机制和水质检测监测体系，依法划定水源保护区或保护范围，实行水厂运行管理关键岗位

人员持证上岗制度。

力争到 2020 年基本完成毛集实验区农村饮水工程建设任务，形成较为完善的城乡供水体系，农村饮水工程保证率、水量、水质、水压等指标和参数达到有关规范和标准的要求，农村生活和生产条件得到大幅改善，有力保障农村饮水供水安全，促进当地经济社会全面协调和可持续发展。

2. 主要建设内容

（1）新建水厂工程

规划对毛集镇的花家湖、河西、陆庄、魏庙、梁庵等 5 个村的 5 座小水厂通过新建水厂进行联网改造，上述 5 座小水厂设计规模分别为 214 m^3/d、208 m^3/d、310 m^3/d、350 m^3/d、220 m^3/d。其中梁庵村、山拐村为贫困村。

规划在魏庙新队西侧新建水厂 1 座，新建水厂以原小水厂的深井水源为供水水源，设计规模采用原小水厂设计规模之和，为 1302 m^3/d，工程受益人口 17702 人，新建村头以上输配水管网长度 14.6km，配套规模化水厂化验室 1 处，为提高供水保证率，在规划新建水厂附近增设备用井。

（2）联网改造工程

规划对毛集镇的董岗、后拐、大郢、山拐、刘岗和焦岗湖镇王郢、史集等 7 个村的 6 座小水厂通过首创水厂管网延伸进行联网改造，董岗、后拐、大郢、山拐、王郢、史集水厂的设计规模分别为 250 m^3/d、316 m^3/d、360 m^3/d、485 m^3/d、390 m^3/d、310 m^3/d，受益人口计 18950 人。规划通过首创水厂管网延伸解决毛集镇河口、张王、胡台 3 个村的安全饮水问题，新增受益人口 6273 人，新增供水规模 520 m^3/d。其中张王村为贫困村。

6 座小水厂规划设计供水规模均能满足各村庄供水需求，规划联网改造工程设计规模采用 6 座小水厂设计规模与新增规模之和。本次联网改造工程供水总规模为 2631 m^3/d，新建村头以上输配水管网长度 10.3km，工程受益人口 25223 人，城镇自来水管网覆盖行政村 10 个。

表4　"十三五"巩固提升规划目标情况

农村集中供水率（%）	农村自来水普及率（%）	水质达标率（%）	城镇自来水管网覆盖行政村的比例（%）
98	98	85	33

表5　"十三五"巩固提升规划新建工程和管网延伸工程情况

工程规模	新建工程					现有水厂管网延伸			
	工程数量	新增供水能力	设计供水人口	新增受益人口	工程投资	工程数量	新建管网长度	新增受益人口	工程投资
	处	m^3/d	万人	万人	万元	处	km	万人	万元
合计	1	1302	1.77	0	406	3	4.4	0.63	314
规模水厂	1	1302	1.77	0	406	3	4.4	0.63	314
小型水厂									

表6 "十三五"巩固提升规划改造工程情况

工程规模	改造工程					
	工程数量	新增供水能力	改造供水规模	设计供水人口	新增受益人口	工程投资
	处	m³/d	m³/d	万人	万人	万元
合计	1		2111	1.9		353
规模水厂	1		2111	1.9		353
小型水厂						

3. 加强运行管理措施

（1）进一步完善县镇级农村饮水安全工程管理体系，将农村饮水安全工程县镇级管理人员纳入事业管理体系，提高管理人员积极性，包括县区级水质检测中心专业人员和监测人员都应该倒入国家事业单位管理，使之能让管理人员"定岗、定编、定心、定责"。

（2）以政府统筹为主导，多元化运行管理机制，除县镇级管理人员外，村管员、水费征收员可以实行承包经营、定量经营或购买经营等方式，市场化动作是今后发展的趋势。

（3）加强服务体系建设，水源地保护、维修养护体系等走市场购买服务的机制。

（4）完善农村饮水安全工程维护基金的管理机制，落实维护基金的筹措责任制，统筹维护经费使用，筹措应急基金并严格规范使用制度，确保农村饮水安全工程"建得成、用得起、管得好、长受益"的目标。

滁州市

滁州市农村饮水安全工程建设历程

（2005—2015）

（滁州市水利局）

一、基本概况

滁州地处安徽东部，苏皖交界地区，长江三角洲西部，习惯上称为"皖东"。是六朝古都南京的江北门户，隔江与南京主城遥望。滁州南据长江，东控京杭大运河，长江一级支流滁河及清流河贯通境内，通江达海，是为江东之门户，江淮之重镇。地理区域为北纬 31°51′~33°13′、东经 117°09′~119°13′。滁州属"南京都市圈"核心层、长江三角洲经济区成员城市、国家级"皖江城市带承接产业转移示范区"第一站，安徽省东向发展的桥头堡。滁州依滁河而生，自古便为长江中下游临江近海的"鱼米之乡"。

滁州市域跨长江、淮河两大流域，主体为长江中下游平原区及江淮丘陵地区。滁州市区与来安、全椒县以及天长部分地区属于长江流域，明光市、定远等县属于淮河流域。全市地貌大致可分为丘陵区、岗地区和平原区三大类型，地势西高东低，全市最高峰为南谯区境内的北将军岭，海拔 399.2m，围绕丘陵分布的平台和波状起伏地带，构成岗地区，滁河、淮河沿岸和女山湖、高邮湖的滨湖地带是主要的平原区和圩区。

滁州市地处长江中下游平原及江淮之间丘陵地带，为北亚热带湿润季风气候，四季分明，温暖湿润，气候特征可概括为：冬季寒冷少雨，春季冷暖多变，夏季炎热多雨，秋季晴朗气爽。全市年平均气温 15.4℃，年平均最高气温 20.1℃，年平均最低气温 11.4℃，年平均降水量 1035.5mm。梅雨期长 23 天。年日照总时数 2073.4 小时。初霜为 11 月 4 日，终霜为 3 月 30 日，年无霜期 210 天。

二、农村饮水安全工程建设情况

1. 农村人口饮水安全解决情况

2005 年，根据省水利厅农村饮水安全工程规划会议要求，滁州市布置县（市、区）水利（水务）局对全市农村饮水现状进行了一次全面调查，编制完成了县（市、区）《农村饮水现状调查评估报告》。根据农村饮水安全情况调查报告，全市农村饮水不安全总人口 222.64 万人，主要不合格部分为其中饮用高氟水、高砷水、重度苦咸水、污染严重地表水、污染严重地下水、水量、用水方便程度及水源保证率不达标、其他饮水问题等。

截至 2015 年底，全市农村总人口 449.06 万人，饮水安全人口和农村自来水供水人口

266.97 万人，自来水普及率 73.4%；全市行政村共 1163 个，通水行政村 814 个，通水比例 70%。2005—2015 年，农饮省级投资计划累计下达投资额 128222 万元，其中中央投资 75489 万元、省级投资 25815 万元、地方配套 26918 万元。计划解决人口数 266.97 万人，累计完成投资 128223 万元，建成水厂 102 座，其中规模以上水厂 65 处。

表 1　2015 年底农村人口供水现状

县（市、区）	乡镇数量	行政村数量	总人口	农村供水人口	集中式供水人口	其中：自来水供水人口	分散供水人口	农村自来水普及率
	个	个	万人	万人	万人	万人	万人	%
合计	109	1163	449.06	363.53	268.52	268.52	95.91	73.4
凤阳县	16	237	76.33	65.51	40.07	40.07	25.44	61.2
明光市	17	139	64.02	51.70	41.58	41.58	10.12	80.4
定远县	22	263	96.18	82.67	60.1	60.10	22.57	72.7
全椒县	10	98	45.87	36.43	30.9	30.90	5.53	84.8
来安县	12	130	48.95	42.55	29.33	29.33	13.22	68.9
天长市	15	164	63.15	51.09	41.65	41.65	9.44	81.5
南谯区	9	80	29.64	26.07	20.90	20.90	5.17	80.2
琅琊区	8	52	24.07	7.51	3.99	3.99	3.52	53.1

2. 农村饮水工程（农村水厂）建设情况

2005 年以前，全市农村共有水厂 83 座，全部为规模以下的小水厂。水厂供水工程源水大多取自就近的小型水库、当家塘坝或地下水，水源保证率不达标，且水厂设施简陋，一般将源水简单加药消毒后，通过水塔直接向街道居民供水，供水水质不达标。

截至 2015 年底，全市现有农村水厂 118 座，设计供水规模 49.06 万 m^3/d，实际供水规模 36.05 万 m^3/d，供水人口 268.52 万人其中规模水厂 65 座，供水规模 33.13 万 m^3/d，供水人口 252.48 万人。农饮工程建设中，2005—2015 年，总投入资金 143409 万元，其中中央投资 75489 万元、省级投资 25815 万元、地方配套 26918 万元、吸纳社会投资 15186 万元（定远 11000 万元、全椒 3000 万元、明光 1186 万元）。

2015 年底，各县（市、区）农民入户率为 75%～90%，其中凤阳县水厂平均入户率为 90%、来安县为 75% 左右，入户费为 300～700 元，其中定远县 700 元/户、其他县（市、区）300 元/户。

3. 农村饮水安全工程建设思路及主要历程

"十一五"、"十二五"期间滁州市鼓励县（市、区）根据实际情况，尽量不建设小水厂，规划建设规模较大的自来水厂来解决农村饮水安全。自 2005 年以来，全市共建成规模水厂 65 处，规模水厂日供水规模 33.13 万 m^3，供水人口 251.14 万人。

表2　农村饮水安全工程实施情况

县（市、区）	合计			2005 年及"十一五"期间			"十二五"期间		
	解决人口		完成投资	解决人口		完成投资	解决人口		完成投资
	农村居民	农村学校师生		农村居民	农村学校师生		农村居民	农村学校师生	
	万人	万人	万元	万人	万人	万元	万人	万人	万元
合计	261.3	11.94	136999	86.77	1.25	95796	177.2	10.69	98812
凤阳县	37.92	2.41	18418	13.69	0	5617	24.23	2.41	12801
明光市	41.58	2.71	20924	13.80	0	62577	27.78	2.71	14667
定远县	60.1	0.78	38588	24.5	0.27	13164	36.58	0.51	25424
全椒县	28.4	0.96	13124	8.15	0	2519	20.25	0.96	10605
来安县	29.33	3.26	15218	6.02	0.5	2773	23.31	2.76	12445
天长市	41.65	1.34	19276	10.90	0	4828	30.75	1.34	15737
南谯区	18.33	0.48	9649	7.98	0.48	3644	12.04	0	6005
琅琊区	3.99	0	1802	1.73	0	674	2.26		1128

表3　2015 年底农村集中式供水工程现状

县（市、区）	工程规模	工程数量	设计供水规模	日实际供水量	受益乡镇数	受益行政村数	受益农村人口	自来水供水人口
		处	m³/d	m³/d	个	个	万人	万人
合计	合计	118	490646	300833	76	792	272.77	268.52
	规模水厂	66	461835	272672			255.78	252.48
	小型水厂	53	28811	28161			16.99	22.03
凤阳县	合计	15	74600	74600			40.07	40.07
	规模水厂	9	72000	72000			39.22	39.22
	小型水厂	6	2600	2600			0.85	0.85
明光市	合计	11	87000	72500	17	138	41.58	41.58
	规模水厂	11	87000	72500	17	138	41.58	41.58
	小型水厂	0	0	0			0	0
定远县	合计	16	128000	5.87	22	263	60.1	60.1
	规模水厂	16	128000	5.87	22	263	60.1	60.1
	小型水厂	0	0	0	0	0	0	0
全椒县	合计	15	39500	24850	10	98	37.8	30.90
	规模水厂	9	36500	22500			32.6	26.65
	小型水厂	6	3000	2350			5.2	4.25

（续表）

县（市、区）	工程规模	工程数量	设计供水规模	日实际供水量	受益乡镇数	受益行政村数	受益农村人口	自来水供水人口
		处	m³/d	m³/d	个	个	万人	万人
来安县	合计	9	48200	25500	12	129	29.33	29.33
	规模水厂	9	48200	25500	12	129	29.33	29.33
	小型水厂							
天长市	合计	45	93052	93052	15	164	41.65	41.65
	规模水厂	6	70135	70135	9	93	30.91	30.91
	小型水厂	39	22917	22917	6	71	10.74	10.74
南谯区	合计	7	20294	10325			22.24	20.90
	规模水厂	5	20000	10031			22.04	20.70
	小型水厂	2	294	294			0.20	0.20
琅琊区	合计							
	规模水厂	1	30000	18000	8	22	3.99	3.99
	小型水厂							

三、农村饮水安全工程运行情况

1. 市、县级农村饮水安全工程专管机构

滁州市级农村饮水安全管理工作由水利局农水科具体负责。全市8个县（市、区）中凤阳县、明光市、定远县、来安县、天长市、南谯区、全椒县均成立了县级农村饮水安全管理站，农村饮水安全管理站为财政全额拨款事业编制。运行管理费用由财政承担。

2. 市、县级农村饮水安全工程维修养护基金

滁州市建立县级农村饮水安全工程维修养护基金县（市、区）有来安县、明光市、全椒县、南谯区，各县（市、区）情况如下。

来安县：2011年4月7日，来安县水利局和财政局以来水〔2011〕52号文件联合出台了《来安县农村饮水安全工程维修基金管理使用办法（试行）》，该办法2011年5月1日起实施，明确了维修基金由县农村供水总站负责管理，实行"集中管理、专户储存、专款专用、统筹使用"。

明光市：2013年，明光市建立了县级维修养护制度，每年落实维修养护基金11万元并纳入年度预算。

全椒县：2014年10月8日全椒县政府印发了《全椒县农村饮水工程运行管理办法》，规定县级人民政府负责落实农村饮水安全工程运行维护专项经费。运行维护专项经费主要来源：县级财政预算安排资金，按照年度总投资1%的标准列入财政预算。资金自管理办法下发起，每年度均纳入财政预算安排。

南谯区：南谯区水利局2015年1月20日向区五届人民政府第39次区长办公会议提交了《研究南谯区农村安全饮水经营管理方案、河东电站退休职工工资纳入区财政预算事宜》议题，会议明确："同意设立财政专项维修及检测资金，区财政每年安排专项维护及工作经费50万元、水质监测经费8万元，确保水厂正常运营管理和水质达标。"

3. 县级农村饮水安全工程水质检测中心

2015 年 5 月 14 日,《安徽省发展改革委安徽省水利厅安徽省财政厅关于下达 2015 年农村饮水安全工程水质检测能力项目中央预算内投资计划的通知》（皖发改投资〔2015〕203 号）下达滁州市水质检测能力建设计划投资为 755.61 万元, 其中中央预算内投资 404 万元、省级投资 229 万元、县级配套资金 122.61 万元。配套资金由地方政府财政支出。

目前水质检测中心已全部建成投入使用。其中凤阳县、定远县为水利部门独立建设,天长市、明光市、来安县、全椒县为依托疾控中心建设。县政府每年下拨专门经费用于水质检测运行经费。水质检测中心按要求定期对水源水、出厂水和末梢水进行检测。

4. 农村饮水安全工程水源保护情况

目前, 已按照规范要求, 对建成的农村规模水厂取水水源地进行了水资源保护区划定, 并制定了相关保障措施。

5. 供水水质状况

滁州市市农村规模水厂水源大部分为地表水, 制水工艺为传统钢筋混凝土三池（絮凝沉淀池、滤池、清水池）, 消毒使用二氧化氯。

我市高度重视农村饮水工程水质状况, 为了确保老百姓吃上安全、卫生的自来水, 县（市、区）实行三级检验制度, 一是水厂自检; 二是水质检测中心巡检; 三是卫生部门不定期抽检。确保水质达标。

6. 农村饮水工程（农村水厂）运行情况

滁州市规模水厂管护主体类型主要有: 水利部门管理、建成后交给水厂所在地的政府, 由政府由政府出让经营权、水利部门和招商引资投资者按出资比例占有股权, 由投资者管理。小型水厂主要由水厂自行管理。目前实行"两部制"水价的县有南谯区、定远县、来安县、全椒县部分水厂。

7. 农村饮水工程（农村水厂）监管情况

县（市、区）成立供水工程管理总站负责对农村规模水厂运管情况进行监管, 负责明晰水厂资产, 规范水厂供水服务, 监督水厂入户费和水费收取情况, 要求水厂严格执行制水规范, 确保水质达标。

8. 运行维护情况

县（市、区）农村规模水厂均运行良好, 每个水厂均配备了维修队, 并设置了应急报修专线, 及时处理突发状况。

市委市政府高度重视农村饮水安全工程这一民生工程, 各农村规模水厂在建设运行过程中均享受到用电、用地、税收等相关优惠政策。

9. 用水户协会成立及运行情况

滁州市未成立用水户协会。

四、采取的主要做法、经验及典型案例

（一）做法和经验

1. 规范水厂运行管理, 开展水厂年检制度

为了管好、用好我市已建规模水厂, 加强对农村饮水安全工程规模水厂的监督管理,

保障农村饮水安全，保值国有资产，确保农村饮水安全工程可持续运行，我市依据《中华人民共和国水法》《安徽省农村饮水安全工程管理办法》等有关规定，在全省率先探索出台《滁州市农村饮水安全工程规模水厂年度检验实施办法》。《办法》对水厂资产、水质检测、监测、取水许可、卫生许可、营业执照办理及年检、水价、入户材料费核定与收取，水厂应急预案等方面予以规范。目的是通过政府出台政策，变部门的行为为政府的行为，综合各部门的管理，加强对农村饮水安全工程规模水厂的监督管理，保障农村饮水安全，保证国有资产保值，确保农村饮水安全工程可持续运行。

2. 建立专管机构，创新长效机制

目前8个县、市、区均成立县级农村供水工程专管机构，隶属于县级水利部门管理，落实了31名财政全额供给编制，均已正常开展工作。其中定远县于2007年在全省率先成立了县级农村供水工程管理总站。

3. 加强水源保护和水质监测

我市已建的农村饮水安全工程规模水厂，均配备了化验室和化验设备，落实了化验人员，具有常规项目检测能力。加强水源保护，落实污染防治措施，加强水源的监测力度，加大监测频次，完善保护标志。

4. 合理确定水价和入户费

我市各县（市、区）农村饮水安全工程的水价和入户费均经经物价部门会同水利部门科学测算确定。2013年以前入户材料费核准为700元/户；2014年确定收费标准为300元/户。水价根据当地实际确定在1.6~2.2元/m^3。

5. 提高供水应急处置能力

各规模水厂分别建立了经县级水利部门批准的应急预案；全县（市、区）范围编制了县级农村饮水安全应急预案并报经县（市、区）人民政府批准。

（二）典型工程案例

1. 明光市沁民自来水厂

明光市沁民自来水厂为2011年农村饮水安全工程项目，该水厂采用国家项目资金与社会投资相结合方式建设的，即政府部门控股，资金用于前期工作、购买机电设备及管材管件，社会投资用于厂区土建及安装工程，并由投资方负责经营管理。

沁民自来水厂位于明光市潘村镇紫阳村，潘村镇镇域土地利用面积210km^2，南临女山湖，北距淮河5km与江苏泗洪县相连，西邻104国道与五河县相接，东与江苏盱眙县相交，是两省三县交接处，市场交通异常繁荣，为明光市四大中心镇之一，农村居民约5.7790万人。

沁民自来水厂自2011年建成并投入运行以来，累计解决农村饮水不安全人口4.9490万人，发展用户约11000余户，水厂运行状况良好。该水厂积极与所在乡镇对接，与乡镇总体规划相协调，与乡镇经济发展相适应，为乡镇吸引社会资金提供便利，依托乡镇与用户，反哺乡镇与用户，得到了乡镇与广大用户的极大好评。该水厂不仅在建设上与乡镇规划相协调，还在经营管理上积极采用新的管理模式，加强与用水户多沟通，积极做好供水服务工作。

水厂的良性运行，除了建设方式的新颖外，还与管理者积极配合与部门主管单位水务局的要求有关，在项目建设的同时，强化对水厂的管理，建立日常水质检测及机电设备运行日常记录制度，把水厂的日常管理作为长期运行的根本。

另外，水厂积极参与每年的民生工程宣传活动，配合民生工程建设方案，把农村饮水安全工程这一民生工程宣传到广大群众中去，真正让群众受益。

2. 定远县永康民生自来水有限公司

定远县永康民生自来水有限公司位于永康镇河北村，距离定远县城约 25km。水源地为芝麻水库。水厂供水区包括炉桥、永康、七里塘、青山、青洛、年家岗、严涧等 7 个集镇 60 个行政村，总人口 18.3 万人。

定远县永康民生自来水有限公司工程项目设计概算总投资 4010.06 万元，一期工程自 2008 年 5 月正式动工建设，至 2010 年 11 月底，实际完成一期 10000 m^3/d 生产规模的主厂区工程、铺设供水管道 490 多 km；随着用水户的增加，10000 m^3/d 生产规模已不能满足老百姓的需要，2013 年开始二期 10000 m^3/d 建设。目前高峰期供水已达 20000 m^3/d，完成工程总投资 4197.25 万元；供水范围内包括炉桥、青洛、永康、七里塘、孙集、十里黄等集镇及周边农村共计 3.5 万余户安装使用了自来水，约 14 万人能够饮用卫生洁净的安全水。

定远县永康民生自来水有限公司是定远县农村供水工程管理总站和朱从军共同投资兴建的股份制公司。截至目前，该公司总投资已达 4197.25 万元，国有资产占绝对控股，股份比例 67%，个人投资 33%。企业实行以水养水的管理制度、单独核算、自主经营、自负盈亏。

五、目前存在的主要问题

1. 工程建设方面

（1）生产能力不足

通过"十一五"和"十二五"十年的农村饮水安全项目建设，尤其是"十二五"期间规模水厂的改扩建和管网延伸建设，解决了全市大部分地区农村人口饮水不安全问题。但是由于"十一五"期间国家资金投入有限，部分水厂取水工程采用简易潜泵取水，水厂供水能力严重不足，急需改扩建。

（2）小水厂供水存在隐患

小水厂都是 2005 年后由乡政府招商引资建成，由于水处理设施简陋、水处理工艺简单，经营效益低，存在水质差、供水不及时的问题，是我市农村饮水安全工程的极大隐患。

（3）管网常遭破坏及老旧管网水损大

由于小城镇建设、道路绿化、农事活动等，自来水管网屡遭破坏，影响正常供水；老旧管网年久失修，水损较大。

2. 运行管理方面

受农村人口居住分散、地形地质条件复杂、农民经济承受能力低、支付意愿不强等因素制约，农村供水工程规模小、供水成本高、水价偏低，难以实现专业化管理，建立农村饮水安全工程良性运行机制难度很大。与城市供水相比，更新改造的能力差，农村饮水安全工程的长效运行机制有待完善。

3. 水质保障方面

农村饮用水水源点多面广，农业面源污染严重，保护难度大。部分水厂由于水处理工艺落后等原因造成出厂水、末梢水水质有时不达标。

六、"十三五"巩固提升规划情况

根据省厅要求，水利局组织县（市、区）编制完成了《农村饮水安全巩固提升"十三五"规划》，并且完成了方案技术审查和汇总上报。规划目标到2020年，我市农村集中供水率达到85%，自来水普及率达到80%以上；水质达标率有较大提高；小型工程供水保证率不低于90%，其他工程的供水保证率不低于95%。推进城镇供水公共服务向农村延伸，使城镇自来水管网覆盖行政村的比例达到33%。健全农村供水工程运行管护机制逐步实现良性可持续运行。改造现有水厂42处，新建64处20m³以下小型地下水取水工程。新增解决人口63.8万居民，改善48.5万居民饮水。规划总投资54082万元。

表4 "十三五"巩固提升规划目标情况

县（市、区）	农村集中供水率（%）	农村自来水普及率（%）	水质达标率（%）	城镇自来水管网覆盖行政村的比例（%）
凤阳县	93	93	85	54
明光市	100	100	100	100
定远县	85	85	85	100
全椒县	90	90	85	59
来安县	90.8	90.8	95	84.8
天长市	90	90	95	75
南谯区	95	95	85	34
琅琊区	95	100	100	100

表5 "十三五"巩固提升规划新建工程和管网延伸工程情况

县（市、区）	工程规模	新建工程					现有水厂管网延伸			
		工程数量	新增供水能力	设计供水人口	新增受益人口	工程投资	工程数量	新建管网长度	新增受益人口	工程投资
		处	m³/d	万人	万人	万元	处	km	万人	万元
合计	合计						45	1205	37.35	16156
	规模水厂						45	1205	37.35	16156
	小型水厂									
凤阳县	合计						4	287	11.07	4793
	规模水厂						4	287	11.07	4793
	小型水厂									

（续表）

县（市、区）	工程规模	新建工程					现有水厂管网延伸			
		工程数量	新增供水能力	设计供水人口	新增受益人口	工程投资	工程数量	新建管网长度	新增受益人口	工程投资
		处	m³/d	万人	万人	万元	处	km	万人	万元
明光市	合计						12		7.69	5106
	规模水厂						12		7.69	5106
	小型水厂									
定远县	合计						1	1	0.01	3
	规模水厂						1	1	0.01	3
	小型水厂									
全椒县	合计						3	24	0.62	870
	规模水厂						3	24	0.62	870
	小型水厂									
来安县	合计						12	300	7.91	740
	规模水厂						12	300	7.91	740
	小型水厂									
天长市	合计						9	125	4.05	1300
	规模水厂						9	125	4.05	1300
	小型水厂									
南谯区	合计						3	227	3.12	1832
	规模水厂						3	227	3.12	1832
	小型水厂									
琅琊区	合计						1	240.5	2.88	1512
	规模水厂						1	240.5	2.88	1512
	小型水厂									

表 6　"十三五"巩固提升规划改造工程情况

县（市、区）	工程规模	改造工程					
		工程数量	新增供水能力	改造供水规模	设计供水人口	新增受益人口	工程投资
		处	m³/d	m³/d	万人	万人	万元
合计	合计	42	66600	158000	133.95	31.96	35688
	规模水厂	42	66600	158000	135.51	31.96	35688
	小型水厂						

（续表）

县（市、区）	工程规模	改造工程					
		工程数量	新增供水能力	改造供水规模	设计供水人口	新增受益人口	工程投资
		处	m³/d	m³/d	万人	万人	万元
凤阳县	合计	5	20000		19.68	9.63	5655
	规模水厂	5	20000		19.68	9.63	5655
	小型水厂						
明光市	合计	2	8000		2.44	2.44	996
	规模水厂	2	8000		4	2.44	996
	小型水厂						
定远县	合计	16	0	128000	70.30	10.20	6253
	规模水厂	16	0	128000	70.30	10.20	6253
	小型水厂						
全椒县	合计	6	13000	21000	20	1.07	6947
	规模水厂	6	13000	21000	20	1.07	6947
	小型水厂						
来安县	合计	9	15000		7.91	7.91	10909
	规模水厂	9	15000		7.91	7.91	10909
	小型水厂						
天长市	合计	2	7000		4.05		1200
	规模水厂	2	7000		4.05		1200
	小型水厂						
南谯区	合计	2	3600	9000	9.57	0.71	3728
	规模水厂	2	3600	9000	9.57	0.71	3728
	小型水厂						
琅琊区	合计						
	规模水厂						
	小型水厂						

南谯区农村饮水安全工程建设历程

（2005—2015）

（南谯区水利局）

一、基本概况

南谯区地处江淮之间，地理坐标为北纬 32°15′，东经 117°50′~118°31′，东与琅琊、来安接壤，南与全椒县相邻，西北与定远县交界，地势呈西北高、东南低，西北皇甫山、五尖山、磨盘山等构成江淮分水岭，最高峰海拔 399.2m，东南为沿河圩区，最低地面高程 6.5m 左右。多年平均气温在 15.2℃ 左右，年平均降雨量 1041mm，主要集中在 6 月、7 月、8 月三个月，季节性干旱缺水现象严重。境内有滁河、清流河两条河流贯穿。

南谯区为滁州市直辖区，区下辖 8 个镇、1 个社管中心，80 个行政村和社区，总面积 1109.75km²，其中耕地面积 62.5 万亩。全区总人口 26.072 万人，其中农村人口 19.75 万人。截至 2014 年底，全区 2014 年地区生产总值 68.9 亿元，规模以上工业增加值 37.8 亿元，固定资产投资 86.4 亿元，财政收入 13.9 亿元，社会消费品零售总额 21 亿元，城乡居民人均可支配收入 16890 元，农民人均年收入 11081 元。

南谯区水资源主要来源于地表水、少量的地下水及驷马山引江提水。地表径流通过水利工程蓄、引、提、拦等措施主要供给工农业生产用水，辅以向群众提供生活用水，外水主要通过电力提水站解决沿河两岸乡镇的工农业生产用水，而少量的地下水则是南谯区农村居民主要的饮用水水源。

二、农村饮水安全工程建设情况

1. 根据水利部、卫生部《农村饮用水安全卫生评价指标体系》的有关规定，南谯区以 2004 年为基准年，对全区农村饮水现状进行调查，根据调查摸底和水质抽检情况，编制了《滁州市南谯区"十一五"农村饮水安全工程规划》，全区饮水不安全的人口为 8.21 万人，从类型上来分，饮用水水质超标的人口为 3.7361 万人，其中饮用苦咸水的 1.9415 万人、污染严重地下水的 0.5688 万人、污染严重地表水的 0.8798 万人；饮用水严重缺水的人口为 4.4793 万人。2011 年编制了《南谯区农村饮水安全工程"十二五"规划》，结合"十一五"期间下达计划解决不安全人口 7.98 万人和 0.48 万学校师生人口，截止到

2010年底，在"十二五"期间需解决饮水不安全人口为12.04万人。从类型上来分，饮用水水质超标的人口为6.1196万人，其中苦咸水的2.2439万人、其他水质问题的3.8757万人；饮用水严重缺水的人口为5.9204万人。

南谯区"十一五"和"十二五"期间，全区共有供水工程9处，其中农村饮水安全工程8处，供水范围覆盖全区8个镇1个社管中心，80个行政村；供水工程总供水人口26.072万人，集中式供水人口20.9004万人，均为自来水供水人口，自来水普及率达到80%。2005—2015年，完成省级计划投资9648.99万元，其中中央及省级预算内投资7348.4万元，建成了沙黄、章广、施集、珠龙、黄泥岗5处水厂1处乌衣增压站及章广镇皇甫大柳镇岳河2处集中供水（辐射井），解决了农村不安全人口18.3313万和学校人数0.48万饮水问题。

表1　2015年底农村人口供水现状

乡镇数量	行政村数量	总人口	农村供水人口	集中式供水人口	其中：自来水供水人口	分散供水人口	农村自来水普及率
个	个	万人	万人	万人	万人	万人	%
9	80	29.64	26.07	20.90	20.90	5.17	80.2

表2　农村饮水安全工程实施情况

合计			2005年及"十一五"期间			"十二五"期间		
解决人口		完成投资	解决人口		完成投资	解决人口		完成投资
农村居民	农村学校师生		农村居民	农村学校师生		农村居民	农村学校师生	
万人	万人	万元	万人	万人	万元	万人	万人	万元
18.33	0.48	9649	7.98	0.48	3644	12.04	0	6005

说明：涉及行政区划调整，十一五期间的2009年有5114人和2010年11773人调整到苏滁现代产业园和琅琊区。

2. 2005年前，我区共建有各类供水工程设施12处，供水方式为供水到户，12处工程中引取地表水10处、地下水2处，有净化设施8处，其余4处无净化设施。供水规模均小于150m³/d。截止到2015年底，我区共有规模水厂4座即沙黄水厂规模7000m³/d、珠龙水厂规模3000m³/d、章广水厂规模2000m³/d、施集水厂规模2400m³/d；1处城市管网延伸增压站乌衣增压站规模5000m³/d；2处集中供水即大柳镇岳河集中供水规模129m³/d、章广镇皇甫集中供水规模165m³/d。农饮工程建设中，2005—2015年，南谯区累计安排投资9648.99万元，其中中央及省级预算内投资7348.4万元，解决了农村不安全人口18.3313万和学校人数0.48万饮水问题。到2015年底，农民基本接水入户，入户材料及安装费控制在300元/户，自来水普及率达到80%。

表3 2015年底农村集中式供水工程现状

工程规模	工程数量	设计供水规模	日实际供水量	受益乡镇数	受益行政村数	受益农村人口	自来水供水人口
	处	m³/d	m³/d	个	个	万人	万人
合计	9	20294	10325			22.24	20.90
规模水厂	4	15000	6731			13.35	13.35
增压站	1	5000	3300			4.06	4.06
城市管网延伸	2					4.63	3.29
小型集中供水	2	294	294			0.20	0.20

南谯区农村饮水安全建设共分为2个阶段，第一阶段为人饮解困阶段，主要是以打井和依托现小规模水厂管网延伸方式解决饮用水问题；第二阶段为解决不安全人口阶段，建设规模化水厂方式解决不安全饮用水问题。"十一五"前期，以打井和依托现小规模水厂管网延伸方式共投资598.99万元解决了1.52万人饮水安全问题。后期及时调整思路改变建设方式，以建设规模化水厂为主及城市管网延伸方式，共投资3045万元，建设了沙河水厂（3000m³/d）、乌衣城市管网延伸、黄泥岗水厂（2000m³/d）、施集水厂（2400m³/d）、珠龙水厂（3000m³/d）共解决了6.46万（含区划调整的1.6887万人）不安全人口及0.48万学校师生人口。"十二五"期间以建设规模化水厂、建成的规模化水厂管网延伸及城市管网延伸方式，共投资6005万元，建设了章广水厂（2000m³/d），沙黄水厂（7000m³/d）、乌衣增压站（5000m³/d）及管网延伸，解决不安全人口12.04万。

三、农村饮水安全工程运行情况

1. 由水利局申请，经区长办公会议定，2010年12月6日以南政办〔2010〕49号《区长办公会议纪要》同意成立南谯区农村饮水安全管理站，为区水利局下属的股级全额拨款事业单位，暂定编制3名，由区水利局一名副局长兼任站长。

2. 根据国家发改委、水利部、国家卫生计生委、环境保护部《关于加强农村饮水安全工程水质监测能力建设的指导意见》（发改农经〔2013〕2259号）及省发改委、省水利厅、省卫计委和省环保厅《关于加强农村饮水安全工程水质监测能力建设的通知》（皖发改农经〔2014〕524号）精神，我局于2015年1月20日向区五届人民政府第39次区长办公会议提交了《研究南谯区农村安全饮水经营管理方案、河东电站退休职工工资纳入区财政预算事宜》议题，会议明确："同意设立财政专项维修及检测资金，区财政每年安排专项维护及工作经费50万元、水质监测经费8万元，确保水厂正常运营管理和水质达标"。南谯区水利局及时与滁州快捷自来水管道服务有限公司签订了南谯区农村饮水安全工程专业维修、维护承揽合同。

3. 参照《饮用水水源保护区划分技术规范》（HJ/T 338—2007），根据饮用水水源保护区划分原则，南谯区现有集中式饮用水源地有黄栗树水库、沙河水库及小刘水库3处。目前，3处水源地均已由相关主管单位批准为饮用水源地，并划定水源保护区或保护范围。

沙河水库水源地类型为湖库、长江水系。水域功能区范围仅设一级保护区，保护范围库内40.5m高程以下水域，面积12.13km²。陆域功能区范围设一、二级保护区，一级保护区保护范围为库内 40.5m 高程以上陆域及取水口侧正常水位线以上 200m 以上陆域，面积 0.11km²，二级保护区保护范围为一级保护区范围以外的汇水区域，面积 300km²。

黄栗树水库水源地类型为湖库、长江水系。水域功能区范围仅设一级保护区，保护范围库内 50.5m 高程以下水域。陆域功能区范围设一、二级保护区，一级保护区保护范围为库内 50.5m 高程以上陆域，二级保护区保护范围为一级保护区范围以外半径 1500m 水平区域。

小刘水库水源地类型为湖库、淮河流域池河支流。一级保护区与水库边界平均距离约 280m，面积约 588270m²，涉及大刘、大郭、小刘以及新桥 4 个村民组；二级保护区与水库边界平均距离约 450m，面积约为 1559670m²，涉及大刘、兴庄、大郭、小刘以及新桥 5 个村民组。

4. 南谯区现有水厂均为规模水厂，沙黄水厂、章广水厂净水工艺均为三池即反应沉淀池、普快滤池、清水池制水工艺，珠龙水厂反应沉淀池、无阀滤池、清水池制水工艺，施集水厂采用净水设备一体化制水工艺，出厂水及管网末梢水水质均能达标。

5. 区政府在 2014 年 9 月开始解除原先签订的水厂经营合同，并安排审计单位、评估公司对原水厂资产进行审计和评估，明确个体经营者所投资的数额，由区水利、卫生、财政、审计、公安、司法、相关镇等单位共同参与，根据各镇水厂情况制定征收方案。2015 年 3 月底前区政府安排落实水厂经营权收购资金 661 万元，陆续收回 5 个水厂经营权。水厂经营权收回后，经区政府同意充实区农村饮水安全管理站人员，编制增加到 5 人，负责对 5 个水厂的统一运行管理。同时水利局调剂 10 名人员负责各镇水厂管理工作，各镇明确 1 名专职人员参与管理。5 个镇水厂聘用 8 名人员参与日常工作。明确每个水厂化验员，进行水质监测培训，确保持证上岗，规范运行，优先将村级水管员纳入日常管理。严格管理考核。建立物资、资金、药品台账，统一管理，每月进行 1 次审核，对水质监测、工作业绩、服务态度进行考核。水厂所在地镇政府明确 1 名专职人员参与水厂日常经营和管理。

由于我区水厂都建在山区，人口少，村庄分散，管路长，农户用水量不大，运行成本高，根据国家五部委及省水利厅相关文件精神，结合我区实际，实行两部制水价（基本水费和计量水费），水价即年价（120 元）和量价（2 元/m³），以公益性为主，入户费材料安装费控制在 300 元/户。

用电、用地、税收等严格按照相关优惠政策落实到位。

四、采取的主要做法、经验及典型案例

（一）做法和经验

农村饮水安全工程建设，取得了巨大的社会效益和经济效益，深受农民的欢迎，被誉为"德政工程""民心工程"。通过民生办对农村饮水安全工程实施进行了问卷、电话调查，结果显示，农民知晓度和满意率很高。上级主管部门多次对农村饮水安全工程进行考核、评价，认为南谯区农村饮水安全工程建设总体进展顺利，工程建设取得了明显成效。促进了社会和谐，密切了党群、干群关系；改善了农民生活条件，提高了农民健康水平。解放农村劳动生产力，促进了农村经济发展；加强了民族团结，维护了社会稳定。

1. 统筹兼顾，布局合理

针对水资源集中在水库及河流、其他地方水资源贫乏的情况，适应城乡统筹的要求和农村人口向新居民点集中的形势，提出了"水源可靠、水质保证、适度规模、集中连片，逐步实现城乡供水一体化。"的思路，即将城市自来水管网延伸至周边镇村，在离城区较远的农村统一建设规模水厂，并延伸至各村，从根本上解决水源、水质、供水保证率和方便程度等问题。根据地形地貌和水源分布，全区共已建设规模化自来水厂 4 座，供水设计能力 15000m³/d，1 个 5000m³/d 规模的增压站，已覆盖全区 8 个镇 72 个行政村，供水受益人口 18.3313 万人。

2. 加强工程监管，规范建设程序

南谯区水利局组建项目法人："南谯区农村饮水安全项目建设管理处"，全面组织工程实施，行使建设权利，承担相应的责任和风险。管理好工程施工质量，控制投资和工期，收集相关资料，迎接各级主管部门的检查和验收。

工程按照《安徽省人民政府关于 2016 年实施 33 项民生工程的通知》《南谯区农村饮水安全工程建设实施细则》实施，工程施工能够严格按照审批的设计方案和基本建设项目管理程序，强化项目管理，杜绝层层转包或违法分包，严格推行项目法人制、招投标制、建设监理制、合同管理制、资金报账制、竣工验收制等"六制"和用水户全过程参与的管理模式。根据每年的投资计划结合总体规划进行项目分解，合理确定工程类别和工程措施。通过公开招标委托有资质、专业性强的设计单位编制初步设计和项目实施方案和施工图。通过公开招标确定有资质、信誉好施工企业及管材供应单位承建项目施工及管材供应。

3. 多渠道资金筹措，增强资金保障

做好资金筹措是农村饮水安全工程建设的前提。农村饮水安全工程建设事关广大农民基本生存质量，是一项以社会效益为主的公益性事业，在上级政府通过公共财政增加投入的同时，区财政承诺足额配套，镇政府提供建设用地。从而保证农村饮水工程的顺利实施。

（二）典型工程案例

近年来，在南谯区委、区政府高度重视农村饮水安全工程，不断加大对农村饮水安全工程建设的投资力度，2014 年通过对辖区 5 个自来水厂经营权的回收，南谯区水利局按照统筹资金、统一规划的思路，建新水厂，更新设备，加强管理，解决了南谯区饮水安全工程管理体制问题，同时南谯区政府通过两项政府购买社会服务，即区政府同意设立财政专项维修和检测资金，区财政安排专项维护经费每年 50 万元，水质检测经费每年 8 万元；区水利局及时与滁州快捷自来水管道服务有限公司签订了南谯区农村饮水安全工程专业维修、维护承揽合同，与滁州市疾病预防控制中心签订了《南谯区乡镇自来水水质委托检测协议书》。为全区水厂管网维修及水质检测提供服务，为水厂正常运行提供资金和技术保障，也为广大群众提供了安全、干净、放心的自来水，有效缓解了部分地区"用水难"的问题。主要体现在以下两个方面：一是管理由"弱"变"强"了。农村饮水工程是民生工程，是一项公益性事业。区水利局成立了农村饮水管理总站，落实水质检测化验机构及办公人员，对全区水厂进行统一管理。同时，根据属地管理原则，水厂所在镇办全程参与办协助管理，协调水厂与镇、村、户的各方面工作，夯实了责任，加强了管理。二是上访由"多"变"少"了。水厂经营权收回后，群众真切感受到党和政府的为民办实事的实际行动，切实受了益。同时，建立了长效机制，区水利、卫生、物价等部门成立联合检查组，加强日常水质监管，定期进行检查和抽查，增加监管频率和次数，群众吃上了干净、卫生、健康的自来水，有效地避免群体性上访和突发性事件的发生。

五、目前存在的主要问题

1. 工程设施方面

通过"十一五"和"十二五"十年的农村饮水安全项目建设，尤其是"十二五"期间规模水厂的改扩建和管网延伸建设，解决了全区大部分地区农村人口饮水不安全问题。特别是"十一五"期间国家资金投入有限，章广、珠龙、沙河、黄泥岗水厂由政府和投资商共同投资合建，建成后由投资商经营管理，由于项目由投资商具体实施，工艺落后、水处理效果差，供水管网大都为 PVC 管，老化、渗漏严重，虽然区政府在 2014 年收回水厂经营权，但是 PVC 供水管网老化、渗漏严重，没有彻底解决，供水安全存在较大隐患，供水不及时或者水质不达标经常发生；施集水厂建设规模小，已经不能满足现状供水，其净水一体化设备通过 5 年运行老化，钢结构锈蚀严重，维修成本很高。

2. 水质保障方面

农村饮用水水源类型复杂、点多面广，保护难度大，加之目前农业面源污染以及生活污水、工业废水不达标排放问题严重，进一步加大了水源地保护的难度。农村饮用水源保护工作涉及地方政府多个部门以及群众切身利益，涉及面广、解决难度大，特别是受现阶段农村经济发展水平和地方财力状况等因素制约，水源地保护措施难以落实。目前部分农村供水工程，特别是先期每个建设的供水工程水质日常检测方面存在配备不到位、配备了但不能正常使用等现象，由于缺乏专项经费，缺乏水质检测专业技术人员，水质检测工作十分薄弱。

3. 运行维护方面

南谯区沙河、章广、珠龙、黄泥岗等镇水厂由政府与个体户共同投资建设，实际由个人负责经营管理，经营者唯利是图，铺设材质差的管材，且净水过程中长期不加絮凝沉淀和消毒药品，导致供水水质较差。

虽然在南谯区区委、区政府高度重视农村饮水安全工程，不断加大对农村饮水安全工程建设的投资力度，2015 年 3 月底前通过对辖区内已建地 5 个自来水厂的经营权回收，南谯区水利局成立的南谯区农村饮水安全管理站按照统筹资金、统一规划的思路，建立新水厂，更新设备，加强管理，同时南谯区政府通过两项政府购买社会服务，有效缓解了部分地区"用水难"的问题。但是前期投资商铺设的劣质管材维护费用太高。

六、"十三五"巩固提升规划情况及长效运行工作思路

1. 规划目标

按照全面建成小康社会和脱贫攻坚的总体要求，到 2020 年，充分利用南谯区已规划建设的 3 座规模化自来水厂和滁城自来水厂，采取改扩建和管网延伸，解决全区 3.8311 万人口饮水问题，使南谯区农村供水保证率大于 95%、集中供水率达到 95%、自来水普及率达到 95%、水质达标率均达到 85%、城镇自来水管网覆盖行政村比例达到 34%。

通过实施农村饮水安全巩固提升工程，采取新建和改造等措施，进一步提高农村供水集中供水率、城镇自来水管网覆盖行政村的比例、自来水普及率、水质达标率和供水保证率，建立健全工程良性运行机制，提高运行管理水平和监管能力，为全面建设小康社会提供良好的饮水安全保障。

2. 主要建设内容

"十三五"期间南谯区规划工程数量共 5 处，其中水厂改扩建工程 2 处、管网延伸工程 3 处。

（1）施集水厂改扩建工程

施集水厂总供水规模为 6000m³/d，新增供水规模 3600m³/d。扩建 3600m³/d 规模水厂，改建原 2400m³/d 净水工艺，原章广水厂作为加压站。通过扩建水厂、管网延伸解决施集、章广 2 个镇 24 个行政村，新增供水受益人口 2806 人，其中贫困受益人口 57 人，合计 20 户。

（2）珠龙水厂改扩建工程

珠龙水厂供水规模 3000m³/d，通过移址重建 3000m³/d 水厂、管网延伸解决珠龙、大柳 2 个镇 12 个行政村，新增供水受益人口 4331 人，贫困受益人口 39 人，合计 20 户。

（3）沙黄水厂管网延伸工程

沙黄水厂供水规模 7000m³/d，通过管网延伸解决沙河、黄泥岗 2 个镇 12 个行政村，及沙黄工业走廊用水，新增供水受益人口 2619 人，贫困受益人口 28 人，合计 15 户。

（4）乌衣城市管网延伸工程

乌衣增压站供水规模 5000m³/d，通过管网延伸解决乌衣镇 15 个行政村，新增供水受益人口 9106 人，贫困受益人口 4 人，合计 1 户。

（5）腰铺城市管网延伸工程

通过滁城城市管网延伸解决腰铺镇 9 个行政村，新增供水受益人口 19449 人，贫困受益人口 36 人，合计 16 户。

表4　"十三五"巩固提升规划目标情况

农村集中供水率（%）	农村自来水普及率（%）	水质达标率（%）	城镇自来水管网覆盖行政村的比例（%）
95	95	85	34

表5　"十三五"巩固提升规划新建工程和管网延伸工程情况

工程规模	新建工程					现有水厂管网延伸			
	工程数量	新增供水能力	设计供水人口	新增受益人口	工程投资	工程数量	新建管网长度	新增受益人口	工程投资
	处	m³/d	万人	万人	万元	处	km	万人	万元
合计						3	227.3	3.12	1832
规模水厂						3	227.3	3.12	1832
小型水厂									

表6 "十三五"巩固提升规划改造工程情况

工程规模	改造工程					
	工程数量	新增供水能力	改造供水规模	设计供水人口	新增受益人口	工程投资
	处	m^3/d	m^3/d	万人	万人	万元
合计						
规模水厂	2	3600	9000	9.57	0.71	3728
小型水厂						

3. 加强运行管理措施

区水利局对各类水利工程负有行业管理责任，负责监督检查水利工程的管理养护和安全运行，对其直接管理的水利工程负有监督资金使用和资产管理责任。水行政主管部门要按照政企分开、政事分开的原则，转变职能，改善管理方式，提高管理水平。

以工程产权制度改革为核心，在加大政府支持力度的同时，充分发挥市场机制的作用，进一步推进农村饮水安全工程管理体制改革。

（1）国家补助为主建设的工程，组建专业管理单位进行管理，按照产权清晰、权责明确、政企分开的原则，组建专业管理单位作为法人实行专业化管理，独立核算，规范产权所有者与经营主体的关系。政府有关部门要协调供水单位与用水户之间关系，促进工程的良性运行。南谯区成立了区级农村供水总站对全区所有农村集中供水工程进行统一管理，保障了工程的良性运行。

（2）社会资本为主、国家补助为辅建设的工程，建立股份制企业进行管理。按照"谁投资、谁所有"的原则，明晰工程产权，根据各方投资比例确定股份，组建具有独立法人资格的股份制公司负责工程管理。水行政主管部门和用水户代表作为董事参与供水工程管理。也可实行所有权和经营权分离，委托有资质的专业管理单位负责管理，实行企业管理、独立经营、单独核算、自负盈亏。国有资产部分不得随意转让、抵押、拍卖，并按规定提取折旧费。政府有关部门对其服务质量、水质卫生安全等进行监督。

（3）分散供水工程，归受益农户所有，通过确权发证，实行用水户自有、自管、自用。

区水利局领导小组负责本辖区所有水利工程所有权和使用权的界定工作，工程产权界定后，上报区领导小组办公室审核把关，最后由区人民政府审定、核准、颁发产权证书。证书载明工程功能、管理与保护范围、产权所有者及其权利与义务、有效期等基本信息。

水利工程颁证后，要在尊重事实、尊重历史沿革的前提下确保水利工程的安全运行，不得擅自改变水流方向或供水对象，造成对下游居民生活生产用水的损害。

全椒县农村饮水安全工程建设历程

（2005—2015）

（全椒县水利局）

一、基本概况

全椒县位于安徽省东部，江淮分水岭南侧。东部、北部与南谯区接壤，西部与肥东毗邻，西南、南、东南部隔滁河与巢湖市、含山县、和县及江苏省浦口区相望。全县总面积为 1568.0km^2，耕地面积 61.968 万亩。

全椒县地形特点北高南低，地貌类型以岗地为主，兼有河谷平原和丘陵。海拔高程由 395.4m（吴淞高程，下同），逐渐向南倾斜，至陈浅圩区海拔高程只有 6.9m。北部海拔 50m 以上为崎岖的低山丘陵、岗峦起伏，面积 514.38km^2，占总面积 32.8%；中部 50m 高程以下直至滁河洪水位以上，大片岗丘起伏地带，岗冲相间，面积为 841.1km^2，占总面积 53.7%；南部沿河地势平坦，属低洼圩垸地区，沿滁河呈带状，自东向西逐渐增高，面积为 211.1km^2，占全县总面积 13.5%。

全椒县地处长江流域下游，属滁河水系。境内河道密布，受地势约束，流向大都由西北流向东南和南部。滁河北侧地区自上而下主要河流有小马厂河、管坝河、大马厂河、襄河等。

2015 年底，全椒县辖 10 个镇、98 个行政村，总人口 46.58 万人，农业人口 36.4346 万人。2015 年国内生产总值 117.4 亿元，财政收入 19.3 亿元，农民人均纯收入 14031 元。

根据《全椒县水资源开发利用现状分析》，作为全椒县饮用水水源的地表水及地下水资源拥有量为：全县多年平均径流总量 4 亿 m^3，人均水资源占有量为 886.9m^3，占全国人均水资源量 2309m^3 的 38.4%，远远低于全国人均水平。全县水资源总量 4 亿 m^3，工程蓄水总量 3.13 亿 m^3。全椒县河流、塘坝除少数污染严重外，绝大多数未受或受人类活动影响较小，水质基本为 Ⅱ～Ⅲ 类地表水标准。

二、农村饮水安全工程建设情况

1. 农村人口饮水安全解决情况

实施农村饮水安全工程前，按照水利部、卫生部《农村饮用水安全卫生评价指标体系》（农水〔2004〕547 号）的规定，全椒县以 2004 年为基准年，对全县饮水安全情况调查的成果表明，全县农村饮水不安全人口 29.36 万人，其中苦咸水 19.5919 万人、污染水

3.6259 万人、水量不达标 5.003 万人、其他饮水水质问题 1.1392 万人。自来水受益人口只有 1.43 万人，普及率较低，仅占 4.2%。普遍存在着饮水水质、水量及水源保证率不达标等不安全问题，分布在全县各地，以苦咸水和干旱缺水人数居多。截至 2015 年底，全椒县农村总人口 36.5 万人，其中农村自来水供水人口 30.9 万人，自来水普及率达到85%；全县下辖 10 个镇 98 个行政村，基本实现村村通自来水，行政村通水率达 100%。2005—2015 年，农饮省级投资计划累计下达全椒县投资总额为 13644.8 万元，计划解决人口数 28.4 万人；累计完成投资 13000 万余元，建成规模以上农村水厂 9 座。

表1　2015 年底农村人口供水现状

乡镇数量	行政村数量	总人口	农村供水人口	集中式供水人口	其中：自来水供水人口	分散供水人口	农村自来水普及率
个	个	万人	万人	万人	万人	万人	%
10	98	45.87	36.43	30.9	30.90	5.53	84.8

表2　农村饮水安全工程实施情况

合计			2005 年及"十一五"期间			"十二五"期间		
解决人口		完成投资	解决人口		完成投资	解决人口		完成投资
农村居民	农村学校师生		农村居民	农村学校师生		农村居民	农村学校师生	
万人	万人	万元	万人	万人	万元	万人	万人	万元
28.4	0.96	13124	8.15	0	2519	20.25	0.96	10605

2. 农村饮水工程（农村水厂）建设情况

2005 年以前，全椒县域范围内有古河、石沛、马厂、复兴、管坝、武岗、小集、二郎等供水规模在 100~500m³/d 不等的小型供水工程，大都新建于 20 世纪 90 年代中后期，由乡镇政府集体运营管理。主要供给行政区划调整前乡政府所在地街道居民用水，全县总受益人口仅 1.4 万人。以上供水工程源水大多取自就近的小型水库、当家塘坝或地下水，水源保证率不达标，且水厂设施简陋，一般将源水简单加药消毒后，通过水塔直接向街道居民供水，供水水质不达标。

全椒县自 2005 年实施农村饮水安全工程以来，目前共有各类集中供水工程 15 处，其中规模以上水厂 9 处，供水范围覆盖全县 10 个镇、98 个行政村，解决 29.36 万人农村饮水不安全人口饮水问题。

（1）富安水厂

富安水厂供水规模 7500m³/d。水厂供水范围包括襄河镇、六镇镇 19 个行政村，受益总人口 8.0 万人。水厂于 2011 年建成 1 期 2500m³/d 规模并投入运行，2015 年改扩建新增5000m³/d 供水能力，供水水源为黄栗树水库，该水库为大（2）型水库。取水工程采用浮船取水、净水工程传统钢筋混凝土三池工艺。

黄栗树水库水源水体满足Ⅲ类水体，可作为饮用水水源。黄栗树水库水源保证率能满足 95%。工程设施配套完善，各工艺设备运行正常；水厂入户率仅为 40.0%，管网漏损率 18%，出厂水水质达标。

（2）三湾水厂

三湾水厂供水规模 5000m³/d。水厂供水范围包括大墅镇 10 个行政村，受益总人口 3.3 万人。水厂于 2009 年建成并投入运行，供水水源为三湾水库，该水库为中型水库。取水工程采用固定式泵房取水，净水工程一体化净水工艺。

三湾水库水源水体满足 Ⅲ 类水体，可作为饮用水水源。三湾水库水源保证率能满足 95%。工程设施配套完善、各工艺设备运行正常；水厂入户率为 63.9%，管网漏损率 28%，出厂水水质达标。

（3）今天水厂

今天水厂供水规模 5000m³/d。水厂供水范围包括武岗镇 7 个行政村，受益总人口 2.8 万人。水厂于 2008 年建成并投入运行，供水水源为滁河。取水工程采用潜井泵取水，净水工程为水厂传统三池工艺。

滁河水源水体满足 Ⅲ 类水体，可作为饮用水水源。滁河水源保证率能满足 95%。工程设施配套完善，各工艺设备运行正常；水厂入户率为 85.7%，管网漏损率 40%，出厂水水质达标。

（4）古河水厂

古河水厂供水规模 5000m³/d。水厂供水范围包括古河镇 8 个行政村，受益总人口 4.0 万人。水厂于 2013 年建成并投入运行，供水水源为滁河。取水工程采用潜井泵取水、净水工程为传统钢筋混凝土三池工艺。

滁河水源水质为 Ⅲ 类，能满足 95% 保证率；工程设施配套完善，各工艺设备运行正常；水厂入户率为 80%，管网漏损率 50%，出厂水水质达标。

（5）赤镇自来水厂

赤镇水厂供水规模 5000m³/d。水厂供水范围包括二郎口镇 13 个行政村，受益总人口 4.4 万人。水厂于 2009 年建成并投入运行，供水水源为滁河。取水工程采用潜井泵取水，净水工程为水厂一体化水处理工艺。

滁河水源水质为 Ⅲ 类，能满足 95% 保证率；工程工艺不满足规范要求、消毒设备不完善；水厂入户率为 79.5%，管网漏损率 15%，出厂水水质达标。

（6）西王自来水厂

西王水厂供水规模 3000m³/d。水厂供水范围包括西王镇 12 个行政村，受益总人口 2.5 万人。水厂于 2008 年建成并投入运行，供水水源为岱山水库，该水库为中型水库。取水工程采用浮船取水，净水工程为传统钢筋混凝土三池工艺。

岱山水库水源水质为 Ⅲ 类，能满足 95% 保证率；工程设施配套完善、各工艺设备运行正常；水厂入户率为 79.2%，管网漏损率 30%，出厂水水质达标。

（7）华业水厂

华业水厂供水规模 2500m³/d。水厂供水范围包括马厂镇 15 个行政村，受益总人口 3.8 万人。水厂于 2008 年建成并投入运行，供水水源为马厂水库，该水库为中型水库。取水工程采用浮船取水，净水工程为水厂传统三池水处理工艺。

马厂水库水源水质为Ⅲ类，能满足95%保证率；水厂入户率为77.6%，管网漏损率30%，出厂水水质达标。

（8）石沛水厂

石沛水厂供水规模2500m³/d。水厂供水范围包括石沛镇9个行政村，受益总人口2.2万人。水厂于2008年建成并投入运行，供水水源为黄栗树水库，该水库为大（2）型水库。取水工程利用县第二自来水厂原水管道取水，净水工程为水厂传统三池水处理工艺。

黄栗树水库水源水质为Ⅱ类，能满足95%保证率；工程工艺不满足规范要求，消毒设备不完善；水厂入户率为77.7%，管网漏损率20%，出厂水水质达标。

（9）清高水厂

清高水厂供水规模1000m³/d。水厂供水范围包括十字镇11个行政村，受益总人口1.6万人。水厂于2009年建成并投入运行，2013年水厂改为由县第二自来水厂出厂水直接供水。

出厂水质满足生活饮用水标准，能满足95%保证率；工程工艺不满足规范要求，消毒设备不完善；水厂入户率为50.6%，管网漏损率30%，出厂水水质达标。

（10）小集水厂

小集水厂供水规模500m³/d。水厂供水范围包括六镇镇2个行政村，受益总人口1.8万人。水厂投资商自建水厂，于2000年建成并投入运行，2015年纳入农村饮水工程管网延伸。供水水源为一眼辐射井，出水量500m³/d。

根据水质检测报告，井水水质符合原水水体标准，能满足95%保证率；工程设施配套完善，各工艺设备运行正常；水厂入户率仅为55.6%，管网漏损率23%，出厂水水质达标。

（11）白酒水厂

白酒水厂供水规模800m³/d。水厂供水范围包括六镇镇2个行政村，受益总人口0.6万人。水厂投资商自建水厂，于2008年建成并投入运行。供水水源为一眼辐射井，出水量800m³/d。

根据水质检测报告，井水水质符合原水水体标准，能满足95%保证率；工程设施配套完善，各工艺设备运行正常；水厂入户率为100%，管网漏损率23%，出厂水水质达标。

（12）蔡集水厂

蔡集水厂供水规模500m³/d。水厂供水范围包括古河镇4个行政村，受益总人口0.8万人。水厂投资商自建水厂，于2006年建成并投入运行。供水水源为滁河。取水工程利用简易浮筒取水，净水工程为水厂传统三池水处理工艺。

滁河水源水质为Ⅲ类，能满足95%保证率；工程工艺不满足规范要求，消毒设备不完善；水厂入户率为93.7%，管网漏损率23%，出厂水水质不达标。

（13）后份水厂

后份水厂供水规模500m³/d。水厂供水范围包括古河镇3个行政村，受益总人口1.0万人。水厂投资商自建水厂，于2006年建成并投入运行。供水水源为滁河。取水工程利用简易浮筒取水，净水工程为水厂传统三池水处理工艺。

滁河水源水质为Ⅲ类，能满足95%保证率；工程工艺不满足规范要求，消毒设备不完善；水厂入户率为100%，管网漏损率23%，出厂水水质不达标。

（14）南张水厂

南张水厂供水规模200m³/d。水厂供水范围包括大墅镇2个行政村，受益总人口0.3万人。水厂投资商自建水厂，于2007年建成并投入运行。供水水源为滁河。取水工程利用简易浮筒取水，净水工程为水厂传统三池水处理工艺。

滁河水源水质为Ⅲ类，能满足95%保证率；工程工艺不满足规范要求，消毒设备不完善；水厂入户率为100.0%，管网漏损率23%，出厂水水质不达标。

（15）广平水厂

广平水厂供水规模500m³/d。水厂供水范围包括二郎口镇3个行政村，受益总人口0.7万人。水厂投资商自建水厂，于2005年建成并投入运行。供水水源为滁河。取水工程利用简易浮筒取水，净水工程为水厂传统三池水处理工艺。

滁河水源水质为Ⅲ类，能满足95%保证率；工程工艺不满足规范要求，消毒设备不完善；水厂入户率为85.7%，管网漏损率28%，出厂水水质达标。

农饮工程建设中，全椒县通过招商引资与专项资金相结合建成西王水厂、富安水厂、古河水厂、武岗今天水厂、石沛水厂、赤镇水厂等6座规模水厂。累计吸纳外界资金3000余万元。2014年3月26日，全椒县物价局以全价字〔2014〕17号文下发《关于明确我县农村自来水管网配套费标准的通知》，确定利用农村饮水安全资金并已铺设至分支管网的居民生活用水用户的，水表到第一水龙头的材料和安装费，每户一次性收取标准为300元。截至2015年底，农民接水入户率为70%。

表3 2015年底农村集中式供水工程现状

工程规模	工程数量	设计供水规模	日实际供水量	受益乡镇数	受益行政村数	受益农村人口	自来水供水人口
	处	m³/d	m³/d	个	个	万人	万人
合计	15	39500	24850	10	98	37.8	30.9
规模水厂	9	36500	22500	—	—	32.6	26.65
小型水厂	6	3000	2350	—	—	5.2	4.25

3. 农村饮水安全工程建设思路及主要历程

全椒县"十一五"期间农村饮水安全工程项目涉及全县10个镇，主要解决苦咸水、污染严重地表水、地下水及其他饮水水质、水量不达标等饮水安全问题，共解决8.15万人，其中苦咸水6.54万人、污染严重地表水0.71万人、污染严重地下水0.5万人、其他饮水水质及水量不达标等0.4万人。总体思路是：适应全面建设新农村的总体要求，以改善农村饮用水条件，实现饮水安全为目标，以提高农村饮水质量、改善用水条件为重点，统筹规划，分步实施。累计投资3533万元，建设主要规模水厂分别为武岗今天水厂、石沛水厂、二郎口赤镇水厂、大墅三湾水厂、马厂华业水厂、华运水厂。

全椒农饮"十二五"期间总体思路是：坚持高起点规划、高标准建设、高水平管理，实现农村供水城市化、城乡供水一体化，重点建设一批规范化、标准化、规模化的自来水厂。全椒县农村饮水不安全人数众多，需要从实际出发，全面安排、突出重点、分步实施；"十二五"农村供水工程建设中，积极利用"十一五"期间已建工程，与新农村和小城镇规划相衔接，近期与远期相结合，统筹考虑饲养畜禽、庭院及二、三产业用水需求。"十二五"期间重点解决农村居民饮用高氟水、高砷水、苦咸水、污染水及微生物病害等严重影响身体健康的水质问题，以及局部地区的严重缺水问题；优先安排解决血吸虫疫区、农村学校的饮水安全问题。

按照统筹规划、突出重点的原则，在"十一五"农村饮水安全工程已解决农村不安全饮水人口的基础上，全椒县"十二五"期间解决存在饮水安全问题 21.21 万人，其中农村人口 20.25 万人、学校师生的人口 0.96 万人。从类型上来分，农村饮用水水质超标的人口为 12.8016 万人，其中，苦咸水的人口 7.0303 万人，其他水质问题的人口 5.7713 万人，缺水的人口为 7.4514 万人。十二五期间项目总投资 10111.8 万元。建设主要规模水厂分别是：古河水厂、西王水厂、富安水厂。到 2015 年底已基本实现村村通自来水。

三、农村饮水安全工程运行情况

1. 县级专管机构

2010 年 10 月 20 日，县编委以文件批复成立全椒县农村供水工程管理总站（以下简称"管理站"），管理站为股级财政全额供给事业单位，编制为 6 人。所需人员从水利局下属财政全额供给事业单位中公开选调。但是水利局下属财政全额供给事业单位仅为县河道局和各水利站。由于近年来国家对水利加大投入，建设、管理任务繁重，县河道局所有工程类专业技术人员已全部抽调局机关或工地参与工程建设管理工作。各水利站人员一是年龄普遍偏大，二是文化程度普遍不高，三是专业不对口，无法适应管理站管理和技术工作，故管理站至今一直未能真正发挥应有的管理功能。需落实全椒县农村供水工程管理站运行经费和人员编制问题，以使管理站真正发挥作用。

2. 县级农村饮水安全工程维修养护基金

根据县政府 2014 年 10 月 8 日印发的《全椒县农村饮水工程运行管理办法》第三十二条之规定：县级人民政府负责落实农村饮水安全工程运行维护专项经费。运行维护专项经费主要来源：县级财政预算安排资金，按照年度总投资 1% 的标准列入财政预算。资金自管理办法下发起，每年度均纳入财政预算安排。

3. 县级农村饮水安全工程水质检测中心

根据全椒县政府意见，全椒县农村饮水安全工程县级水质检测工作委托县疾病预防控制中心开展，相关职能转至县疾控中心，具体情况如下：

（1）委托机构详情

全椒县疾病预防控制中心隶属于县卫生部门且具有水质检测资质，水质检测建设总投资 500 万元，其中仪器设备等投入 80 万元，属于单独建设方式，不依托现有水厂和已有的检测单位，水质检测办公场地总建筑面积 3000m²，其中化验室建筑面积为 1000m²，饮用水指标检测项目共 42 项，全中心共有 33 名水质检测人员，其中事业编制人数 27 人，检测人员总数 7 人，有检测资格证人数 6 人，大专以上学历人数 2 人，有卫生或化学分析专业人数为 3 人。

（2）检测范围及频次

自 2016 年 1 月份起，疾控中心对全县大小 15 家农村水厂开展的 1 次的常规水质检测，检测项数为 42 项。

4. 农村饮水安全工程水源保护情况

全椒县现有集中式饮用水源地有黄栗树水库、三湾水库、岱山水库、马厂水库、滁河等 5 处。目前，5 处水源地均已由相关主管单位批准为饮用水源地，并划定水源保护区或保护范围。为加强饮用水源保护，县水利局在相关水源地一级保护区、二级保护区、准保护区周边等醒目处制作、安装了保护饮用水水源地标牌（包括保护区界牌和保护区道路警示牌）和界桩。

5. 供水水质状况

我县农村规模水厂除赤镇水厂、三湾水厂采用模块化净水处理设施，其他水厂均为传统钢筋混凝土三池（絮凝沉淀池、滤池、清水池）制水工艺。均使用二氧化氯消毒。规模水厂水质合格率为 100%。另有后份、蔡集、广平、南张 4 座规模以下小水厂，由于水处理工艺落后，设备老化等原因造成水质不达标。不达标的原因主要是余氯含量没有达到国家规定的标准，导致微生物超标。

6. 农村饮水工程（农村水厂）运行情况

（1）管护主体

全县 9 座规模以上水厂，其中三湾水厂管护主体为水利局下属三湾水库；石沛水厂、赤镇水厂、古河水厂、西王水厂、武岗水厂、富安水厂、马厂水厂、清高水厂项目投资部分主体工程完工后移交所在地镇政府，由政府将经营权出让给原投资商，投资商独立经营、自负盈亏；后份、蔡集、南张、广平、小集、白酒 6 座规模以下小水厂由原招商引资投资商负责经营管理。

（2）运营状况

全椒县规模以上水厂 9 座，设计供水规模 36500m³/d，实际供水量 22500m³/d，6 座规模以下小水厂设计供水规模 3000m³/d，实际供水量 2350m³/d，水厂主要收入来源为水费和安装入户费，按照县物价局核定，居民生活用水 2.0 元/m³、非生活用水 2.2 元/m³。主要支出为源水水费、电费、人员工资、药剂、设备及管网维修养护费用。目前实行两部制水价的有西王水厂、马厂水厂。

7. 农村饮水工程（农村水厂）监管情况

全椒县成立农村供水工程管理总站负责对农村规模水厂运行情况进行管理。农饮工程资产基本移交所在地镇政府，由镇政府负责管理。县环保、卫生部门按照职责分工，对农饮工程供水水源、供水水质进行保护和监督管理，定期对源水、出厂水和管网末梢水进行化验检测，并公布结果。水价执行由县物价部门监督管理。

8. 运行维护情况

全椒县农村规模水厂运行状况良好，每个水厂都配备运行维修队伍，并设置报修热线电话，以便及时处置突发状况。根据《全椒县农村饮水工程运行管理办法》第二十四、二十五、二十六条之规定全椒县人民政府将农村饮水安全工程建设用地作为公益性项目纳入年度建设用地计划，优先安排，保障土地供应。农村饮水安全工程建设项目，可以依法使用集体建设用地。企业投资农村饮水安全工程的经营所得，依法免征、减征企业所得税。农村饮水安全工程建设、运行的其他税收优惠，按照国家和省有关规定执行。农村饮水安全工程运行用电执行农业生产用电价格。

四、采取的主要做法、经验及典型案例

（一）做法和经验

1. 全椒县政府成立了全椒县农村饮水安全工程规划建设领导小组和县民生工程协调小组，协调、指导和督促全县农村饮水安全项目工程的实施。县政府成立了农村饮水安全工程建设办公室，具体负责项目规划、设计和实施。

县政府先后出台了《全椒县农村饮水安全项目资金管理实施办法》《全椒县农村饮用水共建机制》《全椒县农村饮水安全运行管理办法》《全椒县农村饮水安全应急预案》《全椒县农村饮水安全工程建后管理养护实施意见》等一系列规章制度，指导全县农村饮水安全项目的实施、运行和管理。

按照省、市要求，县政府以全政〔2007〕110号文出台了《全椒县农村饮水安全工程建设实施方案》，指导全县的农村饮水安全工程建设，县级财政把项目配套资金纳入了财政预算，并及时、足额拨付到位。

2. 针对水资源集中在大、中型水库、其他地方水资源贫乏的情况，适应城乡统筹的要求和农村人口向新居民点集中的形势，提出了"水源可靠、水质保证、适度规模、集中连片，逐步实现城乡供水一体化。"的思路，即将城市自来水管网延伸至周边农村，在远离县城的农村统一建设上规模乡镇自来水厂，并延伸至各村，从根本上解决水源、水质、供水保证率和方便程度等问题。根据地形地貌和水源分布，全县共已建设规模化自来水厂9座，日供水设计能力36000m³，已覆盖全县98个行政村，供水人口32.6万人。工程按照《安徽省人民政府关于2016年实施33项民生工程的通知》实施。农村饮水安全项目严格按照国家基本建设程序进行管理，在严格执行"四制"的基础上，按照省厅提出的"六制"进行管理，即全面推行规划建卡、社会公示、集中采购、资金报账、明确管理责任和建立水价机制，扎实推进农村饮水安全工程建设。根据每年的投资计划进行项目规划，合理确定工程类别和工程措施。委托资质高、专业性强的设计单位编报初步设计、实施方案和施工图。通过公开招标选择资质高、实力强的施工企业及管材供应单位承建项目施工及管材供应。为加强对农村饮水安全项目的管理，县政府在成立民生工程协调领导小组的基础上，又专门成立了农村饮水安全工程建设领导小组以加强领导和协调。每个项目除明确技术负责人外，都按照"五大员"的要求配备，对施工进度、资金和质量进行严格控制，确保工程质量。同时坚持"五个结合"，即坚持项目与乡镇群众的积极性相结合，与美好乡村建设相结合，与远期目标相结合，与融资相结合，与建后管理相结合。

（二）典型工程案例

富安自来水厂通过招商引资方式于2011年建成并投入运行，水厂一期投资商投入550万元，建设规模为2500m³/d。建成后当年被纳入农村饮水安全工程，将供水范围确定为六镇镇和襄河镇的赵店、大张村、六镇、小集、东王、柴岗村、孙家、草庵、大殿、郑

桥、长安、千佛安、邱塘、八波、教场和杨桥村 16 个行政村。受益总人口 7.2920 万人，其中农村饮水不安全人口为 5.078 万人。截至 2014 年已解决 2.27 万人饮水问题。2015 年利用农饮项目资金 1400 万元，扩建新增 5000m³/d 供水规模，主要建设范围包括：取水工程、净水厂工程及输配水管网工程。解决规划内剩余六镇镇、襄河镇的 12 个行政村 209 个自然村饮水不安全人口 2.8080 万人饮水问题。水厂水源为黄栗树水库，原取水位置在水库大坝左坝头放水涵洞旁，在库内临时安装 1 台潜水泵取水。扩建后取水采用浮船取水，浮船内布置 2 台取水泵（一用一备）满足 5000m³/d 规模取水要求。保留原有 1 台取水泵满足 2500m³/d 规模取水要求。

净水厂位于草庵街道东侧，水厂占地约 10.0 亩。净水厂场区已预留有扩建用地，2015 年改扩建利用原厂区及办公楼，在净水厂场区内扩建 5000m³/d 规模净水构筑物。

富安水厂改扩建工程于 2015 年 3 月份开工，10 月份主体工程完工，12 月份通水运行。项目投资部分形成的固定资产移交六镇镇政府，政府委托原投资方经营管理。

五、目前存在的主要问题

1. 工程建设方面

（1）生产能力不足

通过"十一五"和"十二五"十年的农村饮水安全项目建设，尤其是"十二五"期间规模水厂的改扩建和管网延伸建设，解决了全县大部分地区农村人口饮水不安全问题。由于"十一五"期间国家资金投入有限，部分水厂取水工程采用简易潜水泵取水，水厂供水能力严重不足，急需改扩建。"十二五"期间建设的规模水厂，随着近几年管网延伸工程建设，供水人口增加，水厂生产能力严重不足。三湾水厂、赤镇水厂一体化水处理设备，水处理工艺落后，设备锈蚀、老化；马厂华业水厂、石沛水厂、武岗水厂供水能力不足。尤其是春节期间及盛夏高温季节，不得已采取分时段供水，群众意见较大，经常上访。

（2）小水厂供水存在隐患

小水厂都是 2005 年后由乡政府招商引资建成，由于水处理设施简陋、水处理工艺简单，经营效益低，存在水质差、供水不及时的问题，是我县农村饮水安全工程的极大隐患。

（3）管网常遭破坏及老旧管网水损大

由于小城镇建设、道路绿化、农事活动等，自来水管网屡遭破坏，影响正常供水。老旧管网跑冒滴漏严重，水厂 2007 年以前铺设的管网，大部分分布在街道上，大都为 PVC 管，老化跑冒滴漏严重，供水安全存在较大隐患。

2. 运行管理方面

受农村人口居住分散、地形地质条件复杂、农民经济承受能力低、支付意愿不强等因素制约，农村供水工程规模小、供水成本高、水价不到位，难以实现专业化管理，建立农村饮水安全工程良性运行机制难度很大。农村饮水安全工程水价为 2.0 元/m³，运行成本为 1.84 元/m³（仅考虑电费、人员工资和日常维修费），全成本平均为 2.39 元/m³。因此，目前绝大多数农村饮水安全工程只能维持日常运行，无法足额提取工程折旧和大修费，不具备大修和更新改造的能力，与城市供水相比，农村饮水安全工程的长效运行机制有待完善。

3. 水质保障方面

农村饮用水水源点多面广，农业面源污染严重，保护难度大。我县有7座水厂从滁河取水，枯水期航船经过会将滁河水搅浑；随着养殖业的发展，沿河两岸养鹅、养鸭数量多，造成源水污染。部分水厂由于水处理工艺落后等原因造成出厂水、末梢水水质有时不达标。

4. 行业管理方面

农村自来水供应属公益性民生事业，由于前期国家投入资金有限，鼓励个人资金参与建设，目前我县农村自来水厂多由私人经营管理。水利部门作为行业主管部门缺少对其实质性管控的抓手。

六、"十三五"巩固提升规划情况及长效运行工作思路

1. 全椒县农饮巩固提升"十三五"规划情况

（1）规划目标：按照全面建成小康社会和脱贫攻坚的总体要求，规划到2020年，充分利用全椒县已规划建设的9座规模化自来水厂采取改扩建和管网延伸，新增解决全县1.6997万人口饮水问题，使全县农村供水保证率大于95%、集中供水率达到92%、自来水普及率达到92%、水质达标率均达到100%、城镇自来水管网覆盖行政村比例达到59%。

通过实施农村饮水安全巩固提升工程，采取新建和改造等措施，进一步提高农村供水集中供水率、城镇自来水管网覆盖行政村的比例、自来水普及率、水质达标率和供水保证率，建立健全工程良性运行机制，提高运行管理水平和监管能力，为全面建设小康社会提供良好的饮水安全保障。

（2）主要建设内容："十三五"期间全椒县规划工程数量共9处，其中水厂改扩建工程6处、管网延伸工程3处。改扩建工程分别为赤镇水厂改扩建工程、三湾水厂改扩建工程、华业水厂改扩建工程、石沛水厂改扩建工程、今天水厂改扩建工程、古河水厂改扩建工程，管网延伸工程分别为富安水厂管网延伸工程、西王水厂管网延伸工程、清高水厂管网延伸工程，同时进行老管网改造、水质化验室、水厂信息化、兼并原供水范围内的小型水厂等建设。

（3）加强运行管理措施：完善供水单位内部管理制度，提高管理水平和服务质量，逐步建立农村饮水工程专业化运营体系；加强农村水厂水质管理，建立健全规章制度，规范净水设备操作规程，严格制水工序质量控制，强化消毒水质检测，建立严格的取样和检测制度，完善以水质保障为核心的质量管理体系。加强供水运营的监督管理，通过加强培训，推行关键岗位持证上岗，严格水质检测制度，确保安全供水。

继续健全完善农村饮水安全保障管理机构，全面建立区域农村供水技术支持服务体系。加快农村饮水安全工程产权改革，明晰所有权、经营权、管理权，落实工程管护主体、责任、经费。

供水单位要主动接受相关行政主管部门监督检查，建立向水行政主管部门报告制度，接受用水户和社会的监督。

表4　"十三五"巩固提升规划目标情况

农村集中供水率（%）	农村自来水普及率（%）	水质达标率（%）	城镇自来水管网覆盖行政村的比例（%）
90	90	85	59

表5　"十三五"巩固提升规划新建工程和管网延伸工程情况

工程规模	新建工程					现有水厂管网延伸			
	工程数量	新增供水能力	设计供水人口	新增受益人口	工程投资	工程数量	新建管网长度	新增受益人口	工程投资
	处	m³/d	万人	万人	万元	处	km	万人	万元
合计						3	23.7	0.62	870
规模水厂						3	23.7	0.62	870
小型水厂									

表6　"十三五"巩固提升规划改造工程情况

工程规模	改造工程					
	工程数量	新增供水能力	改造供水规模	设计供水人口	新增受益人口	工程投资
	处	m³/d	m³/d	万人	万人	万元
合计	6	13000	21000	20	1.07	6947
规模水厂	6	13000	21000	20	1.07	6947
小型水厂						

2. "十三五"之后农饮工程长效运行工作思路

我县农饮总体布局是除襄河镇外的其他9个镇各保留1座规模水厂，供水范围原则上不跨行政区域，各水厂的供水规模应根据镇域经济发展规划做适当调整。镇政府所在街道如马厂、六镇、大墅、古河等街道和2002年撤乡并镇前乡政府所在街道如赤镇、广平、黄庵、章辉、中心、白酒等农村集镇街道的自来水管网建设年代较早，大都采用水泥管、PVC管，由于管道老化、锈蚀和破损，管道漏损严重，供水安全存在较大隐患。2020年后对分布在如武岗、马厂、大墅、六镇、古河、二郎等街道上的老管网实施改造，改善供水品质，提升水厂效益。

农村饮水安全工程属公益性事业，发展之初，由于财政资金缺乏，鼓励社会资本投入，所以大都由私人经营，后期国家项目资金投入形成的资产属镇政府所有，但基本上交由私人经营。由于农村人口分散，地面起伏高差大，部分管网老化损坏，跑冒滴漏严重，供水成本较高，随着时间推移，工程维护抢修费用逐年增加，水厂运营艰难。由于水厂经营者投资积极性不高、投入能力不足，工程难以长效良性运行，近年已有多个水厂经常因供水时间、水质等问题受到投诉。按照城乡供水一体化的长远思路，建议逐步实行公营。

定远县农村饮水安全工程建设历程

（2005—2015）

（定远县水务渔业局）

一、基本情况

定远县地处安徽省中部，位于江淮分水岭北侧。东和明光市、滁州市毗邻，南与肥东县接壤，西南跟长丰县交界，西同淮南市隔水相望，北和定远县山水相连。全县总面积2998km²，耕地面积246.9万亩。气候属南北过渡带，梅雨季节明显，雨热同季，降雨集中，冷暖气团交锋频繁、进退多变，降雨时空分布不均，年际和年内降雨量变化较大，洪旱灾害频繁，主汛期在7~9月。受地理位置影响，降雨年内分布不均，年际变化大。根据定城镇雨量站资料，1951—2009年59年平均年降水量为923.3mm，1991年大水年，年降水量1688mm，1978年为干旱年，年降水量最小为502.9mm，年降水量大小比值为3.36倍。

定远县辖22个乡镇（6个乡、16个镇），279个行政村（行政村238个、居民委员会41个），总人口96.30万人（农业人口82.67万人），人口密度321人/km²。

经水文统计分析，定远县多年平均降水量为923.3mm，由于时空分布的不合理，降雨量年际变化很大．经计算，全县多年平均径流总量为6.37亿 m³，人均水资源占有量为700m³，占全国人均水资源量2309m³的30.3%，远远低于全国人均水平。定远县蓄水工程有：中型水库18座，蓄水量4.1亿 m³；小型水库285座，蓄水量1.4亿 m³；塘坝16301面，蓄水量1.27亿 m³，全县蓄水总量6.77亿 m³，未来江巷水库建成将新增蓄水量0.42亿 m³。

定远县水污染治理迫在眉睫，一是中型水库水面基本对外承包，水面养殖承包户为了追求高收益，大量投饵、使用有机肥等，增加了水体的富营养化，对水质造成严重破坏；二是农业生产经营失控，随着农业产业化进程步伐的加快，农业生产中追求单产而过度使用化肥、农药、除草剂等，对下游水库造成污染。

二、农村饮水工程基本情况

1. 农村人口饮水安全解决情况

国家实施农村饮水安全工程前，定远县农村人口饮水不安全类型主要是苦咸水、矿物质含量、氟超标及水量不达标等；"十一五""十二五"国家核定的饮水不安全人口高达

52.98 万人。截至 2015 年底，全县共建设集中供水工程 16 处，供水范围覆盖全县 22 个镇，263 个行政村，供水工程设计总供水人口 82.67 万人，已解决 60.1 万人饮水不安全问题，实现了村村通自来水。全县农村供水保证率大于 95%、集中供水率达到 73%、自来水普及率达到 73%、水质达标率均达到 70% 以上、城镇自来水管网覆盖行政村比例达到100%。2005—2015 年，农饮省级下达计划累计投资额 2.7588 亿元，计划解决人口数53.95 万人，水厂累计完成投资 1.1 亿元建成农村水厂 16 处等。

表 1　2015 年底农村人口供水现状

乡镇数量	行政村数量	总人口	农村供水人口	集中式供水人口	其中：自来水供水人口	分散供水人口	农村自来水普及率
个	个	万人	万人	万人	万人	万人	%
22	263	96.18	82.67	60.1	60.10	22.57	72.7

表 2　农村饮水安全工程实施情况

合计			2005 年及"十一五"期间			"十二五"期间		
解决人口		完成投资	解决人口		完成投资	解决人口		完成投资
农村居民	农村学校师生		农村居民	农村学校师生		农村居民	农村学校师生	
万人	万人	万元	万人	万人	万元	万人	万人	万元
60.1	0.78	38588	24.5	0.27	13164	36.58	0.78	25424

2. 农村饮水工程（农村水厂）建设情况

2005 年以前，定远县共建设了 13 处小型集中供水工程，供水总规模 1220m³/d，其中水库集中供水工程 1 处、机井集中供水工程 2 处、辐射井集中供水工程 2 处、管网延伸 1处、塘坝集中供水工程 7 处，涉及炉桥、桑涧、能仁、界牌、程桥、年家岗、七里塘、藕塘、青洛、靠山等 10 个乡镇，解决饮水不安全人口 10000 人。至 2006 年底，因供水工程规模小、缺乏标准的水处理和水质监测设施，供水水量、水质安全不能保证，绝大多数呈瘫痪状态，极少数承包给私人之后勉强在维持。

2005 年国家开始实施农村饮水安全工程，规划建设规模较大的自来水厂来解决农村饮水安全，定远县农村饮水安全工程总体规划需要解决没有被列入国家计划的人口，光靠国家项目资金是不够的，且国家项目是按年度实施的。为了解决资金不足的问题，我县出台了各种优惠政策，积极探索以财政补助资金为杠杆，以特许经营权市场化为驱动，招引社会资金参与建设经营乡镇自来水厂，组建股份公司，由社会投资者经营管理，得到了社会资本的积极响应，解决了建设资金不足问题。农村饮水安全工程实施以来，截止 2015 年底，累计完成投资 3.8588 亿元，其中财政投资 2.7588 亿元、社会投资 1.1 亿元。全县共建设集中供水工程 16 处，设计日供水能力 16.6 万 m³，实际供水能力 12.8 万 m³，供水范围覆盖全县 22 个镇，263 个行政村，供水工程设计总供水人口 82.67 万人，已解决 60.1万人饮水不安全问题，实现了村村通自来水。

农村饮水安全工程是国家实施的民生工程，公益化服务必须得到体现；如何做到公益与效率的有机统一是各级政府和水行政主管部门的重要职责，由于农村饮水安全工程是民生工程，不同于一般的股份制企业，所以定远县农村供水工程管理总站作为国家投资方，在股份公司中只管理国家资产，不参与水厂具体经营活动，不参与公司盈利和分红，国有股收益部分主要是降低老百姓的入户施工材料费和水费。为了防止社会资本控股后不断要求涨价，政府持股普遍在50%～60%。由于国家投资部分所占有的股份不参与公司盈利和分红，因而物价部门在核定水价和入户施工材料费时，就可以不考虑国家资产的成本，县物价、财政、水务等部门在充分调研的基础上，规定农村入户施工材料费每户只准收取700元，由于农村水厂用水户分散、点多面广，用水量少，管网较长，维护成本高，我县水费实行两部制水价，实行年预收水费100元，可用60 m³水，超过部分按吨计量水费（1.6元/m³）。既降低了水厂运行成本，又保证了水厂正常运转。定远县还规定各自来水厂除免费将供水管道接至农村中小学校、敬老院外，对孤寡老人、五保户、残疾家庭、贫困户免除入户施工材料费，要让社会最弱势的群体都能够吃上安全卫生的自来水；在保障农民利益的同时，我们还兼顾水厂合理的利润，倡导农村饮水安全工程向城镇居住群体和企业供水，利用农村饮水安全工程高质量、高标准、城市化的供水服务，让农村饮水安全工程的德政效应进一步放大，惠及全县所有的老百姓，让公益与效率达到有机的统一，实现农村饮水安全工程的可持续发展，让老百姓长受益。

表3　2015年底农村集中式供水工程现状

工程规模	工程数量	设计供水规模	日实际供水量	受益乡镇数	受益行政村数	受益农村人口	自来水供水人口
	处	m³/d	m³/d	个	个	万人	万人
合计	16	12.8	5.87	22	263	60.1	60.1
规模水厂	16	12.8	5.87	22	263	60.1	60.1
小型水厂	0	0	0	0	0	0	0

3. 农村饮水安全工程建设思路及主要历程

2000—2003年，国家实施农村人口饮水解困工程，主要实施的内容是给农村打大口井或建设小型水厂。由于人饮解困工程主要是公益性质，几乎不盈利，至2006年底，因供水工程规模小、缺乏标准的水处理和水质监测设施，绝大多数呈瘫痪状态，极少数承包给私人之后勉强在维持，后来也被农村饮水安全工程水厂兼并，彻底退出历史舞台。

2005年国家开始实施农村饮水安全工程，我们不再建设小水厂，规划建设规模较大的自来水厂来解决农村饮水安全。全县规划、建设了3000 m³/d以上的集中供水工程16处，供水范围覆盖全县22个镇，263个行政村，供水工程设计总供水人口82.67万人，已解决60.1万人饮水不安全问题，实现了村村通自来水。2005—2015年，农饮省级投资计划累计下达投资额2.7588亿元，计划解决人口数53.95万人，累计完成投资3.8588亿。

三、农村饮水安全工程运行情况

1. 县级农村饮水安全工程专管机构

2007 年 9 月定远县机构编制委员会批准成立独立的事业法人单位定远县农村供水工程管理总站，财政全额拨款事业编制 6 人。运行管理费用由财政承担。

2. 县级农村饮水安全工程维修养护基金

定远县农村饮水安全工程是国家和个人共同投资兴建的股份制水厂，根据《定远县农村供水工程运行管理办法》及双方签订的协议，定远县农村供水工程管理总站作为大股东，不参与水厂的日常经营管理，也不参与公司盈利和分红，自主经营、自负盈亏。目前还没有设立县级农村饮水安全工程维修养护基金。

3. 定远县水质检测中心建设情况

2010 年 4 月份定远县成立了水质检测中心，隶属于定远县农村供水工程管理总站，每月对全县 16 处农村饮水安全工程水厂水质进行不定期强制检验，可以检测常规 42 项指标。该中心共投资约 150 万元，检测人员对社会公开招聘。运行管理费用来自于财政。

4. 农村饮水安全工程水源保护情况

定远县目前作为农村饮用水水源地的有 13 个，其中地表水水源 12 个：湾孙水库、青春水库、桑涧水库、墩子王水库、仓东水库、黄山水库、岱山水库、芝麻水库、新集水库、双河水库、蔡桥水库、大余水库；地下水水源 1 个：泉坞山机井。

（1）设置保护标志

定远县对全县农村饮用水水源地环境保护区设置了保护标志，对饮用水水源地二级保护区（陆域）进行定桩立界；在一级保护区取水口树立饮用水水源地保护宣传警示标志牌。

（2）加强保护区范围内排污源整治

禁止在饮用水水源地一级保护区内新建、改建、扩建与供水设施和保护水源无关的建设项目；禁止在饮用水水源一级保护区内从事网箱养殖、游泳、垂钓或者其他可能污染饮用水水体的活动。禁止在饮用水水源二级保护区内新建、改建、扩建排放污染物的建设项目；在水源地保护范围内，不审批任何可能带来水源污染的项目。

（3）转变水库养殖模式

因地制宜进行水产养殖规划布局，对养殖承包合同进行重新梳理，在所有的农村饮水水源地养殖承包经营合同中，都载明了承包人不得进行人工养殖活动，只允许人工放流的人工增殖活动，禁止任何形式的投放生物肥、化肥和商品鱼饲料，只允许鱼类在纯自然生态下生长。

（4）加强农村环境卫生整治

一是加强生活垃圾整治。加强垃圾管理，在水源地保护区的村庄建设以村为单位的标准化垃圾箱，保证农村生活垃圾入箱，同时建立以镇为单位的规范化生活垃圾填埋场，每个乡镇都与专业的公司签订垃圾清运工作协议，解决水源地农村生活垃圾处理问题。二是加强养殖污染整治。查清各类大小养殖场，视其污染情况，增设排污处理设施。引导农民将养殖与种植业紧密结合起来，把自家的农家肥物尽其用，施用到农田、果园、菜园，变废为宝，积极发展生态农业、有机农业。三是加强生活污染防治。加强生活污染防治力度，减少生活污染对饮用水水源的影响，鼓励水源地群众建设沼气工程，推广"人畜禽粪便—沼气—农作物"这一生态模式，做到清洁生产。

（5）发展生态农业

加强农业耕作的科学管理，引导农民科学施肥施药，禁止使用高毒、高残留化学农药，引导农民秸秆还田等综合利用。

（6）实施水源生态修复与建设

提倡饮用水水源地的水库区域退耕还库、退耕还林，在青春、大余、蔡桥水库等农田和水体之间建立合理的林地过滤地带，在湖库周边建设生态屏障、涵养水源；利用湖库周边自然滩地和湿地，在城北等水库种植芦苇等水生植物，形成污染防治的生物隔离带促进水体生态健康，改善水体水质状况。

（7）开展水库流域范围内综合治理

以小流域为单元，强化水源地、涵养区等自然生态系统的保护与建设，建设岱山、大湾、青山等生态清洁小流域；开发整理土地，实施绿化造林，修复废弃矿山生态，封山育林。

（8）建立完善水质预警监测机制

建立饮用水水源水质监测制度，加强对饮用水水源水质监测，及时掌握饮用水水源环境状况，防止发生水源污染事故。一般每半年进行一次监测，在芝麻、仓东、新集、青春等水库水质氨氮或总磷等指标一度出现高于Ⅲ类水以上时，及时采取有效措施，研究相关处置方案，采取投加生石灰、取水口滤前加氯等措施，迅速将原水水质稳定在Ⅲ类水（含Ⅲ类水）以下。建立水源地管理机构，由水源地所在乡镇水利站负责开展监督检查。

（9）加强集中式供水企业环境管理

各自来水厂均建立可溯源的自来水质量管理制度。严格执行环境影响评价和"三同时"制度（即环境保护设施必须与主体工程同时设计、同时施工、同时投产使用）。

监督执法情况：

① 通过广泛宣传，使老百姓认识到保护饮用水源地对自身饮水安全的重要性，对于破坏水源水质安全的行为，一般都是由当地群众打举报电话，环保局和水务局进行联合调查处理。

② 通过不断地处罚影响饮用水源地水质安全的当事人，使得饮用水源地的渔业承包养殖户心生畏惧，不敢明目张胆的投放鱼饵饲料，生怕群众举报。

5. 供水水质状况

由于我县是农业大县，工业欠发达，工业污染基本不存在，再有水源地基本是地表水，重金属、氟等不超标，所以农村饮水安全工程全部采用常规水处理工艺。除去少数水源地因水体少、加之在夏季投放过多的鱼饲料导致短时间原水恶化外，绝大多数情况下原水水质均在Ⅲ类水以下，都符合国家相关规定。

我县出厂水合格率比较高。由于我县水厂都是规模化水厂，所有水厂供水范围比较大，都是跨区域、跨乡镇，管线比较长，有的长达40km，在夏季难免末梢水存在不合格现象。不合格的原因主要是余氯含量没有达到国家规定的标准，导致微生物超标。

6. 农村饮水工程（农村水厂）运行情况

（1）落实管理主体：全县所有的农村饮水安全工程在建设前必须落实好管理主体，否则工程不能开工建设。2007年9月定远县机构编制委员会批准成立独立的事业法人单位定远县农村供水工程管理总站，由县政府批复作为定远县农村饮水安全工程的项目法人（一级项目法人）与各级政府招商引资引入的投资者以股份制形式合作投资，组建16个自来水厂项目法人（二级项目法人），建设自来水厂，二级项目法人在工程建设完成后即负责本工程的日常经营管理。

（2）明晰产权：定远县水务渔业局作为主管部门委托社会中介机构对已经建设的水厂实行动态跟踪审计，水厂建成后以最终审计数作为工程的总投资，国家和私人投资者的股份在水厂中所占有的比例相应明确，其产权按比例分别拥有。目前16个自来水厂已按照有关规定在工商管理部门正式注册为股份制供水企业，这些水厂已经完全按企业运行模式进入管理阶段，自主经营、自负盈亏。

（3）收费情况：全县16处水厂，设计日供水规模128000m³，实际日供水规模已达101000m³。供水价格按照县物价局文件规定执行，价格为31.6元/m³，实际执行过程中，采用两部制水价，年收水费100元，可用60m³水，超过部分按吨计量收费。水厂收入来源主要是入户施工材料费和水费两部分，主要支出是电费、药剂费、人员工资等。

7. 农村饮水工程（农村水厂）监管情况

根据《定远县农村供水工程运行管理办法》第十六条之规定，农村供水工程需建立以水养水的良性管理、运行机制，实行企业管理、单独核算、自主经营、自负盈亏，实现固定资产增值保值。农村供水工程运营单位应建立健全财务管理制度，除依法接受有关部门检查外，定期向县水行政主管部门报送财务报表，接受水行政主管部门的监督检查。

根据《定远县农村供水工程运行管理办法》第十四条之规定，农村供水工程水价及入户材料费由县水行政主管部门、物价部门核定，并予以公示。县物价、财政、水务等部门在充分调研的基础上，规定农村入户施工材料费在农村饮水安全工程项目实施阶段每户只准收取400元，由于农村水厂用水户分散、点多面广，用水量少，管网较长，维护成本高，我县水费实行两部制水价，实行年预收水费100元，可用60m³水，超过部分按吨计量水费（每1.6元/m³）。农村供水工程运营单位必须与用水户（单位）签订由县农村供水工程管理总站监制的供水合同。水价和入户施工材料费是由县物价局核定，全县执行统一价。如果农村供水工程运营单位存在乱收费现象，物价部门会根据相关规定给予严厉处罚。

农村电网经常不通知就停电，为了保障农村饮水安全工程不间断供水，农村供水工程运营单位都配备了发动机。

8. 运行维护情况

我们在水厂建设之初即考虑水厂今后的生存问题，所有规划的农村自来水厂设计日供水能力最小都在3000m³以上，每个水厂都划定了供水范围（供水户数均在5000户以上）且明文规定只准建设一个水厂，物价部门充分考虑投资者的投资回报及相应的利润空间，在政策方面保证投资者的风险最小化，政府各部门全力做好服务工作，使自来水厂能够长期运行并可持续发展。

由于农村供水工程运营单位都是企业化管理，自主经营、自负盈亏，都有自己的运行维修队伍。国家给予的用电、用地、税收等相关优惠政策全部落实到位。

9. 用水户协会成立及运行情况

为加强行业自律，2009 年我县由水务渔业局牵头，成立了由 16 个水厂、水政执法大队、食品安全卫生执法大队、物价执法大队、农村供水工程管理总站等单位和相关人员参加的定远县农村饮水安全工程供水协会，制定协会章程，维护市场秩序，创造一个公正、合理、稳定的供水市场。由协会组织统一印发宣传资料、供水合同、供水管理日志台账，在合适的墙壁喷刷农村饮水安全宣传口号，水厂厂区必须为花园式标准等，从而达到"建设一座水厂，造福一方百姓，留下一处风景"的目标，为规范、推动农村饮水安全起了积极的作用。

四、采取的主要做法、经验及典型案例

1. 做法和经验

我县按照"六化"模式，探索出一条有效解决农村人口安全饮水问题的新路子。

一是全域化布局，树立"农村供水城镇化，城乡供水一体化"的建设目标，依托全县中型水库水源分布，科学规划水厂建设，避免重复投资，实现"建设一座水厂、造福一方百姓、留下一处风景"。

二是市场化运作，创新投入机制，走出一条以国家投资为引导、地方配套为辅助、社会投入为补充的多元化投入机制，解决了资金不足和建后管理问题；定远县用股份制合作建设管理农村自来水厂，解决农村饮水安全在公益与效率有机统一方面进行了有益的探索。引入市场化推进农村饮水安全工程的意义在于：（1）解决了因扩大供水覆盖范围所带来的资金缺口问题；（2）实行建管合一，解决了自来水厂建成后长期运行管理主体问题；（3）由国家和个人共同投资的自来水厂作为农村饮水安全工程的项目建设法人，提高了项目法人在水厂建设过程中克服困难的主动性，加快了工程项目的建设速度。

三是项目化建设，将项目机制引入农村安全饮用水工程建设。建立"主要领导亲自过问、分管领导牵头负责、水务部门具体组织、所在乡镇积极配合"的工作体系，成立农村供水工程管理总站，加强项目建设业务指导。

四是企业化经营，组建项目法人，探索建立现代企业经营管理机制，成立农村供水工程管理总站，作为独立的事业法人单位，与外来投资者以股份制形式，组建 16 个自来水厂项目法人，工程建设完成后，项目法人负责本水厂的日常经营管理，做到建管合一，确保长效运行。

五是公益化服务，县农村供水工程管理总站作为国家投资方，只管理国家资产，不参与水厂具体经营活动，国家投资部分所占股份不参与公司盈利和分红，有效降低企业运行成本。实行公益性入户价和公益性水价。

六是规范化管理，为了确保农村饮水安全工程水厂规范运营，定远县建立了一系列管理机制：（1）成立县农村供水工程管理总站，对运营情况进行监管（主要监管水质、国有资产、水费收取等）。（2）建立规章制度。出台了《定远县农村饮用水源地保护实施方案》《定远县农村供水工程运行管理办法》《定远县股份制水厂国有股权管理办法》《定远

县农村饮水安全工程应急预案》等文件。（3）加强重点水源地保护。组织环保、水务、建设、卫生等部门，按照各自的工作职责，联合加强对饮用水源地的监督、检查和管理，积极探索建立长效管理的体制和机制。建立以制度管理和约束水厂运行的工作机制。

为了提高农村饮水安全工程水厂的管理水平，定远县从 2010 年开始，对所有农村饮水安全工程水厂进行信息化管理，主要是采用远程传输技术对 16 个水厂的出厂水压、流量、浊度、余氯含量等数据实行在线监测，通过视频观察到各水厂工作人员制水、巡查等日常工作。信息化监控系统的建设，使农村供水工程管理总站的工作人员能够第一时间了解各水厂的运营情况，实现对水源、生产、供水的全程监控。

从 2014 年开始，全县 16 处农村饮水安全工程水厂除了出厂水压、流量、浊度、余氯含量等数据能够在线监测外，各水厂还增加了管网压力系统和水源水在线监测。供水水压是判断供水管网运行状况的主要指标之一，农村管网像蜘蛛网一样，在全县 2998km^2 土地上，纵横交错，管网路由较长、管网漏损及水压不足现象难以及时发现，管理难度大。管网压力监控系统的建设，使水厂管理人员能够足不出户掌握水厂管网中间点及末梢点等最不利点水压是否满足标准规定及实际需要，并对供水管网爆管、漏失等情况及时报警，以便及时处理。

由于我县 16 处农村饮水安全工程水厂水源主要是中型水库，距离水厂都比较远，巡查管理很不方便，在水厂建立水源水远程控制和图像采集系统，实现远程水泵启停控制和水源水位图像监视十分必要，既减轻了运行管理人员的工作量，又及时了解水源状况，从而实现安全、高效、稳定的供水，大大降低水厂的运营成本。

2. 典型工程案例

定远县永康民生自来水有限公司位于永康镇河北村，距离定远县城约 25km。水源地为芝麻水库。水厂供水区包括炉桥、永康、七里塘、青山、青洛、年家岗、严涧等 7 个集镇 60 个行政村，总人口 18.3 万人。

定远县永康民生自来水有限公司工程项目设计概算总投资 4010.06 万元，一期工程自 2008 年 5 月正式动工建设，至 2010 年 11 月底，实际完成一期 10000m^3/d 生产规模的主厂区工程、铺设供水管道 490 多 km；随着用水户增加，10000m^3/d 生产规模已不能满足老百姓的需要，2013 年开始二期 10000m^3/d 建设。目前高峰期供水已达 20000m^3/d，完成工程总投资 4197.25 万元；供水范围内包括炉桥、青洛、永康、七里塘、孙集、十里黄等集镇及周边农村共计 3.5 万余户安装使用了自来水，约 14 万人能够饮用卫生洁净的安全水。

定远县永康民生自来水有限公司是定远县农村供水工程管理总站和朱从军共同投资兴建的股份制公司。截至目前，该公司总投资已达 4197.25 万元，国有资产占绝对控股，股份比例 67%，个人投资 33%。企业实行以水养水的管理制度、单独核算、自主经营、自负盈亏。

农村入户施工材料费和水费严格按物价局文件规定执行，在农村饮水安全工程项目实施阶段每户只准收取 400 元入户施工材料费；由于农村水厂用水户分散、点多面广、用水量少，管网较长，维护成本高，我县水费实行两部制水价，实行年预收水费 100 元，可用 60m^3 水，超过部分按吨计量水费（1.6 元/m^3）。

由于农村饮水安全工程是民生工程，不同于一般的股份制企业，所以定远县农村供水工程管理总站作为国家投资方，在永康民生自来水有限公司中只管理国家资产，不参与水厂具体经营活动，不参与公司盈利和分红，主要监督该公司中的国有资产保值增值和自来水公司出厂水和管网末梢水是否合格，以及是否按照物价局文件规定进行收费等。根据《定远县农村供水工程运行管理办法》相关规定，永康民生自来水有限公司每月向县水行政主管部门报送财务报表，接受水行政主管部门的监督检查，确保国有资产保值增值。

在保障农民利益的同时，我们还兼顾水厂合理的利润，倡导农村饮水安全工程向城镇居住群体和企业供水，利用农村饮水安全工程高质量、高标准、城市化的供水服务，让农村饮水安全工程的德政效应进一步放大，惠及全县所有的老百姓。让公益与效率达到有机的统一，实现农村饮水安全工程的可持续发展，让老百姓长受益。永康民生自来水有限公司在保障农民供水的同时，还向定远县盐化工基地供水。

五、目前存在的主要问题

1. 饮用水水源的污染控制迫在眉睫

作为农村饮用水水源的中小水库，来自于农业生产中使用的化肥、农药，家禽家畜饲养的粪便，农村生活垃圾、污水，工业废水、渔业养殖等持续不断产生的污染，给饮用水水质控制带来极大的困难。

2. 供水设施的管理维护难度大

农村饮水安全工程点多、面广，供水管网纵横交错，在整个社会还没有来得及适应的时候，总是不断地被有意无意地破坏，群众对供水设施自觉维护意识较差，以及农村正在进行的土地整理、美好乡村建设、交通部门的畅通工程建设等对输水管道随意挖掘，导致饮用水工程设施破坏严重，大面积停水事故时有发生。

3. 农村用电不能保障自来水厂正常运转

农村电网经常不通知就停电，使得农村自来水不间断供水的保证主要依靠自备发电机补充发电，由于农村水厂管网长，等再来电时制水供水，老百姓要等很长时间。

4. 农村水厂缺乏专业技术人员

存在以上问题的原因：

一是农业生产经营失控。随着农业产业化进程步伐的加快，农业生产中追求单产而过度使用化肥、农药、除草剂等，对下游水库造成污染。

二是养殖业治理失缺。水面养殖承包户为了追求高收益，大量投饵、使用有机肥等，增加了水体的富营养化，对水质造成严重破坏。

三是综合治水机制失当。环境保护部门监管水源污染，水务部门负责管理水库和处理日常供给水，卫生部门负责自来水水质的监测，农村自来水厂负责供水管网的管理维护，各单位负责一块，出了问题各单位都不负责。

四是供电部门不作为。农村自来水厂申请专项电，按照供电部门的程序2～3年都申请不下来。

五是部门之间沟通不畅。当前交通部门实施的畅通工程涉及全县3000多个自然村庄的管道迁移问题。由于前期交通和水务部门没有沟通，交通部门强行开挖修路，导致大面积停水现象时有发生，水厂和修路施工单位各不相让，最终受害的是老百姓。

六是从业人技能不高。由于农村水厂都在农村，且工资待遇不高，大中专毕业生不愿来；水厂工人普遍文化水平不高且年龄偏大，即使培训也不能解决问题。

六、"十三五"巩固提升规划情况及长效运行工作思路

1. 目标任务

规划到 2020 年，充分利用我县农村饮水安全已规划建设的 16 座规模化自来水厂和县自来水厂，采取改扩建和管网延伸，解决全县 10.2087 万人口饮水问题，使我县农村供水保证率大于 95%、集中供水率达到 85%、自来水普及率达到 85%、水质达标率均达到 85%、城镇自来水管网覆盖行政村比例达到 100%。

"十三五"期间我县规划巩固提升和管网延伸工程数量共 17 处（16 处农村饮水工程和县自来水厂），新增供水受益人口 10.2087 万人，其中贫困人口 2.9087 万人、贫困村中饮水不安全的非贫困人口 4.05 万人、其他饮水不安全人口 3.25 万人。

2. 建设内容

一是利用我县农村饮水安全已规划建设的 16 座规模化自来水厂和县自来水厂，采取改扩建和管网延伸，解决全县 10.21 万人口饮水问题，使我县农村供水保证率大于 95%、集中供水率达到 85%、自来水普及率达到 85%、水质达标率均达到 85%、城镇自来水管网覆盖行政村比例达到 100%。

二是实施双水源建设工程，受地形、地貌及经济发展所限，特别是受水源条件、工程状况、居住分布、人口变化和标准提升等因素影响，农村饮水安全工程在水量、水质保障和长效运行等方面还存在一些薄弱环节；尤其是水源保护薄弱，污染问题严重，供水保证率不高；小型供水工程很多缺乏水处理与消毒设施，多数较大工程的水处理工艺简单且缺乏应急处理和深度处理设施，供水水质存在较大安全隐患。保障农村饮水安全将是一项长期的任务。

我县地处江淮分水岭，缺水易旱，亟须开展水源优化配置、备用水源设置和水源优化调度。做好《定远县农村饮水保障规划》，一是所有水源地水库实施联通工程；二是确保两个水厂主管网相连，遇到水污染等紧急情况，互为备用。全面提升水厂的供水保障率。目前，水源地水库的联通工程正在实施中。

三是取消所有水源地水库承包养鱼，实行人工增殖放流。

四是净水工艺改造、机电设备改造。

五是健全县级水质检测中心，使其达到检测、检验机构资质认定的相关技术规范要求。

六是供水总站监控系统、水厂信息化建设等。

3. 运行管理措施

一是加强水厂专业技术人员培训，全面提高水厂的管理水平。

二是加强从源水到管网末梢水监督力度，确保水质达标。

三是全面完成 16 处水厂的供水管网压力在线监控与预警等信息化建设，供水水压是判断供水管网运行状况的主要指标之一，农村管网像蜘蛛网一样，在全县 2998km² 上，纵横交错、管网路由较长、管网漏损及水压不足现象难以及时发现，管理难度大。管网压力

在线监控系统的建设，使水厂管理人员能够足不出户掌握水厂管网中间点及末梢点等最不利点水压是否满足标准规定及实际需要，并对供水管网爆管、漏失等情况及时报警，以便及时处理，从而实现安全、高效、稳定的供水，可以大大降低水厂的运营成本。

四是借鉴城市综合执法管理体制的成功经验，整合环保、水务、卫生等部门执法资源，成立农村饮用水综合执法机构，加强对农村饮用水安全的管理。

表4 "十三五"巩固提升规划目标情况

农村集中供水率（%）	农村自来水普及率（%）	水质达标率（%）	城镇自来水管网覆盖行政村的比例（%）
85	85	85	100

表5 "十三五"巩固提升规划新建工程和管网延伸工程情况

工程规模	新建工程					现有水厂管网延伸			
	工程数量	新增供水能力	设计供水人口	新增受益人口	工程投资	工程数量	新建管网长度	新增受益人口	工程投资
	处	m³/d	万人	万人	万元	处	km	万人	万元
合计						1	1	55	2.95
规模水厂						1	1	55	2.95
小型水厂						0	0	0	0

表6 "十三五"巩固提升规划改造工程情况

工程规模	改造工程					
	工程数量	新增供水能力	改造供水规模	设计供水人口	新增受益人口	工程投资
	处	m³/d	m³/d	万人	万人	万元
合计	16	0	12.8	70.30	10.20	6253
规模水厂	16	0	12.8	70.30	10.20	6253
小型水厂	0	0	0	0	0	0

凤阳县农村饮水安全工程建设历程

（2005—2015）

（凤阳县水务局）

一、基本概况

凤阳县地处安徽省东北部，淮河中游南岸，北濒淮河与五河县隔河相望，东、南部与明光市、定远县毗连，西部和西北部与淮南市、蚌埠市接壤。东西长 74.64km，南北宽 49.6km，全县总面积为 1949.5km²，耕地面积 99.2 万亩。全县属江淮丘陵区，地势北低南高，自北向南呈三级阶梯状逐渐提升，海拔 12～340m，总倾斜度 1/600。凤阳县南部为连绵起伏的凤阳山山脉，中部岗丘起伏，北部属沿淮平原洼地。全县地貌大致可分为平原、丘陵、岗地三大类型。在土地面积中，平原地区占全县总面积的 11.2%，丘陵岗地占 85.7%，湖泊占 3.1%。

凤阳县辖 15 个乡镇、2 个省级工业园，共 237 个行政村，全县 2015 年年末总户数 214794 户，年末户籍总人口 763329 人，其中非农业 108254 人、农村人口 655075 人。

淮河穿越凤阳县北境，凤阳县境内主要有濠河、小溪河、板桥河等河流，均源自南部山区，依地势自南向北流入淮河，凤阳境内主要有花园湖、天河湖和高塘湖三大沿淮湖泊，这三大湖泊分别与明光、蚌埠、淮南、定远三市一县共享其水面，其归属于本县水域面积为 60.4km²。

2015 年，全年实现地区生产总值 1547097 万元，按可比价格计算，比上年增长 9.3%。根据《2014 年滁州市水资源公报》（滁州市水利局 2015.3），2014 年全县水资源总量为 5.387 亿 m³，较上年增加 1.17 亿 m³。径流系数为 0.279，产水模数为 27.7 万 m³/km²。2014 年全县人均水资源占有量 790.3m³，为全市最低。

二、农村饮水安全工程建设情况

1. 农村人口饮水安全解决情况

2005 年 3 月，根据省水利厅农村饮水安全工程规划会议要求，凤阳县水务局对全县农村饮水现状进行了一次全面调查，编制完成了《安徽省凤阳县农村饮水现状调查评估报告》。根据农村饮水安全情况调查报告，全县农村饮水安全及基本安全人数占全县农村总人口 65%，而自来水受益人口只有 3.11 万人，普及率仅达 4.8%。截至 2006 年底，全县农村饮水安全现状尚有 20.6 万人存在饮水安全问题，其中饮用高氟水 2.76 万人，高砷水 2.69 万人，重度苦咸水 5.27 万人，污染严重地表水 1.2 万人，污染严重地下水 0.27 万人，其他饮水问题 0.49 万人，水量、用水方便程度及水源保证率不达标 7.92 万人。

2007 年 4 月编制完成《凤阳县 2007—2011 年农村饮水安全项目可行性研究报告》。2011 年 1 月编制完成《凤阳县农村饮水安全工程"十二五"规划》。按照全国、省、市统一部署，"十一五"和"十二五"共认定凤阳县农村饮水不安全人口 37.92 万人，总投资 18418.4 万元，规划建设了 8 座规模较大的自来水厂。其中"十一五"解决 13.69 万人饮水不安全问题，共投入资金 5616.9 万元（中央投资 2606.91 万元、省级投资 1510.37 万元、市级投资 409.5 万元、县级投资 1090.13 万元）；"十二五"解决 24.23 万农村居民和 2.41 万学校师生饮水不安全问题，共投入资金 12801.5 万元（中央投资 7680 万元、省级投资 2561 万元、市级投资 701.39 万元、县级投资 1859.11 万元）。

截至 2015 年底，全县农村总人口 65.51 万人，饮水安全人口和农村自来水供水人口 40.07 万人，自来水普及率 61%；全县行政村共 237 个，通水行政村 167 个，通水比例 70%。

表 1　2015 年底农村人口供水现状

乡镇数量	行政村数量	总人口	农村供水人口	集中式供水人口	其中：自来水供水人口	分散供水人口	农村自来水普及率
个	个	万人	万人	万人	万人	万人	%
16	237	76.33	65.51	40.07	40.07	25.44	61.2

表 2　农村饮水安全工程实施情况

合计			2005 年及"十一五"期间			"十二五"期间		
解决人口		完成投资	解决人口		完成投资	解决人口		完成投资
农村居民	农村学校师生		农村居民	农村学校师生		农村居民	农村学校师生	
万人	万人	万元	万人	万人	万元	万人	万人	万元
37.92	2.41	18418	13.69	0	5617	24.23	2.41	12802

2. 农村饮水工程（农村水厂）建设情况

2005 年以前，全县仅城一座自来水厂，主要对县城城区进行供水，农村居民均为分散式供水。"十一五"和"十二五"期间，按照"水源可靠、水质保证、适度规模、集中连片，逐步实现城乡供水一体化"的指导思想，充分利用全县现有 4 座中型水库和较大湖泊，规划建设 9 座规模较大的自来水厂，依靠管网辐射，解决全县大部分地区农村人口饮水安全问题。对于管网无法辐射，却又确实存在饮水不安全的少数死角地区，用地下水为水源建设小型集中供水工程，解决饮水安全问题。目前全县共 15 座自来水厂，分别为：

（1）以燃灯水库为水源的红心自来水厂，位于红心镇杨山村村级路东侧，距离红心镇 3km，于 2011 年 12 月建成并投入运行，水厂供水规模为 1000m³/d，现状供水范围为红心镇 6 个行政村，供水人口 1.525 万人。

（2）以凤阳山水库水源的凤阳山自来水厂，水厂位于殷涧镇凤殷村，凤阳山水库东坝头，于 2011 年 12 月建成并投入运行，水厂供水规模为 1000m³/d，截至 2015 年底，供水范围为殷涧镇 5 个行政村，供水人口 1.24 万人。

（3）以高塘湖为水源的官塘自来水厂，位于官塘镇光华社区官塘电灌站旁，距离官塘镇 0.5km，于 2011 年 12 月建成并投入运行，水厂供水规模为 1000m³/d，截至 2015 年底供水范围为官塘镇 4 个行政村，供水人口 0.93 万人。

（4）以鹿塘水库为水源的总铺自来水厂，位于总铺镇总铺社区，于 2008 年 12 月建成并投入运行，水厂初期建设规模为 1000m³/d，2011 年、2015 年利用农村饮水安全项目，分别将水厂扩建 1000m³/d，水厂现状总供水规模达 3000m³/d。截至 2015 年底农村供水范围包括总铺镇、大庙镇亮岗社区、板桥镇二铺社区 13 个行政村，供水人口 3.0940 万人。

（5）以官沟水库为水源的官沟自来水厂，位于大庙镇杨岗村的邬官公路边赵岗自然队杨岗小学对面，于 2009 年 6 月建成并投入运行，水厂初期建设规模为 5000m³/d，2015 年利用农村饮水安全项目，将水厂扩建至 10000m³/d，截至 2015 年底供水范围包括大庙、刘府镇 31 个行政村，供水人口 8.3834 万人。

（6）以燃灯水库为水源的小岗自来水厂，位于小溪河镇小溪河村的小溪河镇至小岗村公路边，距离小溪河镇 1.1km，于 2010 年 12 月建成并投入运行，设计供水规模为 10000m³/d，截至 2015 年底供水范围包括板桥、大溪河、小溪河、总铺镇 27 个行政村，供水人口 6.4589 万人。

（7）以天河湖为水源的天河自来水厂，位于西泉镇西泉社区，于 2014 年 12 月建成并投入运行，设计供水规模 10000m³/d。截至 2015 年底农村供水范围包括西泉镇、武店镇 39 个行政村，供水人口 9.2074 万人。

（8）以凤阳山水库为水源的县益民供水公司，位于凤阳县府城镇凤临路边，距离县城 1.8km，始建于 1992 年，水厂初期建设规模为 15000m³/d，由淮委淮河开发总公司、滁州市水利局和县水务局三家共同投资建设，2007 年利用农村饮水安全项目，将水厂扩建 10000m³/d，2011 年 5 月利用发改委项目资金扩建 10000m³/d，水厂现状总供水规模达 35000m³/d。截至 2015 年底农村供水范围包括府城、板桥、临镇关、县工业园区 30 个行政村，供水人口 7.0813 万人。

（9）以花园湖为水源的黄枣自来水厂，水厂位于黄湾乡老观村，属黄湾乡招商引资企业，于 2012 年 10 月建成并投入运行，水厂供水规模为 1000m³/d，截至 2015 年底供水范围为黄湾乡、枣巷镇 4 个行政村，供水人口 1.3 万人。

（10）武店自来水厂，水厂始建于 1988 年，以地下水为水源，供水规模 500m³/d，2006 年、2013 年利用农村饮水安全项目进行管网延伸，现状供水范围为武店镇武店、临泉 2 个行政村，供水人口 0.2 万人。供水水源为一眼辐射井，井深 40m、内径 3m，出水量 500m³/d。由于近年来地下水水量逐年减少，已无法满足日益增长供水需求，拟于"十三五"期间并网至天河自来水厂，由天河自来水厂供水。

（11）西泉镇国威自来水厂，水厂是 2009 年 6 月由西泉镇政府招商引资引入的供水企业，以地下水为水源，供水规模 500m³/d，2012 年利用农村饮水安全项目进行管网延伸，现状供水范围为西泉镇西泉社区1个行政村，供水人口0.13万人。供水水源为一眼机井，出水量500m³/d。由于近年来地下水水量逐年减少，已无法满足日益增长供水需求，拟于"十三五"期间并网至天河自来水厂，由天河自来水厂供水。

（12）大溪河镇泓军自来水厂，水厂是2005年7月由大溪河镇政府招商引资引入的供水企业，以地下水为水源，供水规模300m³/d，现状供水范围为大溪河镇大溪河社区1个行政村，供水人口0.118万人。供水水源为一眼机井，出水量300m³/d。由于近年来地下水水量逐年减少，已无法满足日益增长供水需求，拟于"十三五"期间并网至小岗自来水厂，由小岗自来水厂供水。

（13）小溪河镇军宇自来水厂，水厂是2005年6月由小溪河镇政府招商引资引入的供水企业，以地下水为水源，供水规模300m³/d，现状供水范围为小溪河镇小溪河村1个行政村，供水人口0.110万人。供水水源为一眼机井，出水量300m³/d。由于近年来地下水水量逐年减少，已无法满足日益增长供水需求，拟于"十三五"期间并网至小岗自来水厂，由小岗自来水厂供水。

（14）府城镇顾台自来水厂，水厂是1999年6月由府城镇政府招商引资引入的供水企业，以地下水为水源，供水规模500m³/d，现状供水范围为府城镇顾台、十里城2个行政村，供水人口0.2059万人。供水水源为一眼辐射井，出水量500m³/d。由于近年来地下水水量逐年减少，已无法满足日益增长供水需求，拟于"十三五"期间并网至益民自来水厂，由益民自来水厂供水。

（15）刘府镇曹店集中供水工程，工程始建于2011年，以地下水为水源，供水规模500m³/d，现状供水范围为刘府镇府城镇曹店社区1个行政村，供水人口0.0852万人。供水水源为一眼辐射井，出水量500m³/d。由于近年来地下水水量逐年减少，已无法满足日益增长供水需求，拟于"十三五"期间并网至官沟自来水厂，由官沟自来水厂供水。

2015年底，全县共有40.07万农村居民吃上自来水，农村饮水安全工程的实施，为缺水地区农民提供了可靠稳定的水源保证，让农民喝上干净、清洁、卫生、方便的饮用水，提高了生活质量和健康水平，大部分农民接水入户积极性较高，目前，各水厂入户率平均90%。根据省、市相关文件要求，凡纳入农村饮水安全工程管理的自来水厂，在农村饮水不安全地区，群众安装自来水的入户材料费一律按300元/户征收。

表3　2015年底农村集中式供水工程现状

工程规模	工程数量	设计供水规模	日实际供水量	受益乡镇数	受益行政村数	受益农村人口	自来水供水人口
	处	m³/d	m³/d	个	个	万人	万人
合计	15	74600	74600	—	—	40.07	40.07
规模水厂	9	72000	72000	—	—	39.22	39.22
小型水厂	6	2600	2600	—	—	0.85	0.85

三、农村饮水安全工程运行情况

1. 建后管护措施

农村饮水安全工程能不能发挥效益，保证群众能吃上优质水、安全水关键是工程的建后管理。凤阳县明确规定水务局是农村饮水安全工程的行业管理部门。根据工程投资渠道、投资性质和工程规模，按照市场化运作、企业化运行、规范化管理，建立产权归属明确，责任主体落实，责权统一的管理体制和运营机制。

一是成立自来水厂，实行企业管理。由国家投资为主兴建的规模较大的供水工程，为防止国有资产流失，由水务局成立自来水厂作为管理机构，隶属县水务局，实行企业管理、独立核算、自负盈亏。总铺、官沟和天河自来水厂都是独立的企业法人，其管理人员主要从水利水保中心站和水库、电灌站管理处选调，其余人员从社会上招聘，与企业签订用工合同。为利于建后管理，所有抽调人员全程参与工程建设，同时利用县供水公司技术、管理优势，在工程建设之初就选调净水工、运行工、管道工、抄表工等到县供水公司进行培训、学习，使新建的自来水厂尽快实现专业化、规范化管理。

二是采取改建、扩建移交管理模式。改建、扩建老自来水厂，利用管网辐射解决饮水安全问题。2008 年饮水安全项目是对县供水公司进行扩建，由于县供水公司为股份公司，形成的固定资产经审计后并入县供水公司作为凤阳方的股份。2012—2013 年是对 7 座自来水进行管网延伸和扩建，工程完工形成的固定资产经审计后划归原自来水厂管理。

三是成立协会，实行自主管理。以国家投资为主兴建的规模不大、无自负盈亏能力的小型集中供水工程，移交当地村委会组建管理机构，实行自主管理。县水务局帮助和指导村委会成立用水户协会，制定《用水户协会管理章程》，培训运行管理人员，做好技术服务。2011 年建设的刘府镇曹店集中供水工程移交曹店社区，其成立用水协会，实行自主管理。

四是通过招商引资由私人投资或股份制形式建设的供水工程，按照谁投资谁所有谁管理，由业主负责管理。小岗、凤阳山、官塘、红心自来水厂均通过招商引资由私人投资建设，其享受凤阳县制定的招商引资和农村饮水安全项目的有关优惠政策，自主建设，自主经营，自负盈亏。

2. 水费收取

为规范农村自来水价格管理，保障供、用水双方的合法权益，有效保护和利用农村水资源，提高广大农村居民生活质量，促进农村供水事业的健康发展，根据《安徽省农村饮水安全工程运行管理暂行办法》和省物价局《农村自来水价格管理规定》，结合凤阳县实际，并参照周边市、县的农村自来水价格和管网配套费标准，2011 年 7 月 30 日，凤阳县水务局、物价局以《关于凤阳县农村自来水价格和管网配套费标准的通知》（凤价工〔2011〕13 号）文件出台了凤阳县农村自来水价格和管网配套费标准：（1）农村自来水价格——农村自来水实行单一制水价，装表、抄表到户，计量收费，价格为 1.70 元/m³。（2）管网配套费标准——供水主干管道以下至居民分户计量水表部分的用户管网配套费用，由供水企业向用户一次性收取，具体标准为纳入农村饮水不安全范围居民 700.00元/户，纳入农村饮水安全范围居民 1100.00 元/户。

2014年7月27日，根据省水利厅《关于抓紧整改农村饮水安全工程建设管理相关问题的通知》（皖水农函〔2014〕95号）文件要求，县水务局、物价局以《关于凤阳县农村自来水价格和管网配套费标准的通知》（凤价工〔2014〕19号）文件对入户材料费收取标准进行了调整，具体为：凡纳入农村饮水安全工程管理的自来水厂，在农村饮水不安全地区，群众安装自来水的入户材料费一律按300元/户征收，并明确农村饮水安全项目的入户材料及安装费是指由用户承担的水表以下部分工程的材料费和安装费；水表、水表井及以上部分费用由国家项目资金承担。

目前，凤阳县各农村自来水厂水费收取均是按表计量收费，水费收缴率75%（平均），同时正在有条件的地区积极推行两部制水价。

3. 水质检测

为了进一步规范农饮工程建后长效管理机制，2010年8月，凤阳县机构编制委员会批准成立凤阳县农村供水工程管理站。同时，为建立健全凤阳县农村饮水安全工程水质检测制度，加强凤阳县农村饮水安全工程水质管理，保证供水质量符合国家规定的饮用水标准，2011年9月，成立凤阳县农村供水工程管理站水质检测中心。考虑到资金、检测中心建设用地、检测设备和人员配备等多方面因素，同时为达到综合利用，节约建设投资目的，中心利用凤阳县2011年度农村饮水安全项目县级配套资金，依托凤阳县供水公司化验室，对县供水公司现有化验室进行改造、增加设备，使水质检测能力具备《生活饮用水卫生标准》（GB 5749—2006）常规项目（42项）和《地表水环境质量标准》（GB 3838—2002）基本项目（29项）。化验室现有专职人员3人，且有1人获得国家建设部颁发的中级水质检测员职业技能岗位证书。由于原化验室场地狭小，近年已无法满足日益繁重的检测任务，2015年5月7日，滁州市发改委以《关于凤阳县农村饮水安全工程水质检测能力建设实施方案的批复》（滁发改审批〔2015〕39号）文件同意对新建化验室场所和办公设施等建设。目前，水质检测中心承担全县农村自来水厂的水质检测工作，每月取水样一次，分别对各水厂的源水、出厂水和管网末梢水进行检测并出具相应的水质检测报告及整改意见。凤阳县农村供水工程管理站对检测不合格水质及时督促各水厂进行整改，确保农村供水水质安全。同时联合县物价局、县卫生局不定期对各水厂水价、水质进行检查，确保农村供水水质安全。

4. 水源地保护

凤阳县现有集中式饮用水源地有凤阳山水库、燃灯水库、官沟水库、鹿塘水库、花园湖、天河湖、高塘湖等7处。

2009年3月27日，安徽省环保局以《关于印发安徽省城市集中式饮用水源地保护区划分方案的通知》（环水函〔2009〕268号）文件批准凤阳山水库为凤阳县集中饮用水源地，同时明确了保护区。

2009年12月31日，滁州市人民政府办公室以《关于印发滁州市各乡镇集中式饮用水源保护区划分方案的通知》（滁政办〔2009〕108号）文件批准鹿塘水库为市级饮用水水源地，同时明确了保护区。

2015年2月9日，滁州市人民政府关于下达了《滁州市人民政府关于凤阳县燃灯水库和官沟水库饮用水源保护区划分方案的批复》（滁政秘〔2015〕16号）文件批准燃灯水库和官沟水库为饮用水水源地，同时明确了保护区。

2015 年 6 月，按照《饮用水水源保护区划分技术规范》的要求，县环保局已经制定了《凤阳县高塘河、天河、花园湖农村集中式饮用水源保护区划分方案》（征求意见函），并上报凤阳县政府，待县政府常务会议研究通过后，报市政府批准后发布。

为加强饮用水源保护，县水务局在饮用水水源地凤阳山水库、鹿塘水库、燃灯水库、官沟水库、天河湖等地一级保护区、二级保护区、准保护区周边等醒目处制作、安装了 50 多套保护饮用水水源地标牌（包括保护区界牌和保护区道路警示牌）和界桩 50 多根。根据饮用水水源地的重要性，建立了饮用水水源地管理制度，同时安排专人负责，做到巡查有记录，发现问题即时汇报，把不安全因素消除在萌芽状态，以保障饮用水安全。同时县水务局成立了以分管局长为组长的饮用水水源地保护领导小组，指导、组织饮用水水源地保护的正常管理、巡查工作，对在巡查过程中发现有危害水源地保护的违法行为，立即制止，同时以电话和书面形式上报环保局及环境监察大队，从快从重惩处危害饮用水水源地的一切违法行为，保障饮用水水源地的安全。

四、采取的主要做法、经验及典型案例

（一）做法和经验

农村饮水安全工程建设，取得了巨大的社会效益和经济效益，深受农民的欢迎，被誉为"德政工程""民心工程"。上级主管部门多次对农村饮水安全工程进行考核、评价，一致认为凤阳县农村饮水安全工程建设总体进展顺利，工程建设取得了明显成效。

1. 抓顶层设计，全域化布局

针对水资源集中在中型水库、其他地方水资源贫乏的情况，适应城乡统筹的要求和农村人口向新居民点集中的形势，凤阳县提出了"水源可靠、水质保证、适度规模、集中连片，逐步实现城乡供水一体化"的思路，即将城市自来水管网延伸至周边农村，在远离县城的农村统一建设上规模乡镇自来水厂，并延伸至各村，从根本上解决水源、水质、供水保证率和方便程度等问题。根据地形地貌和水源分布，全县共规划建设规模化自来水厂 9 座，日供水设计能力 72000m³，已覆盖全县 159 个行政村，供水人口 39.22 万人。

2. 抓项目监管，标准化建设

凤阳县农村饮水安全项目严格按照国家基本建设程序进行管理，在严格执行"四制"的基础上，按照省水利厅提出的"六制"进行管理，即全面推行规划建卡、社会公示、集中采购、资金报账、明确管理责任和建立水价机制，扎实推进农村饮水安全工程建设。根据每年的投资计划进行项目规划，合理确定工程类别和工程措施。委托资质高、专业性强的设计单位编报初步设计和项目实施方案。通过公开招标选择资质高、实力强的施工企业及管材供应单位承建项目施工及管材供应。为加强对农村饮水安全项目的管理，县委、县政在成立民生工程协调领导小组的基础上，又专门成立了农村饮水安全工程建设领导小组以加强领导和协调。每个项目除明确技术负责人外，都按照"五大员"的要求配备，对施工进度、资金和质量进行严格控制，确保工程质量。同时坚持"五个结合"，即坚持项目与乡镇群众的积极性相结合、与新农村建设相结合、与远期目标相结合、与融资相结合、与建后管理相结合。

3. 抓资金筹措，引市场机制

做好资金筹措是农村饮水工程建设的前提。农村饮水安全工程建设事关广大农民基本生存质量，是一项以社会效益为主的公益性事业，在各级政府通过公共财政增加投入的同时，引入市场机制，广泛吸纳吸收社会资金，建立多元化的投入机制，受益农户在负担能力允许的范围内，合理承担一定的投劳投资责任，从而保证农村饮水工程的顺利实施。

为解决资金不足问题，凤阳县出台优惠政策，将相关供水范围的特许经营权授予投资法人，将工程建设与经营管理一体化；把农村饮水安全工程与招商引资相结合，鼓励乡镇政府引进境外资金投资自来水厂；为吸引社会资金投资自来水这个新兴产业，鼓励国家与投资者联合组建股份公司，并以法律文书予以确认，投资者可以对自己所有的产权行使继承、拍卖、转让等权利。

（二）典型工程案例

2014 年 12 月建成并投入运行的以天河湖为水源天河自来水厂，设计供水规模 $10000m^3/d$，利用 2014—2015 年农村饮水安全项目资金进行建设，主要供水范围包括西泉镇、武店镇 39 个行政村，供水人口 9.2074 万人。在水厂建成之后，成立凤阳县天河自来水厂作为管理机构，隶属县水务局，实行企业管理、独立核算、自负盈亏，其管理人员主要从天河电灌站管理处选调，其余人员从社会上招聘，与企业签订用工合同。同时为利于建后管理，所有抽调人员全程参与工程建设，同时利用县供水公司技术、管理优势，在工程建设之初就选调净水工、运行工、管道工、抄表工等到县供水公司进行培训、学习，使新建的自来水厂尽快实现专业化、规范化管理。

五、目前存在的主要问题

1. 工程设施方面

通过"十一五"和"十二五"十年的农村饮水安全项目建设，尤其是"十二五"期间规模水厂的扩建和管网延伸建设，解决了全县大部分地区农村人口饮水不安全问题。但是由于历史客观原因，凤阳县还存在许多以地下水为水源的小水厂：1988 年武店镇建设的武店自来水厂，1999 年府城镇政府招商引资建设的顾台水厂，2005 年大溪河镇政府招商引资建设的泓军水厂，2009 年西泉镇招商引资建设的国威自来水厂，小溪河镇政府招商引资建设的军宇水厂，2011 年建设的刘府镇曹店集中供水工程。由于近年来地下水水量逐年减少，这些以地下水为水源的小型集中供水工程已逐步陷入难以维系的窘境，供水不及时或者无水可供更是经常发生，导致群众上访事件不断，地方政府每年都要做大量的维稳和矛盾调处工作，以消除由此引发的大量社会矛盾和纠纷。同时由于投入少，没有配备必要的消毒设施，供水管网大都为 PVC 管，老化、渗漏严重，供水安全存在较大隐患。

2. 水质保障方面

虽然凤阳县各规模农村自来水厂都按要求配备了水质处理和消毒设施，但是农村饮用水水源类型复杂、点多面广，保护难度大，加之目前农业面源污染以及生活污水、工业废水不达标排放问题严重，进一步加大了水源地保护的难度。农村饮用水源保护工作涉及地方政府多个部门以及群众切身利益，涉及面广、解决难度大，特别是受现阶段农村经济发展水平和地方财力状况等因素制约，水源地保护措施难以落实。

3. 运行维护方面

受农村人口居住分散、地形地质条件复杂、农民经济承受能力低、支付意愿不强等因素制约，农村供水工程规模小、供水成本高、水价不到位，难以实现专业化管理，建立农村饮水安全工程良性运行机制难度很大。截至 2015 年，凤阳县已建的 9 处农村集中式供水工程，供水能力 72000m³/d，受益人口 39.22 万人。凤阳县农村饮水安全工程水价为 1.7 元/m³，运行成本为 1.84 元/m³（仅考虑电费、人员工资和日常维修费），全成本平均为 2.13 元/m³。因此，目前绝大多数农村饮水安全工程只能维持日常运行，无法足额提取工程折旧和大修费，不具备大修和更新改造的能力，与城市供水相比，农村饮水安全工程的长效运行机制有待完善。

基层水利部门机构和人员状况与饮水安全工作面临的形势和任务不适应。造成基层管理和技术力量薄弱的主要原因：一是村镇供水工程建设时间紧、任务重，工程技术人员和管理人员的培训滞后，技术储备不足；二是村镇供水工程大多地处偏远乡村，条件差、待遇低，对专业技术和管理人员缺乏吸引力。此外，目前适宜农村特点、处理效果好、成本低、操作简便的特殊水质处理技术仍然缺乏。

六、"十三五"巩固提升规划情况及长效运行工作思路

1. 凤阳县农饮巩固提升"十三五"规划情况

"十三五"期间，规划到 2020 年，充分利用凤阳县已规划建设的 9 座规模化自来水厂采取改扩建和管网延伸，解决全县 20.69 万人口饮水问题，使凤阳县农村供水保证率大于 95%、集中供水率为 93%、自来水普及率达到 93%、水质达标率均达到 85%、城镇自来水管网覆盖行政村比例达到 54%。

通过实施农村饮水安全巩固提升工程，采取新建和改造等措施，进一步提高农村供水集中供水率、城镇自来水管网覆盖行政村的比例、自来水普及率、水质达标率和供水保证率，建立健全工程良性运行机制，提高运行管理水平和监管能力，为全面建设小康社会提供良好的饮水安全保障。同时到 2018 年底，全面解决全县 15 个乡镇 225 个行政村 23653 人、合计 11094 户贫困人口饮水不安全问题，自来水普及率力争达到 100%，水质达标率比 2015 年提高 15 个百分点以上，供水保障程度进一步提高。

"十三五"期间凤阳县规划工程数量共 9 处，新增供水规模 2 万 m³/d、新增供水受益人口 20.69 万人，同时进行水质化验室、水厂信息化、兼并原供水范围内的小型水厂等建设，具体内容如下。

（1）官沟水厂："十三五"期间规划官沟水厂总供水规模为 10000m³/d，通过管网延伸解决刘府、大庙两个镇，受益总人口 10.6267 万人，其中新增供水受益人口 22433 人。兼并供水范围内曹店水厂，同时进行水质化验室、水厂信息化建设。

官沟水厂供水范围内贫困受益人口 4198 人，合计 2335 户。贫困人口分布在 37 行政村，其中刘府镇的官沟社区、席岗村、大庙镇的高城村为部分通水的贫困村，规划采用自来水解决饮水问题。

（2）小岗水厂："十三五"期间规划小岗水厂总供水规模为 10000m³/d，通过管网延伸解决大溪河、小溪河、板桥、总铺四个镇，受益总人口 12.4188 万人，其中新增供水受

益人口 59559 人。兼并供水范围内泓军、军宇水厂，同时进行水质化验室、水厂信息化建设。

小岗水厂供水范围内贫困受益人口 4794 人，合计 2214 户。贫困人口分布在 43 行政村，其中大溪河镇的马山村、小溪河镇的金庄村、板桥镇的罗刘村、余湾村为部分通水的贫困村，小溪河镇的前洪村为未通水的贫困村，规划采用自来水解决饮水问题。

（3）益民水厂："十三五"期间规划益民水厂总供水规模为 35000m³/d，通过管网延伸解决府城、临淮、板桥、县经济开发区三个镇一个工业园，受益总人口 9.6161 万人，其中新增供水受益人口 25348 人。兼并供水范围内顾台水厂，同时进行水质化验室、水厂信息化建设。

益民水厂供水范围内贫困受益人口 4475 人，合计 2174 户。贫困人口分布在 42 行政村，其中府城镇的庙山村、齐涧村、临淮镇的姚湾村为部分通水的贫困村，规划采用自来水解决饮水问题。

（4）总铺水厂："十三五"期间规划总铺水厂总供水规模为 6000m³/d，通过改扩建水厂、管网延伸解决总铺、大庙、板桥三个镇，受益总人口 4.3777 万人，其中新增供水规模 3000m³/d、新增供水受益人口 12837 人。同时进行水质化验室、水厂信息化建设。

总铺水厂供水范围内贫困受益人口 1469 人，合计 565 户。贫困人口分布在 17 个行政村，其中总铺镇的姜庙村、鹿塘村部分采用自来水解决饮水问题。

（5）天河水厂："十三五"期间规划天河水厂总供水规模为 10000m³/d，通过管网延伸解决武店、西泉两个镇，受益总人口 9.5374 万人，其中新增供水受益人口 3300 人。兼并供水范围内武店、西泉国威水厂，同时进行水质化验室、水厂信息化建设。

天河水厂供水范围内贫困受益人口 3064 人，合计 1453 户。贫困人口分布在 37 行政村，其中武店镇的桥溪村、沙涧村、西泉镇的蒋村为部分通水的贫困村，规划采用自来水解决饮水问题。

（6）凤阳山水厂："十三五"期间规划凤阳山水厂总供水规模为 5000m³/d，通过改扩建水厂、管网延伸解决殷涧一个镇，受益总人口 2.4053 万人，其中新增供水规模 4000m³/d、新增供水受益人口 11653 人。同时进行水质化验室、水厂信息化建设。

凤阳山水厂供水范围内贫困受益人口 1081 人，合计 378 户。贫困人口分布在 11 行政村，其中殷涧镇的白云村为部分通水的贫困村，规划采用自来水解决饮水问题。

（7）红心水厂："十三五"期间规划红心水厂总供水规模为 5000m³/d，通过改扩建水厂、管网延伸解决红心一个镇，受益总人口 3.4784 万人，其中新增供水规模 4000m³/d、新增供水受益人口 19534 人。同时进行水质化验室、水厂信息化建设。

红心水厂供水范围内贫困受益人口 1621 人，合计 594 户。贫困人口分布在 13 行政村，其中红心镇的乌罗村为未通水的贫困村，规划采用自来水解决饮水问题。

（8）官塘水厂："十三五"期间规划官塘水厂总供水规模为 5000m³/d，通过改扩建水厂、管网延伸解决官塘一个镇，受益总人口 3.0266 万人，其中新增供水规模 4000m³/d、新增供水受益人口 20966 人。同时进行水质化验室、水厂信息化建设。

官塘水厂供水范围内贫困受益人口 1021 人，合计 417 户。贫困人口分布在 10 行政村，其中官塘镇的凤龙社区为部分通水的贫困村，规划采用自来水解决饮水问题。

（9）黄枣水厂："十三五"期间规划黄枣水厂总供水规模为6000m³/d，通过改扩建水厂、管网延伸解决黄湾、枣巷两个镇，受益总人口4.4236万人，其中新增供水规模5000m³/d、新增供水受益人口31236人。同时进行水质化验室、水厂信息化建设。

黄枣水厂供水范围内贫困受益人口1605人，合计809户。贫困人口分布在15个行政村，其中黄湾乡梨园村、枣巷镇观音堂村为未通水的贫困村，规划采用自来水解决饮水问题。

表4　"十三五"巩固提升规划目标情况

农村集中供水率（％）	农村自来水普及率（％）	水质达标率（％）	城镇自来水管网覆盖行政村的比例（％）
93	93	85	54

表5　"十三五"巩固提升规划新建工程和管网延伸工程情况

工程规模	新建工程					现有水厂管网延伸			
	工程数量	新增供水能力	设计供水人口	新增受益人口	工程投资	工程数量	新建管网长度	新增受益人口	工程投资
	处	m³/d	万人	万人	万元	处	km	万人	万元
合计									
规模水厂						4	287	11.07	4793
小型水厂									

表6　"十三五"巩固提升规划改造工程情况

工程规模	改造工程					
	工程数量	新增供水能力	改造供水规模	设计供水人口	新增受益人口	工程投资
	处	m³/d	m³/d	万人	万人	万元
合计						
规模水厂	5	20000		19.68	9.62	5655
小型水厂						

2. "十三五"之后凤阳县农饮工程长效运行工作思路

一是对已建9座规模自来水厂的水源保护、水处理设施、消毒设备、水质化验室、机电设备改造、输配水管网等达不到规范、标准规定的，进行更新改造，提质增效。同时进行管网延伸，解决全县剩余4.75万农村人口饮水安全问题，实现农村自来水"村村通"，使凤阳县农村集中式供水受益人口达到100％，农村自来水普及率达到100％。水质达标率均达到100％。

二是按标准配套建设凤阳县农村供水工程管理站。2010年8月20日，县编委以《关于设立凤阳县农村供水工程管理站的批复》（凤编字〔2010〕28号）文件批复成立凤阳县农村供水工程管理站（以下简称"管理站"），管理站为股级财政全额供给事业单位，所需人员从水务局下属财政全额供给事业单位中公开选调。但是水务局下属财政全额供给事业单位仅为县河道局和各水利站。由于近年来国家对水利加大投入，建设、管理任务繁重，县河道局所有工程类专业技术人员已全部抽调局机关或工地参与工程建设管理工作。各水利站人员年龄普遍偏大，文化程度普遍不高，专业不对口，无法适应管理站管理和技术工作，故管理站至今一直未能真正发挥应有的管理功能。下一步将落实凤阳县农村供水工程管理站运行经费和人员编制问题，以使管理站真正发挥作用。

三是落实农村饮水安全工程县级维修养护基金。为进一步做好农村饮水安全工作，确保农村饮水安全工程充分发挥效益，根据《安徽省农村饮水安全工程管理办法》（安徽省人民政府令第238号）第32条规定：市、县级人民政府负责落实农村饮水安全工程运行维护专项经费。运行维护专项经费主要来源：市、县级财政预算安排资金，通过承包、租赁等方式转让工程经营权的所得收益等。下一步将建立并落实农村饮水安全工程县级维修养护基金。

四是对已建规模自来水厂进行应急备用水源建设。根据安徽省人民政府办公厅《关于加强集中式饮用水水源安全保障工作的通知》（皖政办〔2013〕18号）文件要求，需进行应急备用水源建设。下一步计划对各已建规模自来水厂主管道进行并网联通，互为备用，以积极应对可能出现的水资源短缺、水污染突发事件等，确保广大人民群众正常生活。

明光市农村饮水安全工程建设历程

（2005—2015）

（明光市水务局）

一、基本概况

明光市位于皖东北部边缘，南枕江淮分水岭，与滁州南谯区接壤，北临淮河，与五河县接壤，东与江苏盱眙、泗洪等县相邻，西为定远、凤阳两县。境内南部为低山区，中部为丘陵，北部为圩区洼地。属我国东部季风气候区，处于北亚热带向暖温带渐变的过渡地带，属半湿润气候，降雨量最大值为 1506.2mm，最小值为 566.9mm，年均降雨量947.4mm；蒸发量最大值为 2178.7mm，蒸发量最小值为 1290.1mm，年均蒸发量1628.1mm，具有雨热同季的特点。全市总面积 2335km²，其中淮河流域 2079km²，长江流域 256km²。

明光市共设乡、镇、街道办事处 17 个，行政村 139 个、街道居委会 5 个，自然村数3093 个，2014 年底农民人均可支配收入 8529 元，总人口 63.5 万人，其中农村人口 51.70万人。截至 2015 年底，明光市有 10.12 万农村人口的饮水安全未解决。这些地区由于饮水安全问题未解决，不但制约农村劳动力的转移，而且限制了农村庭院经济的发展。

明光市地表水多年平均径流深 225mm，水资源总量 5.72 亿 m³，农业多年平均用水量1.35 亿 m³，开发利用率 45%，人均水资源量 900m³，远远低于全国平均水平，也达不到安徽省平均水平。地下水可开采量约 0.672 亿 m³，且分布不均。明光市蓄水工程有：中型水库 4 座，蓄水量 10818 万 m³；小型水库 165 座，蓄水量 4800 万 m³；塘坝 17263 面，蓄水量 8400 万 m³，全市蓄水总量 2.40 亿 m³。

二、农村饮水安全工程建设情况

1. 农村人口饮水安全解决情况

"十一五""十二五"期间核定明光市农村饮水不安全人口为 138 个行政村、41.58 万人。截至 2015 年底，明光市农村人口 51.7 万人，农村自来水厂供水人口 41.58 万人，自来水普及率达 80.43%；行政村 139 个，已通水 138 个，通水比例达 99.28%。

2005—2015 年，明光市累计建成农村规模水厂 11 座，解决农村饮水不安全人口41.58 万，农村学校师生 2.71 万人，累计完成投资 20924.40 万元。

表1 2015 年底农村人口供水现状

乡镇数量	行政村数量	总人口	农村供水人口	集中式供水人口	其中：自来水供水人口	分散供水人口	农村自来水普及率
个	个	万人	万人	万人	万人	万人	%
17	139	64.02	51.70	41.58	41.58	10.12	80.4

表2 农村饮水安全工程实施情况

合计			2005 年及"十一五"期间			"十二五"期间		
解决人口		完成投资	解决人口		完成投资	解决人口		完成投资
农村居民	农村学校师生		农村居民	农村学校师生		农村居民	农村学校师生	
万人	万人	万元	万人	万人	万元	万人	万人	万元
41.58	2.71	20924	13.80	0	6258	27.78	2.71	14667

2. 农村饮水工程（农村水厂）建设情况

（1）农村水厂基本情况

截至 2015 年底，明光市市共有千吨万人以上的集中供水工程 11 处，总供水能力 5.2 万 m^3/d。其中设计日供水规模 5000m^3 及以上的集中供水工程 5 处，供水能力 3.6 万 m^3/d；设计日供水规模 1000m^3 及以上的集中供水工程 6 处，供水能力 1.6 万 m^3/d；市政供水管网延伸 1 处，供水能力 3.5 万 m^3/d。

① 石坝自来水厂

石坝自来水厂于 2007 年建成并投入运行，供水规模 2000m^3/d。水厂供水范围包括石坝镇、涧溪镇、明东街道办事处 17 个行政村，受益总人口 6.1106 万人。供水水源为石坝水库，水厂目前运行正常，入户率达 90%。

② 林东自来水厂

林东自来水厂于 2008 年建成并投入运行，供水规模 3000m^3/d，2014 年扩建至 8000m^3/d，水厂供水范围包括管店镇、三界镇、明光街道办事处 16 个行政村，受益总人口 5.1774 万人。水厂供水水源为林东水库，水厂目前运行正常，入户率达 75%。

③ 分水岭自来水厂

分水岭自来水厂于 2008 年建成并投入运行，供水规模 3000m^3/d。水厂供水范围包括涧溪镇、自来桥镇 12 个行政村，受益总人口 4.8286 万人，供水水源为分水岭水库水厂目前运行正常，入户率达 80%。

④ 芦咀自来水厂

芦咀自来水厂于 2009 年建成并投入运行，供水规模 3000m^3/d。水厂供水范围包括古沛镇 6 个行政村，受益总人口 3.1355 万人。供水水源为女山湖，水厂目前运行正常，入户率达 85%。

⑤ 滨湖自来水厂

滨湖自来水厂于 2009 年建成并投入运行，供水规模 4000m^3/d，2015 年扩建至

7000m³/d。水厂供水范围包括女山湖镇、苏巷镇、明东街道办事处17个行政村，受益总人口6.5381万人。供水水源为女山湖，水厂目前运行正常，入户率为85%。

⑥ 山头王自来水厂

山头王自来水厂于2010年建成并投入运行，供水规模5000m³/d。水厂供水范围包括桥头镇、明西街道办事处15个行政村，受益总人口4.5277万人。供水水源为女山湖，水厂目前运行正常，入户率仅达80%。

⑦ 宏源自来水厂

柳巷自来水厂于2010年建成并投入运行，供水规模3000m³/d。水厂供水范围包括柳巷镇8个行政村，受益总人口2.8054万人。供水水源为淮河，水厂目前运行正常，入户率达87%。

⑧ 横山自来水厂

横山自来水厂于2011年建成并投入运行，供水规模3000m³/d。水厂供水范围包括明光街道办事处、明西街道办事处、明南街道办事处10个行政村，受益总人口3.8019万人。供水水源为南沙河，水厂目前运行正常，入户率达78%。

⑨ 沁民自来水厂

沁民自来水厂于2011年建成并投入运行，供水规模5000m³/d，2015年扩建至10000m³/d。水厂供水范围包括潘村镇13个行政村，受益总人口5.7790万人。供水水源为女山湖，水厂目前运行正常，入户率达96%。

⑩ 燕子湾自来水厂

燕子湾自来水厂于2011年建成并投入运行，供水规模3000m³/d，2015年扩建至6000m³/d。水厂供水范围包括张八岭镇、自来桥镇21个行政村，受益总人口5.0363万人。供水水源为燕子湾水库，水厂目前运行正常，入户率为75%。

⑪ 泊岗自来水厂

泊岗自来水厂于2011年建成并投入运行。供水规模2000m³/d。水厂供水范围包括泊岗镇4个行政村，受益总人口1.5804万人。供水水源为淮河，水厂目前运行正常，入户率为77.8%。

⑫ 新泉自来水厂

新泉自来水厂属明光市城市自来水厂，于2011年建成并投入运行，供水规模35000m³/d，主要利用富余供水能力通过管网延伸末梢延伸至城市较近的农村，水厂目前运行正常，水厂入户率为100%。

表3　2015年底农村集中式供水工程现状

工程规模	工程数量	设计供水规模	日实际供水量	受益乡镇数	受益行政村数	受益农村人口	自来水供水人口
	处	m³/d	m³/d	个	个	万人	万人
合计	12	87000	72500	17	138	41.58	41.58
规模水厂	12	87000	72500	—	—	41.58	41.58
小型水厂	0	0	0			0	0

（2）专项资金外投入情况

2011 年，明光市通过招商引资与专项资金相结合的方式建成农村规模水厂 4 座，分别为沁民自来水厂、燕子湾自来水厂、横山自来水厂和泊岗自来水厂，累计吸纳社会资金 1186.78 万元。

（3）入户费收取与执行情况

2014 年 7 月 27 日，根据省水利厅《关于抓紧整改农村饮水安全工程建设管理相关问题的通知》（皖水农函〔2014〕95 号）文件要求，市水务局、物价局对入户材料费收取标准进行规定，具体为：凡纳入农村饮水安全工程管理的自来水厂，在农村饮水不安全地区，群众安装自来水的入户材料费一律按 300 元/户征收，并明确农村饮水安全项目的入户材料及安装费是指由用户承担的水表以下部分工程的材料费和安装费；水表、水表井及以上部分费用由国家项目资金承担。

目前，11 座农村规模水厂均严格按照物价局核定的标准执行。

3. 农村饮水安全工程建设思路及主要历程

"十一五"期间，明光市本着统筹规划，优先解决的原则，累计解决饮水不安全人口 13.80 万人，累计完成投资 6257.70 万元，建成规模水厂 7 座，分别为石坝自来水厂、林东自来水厂、分水岭自来水厂、芦咀自来水厂、宏源自来水厂、滨湖自来水厂、山头王自来水厂。

"十二五"在"十一五"的基础上，进一步深化规划，把农村饮水这一民生工程做好做实，成效斐然，累计解决农村饮水不安全人口 27.78 万人、农村学校师生 2.71 万人，累计完成投资 14666.70 万元，建成规模水厂 4 座，分别为沁民自来水厂、燕子湾自来水厂、横山自来水厂和泊岗自来水厂。

三、农村饮水安全工程运行情况

1. 县级农村饮水安全工程专管机构

为加强农村饮水安全工程建设管理工作，2010 年 12 月 4 日，经市政府批准同意，成立了"明光市农村供水工程管理总站"，负责全市农村饮水安全工程的建设和运行管理，机构性质为全额财政供给性事业单位，编制人数 4 人。

2. 县级农村饮水安全工程维修养护基金

2013 年，明光市建立了县级维修养护制度，每年落实维修养护基金 11 万元并纳入年度预算。

3. 县级农村饮水安全工程水质检测中心

明光市水质检测中心依托市疾病预防控制中心建设，工作人员为市疾病预防控制中心正式在编人员，项目于 2015 年底完成，完成投资 104.12 万元，购置的主要设备有：气相色谱仪，离子色谱仪，红外测油仪等。目前，水质检测中心具备 42 项检测能力，因人员和运行经费尚未落实，暂时很难实行月检制度，检测频次为 3 月/次。

4. 农村饮水安全工程水源保护情况

目前，已按照规范要求，对建成的 11 座农村规模水厂取水水源地进行了水资源保护区划定，并制定了相关保障措施。

5. 供水水质状况

明光市农村规模水厂水源均为地表水，制水工艺为传统钢筋混凝土三池（絮凝沉淀池、滤池、清水池），消毒使用二氧化氯。

经水厂自检及卫生部门巡检确定，我市水质达标率为100%。

6. 农村饮水工程（农村水厂）运行情况

（1）管护主体

明光市农村饮水安全工程按照投资渠道、工程规模，明晰产权归属，确定管理单位和管理方式，划定管理范围。

明光市11座农村自来水厂管护主体各有不同。石坝自来水厂、林东自来水厂、分水岭自来水厂、滨湖自来水厂4座水厂管护主体为水务局下属的水管单位；芦咀自来水厂、宏源自来水厂、山头王自来水厂3座水厂主体工程完成后交给所在乡镇人民政府，由政府出让经营权；泊岗自来水厂、沁民自来水厂、横山自来水厂、燕子湾自来水厂4座水厂采取招商引资的形式建设，投资人负责经营管理。

（2）运营状况

明光市11座农村规模水厂总设计规模52000m³/d，实际供水量39500m³/d。农村规模水厂主要收入来源为水费和安装入户费，明光市物价局核定农村自来水实行单一制水价，装表、抄表到户，计量收费，生活用水1.80元/m³，非生活用水2.00元/m³。主要支出为电费、人员工资、药剂等管理费用。

目前，明光市尚未执行"两部制"水价。

7. 农村饮水工程（农村水厂）监管情况

明光市成立供水工程管理总站负责对农村规模水厂运管情况进行监管，负责明晰水厂资产，规范水厂供水服务，监督水厂入户费和水费收取情况，要求水厂严格执行制水规范，确保水质达标。

8. 运行维护情况

明光市农村规模水厂均运行良好，每个水厂均配备了2~3组维修队，并设置了应急报修专线，及时处理突发状况。

明光市委市政府高度重视农村饮水安全工程这一民生工程，各农村规模水厂在建设运行过程中均享受到用电、用地、税收等相关优惠政策。

四、采取的主要做法、经验及典型案例

（一）做法和经验

1. 强化组织领导

明光市高度重视农村饮水安全工程，成立了以分管副市长为组长，相关部门为成员的农村饮水安全领导工作小组。明确政府办1名副主任专门负责农村饮水安全工程建设，从项目前期谋划、工程招投标到建设全程参与。项目涉及的乡镇明确1名班子成员跟班作业，市水务局党组班子成员分片包干，责任到人，确保工程建设稳步推进。

2. 规范化市场运作

根据工程投资渠道、投资性质和工程规模，我市采取三种形式加强对农村饮水安全工程的运行管理，一是由国家投资新建的规模较大的供水工程建成后交由水务局所属的水管单位负责管理，隶属市水务局，实行企业管理、独立核算、自负盈亏；二是由国家投资为主的集中供水工程建成后交由当地人民政府管理，政府通过公开招标出让经营权吸引有管理经验的企业或个人来我市经营管理自来水厂，确保工程能够长期发挥效益；三是通过招商引资吸收社会资金由私人投资或股份制形式建设的供水工程，由投资商（人）负责经营管理。

3. 建立健全保障制度

（1）应急保障制度。为应对农村饮水突发事件，建立健全农村饮水安全工程应急机制，正确应对和高效处置农村饮水安全突发性事件，保障人民群众饮水安全，制定并印发了《明光市农村饮水安全工程应急预案》。

（2）年检制度。为加强对农村饮水安全工程规模水厂的监督管理，保障农村饮水安全，保值国有资产，确保农村饮水安全工程可持续进行，制定并印发了《明光市农村饮水安全工程规模水厂检验制度实施细则》。

（3）三级水质检测制度。为加强农村饮水安全的保障，确保广大群众用水安全，明光市建立了三级水质检测制度，即规模水厂日常检测检测（常规7项），水质检测中心月检及卫生部门巡检相结合，保障水质安全，提高水质合格率。

（二）典型工程案例

明光市沁民自来水厂为2011年农村饮水安全工程项目，该水厂采用国家项目资金与社会投资相结合方式建设的，即政府部门控股，资金用于前期工作、购买机电设备及管材管件，社会投资用于厂区土建及安装工程，并由投资方负责经营管理。

沁民自来水厂位于明光市潘村镇紫阳村，潘村镇镇域土地面积210km²，南临女山湖，北距淮河5km与江苏泗洪县相连，西邻104国道与五河县相接，东与江苏盱眙县相交，是两省三县交接处，市场交通异常繁荣，为明光市四大中心镇之一，农村居民约57790人。

沁民自来水厂自2011年建成并投入运行以来，累计解决农村饮水不安全人口49490人，发展用户11000余户，水厂运行状况良好。该水厂积极与所在乡镇对接，与乡镇总体规划相协调，与乡镇经济发展相适应，为乡镇吸引社会资金提供便利，依托乡镇与用户，反哺乡镇与用户，得到了乡镇与广大用户的极大好评。该水厂不仅在建设上与乡镇规划相协调，还在经营管理上积极采用新的管理模式，加强与用水户多沟通，积极做好供水服务工作。

水厂的良性运行，除了建设方式的新颖外，还与管理者积极配合与部门主管单位水务局的要求有关，在项目建设的同时，强化对水厂的管理，建立日常水质检测及机电设备运行日常记录制度，把水厂的日常管理作为长期运行的根本。

另外，水厂积极参与每年的民生工程宣传活动，配合民生工程建设方案，把农村饮水安全工程这一民生工程宣传到广大群众中去，真正让群众受益。

五、目前存在的主要问题

1. 水厂管理体制不顺

11 座农村水厂管理体制不统一，其中石坝、林东、分水岭、女山湖自来水厂建成后交给水务部门的二级机构管理，且都由单位职工内部承包经营；山头王、芦咀、柳巷自来水厂建成后交给桥头镇、古沛镇、柳巷镇人民政府管理，由他们向外招商出让经营权；横山、燕子湾、潘村、泊岗自来水厂用招商引资的形式建设，由投资人经营管理。由水管单位内部职工承包经营的，承包费交由水管单位；由乡镇对外出让经营权的承包费交至乡镇，经营者为追求利益对水厂投入很少。

2. 管理模式不规范

由于水厂管理体制不一，造成水厂管理者管理模式不同。有些水厂只注重效益，对管理投入较少，水厂自动化程度低，管理人员寥寥数人，缺乏应有的应急保障设备及人员。同时，经营模式的差异也给总站的管理带来极大不便。

3. 建后管养意识不到位

水厂经营者只注重发展用户，对水厂建后管养不够重视，制定的管养制度很难执行，对用水户的服务意识较差。

4. 水质检测力量薄弱。

11 座规模水厂虽都已建立了水质化验室，但由于检验人员水平参差不齐，技术操作不规范，无法确保水质检测的质量，保障水质安全。

5. 区域水质检测制度有待提高。我市水务局与市疾病预防控制中心联合建设了水质检测中心，但相应的人员及运行经费尚未落实，三级检测制度（即水厂日常检测，水质检测中心月检，卫生部门巡检）很难执行到位。

6. 维养经费不足。明光市 2013 年落实维修养护基金 11 万元/年，但无大修基金。明光市 2007 年实施农村饮水安全工程，距今已有 8 年，部分早期建设的水厂设备及管道出现老化现象，落实的维养经费很难应对类似的大修问题。

六、"十三五"巩固提升规划情况及长效运行工作思路

明光市农村饮水安全巩固提升工程"十三五"规划实施主要分为两个阶段：

第一阶段：2016—2018 年，前三年以精准扶贫为主，结合精准扶贫工作的开展，对区域内未通水人口通水，实现供水全覆盖，主要工程措施为管网延伸及改造工程中水厂的管网延伸部分。

第二阶段：2019—2020 年，后两年在精准扶贫及供水全覆盖实施的基础上，对现状存在的供水水量、水质等安全隐患问题进行逐步排除，主要工程措施包括：山头王水厂和分水岭水厂扩建、水处理设施改造提升、水源地保护、水质监测试点建设等，达到十三五阶段农饮工程巩固提升效果。

表4　"十三五"巩固提升规划目标情况

农村集中供水率（%）	农村自来水普及率（%）	水质达标率（%）	城镇自来水管网覆盖行政村的比例（%）
100	100	100	100

表5　"十三五"巩固提升规划新建工程和管网延伸工程情况

工程规模	新建工程					现有水厂管网延伸			
	工程数量	新增供水能力	设计供水人口	新增受益人口	工程投资	工程数量	新建管网长度	新增受益人口	工程投资
	处	m³/d	万人	万人	万元	处	km	万人	万元
合计									
规模水厂						12		7.68	5106
小型水厂									

表6　"十三五"巩固提升规划改造工程情况

工程规模	改造工程					
	工程数量	新增供水能力	改造供水规模	设计供水人口	新增受益人口	工程投资
	处	m³/d	m³/d	万人	万人	万元
合计						
规模水厂	2	8000		2.44	2.44	996
小型水厂						

　　截至"十三五"末，明光市51.7万农村居民将实现自来水全覆盖，为确保工程长效运行，提出以下建设思路。

　　1. 完善机制，加强源头治理

　　一要制定地方饮用水水源保护条例，规范水源地保护。二要建立水源地巡查机制，各执法部门和涉及乡镇联合组成执法大队，定期开展水源地巡查，把水源地上游禁养落到实处。三要建立多水源保障机制，努力开发备用水源，建立"源水互备、清水联通"的多水源保障体系，多渠道完善水源保障。

　　2. 产权制度改革。

　　以项目有资金为主建设的工程，组建供水公司进行管理，明晰产权、明确权责，独立核算，规范产权所有者与经营主体的关系；有社会资本参与建设的工程，建立股份制企业进行管理。按照"谁投资、谁所有"的原则，明晰产权，确定出资比例，由投资方代管，水行政主管部门监管，确保工程良性、平稳运行。

3. 加强水质监管

充分发挥各部门职责，完善县级水质检测中心建设，严格实行供水企业自检、水质检测中心巡检和疾控中心抽检的"三级检验"制度。

建立以水质为核心的质量管理体系和岗位责任体系，按照国家有关标准和规范，建立严格的生产管理规章制度。把生产流程公开化，水质检测结果透明化、监督检查社会化，进一步提升制水、管水水平。

4. 强化运行管理

一是严格执行年检制度，加大对自来水厂的监督和考核，确保管理走向制度化、标准化；二是加大自动化建设投入，实现生产自动化、智能化，解放人力资源；三是健全应急保障体系，督促各自来水厂做好应急保障队伍建设，按照标准配备足够的工人、材料及机械；四是建议设立自来水厂建后管养及设备大修基金，纳入年度财政预算，为今后可能出现的大修做准备。

来安县农村饮水安全工程建设历程
（2005—2015）

（来安县水利局）

一、基本概况

来安县位于安徽省东部，江淮之间，地处北纬 32°10′~32°45′、东经 118°20′~118°40′，环邻本省天长市、明光市、滁州市南谯区和琅琊区、江苏省盱眙县和南京市六合区、浦口区。县城距离南京市区 60km、南京碌口国际机场 80km、津浦铁路滁州站 18km、沪宁洛高速公路来安出入口 5km。G104 国道、S312 省道分别自东向西贯穿全境。来安县汉河镇地处苏皖交界，与南京高新技术开发区隔滁河相邻，是安徽省东向发展的桥头堡。来安县是南京"1 小时都市圈"的核心层，江北的重要门户、安徽的东大门。全县总面积 1481km²，耕地面积 71.3 万亩，辖 12 个乡镇，130 行政个村，居民 16.6 万户，人口 49.3 万人。12 个乡镇是：新安镇、半塔镇、汉河镇、水口镇、舜山镇、施官镇、雷官镇、大英镇、三城乡、独山乡、杨郢乡和张山乡。

2015 年来安县工农业生产总值 119.1 亿元，固定资产投资 152.4 亿元，规模以上工业增加值 48.1 亿元，外贸进出口总额 1.65 亿美元，社会消费品零售总额 44.3 亿元，农民人均纯收入 13763 元。

来安县地理位置特殊，境内地势自东南向西北逐渐抬高，海拔 6.5~200m，地貌主要分为圩区、丘陵和浅山区三种地貌。域内有南部圩区，中部岗丘区，北部浅山区。全县有 6 条河流，它们是滁河、清流河、来河、皂河、施河和五加河。其中滁河、清流河和皂河为边境界河；来河、施河及五加河是境内季节性河流。

来安县现有水利工程可供水量 2.7 亿 m³，其中地表水 2.3 亿 m³、地下水 0.4 亿 m³。总体上地表水开发利用程度不高，全县平均开发利用率 32.6%，地下水开发利用率约为 2.6%。根据《来安县水资源公报（2015 年)》，我县水资源及开发利用状况如下：现状地表水供水量 2.395 亿 m³/年；地下水供水量 0.126 亿 m³/年；现状用水量为：工业用水量 0.371 亿 m³/年，农业用水量 1.94 亿 m³/年，城市生活用水 0.056 亿 m³/年，农村生活用水 0.124 亿 m³/年，生态环境用 0.03 水亿 m³/年。山区很少有浅层地下水，岗丘区和圩区浅层地下水较丰富，但苦咸水和污染水居多，来河、清流河沿线受污染严重。

二、农村饮水安全工程建设情况

1. 农村人口饮水安全解决情况

根据《来安县2007—2011年农村饮水安全项目可行性研究报告》，截止到2004年底，来安县有12.42万农村人口急需解决饮水安全问题，饮水安全问题类型主要是：砷超标、苦咸水、受污染的地表水和浅层地下水、其他水质问题、用水量和用水方便程度及水源保证率不达标等。具体为：汊河镇和大英镇饮用高砷水1.04万人；全县饮用苦咸水4.86万人；新安镇、水口镇、汊河镇和三城乡4.99万人饮用受污染水的地表水和浅层地下水；饮用其他水质问题水0.1万人，半塔镇、水口镇、施官镇、舜山镇、杨郢乡、张山乡1.43万人用水量、用水方便程度和水源保证率不达标。

截止到2015年底，来安县农村总人口44.88万人，饮水安全总人数增至29.33万人，农村自来水供水人口29.33万人，农村自来水普及率65.35%。全县12个乡镇，130个行政村，已通自来水129个行政村，通水比例99%（详见表1）。

表1　2015年底农村人口供水现状

乡镇数量	行政村数量	总人口	农村供水人口	集中式供水人口	其中：自来水供水人口	分散供水人口	农村自来水普及率
个	个	万人	万人	万人	万人	万人	%
12	130	44.64	29.33	29.33	29.33		65.70

来安县2007年开始实施农村饮水安全工程，2007—2015年，省发改委、省水利厅和财政厅共计下达来安县农村饮水安全工程投资计划15218万元，解决29.33万农村人口饮水安全问题。至2015年底，来安县共建成9座农村水厂，解决29.33万农村人口和3.26万农村在校师生的饮水安全问题（详见表2）。

表2　农村饮水安全工程实施情况

合计			2005年及"十一五"期间			"十二五"期间		
解决人口		完成投资	解决人口		完成投资	解决人口		完成投资
农村居民	农村学校师生		农村居民	农村学校师生		农村居民	农村学校师生	
万人	万人	万元	万人	万人	万元	万人	万人	万元
29.33	3.26	15218	6.02	0.5	2773	23.31	2.76	12445

2. 农村饮水工程（农村水厂）建设情况

2005年以前，来安县有16座乡镇及村级简易农村水厂，这些水厂直接从水井、水库甚至塘坝取水，未经净化和消毒处理就供水，供水范围主要是乡镇及所在街道居委会，供水人口只有2.4万人。

截止到2015年底，全县新建农村饮水安全工程规模水厂9座，供水规模2000~30000m³/d，其中汊河水厂供水规模30000m³/d。分布在水口镇、雷官镇、施官镇、半塔镇、舜山镇、独山乡、张山乡和杨郢乡。解决 29.93 万农村人口和 3.26 万农村在校师生的饮水安全问题（详见表3）。

表3　2015 年底农村集中式供水工程现状

工程规模	工程数量	设计供水规模	日实际供水量	受益乡镇数	受益行政村数	受益农村人口	自来水供水人口
	处	m³/d	m³/d	个	个	万人	万人
合计	9	48200	25500	12	129	29.33	29.33
规模水厂	9	48200	25500	12	129	29.33	29.33
小型水厂							

来安县 2007 年开始实施农村饮水安全工程，受当时县级财政困难和农民收入不高等因素的制约，实施农村饮水安全工程资金缺口较大，为解决资金缺口问题，根据水利部出台的《关于村镇供水工程管理的意见》和《安徽省农村饮水工程运行管理办法（试行）》，按照"谁建设，谁投资、谁受益、谁管理"的原则；明晰所有权，搞活经营权，放开建设权，责、权、利相统一的思路，来安县委、县政府决定：通过招商引资吸纳社会资金，采用 BOT 方式建设农村饮水安全工程。2007—2015 年底，所建 9 座农饮水厂，通过开工招商引资，全部采用 BOT 方式完成投资计划。水利局与各水厂投资人签订了各水厂的特许经营协议，县政府授予各水厂投资人特许经营权，特许经营期限 30 年。特许经营期满，水厂所有资产（包括投资人的投资）全部移交给来安县政府。所有农饮水厂先由投资人投资建设，工程建成后，将政府补助资金按照投资计划的 70% 补助给投资人，30% 用于工程前期工作及工程建设管理。

至 2015 年底，全县实现了自来水"村村通"，农村 65% 以上居民用上了自来水，入户率近 75%。2011 年 12 月来安县物价局以来价费〔2011〕70 号文件明确农村居民自来水入户费 1050 元/户，水费 2.00 ~ 2.30 元/m³。2014 年 4 月，根据省厅要求，来安县物价局、水利局以来价〔2014〕28 号文件重新核定农村自来水入户费 300 元/户。入户费调整降低后，居民入户的积极性和要求进一步提高了。

3. 农村饮水安全工程建设思路及主要历程

根据来安县农村饮水安全问题及其危害，按照统筹规划、突出重点的原则，以地方政府和受益群众为主，国家适当扶持的办法，实行政府主导，动员和组织社会力量积极参与，改革和完善管理体制和运行机制，制定合理的政策，建设和发展农村供水工程。

"十一五"期间按计划优先重点解决饮用砷超标和苦咸水的 6.56 万人饮水安全问题。2007—2010 年新建了汊河自来水厂，供水规模 30000m³/d，解决汊河镇、水口镇和大英镇5.1245 万人的饮水安全问题。2008 年新建了雷官自来水厂，供水规模 2200m³/d，解决了雷官镇 0.8955 万人的饮水安全问题。"十一五"期间我县新建农村饮水安全工程 2 处，增加供水能力 32200m³/d，解决了 6.02 万农村人口饮水安全问题。

"十二五"规划总的指导思想是：坚持高起点规划、高标准建设、高水平管理，实现农村供水城市化、城乡供水一体化，重点建设一批规范化、标准化、规模化的自来水厂。

遵循统筹规划、突出重点；防治并重、综合治理；因地制宜、注重实效；扶持引导、多渠道筹资；建管并重、良性运营的基本原则。

根据来安县农村供水发展的特点，按照"先急后缓、先重后缓、突出重点、分步实施"的原则制定分阶段目标。积极利用"十一五"期间已建工程，与新农村和小城镇规划相衔接，近期与远期相结合，统筹考虑饲养畜禽、庭院及第二、三产业用水需求。"十二五"期间重点解决农村居民饮用高砷水、苦咸水、污染水及微生物病害等严重影响身体健康的水质问题，以及局部地区的严重缺水问题；优先安排解农村学校的饮水安全问题。根据来安县农村饮水安全问题及其危害，按照统筹规划、突出重点的原则，在"十一五"农村饮水安全工程已解决农村不安全饮水人口的基础上，"十二五"期间计划解决全农村人口 26.07 万人，其中农村人口 23.31 万人，学校师生 2.76 万人。从类型上来分，饮用水水质超标的人口为 19.6902 万人，其中，苦咸水的 14.6202 万人、其他水质问题的 5.07 万人；饮用水严重缺水的人口为 3.6198 万人。

"十二五"期间，来安县根据农村饮水安全工程"十二五"规划新建农村自来水厂共8 处，分别是：

（1）独山水厂设计规模 2000m³/d，解决饮水不安全人口 2.1150 万人。

（2）施官水厂设计规模 3000m³/d，解决饮水不安全总人口 1.9550 万人。

（3）张山水厂设计规模 2000m³/d，解决饮水不安全总人口 2.1241 万人。

（4）舜山水厂设计规模 3000m³/d，解决饮水不安全总人口 2.8495 万人。

（5）车冲水厂设计规模 3000m³/d，解决饮水不安全总人口 2.33 万人。

（6）何郢水厂设计规模 2000m³/d，解决饮水不安全总人口 1.4402 万人。

（7）邵集水厂设计规模 2000m³/d，解决饮水不安全总人口 1.2627 万人。

（8）杨郢水厂设计规模 2000m³/d，解决饮水不安全总人口 2.0207 万人。

合计新增供水能力 19000m³/d，投资 7167.00 万元，解决了 23.31 万农村人口的饮水安全问题。

三、农村饮水安全工程运行情况

1. 县级农村饮水安全工程专管机构概况

2010 年 7 月 8 日，来安县水利局以来水〔2010〕86 号文件《关于要求成立来安县农村供水总站的报告》上报来安县政府，要求成立来安县农村供水总站，并落实人员职数及编制。7 月 18 日，来安县机构编制委员会以来编字〔2010〕15 号文件关于同意成立来安县农村供水总站的批复，同意成立来安县农村供水总站，单位性质为财政全额供给事业单位，核定事业编制 3 人，隶属于来安县水利局。目前，来安县农村供水总站人员和经费已落实到位，办公地点在水利局。

2. 县级农村饮水安全工程维修养护基金概况

2011 年 4 月 7 日，来安县水利局和财政局以来水〔2011〕52 号文件联合出台了《来安县农村饮水安全工程维修基金管理使用办法（试行）》，该办法 2011 年 5 月 1 日起实施，明确了维修基金由县农村供水总站负责管理，实行"集中管理、专户储存、专款专用、统筹使用"。

2011 年 9 月 15 日，来安县水利局和财政局以来水〔2011〕171 号文件联合出台了《来安县农村饮水安全工程后续运行管理暂行办法》；该部分计七章三十四条，制定了工程管理，水源和水质管理，供、用水管理，水价核定、水费计收及财务管理，相关责任等方面的管理制度。进一步明确了：按照"谁投资、谁建设、谁所有、谁经营、谁受益"的原则，推行企业化管理，独立经营，单独核算，自负盈亏。建立合理核定水价、计量收费、以水养水的运行管理机制。

2011 年 11 月 6 日，来安县水利局和财政局以来水〔2011〕150 号文件《关于拨付 2011 年底农村饮水安全工程维修基金的通知》拨付 2011 年度农村饮水安全工程基金 20 万元到来安县农村供水总站。2012 年 12 月 4 日，拨付 2012 年度农村饮水安全工程基金 60 万元到来安县农村供水总站。截止到 2015 年底，来安县农村饮水安全工程维修基金实际到账 80 万元，由农村供水总站统筹使用。

3. 县级农村饮水安全工程水质检测中心建设情况

2015 年 10 月 26 日，来安县十六届人民政府第 72 次县长办公会议决定：（1）进一步加强农村饮水安全工作，同意依托来安县疾控中心实验室建立农村饮水安全工程水质检测中心。（2）由县编办牵头，就农村饮水安全工程检测中心所涉及的机构、编制、人员招聘等问题，拟定具体实施方案，提交县编委会议研究。（3）由县财政局牵头，对农村饮水安全工程水质检测中心日常运营经费进行审核测算，从 2016 年起列入县财政预算予以保障。

2015 年 4 月，来安县水利局委托合肥工业大学建筑设计研究院编制了《来安县农村饮水安全工程水质检测中心实施方案》，同月通过了滁州市发改委、水利局组织的专家审查并报滁州市发改委批复。2015 年 5 月 7 日，滁州市发改委以滁发改审批〔2015〕36 号文件《滁州市发改委关于来安县农村饮水安全工程水质检测中心实施方案的批复》予以批复。

2015 年 11 月，滁州市各县、市（区）水质检测中心建设设备采购由滁州市水利局统一招标采购。12 月 7 日通过公开招标，确定合肥津科仪器设备有限公司为设备供应商。12 月 16 日，来安县水利局与设备供应商签订了设备供应合同。设备供应商在合同规定的时间内将招标采购的仪器设备送至来安县疾控中心，并通过验收。但由于未落实人员编制、运行经费，采购的仪器设备未能安装调试，水质检测中心未挂牌开展工作。

2016 年 2 月 29 日来安县机构编制委员会办公室以来编办字〔2016〕15 号文件《关于成立来安县农村饮水安全工程水质检测中心的通知》批准成立来安县农村饮水安全工程水质检测中心。5 月份县编办通过公开招考，招聘了 4 名水质检测中心工作人员，目前已到岗到位。

来安县农村饮水安全工程水质检测中心每年分丰水期和枯水期 2 次全指标检测水质（水源水、出厂水、末梢水），农村供水总站每年委托加测 2 次。同时水质检测中心每月为各水厂检测 1 次。

4. 农村饮水安全工程水源保护情况

为了保障我县农村饮水工程供水安全及应对突发供水事件的应急处理，来安县水利局要求各农村饮水安全工程自来水厂制定了各自的应急预案报水利局备案，同时来安县水利局也制定了全县农村饮水安全工程应急预案报县政府审批。目前，我们已完成屯仓水库水源保护区标志牌设立工作，同时逐步完成全县其他农村供水水源保护区标志牌设立工作。

2015 年 10 月，来安县水利局委托苏州市水利设计研究院编制了《来安县饮用水水源地安全保障规划》《来安县农饮节水发展规划》和《来安县水生态系统保护与修复规划》；委托并协助安徽省水利部淮委水利科学研究院编制了《来安县水资源综合规划》和《来安县水资源保护规划》。2016 年 1 月 24 日，来安县水利局在来安县主持召开了《规划》审查会。审查会专家组由安徽省水利水电勘测设计院、滁州市水利局、滁州市水利勘测设计院、来安县河道局、来安县水利学会等单位的专家组成。经审查后的《规划》及时报来安县政府批复。2016 年 9 月 6 日来安县人民政府以来政秘〔2016〕102 号文件《来安县人民政府关于来安县水资源综合规划等 5 个规划的批复》予以批复，批复要求相关部门及单位按照规划要求，协调做好规划实施工作，加强水资源开发，提高水资源利用的综合效益。

目前，来安县农村水厂水源地的取水口两侧都竖立了警示牌，划定了水源保护区。具体是：

（1）杨郢水厂、舜山水厂水源地——屯仓水库；

（2）张山水厂水源地——大港水库；

（3）施官水厂水源地——东寺港水库；

（4）雷官水厂、独山水厂水源地——皂河；

（5）汊河水厂水源地——红丰水库；

（6）何郢水厂水源地——赵八港水库；

（7）车冲水厂水源地——车冲水库。

5. 供水水质状况

来安县所建 9 座农村饮水安全工程（农村水厂）因水源都是地表水，净水工艺全部采用了穿孔旋流混凝池、斜管沉淀池和普通快滤池的"三池"净化工艺。供水水质稳定。每个水厂都与来安县疾控中心签订了水质检测协议，来安县疾控中心每月为各水厂做 1 次常规 34 项检测，4 次常规检测。来安县农村供水总站每年请疾控中心做 2 次（丰水期、枯水期各 1 次）检测，县政府安排疾控中心做 2 次检测。自 2010 年以来，水质（水源水、出厂水和末梢水）检测全部合格，水质达标率 100%。

6. 农村饮水工程（农村水厂）运行情况

来安县已建成的农村饮水安全工程（农村水厂）全部采用招商引资的办法吸纳社会资金，采用 BOT 模式建设，来安县水利局与所有农村水厂投资人签订了特许经营协议，授予各农村水厂特许经营权，特许经营期限 30 年。在特许经营期内，水厂由投资人运营管理，特许经营期满，水厂的所有资产无条件移交给来安县政府。

目前各水厂运营状况分别是：

汊河自来水厂设计供水规模 1.5 万～3.0 万 m^3/d，目前日供水 12000m^3。政府核定汊河水厂供水范围内居民生活饮用水 2.20 元/m^3，非生活用水 2.60 元/m^3，特种行业用水 4.00 元/m^3。水厂收入主要是供水水费收入，主要支出是原水水费、电费、药剂费、人工工资及管理费。汊河水厂目前尚未实施"两部制"水价，仍然是抄表计量、据实收费。

雷官自来水厂设计供水规模 2200m^3/d，目前日供水 1800m^3。政府核定供水水价 2.20

元/m³。水厂收入主要是供水水费收入，主要支出是原水水费、电费、药剂费、人工工资及管理费。雷官水厂目前已实行"两部制"水价，居民每月用水 5.0m³ 以内的，收水费 10.0 元，超过 5.0m³ 以上的，按照 2.20 元/m³ 单价据实收费。

独山自来水厂设计供水规模 2000m³/d，目前日供水 1600m³/d，政府核定供水水价 2.20 元/m³。水厂收入主要是供水水费收入，主要支出是原水水费、电费、药剂费、人工工资及管理费。独山水厂目前已实行"两部制"水价，居民每月用水 5.0m³ 以内的，收水费 10.0 元，超过 5.0m³ 以上的，按照 2.20 元/m³ 单价据实收费。

施官自来水厂设计供水规模 2000m³/d，目前日供水 1600m³/d，政府核定供水水价 2.15 元/m³。水厂收入主要是供水水费收入，主要支出是原水水费、电费、药剂费、人工工资及管理费。施官水厂目前已实行"两部制"水价，居民每月用水 5.0m³ 以内的，收水费 10.0 元，超过 5.0m³ 以上的，按照 2.15 元/m³ 单价据实收费。

张山自来水厂设计供水规模 2000m³/d，目前日供水 1600m³/d，政府核定供水水价 2.30 元/m³。水厂收入主要是供水水费收入，主要支出是原水水费、电费、药剂费、人工工资及管理费。张山水厂目前已实行"两部制"水价，居民每月用水 5.0m³ 以内的，收水费 10.0 元，超过 5.0m³ 以上的，按照 2.30 元/m³ 单价据实收费。

舜山自来水厂设计供水规模 3000m³/d，目前日供水 2400m³/d，政府核定供水水价 2.20 元/m³。水厂收入主要是供水水费收入，主要支出是原水水费、电费、药剂费、人工工资及管理费。舜山水厂目前已实行"两部制"水价，居民每月用水 5.0m³ 以内的，收水费 10.0 元，超过 5.0m³ 以上的，按照 2.30 元/m³ 单价据实收费。

何郢自来水厂设计供水规模 2000m³/d，目前日供水 1600m³/d，政府核定供水水价 2.30 元/m³。水厂收入主要是供水水费收入，主要支出是原水水费、电费、药剂费、人工工资及管理费。何郢水厂目前已实行"两部制"水价，居民每月用水 5.0m³ 以内的，收水费 10.0 元，超过 5.0m³ 以上的，按照 2.30 元/m³ 单价据实收费。

车冲自来水厂设计供水规模 3000m³/d，目前日供水 1500m³/d，政府核定供水水价 2.00 元/m³。水厂收入主要是供水水费收入，主要支出是原水水费、电费、药剂费、人工工资及管理费。车冲水厂目前已实行"两部制"水价，居民每月用水 5.0m³ 以内的，收水费 10.0 元，超过 5.0m³ 以上的，按照 2.00 元/m³ 单价据实收费。

杨郢自来水厂设计供水规模 2000m³/d，目前日供水 1400m³/d，政府核定供水水价 2.00 元/m³。水厂收入主要是供水水费收入，主要支出是原水水费、电费、药剂费、人工工资及管理费。杨郢水厂目前已实行"两部制"水价，居民每月用水 5.0m³ 以内的，收水费 10.0 元，超过 5.0m³ 以上的，按照 2.00 元/m³ 单价据实收费。

7. 农村饮水工程（农村水厂）监管情况

来安县已建成的农村饮水安全工程（农村水厂）全部采用招商引资的办法吸纳社会资金，采用 BOT 模式建设，来安县水利局与所有农村水厂投资人签订了特许经营协议，授予各农村水厂特许经营权，特许经营期限 30 年。在特许经营期内，水厂由投资人运营管理，特许经营期满，水厂的所有固定资产（包括投资人投资部分）无条件移交给来安县政府。

来安县水利局成立了农村供水总站，对农村饮水安全工程（农村水厂）实施行业管理，卫生、物价、市场监督及税务等部门对农村水厂实行专业管理。所有农村水厂都按照相关规定办理了取水许可证、卫生许可证、工商营业执照和税务登记证，同时在物价部门备案，取得了收费许可。

来安县物价局报经来安县十五届人民政府第 71 次常务会议研究同意后，于 2011 年 12 月以（来价费〔2011〕70 号）《关于来安县半塔车冲等六家自来水水厂自来水销售价格和居民管网配套费的批复》，批复核定农村居民管网配套费统一为 1050 元/户（含材料费、工时费、管沟挖填费），该文件从 2012 年 1 月 1 日执行。

2014 年 3 月，来安县物价局、水利局根据安徽省物价局《关于印发农村自来水价格管理规定的通知》（皖价商〔2011〕66 号）规定和安徽省水利厅《关于农村饮水安全工程建设管理有关问题的通报》（皖水农函〔2013〕719 号）精神及要求，以（来价格〔2014〕23 号）《关于重新核定农村自来水居民管网配套费标准的请示》报来安县十六届人民政府第 21 次常务会议批准后，以《关于重新核定农村自来水居民管网配套费标准的通知》（来价格〔2014〕28 号）规定农村居民自来水入户费 300 元/户。规定自 2014 年 4 月 1 日起执行，原来核定的农村居民自来水管网配套费 1050 元/户标准同时废止。

为保证供水水质达标，来安县农村水厂都设有化验检验室，每天进行水质常规检测，并计入台账。水质检测中心每月进行 1 次（水源水、出厂水和末梢水）水质 42 项指标检测，每年丰水期和枯水期各进行 1 次（水源水、出厂水、末梢水）水质 42 项指标检测。

8. 农村饮水安全工程运行维护情况

来安县农村饮水安全工程的日常运行维护管理工作由各水厂各自负责，目前各水厂均已组建了自己的运行、安装维修队伍，为了能够落实水厂的日常运行维护责任，切实保障农村饮水安全工程的正常运行，我县要求各水厂对运行维护情况实行管护日志制。优惠政策落实情况目前执行较好的是运行用电执行农业生产用电价格。

来安县农村饮水安全工程（农村水厂）建成以来运行情况良好，每个水厂都组建了专职的维修队，配备了维护专用工具、配件及车辆，并设置公布了应急报修专用电话，及时处理突发状况。为及时有效处理重大突发情况，各水厂都制定了应急预案。

来安县委县政府高度重视农村饮水安全工程，所有农村饮水安全工程在建设过程中享受到相关文件规定的用地优惠政策，工程建成后在运行过程中均按照有关文件规定享受到用电、税收等相关优惠政策。

四、采取的主要做法、经验及典型案例

（一）做法和经验

为了使农村饮水安全工程保持良性运营，保证供水水质合格。我县明确规定水利局是农村饮水安全工程的行业管理部门。根据工程投资渠道、投资性质和工程规模，按照"市场化运作、企业化运行、规范化管理"的指导思想，建立产权归属明确，责任主体落实，责权利统一的管理体制和运营机制。具体是：

1. 成立来安县农村供水总站，对全县的农村饮水安全工程（农村水厂）实行统一的行业领导和监管。

2. 通过招商引资吸纳社会资金投入农村饮水安全工程，以 BOT 形式或投资人全资的形式建设农村饮水安全工程。来安县政府授权来安县水利局与投资人签订《农村饮水安全工程特许经营协议》。

3. 以乡镇区划为受益区新建规模化自来水厂，供水能力以满足受益区总人口为准。

在工程前期直至工程建后管理，我们的做法主要有以下几点：

一是加强领导，落实责任。在项目建设前期，来安县政府成立了由政府办、发改委、水利、审计、财政、环保、物价、卫生等部门组成的"农村饮水安全工程建设工作领导小组"，由政府分管领导任组长，统筹协调项目建设工作。成立工程项目法人，负责项目建设管理，各有关镇人民政府负责协调解决施工中的矛盾。同时层层签订目标责任书，明确、落实责任。

二是明确任务，加强宣传。为了按期按质完成目标任务，采取了一系列强化措施。结合具体情况，制定了实施方案，明确了组织领导、项目管理、资金筹措、项目验收和建后管理等环节，要求各级各部门各司其职、密切配合、协同作战，确保建设目标的顺利实现。做好宣传发动，充分发挥新闻媒体的舆论作用，通过县电视台、广播、报刊等媒体进行宣传报道。定制农村饮水安全宣传手册和农村饮水安全宣传挂图，在农村集镇向广大农民群众免费发放，宣传农村饮水安全政策。

三是坚持部门联动，强化运营管理。积极开展规模水厂年检制度，从制度上保障了水厂运营规范、供水安全、依法收费和资产保值。加强行业监管，联合卫生部门加强水质监测，保障水质安全；联合物价部门开展价格监督检查，督促供水单位依法收费，确实减轻农民负担；联合乡镇政府开展供水服务检查，规范供水服务，保证24小时全天候供水，提高群众满意度。

四是加强工程建设措施。在项目实施中严格执行"四制"管理。建立起"项目法人负责、监理单位控制、施工单位保证和政府监督到位"的质量管理体制。一是实行项目法人制。成立项目法人，负责项目的前期规划、建设管理工作。项目法人负总责。二是实行招标投标制。所有项目的施工、监理、管材采购及部分设备采购均严格执行招标投标制，委托有资质的单位代理招标工作，公开招标选定中标单位。三是建设监理制。公开选定监理单位，切实履行监理职责，加强重点部位、重点环节的旁站监理，强化施工质量平行检测和跟踪检测，严格控制施工质量、施工进度和资金使用，强化合同管理，积极协调施工合同各方争议，确保水利工程建设按进度计划。四是实行合同管理制。强化合同管理，依据合同加强对工期、质量、安全等实行目标管理，建立奖罚机制，确保工程建设按期保质顺利完成。为保证工程建设资金的有效使用，我们制定了严格的资金管理办法，按照国家基本建设资金管理要求，设立了工程建设资金专户，加强资金管理，保证专款专用。严格按照基建程序，建立健全财务会计制度。资金拨付严格按照施工合同，做到按进度拨款，拨款单据做到手续完备，无大额现金支付工程款和白条入账现象。县政府将农村饮水配套投资纳入县财政预算，确保地方配套资金按时足量到位。

五是水质保障和运行管理措施。县编办批复成立了来安县农村供水总站，负责全县农村饮水安全工程的运行管理工作，水利局出台了《来安县农村饮水安全工程后续运行管理办法》，落实管护主体和管护责任。建立了县级维修养护基金，目前已落实到账维修养护基金60万元。县政府出台了《来安县农村饮水安全工程水源地保护方案》，成立了水源地保护领导小组，编制了《来安县乡镇集中式地表饮用水水源保护区划分方案》，并得到市政府批复。严格按照县物价部门核定的水价及水费收取，入户工料费统一为 300 元/户。委托县疾控预防控制中心进行水质监测，经检测水质合格率为 100%。工程用电、用地、税收优惠政策均落实到位。

六是加大信息宣传与完善机制强化监管情况。加强信息宣传，扩大群众知晓率，市级及以上新闻媒体发布信息 20 余条。加强财务管理，严格资金使用程序，接受了省财政厅的专项资金审计及评价。

（二）典型工程案例

来安县汊河自来水厂是来安县第一座农村饮水安全工程，汊河自来水厂位于来安县水口镇西王村，该水厂以红丰水库为水源（屯仓水库为备用水源），设计供水规模 3.0 万 m^3/d。工程分两期建设，一期 1.5 万 m^3/d 于 2010 年建成并发挥效益，二期工程土建工程于 2014 年 4 月建设完成，已具备供水条件。供水范围覆盖汊河镇（含汊河开发区）、水口镇、大英镇、三城乡受益农村人口 14.36 万人。

1. 主要做法

（1）优化资源配置，建设规模化水厂。按照"规模化发展、标准化建设、市场化运作、企业化经营、专业化管理"的建设理念，结合我县水资源分布状况，规划建设汊河自来水厂，解决汊河镇（含汊河开发区）、水口镇、大英镇、三城乡农村居民饮水安全问题。

（2）创新投入机制，引进专业化企业。该水厂概算总投资 9108 万元，项目补助资金只有 4187.0 万元（规划内不安全人口 9.49 万人），为弥补工程建设资金不足，创新投入机制，吸纳社会资金参与项目建设，经县政府同意，工程采用 BOT 模式建设，选择资金实力雄厚、建设管理经验丰富的水务投资公司参与项目建设。经过多轮谈判，充分比选，选择浙江大江水务投资有限公司为项目投资人。

（3）强化水质监管，实行规范化管理。注重水质控制，建设水质分析化验室，每日对出厂水和管网水进行浊度、余氯、pH 值、大肠杆菌、菌群总数等指标检测，确保供水水质安全达标。加强制水工艺管理，每日进行水源水检测，根据水质变化情况及时调整药剂投放量。设置了客户服务中心，配备用水客户微机管理系统，建立了供水服务网站、信息服务平台、报装维修服务平台及客户投诉接办窗口，不断完善和提高供水服务质量。

（4）坚持建管并重，保障长效化运行。按照公司化管理模式，实行全过程管理。净水厂负责制水、供水，安装公司负责管网建设、入户安装、管网维护，客户服务中心负责安装受理、水费征收、客户服务，三个部门彼此独立核算又有序配合。建立健全建后管养机制，明确管护责任主体，签订管护协议，落实管护人员和经费，保障项目建得起，管得好，用得久，长收益。

2. 实施效果

（1）有效破解项目建设资金不足的"瓶颈"。我县地处江淮分水岭地区，地势起伏变化大，人口居住分散，管网埋设工程量大，国家项目补助资金难以满足项目建设需求，通过招商引资筹集了 4900 余万元项目建设资金，破解了项目建设资金不足的制约。

（2）有效瓦解项目建设进度不快的"通病"。由于项目投资计划下达较迟，制约了项目及早开工，工程建设进度较上级要求总体不快。通过招商引资，项目建设自筹部分投资人可以提前实施，政府投资部分待招标完成后实施，解决了项目建设进度不快的制衡。

（3）有效突破项目管理水平不高的"难题"。农村饮水安全工程管理涉及制水工艺管理、水厂运营管理、管网建设及运行管理等内容，对于水利人来说，这是全新的课题、陌生的领域，运营管理水平的提高需要一个学习、借鉴、总结、提升的过程。通过招商引资，在引进项目资金的同时引进了水务管理集团的先进成熟的管理经验，快速有效地提升了项目管理水平，解决了项目管理水平不高的掣肘。

3. 推广建议

（1）要科学合理设置准入门槛。根据项目实际情况，精心谋划招商方案，科学合理设置招商条件，扎实有效开展招商谈判，充分比选，优中选优，选择既有经济实力又有先进管理经验的投资商，有利于推动项目快速实施、顺利推进。

（2）要千方百计搞好项目帮扶。项目建设涉及的部门多、战线长、协调难度大，要成立项目帮办机构，专人负责帮助投资人协调项目建设涉及土地、供电、道路、矛盾协调等工作，为项目建设营造良好的外部环境，有利于保障项目建设的顺利实施。

（3）要想方设法抓好项目监管。农村饮水安全工程涉及千家万户，要采取切实可行的措施，抓好水质监测保障水质安全，抓好供水服务监督提升群众满意度，抓好收费监管让民生工程真正惠民。

五、目前存在的主要问题

1. 在建后管理上缺乏有关管理方面的政策性文件

在工程建设上，我县成立农村饮水安全工程建设领导小组，并制定《来安县农村饮水安全工程实施方案》，但在建后管理上还缺乏具体的管理细则，如水价的核定、水源地保护、水质的监管、工程运行管理等，我局拟制定《来安县农村饮水安全工程管理办法（试行）》《来安县农村饮水安全水源地保护办法》和《来安县农村饮水安全应急预案》等管理方面的文件提交县政府批准，以保证农村饮水安全工程的规范化管理。

2. 水源地保护难度大

供水工程的水源要有一定的保护区和准保护区，在保护区和准保护区范围内不得修建影响供水安全的其他建筑物，并设置明显的范围警示标志，不得进行网箱养殖、不准排入工业废水、有毒有害物质和生活污水。在保护过程中牵涉面广，矛盾多，处理难，执行难。

3. 施工协调难度大

工程建设过程中需要临时征地，地表附属物清理工作量大，个别乡镇重视程度不够，协调力度不够，群众不支持，阻工现象时有发生，严重影响工程建设进度。

六、"十三五"巩固提升规划情况及长效运行工作思路

表4 "十三五"巩固提升规划目标情况

农村集中供水率（%）	农村自来水普及率（%）	水质达标率（%）	城镇自来水管网覆盖行政村的比例（%）
90.8	90.8	95	84.8

表5 "十三五"巩固提升规划新建工程和管网延伸工程情况

工程规模	新建工程					现有水厂管网延伸			
	工程数量	新增供水能力	设计供水人口	新增受益人口	工程投资	工程数量	新建管网长度	新增受益人口	工程投资
	处	m³/d	万人	万人	万元	处	km	万人	万元
合计						12	300	7.91	740
规模水厂						12	300	7.91	740
小型水厂									

表6 "十三五"巩固提升规划改造工程情况

工程规模	改造工程					
	工程数量	新增供水能力	改造供水规模	设计供水人口	新增受益人口	工程投资
	处	m³/d	m³/d	万人	万人	万元
合计	9	15000		7.91	7.91	10910
规模水厂	9	15000		7.91	7.91	10910
小型水厂						

到 2020 年，全面提高农村饮水安全保障水平。落实省委、省政府 2011 年一号文件提出的"到 2020 年，全面解决农村饮水安全问题，实现农村自来水'村村通'"。同时，对已建农村饮水工程进行达标改造建设。进一步提高农村自来水普及率、水质达标率、供水保证率和工程运行管理水平。

来安县"十三五"期间工程主要为改造工程和水厂管网延伸工程。"十三五"期间来安县共规划水厂改造扩建 9 处和管网延伸工程 12 处，新增受益人口约 7.91 万人，新增供水能力 15000m³/d，新建村头以上管网长度 300.39km。

"十三五"规划主要通过供水管网延伸统筹解决来安县建档立卡的贫困村以及贫困村以外的贫困人口的饮用水问题。根据调查，来安县贫困人口总数为 11171 人，贫困户数 5885 户，其中有 1922 户共 3645 名贫困人口已通水、3963 户共 7526 名贫困人口未通水。其中，11 个建档立卡贫困村未通水贫困人口为 489 人，贫困户数 253 户；非贫困村未通水贫困人口 7037 人，贫困户数 3710 户。依据《来安县农村饮水安全巩固提升工程精准扶贫实施方案（2016—2018）》统计，"十三五"规划期间共有 13 处改造工程，分别为：舜山水厂供水工程、雷官水厂供水工程、汊河水厂供水工程、邵集水厂供水工程、杨郢水厂供水工程、县二水厂 2016 年度供水工程、施官水厂供水工程、半塔老水厂供水工程、车冲水厂供水工程、何郢水厂供水工程、张山水厂供水工程、独山水厂供水工程及县二水厂 2018 年度供水工程。

天长市农村饮水安全工程建设历程

（2005—2015）

（天长市水利局）

一、基本概况

天长市位于安徽省东部、江淮之间、淮河下游、高邮湖畔，西部与来安县接壤，东部、南部、北部分别与江苏省高邮、仪征、六合、盱眙、金湖等县市濒临，地理坐标为东经 119°01′，北纬 32°14′。全市岗圩交错，河湖纵横，地形总体来说，西南高、东北低，地面高程为 3.5~21.6m，土地总面积 1770km²，其中东北部圩区面积 303km²、西南部丘陵区面积 1400km²、湖泊水面 1200km²。

天长市地势低平，雨量丰富，水资源丰富。根据 2001 年天长市《天长市水资源规划报告》，境内 50% 年份的水资源总量为 8.9 亿 m³，其中地表水 5.8 亿 m³、地下水 3.1 亿 m³，全市年用水总量为 7.0 亿 m³，其中农业用水 6.3 亿 m³（50% 年份）、工业及生活用水 0.7 亿 m³。

全市土地总面积 1770km²，现下辖 14 个镇、1 个街道办事处，177 个行政村，4741 个村民及居民小组，2015 年底全市总人口为 63.21 万人，其中农村人口 46.7 万人。天长市农村供水人口为 51.09 万人。

2015 年全市地区生产总值（GDP）为 237.75 亿元，人均生产总值 37540 元，全市财政收入 31.56 亿元，财政支出 39.06 万元。农民人均年纯收入为 11769 元。2015 年全年粮食种植面积 105828 公顷、油料种植面积 6287 公顷、蔬菜种植面积 6345 公顷，粮食产量 673383 吨，油料参量 14726 吨、蔬菜产量 109304 吨。

二、农村饮水安全工程建设情况

1. 天长市从 2005 年开始实施农村饮水安全工程以来，至 2015 年底全市共完成各类供水工程计 53 处，其中新建地表水厂 6 处、机井集中供水工程 27 处、管网延伸工程计 20 处，解决农村饮水不安全人口 41.65 万人的饮水问题，其中 1.34 万饮水不安全农村学校师生，完成投资 21126 万元，基本解决天长市农村饮水不安全问题。

天长市农村供水人口 51.09 万人，其中 41.65 万人为集中供水，主要使用自来水；9.44 万人为分散供水，采用手压井、自引山泉水、塘坝等方式取水；全市农村自来水普及率为 81.52%，自来水集中式供水率为 90.63%。全县有农饮集中式供水工程 42 处（天长市龙泉水务公司主要给城区供水），设计供水能力 4.62 万 m³/d，实际供水 4.62 万 m³/d。其中规模化供水工程（Ⅰ~Ⅲ型）8 处，设计供水能力 3.71 万 m³/d，实际供水 3.71 万 m³/d；小型集中供水工程（Ⅳ~Ⅴ型）34 处，设计供水能力 0.91 万 m³/d，实际供水 0.91 万 m³/d。

供水水源主要为天长市的中小型水库以及地下水。在供水方式上，各地从水源地集中取水，经输水管送至净水厂，在净化处理和消毒后，通过配水管网送至用水农户。全市东北部片区主要以中深层地下水为水源，采取消毒后供至各用水户；其余地区以釜山水库、大通水库、焦涧水库、金牛水库和川桥水库为水源，水处理工艺为常规净水工艺（混合—絮凝—沉淀—过滤）。

表1 2015年底农村人口供水现状

乡镇数量	行政村数量	总人口	农村供水人口	集中式供水人口	其中：自来水供水人口	分散供水人口	农村自来水普及率
个	个	万人	万人	万人	万人	万人	%
15	164	63.15	51.09	41.65	41.65	9.44	81.5

表2 农村饮水安全工程实施情况

合计			2005年及"十一五"期间			"十二五"期间		
解决人口		完成投资	解决人口		完成投资	解决人口		完成投资
农村居民	农村学校师生		农村居民	农村学校师生		农村居民	农村学校师生	
万人	万人	万元	万人	万人	万元	万人	万人	万元
41.65	1.34	19277	10.9	0	4828	30.75	1.34	15738

2. 天长市从 2005 年开始实施农村饮水安全工程以来，至 2015 年底全市共完成各类供水工程计 53 处，其中新建地表水厂 6 处、机井集中供水工程 27 处、管网延伸工程计 20 处，解决农村饮水不安全人口 41.65 万人的饮水问题，其中 1.34 万饮水不安全农村学校师生，完成投资 21126 万元，基本解决天长市农村饮水不安全问题。

2005 年以前，我市农村为分散式供水，基本一户一小浅井，水质不能保证，从 2005 年开始，实施农村饮水安全工程，截至 2015 年底，现有农村水厂 45 个，基本覆盖全市范围，其中规模水厂 6 个。2015 年底，农民接水入户现状，包括入户部分费用为 300 元/户、入户率约为 65%。

表3 2015年底农村集中式供水工程现状

工程规模	工程数量	设计供水规模	日实际供水量	受益乡镇数	受益行政村数	受益农村人口	自来水供水人口
	处	m³/d	m³/d	个	个	万人	万人
合计							
规模水厂	6	70135	70135	9	93		309101
小型水厂	39	22917	22917	6	71		107399

3. "十一五"期间，针对我市地下水资源较为丰富，按照统筹规划、突出重点；防治并重、综合治理；因地制宜，近远结合；城乡统筹、多渠道筹资等原则，科学的选择水源，合理的选择工程类型，坚持群众自筹和政府扶持相结合的投资政策。农村饮水工程是基础设施，投资量较大，回收期长，收益较低，需要政府和受益群众共同投资建设。利用现有水厂设施进行管网延伸的工程 35 处、以单个自然村为单位的集中供水工程 34 处、几个村联片集中供水的工程 32 处。总体目标是使全市农村饮水不安全人口由现有的 34.6%，下降到 19.0%，使农村自来水普及率由当时的 13.88% 提高到 29.4%。

"十二五"期间，我市农村饮水安全工程调整规划思路，重点发展规模地表水厂，在"十二五"期间，天长市需解决农村饮水不安全人口为 26.25 万人，学校师生的人口 1.34 万人，计划新（扩）建人饮工程 9 处，其中新（扩）建地表水厂 6 处、市政水厂管网延伸工程 1 处、地下水集中供水工程 2 处、计划新增供水能力 3.7128 万 m^3/d。完成投资 17738 万元，其中中央财政 9442 万元、省级财政 3147 万元、滁州市级财政 1105 万元、天长市财政 2043 万元、社会资本投资 2000 万元；"十二五"期间我市实际解决农村饮水不安全人口为 30.75 万人（其中规划内人口 26.25 万人、规划外新出现不安全人口 4.5 万人），学校师生的人口 1.34 万人。新建釜山水厂（规模 10000 m^3/d）、仁和水厂（规模 5000 m^3/d）和大通水厂（规模 5000 m^3/d），改扩建冶山水厂（改扩建成规模 3000 m^3/d）。

三、农村饮水安全工程运行情况

截至 2015 年底，农村饮水安全工程运行如下方面情况：

1. 经天长市编办批复，于 2010 年成立天长市农村供水工程管理总站，为我市农村饮水安全工程专管机构，全额事业编制，定编 5 人，运行经费纳入本级财政预算。

2. 我市农村饮水安全工程水质检测中心依托天长市疾控中心建设，主要检测仪器设备由滁州市水利局统一招标采购，建设投资、运行经费、专业人员等天长市人民政府承诺纳入财政预算。

3. 供水水质状况。水质合格率 90%。

4. 农村饮水工程中规模水厂采取特许经营模式管理，主体工程甲方占 55%、乙方占 45%，甲方不分红，让利于民，水厂收入主要依靠水费收入和入户费用；小型水厂主要是村镇集体管理，通过收取水费和入户费用来维持水厂可持续运行。

5. 农村饮水工程资产基本移交乡镇，由乡镇负责监管，农村供水工程管理总站主要监管水厂运行管理。督促水厂规范化管理，严格执行入户费用、水质、水价、供水服务等方面工作的开展。

6. 协助水厂办理用电、用地、税收等相关优惠政策，目前我市农村饮水安全工程基本享受到相关优惠政策

四、解决饮水安全问题的成功经验及其典型案例

（一）做法和经验

1. 加强领导，明确职责，层层落实目标管理责任制

为加强对农村饮水安全工程的领导，市政府成立了由市发改委、水利、财政、环保、

卫生、物价等部门组成的"农村饮水安全项目工程建设工作领导组",由分管市长担任组长;市水利局作为工程建设的项目法人,加强项目建设和管理;为了强化对农村饮水安全工程建设的管理,经市政府批准,成立了天长市农村供水工程管理总站,有力地推进了项目建设管理工作;各有关镇街是饮水安全工程项目的责任单位,同市政府签订了《农村饮水安全工程目标责任书》,并纳入镇街年度目标考核内容,保证了工程建设管理顺利开展。

2. 精心规划,规范实施,强力推进农村饮水安全项目工程建设管理

按照"规模化建设、市场化运作、企业化经营、专业化管理"的模式,精心规划、科学设计、因地制宜。在项目建设工程中严格按照基本建设程序"四制"要求进行。一是招标投标到位。招标过程公开、公正、公平,市纪委、监察部门全过程跟踪监督。二是工程监理到位。监理单位按照合同主动抓好好工程进度、质量和安全等方面的控制;作为职能部门的水利技术人员,坚持经常性地深入施工现场进行技术指导,抓工程进度和标准质量的到位,帮助施工单位解决工程中存在的实际问题,有力地促进了工程建设的良性进展。三是建设资金到位。中央、省财政和县级配套资金及时到位;资金严格实行专户管理,专款专用,并制定有严格的财务管理办法和规定。四是质量管理到位。不断完善工程质量责任制,建立了项目法人负责,监理单位控制,施工单位保证和政府监督相结合的质量保证体系。

3. 强化检测,加大宣传,进一步提高农村饮水安全供水入户率

为加强农村饮水安全供水水质检验工作,我市 6 个规模水厂已建立以水质为核心的质量管理体系,配备水质检验要求相适应的检验人员及仪器设备,对水质检测人员进行了技术培训,严格的取样、检测和化验制度,按照现行的《生活饮用水卫生标准》和《村镇供水工程技术规范》等有关标准和操作规程。今年省水利厅安排投资 75 万元用于建立县级水质检测建设,市领导协调由市疾控中心负责我市水质检测工作,定期对水源水、出厂水和管网末梢水进行水质检验,确保农村饮水安全供水水质安全,让农村居民喝上"放心水"。

4. 强化管护,长效运行,不断完善农村饮水安全管理机制

农村饮水安全工程具有很强的公益性,建后运行管理运行应当贯彻"政府监管、市场化运行、企业化经营、用水户参与"的原则,实现农村饮水安全工程产权明晰,运行正常,管理规范,责、权、利明确。对此,我市根据《安徽省农村饮水安全工程管理办法》和《天长市农村饮水安全工程管理办法》对农村饮水安全工程供水水厂进行规范管理。所有农村饮水安全工程供水水厂不得随意停水,不得擅抬水价。

(二)典型工程案例(天长市仁和水厂工程)

1. 工程设计

仁和水厂位于天长市仁和镇涧口村,以焦涧水库(中型)为水源,设计供水范围包括仁和、秦栏 2 个镇 23 个行政村和社区,设计供水人口 46937 人。仁和水厂设计供水规模:最高日供水量远期 10000m^3,近期 5000m^3。

仁和水厂由取水工程、净水工程、输配水管网三部分组成。

取水工程位于焦涧水库大库溢洪道南侧,采用浮箱式取水泵站,泵站浮体由 2 个内径为 1.8m 的圆柱形浮箱组成,单长 5.0m,取水泵采用 3 台 225QJ100-42A 型潜水泵,电机

功率为 18.5W，两用一备。

净水工程位于大坝下游约 300m 处，厂区主要生产性构筑物有翼片隔板反应池、高密度斜板沉淀池、普通快滤池及送水泵站。净水工艺流程为：原水→取水泵站（浮船）→输水管线→混合絮凝沉淀（加矾）→过滤→清水池（加氯）→送水泵站→配水管网→用户。

混合工艺采用管式静态混合器；翼片隔板反应池分三级 15 格总高度 5.3m；沉淀构筑物选用上向流斜板沉淀池，平面净尺寸 5.3m×5.4m，总高度 5.1m；普通快滤池 2 座，并联运行，处理能力 5000m³/d；清水池一座有效容积 1000m³；送水泵站选用 2 台 ISG（B）150-315 型管道泵；加药间由加聚合氯化铝、加氯两部分组成，土建平面尺寸 18.24m×6.24m。

2. 建设经过

仁和水厂工程共分三期建设。一期工程属我市 2011 年农村饮水安全项目，计划解决饮水不安全人口 19892 人，主要建设取水工程、净水工程和输配水管网主干管；一期工程于 2011 年 2 月开工建设，年底建成并投入试运行；累计完成投资 1802 万元。

二期工程属我市 2012 年农村饮水安全项目，计划解决饮水不安全人口 18666 人，主要建设秦栏镇新华片、新民片、庆祝片和仁和镇仁和片、界牌片管网延伸工程，累计完成投资 933 万元；工程于当年 6 月份全面开工，11 月底工程完工。

三期工程属我市 2014 年农村饮水安全项目，主要建设秦栏镇官桥片、仁和镇王桥片管网延伸工程，计划解决农村饮水不安全人口 4613 人、解决农村中小学师生人口 3658 人；计划投资 324.64 万元，工程于当年 5 月份全面开工，10 月底工程完工。

3. 工程管理

仁和水厂按照"规模化发展、标准化建设、市场化运作、企业化经营、专业化管理"的原则，通过招商引资引进项目经营者。合作模式为股份合作、政府控股，即政府投资占55%，企业或个人投资占 45%，政府给予投资者 30 年的供水特许经营权，企业独立经营、自负盈亏。

五、存在的问题

我市"十二五"期间农村饮水安全工程取得了一定成绩，但工作中也存在一些问题和困难，需要再进一步改进。

1. 建后管理工作有待加强

由于历史原因，我市农村集中供水工程的产权所有和经营方式千差万别，主要模式有：（1）产权个人所有、个人独立经营；（2）产权政府（集体）所有、个人承包经营；（3）乡镇土地所经营；（4）政府控股、个人特许经营；冶山、郑集、金集、大通、釜山、仁和 6 座地表水厂均为该模式。即国家投资所占的股份为 51%，企业或个人投资的股份占49%，由国家控股，政府给予投资者 30 年的供水特许经营权。由于我市农村集中供水工程经营方式千差万别，经营管理水平、供水卫生条件参差不齐，农村供水安全存在隐患。特别是一些没有加氯消毒条件和水质化验设备的小水厂，不能实现 24 小时连续供水，极易发生供水安全事故。

2. 农村自来水入户率有待提供

由于受传统观念、多年生活习惯影响，部分农户使用自来水的积极性不高，加之部分农村村庄居住过于分散，使得我市现有农村供水工程的自来水入户率有待提供，目前全市农村自来水普及率约为78％，自来水入户率偏低，一方面农民饮水安全没有得到解决，另一方面也使得国家投资建设工程的效益得不到发挥。提高自来水入户率将是我市农村饮水安全工程的重心。

3. 饮水水源地保护工作需加强

我市现有的冶山、郑集、金集、大通、釜山、仁和6座地表水厂分别以金牛湖水库、川桥水库、大通水库、釜山水库为水源。加强饮水水源地保护，需要相关镇及环保部门大力支持。

六、下一步工作打算和建议

1. 下一步工作打算

逐步实现城乡供水一体化，城乡区域供水一体化具有供水保证率高、水质安全、供水自动化信息化程度高等优点。实现城乡区域供水一体化，是农村供水的发展方向和目标，是实现农民饮水安全长效机制的保障。国内一些发达地区，如江苏的苏南、南通、扬州等地，我省的合肥市、马鞍山市已基本实现了城乡区域供水一体化。有的供水区域覆盖范围已达到10多个县市区，人口上百万。如马鞍山市在2005年已实现全市城乡区域供水一体化。

我市实现城乡区域供水一体化，从硬件条件来看，目前现有水厂供水能力已基本能够达到，缺乏的输配水管网建设。从软件条件来看，现有水厂整合将是工作的难点和成败的关键。实现城乡区域供水一体化后，这些小水厂应逐步停用，转为备用水源。

"十三五"期间我市将以城市市政自来水（龙泉水务）为龙头企业，冶山、郑集、金集、大通、釜山、仁和等水厂自愿入股，成立股份制供水公司，负责全市城乡区域联合供水。

现有小水厂由供水公司在自愿的前提下，采用收购产权、入股等方式，停止其经营，供水由新水厂承担。对于一些暂时不愿进行产权转让的小水厂，将不让其再抽取地下水，而由新水厂对其供水批发，批发用水的价格由物价部门核定。通过产业政策调整，使小水厂逐步退出供水市场。

2. 下一步工作建议

（1）继续实施农村饮水安全巩固提升工程

大力发展城乡供水工程，建立稳定可靠的供水水源系统。通过农村饮水安全巩固提升工程，全面解决农村饮水不安全人口，"十三五"时期我市农村集中供水率计划达到90％、农村自来水普及率达到90％，水质达标率比2015年提高15个百分点，水源保证率不低于95％，供水保证率不低于95％，规划农村饮水新增供水总能力0.5万 m^3/d。

（2）加强对现有农村饮水工程的管理

目前我市农村供水工程普遍存在着资产不明晰、管理不规范、监管不到位的现象，存在安全隐患。对此，我局作为行业主管部门，将依法加强对农村饮水安全工程经营管理者的监督和行业管理，规范经营管理者行为，在确保安全生产和正常供水的基础上，不断提高工程管理水平和服务质量。将建立健全农村供水管理机构，加强对农村供水工程的运行管理和技术指导，加快完善工程养护的社会化服务体系。

　　加强工程运行管理，明晰工程产权，落实管护主体、责任和经费，建立合理水价机制，落实运行管护地方财政补贴。成立县级专管机构，健全基层专业化技术服务体系。强化水源保护和水质管理，创新工程管理体制与运行机制，确保工程长效运行。

琅琊区农村饮水安全工程建设历程

（2005—2015）

（琅琊区水利局）

一、基本概况

琅琊区位于滁州市主城区，地处滁州市近郊，东与来安县交界，南与经济技术开发区相连，西北两面和南谯区毗邻，地势东部、西北、东南高，中间低西面琅琊山主峰小丰山高程 317.5m，东北面乌龙山高程 91.6m。丘陵山地约占 80%，分布在东北部和西部；圩区约占 20%，分布在东南部清流河沿岸。多年平均气温为 15.2℃，全区多年平均降水量为 1020mm，年内降雨一般多集中在 5~9 月，季节性干旱缺水现象严重。长江的二级支流清流河穿城而过。

琅琊区区域面积 227.8km²，下辖 2 个街道办事处，6 个区直管社区，15 个行政村，37 个社区居委会，人口 24.07 万人，其中农村人口 5.96 万人。近年来琅琊区社会经济取得了较大发展，2015 年地区生产总值 78.78 亿元，农民人均纯收入 10832 元。

水资源状况及水源条件：农村饮水安全工程水源主要有两种，即地表水和地下水源。琅琊区地表水源较为丰富，有滁河水系、清流河水系和中小型水库及塘坝。除少数河流、湖泊水源污染较为严重外，大多数地表水源经净化后均能满足农村人口饮用水质标准。

琅琊区部分地区浅层地下水受污染严重河水的渗透影响、居民生活污水影响以及特殊的地质条件影响（井水取水层位于淤泥层内），水质化验结果不达标，主要表现为：井水的色度、浑浊度、肉眼可见物、耗氧量、细菌学指标全部超标，属严重污染水质。

二、农村饮水安全工程建设情况

1. 农村人口饮水安全解决情况

2005 年 3 月，根据省水利厅农村饮水安全工程规划会议要求，琅琊区对全区农村饮水现状进行了一次全面调查，编制完成了《安徽省琅琊区农村饮水现状调查评估报告》。2007 年 4 月编制完成《琅琊区 2007—2011 年农村饮水安全项目可行性研究报告》。2006—2008 年共解决我区花园村、林西村、红庙村（行政区划调整，已划入南谯区）1.73 万农村饮水不安全人口，总投资 674 万元，"十一五"期间琅琊区农村饮水不安全人口率先在全省销号。

2010 年 7 月由于滁州市琅琊、南谯两区行政区划调整，省民政厅以民地字〔2010〕

67 号文，将原南谯区南谯街道办事处，从 2010 年 7 月 1 日起整建制划归琅琊区管辖，并更名为西涧街道，共涉及 3 个社区居委会，7 个行政村，面积 83.67km²，涉农人口 3.35 万人；其中农村饮水不安全人口为 2.26 万人。2011 年 1 月编制完成《琅琊区农村饮水安全工程"十二五"规划》。按照全国、省、市统一部署，"十二五"共认定琅琊区农村饮水不安全人口 2.26 万人；2011 年通过滁州市第一、二水厂管网延伸已解决 0.8 万人；2015 年通过滁州市第四水厂管网延伸已解决 1.46 万人；项目总投资 1128 万元（中央投资 676 万元、地方投资 452 万元）。

2013 省民政厅以民地字〔2013〕35 号文，将原南谯区沙河镇三官社区和新集等 3 个行政村划归我区，划入农村人口约 3 万多人，2013 年该区域三官社区发生有毒化学品泄漏事件，地下水资源受到严重污染，基本认定该区域全为农村饮水不安全人口。

截至 2015 年，琅琊区全区农村总人口 5.96 万人；利用城市管网延伸已经解决 2.44 万农村人口，其中利用十二五农村饮水工程投资解决 2.26 万人、利用城市管网已解决 0.18 万人；还有 3.53 万农村人口的生活饮用水采取直接从水源取水、未经任何设施或仅有简易设施的分散供水方式，占农村总人口的 59.13%。其中，0.64 万农村人口划入城市规划区范围（主要分布在沿河村与石马村），纳入城市供水范畴；2.89 万农村饮水不安全人口规划纳入"十三五"解决，农村饮水安全工程建设任务仍然十分繁重。

表1   2015 年底农村人口供水现状

乡镇数量	行政村数量	总人口	农村供水人口	集中式供水人口	其中：自来水供水人口	分散供水人口	农村自来水普及率
个	个	万人	万人	万人	万人	万人	%
8	52	24.07	7.51	3.99	3.99	3.52	53.1

表2   农村饮水安全工程实施情况

合计			2005 年及"十一五"期间			"十二五"期间		
解决人口		完成投资	解决人口		完成投资	解决人口		完成投资
农村居民	农村学校师生		农村居民	农村学校师生		农村居民	农村学校师生	
万人	万人	万元	万人	万人	万元	万人	万人	万元
3.99	0	1802	1.73	0	674	2.26		1128
备注：2005 年及"十一五"期间解决的人口，区划调整已划入南谯区。								

2. 农村饮水工程建设情况

琅琊区位于滁州市主城区，按照城乡供水一体化原则，农村饮水安全工程主要利用滁城自来水管网延伸解决。

（1）"十一五"期间农村饮水安全工程建设情况

2006—2008 年农村饮水安全工程利用滁城自来水管网延伸解决花园村 1700 人、林西村 8000 人、红庙村 7600 人农村饮水不安全问题，目前该区域随城市的建设和发展已基本拆迁纳入城市范围，2010 年行政区划调整已划入南谯区。

（2）"十二五"期间农村饮水安全工程建设情况

"十二五"期间，琅琊区已建成城市管网延伸工程 2 处，分别为《太平管网延伸工程》和《西涧街道办事处及扬子街道办事处管网延伸工程》。

① 太平管网延伸工程

太平管网延伸工程供水范围内农村饮水不安全人口为 0.8 万人，对用水量需求进行预测计算结果为 925m³/d。

太平管网延伸工程设计供水范围为太平新村安置点，供水人口为 0.8 万人；安置点均位于滁定路与世纪大道交汇处，距离城市供水管网较近，可以采用城市管网延伸的方式解决农村饮水安全问题；管网延伸具有工程措施简单、供水可靠、管理方便的特点。工程的供水水源由滁州市第一、第二自来水厂供水，该 2 座自来水厂为地表水厂，设计总供水规模达 16 万 m³/d，自城西水库取水，沙河集水库为备用水源，水源可以得到充分保证。

② 西涧街道办事处及扬子街道办事处管网延伸工程

西涧街道办事处及扬子街道办事处管网延伸工程供水范围内农村饮水不安全人口为 1.46 万人，对用水量需求进行预测计算结果为 1971m³/d。涉及西涧街道办事处和扬子街道办事处的 1 个社区和 3 个行政村共 29 个自然村。

西涧街道办事处及扬子街道办事处管网延伸工程计划利用滁州市第四水厂作为供水水源。四水厂始建于 2012 年，位于 104 国道西侧，徐油坊附近，水厂设计规模为 15 万 m³/d，一期建设规模为 5 万 m³/d。取水水源为沙河集水库。滁州市第四水厂供水范围为城东组团、城北组团。

经过琅琊区农村人口饮水安全工程建设管理处和滁州市自来水公司协商一致，城市供水管网可以作为农村饮水安全工程的可靠水源，自来水公司同意从城市管网接水延伸，并保证农村用水户与城市管网用户同水质、同价格。同时，根据省、市相关文件要求，凡纳入农村饮水安全工程管理的自来水厂，在农村饮水不安全地区，群众安装自来水的入户材料费一律按 300 元/户征收，入户率 100%。

表3　2015 年底农村集中式供水工程现状

工程规模	工程数量	设计供水规模	日实际供水量	受益乡镇数	受益行政村数	受益农村人口	自来水供水人口
	处	m³/d	m³/d	个	个	万人	万人
合计	1	150000	50000	2		2.26	2.26
规模水厂	1	150000	50000	2	14	2.26	2.26

三、农村饮水安全工程运行情况

1. 县级农村饮水安全工程专管机构概况

2015 年 9 月，琅琊区正式成立水利局，为政府组格局，同时将区农委所属事业单位区水利设施建设管理中心划入新组建的区水利局，由水利设施建设管理中心统一行使农村供水总站职能，单位性质为副科级财政全额供给事业单位，核定事业编制3人。目前，人员和经费已落实到位，办公地点在区水利局。

2. 县级农村饮水安全工程维修养护基金概况

针对琅琊区农村饮水安全项目工程的特性，琅琊区人民政府制定了《琅琊区农村饮水安全工程建设与管理规定（试行）》。同时经水利局申请，区财政每年安排农饮专项维修及工作经费15万元，确保我区农饮工程正常运营管理。

3. 县级农村饮水安全工程水质检测中心建设情况

琅琊区农村饮水安全工程主要利用滁州市自来水公司第一、二、四水厂管网延伸，水质检测中心由滁州市自来水公司负责建设管理。滁州市自来水公司提供了出厂水质检测报告，水质各项主要指标均满足《生活饮用水卫生标准》（GB 5749—2006）。

4. 农村饮水安全工程水源保护情况

参照《饮用水水源保护区划分技术规范》（HJ/T 338—2007），根据饮用水水源保护区划分原则，琅琊区现有集中式饮用水源地有城西水库、沙河水库2处。目前，2处水源地均已由相关主管单位批准为饮用水源地，并划定水源保护区或保护范围。

5. 供水水质状况

滁州市自来水公司提供了出厂水质检测报告，水质各项主要指标均满足《生活饮用水卫生标准》（GB 5749—2006）。

6. 农村饮水工程（农村水厂）运行情况

无。

7. 农村饮水工程（农村水厂）监管情况

琅琊区水利局成立了水利设施建设与管理中心对建成后的集中供水工程运行管理进行监督。

8. 农村饮水安全工程运行维护情况

琅琊区农村饮水安全工程主要利用城市管网延伸解决，水源、水质等能得到充分保障。"十一五"期间花园村、林西村、红庙村3处农村饮水安全工程管网延伸及2011年太平新村安置点8000人农村饮水安全管网延伸工程主要位于滁州市近郊，完成后交由滁州市自来水公司统一管理，和滁城市民同质同水价。

2015年三官片农村饮水安全工程利用滁州市第四自来水厂管网延伸解决我区西涧街道、扬子街道1.46万农村饮水不安全人口，因本次工程点多面广，战线长，覆盖区域大，滁州市自来水公司只同意在世纪大道与滁三路交汇口以东200m处安装一总水表收费，总水表以下管道由我区自行管理和维护，我区西涧街道、扬子街道办事处针对2015年农饮工程成立了三官片农民用水协会负责对该片区域饮水工程日常管理和维护。

9. 用水户协会成立及运行情况

琅琊区西涧街道、扬子街道办事处共同成立了三官片农民用水协会，负责对2015年实施的三官片管网延伸工程进行日常管理维护，区财政每年给予15万元管护费用。

四、采取的主要做法、经验及典型案例

（一）做法和经验

1. 强化组织领导

实行地方政府目标责任制，成立了以区长为组长，常务副区长、水利局局长为副组长，区政府有关部门负责人、街道办事处主管领导为成员的"琅琊区农村饮水安全工程建设领导小组"，各司其职、协调配合、齐抓共管我区农村饮水安全工程规划与建设。区水利局成立了农村饮水安全工程建设管理处，具体负责项目规划、设计和实施。

2. 建立健全保障制度

一是出台制度为保障，我区先后出台了《琅琊区农村饮水安全工程建设与管理规定》《琅琊区农村饮水安全工程建设实施细则》《琅琊区农村饮水安全项目资金管理实施办法》等规章制度，指导全区农村饮水安全项目的实施、运行和管理。

二是以加大投入为保障，这是搞好农村饮水安全工程的基础。根据《安徽省农村饮水安全项目建设管理办法》和《琅琊区农村饮水安全工程建设实施细则》的要求，区级财政把项目配套资金纳入了年度财政预算，并及时、足额拨付到位。我局严格资金管理，在区财政会计中心设立专户储存项目资金，资金支付采用报账制，严格做到专款专用。工程根据合同规定，严格按形象进度付款，工程结束后立即委托中介机构对工程进行财务审计。

三是以完善制度为保障，这是搞好农村饮水安全工程的重点。工程施工严格依据审批设计方案，按照基本建设项目管理程序，严格审批手续，强化项目管理，杜绝层层转包或违法分包。推行项目法人制、招投标制、建设监理制、集中采购制、资金报账制、竣工验收制等"六制"和用水户全过程参与模式。与中标施工单位签订完善的施工合同，严格合同管理，确保按计划进度、按质按量完成。将工程经费来源、投资情况、责任单位和人员、建设单位、受益范围等材料在受益村进行公示，以群众满意为目标，扎实推进区农村饮水安全工程建设。

（二）典型工程案例

我区位于滁城主城区，农村饮水安全工程主要依靠城市管网延伸解决我区农村饮水不安全人口，2015年以前实施的农村饮水工程完成后均移交给滁州市自来水公司统一管理，和滁城居民同质同价。2015年三官片农村饮水安全管网延伸工程完成后，市自来水公司只负责到总水表，总水表后管网由我区自行管理维护及水费征收，我区积极探索管护办法，成立了由三个行政村和一个社区组成的三官片农民用水者协会，负责该片区管网日常管理和维护，区财政每年计划拿出15万元农村饮水安全工程管养维护资金，确保我区农饮工程正常运营管理。

五、目前存在的主要问题

1. 工程建设方面

行政区划调整前，琅琊区农村饮水不安全人口已率先在全省销号，"十二五"期间，因行政区划调整，从南谯区划入5万余人农村饮水不安全人口到我区。"十二五"期间，

利用农饮资金解决 2.26 万人，据调查，从南谯区划入我区的农村人口尚有 3.5260 万人没有喝上自来水，占我区农村人口的 59.13%，农村饮水安全工程建设任务仍然十分繁重。

2. 运行维护方面

我区农村饮水安全工程主要利用城市自来水管网延伸，水源、水质得到充分保障，但开户费高，同时由于总水表后农户居住分散，管线长，用水量较小，导致水费收支不平衡，政府投资负担增加。

六、"十三五"巩固提升规划情况及长效运行工作思路

1. 琅琊区农饮巩固提升"十三五"规划情况

琅琊区根据实际，考虑到 2020 年全面建成小康社会、打赢脱贫攻坚战的要求，计划 2017 年底，通过管网延伸的方式解决 1159 人贫困人口不安全饮水问题；2020 年底通过管网延伸的方式解决全区 26 个行政村和社区（其中有 2 个社区无农村人口）2.89 万人农村人口饮水不安全问题，自来水普及率力争达到 100%，供水保证率不低于 95%；推进城镇供水公共服务向农村延伸，使城镇自来水管网覆盖行政村的比例达到 100%。健全农村供水工程运行管护机制、逐步实现良性可持续运行。

2. 主要建设内容

"十三五"期间琅琊区规划新建工程数量 1 处，新增供水能力 3812m³/d，通过滁州市第四自来水厂管网延伸建设；规划在城郊与三官社区设 2 座加压站，新建供水管道总长 240.5km；供水受益人口 2.89 万人。

管网延伸：考虑到滁州市自来水厂的供水能力，在人口稠密，水源水量充沛，地形、管理、制水成本等条件适宜的地方，结合当地村镇发展规划，统筹考虑区域供水整体发展，合理确定供水范围，"十三五"期间计划在已有工程的基础上，距现有供水管网较近的农村，利用已有工程的富余供水能力，延伸供水管网。

表4　"十三五"巩固提升规划目标情况

农村集中供水率（%）	农村自来水普及率（%）	水质达标率（%）	城镇自来水管网覆盖行政村的比例（%）
95	100	100	100

表5　"十三五"巩固提升规划新建工程和管网延伸工程情况

工程规模	新建工程					现有水厂管网延伸			
	工程数量	新增供水能力	设计供水人口	新增受益人口	工程投资	工程数量	新建管网长度	新增受益人口	工程投资
	处	m³/d	万人	万人	万元	处	km	万人	万元
合计									
规模水厂						1	240.5	2.89	1512
小型水厂									

3. "十三五"之后琅琊区农饮工程长效运行工作思路

一是加快推进工程建设。多措并举，狠抓落实，全力推进农饮工程建设，全面解决我区农饮不安全人口，实现农村自来水村村通。

二是完善建后管护制度。建后管养是否落实到位，关乎农村管网后期的长效运行。能否理顺管理体制，把建后管养落到实处，保证农村管网的长效运行，是当下重中之重。

三是加强对新成立的用水者协会管护人员的培训，不断提高业务素质和责任意识，同时组织人员到市自来水厂和相关县水厂学习他们的先进管理经验，尽快让我区人口饮水步入规范化、制度化良性运行轨道。

四是争取增加维修养护资金。为保证已建工程良性运行，确保各类发生的急性故障能得到及时修复，积极向区政府汇报，争取增加管护资金额度。